XinlinianxiaShanquGaosuGonglu

新理念下山区高速公路

建设实践

JiansheShijian

广梧高速
河口至双凤段

杨红军 周德泉 ◎主 编

项目起点：河口

人民交通出版社
China Communications Press

内 容 提 要

广(州)—梧(州)高速公路河口至平台段于2004年8月被广东省交通运输厅确定为首批科技示范工程,其中双凤至平台段于2004年4月被交通运输部和广东省联合列入省部联合实施的公路勘察设计典型示范工程。在贯彻公路建设新理念过程中,广大科研、管理和施工技术人员投入大量的时间和精力,取得了很多有价值的先进经验和部分创新的科研成果,变公路为景观,形成了自己的特色。

本书从工程地质勘察、边坡工程、路基工程、路面工程、桥梁工程、隧道工程、交通工程与服务设施、绿化景观与环境保护的设计与施工方面介绍新理念指导下广(州)—梧(州)高速公路河口至平台段建设实践,并简单介绍了专题研究方法与成果,旨在为类似工程建设提供借鉴,以推动山区高速公路建设水平快速提升。本书可供公路建设领域管理和技术人员参考。

图书在版编目(CIP)数据

新理念下山区高速公路建设实践/杨红军,周德泉主编. —北京:人民交通出版社,2010.6

ISBN 978-7-114-08477-5

I.①新… II.①杨…②周… III.①山区—高速公路—建设—研究—中国 IV.①F542.3

中国版本图书馆CIP数据核字(2010)第103241号

书　　名:新理念下山区高速公路建设实践
著 作 者:杨红军　周德泉
责任编辑:刘永芬
出版发行:人民交通出版社
地　　址:(100011)北京市朝阳区安定门外外馆斜街3号
网　　址:http://www.ccpress.com.cn
销售电话:(010)59757969,59757973
总 经 销:人民交通出版社发行部
经　　销:各地新华书店
印　　刷:北京市凯鑫彩色印刷有限公司
开　　本:787×1092　1/16
印　　张:16.25
字　　数:403千
版　　次:2010年6月　第1版
印　　次:2010年6月　第1次印刷
书　　号:ISBN 978-7-114-08477-5
定　　价:80.00元(套)

《新理念下山区高速公路建设实践》

编　委　会

前　言

广(州)—梧(州)高速公路河口至平台段是国家高速公路"7918"网中的第十八横——广州至昆明高速公路的组成部分,也是《广东省高速公路网规划》中的一横——惠州至梧州高速公路的一段,起点位于云浮市云城区河口镇,终点位于郁南县平台镇古同村,与广西苍梧至郁南高速公路相连,分为河口至双凤段和双凤至平台段。该项目工程可行性研究报告于2003年7月完成,并于2003年8月下旬通过了广东省交通厅组织的评审。河口至双凤段于2006年10月正式开工(石牙山隧道于2005年12月18日先行开工),2007年10月双凤至平台段正式动工。

2004年9月,全国公路勘察设计工作会议提出了"六个坚持、六个树立"的公路勘察设计新理念。这是"坚持以人为本,树立全面、协调、可持续的科学发展观"在公路设计和建设中的具体体现。如何从实际出发,因地制宜,实现"安全"、"环境优美"、"节约资源"、"质量优良"、"系统最优"的目标,需要不断实践与探索。本项目为典型的山区高速公路,沿线地形陡峭、地质条件复杂、桥隧比例大、局部路段形成特长的上下坡路段,这不但加大了工程建设的难度,也不利于行车安全。项目建设者严格遵循"安全、环保、舒适、和谐"的高速公路建设原则,以"建设一条高标准的,安全、环保、舒适、和谐的,有自己特色的高速公路"作为指导思想,根据公路沿线的实际情况,本着"保护环境、节约资源、促进人与自然和谐统一、体现以人为本"的目标,通过细致勘察、精心设计、精心施工,进行了大胆的探索与实践,从工程管理、设计、施工等全方位力求创新,推动了工程质量全面提高。

本书从工程地质勘察、边坡工程、路基工程、路面工程、桥梁工程、隧道工程、交通工程与服务设施、绿化景观与环境保护的设计与施工方面介绍新理念指导下广(州)—梧(州)高速公路河口至平台段建设实践,并简单介绍了专题研究方法与成果,旨在为类似工程建设提供借鉴。

本书由杨红军、周德泉主编,林才奎、廖树忠、方建勤、黄湛军、徐一鸣、邓百洪、黄水泉任副主编。参加编写的同志还有彭向荣、雷尊贵、林俊彬、洪伟鹏、孙耀波、梁毅俊、李海青、陈达群等。

在编写过程中,编者参考和引用了相关论文、设计文件、现场照片和课题总结报告等,同时得到了人民交通出版社的鼎力支持,谨此致以特别诚挚的谢意。

虽然酝酿、修改历时较长,但定稿时间仓促,编者的学识和经验有限,疏漏或不当之处在所难免,恳请读者批评指正。

编者

2010年5月

目 录

第一章 绪 论

广(州)—梧(州)高速公路是国家高速公路“7918”网中的第十八横——广州至昆明高速公路的组成部分,也是《广东省高速公路网规划》中的一横——惠州至梧州高速公路的一段。广梧高速公路工程预可行性研究报告于1996年4月完成,按照工程预可行性研究报告,广梧高速公路分两期实施。一期工程为马安至河口段,全长36.9km,于2002年12月开工建设,2004年底已建成通车;二期工程为河口至平台段(以下简称“本项目”),工程可行性研究报告于2003年7月完成,并于2003年8月下旬通过了广东省交通厅组织的评审,河口至双凤段于2005年4月通过了由广东省交通厅组织的初步设计预评审。

本项目于2004年8月被广东省交通厅确定为首批科技示范工程(具体见广东省交通厅粤交科函[2004]1218号《关于确立湛江海湾大桥等三个项目工程为首批厅科技示范工程的通知》),其中双凤至平台段于2004年4月被列入省交通厅、省部联合实施的公路勘察设计典型示范工程(交通部公路发[2004]172号),成为部省联合实施的公路管理建设示范项目,故全线分为河口至双凤段和双凤至平台段。河口至双凤段2006年10月正式开工(其中作为控制性工程,石牙山隧道于2005年12月18日先行开工),2007年10月双凤至平台段正式动工,标志着本项目全面开工。本项目于2010年6月顺利建成通车,它的建设对加强广东与广西、云南、贵州的运输往来,对促进“泛珠江三角洲”经济和社会发展,对完善广东省高速公路网、改善省内西部山区路网结构、加强省内西部城镇与珠江三角洲的联系具有重要意义。

本项目在贯彻“安全、环保、舒适、和谐、节约、耐久”的公路建设新理念过程中,广大科研、管理和施工技术人员投入大量的时间和精力,通过采用新技术、新材料和新工艺,取得了很多有价值的先进经验和部分创新的科研成果,形成了自己的特色。及时将本项目建设取得的先进经验和科研成果全面系统地予以总结,对今后深入贯彻“六个坚持、六个树立”的公路勘察设计新理念,保证公路建设质量、加快建设速度、节省建设成本、促进经济建设的全面发展,具有重大的意义。

第一节 建设背景

一、项目地理位置

如图1-1所示,本项目为东西走向,起点位于云浮市云城区河口镇,接广梧一期高速公路,终点位于郁南县平台镇古同村,与广西苍梧至郁南高速公路相连,它串联了广肇高速公路、国道G324线、省道S368线、省道S352线与省道S279线。

二、设计标准与建设规模

本项目采用高速公路标准,所有技术指标按部颁《公路工程技术标准》(JTG B01—2003)

及其他有关规范条文执行。如表 1-1 所示，主线按山岭区、全封闭、全立交双向 4 车道高速公路修建，整体式路基宽度 24.5m，分离式路基宽度 12.25m，行车道宽度 3.75m，设计速度为 80km/h，桥梁设计荷载为公路—I 级，设计洪水频率除特大桥为 1/300 外，其余均为 1/100，加速度系数为 0.05g，特大桥、大桥、中桥和隧道按 VII 度进行抗震设防。封开县连接线长约 15 km，按二级公路标准建设，设计速度为 80km/h。

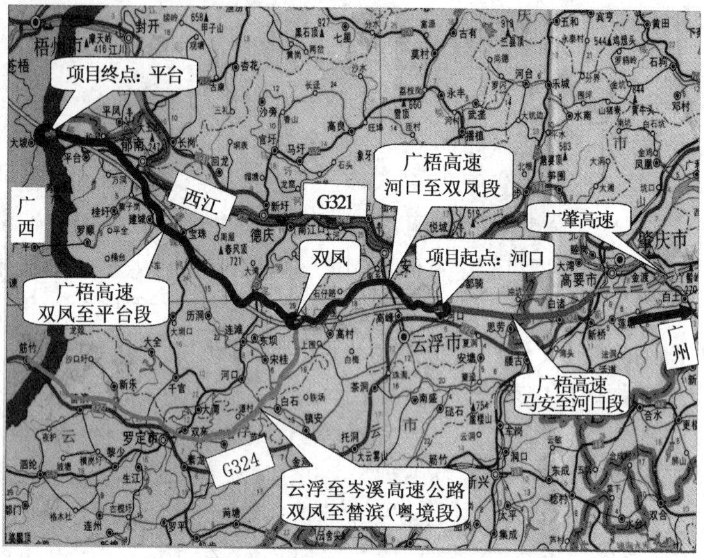

图 1-1　广梧高速公路河口至平台段地理位置图

经国家发展和改革委员会核定，本项目总投资 73.6 亿元(含按二级公路建设的长为 15km 的封开连接线)，路线长 98.71km，全线桥梁 137 座，长约 28000m，隧道 18 座，长约 22000m。封开连接线长约 15.0km，二级公路标准，含长约 1400m 的特大桥 1 座。双凤至平台段推荐方案桥梁 16380m/47 座，隧道共 12576m/13 座，互通立交共 4 处(其中预留 1 处)，30m 以上的高边坡 7693m/43 处，填土高度控制在 20m 以内，设管理中心 1 处，养护工区 2 处，服务区 1 处，停车区 1 处，桥隧比例为 44.8%，概算造价约 51.34 亿元，平均每公里约 7929 万元。

广梧高速公路河口至平台段主要技术指标　　表 1-1

序号	工程项目	单位	主　线	支　线
一	基本指标			
1	公路等级		高速公路	高速公路
2	设计速度	km/h	80	80
3	交通量	辆/日	42750	27085
4	占用土地	公顷	730.8	168.6
二	路　线			
1	路基宽度	m	24.5	24.5
2	路线增长系数	%	117.17	113.11
3	平均每千米转角点数	个	0.580	0.600
4	平曲线最小半径	m	450	700
5	最大纵坡	%	4.00	3.55
6	最短坡长	m	415	400

续上表

序号	工程项目	单位	主线	支线
7	一般最小竖曲线半径			
	凸形	m	6000	8000
	凹形	m	4500	5000
8	桥涵设计荷载		公路—I级	公路—I级
9	设计洪水频率		特大桥 1/300,大、中、小桥,涵洞及路基 1/100	
10	地震基本烈度		VI度(特大桥,大、中桥,隧道按 VII 度设防)	

注:①交通量指 2027 年预测交通量(折算小客车);

②占用土地:主线含服务区、管理设施用地,支线不包括。

三、项目主要特点

本项目建设具有以下 5 个主要特点:

(1)地形陡峭。路域以山地丘陵为主,约 90%属山岭重丘区,且植被茂盛,山间洼地、谷地多为农田;鹅公髻隧道前后 10km 路段高差很大,局部路段形成特长的上下坡路段,特别是 K82～K92 有 10km 的长上坡,平均纵坡为 2.15%(另一幅为长下坡),K92～K101 为 9km 的长下坡(另一幅为长上坡),平均纵坡为 2.12%,下坡的行车安全和上坡的通行能力需特别研究。

(2)地质条件复杂。路线穿越煤系地层、软土地基、高液限土、红黏土等多种不良地层,断裂与褶皱构造发育,地表风化严重,岩溶、采空区、滑坡、崩塌和冲沟等不良地质现象发育。因此,不良地层的改造、隧道涌水与围岩失稳、高边坡的加固以及不良地质现象的处治是建设中面临的主要工程地质问题。

(3)桥隧比例大。桥隧比例约为 46.5%,高墩位桥梁和长隧道较多,其中石牙山隧道右线长 4.60645km,鹅公髻隧道左线长 3.13066km,建设技术要求高、难度大。

(4)高边坡和高填路段多。全线 30m 以上的高边坡 63 处,高边坡的稳定与加固技术要求高。弃方与借方矛盾大。

(5)环保要求高。路域人文和自然生态环境丰富,特别是石质边坡的生态防护困难,保证"人与自然的和谐"具有挑战性。

第二节 建设条件

一、地形地貌

本项目为典型的山区高速公路。如图 1-2 所示,沿线地形陡峻,山地丘陵约占 90%,属山岭重丘区。沿线地貌单元分为河谷平原与山地丘陵两大类型。河谷平原分布于茶林顶—逍遥口(K74～K78),大用—宝珠(K97～K101)、建城(K118～K126)等地,这些河谷平原为西江1～3级支流冲积形成,地形平坦,地势略有起伏,河谷两岸阶地发育,平原中为第四纪松散沉积物,沉积物多为河流相砂砾及部分黏性土,沉积厚度一般小于 20m,山间洼地、谷地、盆地主要为耕地和乡镇居民区。山地丘陵属粤桂交界的云雾山脉,在云浮、郁南等地千米以上山岭有大绀山(海拔 1055m)、大云雾山(海拔 1140m),更多为低山(海拔 500～1000m),由于受新构造运动影响,山体总的走向大致呈北东—南西向,山地丘陵脊线明显,总体由西南向东北倾斜,地形起伏破碎,河流侵蚀切割强烈。山岭区山体陡峭,自然植被茂盛;重丘区谷地和山腰多为耕地和果园,山顶为自然植被。

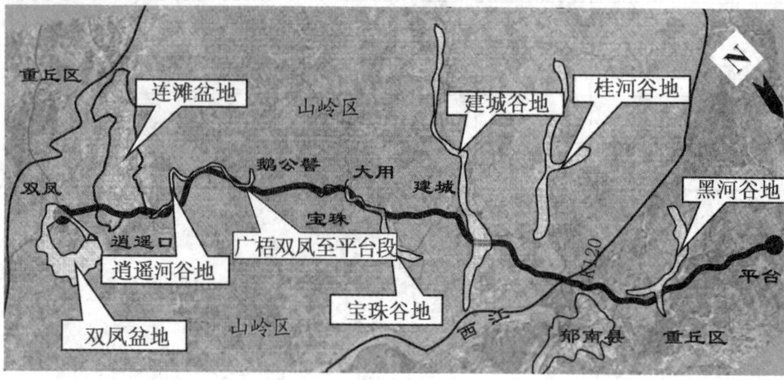

图 1-2 广梧高速公路双凤至平台段沿线地形地貌

二、区域地质条件

本区区域构造单元主要包括断裂和褶皱构造,如图 1-3 所示。

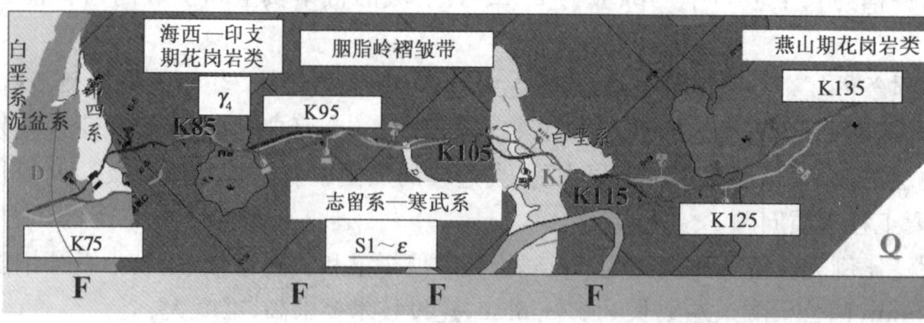

图 1-3 广梧高速公路双凤至平台段沿线地质条件

区内断裂构造发育,与路线走向近于垂直,以北东走向的断裂规模较大,延伸较远、影响范围较宽的断裂有北东走向的罗定—广宁断裂带和罗镜—云浮断裂带,在遥感图像上非常显目。其次为北西走向和近东西走向断裂。活动性弱,对工程影响主要表现为:岩石破碎,高边坡的稳定性差,隧道围岩类别低,且断层带附近多成为地下水的通道,隧道容易涌水,将诱发边坡失稳。

区内褶皱多见,走向与路线接近垂直,特别是在震旦系—志留系变质岩地区,褶皱更为发育,较大规模的有郁南中里—下用口之间的以寒武系为核的胭脂岭褶皱带,并常见同斜倒转背、向斜构造,褶皱轴向北东,两翼岩层多向北西倾斜,倾角 50°～75°。对工程影响主要表现为:岩石破碎,褶皱轴部多成为地下水的通道,将对隧道工程及高边坡的稳定产生不良影响。

本区地震活动较弱,地震活动频率低,震级小。地震主要集中在 1900 年以前,震级小于Ⅳ级。根据广东地震勘察中心地震安全性评估报告,路线区属Ⅵ度地震基本烈度区。

三、地层岩性与不良岩土

区域内发育的地层从老至新依次有震旦系的变质砂岩(主要分布于工作区东部云浮大绀

山一带)、寒武纪的浅变质砂岩、粉砂岩、云母片岩等(工作区内分布广泛),奥陶纪的砂页岩及灰白色厚层中细粒石英砂岩(主要分布于连滩以西及北部南江口一带),志留纪的灰黑色条带状致密炭质板岩、板状页岩和粉砂岩互层(主要分布于连滩西部和北部)、泥盆纪白云岩、白云质灰岩夹细砂岩及薄层灰岩(往往形成溶蚀盆地及丘陵地貌,主要分布于连滩—双凤一带),石炭纪的灰色厚层状石灰岩夹深灰色厚层含结核或条带状燧石灰岩(主要分布于云浮一带),三叠纪的砂砾岩、薄层状中细粒砂岩、粉砂岩、粉砂质泥岩、页岩、炭质页岩及劣煤层(分布于云浮南乡—莳田矿场—大岗围一带),白垩纪的红色、紫红色厚层砂砾岩、砂岩和粉砂岩(广泛出露于罗定—高村—佛洞盆地),第四纪的现代河流谷地分布的冲积砾石、砂、粉砂、黏土以及沿坡地分布的残坡积粉砂、黏土等(全线零星分布)。岩浆岩主要为花岗岩类,岩性以中、粗粒黑云母花岗岩为主,部分为混合花岗岩,形成于早古生代加里东期、晚古生代—早中生代海西—印支期以及晚中生代燕山期。

地质条件复杂,穿越地层多,受断裂带构造和褶皱的影响,存在滑坡、中小型崩塌、岩溶、高液限土、软土等不良地质,生态环境脆弱。崩塌以中小型为主;一处大型滑坡位于茶林顶隧道上方;双凤至连滩段岩溶较发育;软土厚度一般在 5m 以内,长度约 6912m,占路线总长 10.6%;有部分红黏土;数量较大的高液限土主要分布在花岗岩区。

四、路网分布

如图 1-4 所示,沿线道路既是本项目的施工运输通道,也是互通立交的集散道,但逍遥口至大用只有一条 5m 宽的乡道相通,且路线平、纵面指标很低。

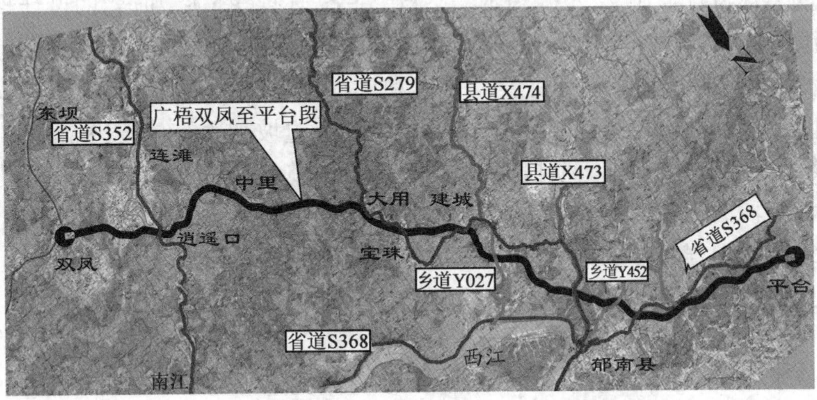

图 1-4　广梧高速公路双凤至平台段沿线路网分布

五、水系分布与地下水

如图 1-5 所示,沿线河流都向北流入西江,只有南江河可通航,航道等级为规划 6 级,其他河流在西江口均设有水闸。河流多发源于大云雾山及其余脉,略呈辐射状,多直接或间接汇入西江。北界、南江、建城河等从南向北注入西江。河流切割强烈,东、西、南三面多高山急流,水力资源较丰富。

本区地下水有基岩裂隙水及松散层孔隙水。基岩裂隙水分布于丘陵区,地下水位随地形及季节有较大变化,一般埋深较大,仅坡脚偶尔有出露,涌水量小。松散层孔隙水分布于平原区,含水层为砂砾层及坡残积层。其中砂砾层为弱承压水,坡残积层为潜水,涌水量中等。本区地下水化学类型为 CO_3^{2-}、Cl^-～Ca^{2+}、Na^+ 型。

六、气候条件

路线所在区属亚热带季风气候，高温多雨。平均气温 20℃，1 月平均气温 13℃，7 月平均气温 28℃。年降雨量 1400mm，多集中于夏秋季。春旱、秋末的寒露风和局部的洪涝是主要自然灾害，每年 10 月至次年 4 月为多雾季节。需要采取措施保证雾季的行车安全。

根据《中华人民共和国公路自然区划图》，本区属于武夷南岭山地过湿区(IV-6)。

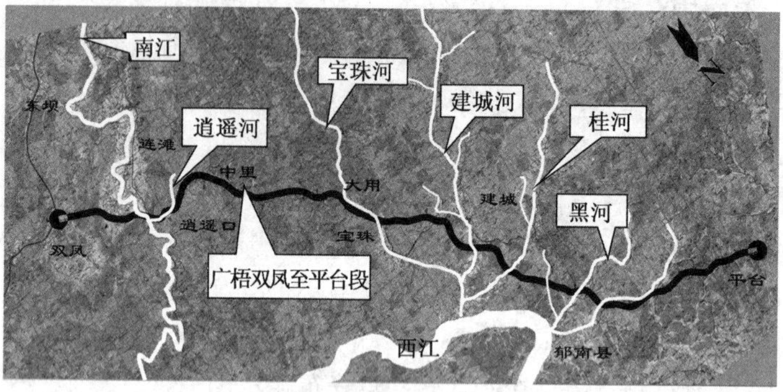

图 1-5　广梧高速公路双凤至平台段沿线主要水系分布

第三节　设计理念与方案

本项目的总体设计原则是“以人为本”，坚持“安全、环保、舒适、和谐”的设计理念，贯彻落实“建设资源节约型、环境友好型社会”等可持续的科学发展观。考虑安全、地形、地质、环保、资源、全寿命周期成本等，比较论证了路线方案和工程方案(如高路堤、陡坡路堤、软基处理与高架桥、高边坡与短隧道、小间距隧道与连拱短隧道、高边坡加固与放缓边坡、桥梁方案、互通立交方案、路面方案等)。在施工阶段，依据地形精心调整线位，按照运行速度优化平纵指标，重点关注长坡路段的运行安全，在桥梁、隧道洞门、立交场地等设计上突出美观、协调。实体工程表明，线形顺畅，工程与环境协调良好，较好地落实了勘察设计新理念的要求。

一、多方案论证

本项目位于山区，地形、地质条件十分复杂，多方案比选既是贯彻落实新理念的精髓，也是选择综合指标最优方案的前提。方案比选包括走廊带方案、路线方案和典型工程方案等 3 个层次。

1. 走廊带方案

走廊带方案具有单一性，已在项目的预可行性和工程可行性等前期阶段进行了充分论证。

2. 路线多方案论证

双凤至平台段路线有的高填深挖，有的以桥梁跨越山谷，有的以隧道穿越山体，或陡坡路堤，或高边坡，而且弃土十分困难，存在两段各约 10km 的长上下坡路段。

初步设计工作中，我们紧紧围绕新的设计理念，树立和落实科学发展观，以人为本，坚持可持续发展。注意收集了地质灾害危险性评估报告、地震安全性评价报告、环境影响评价大纲报告、放射性环境影响评价报告、水土保持方案报告、土地利用规划(特别是农业保护用地)、公路网规划、城市发展规划等资料。注意与电力电信、航道、水利等部门协调，分析研究基础资料，按照地形选线、安全选线、环保选线、地质选线、全寿命分析选线的原则，共拟定1个推荐方案(K线)，14个比较方案(图1-6)，比较方案路线长119.0km(约为推荐方案路线长度的2倍)，从安全、环保、舒适、和谐、占用耕地、经济以及全寿命成本分析等进行全方位比较论证。其中A、B、H、M、P、J等6个路线方案与K线相比，在安全、环保、保护耕地或经济上有较明显缺点，只作定性比较分析。对C、D、E、F、G、I、N、Q 8个路线方案作同等深度的比较分析，或从安全的角度、或从环保的角度、或从占用耕地节约资源的角度、或从经济的角度等推荐采用K线方案，路线长64.748km。

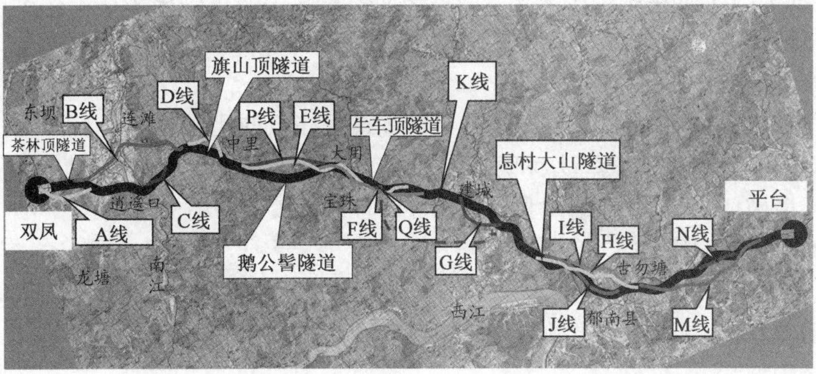

图1-6　广梧高速公路双凤至平台段路线多方案论证

3.典型工程多方案论证

初步设计时对推荐线典型工程进行了较多方案比较，主要包括高路堤、陡坡路堤、软基处理与高架桥、高边坡与短隧道(棚洞)、小间距隧道与连拱短隧道、高边坡加固与放缓边坡、桥梁比选、互通立交比选、路面比选等。

(1)高路堤与高架桥的比较

LK107+300～LK107+510、LK107+560～LK107+720段填土高16～23m，与桥梁方案进行了比较，考虑利用隧道弃渣用作填土，桥梁造价较高，推荐高填土方案。另外RK107+340～RK107+760高填土段、K117+600～K117+770高填土路段等与桥梁方案进行比较，均推荐高路堤方案。

(2)陡坡路堤与高架桥的比较

K112+415～K112+575陡坡路堤与桥梁方案进行了比较，该路段右侧填土20m，自然坡度为31°，考虑减少弃方，保护环境，同时桥梁方案昂贵，推荐陡坡路堤方案。

(3)软基处理与高架桥的比较

有5处高填土软基路段与桥梁进行了比较，合理推荐桥梁方案或软土处理方案。

(4)短隧道(棚洞)与高边坡的比较

三家寨隧道、石排口隧道、下用口隧道、正涌隧道、次步隧道等短隧道与高边坡进行了比较，从减少对自然山体的破坏、减少深挖现象、减少水土流失、保护自然环境的角度均推荐隧道方案。

(5)连拱短隧道与小间距隧道的比较

次步隧道进行了连拱短隧道与小间距隧道的比较，推荐结构较为安全和经济的小间距隧道方案。

(6)高边坡加固与边坡放缓的比较

对于挖深大、地形地质条件有比选价值的高边坡，展开收陡边坡强加固与放缓边坡弱支护的方案比选。共进行 17 处工点的比选，其中推荐方案采用收陡边坡加固的 15 处，采用放缓边坡方案的 2 处。

(7)桥型方案的比较

进行了相同桥梁高度、不同桥梁跨径的比较；预应力混凝土先简支后连续 T 梁与预应力混凝土连续箱梁比较；预应力混凝土先简支后连续刚构 T 梁与预应力混凝土连续刚构箱梁比较；预应力混凝土先简支后连续刚构 T 梁与拱桥的比较；高墩、大跨(40m、50m 跨)长桥的先简支后连续刚构的 T 形梁结构和采用 MMS 移动模架施工的连续箱梁作了经济比较，选择安全、经济、美观、环保、便于施工和养护管理的桥型。

(8)桥梁下部结构的比较

进行了分离式双柱墩、整体式三柱墩与整体式双柱墩的比较；45m 以上高桥墩进行了空心薄壁墩、双圆柱墩、工字形薄壁墩和矩形墩的比较。选择受力均匀明确、结构刚度大、便于施工、对自然环境破坏少，与上部结构和环境相协调且造价较低的结构形式。

(9)互通立交方案比较

互通立交方案围绕适应交通量，方便车辆出行，并尽可能为地方创造便利条件，减少占用耕地，减少山体开挖，减少土石方数量，保护自然环境和经济等方面进行了不同位置和立交形式的比选，择优推荐。

(10)路面结构方案比较及全寿命周期成本的简要分析

路面结构设计了 4 种结构形式，分别是复合式(半刚性基层＋柔性基层)路面结构、半刚性基层路面结构、柔性基层路面结构和水泥混凝土路面结构，通过经济技术比较，以及全寿命周期成本的简要分析，推荐采用半刚性基层沥青混凝土路面结构。特长、长隧道内路面进行了水泥混凝土路面与钢纤维水泥混凝土路面的比较，推荐钢纤维水泥混凝土路面。

另外，由于地面横坡较陡，有的路段设置成半路半桥的形式。由于除长隧道路段外，没有合适的地形条件设置平面分开或高低式分离式路基。

二、安全

安全是社会文明的重要标志，保证人民生命财产安全是各国政府执政的主要目标。公路建设安全主要包括公路自身结构物的安全和行车安全两个方面。

1. 公路自身结构物的安全

(1)重视地质勘察，路线选线贯彻地质选线。收集了地质灾害危险评估报告、地震安全性评估等资料用于初勘，采用了地质遥感、地质调绘、综合物探、钻探等方法，综合分析各种原始资料，编写地质报告，路线未经过较大的不良地质区域。茶林顶隧道处的大型滑坡对隧道结构安全无影响，中小型崩塌对工程影响较小，软土多位于山间洼地并一般有倾斜面，对路基稳定有较大的影响，处治措施以满足路基的稳定性为先决条件。勘察结果表明，灰岩路段存在岩溶，需要采取措施，确保路基和结构物安全。断裂带和褶皱基本与路线大角度交叉，且断裂带活动性弱，对工程影响小。断裂带、褶皱主要是使其周围的岩石破碎，同时也是地下水的通道，这一路段的隧道、高边坡都加强了结构设计和防排水的设计。

(2)运用航测数字地形图建立三维数字地面模型，路线 CAD 直接读取横断面地面数据，反复进行路线平纵横优化设计，控制土质路堑边坡高度在 30m 以内，石质路堑边坡在 50m 以内；填土高度在 20m 以内；适当增加了桥隧比例，达到 44.8%，同时减少了陡坡路堤的数量，使上下边坡的稳定性和安全性增强。

(3)尽量减少隧道洞身偏压和浅埋，加强土质浅埋短隧道的设计，确保隧道施工和结构安全。

(4)上边坡设计在调查自然边坡及区域国、省道边坡的基础上来拟定边坡坡率(类比)，对高边坡和陡坡路堤的稳定性加强分析，确定安全可靠的支护措施；对陡坡上桥梁自然山体的稳定性进行了定性分析，认为自然边坡较稳定，但要做好排水设计，保证边坡稳定。

(5)进行了排水总体设计，将路面排水、路基排水、中央分隔带排水、超高段路面排水、路基地下水等综合考虑排水系统，避免公路水毁。而且边沟、排水沟采用生态型沟后对失控驶出路外的车辆起到减少损失的作用，有利于行车安全。

(6)采用液压式压实机具提高桥台台背填土的压实度，减少桥头差异沉降，避免桥头跳车。

(7)高填土、填挖交界处采用高性能压路机压实，减少工后过大沉降或不均匀沉降。

2. 行车安全

我国目前的行车安全水平较低，每年约有 10 万人死于交通事故。尽管有下降的趋势，但每年仍然因此造成巨大损失。交通事故发生的因素很多，主要有疲劳驾驶、酒后驾驶、超载、超速、不遵守交通规则等因素，也有道路本身平纵指标突变、视距不良、排水不畅、交通安全设施不齐全等原因，但前者占了交通事故原因的绝大多数。尽管由于道路本身的原因很少，但应该尽量消除道路本身的原因造成的交通事故。当前连续长上下坡路段、线形指标不均衡路段、视距不良以及路面排水不畅的路段问题较突出。

(1)线形设计

平、纵组合设计时，重点放在高低指标的均衡性和渐变过渡上，避免突变线形，使线形组合在视觉上能自然地诱导驾驶人的视线，并保证视觉上的连续性，设计了曲线各线元的长度不短于 150m，即不小于 6s 的行程，消除驾驶的急迫感，使线形在视觉上和心理上保持协调，运用了动态透视图和静态透视图进行检验，均满足要求；控制最大和最小的合成坡度，以利于路面排水和行车安全；注重平纵指标的协调性，运用《公路项目安全性评价指南》(JTG/TB 05—2004)对运行速度进行计算预测，评价平纵指标的协调性。运行速度评价的结论是：K 线大部分路段小客车运行速度保持在 100～120km/h，大货车运行速度保持在 60～80km/h。运行速度计算结果中 $|\Delta V_{85}|$ 绝大部分路段前后速度差均小于 10km/h，运行速度协调性良好。

对长大隧道及其洞口附近的平纵指标及运行速度进行了安全性评估。隧道洞口内外侧均保证 3s 设计速度行程长度，平、纵线形一致。

对互通立交、服务区的主线、主线与匝道分合流端、匝道本身的平纵指标以及视距进行了验算，满足规范要求，并做好互通立交连接线与地方道路的平面交叉的渠化处理。互通立交范围内主线的平纵指标相对较高，车辆的运行速度也会相应提高，加减速车道的长度采用 100km/h 设计速度的规定值。

(2)视距

适当增大竖曲线半径对工程量增加较少，但对改善行车的安全性和舒适性十分有利，本项目竖曲线半径基本满足 80km/h 设计速度视觉要求的竖曲线半径，最小值满足 100km/h 设计速度的极限值。

推荐线平曲线最小半径为 630m，如按照 80km/h 的设计速度，曲线外侧超车道的停车视距可以满足规范 110m 的要求；但如按照运行速度 100km/h，小于 1200m 半径的曲线路段外侧超车道均不能满足停车视距 160m 的要求。由于受地形限制加大平曲线半径显然不合理，如采用加宽处理则平曲线半径为600～1100m时，需要加宽0.28～2.71m，全线有30％的平曲线半径小于1100m，由于桥隧等结构物密集，在左侧路缘带加宽，因加宽值不同，使设计施工变得十分复杂，只有限速不超过100km/h，使运行速度与设计速度的差值控制在20km/h以内，可满足《公路项目安全性评价指南》的安全运行要求，对于部分重点路段，采用货车停车视距进行检验。

(3)特长下坡路段

K81＋300～K92＋100段和K92＋100～K100＋900段为长下坡路段，平均纵坡分别为2.10％/10.487km和2.24％/8.77km。通过控制最大纵坡不大于3.5％、平曲线半径不小于800m、避免连续S形等复杂线形和长下坡方向采取摩阻系数大的SMA路面结构等措施来提高运行安全。按照现行规范要求进行了通行能力计算，参考《日本高速公路设计要领》计算了货车的爬坡速度，对通行能力不足和爬坡速度低于50km/h的路段设置了爬坡车道，避免"强行超车"导致安全事故。从梧州—广州方向和广州—梧州方向均设置了一处紧急避险车道，给制动失灵车辆提供撤离机会。

(4)超高

充分考虑小客车和货车的运行速度来确定超高值，一般路段及长下坡路段按100km/h的设计速度来设置超高，长上坡路段按80km/h的设计速度来设置超高，但最大超高值控制在6％以内；长上坡路段和隧道路段按80km/h的规定设置超高值。

(5)交通工程

将长下坡路段、高填方路段、桥隧路段、多雾路段作为安全设计的重点。在长下坡路段和高填方路段，一方面采取主动措施减少安全隐患，主动措施包括：设置起点指示标志和警告标志提醒驾驶者，设置超速检测与抓拍系统警告超速行驶车辆，通过监控系统可变信息标志提示驾驶限速，设置白色振动标线提醒驾驶者将驶出路外；同时采取了被动措施确保安全，提高护栏的防撞等级，在桥隧等特殊路段采用交通安全设施诱导与监控可变信息提示相结合合理诱导交通流，交通安全诱导措施包括设置预告、指示标志和限速、禁超等警告标志提示驾驶者；隧道内的车道边缘线和车道分界线采用黄色振动标线，每隔32m设置白色振动减速标线，在隧道入口处设置减速带，迫使车辆减速和按道行驶，同时考虑到紧急疏散要求，隧道分界线和边缘线连续设置双面突起反光路钮。监控设施通过设置大小可变情报板、交通信号灯、车道指示标志等对车辆的行驶车速、行驶车道等进行诱导。

在K76＋500～K105＋500的29km路段，桥隧比例较高，设置了2处紧急避险车道、4处救援车道，同时存在2处连续长下坡路段。特殊地形增大了救援工作的难度，为确保紧急救援，本路在此区段设置了以视频监视为重点的较为完善的监控设施，同时结合土建设计中的救援车道设置了包括遥控摄像机和可变情报板等在内的监视和诱导设施，为紧急救援提供视频图像和车辆诱导信息。

在隧道区域，除设置了图像和数据集中监控的隧道管理站外，为了便于隧道区域在紧急情况下的现场救援，茶林顶、旗山顶、鹅公髻、牛车顶、亚婆髻和息村大山隧道变电洞室分别设置无人监控站本地控制系统，便于在紧急情况时的现场指挥和调度。

(6)路侧安全

为保证越出路幅的车辆安全，对有条件放缓边坡的填方路段采取了放缓边坡的措施(全线共2处)，挖方路段边沟采用了可跨越式边沟(如盖板边沟、浅蝶形边沟等)。考虑到本项目货车比重较大(约60％)，而硬路肩宽度仅为2.5m，为保证货车的停车安全，结合土石方调配情况，减少废方，本项目还设置了港湾式紧急停车带46处。

(7)绿化

绿化考虑了诱导栽植、过渡栽植、防眩栽植。高速公路主线及互通立交匝道小半径曲线外侧栽植中树；隧道进口两侧种植高大乔木，力求内外光线过渡自然，消除隧道“黑洞效应”，连续隧道之间密植成排高大的乔木，提高遮光度，避免汽车行驶在两个隧道间出现较大的明暗对比，影响交通安全；中央分隔带栽植考虑了防眩要求。

三、环保及耕地保护

(1)道路选线比较注重保护环境和耕地。如K127古勿塘路段调整纵坡并将高路堤改成桥梁，减少了挖方，减少了占用耕地面积。

(2)当路线无法避让耕地时，采取了挡土墙、护坡道由2.0m减少1.0m宽和桥梁跨越等工程措施。交通工程管理设施坚持“精简、集中、高效”的设置原则，减少管理层次，机构合并设置，尽可能少占耕地。

(3)挖方和隧道出渣实施长距离和跨标段调配，并将部分隧道出渣石料用做排水防护工程以及加工成碎石用做路面基层材料等减少弃方数量，间接减少弃土占用耕地；弃土场不可避免地要占用部分耕地，但做到不占用农业保护用地，以荒地、旱地或低产园为主，考虑复耕，对于确实因工程需要而占用耕地时，则利用就近荒地、旱地及弃土场进行造田复耕，尽量不因高速公路的修建导致耕地面积的减少和耕地质量的下降，拟造地复垦面积为61.8公顷(耕地17.1亩、果园18.2亩、林地26.5亩)；将清除的腐殖土分段集中堆放，用于公路绿化和弃土场复耕；并与当地政府和企业协调，考虑弃土的利用，变弃方为利用方，为当地经济服务。

(4)敏感区在离路边60～100m范围内，且规模较大的村镇、居民点等，采用声屏障降噪。全线共设置声屏障720m/3处。为减少高速公路建设对环境的影响，在交通工程设计时，在设备材料的选择上尽可能采用环保材料，如突起路钮，一般路段采用涂有耐磨层的反射器，多雾路段采用太阳能技术等。

(5)人工湿地、隔油池的设置。在郁南立交收费站、建城服务区、逍遥口停车区、虎岩管理中心等均设置人工湿地对场站内的二级处理设施的出水进行生态深度处理。在K108＋200～K108＋600及K120＋100处各设立一处隔油池加人工湿地，收集路面径流水后经隔油池除油处理后进入人工湿地作进一步净化，该隔油池和湿地系统也可作为危险品发生泄漏时的应急收集池，避免直接流入河中或农田、养殖水体。

(6)加强施工组织设计，引入“施工红线”的概念，减少临时便道、临时用地如预制场、施工工棚、材料堆放场及混合料拌和站等对自然环境的破坏，桥梁下的自然植被少砍伐，最大限度地减少对自然的破坏；土方开挖采取“逐级开挖，逐级防护”；土方填筑做好临时防护和排水，加强取弃土场的防护绿化，设置沉渣池，以减少水土流失。

四、舒适与和谐

景观专项设计为道路舒适、和谐提供保障。景观设计本着“尊重自然、爱护自然、融入自然、自然而然”的思想，尽量减少人造景观，体现自然的原则。

1.路线

路线设计注重对沿线已有人文景观的保护，如不拆迁“龙庆宫”、保护古树等。根据地形条件，采用以曲线为主的线形，路线沿山脚或山腰布线，随势就弯，使路线自身协调和与自然地形和谐。全线多处采用连拱短隧道和小间距隧道，避免了路线两侧均为高边坡，减少了开挖山体，保护了自然环境，使路线与自然环境和谐。全线平纵指标均衡、视觉连续、平纵组合良好、与地形相协调，有利于行车舒适。并应用动态透视图、静态透视图进行检查，均满足要求。

根据沿线的地形、地貌和人文环境，将路线景观分成3段，分别是：K71＋400～K82＋000为田园风韵芳香长廊、K82＋000～K96＋000为山峦翠影、K96＋000～终点为果林飘香。

2. 绿化

采用原生乡土植物进行绿化，使之与自然和谐。进行了沿线原生植物的调查和筛选，根据树形、色彩、香味、质地、季相、树势、管养、病虫害、生长环境、栽植方式等选择了多种原生草本植物、藤本植物、灌木、乔木等满足绿化功能栽植。将用地范围的原生植物移植到苗圃、分株繁殖、播种繁殖、扦插繁殖、孢子繁殖、园林苗圃采购等作为原生植物来源。

3. 边坡修饰和防护

合适的地形条件下，对上、下边坡加以修饰和弧化处理，使它们看上去尽可能自然顺畅，通过绿化使其与周围的环境相协调。对锚索(杆)格梁等骨架防护通过草灌混种技术进行遮掩，控制上边坡挡墙高度不大于1.5m，取消以往坡顶的浆砌片石锁边，取而代之的是成形草皮防护。

4. 生态排水设施

边沟拟订了7种方案，所有方案均从边沟对驾乘人员的视觉冲击和环保景观的角度分别采用环保绿化措施。截水沟拟订了5种方案，除采用7.5号浆砌片石截水沟并通过绿化遮掩，其余均从截水沟对驾乘人员的视觉冲击和环保景观的角度分别采用环保绿化。排水沟订定了5种方案，有条件时均采用蝶形生态排水沟；对于超高段中央分隔带排水采用浅蝶形＋暗埋UPVC管排水方式，既经济又环保。

5. 桥梁

考虑地形地貌，与自然协调，多数桥考虑行车舒适、养护管理等采用了先简支后连续或后刚构的T梁桥。跨越地方道路时、穿越城镇时采用了预应力连续箱梁桥，注意高跨比的协调性，注重桥梁下部结构选型，以达到稳重、简洁、通透的景观效果。结合上跨高速公路的跨线桥坐落的自然环境，本着为路线景观增姿添彩的思想，其结构形式主要有多种类型的钢管拱结构、斜腿刚构、提篮拱桥等。

6. 隧道

隧道洞门尽量采用削竹式，争取“零开挖”，使洞口与自然环境和谐。设计成端墙式时，采用梯级挡墙的形式，通过绿化，努力把隧道洞口的硬质景观巧妙地隐藏于植物之中，或消失在层石之间，绿藤之后。

7. 互通立交

连滩互通立交呈现出一幅优美的山水画卷，自然界湿地、林地的效果，“秀丽中显壮观，淡雅中含特殊”。建城互通立交的景观设计充分利用现有山地、果园、鱼塘，自然流畅的曲线，纵横的“自然肌理”艺术浓缩与再生，辅以大树、缀花草坪等景观元素，形成与周边环境水乳交融的“山林风光”景观。郁南互通立交景观设计以“春花浪漫”为主题，创造一种全新的环保型的高质量的绿化丛林景观，以不同的相思树组成的相思林，使行车在立交中感觉到立交的桥梁、道路犹如浮现在绿色的海洋中。

8. 服务区

服务区内绿化做到三季有花，四季常绿，房屋建筑与沿线当地的建筑风格和谐一致。

9. 管理中心及收费站

管理中心及收费站的建筑在设施选型和位置设置上充分考虑与周围环境的相互协调，最大可能地避免对原有自然景观造成破坏，建筑形式体现当地文化特色。

10. 建筑小品

做好建筑小品，适当点缀。建筑小品主要指隧道名牌、大桥名牌、高速公路进出口名牌、风景点标志牌、特色公里桩等。

五、新技术采用

1. 测量与路线设计

本项目积极采用GPS控制测量和航空测设数字地形图，建立三维数字地面模型，从数模上读取横断面资料为路线多方案比选及平纵横优化设计提供了条件。

2. 地质勘察

本路线涉及的地层岩性及地质构造多、变化大，不良地质和特殊性岩土发育，属地质条件复杂类型，针对区段的工程地质条件，实施综合勘探法，充分利用了工程可行性研究阶段的地质遥感成果，对沿线进行地质测绘并进行1∶2000工程地质填图，有针对性地采用了综合物探结合钻探的方法(综合物探包括：折射、反射、面波等地震勘探，电法勘探，可控源音频大地电磁测深法等)探明地层、地质构造、岩溶、滑坡等。

3. 路线安全性评价

本项目地处山区，受地形条件影响，线形指标变化较大，尤其是存在2处长上下坡，为检验各路段线形指标的连续性和协调性，对不协调路段提出改善意见，保证行车安全，本项目根据《公路项目安全性评价指南》进行了路线安全性评价。

4. 乡土原生植物绿化

为尽可能地保证原有生态系统的连续性，保持路域范围内的植被与当地植被协调一致，淡化高速公路界域概念，路域范围内的绿化尽量选用乡土原生物种。

5. 高边坡

本项目存在不良岩土构成的高边坡和地下水丰富的边坡，采用压力分散型预应力锚索和玻璃纤维锚杆来加固该类边坡。压力分散型预应力锚索(杆)有降低工程造价、良好的防腐性能和提高锚固工程的耐久性等显著优点。

6. 生态边沟

为最大限度地淡化人工痕迹，通过排水计算，对排水量小的路段采用了生态浅蝶形边沟、排水沟等。排水量大的路段，采用暗埋式或边沟＋绿色面盖板等形式，基本上均为生态排水设施。

7. 桥梁

在预应力结构中广泛采用真空吸浆工艺。对于斜坡上的桥梁基础进行特殊设计，设计成大尺寸的挖孔桩，减少对自然山体植被的破坏。

8. 对服务区等生活污水的生态处理

服务区、停车区、管理中心和大型收费站的生活污水采用二级生化处理装置处理完后再进入场站内的人工湿地作进一步深度处理，达标后排入沿线非饮用养殖功能的水体，其中汽车维护废水须循环使用并采用隔油、沉砂等预处理。

第四节　施工组织与控制

一、和谐征拆

本项目征地拆迁共涉及4个县(市、区)、15个镇(街)、20多万群众,征地面积约10000亩,房屋管线拆迁及青苗清点工作量大,时间紧,任务重。在项目筹建伊始,通过认真研究相关土地政策,并深入沿线进行详细的调查取证,积极主动与地方政府沟通协商谈判,以较低的综合单价签订了征地拆迁总承包合同,降低了工程成本,大大减轻了投资压力。同时,在国家政策发生变化、征地补偿标准提高的情况下,通过合同控制和加强管理,有效控制了征地拆迁总费用不超概算。

在征地拆迁过程中,坚持"以尊重民意为先导,以地方政府为主导"的原则,努力营造和谐征地、依法且有情拆迁的工作氛围。在工作中,坚持以人为本,切实维护群众正当利益;坚持"公开、公平、公正"阳光操作,遵循政策法规,合理补偿、及时兑现;坚持耐心细致的工作态度,努力宣传做到位,把工作做细,落实补偿,并结合工程实际适当地为群众做好事、办实事,从而取得了群众的理解和支持,营造了"高速、高效、廉洁、和谐"的施工环境。

在征地拆迁过程中,"和谐化征地、人性化拆迁"的理念得到了较好的贯彻,按照科学发展观和构建和谐社会的要求,采取多种有效措施,通过创新管理模式,有效地加快了征地拆迁进度,使工程建设得以顺利进行。如开展征地拆迁劳动竞赛,在一个多月的时间里,完成了近300亩的征地和100多间房屋及大量管线的拆迁工作,取得了圆满的成功,有力地促进了工程建设进展。由于本项目征地拆迁工作成绩显著,得到了上级肯定,被指定在2007年6月由黄华华省长主持召开的全省交通工作会议上作为唯一的业主单位作征地拆迁工作经验介绍。

二、安全生产与标段划分

安全生产工作"没有终点,只有起点"。本项目的安全生产工作在上级领导、主管部门的指导下,云梧公司、总监办、施工单位从上到下同心协力、齐抓共管,大力开展安全生产各项活动,建立健全并落实安全生产的各项规章制度,营造"以人为本"、"安全第一"的社会氛围,经过努力,未发生安全生产伤亡责任事故,在安全生产管理工作方面取得了较好成绩。基本经验是,贯彻"安全第一预防为主、综合治理"的安全生产方针,落实以下工作:

(1)开工之前,云梧公司就组织编制并出版了《广梧高速公路项目建设管理手册》,建立了安全生产和文明施工的管理保证体系和安全生产管理机构;明确了业主单位、监理单位、施工单位各方的安全管理职责和安全生产的要求,为广梧高速公路建设在安全生产方面提供了管理依据。

(2)在招投标阶段的资格预审中,严格要求具有安全生产许可证的企业才能参加投标,保证了参建单位的素质,并在签订施工承包合同的同时,同时签订了《安全生产合同》,在合同条款中明确了安全生产目标、责任以及奖罚办法。

(3)在施工合同中确定了安全生产经费。如承包人在进场施工后不能落实安全生产措施、履行安全生产责任或落实不充分、责任不到位时,业主将使用此经费用于落实安全生产措施。例如,针对本项目隧道多的特点以及隧道施工环境较差的状况,结合隧道施工规范的要求,云梧公司为全线合同段统一代购配置了80多台有害气体、粉尘检测仪器,保障了隧道施工安全及职工的身体健康。

(4)根据安全生产管理“五同时”原则，云梧公司除正常的月度安全检查外，每季度组织一次安全生产工作会议和安全生产评比活动，做到在计划、布置、检查、总结、评比生产建设工作的同时，计划、布置、检查、总结、评比安全工作，同时大力开展安全劳动竞赛，开工以来，每一季度对监理、施工单位进行一次评优活动，对质量、安全管理达到优胜的单位进行奖励。

(5)施工单位制定完善的应急预案、应急响应措施、应急物资准备，进行应急预案专题演练活动，提高了对安全生产突发事件的应变能力。

(6)对施工单位进行每周至少一次以上的不定期安全巡查和会同总监办组织每月一次的月度质量安全联合检查，组织每季度的质量安全联合大检查。对隧道施工、桥梁高墩施工、人工挖孔桩施工、炸药雷管仓库、工棚防火等重大危险源进行定期和不定期的专项检查。通过各种形式的检查，对检查中发现的安全隐患，督促承包人及时落实整改，把施工安全隐患降到最低。

(7)加强对监理人员的管理，督促监理人员切实履行安全生产管理的义务，提高安全生产管理意识。加大管理力度，加强施工现场的检查力度，及时发现安全隐患，及时处理，切实发挥监理人员在安全生产工作中的监督作用。

(8)加强隧道施工的管理工作。组织设计单位、施工单位进行隧道施工的技术交底工作，并督促施工单位认真做好安全技术的“三级”教育工作，同时做好隧道不良地质的预报，消除地质灾害隐患。针对本项目隧道多、地质复杂的特点，专门从瑞士购置了处于国际先进水平的地质超前预报仪器 TSP，并委托专业队伍对隧道地质情况进行超前预报。

标段概况见表 1-2 所列。

标 段 概 况 表 1-2

<table>
<tr><th>标段号</th><th>起讫桩号</th><th>长度(km)</th><th>施工单位</th><th>监理单位</th><th>设计单位</th></tr>
<tr><td>4 标</td><td>K36＋867.3～K47＋100</td><td>10.233</td><td>广东省长大公路工程有限公司</td><td rowspan="6">广东省公路工程监理站</td><td rowspan="15">广东省公路勘察规划设计院(承担除房建和交通工程外的设计)</td></tr>
<tr><td>5 标</td><td>K47＋100～K59＋590</td><td>12.78</td><td>广东省长大公路工程有限公司</td></tr>
<tr><td>6 标</td><td>RK59＋590～K62＋360</td><td>2.83</td><td>中铁二十二局集团有限公司</td></tr>
<tr><td>7 标</td><td>K62＋360～K64＋050</td><td>1.72</td><td>中铁二局股份有限公司</td></tr>
<tr><td>8 标</td><td>K64＋050～K68＋820</td><td>4.68</td><td>中铁七局集团有限公司</td></tr>
<tr><td>9 标</td><td>K68＋820～K71＋400</td><td>2.58</td><td>中铁一局集团第一工程有限公司</td></tr>
<tr><td>10 标</td><td>K71＋400～K75＋900</td><td>4.5</td><td>中交第二公路工程局有限公司</td><td rowspan="5">广东省公路工程监理站</td></tr>
<tr><td>11 标</td><td>K75＋900～K78＋960</td><td>3.06</td><td>广东晶通公路工程建设集团有限公司</td></tr>
<tr><td>12 标</td><td>K78＋960～K84＋400</td><td>5.46</td><td>江西省地质工程(集团)公司</td></tr>
<tr><td>13 标</td><td>K84＋400～K87＋850</td><td>3.45</td><td>贵州省桥梁工程总公司</td></tr>
<tr><td>14 标</td><td>K87＋850～K99＋360</td><td>11.42</td><td>广东省长大公路工程有限公司</td></tr>
<tr><td>15 标</td><td>K99＋360～K105＋600</td><td>6.24</td><td>中铁九局集团有限公司</td><td rowspan="4">广东翔飞公路工程监理有限公司</td></tr>
<tr><td>16 标</td><td>K105＋600～K113＋700</td><td>8.1</td><td>中铁十二局集团有限公司</td></tr>
<tr><td>17 标</td><td>K113＋700～K117＋250</td><td>3.55</td><td>中交第四航务工程局有限公司</td></tr>
<tr><td>18 标</td><td>K117＋250～K136＋071.319</td><td>18.82，封开连接线 14.792</td><td>广东省长大公路工程有限公司</td></tr>
</table>

续上表

标段号	起讫桩号	长度(km)	施工单位	监理单位	设计单位
路面一标	K36＋867.301～K47＋100，RK59＋590(LK59＋880)～K71＋400	21.272	中交第二公路工程局有限公司	广东省公路工程监理站	中交第二航务工程勘察设计院有限公司
路面二标	K71＋400～K117＋250	64.6，封开连接线14.792	广东省长大公路工程有限公司	广东省公路工程监理站及广东翔飞公路工程监理有限公司	广东省公路勘察规划设计院

第二章　工程地质勘察

山区地形、地貌和地质条件复杂，山区公路建设，无论是测量、勘察、设计和施工都遇到了平原区所没有的困难。只有通过先进有效和针对性强的综合勘察方法和手段，使它们相互补充和印证，才能摸清山区复杂的地质条件，才能最大限度地减少因地质问题产生的安全隐患，保障工程安全、节约工程造价。为了贯彻勘察设计新理念，实现公路建设与自然和人文环境的和谐统一，提高公路勘察设计质量，本项目执行勘察监理制度，各勘察阶段都制定了可行的勘察纲要，合理选用了工程地质测绘、勘探、测试与取样方法，在选线时应用了遥感地质解译技术，在隧道勘察时普遍采用了综合物探技术及综合地质勘察技术，并有效应用管波探测新技术探测岩溶发育情况。

第一节　遥感地质解译技术应用于选线

路线所经区域主要为山岭重丘区，常规的地质调查难以适应地质选线的需要。为防止实施阶段才发现不良地质现象，设计先期或同期采用遥感地质解译解决公路选线过程中的不良地质和特殊性岩土问题，主要技术路线为：室内遥感解译、野外实地验证、调查，最终成图、总结。

一、遥感解译方法

室内遥感解译阶段使用的图件资料包括遥感图像类（1∶5万假彩色航片镶嵌图、约1∶10万TM图像、约1∶3.4万黑白航空相片、1∶50万MSS图像）和地质图类（1964年出版的1∶20万区测填图而成的地质图、1988年出版的1∶100万广东省地质图、1988年出版的1∶50万广东省地质矿产图）。

1. 多级循环解译综合研究方法

所谓多级循环解译是根据不同种类、不同比例尺的遥感图像进行不同等级地质单元信息的提取。一般先从卫片解译再到航片解译，由宏观到微观逐级深入，最大限度地提取各类地质信息。例如，本次工作在阅读了可搜集到的工作区前人工作成果的基础上，反复对上述几种遥感图像进行解译和对比分析。如应用覆盖全区的罗定幅1∶10万TM图像解译，直接划分出区内两大线性构造带：北东向的罗定—广宁断裂带和罗镜—云浮断裂带，并且直观地划分出罗定盆地、连滩盆地等。在构造格架初步研究的基础上，进一步利用1∶5万航片镶嵌图和1∶34000航空相片对，研究岩石组成、分布位置、产出状态和组合特征。图像解译过程中，每一级别的解译也是按先易后难的原则进行的，如先构造后岩石，先侵入岩后沉积地层。对于沉积地层，首先把沿河流、冲沟展布的第四系分布范围及醒目的线性构造圈画出来，然后依照色调或色彩（排除阴影及人为加工不慎的干扰）和纹形图案（包括地貌、水系、形态等）的差异勾画出不同的岩性或岩性组合区的界线。这些界线经多次推敲并与已有地质图对比后才确定下来，并将之尽量准确地转绘到 1∶5 万地形图上。留待野外验证后定稿。

2. 遥感地质信息直接提取方法

将解译标志明显的地质体、地质构造以及空间关系和一些地质要素从遥感图像上直接识别出来，认定它们的地质属性。

3. 对比分析方法

采取两种对比分析方法：一是解译标志对比分类，确定地质属性，对比已知区、典型区地质体和地质构造的解译标志及标志的成因机制，有相同特征的可归为一类；二是地质规律的对比归类，标志相同或相似，能否同属一类，还要与典型区对比地质规律是否一致，具有相同成因标志及相同地质规律的地质体和地质构造才可归为一类。

4. 外延追踪解译方法

这种方法适合于局部标志明显、延伸上标志不连续或不稳定的地质现象解译，如解译沿走向岩性岩相发生变化而引起标志变化的陆相沉积地层，勾绘被掩盖或模糊不清的侵入岩体的边界和被改造破坏的脆性、韧性变形带等。外延追踪是从标志明显、地质内容已确定的位置开始，沿标志体的界线或延伸方向追踪解译，并根据地质规律最大限度地向外延伸勾绘地质界线。

二、遥感解译标志

1. 断层的解译标志

单一或成组的直线形迹断续延伸；断层三角面、断层崖（陡崖）呈直线状断续延伸一定距离；色调、色彩差异的直线分界；沟谷、山脊线错位；有明显方向性的负地形延伸较远，有时成组出现、互相平行等等。

2. 岩石和岩石组合的解译标志

（1）第四纪松散沉积物（Q）

本区的第四系多是流水成因的松散沉积物，沿河流及冲沟展布。色调均匀且浅，分布着农田、村镇、道路等，易于解译。

（2）沉积岩

工作区内的沉积岩利用彩色图难于解译，只能看出岩性坚硬者组成的山体高大，山脊尖窄（如石英砂岩等），岩性软弱者地势低平，起伏较小，脊部浑圆，完全看不出岩石的原理及真实的色调。而使用了正规黑白航片的云浮地区，则可清楚地区分出上三叠统小云雾山组地层，它们的色调灰、细密的原理在放大镜下清楚可见，构成的是丘陵地形。石灰岩则以其独特的峰林、溶蚀低地相间的地形易于识别。此外，几处白垩系的红色岩系也比较易于确定，即使在比例尺较小的黑白卫星图像上也能以其均匀的深灰色的色调、橘皮状的图案纹形，配合起周边的线状高地（因红层多数分布在断陷盆地内）而将之确定。

（3）岩浆岩

主要为花岗岩，其中燕山期黑云母花岗岩的影像颇具稳定性，易于辨识，成穹形、浑圆形，色调（色彩）变化不大，形成低矮丘陵，脊部浑圆，树枝状稀疏的水系。

（4）变质岩

本区寒武纪及前寒武纪地层由各类变质岩组成，多构成较高大的山体，山脊线明显。中部地区的大片变质岩区的北西走向线性构造也很醒目。

三、野外实地验证与调查

在室内遥感解译结果的基础上，主要采取"追索法"，对解译标志不明显的地质体、地层岩性、与路线密切相关的地质构造等，遥感解译与野外调查验证密切结合，通过外业调查验证，使内业解译的内容更丰富，使一些地质产状得以明确标示，重点对遥感解译出的线性构造，以及公路最初设计线的两侧地层界线、断层及其产状与沿线不良地质现象等进行实地调查和确定。本项目野外调查路线总长度约350km，观察点50个，对推荐选线和6条比较选线的地质解译工作做了详细的分析和外业验证。

四、公路三维动画制作

三维空间效果动态图对设计人员选择路线方案、避让不良地质问题和特殊性岩土、隧道洞口选择等关系重大，它可直观地反映线路、立交方案的合理性。

用电子地图生成1∶5万数字高程模型(DEM)，表示地形起伏情况，用SPOT卫星影像表现地面影物，二者相结合生成真实三维地面影物。在此基础之上用设计公路线及解译的地质构造与之叠合，得到给定观察点的公路—地面景物与地质构造影像。

五、对选线的指导

本设计最初提供的设计方案主要为南北2条选线，北线从云浮河口、经大绀山北部，由洞殿、大岗围，翻过挂榜山，经新仓至佛洞田心；南线从大绀山南部，由石板坑，然后穿隧道，经高村至佛洞田心；经过遥感地质解译和野外调查后，设计部门根据初步遥感地质报告和地质图件进行了路线方案修改，确定了6条比选方案，其中K线为推荐线，A、B、C、D、E、F线为比较线。在K线选线中，根据已知地层、构造和不良地质现象的发育特征，为尽量避免不良地质条件而改动较大的有4处，如石牙山隧道的选线、双凤盆地段的选线、连滩盆地段的选线以及旗山顶隧道至鹅公髻隧道进口段的选线；在C线比较线的选线中，通过解译了解断层的分布与产状，避开了公路选线与断层F2的重合；在其他比较线的选择上也尽量考虑了工程地质条件。

第二节　初步工程地质勘察

一、勘察方案

1.勘察执行标准

以部颁有关规范、规程为主，公路规范不能满足要求时，参考国标或其他行业标准。当部颁规范、规程个别条款有冲突时，按两者中最新版执行。

2.勘察方法

以地质调查和钻探为主，结合原位测试、室内试验、水文地质试验等，部分地段结合物探工作，必要时结合遥感工作，进行综合勘察，以达到初勘的目的。勘察重点为隧道、高边坡和岩溶区构造物部位。

3.勘察工作布置

(1)地质调查和测绘

全线1∶2000地质调查和测绘，一般在路线轴线两侧各150～200m范围，隧道口、高边坡和岩溶发育部位根据实际情况适当扩大调查和测绘范围。

(2)物探

隧道洞身纵向一般布设2条物探测线,各洞口横向1～2条物探测线;大于30m高边坡纵向1～2条物探测线;岩溶地区纵向1～2条物探测线。根据地质情况和工点情况分别选用反射波法、折射波法、面波法、大地音频电磁法与放射性测量法等。

(3)钻探

钻孔分为技术性钻孔和一般性钻孔,技术性钻孔约占总孔数量的2/3(每个高边坡部位至少应有1个技术孔)。局部软基地段做静力触探、十字板试验工作,以查明路基及桥址区、隧道区的工程地质、水文地质概况,对路基、桥址、隧道作出工程地质条件评价,提出工程评价和处理意见。钻探工作量根据构造物类型有针对性地布置,具体如下:

①路基。一般路基结合涵洞、通道工点及特殊路基布孔,原则上300～500m布设1个钻孔;高路堤、陡坡路堤一般布设1～2个钻孔;深路堑及顺层地段每50～200m布1条控制性地质断面,其上布设2～3个钻孔,一般在坡脚、坡腰和坡顶布置钻孔,根据地质条件适当加密或放宽间距;软土路基地段结合涵洞、通道工点布置,一般钻孔间距为200～300m,其间根据软土分布情况用静探和十字板试验加密;支挡工程墙址纵断面布2～3个钻孔控制,同时注意与高路堤及陡坡路堤布孔相结合。

②桥梁、涵洞、通道。中小桥、涵洞和通道原则上在线路轴线布1个钻孔;大桥、特大桥在线路轴线上一般每100～150m布1个钻孔,岩溶地区和基岩面起伏大时,钻孔适当加密。

③隧道。一般在隧道洞口和洞身均布置钻孔。钻孔数量根据地质条件决定,一般在岩性变化地段和构造带等部位要有钻孔控制;地质条件复杂的中长隧道一般钻孔数量不得少于5个;长隧道一般按500m间距布置1个钻孔,钻孔交错布置在轴线左右7m附近;洞口钻孔布于隧道洞口轴线上,结合路堑工程或桥梁工程综合进行布置。

二、技术要求

1.地质调查和测绘

采用初测路线平面图,按1∶5000精度控制地质调查和测绘,应有专用的地质点观察记录本;各种地质界线均需有2个以上地质点控制;地质观测点的定位应根据精度要求选用适当方法。

2.钻探

(1)钻孔定位。钻孔定位根据钻孔坐标,由测量部门使用GPS统一测放。

(2)钻孔孔径。一般钻孔孔径不小于ϕ89mm,隧道钻孔3倍洞径范围(25～30m)孔径不小于ϕ75mm。

(3)钻孔深度

①路基、小桥和涵洞钻孔。一般路基钻孔按8～12m控制。如遇软土,路基钻孔以穿过软土后2～5m控制;路堑钻孔按钻至设计路基高程以下3～5m控制,顺层地段钻至设计路基高程5～8m可终孔;支挡工程钻孔按钻入弱风化岩3～5m控制或有效深度(除去软土厚度)25～30m控制。小桥以有效深度(除去软土厚度)25～30m控制,在此范围内如遇岩石,则以进入微风化岩1～3m控制;涵洞则以有效深度(除去软土厚度)10～15m控制,在此范围内如遇岩石,则以进入微风化岩0.5m控制,涵洞应提供地面以下5m内的地基承载力特征值。

②大、中桥钻孔。硬质岩石,以钻入微风化基岩3～5m控制;软质岩石,以钻入微风化基岩5～8m控制;灰岩地区以钻入连续完整5m或断续累计8～10m微风化岩为控制标准。若

覆盖层厚,则以有效孔深(除去软土厚度)45～50m为终孔原则。

③隧道。一般钻至隧道底板设计高程以下2～5m可终孔。若遇溶洞、地下暗河及不良地质时,应根据需要加深,一般应穿过溶洞、暗河等5m;若遇含煤、瓦斯地层,钻孔钻至隧道底板设计高程以下10m可终孔。

(4)岩土芯采取率。在坚硬完整岩层中不宜小于85%;在强风化、破碎的岩层中不宜小于50%;重点研究的孔段(断层破碎带、滑坡滑动带等)应尽量提高岩芯采取率。对黏性土地层不宜小于80%;对砂类土地层不宜小于65%;碎石类土不宜小于50%。岩质隧道围岩部位钻探必须采用不小于ϕ75mm的双管单动岩芯管、金刚石钻头钻进求得围岩RQD值。

(5)取样。原状样一般在技术性钻孔中采取,准确记录水、土、岩样的取样深度与名称,一般性钻孔应采取鉴别样品。如岩、土样品未能在技术孔中取得,可在邻近鉴别孔中补充取样。每个工点或每一地质单元分区,同一岩土层取样一般不少于8组;天然筑路材料的砂、土和石料均应采取样品,一般每个料场场地应采取1～3个试验样品,石料应分别采取不同级配的样品;对所取样品均应及时标示、包装,土样和软岩岩样要进行蜡封,妥善保存,及时填写送样单(须经审核),并按要求送到指定试验室。

(6)样品试验项目

①黏性土的试验项目。天然重度、含水率、孔隙比、密度、液限、塑限、液性指数、压缩系数、压缩模量、抗剪强度、渗透系数、颗粒分析,若属高液限土,则加做膨胀指标试验;软土加做固结快剪试验;前期固结压力,根据需要选择部分样品加做无侧限抗压强度、灵敏度项目;高边坡土样(具膨胀性土、砂页岩风化岩土样)选部分样品加做矿物成分分析和饱水抗剪强度。

②砂类土的试验项目。一般做筛分、密度试验,河床部位加做颗粒分析。

③岩石样。一般做天然单轴极限抗压强度试验,根据需要选取部分样品加做饱和抗压强度试验。隧道岩石样加做吸水率、软化性、弹模、泊松比、剪切和抗拉强度(天然和饱和)试验,部分岩样加做放射性元素含量试验。对肉眼不能辨认岩石名称的,加做磨片镜下鉴定并准确定名。隧道煤层样品做瓦斯含量测定。

④水样。一般做常规水质分析。

⑤天然筑路材料样品。土料:承载比、击实、含水率、密度、液限、塑限试验,高液限土加做膨胀指标试验。砂料:颗粒分析、密度、含泥量、砂当量试验。碎石料:抗压强度、颗粒分析、针片状颗粒含量、含泥量、压碎值、磨耗率(洛杉矶法)、磨光值、冲击值等试验。

(7)原位测试。标准贯入试验或重型动力触探在所有技术性钻孔中根据不同地层分别进行,层厚小于2m,应进行1次;层厚2～5m时,应进行2次;厚层大于5m时,可在其上、中、下部各进行1次;静力触探孔和现场十字板剪切试验选择在软土较厚地段结合钻孔布置,静力触探试验宜采用双桥探头;抽水试验在隧道部分钻孔中进行,一般在洞底设计高程以上相当于3倍洞径(一般25～30m)范围内进行,若遇特殊地质情况,可扩大试验段长度。

抽水试验一般采用稳定流法,必要时可采用非稳定流法;在含水层复杂且富水性较强的区段,应采用分层或分段抽水,分别评价不同含水层的渗透性。降深应做2次或2次以上,每次降深应大于1m;对含水性不强的地层,可做1次最大降深。

(8)照片。所有钻孔岩芯均需用数码相机照相,一般每个钻孔每10m拍摄不少于1张,另应对全景拍摄1张,分辨率不低于960×640,重点部位应放大照相。按要求编辑整理,提交电子文件。隧道、大桥、特大桥、高边坡和岩溶地区岩芯应选取有代表性样品装箱、保存;其他岩土芯样品应妥善处置,不得到处乱丢。

三、组织管理

1.质量保证措施

(1)各级人员严格按有关规范、勘察方案和质量管理体系文件要求执行。

(2)现场施工前应进行勘察技术交底,明确各项要求;每个钻孔应按钻孔6项技术指标进行综合评定验收,隧道、高边坡钻孔应用混凝土进行封孔,并标明钻孔编号和里程桩号。

(3)施工过程中经常进行检查,野外工作资料要及时整理、总结,若发现问题,及时解决,保证整个工程的质量。

(4)工程项目完成前,组织各方面人员现场验收,检查各项目的施工质量情况,各种资料是否满足设计要求,是否可以转入下一个程序。

(5)各项工程项目都要严格执行安全生产制度。工作时,集中思想,安全操作,遵守劳动纪律,认真执行岗位责任和检查制度。

(6)不论在何处施工,开工前都应确认钻孔地点是否存在管线等,在高压线下钻探,钻孔应放在安全范围之外以保证安全。

(7)钻探时采用泥浆循环方法,禁止泥浆向施工水域和现场排放,杜绝施工过程中的泥浆溢流现象,保证施工水域和现场不受泥浆污染。不损坏公共设施,保持清洁卫生。对于陆地钻孔,所有泥浆坑和泥浆循环通道均在钻孔施工完后予以清理。

(8)与当地村民、市民搞好关系,礼貌待人,不说脏话,更不得打架、斗殴。所有机具设备均在单位检修好,保证机具设备在进场前所有油路系统完好,杜绝机油、柴油等油料的跑、冒、滴、漏现象。

(9)上班必须戴安全帽,穿工作服、工作鞋。施工过程禁止将生活垃圾任意抛弃,应进行定点排放。

2.进度保证措施

(1)成立项目组,岩土勘察部经理任组长,负责勘察的进度管理,各分项负责人任副组长。项目组合理分工,人员各司其职,加强现场管理和协调工作,制订合理的工期和生产计划。

(2)配置足够数量的管理人员、技术人员、熟练工人等人力资源和足够数量的钻探设备、原位测试设备、试验和物探仪器及勘探消耗材料。

(3)专人负责办理与占地、占道、水上施工许可证及青苗赔偿等有关手续,确保勘探工作持续正常进行。

(4)用先进的通信手段,确保工作人员之间的联络方便、快捷并及时传递现场机具、材料、岩土试件的运送信息。

(5)做好进度记录,及时合理地调度勘探力量,达不到进度要求时,及时追加人员设备;勘察分项负责人应10天填写一次“勘察进度汇报一览表”,将各项工作完成情况及存在问题向组长及时汇报,由组长负责协调解决。

第三节　综合物探技术应用

本项目地质勘察工作中,运用高密度电法、浅层折射地震法两种地球物理方法,基本查明了隧道区域覆盖层的厚度,结合氡气测量及音频大地电磁测深方法划定了测区存在的若干断裂构造的位置及产状,为隧道设计施工提供了重要的基本资料;运用多道瞬态面波法和钻探对高边坡的地质情况做出了综合评价，为高边坡的综合治理提供了可靠的根据；运用地面高密度电法结合跨孔 CT 成果基本划定了采空区的范围，为选线及避绕措施的决定提供了必要的参考。

一、隧道勘察

1. 浅层地震

地震学方法不需要采集试样、不需要破坏岩体的连续性和土层的天然结构，就可确定土层的工程地质指标，可以把单独确定的某些工程地质指标推广到面上和深部。折射波法和反射法是工程地震勘探的两个基本方法，它能解决工程地质分层（特别是第四系分层）、含水层、隐伏断层的探测等工程地质问题。本测区内各岩土层的密度、弹性波速度均有一定的差异，存在波阻抗差异界面，是较好的反射和折射界面。基岩内部存在断裂破碎带时，破碎带一般也表现为低速特征，与完整或较完整基岩有较明显速度差异，因而，本场地具有开展地震折射波法及反射波法勘探的地球物理前提。

(1)地震折射法

从震源发出的地震波以不同的入射角投射到地下某水平界面时，当入射角增大到某一角度时，可使其透射角增大为 90°，即沿该界面滑行，由此滑行波引起的新的波动即为折射波。折射波资料处理流程如下：初至时间拾取→时距曲线绘制→广义相遇法解释→测点高程输入→物探解释→地质解释剖面输出→完成。

结合工程需要，折射法主要寻找基岩中的波速异常，识别覆盖层与基岩分界面及断裂构造的挤压破碎带位置。

(2)地震反射法

浅层反射地震勘探是以捕捉两种不同介质界面的反射波信息为主要依据而达到勘测目的。人工激发的地震子波沿射线方向向地下传播，遇到地层界面反射回地面，把反射回来的信息接收记录下来，得到地震反射记录。

地震反射法资料处理流程如下：解编→预处理→叠前滤波→干扰切波→抽 CDP 道集→速度分析→动校叠加→道间平衡→道头信息设置→修饰处理→初步解释→正式时间剖面打印。其中解编为记录格式转换。

叠前滤波为频率带通滤波和速度滤波，滤除或削弱低频干扰波和视速度低的面波，滤波的通带或速度由原始记录中的频谱分析结果决定；干扰切除为切除一些初至干扰波等；抽道集则按 3 次覆盖观测系统抽取 CDP 道集；道间平衡为将各道的能量调整为同一水平；速度分析主要应用速度扫描方法，扫描速度为 300～2000m/s，从扫描输出的时间剖面中根据目标波组能量最强的原则确定叠加速度。本区动校速度范围 500～1000m/s。

反射法主要用于识别覆盖层与基岩分界面及断层产状。

2. 土壤氡浓度测量

基岩内部存在断裂破碎带时，破碎带中出现氡气浓度异常，与完整或较完整基岩有较明显的浓度差异，因而，场地具有开展氡气浓度测量的地球物理前提。

氡气浓度测量资料处理是将仪器测量结果输入到电脑中，绘制浓度曲线图，根据浓度值的变化特征和钻探、地质调查资料作地质解释，并绘制出物探成果解释图。局部异常峰值较大，大于正常值 5 倍以上，结合音频电磁测深结果，从氡异常形成原理上分析，推断为断裂构造所引起，部分可能为岩石破碎，裂隙发育所致。茶岭顶隧道进行了土壤氡气浓度测量。

3. 高密度电法

高密度电阻率法是一种成本低、效率高、信息丰富、解释方便且勘探能力显著提高的电法勘探新方法。高密度电法供电为低频交流电，测量结果为地层视电阻率，属于直流电阻率法，其物理前提是地下介质的电性差异。与常规的电阻率法一样，它通过 A、B 电极向地下供电，然后测量 M、N 电极之间的电位差，即可求得该测点的视电阻率值。其特点是集常规的电剖面和电测深于一体进行二维地电剖面测量，其测点密度、电极数量远比常规电阻率法大，可根据需要自动进行电极排列形式、极距及测点的转换，实现数据的快速采集和微机处理，获得地下介质电阻率分布情况，了解岩土的性质和分布范围。高密度电法进行二维地电断面测量，兼具剖面法与测深法的功能。

其数据采集系统由主机、多路电极转换器、电极系三部分组成。多路电极转换器通过电缆控制电极系各电极的供电与测量状态。主机通过通信电缆、供电电缆向多路电极转换器发出工作指令、向电极供电并接收、存储测量数据。数据采集结果自动存入主机，主机通过通信软件把原始数据传输给计算机。计算机将数据转换成处理软件要求的数据格式，经相应处理模块进行畸变点剔除、地形校正等预处理后，做视电阻率等值线图。在等值线图上根据视电阻率的变化特征结合钻探、地质调查资料作地质解释，并绘制出物探成果解释图。

本次勘察使用装置为：点距 5m、60 个电极、排列长 295m，滚动覆盖、α 排列（温纳装置）。高密度电法剖面表现出较规则的高阻、低阻相间异常现象（图 2-1），根据其形态规模，结合地质情况，推测为岩溶或断裂构造引起，其埋深在隧道线路位置约 10～30m。

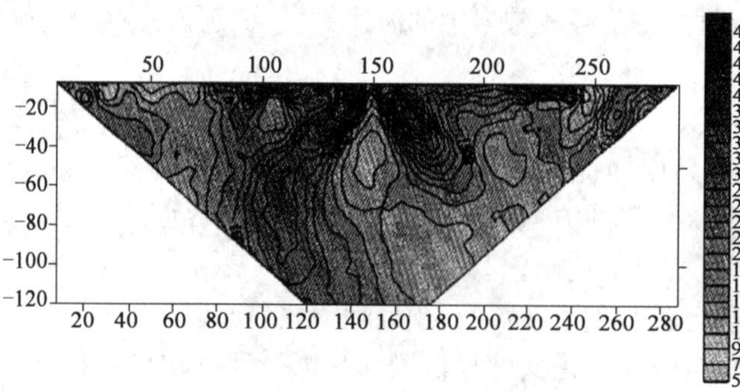

图 2-1 茶林顶隧道高密度电法视电阻率剖面图

4. 可控源音频大地电磁测深

将在本章第四节专门论述。

二、高边坡勘察

主要采用多道瞬态面波技术结合钻探地质资料对各高边坡地质体完整性、稳定性等进行综合评价，取得了较好效果。

三、采空区勘察

1. 高密度电法

本次高密度电法采用对称四极测深装置，供电时间为 4s，每排列电极布设 60 根，最大 $A_0=B_0=90\text{m}$，最小 $A_0=B_0=6\text{m}$，$MN=4\text{m}$。

本次高密度数据采集前均进行全部电极的接地电阻测量，所有电极的接地电阻均小于

15KΩ，所采集的数据记录全部合格，优良记录占85%，原始记录质量应满足《电阻率测深技术规程》的要求。

2. 跨孔CT

B线采空区内各岩土层的地震波速度存在一定的差异，存在波速差异界面。一般情况下，第四纪坡积层、全—强风化岩的波速较低，弱—微风化岩的波速较高。基岩内部存在采空区时，当采空区有充填或者没有填充时，采空区内波速都明显低于周围岩土层，也就是说，采空区与周围层有较明显的波速差异。因而，场地具有开展跨孔CT法勘察的地球物理前提。

本次跨孔CT仪器为StratView R24型浅层地震仪，XW5512A型电火花震源，CH3型高灵敏度声波探头。为了保证技术要求，跨孔CT的测试段确定为孔底至5m左右深度，部分剖面的测试段至3m深度。野外采集数据时，要求如下：

①每对孔的测试开始前，根据两个钻孔的地质情况选择基岩比较完整的钻孔作为发射钻孔，以利于激发高频弹性波，提高勘探精度。

②钻孔中物探测点采用探头的定深刻度定深，深度误差≤±5cm。同时，保证激发与接收点在同一高程，以提高反演精度。

③野外测试时，开启仪器的噪声监测功能，选择振动噪声较小时激发接收。现场监控每一个记录，发现达不到优良级别的记录，马上重测，直到记录质量优良时为止。

野外测试完成后，按下列流程进行处理：

①抽道集。根据野外测试班报，将每对跨孔CT的全部原始资料(电子波形文件)重排成共激发点道集。

②检查激发点道集，发现记录质量问题，由野外测试组重测。

③初至时间拾取。对全部共激发点道集拾取各接收点的初至时间。

④初至时间检查。检查全部共激发点道集和共接收点道集的初至时间，发现误拾的道集，返回第③步重新拾取。

⑤射线平均波速计算。初步计算各射线的平均波速，发现平均波速偏离正常范围，分析原因。如为初至时间误拾，返回第③步重新拾取。如为因钻孔倾斜导致，钻孔间距变化，根据共激发点道集时距曲线计算钻孔间距，作孔斜校正。

⑥初始速度模型预测。据钻孔揭露地质资料和射线平均波速，作出初步预测速度模型。

⑦CT反演。根据初始速度模型和初至时间，应用国内最成熟的CT反演软件，选择1.0m×1.0m的节点迭代计算，反演跨孔剖面的速度影像。对迭代误差曲线不收敛或迭代误差较大的剖面，返回第③步。

⑧波速影像图绘制。根据反演得到的速度模型以100m/s速度间隔进行色分，叠加工程地质剖面图，制作波速影像图。

根据CT探测成果的解释，结合钻探资料，查明了多处溶洞及采空区的分布范围。

第四节　可控源音频大地电磁波法应用于石牙山隧道勘察

石牙山隧道分左右线设置，左线长4516m，右线长4574m，左右线相距50m，为特长隧道。隧道地处石牙山低山丘陵区，该丘陵属粤桂边界的云雾山脉部分，千米以上的山岭有大绀山(1085.5m)。隧道进出洞口坡度较陡，隧道穿越区地面相对高差392m，丘陵脊线明显，由于受区域断裂控制，脊线大部分为北东—南西方向，山体地形陡峻，植被茂密，生长各种杂木和杂草。两端洞口基本垂直于地形等高线。石牙山隧道围岩类型复杂，K53+396～K53+946、K56+200～K57+325段，岩层为上三叠统砂岩；K53+946～K56+200段岩石为震旦系石英岩、石英砂岩，岩石坚硬；K57+325～K57+912段岩层为白垩系罗定群的粉砂岩，三套地层呈角度不整合接触或断层接触关系。

可控源声频大地电磁法(CSAMT)勘探深度大、工作效率高、仪器系统分辨率高、地形影响小(当测区狭小、常规方法不能跑极时，该方法则更显优越)、高阻层屏蔽作用小，对电性差异较大的构造或岩性变化有较好反映，但对细部构造或电性差异较小的地质体分辨率较差，并且由于物探的多解性，可能会造成勘测者认识上的偏差。长大隧道要求地质勘察资料精度高、围岩分类准确，结合现场实际情况运用多种勘察手段，相互印证综合勘察资料，综合分析多种数据，合理解释，提高勘察质量，为设计提供合理、可靠的岩土指标。

一、野外工作

1. 工作布置

分别在隧道左线、右线沿路线方向布置测线，石牙山隧道左线K53+290～K57+990、右线K53+310～K57+990，测点编号为里程桩号，测点点距为20m。

2. 测量工作

测量工作采用拓扑康公司生产的Legacy—HI型Gps和Hiper型Gps动态实时差分放样测量方式，该系统为双频单显系统，具有40个通道，最多可跟踪20颗GPS/GLONASS卫星。其静态差分平面定位误差为3mm+1ppm・D，高程误差为5mm+1ppm・D，动态实时差分定位(RTK)平面定位误差10mm+1.5ppm・D，高程误差为15mm+1.5ppm・D。

3. 主要设备

本次物探工作使用的仪器为美国ZONGE公司生产的GDP—32多功能电法系统，其发射设备为30kW的大功率发电机及GGT—30发射机。其接收机的主要技术参数：①最小分辨率0.03μv；②自然电位补偿±2.5V；③数模转换速度17μs；④数字化率32kHz。接收电极为不极化电极。磁探头频率响应范围为0.125Hz～8192Hz。

4. 工作装置

采用赤道偶极装置、标量观测方式；选择收发距$X=6300$m，设置供电偶极距$AB=1500$m，接收电偶极距$MN=20$m，磁探头方向与MN垂直。CSAMT法的工作装置如图2-2所示。

5. 数据采集

数据采集频点为4～8192Hz，为保证采集到较高精度的资料，工作中采取了以下措施：

(1)保证接收机在有效观测区内工作。

(2)严格布设发射站，尽可能加大发射电流，其中4～2048Hz的发射电流为4A，最高频点8192Hz的最小发射电流为2.5A。

(3)做好接收机的校验、系统检查以及与发射机的同步工作，同时亦做好接收机的参数设置工作。

(4)认真检查接收站的布设情况，保证接地良好，线路畅通稳定。

(5)观测数据，特别是极值点附近的数据记录不少于3次，确保数据精度。

二、资料处理

资料处理流程如图 2-3 所示。

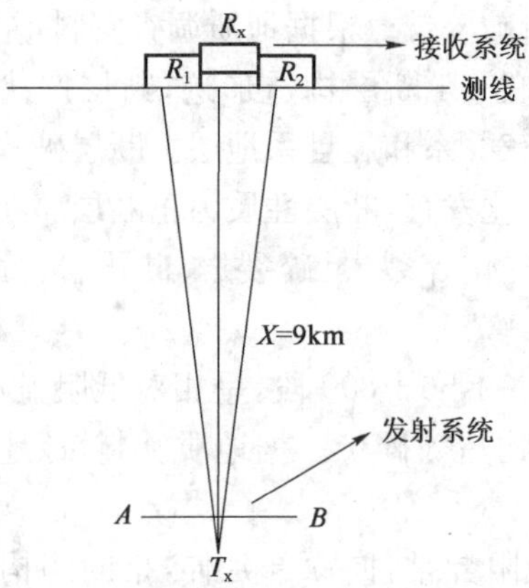

图 2-2　工作装置示意图

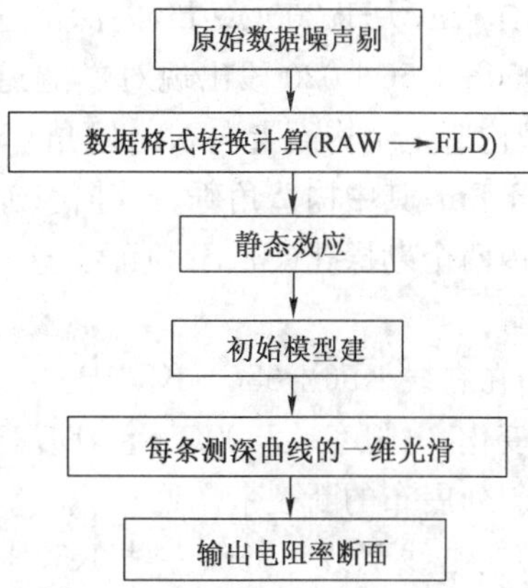

图 2-3　资料处理流程图

在静态校正流程中，采用参考相位空间滤波法，即沿测线设计某种低通滤波器进行空间滤波，压制静态效应；在初始模型建立—输出电阻率断面图的流程中，处理步骤为：

①首先给定测线起始测深点的初始模型，进行正演计算。

②计算正演曲线与实测曲线之间的离差；当离差足够小时，跳至步骤④，否则进行步骤③。

③修改模型，再进行正演计算，并重复步骤②，直至达到一定迭代次数后，正演曲线与实测曲线间的离差足够小为止。

④将此正演计算结果存储并作为紧邻下一个测深点的初始模型，重复步骤①～步骤③直至计算完整个测线的电测深曲线为止。

⑤由正演计算结果的模型绘制“电阻率断面图”，把资料处理中最终得到的电阻率断面图作为资料分析及解释的基本图件。

三、资料分析及结论

1. 资料分析及解释

场地电阻率值变化范围为 0～10000Ω·m，参考相关地质资料，得到岩性及构造与电阻率值的关系如下：

(1)浅表的第四纪残坡积物及全—强风化砂岩、粉砂岩呈低阻显示，小于 1000Ω·m。

(2)较完整的砂岩、粉砂岩呈高阻显示，电阻率大于 2500Ω·m。

(3)构造破碎带或裂隙发育地段由于岩石破碎及富水影响，呈相对低阻显示，电阻率一般小于 600Ω·m，或明显低于围岩电阻率 2 倍以上，并在相邻剖面相近里程段有相同显示迹象。

2. 结论

通过 CSAMT 物探工作，结合工程地质调绘、地质钻探和地震折射波法与反射波法资料，在工区内共判释出 4 处构造破碎带，5 处节理裂隙发育地段，主要内容有：

(1)在右线 K53＋300～K53＋620、左线 K53＋300～K53＋560 段，位于隧道进口端，呈低阻显示，电阻率小于 300Ω·m，向深部延伸，根据地质资料显示该段岩性主要为粉砂岩，推断该地段处于构造交汇部位，是裂隙水通道或富集地段。

(2)在右线 K54＋900～K55＋250、左线 K54＋960～K55＋200 段，呈低阻显示，电阻率小

于1000Ω·m,大于500Ω·m,向深部延伸,推断为构造破碎带,倾向小里程方向,是裂隙水通道或富集地段。

(3)在右线K55+550～K56+300、左线K55+500～K56+250段,呈低阻显示,电阻率小于1000Ω·m,大于200Ω·m,向深部延伸,推断为构造破碎带。根据地质调查资料,左线里程K55+950～K56+020段出现对本隧道影响程度较大的F4断层构造形迹,断层产状变化较大,断裂构造主结构面走向NE,倾角35°～60°,切割上三叠系和震旦系地层。断层破碎带可见宽度大于8m,其中构造角砾岩,硅化、赤铁矿化、褐铁矿化发育,断层性质为正断层。在断层分布范围内两个勘探孔(S7、S24)证实这条断层的存在,硅化碎裂岩、碎裂岩、硅化岩、黄铁矿脉均较发育。

(4)在右线K56+650～K56+740、左线K56+720～K56+800段,呈相对低阻显示,横向有明显变化,电阻率<2500Ω·m,向深部延伸,推断为构造破碎带。据地质资料,该地段为一系列呈斜列展布的断裂带。

(5)在右线K57+350、左线K57+310处,出现低阻异常,向深部延伸,推断为构造破碎带。据地质资料,该地段为上三叠统小云雾山组与下白垩统罗定群的接触边界。

(6)在右线K54+100～K54+300、K56+800～K56+850、K57+800～K57+880段,出现低阻异常,向深部延伸,推断为节理裂隙发育带。

(7)在左线K54+100～K54+200、K57+000 ～K57+050、K57+680～K57+080段,出现低阻异常,向深部延伸,推断为节理裂隙发育带。

(8)总的来看,隧道通过地段受北东向断裂切割,总体构造较复杂,通过本次工作,认为有3个地段构造复杂且影响宽度较大,分别是:

①隧道进口端处于断裂交汇部位,岩石破碎,裂隙发育可能是富水地段。

②在右线K54+900～K55+250、左线K54+960 ～K55+200段,低阻异常带影响范围宽约350m,深部延伸大,表明岩石破碎、裂隙发育并可能富水。

③在右线K55+550～K56+300、左线K55+500～K56+250段,处于地层接触带部位,构造复杂,电性显示特征表明该位置可能是富水地段,由于隧道从下部穿过,因此在隧道施工中可能产生坍塌或出现大量的涌水,对施工人员和设备构成严重威胁,对此应予以重视。

第五节　茶林顶隧道综合地质勘察

茶林顶隧道位于郁南县东坝北面约5km,进出口均有简易公路和县道或省道相通,有一县道在隧道中部山凹处穿过,交通十分便利。隧道地处茶林顶山岭重丘区,山体走向总体呈近北东或北西向,地势总体呈南高北低,隧道线路经过最大高程约为355m,隧道进出口山体呈缓坡状,自然坡度为10°～20°,隧道中部山顶及山凹两侧山坡坡度较大,约30°～35°,山体植被茂密,主要生长松树和杂草,山体地表发育有数条小沟谷,部分沟谷内有长年流水,地表水量较小,隧道中部为一较大沟谷(分水凹),呈北东方向,平时无水流,但大雨时水量较大。

隧道穿过茶林顶丘陵,分左右线设置。左线隧道长2644m;右线隧道长2558m,布置11个勘探钻孔。由于本隧道在地质调查和工可阶段地质工作中已发现茶林顶隧道围岩类型复杂,初勘阶段投入了较多工程物探工作量,采用的物探方法有地震折射波法、高密度电法、氡浓度测量、可控源音频大地电磁波法,达到隧道工程初勘规范规定的要求。

一、综合勘察方法

(1)资料搜集。有目的地搜集既有成果资料,对测区的构造格局、地层岩性有总体性的了解,以指导地质测绘工作。

(2)航、卫片遥感判释。遥感判释在整个综合勘察工作中占有极其重要的地位,对地质调绘起着积极的指导作用。

(3)工程地质调绘。工程地质调绘是综合勘察的关键工作,在对搜集到的区域地质资料分析研究和航、卫片进行室内判释的基础上,通过地质调查来获得地质资料。对调绘判断不清且对工程影响较大的断裂、重大不良地质地段,再结合物探、钻探进一步查明。

(4)综合物探。综合物探是勘探手段中勘测面广、效率高、费用低、效果明显的手段之一。

(5)地质钻探。钻探是综合勘察中对地质测绘和物探成果进行检验的有效手段,也是采集工程地质主要参数的重要方法,同时也为物探资料的解释提供可靠参数。

二、综合勘察的主要技术成果

1.区内构造格局及性质

(1)褶皱。根据地质填图岩性组合分析对比,隧道区存在一背斜褶皱构造,其轴部为泥盆系东岗岭组地层,两翼为泥盆系榴江组地层,为一向北西倾覆背斜构造。

(2)断层。分布于郁南茶林顶F7断层,该断裂带属于罗定—广宁断裂带,在遥感图像上表现为明显的线性构造特征:直线形、宏观连续、延伸远,并且控制着山体和盆地的边界,影响水系的流向,显示其在新生代具有一定的活动性。

2.地层岩性

隧址区地层岩性主要是第四系松散覆盖层,下伏基岩上泥盆统榴江组砂岩、中泥盆统东岗岭组白云质灰岩(左线K72+580~K73+700、右线K72+640~K74+015段)。第四系松散覆盖层主要由残、坡积黏土、亚黏土、粉土及崩塌堆积碎、块石土组成。由于全—强风化岩石,大部分呈土状,从物理性质上看,其纵波波速和第四系松散覆盖层相近;从工程力学性质上看,与土层工程力学性质相近,特别是对隧道围岩而言更是如此,故将全—强风化岩层划入第四系土层中,整层纵波波速约500~1800m/s。

下伏基岩岩性主要由中上泥盆系砂岩、白云质灰岩、灰岩等组成,为弱—微风化岩石,分布较广,厚度较大(一般大于10m),纵波波速一般为2300~4800m/s。

3.溶洞

本隧道经初勘钻孔发现,在泥盆系中统东岗岭组灰岩中存在岩溶地质现象,如S53钻孔发现2个溶洞,深度分别为174.65~169.25m、140.35~136.05m,高度分别为5.4 m、4.3 m。溶洞充填物为灰褐色硬塑状亚黏土含碎石。

4.水文地质

隧道围岩地下水与上覆岩土层分布和厚度及构造裂隙发育程度关系密切,根据勘探钻孔水位观测资料,洞身围岩地下水位高程范围右线为91.22~172.59m、左线为76.55~185.05m,变化范围极大,与地形变化和岩土层次分布关系极为密切。隧道地下水类型为层状岩石裂隙水,灰岩、砂岩涌水量不大,但不排除溶洞水的存在。

三、工程物探结论

1. 可控源音频大地电磁测深法

(1)左线 K71＋770～K72＋250 段，隧道高程附近，有一条低阻条带异常，电阻率 600～2000Ω·m，推断为节理裂隙发育带。

(2)左线 K72＋33～0K72＋590、右线 K72＋34～0K72＋680 段，呈明显低阻显示，电阻率 300～1000Ω·m，低阻条带深部贯通，推断为断裂破碎带。根据地质资料，该部位被 NE 向断裂切割，是北东向断裂转为北向断裂的转折部位，构造比较复杂，对隧道的开挖及支护影响大。其中左线 K74＋445～K72＋508、右线 K72＋440～K72＋550 上部岩体较好。

(3)左线 K72＋940～K73＋080、右线 K72＋930～K73＋130 段，呈相对低阻显示，推断为断裂构造带，电阻率显示较低，表明裂隙发育，风化强烈。

(4)左线 K73＋340～K73＋640、右线 K73＋320～K73＋600 段，呈低阻显示，电阻率 200～1000Ω·m，岩芯非常破碎，围岩级别低，推断为断裂构造带，对隧道的开挖及支护影响大。

(5)左线 K73＋800～K74＋150 段，隧道高程附近整体呈相对低阻显示，推断该地段风化裂隙发育，局部发育岩溶。右线 K73＋770～K73＋830 段、K73＋940～K74＋050 段，呈向深部延伸的低阻条带异常，推断为裂隙发育带。

2. 折射波法

折射波时距曲线、反演计算所得的波速，结合测氡和大地音频电磁测深结果显示，部分地段出现物探异常，综合分析推断出 6 处构造异常，异常范围分别位于 LK72＋320～LK72＋400、LK72＋520～LK72＋600、LK73＋030～LK73＋100、LK73＋330～LK73＋420、LK73＋490～LK73＋560、LK73＋820～LK73＋870。构造异常数量多，密度大，认为整体岩层较为破碎。

3. 高密度电法

隧道进口段，岩石风化程度较强，岩体较破碎，围岩类别低，RK71＋660、RK71＋710 两条高密度电法剖面均表现出较规则的高阻、低阻相间异常现象，推断为岩溶异常，虽埋深较大，但对隧道有一定影响，应引起重视。

4. 土壤氡浓度测量

RK73＋050～RK73＋130、RK73＋190～RK73＋280、RK73＋510～RK73＋650、RK73＋710～RK73＋750、RK73＋780～RK74＋200 段均为氡浓度异常，这些异常大部分表现异常峰值较大，大于正常值 5 倍以上，从氡异常形成原理上分析，认为这些地段岩石破碎，裂隙发育。

四、评价建议

(1)两端洞口松散岩层厚度不大，刷坡整饰后即可进洞，对分布范围不大的松散岩层加强支护，即可保证安全进洞。

(2)通过对两端洞口地质调查，在广州端洞口周边岩石破碎，发现多处崩塌(重力式)；梧州端地形完整，未发现崩塌、滑坡等不良地质现象。洞口与地形等高线基本垂直。

(3)隧道围岩为泥盆系榴江组和东岗岭组。由砂岩、白云质灰岩组成，白云质灰岩中发育溶洞，为隧道不良工程地质问题，但其高程在 136.05m 以上，离隧道洞身有较大距离，且洞内地下水不发育，物探资料也未发现地下暗河，因此岩溶对隧道影响不大。

茶林顶隧道洞身主要围岩为弱、微风化砂岩，白云质灰岩。局部地段岩体比较破碎，节理裂隙较发育,隧道工程掘进时,注意适时支护。对不良地质地段做好超前预报工作。

(4)除洞口和局部地段遇上泥盆统榴江组砂岩外,隧道所遇岩石主要为中上泥盆统溜江组砂岩和东岗岭组白云质灰岩,其褶皱相对发育,并可能在K73+000(右线)、K72+980~K73+030遇断层F7破碎带,岩石较破碎,溶蚀强烈,有溶洞发育。总体来看,对隧道影响较大的地段主要在左线K72+330~K72+590、右线K72+340~K72+680段和左线K73+340~K73+640、右线K73+320~K73+600段构造复杂,电性显示特征表明该位置可能是富水地段,隧道从中间部位穿过,因此在隧道施工中极易发生坍塌或大量的涌水,对施工人员和设备构成严重威胁,对此应予以重视。

第六节　管波探测法技术与应用

本项目桥位区地层夹多处土洞、溶洞,主要发育于弱—微风化岩中,部分桩位出现有6~20个的串珠状溶洞,单层溶洞最高达13m。采用一桩一孔的常规钻探手段已经不能详细查明桩位范围的岩溶发育情况,并可能导致持力层中存在溶洞、基桩半边嵌岩等安全隐患。采用一桩多孔钻探,则勘探费用大,工期长,也难于详细查明持力层范围的岩溶发育情况,决定采用一种新型的物探方法——管波探测法。在第4、5、9、11等4个标段应用情况表明,相对于一桩多孔的补勘,每桩节约勘察费用约1.2万元,该4个标段共有660根桩,累计共节约勘察费用792万元。钻探工作量减少,工期缩短约16个月。提供了桩基全断面的溶洞发育情况,基本规避了桩底存在溶洞、桩基半边嵌岩等安全隐患,为桩基设计提供更可靠的地质依据,指导了桩基施工。管波探测法的优点明显,在本项目创造了明显的经济效益和良好的社会效益,保证了桩基施工安全。

一、管波探测法的探测机理和工作原理

管波探测法(专利公开号:CN1544934)是把发射仪的发射换能器和记录仪的接收换能器相间隔放入有孔液的钻孔中,同时移动发射换能器和接收换能器,改变探测位置,在每个探测位置发射仪发射同一主频的脉冲信号经发射换能器产生的振动与孔液作用,在孔液和孔壁上产生管波,记录仪同步记录经接收换能器输出的振动信号,这样把同一主频探测的不同深度的探测点的振动记录按深度排列,得到时间剖面。根据对时间剖面的分析,即可判别洞穴和软弱夹层的存在,及其它们的顶底深度,可为建筑物的基础设计和施工提供准确的地质资料。具有精度高、分辨能力强、不会出现假异常、工期短、仪器设备投资少、探测费用低等优点。

管波是一种在弹性介质中传播的振动波,是一种在液体填充的孔内及孔壁上沿孔的轴向传播的界面波。常见的管波有两种类型:一种是斯通莱波,沿孔壁传播,并在围岩中呈指数衰减;另一种是准瑞利波,它是一种导波,大部分能量集中在流体内,在围岩中也呈指数衰减。这两种波都有波散特性,相速度随频率的不同而变化。在低频端,斯通莱波相速度和群速度都接近孔内流体的纵波波速的0.9倍。在高频端,斯通莱波的波速趋于围岩中的横波速度。准瑞利波具有低频特性,有一个最低频率,低于该频率的准瑞利波不存在。在高频端,准瑞利波的波速趋于围岩中的横波速度。

两种类型的管波均沿钻孔的轴向传播,都具有前推式的质点运动轨迹,在轴向切面内是一系列椭圆。质点位移的径向分量在钻孔中心是0,在孔壁处,径向位移达到最大值,在孔壁以外的围岩中随着离开孔壁的距离按指数规律减小。质点位移的轴向分量在流体中相对来说是

一常数，在孔壁上发生间断，振幅下降了几百倍，在孔壁以外的围岩中亦随着离开孔壁的距离按指数规律减小。图 2-4 为斯通莱波传播过程中质点的运动轨迹及幅度的示意图。

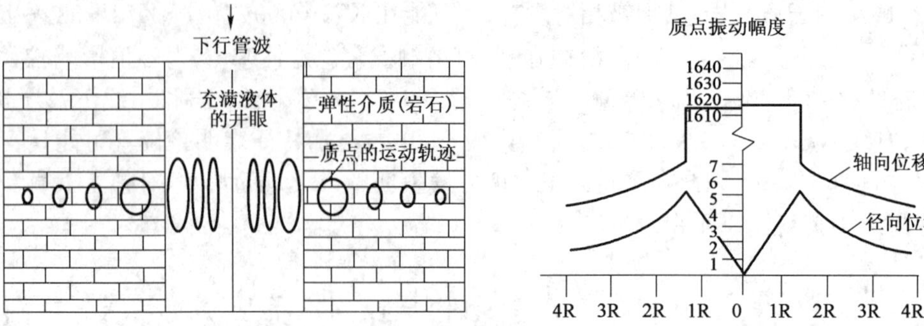

图 2-4 斯通莱波传播过程中质点的运动轨迹及幅度

由于孔内流体吸收作用很小，管波频率和幅度变化缓慢，所以，尽管经过了一定距离的传播，管波能量依然很强，管波的频谱与管波源的频谱基本一致。和其他类型的波动一样，在传播方向遇到波阻抗差异界面时，管波也会发生反射。在钻孔孔液和孔壁外一定范围内，发生反射的波阻抗界面有孔径变化处、液面处、孔底、孔壁波阻抗差异界面。对灰岩地区，波阻抗差异界面即为孔中、孔旁溶洞边界或软弱夹层顶底界面。

以往对界面波的研究表明，界面波的能量集中在界面以外半波长的范围内。实测资料表明，管波的探测范围也可以用管波的半波长确定，管波的探测范围为以钻孔中心为轴心，管波的半波长为半径的圆柱状区域，探明的区域一般在半径 1～2m 的范围内，一般能满足桩基作业区域要求。

由于管波具有能量强、衰减慢、传播速度与孔液纵波波速相当的特征，反射管波的能量很强，在使用固定收发间距的一发一收探测装置采集的时间剖面上很容易识别，异常明显。图 2-5 为管波探测工作装置示意图。

实际工程常常出现钻孔揭露的完整基岩段厚度已经满足规范要求，管波探测法发现其"完整基岩段"中存在溶洞、软弱夹层等不良地质体的情况，为了保证桩位持力层的完整性，通常采用管波探测与钻探互动的探测流程：

(1)钻孔在完整基岩段厚度满足规范要求(可适当增加厚度)时暂时终孔，钻机待命。

(2)进行管波探测，探测结束后立即对管波探测资料进行处理、解释。在完整基岩段厚度满足规范要求时即可终孔，钻机撤离；如分析表明，钻孔的完整基岩段中存在溶洞、软弱夹层等不良地质体，"完整基岩段"不完整时，钻机继续钻进，返回第一步。

一般经过上述流程，均能达到完整基岩段厚度满足规范要求的程度。工程实例中 1 个循环即可达到要求的占 1/3，2 个循环才可达到要求的也占 1/3，需要 3 个以上循环才可达到要求的也占 1/3。为了避免太多循环，可在第一次暂时终孔前加深钻孔，在完整基岩段厚度适当超过规范要求时才进行管波探测。管波探测法的现场如图 2-6 所示。

二、管波探测法技术方案的优点

目前，工程上一般采用一桩一孔或一桩多孔的钻探方式进行桩位勘察，一桩一孔钻探往往会遗漏孔旁的岩溶，一桩多孔钻探勘察成本高，工期长。

在施工勘察阶段采用的物探手段中，一般有跨孔 CT 法、孔中地质雷达法、孔底地质雷达扫描法等。跨孔 CT 法存在耗时长、费用高等缺点。孔中地质雷达法容易出现无法解释的假异常，受解释经验的影响较大。孔底地质雷达只能在人工挖孔结束后才能进行测试，并且地质雷达设备昂贵，依赖进口。

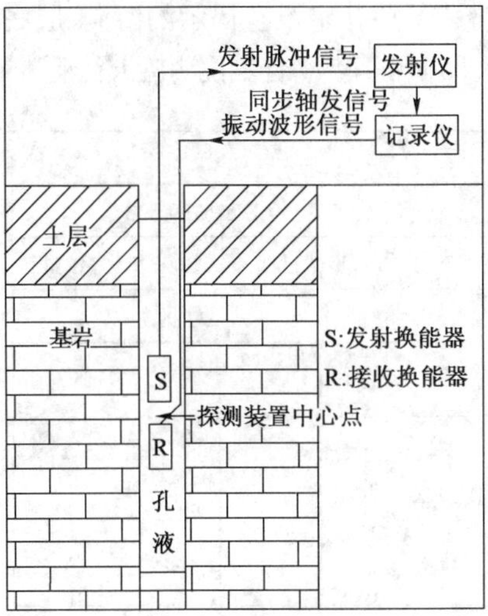

图 2-5　管波探测法工作装置

图 2-6　管波探测法的现场照片

管波探测法与以上传统的勘察方法相比，优势明显。一方面施工工期短，成本低，管波探测法与纯钻探手段相比，环保，节约能源，可以节约勘察费用 50％以上，缩短工期 2/3；另外管波探测法设备轻便，对勘察仪器设备的技术要求低，勘察设备投资少；每台仪器现场只需配备 2～3 名探测人员，不受施工条件限制，任何施工环境均可采用。

三、管波探测法的工程实施

本项目共有基桩 1047 根，进行管波探测的约有 660 根桩，所占比例约为 63％，持力层为石灰岩的基桩绝大部分都进行了管波探测。根据管波探测成果，结合钻探资料进行统计(以第 4 合同段为统计对象)，得到以下数据：

管波探测发现，有岩溶而未被钻探揭露的钻孔有 74 个桩位，占已探测桩位的 27.6％；最小洞高为 0.2m，最大洞高为 3.8m，平均洞高为 1.18m。在 65 个已被钻探揭露的岩溶中，管波探测到的岩溶范围增大的有 60 个，占 92.3％；最小增加洞高为 0.1m，最大增加洞高为 5.2m，平均增加洞高为 0.97m。原有 268 个钻孔，根据钻孔资料，已经满足桩基持力层设计要求，经管波探测后，持力层厚度未满足设计要求，需加深的桩位有 11 个，占 4.1％，共加深 63.76m，平均每孔加深 5.80m。

通过以上对比，一桩一孔的勘探并不能保证基桩持力层的完整性，可能在一桩多孔的抽芯检测中见到基桩持力层中有溶洞。

四、管波探测法的技术效果评价

为了验证探测结果的准确性，根据挖桩、冲孔桩施工队现场施工方的信息反馈及抽芯检测的结果对管波解释成果进行了比较验证，在第 4 标段内已开展管波探测的桩基中，桩基施工和检测过程发现实际地质情况基本能较好地与管波解释成果相符，均未发现桩基持力层中存在有溶洞、软弱夹层等不良地质体，管波探测法的探测解释结果绝大部分准确可靠。

由于管波探测成果揭露了钻探无法揭露的溶洞，施工过程提前采用了相应措施，本工程未出现地面塌陷、桩机倒塌等安全事故。

本工程实践证明，管波探测法具有探测精度高、解释结果准确可靠、分辨能力强等明显的技术优势。图 2-7 是管波探测成果图示例。该处管波揭示了钻孔中没有揭示的溶洞；层底高程 44.84m以下钻孔显示溶洞深 2.4m，而管波探测后该溶洞深 2.8m，基本吻合。说明管波法更准确。

工程名称	AK70+336A匝道跨线桥				
钻孔编号	2号-B-SF-BQZK156		里程	AK70+339.500	
孔口高程	88.64m	坐标	X=00000.000 Y=00000.000	测试日期	2007年10月21日

管波探测时间剖面

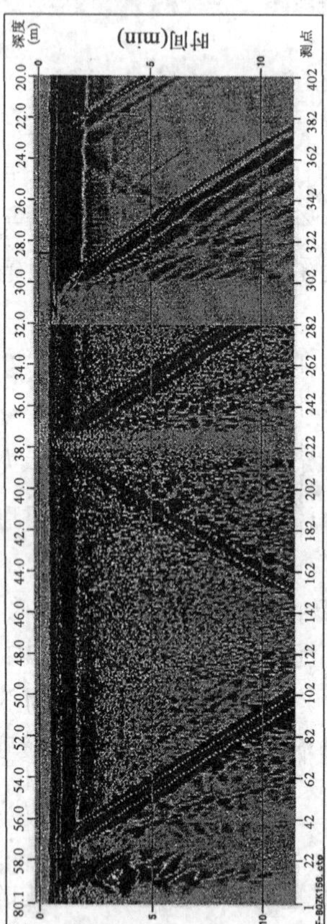

注：φ127mm套管深度0～22.20m
φ89mm套管深度32.00～46.60m

管波解释结果

层底深度 (m)	层底高程 (m)	解释柱状图 1∶300	解释描述
20.0	68.64		
22.2	66.44		土洞
30.2	58.44		完整基岩段
32.3	66.34		岩溶发育段
37.3	51.34		节理裂隙发育段
38.4	50.24		岩溶发育段
43.8	44.84		节理裂隙发育段
46.6	42.04		岩溶发育段
57.2	31.44		完整基岩段
59.4	29.24		溶蚀裂隙发育段
60.1	28.54		岩溶发育段

钻孔柱状图

层底高程 (m)	柱状图 1∶300	岩土名称
68.64		
66.44		土洞
44.84		微风化白云质灰岩
42.44		溶洞
27.20		微风化白云质灰岩

图 2-7　管波探测成果图示例

第三章 边坡工程

本项目边坡岩质软弱、强度低、自稳性差，地质构造(断裂)直接作用或影响强烈，岩体破碎，地应力(构造应力)水平高。最大坡高达 57m，自然山坡横坡较陡，约 25°～30°。

设计时坚持以防护为主、少加固或不加固的原则。只有在卸载受限制，放坡对自然植被影响严重的路段，采取“强支挡、弱削方”的原则来加固边坡。根据各个坡体不同的情况，采用工程地质类比的方法，设计按土质边坡、类土质边坡、二元结构边坡、岩石边坡分别采取相应的边坡坡率值。在坡形方面，统一采用台阶式边坡，一般 10～12m 一级，边坡平台一般宽 2m，对于高度较大、地质条件较差的边坡，如有卸载条件，常在坡体中部设计一个或多个 4～10m 的宽平台，以减少坡脚应力集中。对于有软弱或不利结构面，高度较大和稳定性差的边坡，由于软弱层或不利结构面控制边坡的稳定，一般采用加固措施，以阻止边坡的变形和失稳。具体可根据工程实施的可能性和技术经济比较，主要采用锚索(杆)框架及注浆钢锚管框架等锚式体系进行加固，框架内根据坡面岩性采用喷混植生、客土植草或其他植草防护。

本章介绍高液限土和煤系土抗剪强度的水敏感性、高边坡治理技术、注浆钢锚管和压力分散型预应力锚索技术，最后介绍了边坡监测。

第一节 高液限土和煤系土抗剪强度的水敏感性

本项目穿行于山地和丘陵区，沿线分布着高液限土、煤系土等。高液限土含水率高、液限高、粒度小、难于压实，为黏土，在 18 标分布最广。煤系土是劣质煤和全风化炭质砂岩的混合产物，外观呈灰黑色，出露表面呈浅灰色，局部夹强风化页岩，呈红色和黄色，其土层软硬不均、层间胶结较差、结构松散、开挖后风化速度较快，遇水易软化、稳定性极差，易受到冲刷破坏，大雨时土体流失，形成大的冲沟，为粉土质砾，在 K45＋250～K46＋720、K46＋720～＋980 等十几个路段上均有分布，总长近 3km。高液限土的研究主要集中在作为路堤填料的路用特性及其改良措施方面，煤系土的研究主要集中于煤系土作为路堑边坡的防护及其加固措施方面，对其自身工程性质和诱发工程问题原因的研究开展较少。

如遇阴雨天气，由高液限土或煤系土构成的边坡均会出现表层滑塌现象，表现出显著的水敏感性，含水率的变化对强度和工程的影响明显。这里通过直剪试验，对比研究含水率对高液限土和煤系土抗剪强度的影响，为处置高液限土和煤系土边坡的设计、施工提供试验依据。

一、试验概况

1. 土料的基本特性

高液限土取自第 6 标段。表 3-1、表 3-2 分别给出了高液限土的粒组成分及其基本物理力学指标。根据表 3-1，粒径＜0.005m 的颗粒含量有 40.3%，粒径＜0.075m 的颗粒含量超过

80%，表明高液限土细颗粒含量较高。

高液限土的粒组成分 表 3-1

粒径(mm)	含量(%)	粒径(mm)	含量(%)
>0.1	14.6	0.01～0.005	14.4
0.1～0.05	17.2	<0.005	40.3
0.05～0.01	12.8		

高液限土的物理力学性质 表 3-2

干密度 ($g \cdot cm^{-3}$)	天然含水率 (%)	天然密度 ($g \cdot cm^{-3}$)	孔隙比	快剪		液限(%)	塑限(%)
				黏聚力(kPa)	内摩擦角(°)		
1.31	31.0	1.72	1.072	38.0	30.0	58.3	28.5

煤系土取自第5标段。由于该煤系土十分松散，现场无法取得原状样。表 3-3、表 3-4 分别给出了煤系土的粒组成分和干密度为最大干密度 93%的重塑煤系土的基本物理力学特性。根据表 3-3，粒径在 0.075～60 mm 范围内的含量(粗粒组)有 82.9%，在 2～60 mm 范围内(砾粒组)有 55.3%，在小于 0.075 范围内(细粒组)有 17.1%，属于粉土质砾，其曲率系数为0.85，表明该煤系土级配不良。

煤系土的粒组成分 表 3-3

粒径(mm)	含量(%)	粒径(mm)	含量(%)
>20	12.3	0.5～0.25	7.2
20～10	17.5	0.25～0.075	6.3
10～2	25.5	<0.075	17.1
2～0.5	14.0		

煤系土物理性质指标 表 3-4

干密度 ($g \cdot cm^{-3}$)	饱和含水率 (%)	压缩系数 (MPa^{-1})	压缩模量 (MPa)	固结不排水		渗透系数($cm \cdot s^{-1}$)
				黏聚力(kPa)	内摩擦角(°)	
1.72	20.60	0.089	17.34	38.0	30.0	1.9×10^{-5}

表 3-1～表 3-4 表明，高液限土为细粒土，黏粒含量高，其天然含水率远高于煤系土。

2. 测试方法

高液限土制样干密度为 1.50 g/cm^3，按含水率 10%、18%、28%和 35%制备 4 组试样，每组 4 个样；煤系土制样干密度为 1.72 g/cm^3，按含水率 8.5%、11.0%、12.7%、16.2%和 20.6%制备 5 组试样，每组 4 个样。将制备好的试样，分别在不同的垂直压力 σ 下，施加水平剪切力，求得破坏时的剪切应力 τ，然后根据库仑定律确定土样的抗剪强度指标。直剪试验选用 ZJ 型应变控制式直剪仪。

二、试验结果分析

1. 含水率对抗剪强度包线的影响

图 3-1 给出了不同含水率下抗剪强度包线对比。该图表明：高液限土和煤系土的抗剪强度均与起始含水率有显著的相关关系，含水率越大抗剪强度越小。同时，随着初始含水率的增

加，两类土抗剪强度的降低趋势具有显著的阶段性：先小幅降低，后急剧降低；但两类土变化趋势转换点对应的含水率差异较大，高液限土约为28%，接近其塑限，煤系土则约为16%，这主要由两者细颗粒含量不同引起。

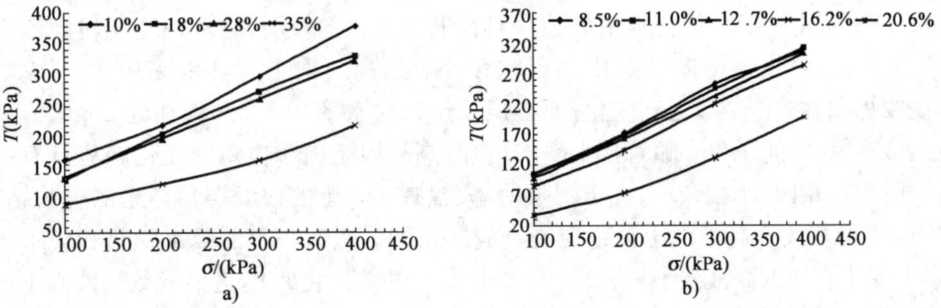

图 3-1　不同含水率下抗剪强度包线对比

a)高液限土；b）煤系土

2. 含水率对黏聚力的影响

图3-2给出了黏聚力与含水率的关系对比曲线。该图表明：随着含水率的增大，高液限土和煤系土的黏聚力总体上均呈减小趋势，但变化趋势具有显著的差异。高液限土黏聚力的对数与含水率基本呈线性相关关系，可表示为：

$$c = 109.02 \times 10^{-0.9113w} \tag{3-1}$$

式中：c——黏聚力，kPa；

w——含水率，%。煤系土黏聚力与含水率的关系具有显著的分段性，可表示为：

$$\begin{cases} c = 32.11 & 5.0 \leqslant w \leqslant 11.0 \\ c = 215.08 \times 10^{-0.0744w} & 11.0 \leqslant w \leqslant 20.6 \end{cases} \tag{3-2}$$

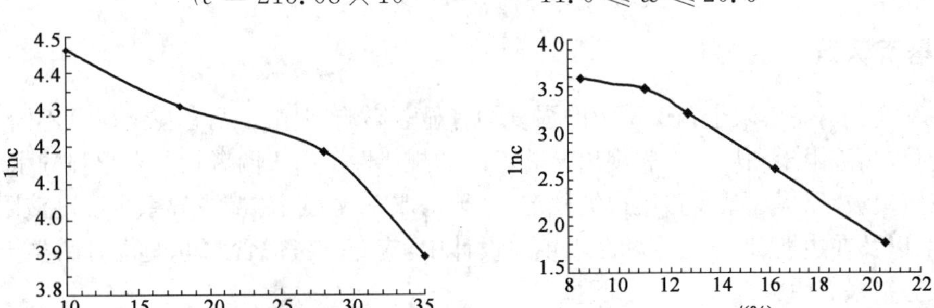

图 3-2　黏聚力与含水率的关系曲线对比

a)高液限土；b）煤系土

一般认为，土的黏聚力主要来源于土粒间的相互吸引、水膜联结及颗粒间的胶结等，其中土颗粒间的水膜联结和胶结作用对黏聚力的产生具有重要的作用，因而土的黏聚力随着含水率的不同而变化较大。随着含水率的增加，土粒周围的结合水膜逐渐变厚，使土粒间距变大，这时水膜联结就逐渐减弱，直到土体饱和水膜联结完全丧失。颗粒间的胶结作用主要来源于土料本身，也即在矿物的溶解和重析出过程中生成的，这些物质只有当土中自由水增加到某一值后，颗粒间的胶结物才开始被溶蚀，颗粒胶结作用才逐渐丧失。不难看出，只要土体含水率发生变化，水膜联结作用就会与之响应，而胶结作用只有土体含水率超过某一值后才会逐渐减小，且不能恢复。因此，随含水率增大，土体黏聚力减小趋势具有分段性。这里高液限土黏聚力减小分段性不明显，主要因为该土黏粒含量高，土体比表面积大，水膜联结作用相比胶结作用更为显著。

3. 含水率对内摩擦角的影响

图 3-3 给出了内摩擦角与含水率的关系对比曲线。该图表明：含水率变化对高液限土内摩擦角影响较大，对煤系土内摩擦角的影响较小。当高液限土的含水率从 10.0%增加到 35%，其内摩擦角在 24°～40°之间变化；而当煤系土的含水率从 8.5%增加到 20.6%，其内摩擦角仅在 32°～36°之间变化。随着含水率的增加，高液限土内摩擦角的变化趋势具有显著的分段性特征：小于塑限，小幅减小；大于塑限后，大幅减小。土的内摩擦角与土的颗粒结构、大小及密实度密切相关。高液限土为细粒土，黏粒含量高，具有一定的吸水膨胀和失水收缩特性。含水率变化会导致高液限土颗粒结构、大小及密实度发生变化，进而导致高液限土内摩擦角减小或增大。由于煤系土为粉土质砾，粗粒含量较高，含水率变化不会引起其颗粒结构、大小及密实度的显著变化，因此含水率变化对该煤系土内摩擦角的影响较小。

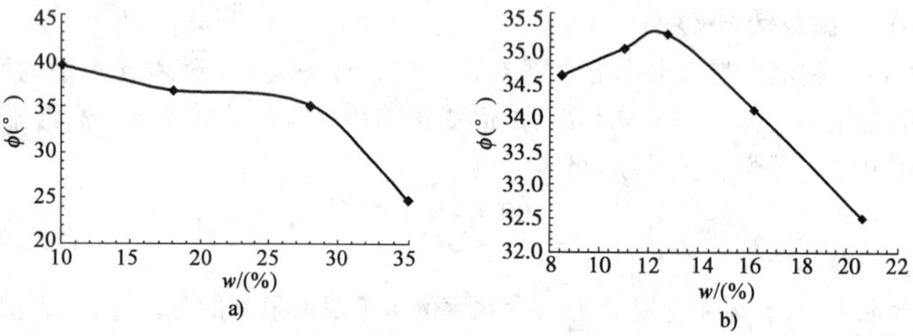

图 3-3　内摩擦角与含水率的关系曲线对比

a)高液限土；b) 煤系土

三、基本认识

含水率变化对高液限土和煤系土的强度均有显著影响，但由于两者粒组成分不同，随着含水率的变化，高液限土和煤系土表现出显著不同的规律性。由于两者均具有很强的水敏感性，为保证路堑边坡、路堤地基及路堤边坡稳定，必须采取有效的措施减少煤系土和高液限土含水率的变化，以及在边坡、地基处理和路堤填筑设计中，应充分考虑含水率变化对两类土强度的影响。试验结果表明：

(1)高液限土和煤系土的抗剪强度均与起始含水率有明显的相关关系，起始含水率越大抗剪强度越小。

(2)随着含水率的增大，高液限土黏聚力的对数与含水率呈线性关系减小，其内摩擦角则先小幅减小，后急剧减小。

(3)随着含水率的增大，煤系土黏聚力变化具有显著的分段性：先小幅减小，后大幅减小，且与含水率成指数关系。含水率变化对煤系土内摩擦角的影响较小。

(4)粒组成分的不同是导致高液限土和煤系土水敏感性不同的主要原因。

根据试验结果，处治高液限土和煤系土时，应注意以下几点：

(1)高液限土表层失水速率比内部快，表面易出现硬壳层和裂缝，应采取措施防止高液限土边坡与大气环境直接接触。

(2)煤系土颗粒间联结弱，易受到冲刷破坏，应放缓边坡、降低坡高和加宽平台以减小荷载，同时做好煤系土边坡表层防水，并建立相应的排水系统；煤系土作为路堤填料时，必须进行包边处理防止水分渗入，引起煤系土强度降低。

(3)在边坡稳定性计算中，高液限土黏聚力可按与含水率成指数关系取值。高液限土内摩擦角按分段形式取值：小于塑限，视为常数；大于塑限后，按内摩擦擦角与含水率成指数关系取值。

(4)在边坡稳定性计算中，煤系土黏聚力按分段形式取值：小于某含水率，视为常数；大于该含水率后，按黏聚力与含水率成指数关系取值。煤系土内摩擦角可视为不随含水率变化的常数。

第三节　高边坡治理技术

本项目是典型山区高速公路，沿线路堑开挖，形成多处高边坡。路线穿越地段为泥岩、砂岩，以顺向坡为主，节理发育，岩层结构松散且裂隙及空洞大，且强风化层较厚、易产生滑动，边坡稳定性较差，治理难度较大。本节以 RK106＋042～RK106＋300 段边坡为例，介绍新理念高边坡治理技术，供类似工程借鉴。

一、地形地质概况

RK106＋042～RK106＋300 段边坡高 40～60m，属于典型的高边坡，主要由弱风化泥灰岩及软弱夹层组成，顺坡节理发育，岩层倾角 35°～45°，降雨条件下曾多次发生坍塌，边坡极不稳定。

二、方案设计

设计主要采用锚拉式框架梁、锚杆格构梁、锚墩、锚杆喷射混凝土、排水系统修缮并辅以坡面修整相结合的工程措施综合整治。具体处置平面图如图 3-4 所示。该边坡经过综合治理，至今未发生变形，效果明显。

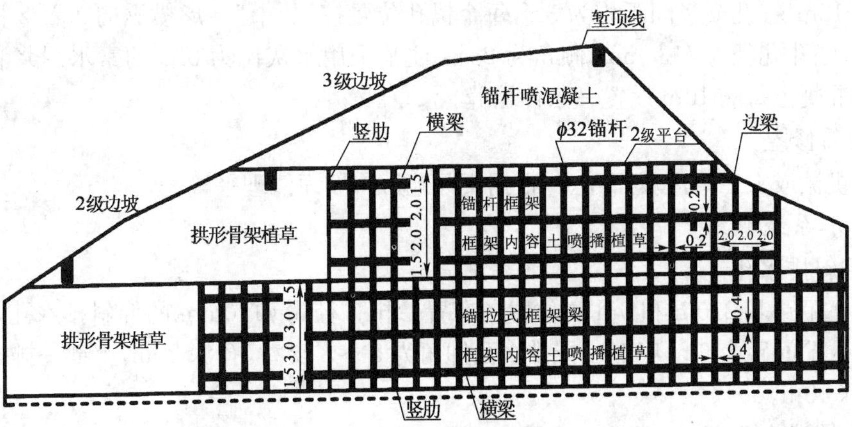

图 3-4　RK106＋042～RK106＋300 段高边坡处治示意图(尺寸单位：m)

1. 锚拉式框架梁

锚拉式框架梁是通过预应力锚索深入稳定岩层，通过施加一定的预应力，将滑动岩土层与稳定岩层紧密串连为一体，提高了不稳定岩土层的抗滑、抗倾覆能力，保持边坡的稳定。预应力锚索是治理高边坡病害的重要方法之一，也是应用最多的形式，是永久性边坡治理的重要施工工艺，常成为高边坡治理工程的主体工程，具有技术先进、安全可靠、节省投资、缩短工期等优点。

该工程一级平台以下坡面采用锚拉式框架梁支护，框架梁设计为400mm×400mm，纵横向梁间距均为3m×3m，每片框架梁由3根横梁和3根纵梁柱现浇钢筋混凝土而成，框架梁混凝土强度等级C25。在梁的每个结点处设置1束预应力锚索，锚索长度25m，锚固段长10m，倾角均为20°。锚索由5×7ϕ15.24mm(1860级)低松弛高强度钢绞线编制而成。钻孔成孔孔径ϕ150mm，注浆采用水灰比为0.5的素水泥浆灌注，单根锚索设计拉力为400kN。框架梁横向每隔9m设置一条伸缩缝。

2. 锚杆格构梁

锚杆主要施工在不稳定岩土体中形成群桩效应，提高不稳定岩土体本身的抗剪强度，使整个不稳定岩土体成为一个整体，局部不产生滑移。锚杆成孔方式与锚索相同。制作锚杆时，必须有效地除锈，并焊接对中支架筋，使锚桩入孔后居于钻孔中央，注浆后被砂浆完全包裹。锚杆不进行张拉时，必须进行抗拔试验以检验其抗拔强度是否达到设计要求。

该工程一级平台以上原自然坡垮落的坡面采用锚杆格构梁支护，格构梁设计为200mm×200mm，格构梁为现浇钢筋混凝土，混凝土强度等级C20。在格构梁的每个结点处设置一根锚杆，设计长度为20m，锚孔间距为2m×2m，采用ϕ32mm螺纹钢筋制作。锚孔孔径为φ130mm，倾角为25°，注浆采用水灰比为0.5的素水泥浆灌注。锚杆格构梁横向每隔9m设置一条伸缩缝。

3. 锚杆喷射混凝土

喷混凝土网主要用于岩(土)表层的加固。对于表层浮土、浮石、易风化层等施作喷混凝土网，能起到封闭岩(土)表层的作用，可避免在暴雨等冲蚀作用下浮石(土)的滑落，可以防止岩层表层风化而产生不稳定因素。

该工程某段原未做浆砌片石的坡面采用锚杆挂网喷射混凝土。喷射混凝土强度等级C20，喷射面层厚度为100mm，布置ϕ8@200单层钢筋网，锚杆采用ϕ28mm螺纹钢筋制作，设计长度为12m，锚孔横竖间距均为3m，每个锚孔位置按照“十”字形横纵向布置2根ϕ16加强通长钢筋，锚孔孔径为ϕ130mm，倾角为25°。注浆采用水灰比为0.5的素水泥浆灌注。锚杆挂网喷射混凝土每隔10m设置一条伸缩缝。

4. 坡面修整

使用机械或人工清理坡面浮土，根据实际地形将坡面清理平整。

5. 排水系统修缮

(1)仰斜排水孔

分别在距路基2.0m和9m高位置各布置一排孔径为ϕ110mm的仰斜排水孔，安装PVC花管。排水孔间距为6m，底部一排排水孔仰角为5°～8°交替，孔深20m，上部一排排水孔仰角为8°，孔深15m。

(2)面层泄水孔

在要做挂网喷射混凝土的坡面上预留泄水孔，孔间距为2000mm×2000mm，孔深0.50～1.0 m，孔径不小于ϕ50mm，孔底设置反滤层。

(3)边坡截水沟

在高边坡周界随地形坡度变化设置一道梯形截水沟，以拦截坡外地表水。

6. 格构梁间植草

为稳定边坡，在框架格构梁中采用客土喷播生态防护工程技术。

三、施工方法及工艺

为保证边坡的稳定和施工安全，各工序在保证主要施工顺序和工艺要求条件下，可以统筹安排，加快施工进度。在施工过程中，应先施工下部锚拉式框架梁，然后再进行一级平台面上其他工程的施工。

1. 坡面修整

使用机械进行土方作业时，应严防出现边坡超挖，必要时应采用人工清坡修整，以保证边坡平整符合设计规定的坡角。

2. 预应力锚索施工

(1)锚索孔必须按设计图纸布置的孔位精确定位。

(2)成孔采用 MK—5 型全液压回转钻机，用 ϕ120mm 的螺旋钻杆配 CIR90D 冲击器接 QT90D 钎头干钻成孔，应尽量减少对钻孔周围土层的扰动。用 0.2～0.4MPa 的高压风冲 5min 左右，将孔中岩粉或地下水全部清除孔外，以免降低水泥砂浆与孔壁岩体的黏结强度。

(3)锚索材料必须达到设计强度要求，保证质量。钢绞线根据钻孔的实际长度用切割机切断，孔外预留 1.2～1.5m 左右，穿过框架梁、预留拉拔长度，同一孔钢绞线必须等长。

(4)清除钢绞线上的污物、锈斑后做防腐处理，自由端涂防腐剂后，打磨钢绞线前端后，再涂黄油套塑料管，塑料管在锚固段与自由段处密封处理。

(5)制好的锚索平顺地放在工作台架上，不能放在地上，不得沾上泥土、油污等任何杂物。

(6)注浆用孔底注浆法，注浆时应缓慢搅拌浆液，浆液灌注必须饱满密实，应进行二次补浆。注浆材料固化前不得移动锚索。

(7)锚索张拉必须等孔内浆体强度达到其设计强度的 80%后进行。张拉前应检查锚具等设备，并对张拉千斤顶油泵进行标定，给出千斤顶出力与压力表指示曲线，标定时千斤顶最大出力应大于锚索张拉最大值。

(8)锚索张拉要逐级进行，张拉时应对锚索伸长及受力做记录，核实伸长与受力是否相等。每级补偿张拉稳定时间为 5min，最后一级补偿张拉稳定时间为 10min。

(9)张拉结束后，锚头部分应涂防腐剂，再用 C25 混凝土封闭。

3. 锚杆施工

(1)锚杆孔位测放应准确，偏差不得超过±3cm。考虑沉渣的影响，为确保锚杆深度，实际孔要大于设计深度 0.3m。当成孔过程中遇有障碍需调整孔位时，不得损害支护原定的安全程度。

(2)成孔严禁用水钻进，以确保锚杆施工不影响边坡的工程地质条件。

(3)锚杆成孔孔径为 ϕ130mm，成孔后，进行清孔检查，对于孔中出现局部塌孔或掉落松土应立即处理。

4. 框架梁施工

(1)施工前必须对框架梁进行放线定位，施工时按放线位置进行。

(2)框架梁施工在浆砌片石护坡上，保证框架梁与砌石坡面密贴。

(3)框架横梁、纵梁采用C25钢筋混凝土现场浇筑，节点处振捣密实。

(4)3根纵梁及其所连的3根横梁组成一片框架，每片框架整体浇筑，一次完成。两片框架梁之间设置2cm伸缩缝，内填沥青麻丝或沥青木板。

(5)先施工锚索，再施工钢筋混凝土框架梁，待锚固体及框架强度达到设计要求时，方可进行锚索张拉、锁定。用C25混凝土将锚头作封闭保护处理，要求整齐、美观。

(6)框架梁整体必须横平竖直，美观大方。

5.格构梁施工

(1)施工前必须对格构梁进行放线定位，按放线位置施工。

(2)格构梁施工时，先清理坡面，再进行刻槽、现浇混凝土。格构梁采用C20钢筋混凝土现场浇筑，节点处振捣密实且两片格构梁之间设置2cm伸缩缝，内填沥青麻丝。

6.排水系统施工

(1)仰斜排水孔采用干法钻孔，成孔后采用高压风清孔，下入PVC花管。

(2)坡顶梯形截水沟，施工时可结合实际地形情况进行放线施工。

第三节　注浆钢锚管技术与应用

注浆钢锚管为近年来新推广采用的一项边坡治理技术，该项技术措施如同钢筋砂浆锚杆一样，与坡面成一定角度由潜孔钻机成孔置入钢锚管并注入水泥砂浆构成锚管体达到稳定边坡的目的。其优点是可以通过注浆压力调整和二次注浆增加锚孔周边岩土的吸浆量，达到固化锚孔周边破碎岩土和提高锚管体的锚固力的双重复合作用，改善岩土结构，增强岩土自身凝固力和坡脚抗压能力，提高边坡的自然稳定性。此项技术适用于破碎岩层、断裂带、软弱岩层及地下水丰富的边坡。本节以本项目K44＋500～K44＋800段右路堑右侧高边坡为例，简单介绍注浆钢锚管在该边坡中的施工应用。

一、工程概况

本项目K44＋500～K44＋800段右路堑右侧高边坡位于广梧高速公路第4合同标段，离云浮市区西约6km，该边坡高约25m，为三级边坡，第三级坡坡高约为5m，坡率为1∶1.5，第一、二级坡坡高均为10m，坡率为1∶1.25，各级坡之间均设2m宽平台。该边坡山背为一小型硫铁矿采矿区。根据地质资料揭露及开挖出露地层情况，该边坡岩土主要为灰褐色含煤地层，部分地段夹炭质灰岩，含煤地层手捏易碎，空隙发育，开挖时正值雨季，未及时支护的地段易被雨水冲刷成一条条小沟，并发生崩塌滑溜现象。根据广—梧一期马安至河口已运行的高速公路边坡调查，一期工程对煤系土边坡采用片石拱墙的方式进行支护，表面进行植物绿化，雨季时因煤系土土质疏松，孔隙发育，在饱水状态下，多处边坡发生滑溜现象，给高速公路正常运营带来了一定影响，并不得不花更大的人力物力进行处理。总结一期的设计施工经验，因此该边坡主要采用钢锚管注浆和格子梁的方式进行防护。

二、地质条件

该山体上覆坡残积层及炭质页岩的强风化层的厚度大于20m，土体松散，边坡具有不良地质现象的地貌形态，稳定性差。岩体中发育有倾向临空的不利结构面，下伏为弱风化、微风化炭质灰岩；因山体背后为小型硫铁矿，经多年的开挖，山体背后已坑坑洼洼，雨季时形成了大小不等的水塘及水洞，给边坡强有力的地表水补给，雨季时边坡局部有渗水现象，且软硬土体变化明显，如岩土界面，是滑坡体的主要滑动面。因坡体土质疏松，雨季时易形成大小不等的"V"字形冲沟，加强了对山体的切割和地表水的渗透，给边坡失稳造成更大的影响。

三、边坡综合治理措施

根据上述情况，为了坡体的安全、稳定，本边坡采取钢锚管注浆框架为主，辅以网格骨架植草，调整坡率，增设排水设施等综合治理措施。边坡开挖后，通过对坡体分析，坡体存在潜在滑动面，为避免坡面产生滑动，在一、二级坡面上设置钢花管框架，一级坡面钢花管长度为11.5m，二级坡面钢花管长度为8.0m。一级坡面钢花管布置为四排，间距为3m×3m，共256根钢花管；二级坡面钢花管布置为4排，间距为3m×4m，共192根钢花管。格梁框架采用30cm×30cmC25钢筋混凝土梁。

钢锚管格梁的施工工艺主要有以下几个方面：

(1)成孔。坡面开挖完成检查合格后，按设计要求测量放线测定孔位，搭设钢管脚手架及施工平台，并保证脚手架牢固稳定，钻孔设备采用MD100宣化探矿机械厂锚杆钻机和英格索兰工程机械有限公司600型空压机。采用17m^3空压机供风潜孔钻无水干钻成孔，孔径100mm，钻杆与水平夹角为20°，孔深按设计图纸要求并多钻50cm，完成成孔后由现场监理验收。

(2)钢锚管制作工艺。钢花管采用直径ϕ60mm，壁厚4mm的热轧无缝钢管制作，沿管壁用台钻呈梅花型钻ϕ6～8mm小孔，并在管底焊一厚5mm、直径与钢花管外径相等的封端钢板，钢板中心留一个ϕ20～ϕ22mm的圆形孔，再在钢板焊ϕ16mm钢筋制作的U形托架，钢花管外壁孔眼处缠绕特制胶带封孔，胶带沿孔眼螺旋式缠绕3层，然后每隔30cm左右绕钢管外壁缠绕一周固定，缠绕前将管壁清理干净，胶带压平粘牢。二次注浆时，钢锚管管口加钢盖密封，管口与钢盖之间设密封圈，钢盖留置排气阀及在两侧留ϕ20mm的孔眼，方便穿螺杆来固定密封盖。制作完成后由现场监理验收合格后安放进经验收的孔内。

(3)钢锚管注浆。钢锚管进行二次注浆。当钢锚管安放入孔后进行第一次注浆。第一次注浆采用M30水泥砂浆，浆液通过注浆管从孔底自下而上反向压浆，将孔底残留的碎渣压出孔外，当孔口流出浆液10～15s后，可停止注浆。第一次注浆完成后，立即进行封孔处理。封孔方法是现将钢锚管外壁周围约50cm深的土层进行清理，清理管径约比管径大10cm，清理好后，先用注浆水泥袋围着钢锚管填塞至孔口以下1m左右，并用钢钎沿钢管四周振捣密实。配置水玻璃液和水泥砂浆液，双液混合搅拌均匀倒入孔内0.5～1.0m深，双液凝固后，上部再用水泥砂浆封孔。第一次注浆完成2～3h后，进行第二次高压注浆，采用M30纯水泥浆，注浆压力为1.5～1.8MPa。先在孔口安装密封盖，上部连接高压注浆管，打开排气阀进行高压注浆。注浆完成后应及时清洗注浆设备。注浆时应严格控制配合比，水泥浆要搅拌均匀，保证搅拌时间，搅拌好后的水泥浆采用筛网过滤，以防堵管，保证注浆质量和效果；注浆过程中应注意观察注浆泵和孔口压力值的变化及注浆量的变化，注浆过程中采用注浆压力控制和注浆量控制，当注浆压力在1.5～2.0MPa而注浆量很小时或注浆量是第一次注浆量的3～5倍时，该孔注浆即可结束。在第二次注浆时派专人观察边坡有无溢浆情况，及时调整注浆压力和措施，保证边坡稳定安全。

(4)坡面防护。为防止雨水冲刷表层土，格梁施工完毕后，坡面采用三维网植草。首先平整坡面，人工清除坡面块石及杂物，保证三维植被网与坡面紧密结合。铺网时，顺坡铺设，并保持网平整，不产生褶皱，网之间重叠搭接，搭接宽度10cm，让网尽量与坡面贴附紧实，防止悬空；并采用U形钉固定。覆土时分层多次填土，并洒水浸润，至网包层不外露为止，以保证覆土充满网包，且不压包。播种时选择适合当地生长的根系发达的草种，并掺入种子量30%～40%灌木种子，喷播时草籽与肥料应充分拌和均匀，喷播后及时加盖无纺布并及时做好洒水、病虫害防治及不播等养护工作。

四、几点认识

(1)广—梧高速公路K44＋500～K44＋800右侧路堑边坡为煤系土边坡，土体松散，地下水丰富，其局部坍滑变形和破坏严重，根据该高边坡病害的特征和规律，采用钢锚管注浆格梁结构进行工程整治，达到安全可靠和经济合理的目的，并为治理此类路堑边坡病害探索一种新的防护加固模式和治理思路。

(2)对于复杂路堑边坡防护加固工程，由于地质条件复杂，应做好坡体监测与预报工作，结合现场实际开挖揭示地层信息及坡体结构条件进行必要的调整与完善，即进行动态设计和信息化施工，使其经济、安全可靠。

第四节　压力分散型预应力锚索技术与应用

本项目K52＋450～620段，长170m，左侧为路堑高边坡，最大坡高39.4m，边坡为第四系残坡积亚黏土、上三叠系小云雾山组炭质页岩和煤系地层及其风化层组成，地质岩性属于特殊岩性，坡内地下水活跃，有劣质煤层出露。此类边坡开挖，易形成崩塌、滑坡，尤其在雨季，土体湿水易散。针对该段特殊地质，采用了近年来的一项新技术——压力分散型预应力锚索框梁加固，锚索长26m，其中锚固段长10m，框梁整体嵌入坡体，并采用喷混植生进行坡面防护。

一、压力分散型预应力锚索应用条件及作用机理

1.压力分散型预应力锚索应用条件

按照锚筋体结构的传力特征，一般可分为拉力型锚索、压力型锚索和荷载分散型锚索。荷载分散型锚索又可分为拉力分散型锚索、压力分散型锚索和拉压分散型锚索。而压力分散型预应力锚索是近年来发展的一项新技术，克服了传统拉力型预应力锚索承载力与锚固段长度非线性增长、黏结应力峰值突出、防腐性能较差等性能缺陷，形成了具有独特传力机制和良好工作性能的单孔复合锚固体系，对于含煤地层、地下水丰富等不利锚索防腐的边坡，可以考虑采用压力分散型锚索这种新的结构形式进行处理。

2.压力分散型预应力锚索作用机理

压力分散型预应力锚索索体采用独特的结构构造和施工工艺，在一个钻孔中安装若干个锚索单元，每个单元都有自己的杆体和锚固段，在张拉时分别承受相同的工作荷载。锚索总的锚固力由分散布置于钻孔不同深度处的这些单元锚索的锚固段来共同承担，并利用各单元的承载体将无黏结锚索的拉力转化为对锚固段注浆体的压力，从而将锚索总的锚固力以压力形式分散作用于不同深度的岩土体上，将锚索锚固段受到的集中拉力分散为几个较小的压力区，分部段作用于较短的锚固体上，使锚固体与周围岩土的黏结应力峰值大幅降低并较均匀地分散到整个锚固段长度上，从根本上充分发挥了岩土的抗剪强度，显著地提高了锚索的承载能力。因为压力分散型预应力锚索的灌浆体由受拉改为受压状态，灌浆体不易开裂，有利于锚索

体防水、防腐。

3. 压力分散型预应力锚索结构

本工程压力分散型锚索的锚索体是采用无黏结钢绞线，锚索长度为26m，其主体结构由自由段(16m)和锚固段(10m)组成，压力分散型锚索结构由2个以上单元锚索组成，每个单元锚索常采用2根高强度、低松弛的无黏结钢绞线(直径15.24mm，强度1860MPa)通过特制的挤压簧和挤压套对称的内锚于钢质承载板上组成。各单元锚索的固定长度分别为L_1、L_2、L_3(一般$L_1=L_2=L_3$)，共同组成复合型锚索的锚固段。钢质承载体采用45#钢加工制作，厚度不小于2cm。对于各单元内锚承载体结构组装，前期施工是用铁丝将安装挤压套后的钢绞线单元对绑缚于钢质承载板上组成承载体，施工费时且较粗糙，固定质量不易控制，并将影响荷载分布与承力效果。后期对单元内锚承载体结构组装进行了改进，增加了限位片，通过螺栓与钢质承载板的连接，固定安装挤压套后的锚固承载体，施工更为简便，且质量更容易控制。

二、压力分散型预应力锚索施工与试验

1. 放孔位

在已达到设计坡率并完成坡面清理的边坡上根据图纸所示锚孔孔位放样。孔位纵横误差不得超过±50mm，高程误差不得超过±100mm。当坡面特别不平顺或场地特殊困难时，经设计和监理单位认可后可适当放宽定位精度或调整孔位。

2. 搭设支架

施工支架(脚手架)应满足相应承载能力和稳固条件，宜采用建筑钢管脚手架。

3. 钻孔

钻机准确安置后即可钻进。应采用潜孔钻机无水干钻，禁止开水钻进，以保证孔壁的黏结能力并防止恶化边坡岩土工程地质条件。如遇地层松散、破碎时，应采用跟套管的钻进技术；如遇塌孔、缩孔等不良钻进现象时，应立即停钻，及时进行固壁灌浆处理(灌浆压力0.1～0.2MPa)，待水泥浆初凝后重新扫孔钻进。当地下水或承压水丰富时，应先设置排水孔导水。钻孔孔径不得小于设计值，孔深应大于设计0.5m以上，钻孔倾角允许误差为±110°，方位允许误差±210°，用地质罗盘仪检查。

4. 清孔

钻孔完成后，使用高压空气将孔内岩粉及水体全部清除出孔外，以免降低水泥浆与孔壁岩土体的黏结强度。清孔后进行验孔，合格后应尽快穿锚索，放置时间不宜过长。

5. 锚索的编制及安装

(1)编索在工作平台上进行，钢绞线的下料长度等于锚索设计长度＋锚索框梁厚度＋张拉千斤顶长度＋锚具厚度＋张拉操作预留量。

(2)截取钢绞线前，对线材要进行检查，对无黏结钢绞线套管有破损的进行修补，对钢绞线有机械损伤或锈蚀的放弃不用。

(3)截取钢绞线用切割机，不允许用电焊或气割，截好的钢绞线平顺地置于工作平台上，每孔压力分散型锚索有6根分为3组，每组2根，端部分别用红、黑、白3种颜色油漆标记。

(4)在锚固段每隔1.0m设置一个扩张环，自由段每隔3.0m设置一个扩张环，钢绞线不得相互缠绕并保证承载体位于钻孔中部。

(5)每根锚索由6根$\phi15.24$mm、$f_{pk}=1860$MPa的高强度、低松弛无黏结钢绞线组成，锚

具为 OVM 型。

(6)每孔锚索的锚固段共有 3 个长度相等的单元($L_1=L_2=L_3=3.33$m)，每个单元由 2 根无黏结钢绞线内锚于钢质承载体组成，注浆管与锚索一起编入索体，从承载板中间穿过。

(7)编索完成入孔安装前，应用高压风清孔一次。索体宜用人工缓慢从孔口送入，避免锚索体扭曲。

6. 压浆

穿索完毕应立即压浆，以防坍孔。压浆采用孔底返浆方式注浆直至孔口溢出浓浆液或排气管停止排气。注浆材料采用纯水泥浆，稠度宜为 14～18s，水灰比为 0.4～0.45，设计强度 30MPa。施工选用配合比为：水泥∶水＝1329∶531，水灰比为 0.4，掺加高效减水剂，掺量为水泥用量的 0.75%。注浆压力不小于 0.4MPa，宜先压下排锚孔，后压上排锚孔，以防串浆。当用浆量明显超出设计时应分析原因，做好记录并报请监理和设计代表签认。

7. 混凝土框架施工

框架为现浇混凝土，采用常规施工方法。绑扎钢筋前应在坡面设砂浆垫层。特别注意锚垫板安装要准确，保证锚垫板与钢绞线轴向垂直，防止将来张拉时应力集中或造成钢绞线断丝，并加强锚孔周围混凝土的振捣。两框架接触处留 2cm 宽伸缩缝，用浸沥青木板填塞。务必确保框架紧贴坡面，不得悬空。超挖坡面应用片石或混凝土补平，欠挖坡面应开槽。

8. 张拉及封锚

(1)锚斜托台座的承压面应平整，并与锚索的轴线方向垂直。

(2)当锚索体浆液凝期达到 15d(加早强剂)～20d 和锚梁混凝土强度大于 20MPa 后方可进行张拉。

(3)张拉前须对千斤顶和仪器标定、调校。

(4)锚具及张拉设备的配套。严格按照设计要求，严格选用设计中注明的锚具规格，采用配套的张拉设备与锚具，避免导致锚索回缩量较大而造成预应力损失过大。

(5)锚具安装应与锚垫板和千斤顶密贴对中千斤顶轴线与锚孔及锚索轴线在一条直线上，不得弯压或偏折锚头，确保承载均匀同轴，必要时用钢质垫片调满足。

(6)锚索之间的张拉顺序。由于张拉设备数量所限，不可能对所有锚索进行同时张拉，因此，张拉顺序可采用由中梁开始，逐步向梁的两侧过渡的循环张拉，这样对反力结构的受力及减小锚索的预应力损失方面均有很大的益处。锚索预应力损失过大时，可采用补偿张拉来加以调整，补偿张拉一般在上次张拉后的 20d～30d 后进行，可减小预应力损失 30%～60%，但补张拉次数一般不超过 3 次，也切忌打击夹片。

(7)压力分散型预应力锚索每一锚固单元单独张拉，张拉顺序应自外向里依次进行，即先张拉第 1 锚固单元体(靠外端)，最后张拉第 3 锚固单元体(里端)，超张拉力值为设计力值的 1.10 倍，张拉按设计拉力的 25%、50%、75%、100%、110%进行，每级荷载持荷 5min 以上，方可施加下级荷载，超张拉荷载 30min 后无异常即可锁定，并分别记录每级荷载对应锚索体的伸长量，做好记录，张拉时锚索体受力要均匀，发现异常情况应分析原因，并及时处理解决。

(8)锚头封锚。锚索锁定后，做好记号，观察 3d，无异常情况即留长 10cm 后使用手提砂轮机切割多余钢绞线。最后用水泥浆注满锚垫板及锚头各部分空隙，并按设计要求支模，用 C25 混凝土封锚处理。观察 3d 期间，如预应力(锁定吨位)有明显下降，需重新张拉锁定；若预应力严重下降(超过设计吨位 10%)时，应报业主及设计单位，分析原因，采用相应工程处理措施。

(9)锚索的试验

锚索试验可分为基本试验(抗拔拉破坏试验)、验收试验和蠕变试验 3 种。除非有设计要求或监理指令，一般只需进行验收试验。验收试验锚索的数量为总数的 5%，且不少于 3 索。最大试验荷载为设计轴向拉力值的 1.5 倍。

试验结果表明，这种压力分散型锚索结构的预应力锚固效果比较好，安全系数符合规范要求，可以充分利用地层强度，实现较高的锚固力；各锚固段分散布置，其应力分布均匀，注浆体与地层界面的黏结强度沿锚固段全长得到发挥，大大提高锚索的承载力；各级单元锚索经循环荷载作用后承载能力提高，产生塑性位移变小，大大提高了边坡的稳定。

第五节　边坡的监测与平行监测

本项目对路基边坡、不良地质段边坡采取施工单位观测与第三方平行监测相结合的观测方案。通过监测及时防止了一些边坡的滑塌。

一、监测目的

路堑边坡施工监测主要有以下目的：

(1)监控路堑边坡施工开挖过程的变形—位移动态，为施工决策提供依据。

(2)根据边坡监测成果，分析并评估边坡的安全(稳定)性，有针对性的动态调整设计。

(3)为竣工验收提供监测科学数据，为运营养护储备技术档案资料。

二、监测项目与监测方法

《公路路基设计规范》(JTG D30—2004)3.7.8 条对挖方高边坡提出边坡工程监测项目要求选用的项目如表 3-5 所示。

路堑边坡监测项目　　表 3-5

监测内容		监测方法	监测目的
地表监测	水平位移监测	全站仪、光电测距仪	观测地表位移、变形发展情况
	垂直变形监测	水准仪	
	裂缝监测	标桩、直尺或裂缝计	观测裂缝发展情况
地下位移监测		测斜仪	探测相对于稳定地层的地下岩体位移，证实和确定正在发生位移的构造特征，确定潜在滑动面深度，判断主滑动面深度，判断主滑动方向，定量分析评价边坡的稳定状况，判断边坡加固工程效果
地下水位监测		人工测量	观测地下水位变化与降雨关系，评判边坡排水措施的有效性
支挡结构变形、应力		测斜仪、分层沉降仪、压力盒、钢筋应力计	支挡构造物岩土体的变形观测，支挡构造物与岩土体间接触压力观测

实践中，综合考虑设计文件、设计与施工相关规范，提出测斜、锚索测力、地表位移 3 个测试项目，其中测斜与地表位移设计文件和规范明确要求设置，锚索测力项目设计规范有明确要求，且适用于本工程煤系地层分布广、锚索预应力损失大的工程特点，也非常有必要设置。

1. 边坡内部深层水平位移监测

边坡深层位移监测在边坡适当位置建立测斜孔，并进行定期测取变形位移数据，是反映边坡变形、位移最直观和有效的方法，可了解边坡施工过程及竣工后所处状态(稳定度)。

坡体位移采用测斜仪观测，由倾斜测量结果计算得到坡体水平位移沿深度的分布。

边坡测斜观测点的埋设及其监测方法如下：

(1)测斜管的埋设。在边坡的分级平台处按测量深度钻孔埋入测斜管并加以固定。

(2)测斜方法与步骤。测量时，将测斜仪探头(内装石英挠性伺服加速度计)伸入测斜管按拟定测点间距内上下滑移，即可在测读仪显示屏上直接读得加速度的偏值(为消除加速度计零偏影响，测试时采用正反两次测试)，然后在计算机上通过数据处理软件从测读仪中接受数据并进行偏移量计算和图表绘制，得出位移累计总值，并可计算每一测次得边坡位移直观数值和图表。

2. 锚索拉力监测

锚索拉力监测是测量锚索体锚固锁定后在施工和使用过程锚索拉力的变化情况，分析锚索体的受力状况是否在设计的安全使用范围以及需否采取补强措施，并可分析锚索体预应力损失的规律。尤其适用于本工程煤系地层分布广、预应力损失大的特点。

监测方法为：在锚索打设的工程中，在锚头处安装锚索测力计，并按设计拉力张拉锁定后，定期对测力计读取读数，并计算相应锚索的实际拉力，进而分析边坡的稳定状态。

3. 边坡表面位移监测

在边坡的表面安装埋设(一般在边坡平台)固定监测点，与边坡相对的高速公路另一侧的稳定位置设置埋设强制对中观测墩，在基准点采用全站仪通过强制对中法观测边坡表面的位移。该方法除可较准确地得出边坡表面位移外，另一优点在于，当边坡位于某些危险状态时，观测人员不需到达测点，远离边坡即可进行监测。

三、监测频率

测点埋设后即开始监测，一般来说监测过程持续至边坡加固工程完成后 6 个月或当年雨季结束后 3 个月，如无明显位移即可结束。

在此期间的监测频率按表 3-6 控制。

边坡监测频率　　表 3-6

时间	坡面变形观测点	深层水平位移	锚索应力监测	
正常情况	开挖施工期及开挖完成后一个月内	1 次/15 天	1 次/15 天	1 次/15 天
	开挖完成后一个月至监测期	1 次/30 天	1 次/30 天	1 次/30 天
雨季情况	雨季期间	1 次/周	1 次/周	1 次/周
	大、暴雨期后 3～5 天内	1 次/天	1 次/天	1 次/天

监控频率需要根据各断面工程地质特点、填筑情况、降雨情况等予以调整。关键时段加密观测，起到高效、动态指导施工的目的；相对较安全的情况应适当减少不必要的观测次数。

四、动态监控标准

边坡稳定性评价主要根据以下几个方面进行综合判断：

(1)最大位移速率小于 2mm/d。

(2)边坡开挖停止后位移速率呈收敛趋势。

(3)坡面、坡顶有无开裂,裂缝的变化趋势如何。

(4)锚索预应力的变化是否存在突变现象。

在实际监测的过程中,如果出现有上述一点或几点现象时,都应引起注意,并通过其他项目的监测资料相互进行对照、比较分析,以进一步讨论边坡的稳定性,以便及早发现安全隐患情况,采取相应的补救措施。

五、监测技术要求

1. 设备制作与安装要求

(1)监测基准点控制网的设置

利用施工控制点作为位移监测控制点。鉴于监测控制基点对监测结果的重要性,有必要定期校核控制点的坐标和高程。施工期每月校核一次,坐标校核采用控制网的方法。控制点标高校核采用与国家二等以上水准点闭合水准测量的方法,精度二等。在校核中如发现所设置引用的控制点有变化,应及时予以更正,避免引起监测数据的偏差。

基准点设置建议使用以下测量仪器:

①全站仪。一级精度全站仪,测角中误差±1″,测距中误差$\pm 1\times10^{-6}\cdot D$(mm)。

②水准仪。高精度电子水准仪,配合精码铟钢标尺,精度 0.4mm/km。

(2)深层水平位移(测斜)监测安装及埋设

目前常用的测头是伺服加速度计式,其构造大致可分为伺服加速度计式测头、测度仪、电缆、测斜管 4 部分,如图 3-5 所示。

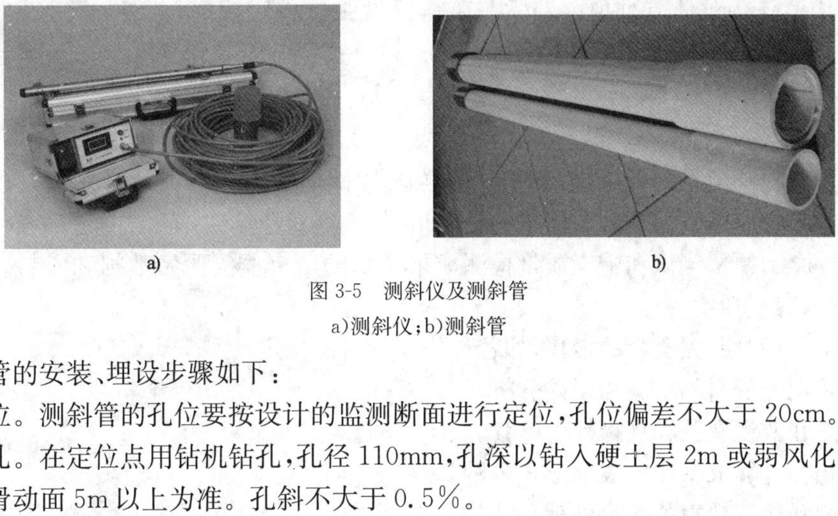

a)　　b)

图 3-5　测斜仪及测斜管

a)测斜仪;b)测斜管

测斜管的安装、埋设步骤如下:

①定位。测斜管的孔位要按设计的监测断面进行定位,孔位偏差不大于 20cm。

②钻孔。在定位点用钻机钻孔,孔径 110mm,孔深以钻入硬土层 2m 或弱风化岩层,且超过潜在的滑动面 5m 以上为准。孔斜不大于 0.5%。

③下管。将测斜管逐节组装并放入钻孔内,测斜管底部装有底盖或管帽,管内注满清水辅助下沉。下管过程中,要扶正整个管身,导槽的方向应与需测量的位移方向一致,即垂直填土边线或开挖边线。测斜管尽量减少接头,需接管时,导向槽方位应对正,注意螺丝不能拧过紧,而使管身变形导致测量仪器放不下去。如遇塌孔,需清孔后方可再下管。

④回填。测斜管下入钻孔内预定深度后,投入泥球或用砂填实,固定测斜管,不允许架空。

⑤初测。测斜管固定完毕,用清水将测斜管内冲洗干净,用测头模型放入测斜管内,沿导

槽上下滑行一遍，由于测头是贵重仪器，在未确认测斜管导槽畅通时，不得放入真实的测头。确定上下畅通后，量测测斜管导槽方位、管口坐标及高程，及时做好孔口保护装置，做好记录。

⑥填写埋设考证记录表。每根测斜管均应有埋设考证记录表，内容包括现场负责人、埋设位置(段面编号、与填土边线距离等)、埋设时间、地质描述、埋设深度、接管深度、导槽方向测量等。

2. 现场测试及精度要求

(1)地表位移观测

地面水平观测仪器与精度：当采用视准线法观测时，观测仪器采用光电测距仪；当采用单三角前方交会法观测时，可采用 2″级全站仪。观测精度误差≤±2mm；方向观测水平角误差≤±2.5°。

(2)深层水平位移观测

根据工程情况的分析，确定要测试的方向数，一般要测试一个方向或两个方向，一个方向测试正反两次目的是消除零位偏差。测试方向确定后，将导轮对准可能倾斜的方向，以便绘图时，符合一般的坐标习惯，以后每次测量时都应遵循第一次测试的先后方向。

测量时将测头对准测斜管导槽，放置测斜管底部，静置几分钟，待读数稳定后开始测读(每提升 0.5m 测读一次)，再将测头旋转 180°按上述方法进行测量(两次测读的位置应相同)，将同一深度处两次读数相减以消除测斜仪本身的系统误差。测斜综合误差：≤4mm/15m 深度。

(3)锚索应力观测

测力计安装在孔口垫板上，应和孔轴垂直，偏斜小于 0.5°，偏心不大于 5mm。测力计安装就位后，加荷张拉前，应准确测得初始值和环境温度，反复读测，二次读数小于 1%(F·S)，取其平均值作为观测基准值。锚索与工作锚索张拉程序相同，分级加荷张拉，逐级进行张拉观测，一般连续 3 次读数差小于 1%(F·S)为稳定。张拉结束后，进行锁定后的稳定观测。

3. 数据整理、分析要求

资料的收集、整理是分析反馈的基础，监测或测试完毕后应当天及时整理。在整理过程中，可对数据作必要的数据处理和简单计算分析，但不得对原始数据和数据库做任何修改。搜集包括地质勘察、原位测试和施工质量检测成果在内的所有监测原始数据和资料。资料整理的主要工作内容包括：

(1)监测和检测有关资料的搜集，如各种仪器设备的标定。

(2)原始观测资料的检验和误差分析。

(3)检测和监测有关物理指标的计算。

(4)将相关计算成果用图表的形式表示。

(5)监测和检测数据的光滑处理。

初步分析和异常值的判别、剔除，对原始数据进行可靠性检验和误差分析，再根据项目要求，计算有关指标。

六、监测工作程序与信息反馈

1. 监控工作程序

主要监控程序为：边坡开挖至埋设仪器位置→测点仪器埋设→初测与调试(若不满足，则重新埋设)→继续开挖边坡→动态跟踪监测→满足稳定标准(若不满足,则停挖或其他措施)→开挖完毕→继续监测→满足稳定标准(若不满足,则加固)→竣工。

2.监测报告编制

实测的新旧路基变形信息经过整理分析,以定期报告的形式向业主、监理汇报,以对施工过程起指导作用。

所有报告均采用表格或关系曲线图的形式表示,并作说明。

(1)监测月报

监控资料要求当天整理及时分析,为加强对边坡施工的指导和控制,每月提交一份监控报告,并在监控工作完成后3个月内提交最终总结报告。

报告主要内容包括监测工作概述、测斜观测成果图表、锚索应力观测图表、地表位移观测图表、监测分析与结论。

(2)监测警报

在边坡开挖期间,只要监测指标超标或有危险裂缝等情况,即可发出。监测警报的内容包括监测到的异常情况、测斜观测成果图表(重点是位移速率、累计位移量等)、锚索应力观测图表(重点是锚索应力变化等)、地表位移观测图表(重点是位移速率、累计位移量等)、场区内出现了裂缝等异常情况、原因分析与建议。

(3)总结报告

总结报告的主要内容:分析边坡的最终变形量、稳定状态,并根据各项监测及检测项目成果,针对边坡岩土的各项指标,比较其施工前后的变化,综合评价边坡的加固效果,并对工后监测提出建议。

3.监测信息反馈制度

(1)监控领导小组

监测工程实践表明,如果业主、监理与监测单位密切配合,则可以充分发挥施工监测的作用;否则,即使监测单位及时稳定报警,也可能由于施工单位不重视而造成边坡破坏事故。因此,为确保监控工作顺利开展,建议成立由业主、设计、监理、监控单位、施工单位组成的"监控领导小组",组长由业主派人担任,其他各单位分别指派1～2名工作人员。监控领导小组的主要工作有:

①协调工作。主要协调工作有施工与监测的配合工作、协调测点保护工作、协调资料报送工作、协调报警工作。

②统一监控断面的观测仪器、观测方法、观测表格、上报时间,并根据上报数据对其他边坡监控断面予以指导。

③对承包方的观测人员进行不定期培训。

④协助处理重大技术问题。如果发生滑坡等重大问题,监控领导小组协助有关部门确定相应措施。

(2)监测信息反馈程序

监控信息反馈程序包括监测信息报告程序及报警程序等。上述程序的顺利实施很大程度取决于建立一个运作有力的监控领导小组。如有监测断面监测指标超过控制标准,监测单位当天向驻地监理、总监办、业主工程部提交报警报告;如时间紧迫,报警可以先电话通知,随后书面通知。

第四章　路 基 工 程

山区高速公路质量通病很多，如桥头跳车、路基沉陷等，项目要求在建设过程中科学决策，精心施工。本节介绍本项目高液限土填筑路堤的试验及施工工艺参数研究、岩溶路基土洞注浆技术、台背涵侧回填技术与高速液压夯实机补强夯实技术研究、填石路堤填筑工艺与压实度控制、CFG 桩复合地基与管桩法加固及路基监测技术。

第一节　高液限土填筑路堤的试验及施工工艺参数研究

高液限土广泛分布于本项目 4～8 标段和 15～18 标段，其中以 6 标、7 标、18 标情况最为突出，仅 18 标就将近 140 万方，以黏土、粉土形式存在，呈褐黄色，是斑状粗粒花岗岩和钾长石粗粒斑状花岗岩等岩石风化形成的残积和坡积土。这些高液限土物理力学性质差异悬殊、工程特性差，其基本特征是液限高（ $\omega \geqslant 50\%$）、天然含水率远远超过最优含水率（ω 超过最优含水率 8%以上）、粗细颗粒含量极不均匀等。若直接用高液限土填筑路堤，路堤会产生难以压实、易翻浆、边坡坍塌等一系列病害。尤其是用在路槽时，由于其强保水性能，不但施工难以进行，完工后路堤水稳性极差。设计单位对高液限土的利用和改良给出了原则性的处理方案，但由于需利用和改良的土源分布路线长、土性变化大、各填筑区域对压实度和质量控制要求不同等原因，现场的施工实施和质量控制问题显得十分突出。为了保证路堤填筑施工能按质量控制要求顺利进行，及时掌握施工现场的变化信息，河海大学协助设计单位、监理单位和施工单位共同完成了高液限土的利用与改良以及填筑过程的质量控制工作方面的相关试验。经过近半年的室内试验、试验路施工和多次专家会论证，形成了具体改良方案。

一、高液限土填筑路堤的试验研究

1. 试验目的

为全面展开高液限土改良土方路基填筑施工，18 标在 K120＋745～K120＋845 段进行了路基填方试验段施工，试验段长 100m。试验目的是：

(1)确定适宜的松铺厚度。

(2)确定合适的施工工艺。

路基试验段在路基填前碾压及路基填筑过程中，严格遵守施工规范要求施工，按照施工监理实施办法的有关程序，进行路基试验段的整体施工，并获得真实的路基填筑试验数据。

2. 设备配置情况与质量控制标准

投入的机械设备如表 4-1 所示，高液限土填筑路基实测项目如表 4-2 所示。

高液限土填筑路堤机械设备 表 4-1

	机械设备名称	型号	状况	数量
机械设备进场情况	挖掘机	Pc320	良好	2 台
	装载机	ZL50	良好	1 台
	推土机	D6	良好	1 台
	18t 振动压路机	三一	良好	1 台
	水车	12t	良好	1 台
	自卸汽车	$13m^3$	良好	6 台
	平地机	Py185	良好	1 台
	旋耕机	东方红	良好	1 台
测量仪器与试验检测设备	满足高速公路路基工程测量放样及检测要求			

高液限土填筑路基实测项目 表 4-2

检查项目			规定值或允许偏差	检测方法和频率
压实度	填方(m)	1.5～4.0	≥90%	每 200m 每压实层测 4 处
		>4.0	≥88%	
弯沉(0.01mm)			不小于设计值	每一双车道评定路段(不超过 1 公里)检查 80～100 个点
纵断高程(mm)			+10、-20	每 200m 测 4 个断面
中线偏位(mm)			100	每 200m 测 4 断面
宽度(mm)			符合设计要求	每 200m 测 4 处
平整度(mm)			20	每 200m 测处×10 尺
横坡(%)			±0.5	每 200m 测 4 断面
边坡			符合设计要求	每 200m 测 4 处

3. 填筑过程

(1)试验用土

①该段填土使用 K120+600 处路基挖方用土，经项目部试验室和总监办中心试验室平行试验结果，该土为高液限土，掺 20%砂后 CBR 强度值为 5.49，满足现行标准要求。具体指标如表 4-3 所示。

试 验 用 土 参 数 表 4-3

液限(%)	塑限(%)	塑性指数(%)	素 土		掺 20%砂		<0.074mm 颗粒含量(%)
			W_{op}(%)	ρ_{dmax}(g/cm^3)	W_{op}(%)	ρ_{dmax}(g/cm^3)	
69.5	29.7	39.8	21.4	1.66	20.5	1.74	80.6

②取土时，首先采用挖掘机推除表层 30cm 表土至指定地点，适用填料采用挖掘机挖装，自卸车运输至试验段。

(2)填筑前的准备

①路基填筑前，已对原地面进行了合格土的填筑，压实度满足设计 93%要求，并经监理工程师检验确认合格。

②用全站仪准确测设路基每 20m 的中桩、边桩位置。为保证路基边缘压实度，路基两侧各加宽填筑 50cm。用水准仪测出该层填铺厚度控制桩的高程。

(3)土方填筑

①自卸汽车每车装土 $12m^3$，按松铺厚度 22cm 计算(掺砂压实后约为 20cm)，则每车卸料面积约为 $54.5m^2$。在填土范围内按 6m×9m 方格洒灰线，施工现场由专人指挥车辆按网格卸土。

②填筑采用纵向全断面水平填筑，宽度按设计宽度每侧加宽 50cm。

③土方铺完，推土机推平，用压路机全断面静压一遍。

(4)布格掺砂

在铺土平整静压后，根据事先计算确定的 20%掺砂量(中粗砂)，进行人工布格，按每格的用量进行掺砂，采用人工摊铺，设专人(试验人员)随时检验砂摊铺量是否均匀，对不均匀处及时进行调整，以满足砂、土的均匀性。每一层高液限土改良掺砂量的计算方法如下：

$$m=\gamma_d \times A \times 0.2 \times 20\%$$

$$V=m/\gamma$$

式中：m——掺砂质量(kg)；

γ_d——高液限土的干容重(g/cm^3)；

A——填土面积(m^2)；

γ——砂的堆积密度(kg/m^3)；

V——掺砂方量(m^3)。

根据该段试验路素土干容重 $1660kg/m^3$，砂土的干容重 $1740kg/m^3$，砂的堆积密度 $1481kg/m^3$，计算得 $1m^3$ 砂约铺筑 $22.3m^2$，实际按 5m×4.4m 进行布格。均匀布格掺砂理论计算厚度$=v/A=4.48$cm，经现场施工人员检测，厚度约为 4.5～5cm，掺砂量能满足要求。

(5)旋耕机拌匀

采用旋耕机拌匀，旋耕机粉碎遍数以满足土层的拌和均匀为止，即达到砂土层颜色一致，无灰条、灰斑、整体层位均匀一致，颗粒大小满足规范要求，现场确定旋耕遍数为 2～3 遍。

(6)碾压和压实度的检测

①碾压时，采用振动压路机先静压一遍，然后再振压至压实度达到规范要求止。碾压时先慢后快、先轻后重、由两侧至中间、轮迹重叠 1/2、最大速度不超过 4km/h，碾压时应确保均匀，无漏压、无死角、无明显轮迹。

②碾压开始后，试验工程师在辗压第二遍过后，每碾压一遍检测一次压实度，并将检测结果及时通知路基负责人并做好记录。

③根据现场检测，碾压 6 遍后，压实度能满足 88%要求。

④碾压第 7 遍。经检测压实度能满足 90%要求。

(7)掺砂量的检测

压实度检测完后，取相应点的土样进行室内洗筛试验检测掺砂量。主要试验过程如下：

①对要填筑高液限土素土样进行了颗粒分析，确定 0.074mm 的通过率。

②每层高液限土施工完毕之后及时进行压实度检测。

③将压实度检测后的砂土取样进行室内洗筛即颗粒分析试验，确定 0.074mm 筛孔通过率。

④将砂土和素土样进行对比。高液限土掺砂改良 20%掺砂量为外掺，即砂∶素土＝20%∶100%，是土和砂的质量比。素土和砂土进行对比时应把掺砂量化成内掺，即砂/砂土＝(20/120)%＝16.7%。由于施工中使用的是洁净的中粗砂，含泥量极小，对含泥量不予考虑。

每个砂土样的掺砂量＝素土 0.074mm 通过率－砂土 0.074mm 通过率，砂土样的掺砂量＞16.7%即为合格。

⑤由于规范对高液限土掺砂量的检测频率没有具体要求，可根据《公路路面基层施工技术规范》(JTJ 034—2000)要求作为参考，即 2000m^2 检测一次，或者按压实度的 20%进行检测。

(8)高程与横坡检测

压实合格后重新对填料顶高程和平整度进行检测，计算横坡度。

4.试验结果

(1)主要项目指标检测

①压实度。通过对检测结果的分析，第 7 遍压实后压实度能够达到 90%，平均为 91.1%。

②掺砂量控制。压实度检测完后，取相应点的土样进行室内洗筛试验检测掺砂量。经检测实际掺砂量均＞20%。

③压实后厚度。压实后厚度分别为：20.0cm、21.0cm、19.9cm、19cm、19.8cm。

工后各主要检测项目的检测结果满足规范及设计要求。

(2)合适的施工工艺

①填土与平整

对于要进行高液限土改良施工的路段，采用挖掘机装土、自卸汽车运至施工路段，并由专人指挥到指定位置卸料，同时用推土机进行整平，推土机整平后用平地机精平，平整后利用压路机在全宽的断面上静压一遍，并按要求严格控制松铺厚度为 22cm(符合旋耕机的旋耕深度)，掺砂压实后厚度约为 20cm。

②布格掺砂

在上土平整静压后，根据事先计算确定的 20%掺砂量(中粗砂)，进行人工布格，按每格的用量进行掺砂，采用人工摊铺，设专人(试验人员)随时检验砂摊铺量是否均匀，对不均匀处及时进行调整，以满足砂、土的均匀性。每一层高液限土改良掺砂量的计算方法如下：

$$m=\gamma_d \times A \times 0.2 \times 20\%$$

$$V=m/\gamma$$

式中：m——掺砂质量(kg)；

γ_d——高液限土的干容重(g/cm^3)；

A——填土面积(m^2)；

γ——砂的堆积密度(kg/m^3)；

V——掺砂方量(m^3)。

目前室内试验高液限土的干容重约为 1.6～1.7g/cm^3，20%掺砂量计算得掺砂厚度约为 4～5cm。

③旋耕机拌匀

采用旋耕机拌匀，旋耕机粉碎遍数以满足土层的拌和均匀为止，即达到砂土层颜色一致，无灰条、灰斑、整体层位均匀一致，颗粒大小满足规范要求，至少旋耕 2 遍，具体旋耕遍数施工时根据现场确定。

④碾压、检测压实度

采用压路机(18t，振动)，碾压时速控制在 1.5～1.7km/h，对于路基两侧为确保边缘压实，比相应的工作面增压 2～3 遍。碾压时，应重叠 1/2 轮宽，后轮必须超过两段的接缝处，后轮压完路基全宽为一遍。压路机的碾压速度，第一遍静压采用 1.5～1.7km/h，以后采用 2.0～

2.5km/h；碾压时遵循先边后中、先慢后快，先弱振再强振的原则；严禁压路机在已完成的或正在碾压的路段上调头或急刹车，以保证表面不受破坏；碾压的施工工艺为：静压1遍、小振2遍、大振2遍、小振1遍、静压1遍，合计7遍。

⑤砂量检测

压实度检测完后，取相应点的土样进行室内洗筛试验检测掺砂量。主要试验过程如下：

a.填筑高液限土素土样进行了颗粒分析，确定0.074mm的通过率。

b.高液限土施工完毕之后及时对其进行压实度检测。

c.将压实度检测后的砂土取样进行室内洗筛即颗粒分析试验，确定0.074mm筛孔通过率。

d.将砂土和素土样进行对比。高液限土掺砂改良20％掺砂量为外掺，即砂：素土＝20％：100％，是土和砂的质量比。素土和砂土进行对比时应把掺砂量化成内掺，即砂/砂土＝(20/120)％＝16.7％。由于施工中使用的是洁净的中粗砂含泥量极小，对含泥量不予考虑。每个砂土样的掺砂量＝素土0.074mm通过率－砂土0.074mm通过率，砂土样的掺砂量＞16.7％即为合格。

e.由于规范对高液限土掺砂量的检测频率没有具体要求，可根据《公路路面基层施工技术规范》(JTJ 034—2000)要求作为参考，即2000m^{2}检测一次，或者按压实度的20％进行检测。

二、高液限土改良措施

1.高液限土改良处理路段(K117＋250～K130＋517.5)

(1)填方路段路槽下1.5m必须用合格土填筑，其中0～0.8m压实度按96％控制，0.8～1.5m压实度按94％控制。路槽下1.5～4.0m如果采用高液限土填筑，则压实度按90％控制。路槽下4.0m以下，如果采用高液限土填筑，则压实度按88％控制。

(2)高液限土的利用应控制在路槽下1.5m以下，并采取相应的处置措施。通过晾晒碾压可以达到以上压实度要求的可直接填筑，直接填筑达不到要求的，主要采取掺20％砂(质量比)进行改良，并要求填料的CBR值满足规范要求，同时要做好包盖、隔水等技术措施。

(3)为减少工后沉降，对于填土高度大于8m的路段必须采用高性能压路机进行补压，具体措施如下：填至5m高时，采用高性能压路机碾压5遍，以后每填3m再压5遍。具体的高性能压路机施工由项目部做统一安排，各施工中队按上述要求对于填土高度大于8m的路段，填至5m高和以后每填3m时通知项目部相关人员及时做高性能压路机的碾压施工。

(4)当高液限土的实际各项指标与设计不符导致工程数量变化时，可通过业主、设计、监理和施工四方现场确认变更。

(5)高液限土填筑路段进行沉降观测与水平位移观测。

(6)高液限土不得用于浸水路基路段及填土高度超过14m的路段。

2.第二段落(K130＋762～K136＋071.319)

采用借土填方，直接填筑，压实度按《公路路基施工技术规范》(JTG F10—2006)表4.2.2-1的要求控制。

第二节　岩溶路基土洞注浆技术

岩溶地区土洞发育易引发地面塌陷。公路建设中，处于覆盖层的土洞对路基的影响非常严重。当土洞发展到顶板较薄而不能支持上部土体的重量时，地表可能突然塌陷。通过对土洞静压灌浆，灌注水泥混合砂浆，以提高土体岩层的稳定性和增加地基承载力，防止空洞受到进一步剥蚀塌陷。通过充填浆液，达到封闭空洞四周空隙、阻止地下水对空洞的进一步剥蚀，维持路基稳定。

本项目K36＋875～K41＋825共有75个土洞和纯土洞，根据土洞位置和大小，采用注浆法处理。设计钻孔共10766m，设计注浆量15861m^3，钻孔孔径为ϕ110mm。岩溶土洞分布在路基岩溶顶覆土高度4.9～15.0m的位置，岩溶厚度范围为2.5～17.0m，空洞最大体积2025.5m^3，位于K39＋466路段。土洞存在路基几米之下甚至十几米之下，分布层次较广，大小不一，处理难度较大。

一、土洞注浆处理技术

1.注浆施工工序

准备工作→测量确定桩位→钻机就位→钻孔至设计空洞顶部→钻至空洞底部检孔→布置注浆孔和排气孔→安装注浆管和排气管→开始注浆→达到注浆结束标准→清理施工现场。

2.土洞注浆材料

土洞注浆材料包括水泥、中砂、粉煤灰/矿粉、水。水泥为广东广信金鹰牌普通硅酸盐水泥，其强度等级为32.5R。粉煤灰为二级粉煤灰，产自云浮发电厂。中砂产自上六砂场。水为饮用水。

3.土洞压浆配比选择及配制运送

压浆施工配合比，通过实验室配比试验和经济比较分析（表4-4），采用压浆配合比2，即水泥∶粉煤灰∶砂∶水＝1∶2.58∶14.6∶3.68，能满足土洞填充材料的强度须达到1MPa以上的要求。根据实际钻孔得到的地质情况、空洞高度和土洞填充方量，初步推算水泥混合砂浆数量，反馈基地混凝土拌和站生产。其和易性良好，保证了水泥混合砂浆压浆的顺畅。其运输方式采用混凝土运输车，将其从混凝土拌和站运至各施工压浆点。

注浆配合比　　表4-4

项目／序号	水泥	粉煤灰/矿粉	砂	水	备注/稠度
配合比1	195	158/0	1460	353	
配合比2	100	258/0	1460	368	110mm
配合比3	120	258/0	1460	378	
配合比4	130	238/0	1460	368	
配合比5	195	0/585	585	468	

4.主要机械设备

（1）成孔设备：XB—100地质钻机。

（2）注浆设备：XHBT—150708小骨料混凝土输送泵。

（3）测量及监测设备：全站仪、DSZ2自动安平水准仪。

（4）其他辅助设备：50kW发电机、潜水泵等。

5.成孔技术

采用XB—100地质钻机成孔，根据勘探土洞的坐标平面位置确定钻位，相邻两孔布置间距为2m×2m，开孔孔径为ϕ110mm，一个为注浆孔，另一个为排气孔，两孔中取洞顶高程较高的钻孔作为排气孔。钻孔过程中要保证钻杆的垂直度,并可随时进行校验。考虑到土洞存在于路基底较深处,钻孔深度按勘探设计深度组织施工。当钻至设计空洞顶部发现空洞,则一直钻进空洞底部 0.5～1.0m 并布设注浆孔和排气孔。当未发现空洞时,则继续钻至设计空洞顶部高程以下 10m 或进入基岩 0.5～1.0m。对于覆盖土层厚度超过 15m 的土洞,当其宽度、长度均不超过 2m 时,不进行充填处置。

6.注浆施工

该工点为土洞,设计岩溶覆土高度 12.9m,设计岩溶厚度 11m,设计岩溶宽度 3m,长度 1.4m,体积 39.6m^3。空洞底部为基岩,空洞内有少量黑色填充物。空洞实际高度与设计高度存在偏差,据分析,该土洞底部坡度急剧变化。该工点 1 号孔设排气套管,距离空洞底板 0.5m;2 号孔布设注浆套管,距离空洞底板约 1.0m。在该工点两孔注浆即将结束时,注浆压力表显示压力均增大,且浆液流量明显减小,注浆 1 次完成,合计超量注浆 78m^3,比设计注浆量多 38.4m^3(表 4-5)。

K36+898 中间工点施工数据 表 4-5

名称	设计空洞高度(m)	实际空洞高度(m)	高差(m)	设计体积(m^3)	实际体积(m^3)	备注
1 号孔	11	1.8	9.2	39.6	78	排气孔
2 号孔	11	5.1	5.9	39.6	78	注浆孔
抽芯检验	2 个注浆钻孔之间取芯,结果表明,原空洞位置已被注浆材料充满,砂浆芯样位置为 12.1～18.1m,全部为砂浆体,基本与空洞位置相符					

在注浆过程中,利用注浆设备,通过输送管及套管压入水泥砂浆,送浆时其他孔可作为排水、排气孔。注浆过程从灌注土洞的底部开始,由低往高慢慢灌满,可从排气孔的液面高度量测得知。浆液压满土洞后,及时拉出注浆钢管,并清理施工场地,结束施工。

土洞压浆施工过程中压满,可从以下两个方面判断:

①连续注浆,当出浆口冒出浓浆液,可停止注浆,即该土洞注浆已饱满。

②压浆过程中压力表读数瞬间增大,立即暂停压浆,过 1～2min 后再稳压注浆,如再出现读数瞬间增大,即可停止压浆,表示土洞已压满水泥混合砂浆。

7.土洞注浆过程应注意的事项

(1)严格控制水泥混合砂浆配合比。水泥、中砂、粉煤灰、水在基地拌和站通过各自配料计量系统上料,浆液搅拌混合均匀,搅拌时间不少于 3min,混凝土搅拌车控制在 1h 以内到场并注浆施工。

(2)搅拌好的水泥砂浆送到 XHBT—150708 小骨料混凝土输送泵时,在其上面加设过滤网过滤,以防堵管。

(3)注浆管下入距离空洞底部约 0.5～1.0m,设置好排气管,确保管道密封。

(4)压浆过程中,密切关注注浆泵出口压力,施工压浆控制在 1～1.25MPa。每隔 1h 量测一次排气孔的液面高度。

(5)掌握好注浆的连续性。当混凝土运输车跟不上就适当减慢注浆,接下车来料,确保注浆效果。

(6)注浆压力突然增大时,应立即记录压力并通知监测人员注意路基的变形情况。当路基出现大变形时,立即停止注浆并记录终止时刻压力表数值。

二、土洞注浆质量检验与效果

施工过程的监控，包括严格按施工配合比施工，控制注浆压力、注浆量，监测注浆过程中路基的变形情况并采取措施进行紧急处理。

工程结束后检验，从钻孔取芯的情况可见原空洞位置已被注入的砂浆充满，芯样比较密实，无空洞等现象，表明注浆施工处理岩溶路基土洞达到预期效果。

第三节　台背涵侧回填技术与高速液压夯实机补强夯实

台背填筑质量缺陷是引起桥头跳车的主要因素之一，确保台背填筑质量是减缓桥头跳车的重要举措。如何坚持理论可靠、施工可行和经济合理的原则，选取合适的填筑材料，采取新的施工工艺，建立相应的质量标准，控制压实质量，是需要迫切解决的实际问题。作为典型的山区高速公路，本项目桥梁、涵洞、隧道和挡土墙等结构物较多，结构物台背形式多样，有肋式台、柱式台、轻型台、薄壁台、U形台、圆管涵及盖板涵等，结构物台背回填质量控制非常重要。

一、现行规范对台背填筑的要求

为了避免桥头跳车，《公路路基施工技术规范》(JTG F10—2006)第4.2.6条明确规定：桥、涵及结构物的回填，填料宜采用透水性材料、轻质材料、无机结合料等，非透水性材料不得直接用于回填；基坑回填必须在隐蔽工程验收合格后方可进行，基坑回填应分层填筑、分层压实，分层厚度宜为100～200mm，二级及二级以上公路，采用小型夯实机具时，基坑回填的分层压(夯)实厚度不宜大于150mm，并应压(夯)实到设计要求的压实度。台背及与路堤间的回填施工应符合以下规定：二级及二级以上公路应按设计做好过渡段，过渡段路堤压实度应不小于96%，并应按设计做好纵向和横向防排水系统；二级以下公路的路堤与回填的联结部，应按设计要求预留台阶；台背回填部分的路床宜与路堤路床同步填筑；桥台背和锥坡的回填施工宜同步进行，一次填足并保证压实整修后能达到设计宽度要求。涵洞回填施工应符合以下规定：洞身两侧，应对称分层回填压实，填料粒径宜小于150mm；两侧及顶面填土时，应采取措施防止压实过程中对涵洞产生不利后果。为了避免桥头跳车，《公路软土地基路堤设计与施工技术规范》(JTG 017—1996)第5.1.2条明确规定：对于高速公路和一级公路，桥台与路堤相邻处沉降≤0.10m，涵洞或箱型通道处≤0.20m，一般路段≤0.30m。

二、回填施工工艺及质量控制方法

为防止结构物台(涵)背回填料过量沉降引起桥头跳车问题，对桥、涵台背回填材料、施工工艺进行严格规定。回填材料采用易于压实且渗水性良好的材料(如砂等)做填料。在工艺上，要求施工前在结构物台(涵)背上用红漆作分层标记画出控制线并编号。每层按编号检测，监理工程师签认合格后方可施工下一层，严禁突击填筑。在土质较差时，对桩柱式桥台，一般要在桥头填土基本完成后，才能进行桩基施工；对圆管涵两侧填土压实，在工艺上加以注意，避免压路机的振动对圆管的破坏。监理中心试验室对结构物台(涵)背回填质量随时抽检，现场检测过程中可随意检测不同压实层，抽检不合格必须进行返工处理。

1. 填料要求

(1)肋式台、柱式台。依据设计图纸及《公路路基施工技术规范》(JTG F10—2006)要求，先填筑合格的路基填料(砂类土、隧道洞渣或其他透水性土)分层碾压施工,达到规定的设计压实度,再施工台帽,如图4-1a)所示。

(2)轻型台、薄壁台、U形台、圆管涵及盖板涵等。按设计图纸及设计后服务函的要求,采用经试验合格并经监理及业主认可的透水性材料,如砂和石屑,如图4-1b)、图4-1c)所示。

(3)软基地段桥头处理应符合设计及施工规范要求和合同文件技术规范相关规定。

a)　　b)　　c)

图4-1　构造物台(涵)背回填材料选择

a)回填隧道洞渣(钟屋高架桥9号肋板台背);b)回填砂(RK53+125.0盖板涵台背);c)回填石屑(LK58+215.7涵洞台背)

2.工艺要求

(1)填筑要求

①基坑回填必须按隐蔽工程验收合格后方可进行。桥涵上部结构安装就位前,不得进行台背回填施工(肋式台、柱式台除外)。

②肋式台、柱式台应与路基填土同步进行超宽填筑。

③桥台基坑开挖坡面与路基土相结合的部位,按1∶1的坡度做成阶梯状台阶(图4-2),台阶宽度不小于2m。

④基坑回填应分层填筑,分层压实,分层厚度宜为150～200mm。

⑤为防止台身挤压变形过大,所有回填施工顺序必须两侧对称进行。回填砂的边坡,均应设包边土,以防止崩塌和冲刷,包边土可采用黏性土填筑,垂直坡面厚度不小于200cm。

⑥涵洞两侧及顶面填筑时,应采取措施防止压实过程对涵洞产生不利后果。

图4-2　K37+293中桥3号台背台阶

⑦回填材料与路基土交接处,一律采用先超填路基,然后开挖,并挖成1∶1台阶,台阶宽度不小于2m。施工时,八字墙或锥坡施工应同步进行,墙背及锥坡填料如是回填砂,则八字墙或锥坡无法包住的回填砂部分,应作包边土处理同路基顺接。

(2)压实要求

①所有回填压实度标准从填方基底或涵洞顶部至路床顶面均97%,包边土的压实度应大于93%。

②为确保台背填筑的压实质量,回填施工分层填筑,肋式台、柱式台填土采用大型压路机和小型夯实机两者结合碾压夯实,施工时采用横向碾压结合纵向碾压进行。每层松铺厚度控制在300mm以下,确保不发生桩顶位移。台背基底不能使用压路机碾压的部分(包括所有包

边土部分)采用小型夯实机分层夯实，每层压(夯)实厚度不宜大于150mm。

③其他形式结构物台(涵)背回填中(粗)砂，采用插振法(插入式振动棒)及平振法(平板振动器)饱水施工，饱水施工松铺厚度不超过40cm，检测按照每层20cm进行，按照规范频率进行检测。

(3)现场监控要求

认真检查回填断面尺寸，回填材料及松铺厚度，检测按重型击实法测定最大干密度与最佳含水率，并采用灌砂法测定密实度(图4-3)。

图4-3 LK52+908盖板涵背灌砂检测

3. 落实与实施

为了控制好桥(涵)台背回填工程质量，根据《公路路基施工技术规范》(JTG 10—2006)、《公路桥涵施工技术规范》(JTJ 041—2000)及本项目的实际情况，结合广东云梧高速公路有限公司有关文件的精神，各总监办对于各类桥、涵台背回填给予高度重视，并制定了《桥涵台背回填规定》及验收程序。同时，广东云梧高速公路有限公司相关业务部门也不定时的组织桥、涵台背回填工程质量控制专项检查，对检查中发现的问题以文件形式下发，并要求限时整改，以确保桥、涵台背回填工程质量。

三、高速液压夯实机补强夯实技术研究与应用

高速公路大部分桥涵台背均出现不同程度工后沉降，"跳车"现象频繁，满足不了行车安全、舒适、畅通等要求。本项目沿线缺乏透水性填料和水密法用的水源，桥涵台背的工后沉降难以满足规范要求，决定部分采用高速液压夯实技术，结合沿线透水性不良的填料进行高速液压夯实机进行补强的作用机理、施工工艺以及质量检测方法试验研究。

1. 高速液压夯实机

高速液压夯实机(图4-4)为机—电—液压一体化产品，由夯锤、夯架、夯脚、液压驱动装置、电器系统等组成。夯架采用可相对移动的双层嵌套式结构及带缓冲垫的夯脚，可悬挂在挖掘机、装载机等机体上，由承载设备提供液压动力。如图4-5所示(h_i为不同落锤高度)，工作时，液压缸将夯锤提升至一定高度后释放，夯锤在重力和液压力的作用下快速下落，打击静压在地面上带缓冲垫的夯脚，再通过夯脚夯击地面，并在液压缸的作用下实现快速的上下往复动作。在装载机工作装置的牵引下，可机动灵活地对不同位置进行准确、快速的压实，满足单点或连续的压实要求。夯锤对地面的作用通过静压在地面上带缓冲垫的夯脚实施，液压加力装置持续作用，与传统的强夯相比，其作用力峰值小，作用时间长，具有作用柔和、不易剪切填层流线的突出特点，与碾压技术相比，其贯穿能力强而均匀，可在较大的深度范围内获得较均匀的密实度，可用于台背、涵侧、地基、堤坝护坡夯实加固及渗漏处理，能在狭窄场地有效使用。

HC25E高速液压夯实机是由北京欣路特科技发展有限公司研制开发的一种新型高效液压夯实机械，为强制落锤式液压夯实机，夯锤2.5t，夯击能量根据需要有低、中、强三挡可调(以下简称一、二、三挡)，对应提升高度分别为0.5m、1.0m和1.5m，产生的夯击势能分别为12.5kJ、25kJ和37.5kJ，最大夯击势能时的频率可达15次/min。击实频率也可根据不同的工况设为自动与手动两种不同的操作模式，能够满足不同工况的要求。已完成的试验初步明确

了的施工工艺，如三挡9锤、夯锤中心距1.5m(夯锤边缘间隔0.5m)、梅花形布桩、夯实锤与结构物最小净距离为0.6m。

图4-4 高速液压夯实机在盆古二桥台背夯实作业

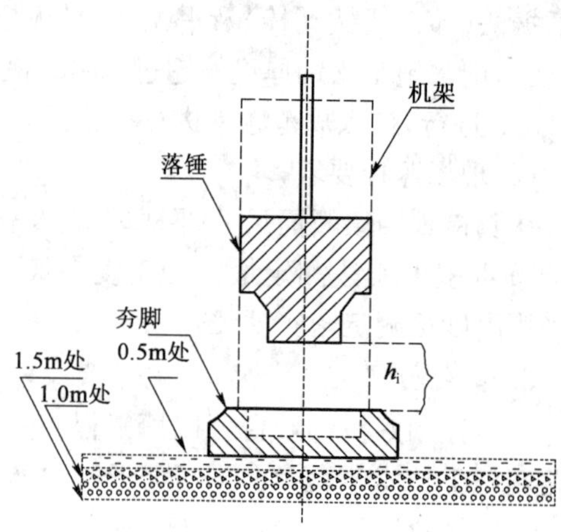

图4-5 高速液压夯实机工作原理示意图

2. 研究内容与方案

本项目缺乏透水性填料，振动压路机在台背涵侧不能振动碾压，填土压实度不易满足要求，设想通过高速液压夯实机补强夯实。本次试验主要针对现场典型填料粉土质砂，研究高速液压夯实机补强施工工艺与效果，形成台背涵侧压实质量检测方法的建议。

选取本项目K63+913通道1号台背填筑，填筑高度4m，通过室内外试验及数值分析，分析夯实过程中不同夯实势能、夯击厚度及夯实次数条件下路基不同深度的动应力和变形特性，对比分析夯实前后路基不同深度的压实度和基本承载力变化特性，研究夯实补强效果，提出合理的夯实工艺和质量检验方法。结合调研，提出台背涵侧施工新工艺。

(1)填料土性试验

取试验段典型填料50kg，进行室内物理力学性质试验，包括液塑限、颗粒级配分析、击实试验、CBR试验等，以掌握填料的性状。填料液限 $w_l=22\%$，塑性指数 $I_p=13.7$，在塑性图中位于 A 线以上。颗粒级配曲线如图4-6所示，小于0.074的含量占17.1%，0.074～2mm的含量占76.5%，0.074～0.5mm的含量占53.8%，大于2mm的占6.4%，按照公路工程土的分类应为粉土质砂。击实曲线如图4-7所示，最大干密度为1.90g/cm³，最佳含水率为14.3%。

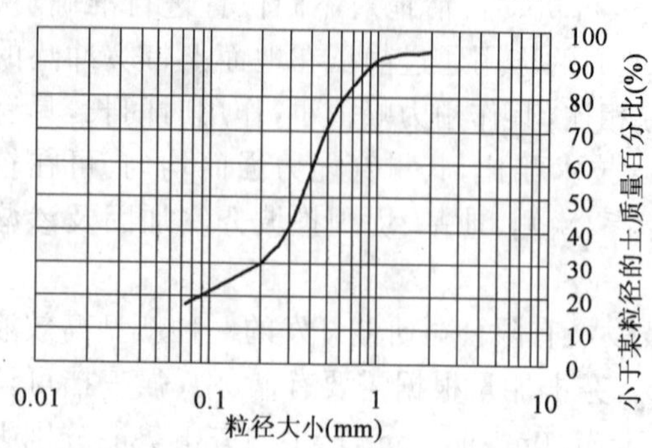

图4-6 填料的颗粒级配曲线

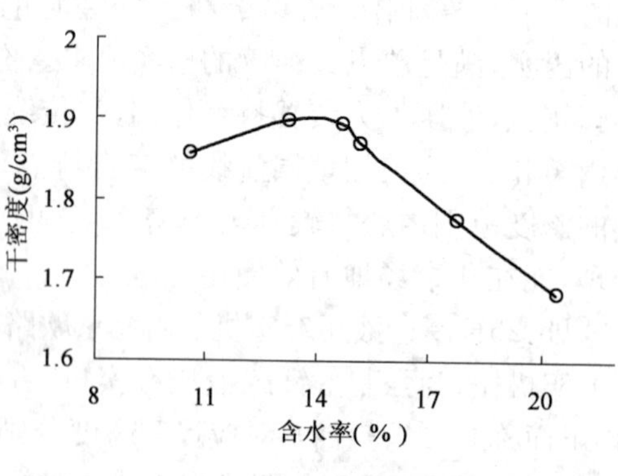

图4-7 填料的击实曲线

CBR 试验根据最佳含水率对土样进行配置，按照重型击实方法进行击实，浸泡 4d 后进行贯入试验，结果如图 4-8 所示，得到 CBR 值分别为 8.9%和 8.3%，平均 CBR 值为 8.6%。

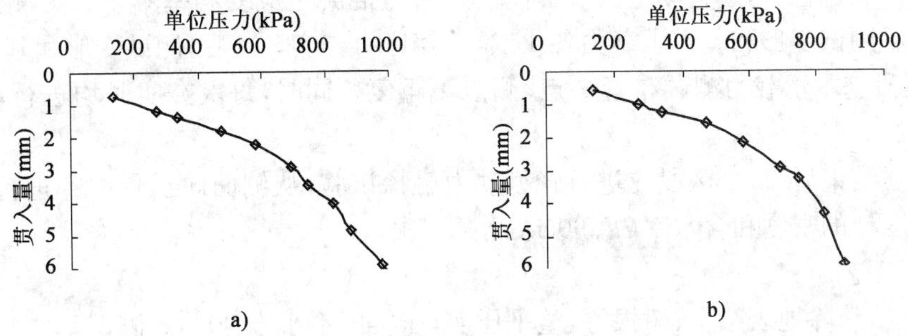

图 4-8　CBR 贯入试验结果

a)试验 1；b)试验 2

(2)现场夯实试验

试验段先通过压路机进行正常碾压填筑，然后采用夯实机补强。

①区段划分

试验工点按照补强路基高度划分为 3 个区段，即 2.4m、3.0m 和 3.4m，每个区段长度分别为 9m，并在每个区段进行两种夯实势能的试验，即二挡和三挡。

②传感器布置与测试方法

试验前测试 3 个区段基底基本承载力。压路机逐层碾压过程中埋设动态土压力盒、装配式沉降板和应变片，分别测试夯实过程中竖向动应力传递和对桥台的侧向动应力、夯实过程路基不同深度的变形和桥台混凝土拉应变，测试土的物理力学指标(包括含水量和密度)以得到夯实前不同深度处的压实度，要求每 2 层路基压实后测试 1 次。该桥台为悬臂式，夯实过程中对桥台混凝土产生受拉的位置位于桥台底部外侧，因而外侧底部混凝土面粘贴应变片。布置位置如图 4-9 所示。

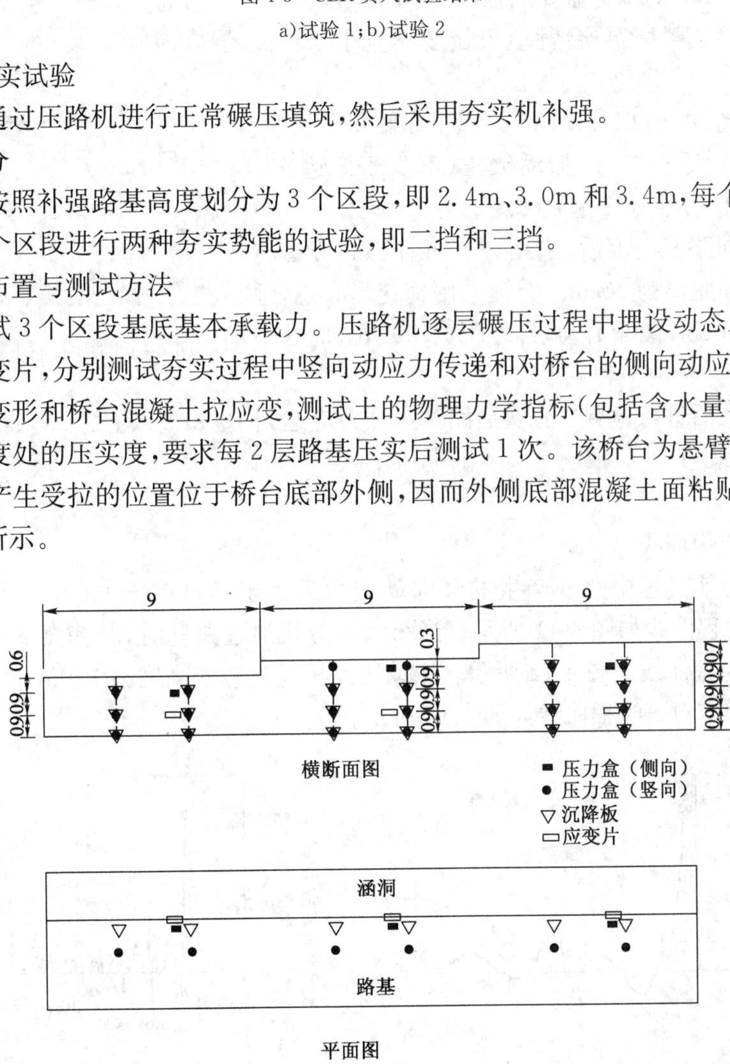

图 4-9　试验工点传感器布置示意图(单位：m)

路基通过压路机正常压实达到试验高度后(3 个台阶高度分别为 2.4m、3.0m 和 3.4m)，采用轻型动力触探测试基本承载力，每个区段测试 2 点，路基压实结束后测试 1 次，测点在试验段均匀分布，得到夯实前不同深度处的基本承载力，试验测点避免重复，同时避开传感器埋设位置。

在夯实补强过程中，进行动应力、沉降变形、台背混凝土应变和基本承载力测试。二挡区每夯实 4 次后测试变形和基本承载力各 1 次，三挡区每夯实 3 次后，测试变形和基本承载力各 1 次，每个区段基本承载力测试布置 2 点，测点不重复。同时，每次夯实时均进行动应力和混凝土应变测试。

夯实补强结束后，每个区段先进行轻型动力触探试验，从侧面向工点中部进行垂直开挖，测试不同深度处的密度和含水率(每 90cm 测试一次)。

(3)施工工艺

①填筑前，清除地表杂土、树根等，整平压实，压实度不小于 90%。测试基底基本承载力，承载力低于 150kPa 的位置需要加强。

②采用试验填料填筑，台背填土长度不应小于台高的 3～4 倍。

③在桥台周围 1m 以外使用 18t 以上压路机分层填筑，每层压实厚度不大于 25cm，振动碾压(不少于 8 遍)。1m 范围内进行静压(不少于 8 遍)。

④压实不同路基高度后，采用夯实机补强。夯锤与台背的最小安全净距离为 10cm。夯锤采用梅花形布点，锤心与锤心相距 150cm，两个作业点边距为 50cm，如图 4-10 所示。

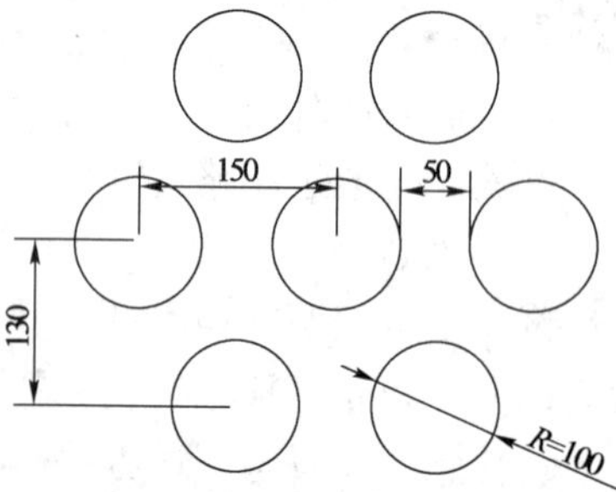

图 4-10　夯实机布点示意图(单位:cm)

⑤夯实结束后进行检测。夯实后路基承载力应达到 180kPa 以上。

3. 测试结果

(1)动态应力

①典型动应力曲线

夯实机在夯实过程中路基产生的竖向动应力远大于其自重压力，当二挡第 12 锤(锤下 1.5m)动应力时程曲线如图 4-11 所示。当小型打夯机通过路基时，路基面下方 1.2m 产生的竖向动应力—时程曲线如图 4-12 所示。振动压路机通过夯实高度为 3.0m 的路基时，路基面下方 1.2m 处动应力—时程曲线如图 4-13 所示。

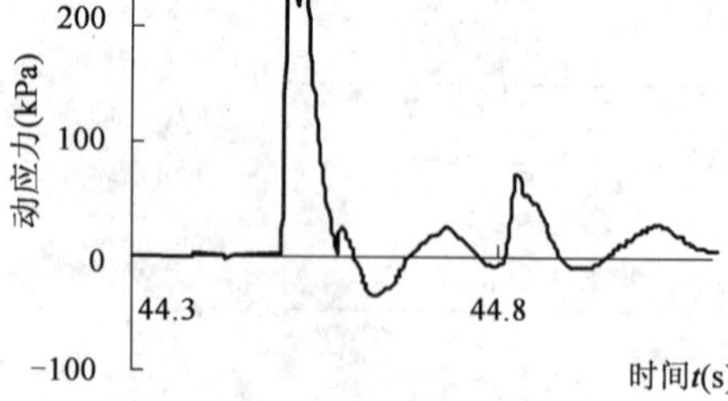

图 4-11　夯实机二挡第 12 锤(锤下 1.5m)动应力—时程曲线

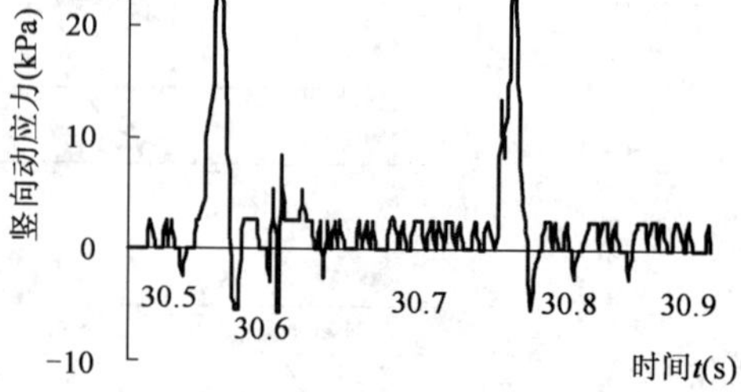

图 4-12　小型打夯机通过时(路基面下方 1.2m)动应力—时程曲线

图 4-11～表 4-13 表明，动轮产生的动应力大于静轮，同时压路机产生的最大动应力显著小于夯实机，压路机作用频率大于夯实机。

②动应力分布

对于二挡和三挡情况下，夯实 2.4m 高度路基时不同深度处（锤下 0.6m、1.5m 和 2.4m）产生的竖向动应力随夯实次数变化如图 4-14 所示。动应力整体上随夯实次数的增加而增大，在前期增大较快，后期增大较慢；三挡和二挡夯实产生的动应力变化趋势基本一致，但三挡夯实产生的动应力明显大于二挡产生的应力。当夯实路基高度为 3.0m 和 3.4m 时，也有类似规律。

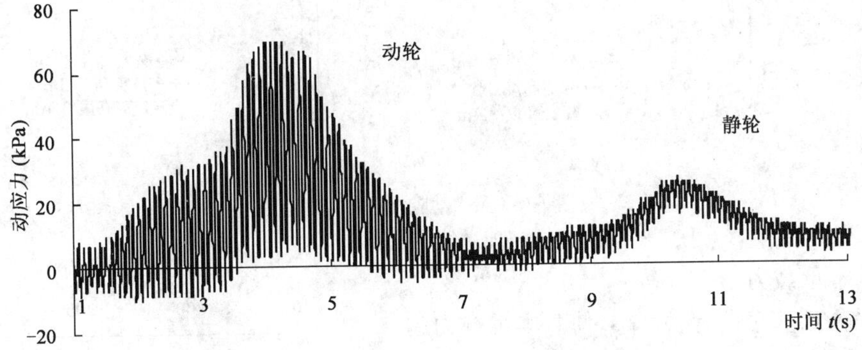

图 4-13　振动压路机通过时路基面下方 1.2m 处动应力—时程曲线

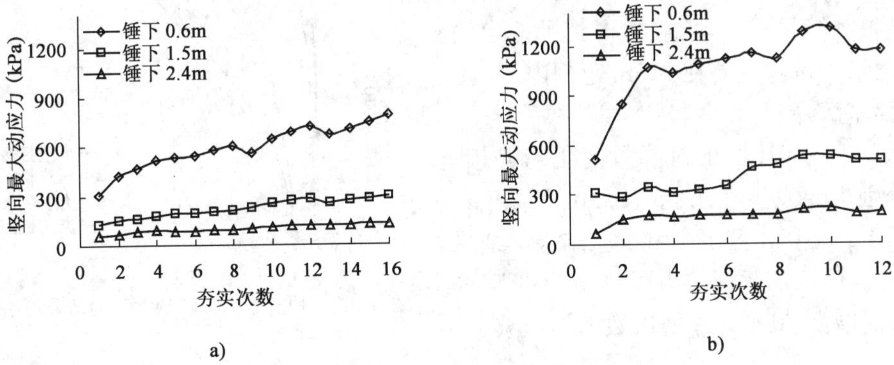

图 4-14　最大动应力随次数变化（夯实高度 2.4m）

a）二挡；b）三挡

将夯实 3 种路基高度（2.4m、3.0m 和 3.4m）时产生的最大竖向动应力沿深度方向进行汇总如图 4-15 所示。从图中可知，夯实过程中路基产生较大动应力，二挡夯实时在 0.5m 深度处产生的动应力超过 600kPa，三挡夯实时在 0.5m 处产生的动应力超过 1000kPa；在相同深度处，夯实路基越高，产生的动应力略有增加，这主要是由于路基模量相对基底略高，应力有利于向下传递，但竖向动应力随深度增加而迅速减小，至 2.0～2.5m 深度处应力已经基本衰减至 160kPa 以内。

③动应力比较

夯实机、压路机和小型打夯机在夯实路基高度为 3.0m 时，路基不同深度处产生的最大动应力如图 4-16 所示。显而易见，路基产生的动应力大小顺序为夯实机、压路机和打夯机，压路机产生的动应力约为夯实机的 16.0%～20.0%，小型打夯机产生的动应力约为夯实机的 3.1%～3.9%。

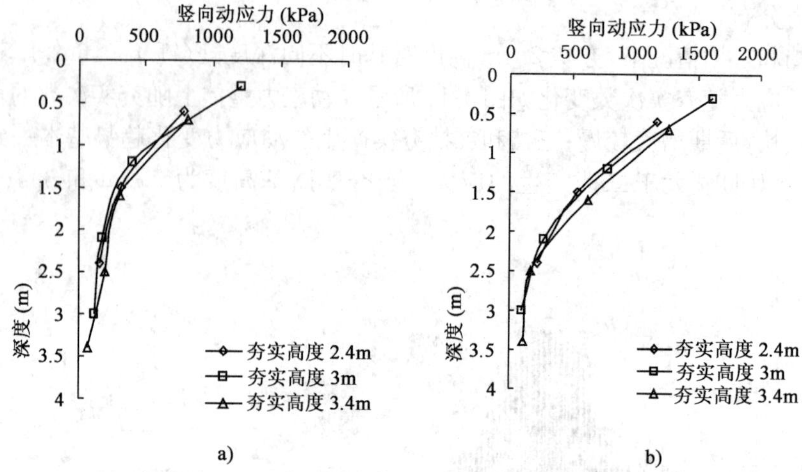

图 4-15 最大动应力随深度变化

a)二挡;b)三挡

(2)基本承载力

填筑前,对基底进行了夯实,使基本承载力超过 150kPa。填筑后,对 I 区、II 区和 III 区分别针对二挡和三挡夯实路基后进行两次轻型触探试验,获得的变化趋势接近。图 4-17 是 III 区承载力试验结果。结果表明,承载力得到了一定的提高,承载力增大范围主要在 2.5m 范围内。

(3)路基沉降

I 区、II 区和 III 区的沉降量变化趋势相近,变形量分别主要发生在 1.5m、2.1m 和 2.5m 范围内。图 4-18 是 III 区沉降量试验结果。结果表明,沉降随深度增加逐渐减小;路基沉降量随夯实次数增大而增大,其增长率随次数增加而减小。

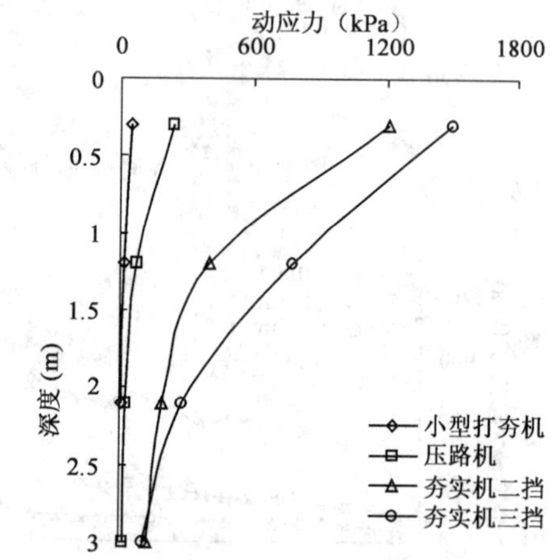

图 4-16 3 种设备工作时产生的竖向动应力沿深度变化

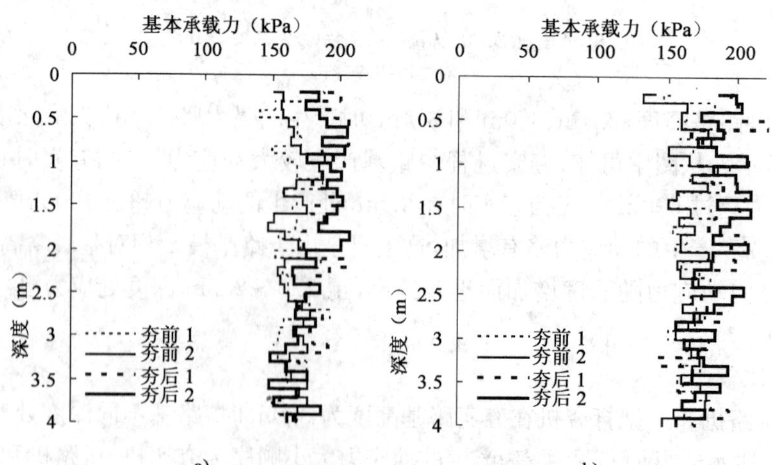

图 4-17 III 区路基基本承载力测试结果

a)二挡;b)三挡

(4)压实度

I 区、II 区和 III 区的压实度变化趋势相近。图 4-19 是 II 区压实度试验结果。结果表明，路基面压实度随夯实次数增多而增长，二挡和三挡对应压实度沿深度加大而减小；压实度沿深度变化主要发生在 2m 左右范围内。

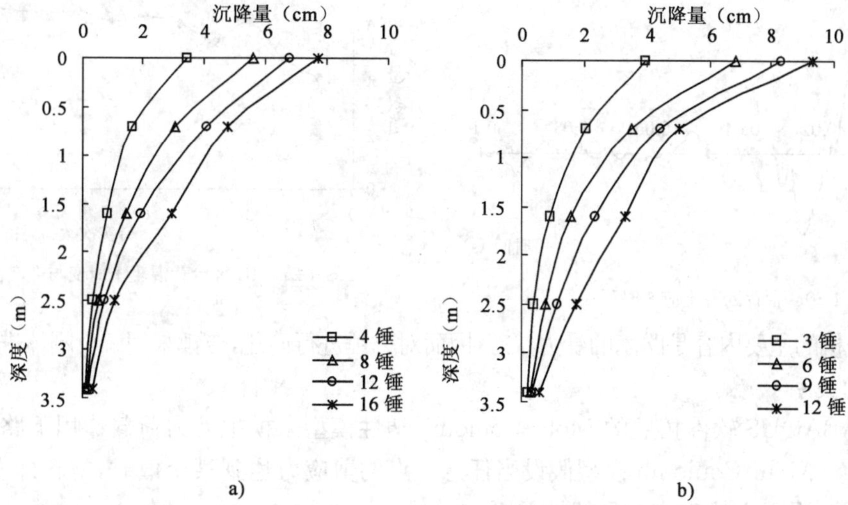

图 4-18　III 区路基沉降量沿深度变化

a)二挡；b)三挡

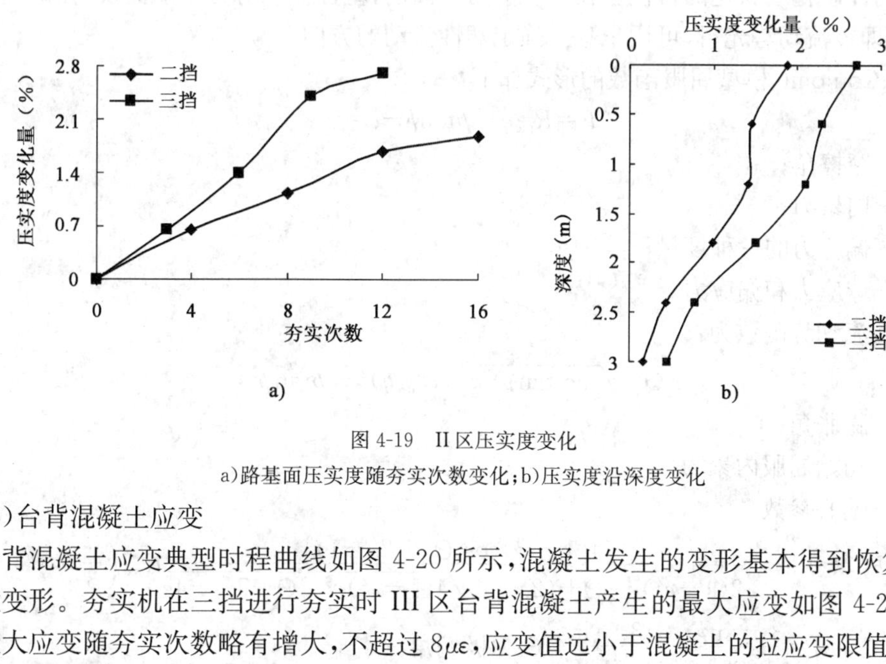

图 4-19　II 区压实度变化

a)路基面压实度随夯实次数变化；b)压实度沿深度变化

(5)台背混凝土应变

台背混凝土应变典型时程曲线如图 4-20 所示，混凝土发生的变形基本得到恢复，主要发生弹性变形。夯实机在三挡进行夯实时 III 区台背混凝土产生的最大应变如图 4-21 所示，混凝土最大应变随夯实次数略有增大，不超过 $8\mu\varepsilon$，应变值远小于混凝土的拉应变限值。

4. 数值分析

结合现场试验，利用 ABAQUS 有限元软件建立合理的本构关系和边界条件，分析夯实机在不同工况条件下夯实过程的应力传递特性及对台背的动力影响。

(1)建模与参数

①假设

计算中假设夯锤与土体直接接触，根据自由落体运动，夯锤与土体接触时的竖向速度为$\sqrt{2gh}$，对于一挡、二挡和三挡情况，夯锤高度分别为0.4m、0.8m和1.2m，相应速度为2.80m/s、3.96m/s和4.85m/s，计算时间从夯锤以此速度与土体接触开始。

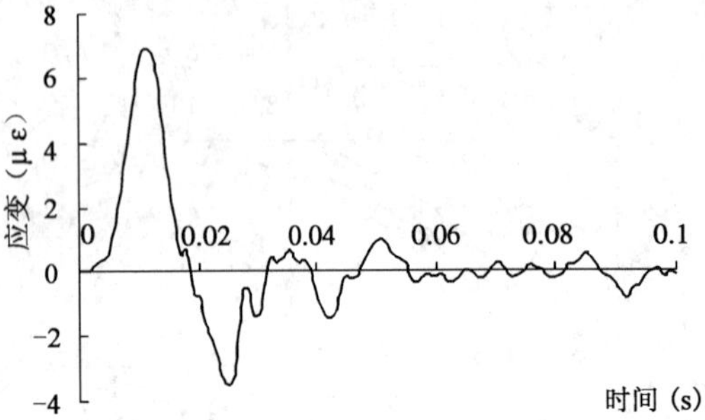

图4-20　台背混凝土应变时程曲线

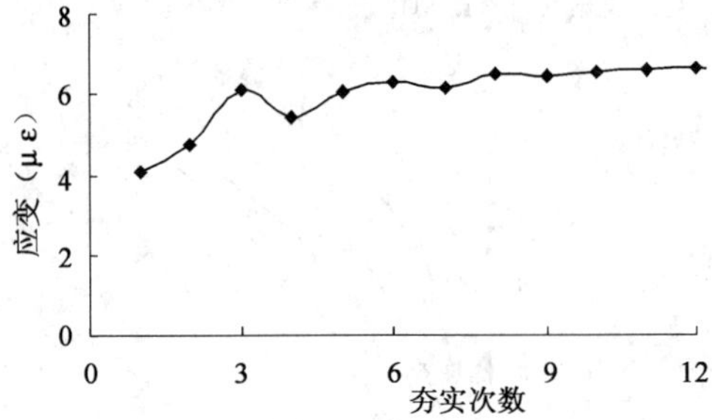

图4-21　III区台背混凝土应变与夯实次数

本次分析的主要内容是路基的受力状态，因而对夯锤进行简化，夯锤采用解析刚体进行计算。

②本构关系

采用ABAQUS软件拓展的Mohr-Coulomb塑性模型来模拟动力荷载作用下路基和地基土体的特性。Mohr-Coulomb模型假设当任意一点的剪应力达到某个值时，材料即发生屈服，剪应力与同一平面内的正应力呈线性关系。

ABAQUS软件中Mohr-Coulomb模型是经典M—C模型的一种拓展，其屈服函数能够体现土体各同性硬化或软化的特性。在子午应力平面内，塑性流动势为一双曲线，在偏应力平面上无拐点，即该流动势光滑，可用来唯一确定塑性流动的方向。

Mohr-Coulomb模型屈服函数的形式如下：

$$F=R_{mc}q-p\tan\phi-c=0 \tag{4-1}$$

式中：ϕ——摩擦角；

c——内聚力；

R_{mc}——偏应力的一种度量；

q和p——球应力和偏应力。

其塑性流动势函数为：

$$Q=\sqrt{(\varepsilon c_0\tan\psi)^2+(R_{mw}q)^2}-p\tan\psi \tag{4-2}$$

式中：ψ——膨胀角；

c_0——初始屈服内聚力；

ε——偏心参数。

$$R_{mw}(\Theta,e)=\frac{4(1-e^2)\cos^2\Theta+(2e-1)^2}{2(1-e^2)\cos\Theta+(2e-1)\sqrt{4(1-e^2)\cos^2\Theta+5e^2-4e}}R_{mc}\left(\frac{\pi}{3},\phi\right) \tag{4-3}$$

式中：$R_{mc}\left(\frac{\pi}{3},\phi\right)=\frac{3-\sin\phi}{6\cos\phi}$，$e=\frac{3-\sin\phi}{3+\sin\phi}$，$\Theta$为极偏角。

夯锤采用解析刚体进行计算。刚体在整个过程中，只产生刚体运动，不发生变形。对于夯锤的波动和应力分布并不重要，采用刚体是非常有效的，采用刚体取代可变形的有限单元，可以得到更大的整体时间增量，这并不会显著影响求解的整体精度，而且一个刚体参考点处的6个自由度完全确定了刚形体的运动，这样可以明显提高计算效率。同时解析刚体比离散刚体节省更多计算成本。同时，混凝土采用弹性模型。

③单元类型

ABAQUS单元库中几乎所有的单元都适用于动力问题分析。为了能更好地模拟土体在动力荷载作用下的响应，考虑到一阶单元比二阶单元能更好模拟应力波的传播，采用一阶八节点的三维实体减缩积分单元(C3D8R)，这种单元引入一个小量的人工“沙漏刚度”以限制沙漏模式的扩展，在模型中应用的单元越多，这种刚度对沙漏模式的限制越有效，其形函数为：

$$N_i=\frac{1}{8}(1+\xi\xi_i)(1+\eta\eta_i)(1+\zeta\zeta_i)(i=1,2,\cdots,8) \tag{4-4}$$

式中，(ζ,η,ξ)为单位矢量，(ζ_i,η_i,ξ_i)为节点局部坐标。

④边界条件

夯实机在夯实过程中产生的各种应力波向外传播，影响甚远，为缩小计算模型，提高计算效率，在计算模型的底面和侧面设置人工边界，采用三维一致黏弹性人工边界，并在ABAQUS软件中成功实现，实现方法如图4-22所示，A为边界节点所代表的面积，$A=A_1+A_2+A_3+A_4$。

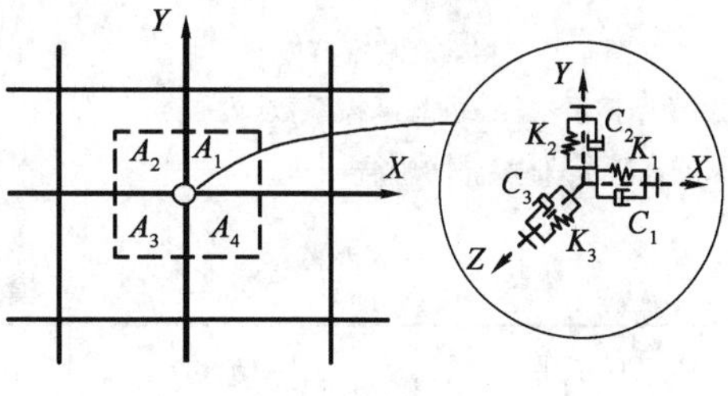

图4-22　三维黏弹性动力人工边界的有限元实现

根据球坐标系内球面膨胀波的波动方程，球面坐标系中考虑外形扩散球面压缩波位移势函数的近似解表示为：

$$\phi(r,t)=\frac{1}{r}f(r-c_p t) \tag{4-5}$$

式中：c_p——土体P波波速。

推导得到边界点的应力可以表示为质点速度与位移的线性组合形式：

$$\tau(R,t)=-\frac{2G}{R}u(R,t)-\rho c_s u(R,t) \tag{4-6}$$

式中：G——土体剪切模量；

R——动力作用至人工边界的距离；

ρ——土体质量密度；

c_s——土体S波波速。

得到其等效物理系统弹性参数K_B和阻尼系数C_B分别为：

切向边界　$$K_{BT}=\alpha_T\frac{G}{T},C_{BT}=\rho c_s \tag{4-7}$$

法向边界　$$K_{BN}=\alpha_N\frac{G}{T},C_{BN}=\rho c_p \tag{4-8}$$

其中α_T与α_N为人工边界参数，其推荐值如表4-6所示。

人工边界参数　表4-6

人工边界	取值范围	推荐参数	人工边界	取值范围	推荐参数
α_N	1～2.0	1.33	α_T	0.5～1.0	0.67

⑤接触关系

接触面之间的相互作用包含两部分：一部分是接触面间的法向作用；另一部分是接触面间的切向作用。路基和台背混凝土之间的切向作用包括接触面间的相对运动(滑动)和摩擦剪应力，这样，在分析中就要考虑阻止表面之间相对滑动的摩擦力。本模型采用库仑摩擦理论。

库仑摩擦(Coulomb friction)是经常用于描述接触面之间相互作用的摩擦模型，该模型应用摩擦系数表征在两个表面之间的摩擦行为。在表面拽力达到一个临界剪应力值之前，切向运动一直保持为零，临界剪应力取决于法向接触压力，方程为：

$$\tau_{crit}=\mu p \tag{4-9}$$

其中 μ 是摩擦系数，p 是两接触面之间的接触压力。这个方程给出了接触表面的临界摩擦剪应力。直到在接触面之间的剪应力等于极限摩擦剪应力时，接触面之间才会发生相对滑动。本文采用允许"弹性滑动"的罚摩擦公式，"弹性滑动"是在黏结的接触面之间所发生的小量的相对运动。在 ABAQUS 中采用指数衰减规律模拟静摩擦和动摩擦之间的转换(图 4-23)。

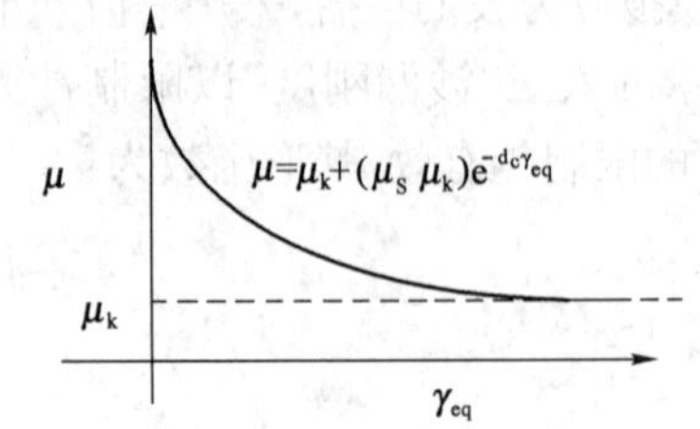

图 4-23　指数衰减摩擦模型

μ_k-动摩擦系数；μ_s-静态摩擦系数，d_c-自定义的衰减系数；γ_{eq}-滑动比率

⑥计算参数

模型主要计算参数如表 4-7 所示。

模型物理力学参数　　表 4-7

项　目	厚度 h(m)	容重 γ(kN·m^{-3})	弹性模量 E(MPa)	泊松比 μ
地基	4	21	180	0.3
路基	8	20	110	0.3
混凝土	—	23	33e3	0.167

⑦计算模型

夯实机靠近台背模型有限元网格划分如图 4-24 所示。

(2)模型验证与典型结果

①模型验证

为验证模型可靠性，对靠近台背路基模型与 II 区现场实测结果进行对比，锤下 2.1m 处应力的时程曲线如图 4-25 所示，最大动应力沿深度变化的对比结果如图 4-26 所示，总体上应力随时间变化和沿深度变化较为接近，数值分析的应力作用时间相比现场实测稍短，应力稍大。

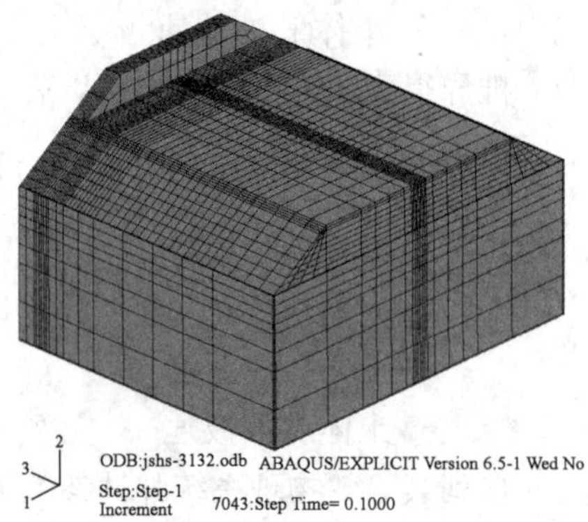

图 4-24　夯实机靠近台背模型网格划分

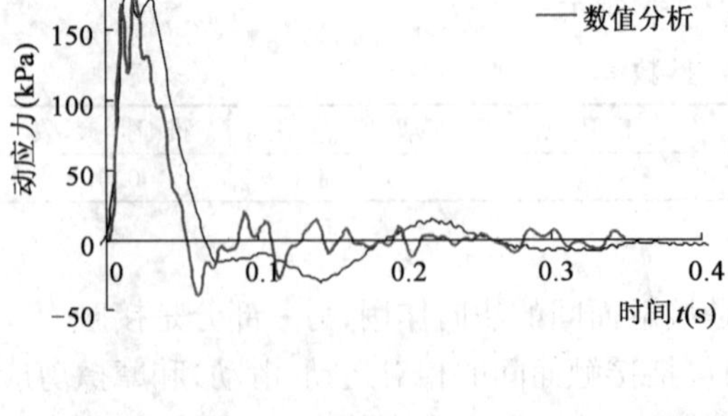

图 4-25　II 区锤下 2.1m 的竖应力—时程曲线比较(二挡)

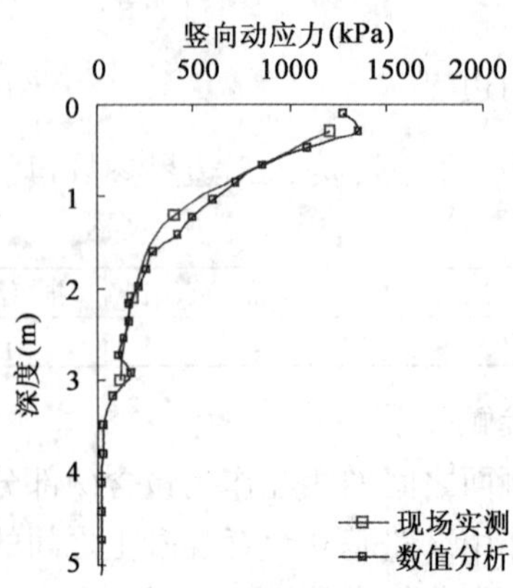

图 4-26　II 区竖应力随深度变化(二挡)

②典型结果

靠近台背模型在夯实机三挡作用时路基竖向动应力典型云图如图 4-27 所示。

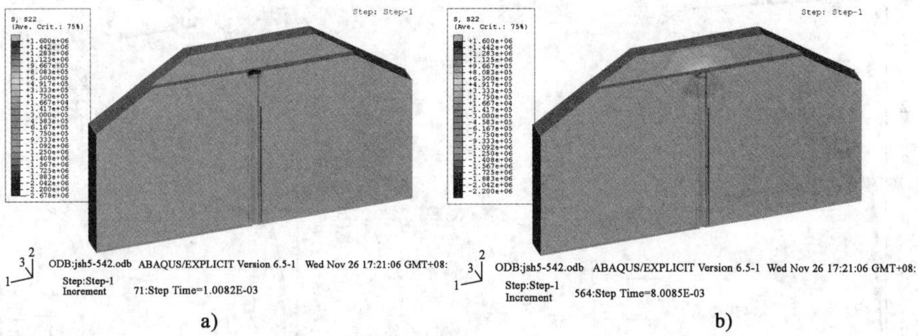

图 4-27 靠近台背模型夯实过程竖向动应力典型云图

a)t=0.001s;b)t=0.008s

(3)结果分析

①竖向动应力

2.0m 高度路基在一挡、二挡和三挡夯实作用下，锤心下方不同深度处竖向动应力分布如图 4-28 所示。从图中可知，应力总体上沿深度方向迅速减小，应力主要影响深度约 2.0～2.5m。夯实机工作时对路基产生的最大动应力受夯实势能、夯实路基高度和路基模量等因素影响，主要影响因素是夯实势能。

图 4-29 为锤下 2.5m 处最大动应力横向分布情况。从图中可知，主要应力分布宽度为 1.5m，这说明夯实机在 2.5m 深度处的影响宽度约为 1.5m，即 3 倍夯实机直径，这与现场试验参数(梅花桩式布锤方式，锤心距离 1.5m)较为吻合。

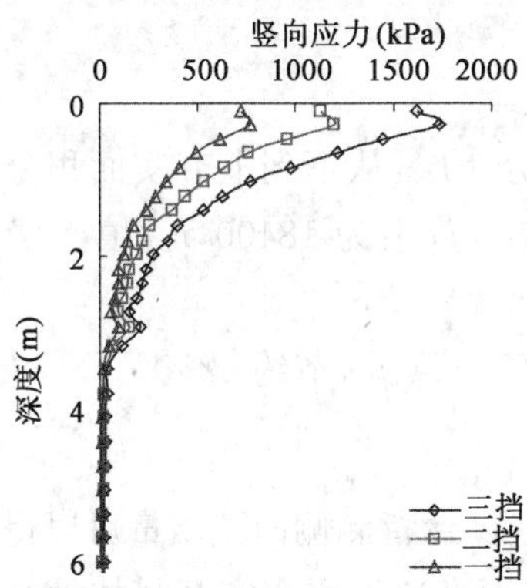

图 4-28 靠近台背路基竖向应力(夯实 2.0m)

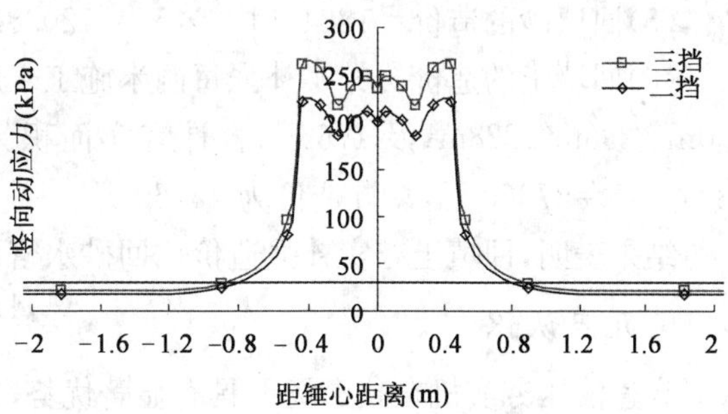

图 4-29 锤下 2.5m 处最大动应力横向分布

②侧向动应力

夯实机在靠近台背距离 10cm 处夯实时对台背混凝土产生的侧向应力如图 4-30 所示。从图中可知，最大侧向应力发生在 1m 范围内，主要影响深度约有 3m；侧向应力随夯实势能的增大而增加。

③混凝土动应变

夯实机在靠近台背距离 10cm 处夯实时对台背混凝土产生的应变变化如图 4-31 所示。从图可知，混凝土应变主要发生在 1～3m 范围内，主要影响深度约有 3m；最大应变在 7.9～9.9$\mu\varepsilon$之间。

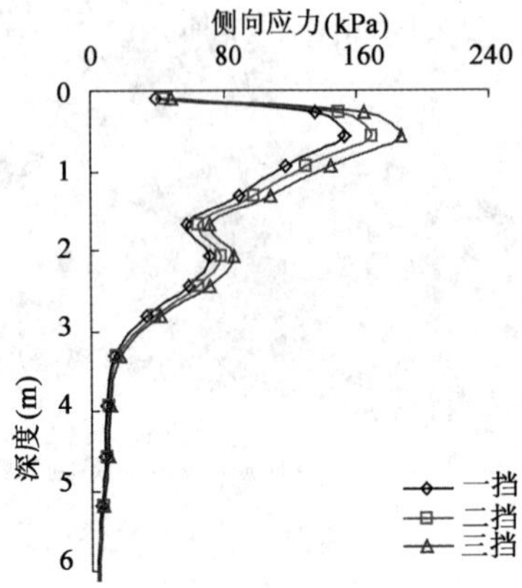

图 4-30　靠近台背路基侧向应力(夯实 2.5m)

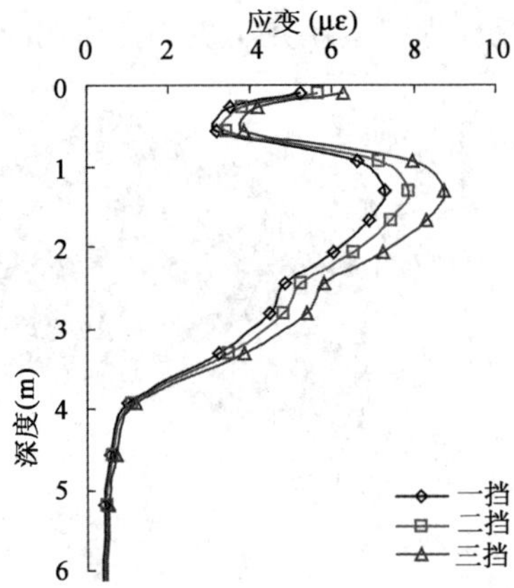

图 4-31　靠近台背混凝土应变(夯实 2.5m)

5. 与中粗砂水密法的经济比较

以 8m 高的桥台路基为例,对回填中粗砂水密法与填土夯实补强的经济效益进行比较。

桥台横断面:上宽 26m、下宽 50m、高度 8m,桥台纵断面:上宽 10m、下宽 2m、高度 8m,则计算如下:

(1)桥台中间部分体积:$V_1=(10+2)/2\times8\times26=1248\text{m}^3$。

(2)边坡部分体积:$V_2=\{(12\times8)/2\times[(10+2)/2]\}\times2=576\text{m}^3$。

(3)桥台需要回填的总体积:$V=V_1+V_2=1824\text{m}^3$。

(4)单价。回填每一立方米砂(含水密法施工费)为 55 元,填砂的压实系数为 1.2,填土(含挖、运、压实)为 15 元,夯实补强每平方为 20 元。

(5)回填砂的造价$=1824\times1.2\times55=120384$ 元。

(6)回填土的造价。夯实补强每两米施工 1 层,本桥台分 4 层,从下到上夯实面积分别为 260m^2、256m^2、228m^2 及 176m^2,合计夯实面积为 920m^2,夯实费用为 18400 元,填土费用为 $1824\times15=27360$ 元,总计造价为 45760 元。

结果表明,回填土夯实补强造价比回砂水密法造价节约 74624 元,节约 62%。

6. 几点认识

高速液压夯实机在狭窄场地具有显著优势,通过补强夯实,台背涵侧回填质量可以得到保证。山区高速公路沿线透水性良好的回填料和水源缺乏,应用高速液压夯实补强技术有利于利用土源、缩短工期、节约造价,具有明显的社会经济效益。

(1)沿深度方向的竖向应力、基本承载力、沉降量及压实度等方面的变化表明,高速液压夯实机的影响深度约 2.5m,建议路基夯实高度取为 2.5m 以内。

(2)建议台背涵侧采用二挡 12 锤或三挡 9 锤夯实,采用梅花形布点,两锤心相距 1.5m,夯锤与台背的最小距离为 0.1m。

(3)夯实后基本承载力应达到 180kPa。

(4)补强夯实时,台背混凝土主要发生弹性变形,最大应变随夯击次数略有增大,均不超过 $10\mu\varepsilon$。

第四节　填石路堤填筑工艺与压实度控制

一、施工工艺

参照部颁有关填石路堤的设计规范和施工规程、已建填石路堤的使用情况以及试验路的试验结果，填石路堤采用以下施工工艺：

(1)原地面应进行表面清理，平整后按规定要求压实。

(2)填筑的石料强度不小于15MPa，否则按土质路堤对待。

(3)对填石路堤宜采用激振力50t以上的振动压路机压实，填料的最大粒径：路槽0～80cm内不超过20cm，80cm以下不超过40cm，并不超过层厚的2/3。碾压遍数以8遍为宜。

(4)分层填筑，分层碾压。碾压厚度：路槽0～80cm内50cm，80cm以下80～100cm。

(5)摊平最好用大型推土机，在平整的过程中可以起到稳压作用，个别不平处应配合人工用小石块、石屑找平。

(6)开出的石料如果粒径在25cm以上的石块较多时，边坡外层可选用强度大于20MPa的石料码砌(干砌或浆砌)，码砌厚度不小于1m。无大块石料时，也应进行边坡坡脚码砌，用粒径大于25cm的硬质石料码砌，如图4-32所示。

图4-32　官桥填石路基桥台处理

(7)填料如其岩性相差较大，则应将不同岩性的填料分层或分段填筑。

(8)压路机的碾压速度在3～5km/h为宜，滚压带之间的重叠宽度应是10%滚压带宽。

(9)填石中土的含量超过30%以上时，在可能的条件下，最好把土石分开填筑。

(10)其他参照公路路基施工技术规范。

二、压实标准

采用表面振动击实仪，按部颁土工试验规程进行室内击实试验，取样要有代表性。按相似级配法缩小粒径的系列模型试料进行击实试验得出不同相似模型料的最大干容重，按相似级配法外插得原型料的最大干密度值，路基压实的干密度采用灌砂法求得。

三、检测方法

在施工过程中以表面标高点控制法(压沉法)检测控制，但是在大型工程实施之前，应与灌砂法相检验，以确定不同压路机碾压的下沉量所应达到的密实度。

路槽顶面必须用承载板法测定模量或用弯沉仪(杠杆式弯沉仪、自动弯沉仪或落锤式弯沉仪)测定弯沉，检验其整体强度，并为全面检验路基施工质量和路面设计提供参数和依据。

压实质量检验应以50t以上振动压路机进行压沉检测。

四、试验路堤

本项目 K84＋400～K84＋524.5 段共 3.45km 采用填石路堤。

路基填筑施工按三阶段、四区段、八流程施工程序组织施工。“三阶段”为：准备阶段—施工阶段—整修阶段。“四区段”为：填筑区—平整区—碾压区—检验区。“八流程”为：施工准备—基底处理—分层填筑—摊铺平整—洒水或晾晒—碾压夯实—检测签证—路基整修。

1.机械设备组合

机械设备组合如表 4-8 所示。

机械设备组合　　表 4-8

序号	工序	设备名称	型号	单位	数量
1	装载设备	挖掘机	CAT320C	台	2
2	装载设备	装载机	成工 50F	台	1
3	初平设备	推土机	T-120	台	1
4	碾压设备	压路机	YZ18C	台	1
5	运输设备	自卸车	康明斯 8t	辆	5
6	洒水设备	洒水车	解放 5t 洒水车	辆	1
7	施工放样	全站仪	GTS-602		
8	高程测量	自动安平水准仪	索佳 B2		

2.施工工艺

底层复压→测量放线→打格、上料→推土机初平→YZ18C 压路机静压 1 遍→平地机精平→YZ18C 压路机弱振 1 遍→YZ18C 压路机强振 7 遍→检查、验收(每振 1 遍之后测量碾压后高程和压实度)→路基整形。

3.施工方法

(1)对底层进行平整复压，当底层土含水率过低时，需进行洒水，使其接近最佳含水率，以便碾压后达到要求压实度。

(2)施工前，应根据恢复的路线中桩、设计图表、施工工艺和有关规定钉出路基用地界桩和路堤坡脚桩。设置控制点，机械施工中，应在边桩处设立明显的填高标志，距中心桩一定距离处埋设能控制高程的控制桩，进行施工控制。发现桩被碰倒或丢失时应及时补上。注意进行填石碾压前后的高程测量。施工过程中，应保护所有标志，特别是一些原始控制点。

(3)本试验段采用松铺 50cm 施工，填料取自旗山顶隧道进口端出渣。填筑前做好了取样工作，由试验室测定混合料含石的百分含量在 55％～70％之间。

(4)路基填石前，在已验收成型的路基填筑工作面用石灰撒好中线及边线，边线应比设计宽度每侧各超出 50cm。中线和边线之间再用石灰撒好方格网。每车装料 $8m^3$ 左右，卸在纵向为 10m、横向 3m 范围内，石堆应形成梅花形，使推土机推平后松铺厚度大致相同。

(5)填料摊铺平整。先使用推土机进行初平，然后用压路机静压一遍，之后再用平地机进行精平，同时人工配合找平。碾压时压路机沿路走向行进，由路两侧向路中纵向进退式碾压，碾压原则是先慢后快，先轻后重，并使轮迹重叠 40cm 以上。先用压路机弱振一遍，之后用压路机分次强振碾压，直到最低点压实度为 93％，满足了规范要求，停止碾压。每次碾压结束时，及时测定压实度和标高，收集数据，作为日后施工的指导。根据碾压前后的路基高程，计算成型后平均压实厚度、压实系数。

(6)路基整修

检查路基中线位置、宽度、纵坡、横坡、边坡及相应的高程,编写整修计划。整修采用机械初步整修,然后用人工精细修整,做到路基整修后,棱角分明,线条直顺,坡面平顺。

4. 实测资料

(1)压实度测定

先用推土机将石方精平,使路基中央到路基边缘成2%的横坡。压路机将石料静压1遍消除轮迹,将石料弱振1遍,再将石料强振7遍,碾压速度为30~40m/min。

本试验段采用高程法进行压实度的测定,结果如表4-9所示。结果表明,YZ18C压路机振动压实7遍即可达到规定的压实度要求。高程法所测数据相对稳定,可以真实反映路基的压实状况。

LK84+460左10m处碾压遍数与压实度关系 表4-9

序　号	碾压遍数	压前读数(mm)	压后读数(mm)	沉降量(mm)	平均压实度(%)
1	1遍(静压)	1640	1656	16	90.9
2	2遍(强振)	1656	1668	12	92.2
3	3遍(强振)	1668	1676	8	92.2
4	4遍(强振)	1678	1684	6	93.7
5	5遍(强振)	1682	1686	4	94.1
6	6遍(强振)	1686	1687	1	94.9
7	7遍(强振)	1686	1687	1	95.5
8	总计			47	

注:压前、压后读数和沉降量为每次所测点的平均值。

(2)松铺系数

每层填料松铺后,进行高程测量,并记录数据,如表4-10所示。压实后压实度达到规范要求,再进行高程测量记录数据,求出最佳松铺系数为1.11,虚铺平均厚度为49.275cm。

松铺系数计算示例 表4-10

桩　位		填前高程(m)	松铺后高程(m)	压实后高程(m)	松铺厚(cm)	压实厚(cm)	松铺系数
RK84+420	中	109.7	110.187	109.745	48.7	44.2	1.102
	右10m	110.14	110.634	110.196	49.4	43.8	1.128
RK84+440	中	110.808	111.305	110.863	49.7	44.2	1.124
	右10m	110.538	111.035	110.592	49.7	44.3	1.122
外观鉴定		表面平整,无轮迹,第6遍后标高无明显变化					

第五节　CFG桩复合地基与管桩法加固

一、设计方案

本项目15~18合同段有特殊路基13.2km,部分软弱路基采用CFG桩—土工网双向增强体复合地基处理,其中CFG桩总计约1500000延米,桩径为ϕ500mm、间距1.2~1.5m,采用振动沉管法施工。

二、CFG桩施工技术

1.施工顺序

一是需从中间向四周、由一边向另一边施打；二是在桥台处时，由靠近桥台的一侧开始由近及远施打；三是宜间隔跳打。CFG桩施工优先采用间隔跳打法，施工新桩与已打桩时间间隔不少于7d。连打法易造成邻桩被挤碎或缩颈，在黏性土中易造成地面隆起。土层较硬时，在已打桩中间补打新桩，可能造成已打桩被振裂或振断。在饱和的松散粉土中，如桩距较小，不宜采用隔桩跳打。

2.施工工艺

振动沉管法适用于黏性土、粉土以及淤泥质土。工艺流程为：地面处理→测量放样→桩机就位→沉管→投料→振动拔管→封顶→移机。

(1)施工准备

施工准备包括：①进行桩体设计强度的配合比试验，确定施工配合比；②平整场地，清除地表耕植土；③测量放样，确定控制轴线、打桩场地边线并标识；④进行成桩工艺试验，确定施工工艺和参数；⑤绘制桩位布置图，标明桩号，里程位置。

(2)桩机就位

根据设计桩长、沉管入土深度确定机架高度和沉管长度，组装设备。桩机就位后，应用钻机塔身的前后和左右的垂直标杆检查塔身导杆，校正位置，使沉管垂直对准桩位中心，确保CFG桩垂直度容许偏差不大于1%。

(3)沉管

采用的预制钢筋混凝土桩尖需埋入地表以下300mm左右。为避免对邻桩的影响，沉管时间应尽量短。记录激振电流变化情况，应1m记录一次，对土层变化处应予以说明。

(4)投料

待沉管至设计高程且停机后须尽快完成投料，直至管内混合料顶面与钢管料口平齐。

(5)振动拔管

启动电动机，首次投料留振5～10s再开始拔管。拔管速率按工艺性试验参数控制，一般1.2～1.5m/min较合适。拔管过快易造成局部缩颈或断桩；拔管太慢振动时间过长，会使桩顶浮浆增厚，易使混合料离析，对淤泥质土，拔管速度可适当放慢。拔管过程中不宜反插留振。如上料不足，须在拔管过程中空中投料，以保证成桩后桩顶高程达到设计要求。成桩后桩顶高程应高出设计桩长0.5m，且浮浆厚度不超过20cm。

(6)封顶

沉管拔出地面，确认成桩符合设计要求后，用湿黏性土封顶。

(7)移机

钻机移位进行下一根桩的施工。

三、采用预应力混凝土管桩作抗滑桩设计与施工

本项目第18合同段K129＋581～K129＋650、K129＋770～K129＋850、K130＋840～K131＋000采用了CFG桩复合地基技术加固软弱地基。检测结果表明部分CFG桩出现断桩。为了保证路堤边坡稳定，在边沟与坡脚线之间宽为2m的碎落台范围布置2排预应力混

凝土管桩，管顶设置高 400mm、宽 1000mm 的地梁。管桩直径 ϕ400mm、长度 11m，纵向布置两排，排距为 0.5m，纵向桩距 1.8m。

1. 工程概况

场地覆盖层为亚黏土（局部分布耕植土），厚约 1.2～1.5m；第二层为淤泥质亚黏土，厚约 3.5～5.2m；下卧层为全风化花岗岩。各土层的物理力学指标如表 4-11 所示，表中数据取自地质勘察报告中偏小值。

土 层 参 数 表 4-11

项 目 指 标	凝聚力 c(kPa)	内摩擦角(°)	容重 γ(g/cm³)
淤泥质亚黏土	9.2	4.7	17.2
亚黏土	6.5	7.8	18.9

桥头过渡路段、含结构物路段和一些特殊路段的软基采用了 CFG 桩复合地基处理。由于施工原因，CFG 桩出现较高断桩率，稳定安全系数达不到要求，本次设计以"安全可靠，经济合理，施工快捷"为设计原则进行抗滑桩设计。首先，在打入抗滑桩之后的安全系数要达到相关规范要求，即 $F_s>1.20$；其次，在确保安全的前提下，尽可能降低成本；最后在工期相对紧张的情况，在施工的工艺、流程的选择上，尽量选择快捷、质量易控制的施工方法。

2. 设计方案

本次设计包括抗滑桩选型、抗滑桩布置和地梁设计 3 部分。

(1)抗滑桩选型

本次选用预应力管桩作抗滑桩，因为预应力管桩成桩质量高、施工速度快。其具体构造参数值和力学性能指标值如表 4-12 所示。预应力钢筋为 8ϕ9，螺旋筋为 ϕ4@100，两端为 ϕ4@50。

预应力混凝土管桩参数 表 4-12

外径(mm)	壁厚(mm)	桩长(m)	允许承载力(kN)	等级	有效预应力(MPa)	抗裂弯矩(kN·m)	极限弯矩(kN·m)
400	95	11	1650	AB	4.5	104	63

(2)抗滑桩布置

如图 4-33 所示，抗滑桩设置在坡脚和边沟之间 2m 碎落台、CFG 桩间三角形形心。纵向布置两排，排距为 0.5m，纵向桩距 1.8m，内侧桩轴心距离坡脚 0.65m，外侧桩轴心距离坡脚 1.15m，距离边沟 0.85m。打入持力层 2～2.5m，建议贯入度达到 20～100mm/10 击为收锤标准，实际打设长度可根据收锤时长度确定；管桩上端与地梁连接，桩身进入地梁 10cm，填芯混凝土与地梁混凝土强度等级一致，为 C25，填芯高度为 1m；在桩端板上焊接 12 根 ϕ16 的钢筋伸入地梁，以确保地梁和管桩较好的形成整体。

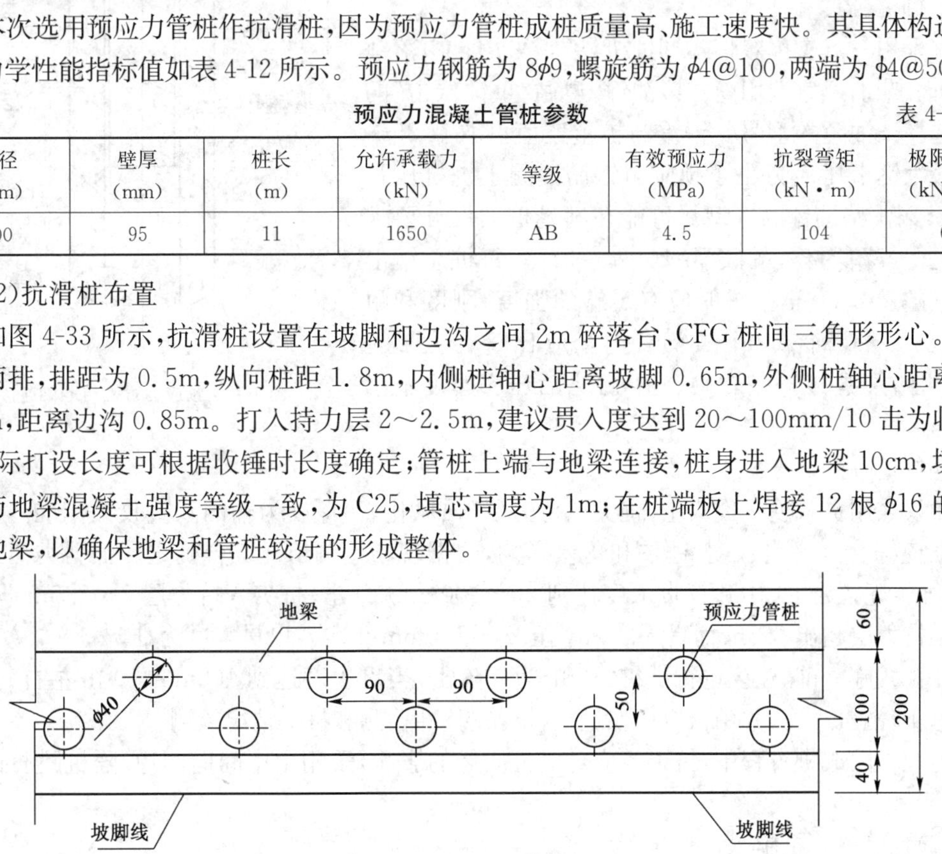

图 4-33 抗滑桩布置示意图

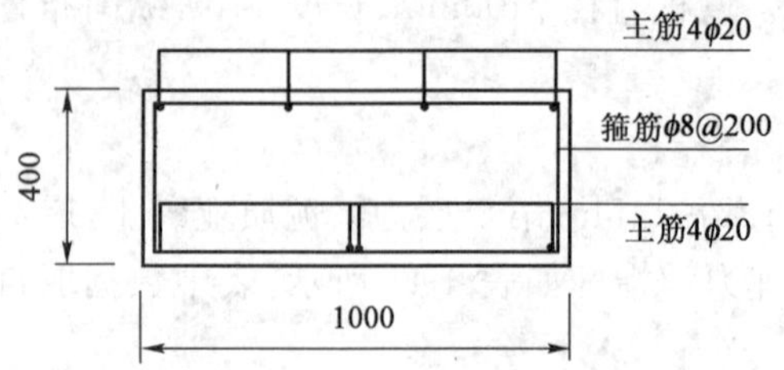

图 4-34　地梁配筋图

(3)地梁设计

地梁设置在距离坡脚线 0.4m、离边沟 0.6m 处,截面宽度为 1.0m,高度为 0.4m,如图 4-34 所示,地梁截面主筋为 8φ20,顶、底面各 4 根,顶面 4 根等间距布置,底面 4 根两侧各布置一根,中间布置 2 根,C25 混凝土保护层厚度为 30mm。

(4)管桩与地梁的连接

如图 4-35 所示,预应力混凝土管桩桩端伸入地梁 100mm。填芯混凝土可以与地梁一起浇灌,强度等级同地梁。浇灌前,应将桩内壁浮浆清除干净,可以采用涂刷水泥净浆、混凝土界面剂或采用微膨胀混凝土等措施,以提高填芯混凝土与桩身的整体性。图中 1 号筋应与端板焊牢,双面焊,焊缝长度>$5d$;2 号筋与桩端板可靠焊接,保证浇灌填芯的混凝土时不下沉。1、2 号筋应沿桩周均匀布置。

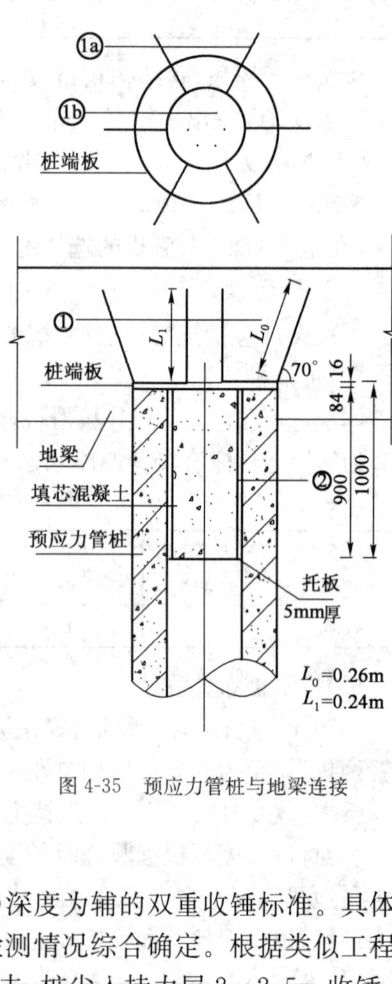

图 4-35　预应力管桩与地梁连接

3. 施工工艺

施工按施工准备、预应力管桩施工、地梁施工、回填先后进行。

(1)施工准备

①打桩机具

宜采用三点支撑履带式打桩机,不宜采用自由落锤打桩机。柴油锤宜选用筒式柴油锤,遵循"重锤低击"的原则选择柴油锤的型号。锤重与桩重比值可取 0.35～0.6,最大锤击压应力小于预应力钢筋混凝土桩抗压强度的 75%。柴油锤的选型尽可能在满足桩的设计要求的前提下,降低打桩的破损率(1%～3%),每桩总锤击数不宜超过 2000 击。桩帽应有足够的强度、刚度和耐打性,圆筒形,筒深 35～40cm,内径应比管径大 2～3cm。桩垫要厚度均匀软硬合适,锤击后压实厚度不小于 12cm。

②打桩收锤标准

建议采用贯入度标准为主,桩尖入持力层(强风化岩)深度为辅的双重收锤标准。具体收锤标准应综合考虑贯入度、锤重和落差影响,根据现场检测情况综合确定。根据类似工程资料,作如下建议:施工中建议贯入度达到 20～100mm/10 击、桩尖入持力层 2～2.5m 收锤,如桩尖入持力层超出 2.5m 而贯入度未降至 20～100mm/10 击,以贯入度为准。

在正式施工前,建议进行试桩,10 击为一阵击,当贯入度达到 100mm/10 击左右时,记录其后每 10 击贯入度,并用低应变仪进行桩身完整性检测和桩头情况检测。

为减小因成桩过程中,挤土效应对成桩质量的影响,采用由中间向两边,隔桩跳打的方式打桩。

(2)预应力管桩施工

①定位放样

根据设计图纸编制桩位编号及测量定位图。沉桩前先放出定位轴线和控制点，并用约30～40cm长的小竹片定位每根桩的中心位置。桩机移位后，应进行第二次核样，保证工程桩位放样偏差值小于10mm。

②喂桩

为确保管桩进入持力层深度，有效预防浮桩，喂桩前应按设计要求把钢桩尖焊在第一节管桩的下端板上。将管桩吊起，喂入桩机内，然后对准桩位，将桩插入土中约1.0～1.5m，校正桩身垂直度后，开始沉桩。如果桩在刚入土过程中碰到地下障碍物，发生桩位偏差超出允许偏差范围时，必须及时将桩拔出，重新插桩施工。

③锤击沉桩

沉桩时，用2台经纬仪交叉检查桩身垂直度，无异常时即可正式沉桩。在开始沉桩时，落距应较小，待第一节桩入土一定深度且桩身稳定后，再按正常沉桩速度进行。在沉桩过程中，力戒偏打，坚持连续施打、中间向两边的施打原则，记录桩身最后10击贯入度，控制收锤标准。

④截桩

截桩采用专用切割机，边切割边浇水。严禁在管桩没有完全切断时采用大锤敲断或桩机别断。

⑤桩端板施工

伸入地梁钢筋与桩端板焊接，应与端板焊牢，双面焊，焊缝长度$>5d$；与桩端板和托板连接的钢筋应与桩端板可靠焊接，保证浇灌填芯的混凝土时不下沉。

(3)地梁施工

地梁施工与管桩填芯混凝土施工同时进行，要确保管桩进入地梁长度，立模、绑扎钢筋合格后进行混凝土浇筑和养护。

第六节 路基监测技术

本项目软基和高路堤较多。软基采用换填法、CFG桩复合地基法、袋装砂井排水固结法、预制方桩复合地基法、强夯法等方式处理，常需要进行监测。

1.监测目的

路基监测是为了了解路基施工过程中孔隙水压力消散、变形和强度的变化过程，从而控制路基填土施工速率，保证地基稳定，为评价加固效果、总结工程经验提供有效资料。在施工过程中监测，及时掌握变形的状况，对确保施工安全、信息化施工具有十分重要的意义。

2.监测内容

(1)沉降(包括地表沉降和分层沉降)。

(2)水平位移(包括地表水平位移和深部水平位移)。

(3)孔隙水压力变化。

3.监测点的布置

(1)沉降板。浅层沉降采用沉降板观测，沉降板在工作垫层施工时埋设，埋设在地表处，其下铺设60cm×60cm×20cm的砂垫层，测杆采用镀锌钢管，钢管为Q235钢。侧杆第一段长2m，上端套丝扣，按长段0.5m分段接长，两端套丝扣。测杆接长采用水管接头(标准件)连接。测杆外套塑料管保护，套管直径ϕ80mm，套管随测杆接长，用接头管连接，防止泥沙进入管内，顶部加盖封住管口，盖顶高出碾压面高度50cm。四周用木笼围蔽。测杆要垂直，偏差率不应大于1.5%，用水准仪观测。

(2)水平位移边桩。在工作垫层施工时进行埋设。边桩布置在路堤两侧趾部，其中一根位于坡脚处，另一根位于排水沟外侧。路堤两侧同时设置。埋设在地表处，边桩采用长1.7m、正方形边长为10cm的钢筋混凝土预制方桩，C25混凝土制作、打入埋设，埋深1.5m，顶部预埋不易损坏的金属测头。

(3)测斜管。采用塑料管，其弯曲性能应适应被测土体的位移情况。测斜管内纵向的十字导槽应润滑顺直，管端接口密合。测斜管埋设于路堤边坡坡趾处。高边坡设在右侧的三级平台及一级平台上。埋设时，应采用钻机导孔，导孔的垂直偏差不大于1.5%。测斜管底部应穿透软土层进入下卧硬土层中1m，管内的十字导槽必须对准路基的纵横方向。测斜管应高出地面50cm，并应加盖保护。

(4)分层沉降管。采用专用的波纹管和硬塑料管总成，波纹管保证铜环随土沉降，硬塑料管为传感器提供通道。采用钻孔法埋设。

(5)孔隙水压力计。采用钻孔法埋设。

各测点埋设两天后测定初始读数。各观测仪器的套管和测杆均高出填土面50cm，路堤内并且随着填土的增高，套管和测杆都相应接高，每节长度为50cm。对观测仪器露出地面的部分设置保护装置。填方施工期间采取严格的保护措施，一旦发现破坏，立即修复，保证观测数据的连续性。

4.监测原理、方法、要求及仪器选择

(1)主要监测仪器

①沉降。使用仪器有沉降板、分层沉降、DZS2型水准仪、FS1光学平板测微器等。

②水平位移。使用仪器有边桩、TOJ2E型经纬仪、红外测距仪、测斜管、测斜仪等。

③孔隙水压力。使用仪器有孔隙水压力计。

(2)监测方法及要求

①沉降板

要求往返水准测量精度1mm/km。观测频率应视地基稳定情况而定，一般情况下，第一个月每3d观测一次(以及每填一层土需监测一次)，第二、三个月每7d观测一次。

②边桩

水平位移观测为平面控制测量，必须先在测区内建立平面控制网。水平位移监测网采用三角网。三角网由测区内若干个起控制作用的点(工作基点)和路边按设计要求间距设置的位移观测点相互连接而成。观测中使用钢尺或红外测距仪测量控制网中三角的起始边(基线)长，用TOJ2E型经纬仪观测各三角的内角，按四等三角精度观测。外业观测成果经内业整理计算即可求得各点的位移量。每天11点前测量，受日晒、温差，地面热辐射等的影响较小，仪器误差、读数误差小，数据准确性高。

③测斜管

采用测斜仪测量不同深度处的水平位移值。

5.控制标准

(1)路基加载时，填筑速率根据以下标准进行双控：路基中心的表面沉降速率宜控制在5mm/d(复合地基)、10mm/d(堆载预压区)以内，坡脚处的侧向位移宜控制在3mm/d(复合地基)和5mm/d(堆载预压区)以内。

(2)路基中心的表面沉降速度在5mm/d以内时，可以进行下一层路堤的填筑。

(3)填至预定高程后，应尽量保证有3～9月的预压期，在推算的工后沉降小于设计容许值和满足连续3个月不超过5mm/月的沉降速率时方可考虑卸载。

(4)软基处理施工应实行动态控制，处理方案必须严格按监控指标和要求实施，当发现侧向位移速率等指标不正常、路基有失稳的趋势时，必须立即通报情况，并立即向路基两侧卸载，必要时两侧再加反压护道，加反压护道时要接长砂垫层，保证排水通道顺畅。

第五章 路面工程

路面是用不同材料在路基上铺筑的一层或多层的车行道结构。在山区，高速公路的路面性能直接影响道路安全和行车舒适性。特别是本项目的隧道比例较高，还有连续长坡路段，路面质量尤显重要。本章介绍路面工程设计、沥青和水泥混凝土路面施工、试验路路面结构及平面布置。

第一节 路面工程设计

一、路面结构设计

根据交通量分析和沿线筑路材料分布等情况，经计算综合分析后确定路面结构方案。沥青混凝土路面的设计年限为 15 年。水泥混凝土路面的设计年限为 30 年，设计强度以龄期 28d 的弯拉强度标准值(f_r=5.0MPa)为标准。路面设计基本情况为：

(1)主线路面主要采用半刚性基层沥青混凝土路面，结构方案为 4cmAC-13C 上面层+6cmAC-20C 中面层+8cmAC-25C 下面层+36cm 水泥稳定级配碎石基层+20cm 水泥稳定碎石底基层+15cm 未筛分碎石垫层，沥青混凝土路面厚度为 89cm。短隧道全段，中隧道洞口内 100m 范围，长、特长隧道洞口内 300m 范围采用沥青混凝土路面，其余隧道路面采用水泥混凝土路面。

(2)为有效防止连续长坡路段出现高温车辙病害，主线纵坡大于 3%且坡长大于 500m 的连续上坡路段采用水泥混凝土路面，结构方案为 30cm 水泥混凝土+20cm 水泥稳定级配碎石+20cm 水泥稳定碎石+20cm 未筛分碎石，结构总厚度 90cm。

(3)互通立交收费广场、互通立交匝道、服务区匝道、封开连接线采用水泥混凝土路面，封开连接线西江特大桥主桥采用路面结构方案为 4cmAC-13C 上面层+6cmAC-20C 中面层。

针对山区特点进行了以下几个方面的完善：

(1)为了保证路基的强度和路面良好的抗变形能力，全线设置未筛分碎石垫层，垫层厚度为 15cm。

(2)为提高大哗山隧道水泥混凝土路面的使用寿命和性能，在水泥混凝土路面中掺加 0.9kg/m^3的聚丙烯纤维。

(3)为保证桥梁与桥梁之间、桥梁与隧道之间小于 65m 的短路基段路面平整度、压实度等质量，短路基段(含过渡板)的路面结构变更为：4cm 厚 AC-13C 改性沥青上面层+黏层+6cm 厚 AC-20C 改性沥青中面层+下封层+26cm 厚 C30 钢筋水泥混凝土+18cm 厚水泥稳定级配碎石下基层+20cm 水泥稳定碎石底基层+15cm 厚未筛分碎石垫层。

1. 沥青混凝土路面

一标全线均采用沥青混凝土路面结构，匝道采用与主线相同的路面结构型式。大桥、特大桥采用两层改性沥青混凝土。为方便施工，中、小桥沥青面层与主线路基中、上面层保持一致。特长、长隧道洞口300m和短隧道全段、中隧道洞口内100m范围采用复合式路面，沥青面层采用两层改性沥青混凝土。

(1)主线及互通匝道路基

1标主线及互通匝道路基如表5-1所示。沥青混凝土上、中面层之间设热SBS改性沥青防水黏结层；中、下面层之间设乳化沥青黏层，黏层油采用阳粒子乳化沥青(PC-3)；下面层与基层之间设透层和下封层，透层油采用煤油稀释沥青，下封层采用热SBS改性沥青防水黏结层。

1标主线及互通匝道路面 表5-1

层　序	行车道、路缘带及硬路肩	厚　度	竣工验收弯沉(0.01mm)
上面层	改性沥青混凝土(AC-13C)	4cm	17.6
中面层	普通沥青混凝土(AC-20C)	6cm	19.5
下面层	普通沥青混凝土(AC-25C)	8cm	23
下封层	改性沥青防水黏结层＋透层		
上基层	水泥稳定级配碎石	18cm	48
下基层	水泥稳定级配碎石	18cm	
底基层	水泥稳定碎石18cm	20cm	110
垫层	未筛分碎石	20cm	210
总厚度		94cm	土基顶面261.9

注：①表中结构层顶面竣工验收弯沉值仅为计算值，实际竣工验收弯沉值应小于该值；

②各路段结构层顶面竣工验收弯沉值应通过试验段决定；

③沥青面层的抗滑性能指标要求：横向力系数$SFC_{60}\geqslant 54$，动态摩擦系数$DF_{60}\geqslant 0.59$，构造深度$TC\geqslant 0.7$；

④土基顶面竣工验收弯沉值是根据《公路路基路面现场测试规程》计算。

(2)水泥混凝土桥梁桥面铺装

水泥混凝土桥梁桥面铺装如表5-2所示。水泥混凝土桥面铺装防水层采用热SBS改性沥青防水黏结层。

水泥混凝土桥梁桥面铺装 表5-2

层序	大桥、特大桥	厚度	中桥、小桥	厚度
面层	改性沥青混凝土(AC-13C)	4cm	改性沥青混凝土(AC-13C)	4cm
	防水黏结层		黏层油	
	改性沥青混凝土(AC-20C)	6cm	普通沥青混凝土(AC-20C)	6cm
	防水黏结层		防水黏结层	
总厚度		10cm		10cm

(3)隧道铺装沥青面层

隧道铺装沥青面层采用4cm改性沥青混凝土(AC-13C)＋6cm普通沥青混凝土(AC-20C)。中、长隧道洞口300m过渡段、短隧道采用复合式路面。水泥混凝土基层上设置1cm厚热SBS改性沥青防水黏结层；沥青混凝土上、下面层间设置乳化沥青黏层(PC-3)。

2标主线(不含K81＋240～K91＋300上坡路段(右线)、K91＋300～LK100＋740上坡路段(左线)、K131＋458～K131＋578收费广场(右幅)段、K135＋200～K136＋071.319(右幅)段采用沥青混凝土路面，路面上面层采用SBS改性沥青，大、特大桥采用双层改性，大桥、特大桥间的路面结构是否采用双层改性应综合考虑施工的便利、路段结构的特点。

各段沥青混凝土路面结构情况如表 5-3 所示。

2 标沥青混凝土路面结构一览表 表 5-3

结构层次	一般路基段	连续下坡路段(K81＋240～K91＋300 左幅、K91＋300～LK100＋740 右幅)	岩石路基段	中、小桥桥面铺装	大桥、特大桥桥面铺装
上面层	4cmAC-13C（改性）	4cmAC-13C（改性）	4cmAC-13C（改性）	4cmAC-13C（改性）	4cmAC-13C（改性）
黏层	洒布型改性乳化沥青	洒布型改性乳化沥青	洒布型改性乳化沥青	洒布型改性乳化沥青	洒布型改性乳化沥青
中面层	6cmAC-20C	6cmAC-20C（改性）	6cmAC-20C		
黏层	洒布型乳化沥青	洒布型乳化沥青	洒布型乳化沥青		
下面层	8cmAC-25C	8cmAC-25C	8cmAC-25C	6cmAC-20C	6cmAC-20C（改性）
防水层				防水层＋改性沥青＋瓜米石	防水层＋改性沥青＋瓜米石
下封层	改性沥青洒瓜米石	改性沥青洒瓜米石	改性沥青洒瓜米石		
透层	高渗透乳化沥青	高渗透乳化沥青	高渗透乳化沥青		
基层	36cm 水泥稳定级配碎石	36cm 水泥稳定级配碎石	36cm 水泥稳定级配碎石		
底基层	20cm 水泥稳定碎石	20cm 水泥稳定碎石			
垫层	15cm 未筛分碎石	15cm 未筛分碎石	15cm 未筛分碎石		
厚度(cm)	89	89	69	10	10

①设置沥青混凝土路面段落内的短隧道全段，中隧道洞口内 100m 范围，长、特长隧道洞口内 300m 范围采用沥青混凝土路面。

②当隧道与长、特长桥相邻时，隧道内的沥青路面也采用双层改性。

③当长、特长桥之间的路基长度小于 200m 或路面纵坡大于 5%时，路基路面的上、中面层双层改性。

④大桥、特大桥搭板两侧各 20m 面层采用双层改性。

⑤当隧道面层需要双层改性时，双层改性的面层需要做到隧道洞口外 50m。

⑥K81＋240～K91＋300 路段左线、K91＋300～RK101＋075 路段右线全部采用双层改性。

⑦其他范围的隧道或路基上中面层采用单层改性(上面层改性)。

⑧中面层采用改性沥青的段落有：K48＋228. 8(右幅)(K48＋269. 8(左幅))～K49＋958、RK57＋650. 6(LK57＋622. 1)～RK59＋590(LK59＋880)、RK77＋607(LK77＋467)～RK101＋075、105＋588～RK106＋837(LK106＋835)、K109＋629. 1～K111＋371. 745、RK112＋929(LK112＋904)～K113＋457、RK114＋703(LK114＋649. 4)～K117＋020、K118＋554. 8～K119＋148. 8、K126＋000～K126＋908、RK132＋123(LK132＋257. 5)～

RK133＋065(LK133＋075)。

5 标沥青混凝土路面结构情况如表 5-4 所示。

5 标沥青混凝土路面结构一览表 表 5-4

结构层次	一般路基段	岩石路基段	中、小桥桥面铺装	大桥、特大桥桥面铺装
上面层	4cmAC-13C(改性)	4cmAC-13C(改性)	4cmAC-13C(改性)	4cmAC-13C(改性)
黏层	洒布型改性乳化沥青	洒布型改性乳化沥青	洒布型改性乳化沥青	洒布型改性乳化沥青
中面层	6cmAC-20C	6cmAC-20C		
黏层	洒布型乳化沥青	洒布型乳化沥青		
下面层	8cmAC-25C	8cmAC-25C	6cmAC-20C	6cmAC-20C(改性)
防水层	—	—	防水层＋改性沥青＋瓜米石	防水层＋改性沥青＋瓜米石
下封层	改性沥青洒瓜米石	改性沥青洒瓜米石		
透层	高渗透乳化沥青	高渗透乳化沥青		
基层	36cm 水泥稳定级配碎石	36cm 水泥稳定级配碎石		
底基层	20cm 水泥稳定碎石			
垫层	20cm 未筛分碎石	20cm 未筛分碎石		
厚度(cm)	94	74	10	10

2. 水泥混凝土路面

2 标主线 K81＋240～K91＋300(右线)为连续 9.96km 的上坡路段，平均纵坡为 2.21%，最大纵坡为 3.3%、K91＋300～LK100＋740 上坡路段(左线)为连续 9.17km 的长坡路段，平均纵坡为 2.14%，最大纵坡为 3.5%，K135＋200～K136＋071.319(右幅)段为纵坡 3.25%的上坡路段，考虑到水泥混凝土路面的抗车辙能力好、抗滑能力好，上述路段设计采用水泥混凝土路面，该范围内的桥面铺装采用防水钢筋混凝土桥面铺装，并掺加 0.9kg/m^3 的聚丙烯纤维，该范围内的隧道路面全部采用水泥混凝土路面。

K47＋100～RK59＋590(LK59＋880)段互通立交收费广场、互通立交匝道采用水泥混凝土路面，垫层采用 20cm 未筛分碎石，桥面铺装采用防水钢筋混凝土桥面铺装，并掺加 0.9kg/m^{3}的聚丙烯纤维。K131＋458～K131＋578(右幅收费广场)段、互通立交收费广场、互通立交匝道、服务区匝道、封开连接线采用水泥混凝土路面，垫层采用 15cm 未筛分碎石，封开连接线西江特大桥主桥采用钢纤维混凝土(双钢)桥面铺装，其他的桥面铺装采用防水钢筋混凝土桥面铺装，并掺加 0.9kg/m^3 的聚丙烯纤维。

水泥混凝土面板之间根据规范规定进行相应的接缝设计。异型板采用钢筋混凝土面板。

水泥混凝土路面结构各形式如表 5-5 所示。

水泥混凝土路面结构一览表 表 5-5

结构层次	主线	主线桥面铺装	匝道	封开连接线	匝道、封开连接线桥面铺装(不含西江特大桥主桥)	封开连接线西江特大桥主桥桥面铺装	收费广场
面层	30cm 水泥混凝土	10cm 防水钢筋混凝土(掺聚丙烯纤维)	28cm 水泥混凝土	26cm 水泥混凝土	10cm 防水钢筋混凝土(掺聚丙烯纤维)	10cm 钢纤维混凝土(双钢)	30cm 水泥混凝土

续上表

结构层次	主线	主线桥面铺装	匝道	封开连接线	匝道、封开连接线桥面铺装(不含西江特大桥主桥)	封开连接线西江特大桥主桥桥面铺装	收费广场
防水层							
下封层	改性沥青洒瓜米石		改性沥青洒瓜米石	改性沥青洒瓜米石			改性沥青洒瓜米石
透层	高渗透乳化沥青		高渗透乳化沥青	高渗透乳化沥青			高渗透乳化沥青
基层	20cm 水泥稳定级配碎石		20cm 水泥稳定级配碎石	18cm 水泥稳定级配碎石			20cm 水泥稳定级配碎石
底基层	20cm 水泥稳定碎石		20cm 水泥稳定碎石	18cm 水泥稳定碎石			20cm 水泥稳定碎石
垫层	15cm 未筛分碎石		15cm 或 20cm 未筛分碎石	15cm 未筛分碎石			15cm 或 20cm 未筛分碎石
厚度(cm)	85	10	83 或 88	77	10	10	85 或 90

3. 其他

中央分隔带开口、隧道洞口联络车道及硬路肩采用同对应行车道相同的路面结构和厚度，当为半幅路采用水泥混凝土路面、半幅路采用沥青混凝土路面时，中分带开口采用沥青混凝土路面，结构同主线。

土路肩设缘石，其外范围采用植草绿化。其中设置路堤急流槽路段、来水方向的桥头路段，采用立缘石，其他路段采用平缘石。

二、路面排水系统设计

1. 一般规定

路面排水设计根据公路等级、降水量、路线纵坡等因素，结合路基、桥涵结构物排水设计，布设选择排水设施，形成完整、畅通的排水体系，保证路基路面稳定。路面排水包括路表排水、中央分隔带排水及路面结构内部排水。路面排水设计重现期为 5 年。

2. 路表排水

(1)一般路段路面排水

①一般挖方路路段。挖方路段由路拱经平缘石漫流排出土路肩外，汇集到边沟后再通过连接边沟和排水沟的急流槽排至排水沟中。

②一般填方路段。大部分填方路段路面采用分散漫流排水方式，即路面水漫流过土路肩，然后经坡面流入至排水沟中，设 A1 型急流槽路段，采用集中排水，路面水通过急流槽排出路基范围。

在桥头 30m 范围内、凹曲线底部迎水侧 30～90m 范围内、填土高度不超过 6m 的路段，在土路肩内侧设置路侧排水沟，路面水经路侧排水沟汇集后再通过路堤急流槽排至路基排水沟内。

③路堤挡土墙墙顶的水经墙顶排水沟汇集后排至挡土墙前后两端的急流槽中，或通过墙中的暗埋PVC管排到排水沟中。路肩挡土墙段的路面水通过暗埋在防撞栏和墙中的PVC管排至排水沟中，泄水口设置间距5m。超高段外侧挡土墙段排水：路堤挡土墙段的路面水通过横向排水管排至路堤边坡，再通过边坡急流槽排至墙顶排水沟中。路肩挡土墙段的路面水通过横向排水管和暗埋墙中的PVC管排至路基外。

(2)超高路段路面排水

①主线超高段内侧

与一般填方段排水方式一致。

②主线超高段外侧

超高段外侧的路面水流入至中分带处路面边缘集水沟，通过集水井及横向ϕ30cmPVC管将路面水排至排水沟中。集水井采用C25钢筋混凝土现浇、纵向矩形集水沟采用C25钢筋混凝土预制、盖板采用C30钢筋混凝土预制。当为全挖方路段时，超高段外侧的路面水流入至路面边缘集水沟，然后汇入路面边缘集水井，通过横向ϕ30cmPVC管流入路肩集水井，然后通过纵向PVC管排至填挖交界路段的急流槽和排水沟。当为长挖方路段时，需要设置双排ϕ30cmPVC管或采用ϕ50cmPVC管。

对于1标，外侧行车道路面排水由路拱顺坡流向中间带，经纵向排水沟、集水井、横向排水管、急流槽排除。纵向排水沟深60cm，采用C25混凝土现浇。横向排水管设置于土基内，采用ϕ300mmHDPE管，四周采用C25混凝土现浇。在长挖方路段，中间带集水井内的水通过横向排水管流入路肩集水井，再通过路肩下纵向ϕ300mmHPDE管、急流槽、排水沟排出。集水井设置间距为为60～100m。

③匝道

互通匝道不设中央分隔带时，超高路段路面水直接由路面汇入内侧边沟或排水沟。互通匝道设C30混凝土防撞栏中央分隔带时，超高路段外侧路面水通过中央分隔带防撞栏过水槽排至内侧边沟或排水沟，过水槽设置间距一般为5m。互通匝道设立式路缘石中央分隔带时，超高路段外侧路面水通过中央分隔带的开口段排至内侧边沟或排水沟，开口段设置间距一般为10m。双向双车道匝道超高外侧路面水直接汇向内侧路面自然漫流排向路肩，两车道中间不设中央分隔带，直接设计成单柱双板予以隔开，以方便排水，有效利用路幅使用空间。

3.路面边部排水

(1)路基

在汇水一侧，路面边缘设置碎石盲沟和与其相连的边部碎石、横向塑料排水管(ϕ5cm)。路面水通过碎石盲沟(匝道)和边部碎石、横向塑料排水管(ϕ5cm)排出边坡、流入边沟。在挖方段，应尽可能利用垫层和渗沟将下渗水排走。设置路肩墙路段，碎石盲沟的水通过集水槽汇集后流入挡土墙预留的排水管内。近路缘石侧和下方涂双层沥青防水，横向排水管入口采用透水土工布包裹。

(2)桥梁

在单幅横桥向高程低的一侧桥面边部设8cm宽6cm高的碎石盲沟，汇集水通过集水槽汇集后通过桥面泄水孔将水排出桥外。当桥中未设置桥梁泄水孔时，沿防撞栏纵向每隔5m设置一根ϕ5cmPVC管。

4.中央分隔带排水

(1)路面1标

中央分隔带排水采用纵向砂砾盲沟，厚 15cm，纵向排水盲沟沟底及侧壁铺设防渗土工布。纵向排水盲沟内填中粗砂。纵向排水盲沟顶面铺设一层透水土工布，以防中间带填土污染排水盲沟而降低其透水功能。纵向排水盲沟纵向坡度原则上应与路线纵坡相同，但不小于 0.3%。盲沟内渗水通过中央分隔带水泥混凝土防撞护栏内的横向泄水孔排出。泄水孔采用 ϕ50cmUPVC 管，每隔 5m 一道，在水泥混凝土护栏施工时预留，横向排水管入口采用透水土工布包裹。

(2)其他路段

中央分隔带排水系统由防撞栏预留的 ϕ5cmPVC 管、砂砾层、反滤土工布、防渗土工布组成。中央分隔带内的水通过砂砾层汇流后，通过 ϕ5cmPVC 横向排水管排出路面，然后排出路基范围，防撞栏上每 4m 预留一 ϕ5cm 孔。

三、桥头过渡板

(1)搭板混凝土达到设计强度的 80%以上方可施工路面。

(2)搭板与相邻路基路面采用混凝土埋板方式过渡，斜交桥梁的搭板应斜交正做，即搭板尾端宜垂直于路基中心线。搭板尾端设 4.5m 长水泥混凝土埋板，使沥青路面的厚度顺适渐变，以减少桥头处沥青混凝土路面的破坏。混凝土埋板采用 C30 混凝土(与搭板同强度等级)现浇。搭板与混凝土埋板之间应设置拉杆。

(3)在搭板跨与跨之间、搭板与混凝土埋板之间分别设置一层玻纤格栅。玻纤格栅原材料采用原生聚乙烯或聚氯乙烯材料，纵、横向抗拉强度均不小于 20～30kN/m，延伸率不大于 3%～5%。玻纤格栅须为自黏型格栅。

第二节　沥青混凝土路面施工

1. 路面施工前检验

在修筑底基层以前，应对路基进行检查，要确保上路床填料的强度 CBR≥8%及压实度≥96%。主要进行以下项目检验：

(1)碾压检验。用 12～15t 三轮压路机碾压 3～4 遍，不得有翻浆、弹簧等现象，检验频率要求全面、随机。

(2)路基强度检验。当取用承载板检验时，每 100～200m 至少布置 1 个测点，每个测点在上、下行车道中至少有 3 个数据。当采用弯沉检验时，每 20m 至少 8 个数据，每一评定长度为 200～500m。对于承载板检验或实测弯沉值不能满足设计 E_0 值要求时，应找出其周围限界，进行局部处理，直到满足要求。如果采用弯沉检验，宜作一定数量的承载板与弯沉的对比检验。

(3)平整度检验。应每 100m 一处以上，质量标准应在 2cm 以内。

(4)高程检验。路面施工前应对路基的顶面设计高程进行认真核查，严格控制，以满足路面设计厚度的要求。

2. 实验路段

为保证路面的工程质量，建议在进行大规模施工之前，应当用正常施工所需采用的全部设备，按照技术规范要求，在严密的监督和质量控制下进行试铺，试铺段长度 200～500m，并通过试铺解决以下问题：

(1)进行生产配合比验证,确定标准生产配合比。

(2)确定摊铺机的操作方式,包括摊铺温度、速度、振动振捣强度、自动找平方式。

(3)选择压实机具,确定碾压组合、压实顺序、碾压温度、速度及遍数。

(4)确定松铺系数。

(5)确定施工产量及每天作业段长度。

(6)横向工作缝的处理的方法。

(7)做出试铺段试铺总结,报监理审批后作为正式开工的依据。

3. 水泥稳定碎石底基层施工

水泥稳定碎石底基层全层厚20cm,分一层压实。水泥稳定碎石按配合比进行集中厂拌,碾压时严格按路面基层施工规范规定的碾压次序进行。水泥稳定碎石铺筑完成后,必须进行养生和交通管理。整个养生期间应始终保持稳定土层表面潮湿,宜采用湿草袋或湿麻袋进行养生,在整个养生期(7d)保持表面的潮湿状态,不得采用湿黏性土覆盖,养生结束后,必须将覆盖物清除干净。注重协调各式横向管道的铺设施工。

4. 上、下基层施工

上、下基层集中厂拌,采用二次拌和方式施工。分层碾压,碾压时严格按路面基层施工规范规定的碾压方法进行。上、下基层铺筑完成后,必须进行养生和交通管理。

5. 下封层的施工

由于基层为半刚性结构,在养生期会由于干缩和温缩而在局部产生裂缝,因此,下封层施工前应在基层开裂部位灌注乳化沥青,再在裂缝上洒一层改性乳化沥青黏层油,用量0.9~1.1kg/m^2,然后铺聚酯长丝单面烧毛土工布,最后再施工下封层。喷洒黏层油的横向范围要比土工布宽5~10cm,喷洒黏层油要均匀。

6. 热拌沥青混合料面层施工

沥青面层分3层施工。在铺筑下面层粗粒式沥青混凝土前,清洁封层表面。各层间施工,应清洁下层表面,浇洒黏层沥青再施工上层。对于桥梁、明涵明通道及其搭板上的水泥混凝土,先凿毛并清洁表面,浇洒黏层沥青、设置防水层、保护层后施工沥青混凝土铺装层。

当气温低于10℃时,对沥青混凝土应采取提高拌和温度和缩短碾压长度等措施。

(1)混合料配合比

①施工单位进场后,应按照规范要求结合筑路材料来源进行沥青混合料配合比设计。配合比设计时所采用的材料,必须是实际施工使用的代表性材料,混合料性能应保持相对的稳定。对沥青混合料和试件的取样必须贯彻随机性取样的原则,不得弄虚作假,不得随意删除不合格的数据。

②沥青混合料配合比设计应按照以下步骤进行:目标配合比设计→生产配合比设计→生产配合比验证。

③生产配合比必须针对每台拌和机进行。试验段分试拌与试铺两个阶段,宜包括以下试验内容:

a. 确定适宜的施工机械和机械组合方式。

b. 通过试拌,确定拌和机的上料速度、拌和数量、拌和时间、生产能力、拌和温度等,验证沥青混合料的配合比设计,提供正式生产用的各热料仓集料、矿料配合比和油石比(生产配合比)。

c. 通过试铺确定摊铺的操作方式、摊铺温度、摊铺速度、摊铺宽度、自动找平方式等。

d. 通过试铺确定压实机具类型与组合、压实顺序、压实温度、碾压速度及碾压遍数等。

e. 施工缝的处理方法。

f. 沥青面层的松铺系数。

g. 确定施工进度、作业长度，修订施工组织计划。

h. 检查原材料及施工质量是否符合要求。

i. 确定施工组织及管理体系、人员、机械设备、通信及指挥方式。

④试验室根据以上过程编制配合比设计报告及试拌试铺总结，经监理及业主批准后把标准配合比及设计油石比下达给施工单位。根据标准配合比及质量管理要求中各筛孔的允许波动范围，制订工程施工用的级配控制范围，用以检验和控制沥青混合料的施工质量。经设计确定的标准配合比在施工过程中不得随意变更。

(2)混合料拌制

①沥青拌和站的设置必须符合国家有关环境保护、消防、安全等规定。拌和站应具有完备的排水设施，各种集料必须分隔储存，细集料料场应设防雨顶棚，严禁泥土污染集料。

②沥青混合料推荐采用间歇式拌和机拌和。拌和机各种传感器必须定期检定，应充分重视拌和机的标定，开工前进行标定，在施工过程中定期进行自校，发现级配、用油量异常应停止拌和查找原因。冷却供料装置需经标定得出集料供料曲线。

③间歇式拌和机必须配备计算机设备，拌和过程中必须逐盘采集并打印各个传感器测定的材料用量和沥青混合料拌和量、拌和温度等各种参数。

④拌和机必须有二级除尘装置。沥青混合料拌和时间根据具体情况经试拌确定，但间歇式拌和机每盘生产周期不宜少于 45s。

⑤间歇式拌和机宜备有保温性能好的成品储料仓，储存过程中混合料温降不得大于 10℃，且不能有沥青滴漏。普通沥青混合料的储存时间不得超过 72h，改性沥青混合料的储存时间不宜超过 24h。

⑥混合料的均匀性应逐车检测，若出现花白料，应废弃及停机分析原因。根据以往施工经验，其主要原因主要为以下几种情况：矿料、沥青加热温度不够；沥青用量不够；拌和时间不足；搅拌锅叶片磨损；细集料用量偏多；回收粉用量比例偏大。

(3)混合料运输

①热拌沥青混合料宜采用较大吨位的运料车运输，但严禁超载运输。运输能力应略有富余。

②运料车每次使用前后必须清扫干净，并涂刷适当的油水混合料，严禁有泥沙或其他杂物残留车厢。装车过程中料车应前后移动，以免形成锥形料堆。

③运料车运输过程中表面必须盖毡布，运输途中不得随意行驶，尽量匀速进行避免突然刹车。运料车进入摊铺现场时，轮胎上不得沾有泥土等可能污染路面的脏物，否则宜设水池洗净轮胎后方可进入工程现场。

④摊铺过程中运料车应在摊铺机前 100～300m 处停住，由摊铺机推动前进开始缓缓卸料，运料车不得撞击摊铺机。施工有条件时，推荐采用转运车经二次拌和后向摊铺机连续均匀供料，以减少离析、避免温度不匀。提高沥青路面综合质量。

⑤若混合料不符合施工温度要求，或已结成团块、已遭雨淋的不得铺筑。

(4)混合料摊铺

①沥青面层摊铺前，表面进行清洁与冲洗，将表面污染和杂物冲洗干净，下封层上的浮屑

要扫掉。中、上面层施工前，在无污染的情况下，撒布黏层沥青。

②如图 5-1 所示，热拌沥青混合料应采用沥青摊铺机摊铺，推荐采用履带式摊铺机。摊铺机受料斗应涂刷薄层隔离剂或防粘结剂。

③整体式路基混合料摊铺应采用 3 台以上摊铺机梯队方式进行摊铺，两幅之间应有 50mm 左右宽度的搭接，并错开车道轮迹带，上、下层的搭接位置应错开 20cm 以上。

④摊铺机开工前应提前 0.5～1h 预热烫平板不低于 100℃。

图 5-1　2 标沥青路面下面层施工

⑤摊铺机必须缓慢、均匀、连续不间断地摊铺，不得随意变换速度或中途停顿，同时应注意摊铺过程中避免其他物体碰撞摊铺机。普通沥青混合料摊铺速度宜控制在 2～6m/min，改性沥青混合料摊铺速度宜控制在 1～3m/min。当发现混合料出现明显的离析、波浪、裂缝、托痕时，应分析原因，予以消除。

⑥摊铺机应采用自动找平方式，推荐采用非接触式平衡梁。

⑦沥青路面铺筑时应尽量避开雨季，以摊铺的沥青层因遇雨未行压实的应予铲除。

(5)压实及成型

①压实成型的沥青路面应符合压实度及平整度的要求。应配备足够的性能良好的压路机。

②压路机应慢而均匀、均衡地跟在摊铺机后面及时碾压，碾压时保持直线方向、均衡慢速，长度应与摊铺速度相适应，并保持大体稳定。折返时关闭振动，渐渐地改变方向，压路机两端折回的位置应成阶梯形随摊铺机向前推进，使折回处不在同一横断面上。压路机折返时严禁刹车急停。

③碾压时应将驱动轮面向摊铺机，在坡道上碾压时应将驱动轮由低向高处碾压。压路机碾压过程中喷水必须是雾状的，不得自流，喷嘴必须经常检查是否堵塞。

④复压应紧跟在初压后进行且不得随意停顿。压路机碾压段的总长度应尽量缩短，通常不超过 60～80m。密级配沥青混凝土的复压宜优先采用重型的轮胎压路机进行搓揉碾压，以增加密水性，其总质量不宜小于 25t，使每一个轮胎的压力不小于 15kN。当采用三轮钢筒式压路机时，总质量不宜小于 12t，相邻碾压带宜重叠后轮的 1/2 宽度，并不应少于 200mm。对路面边缘、加宽中央开口等大型压路机难于碾压的部位，宜采用小型振动压路机或振动夯板作补充碾压。

⑤终压可选用双轮钢筒式压路机或关闭振动的振动压路机碾压不宜少于 2 遍，至无明显轮迹为止。压路机不得在未碾压成型路段上转向、调头、加水或停留。在当天成型的路面上，不得停放各种机械设备车辆，不得散落矿料等杂物。

⑥在近缘石处应小心驾驶，速度放慢，避免出现缘石被压坏或移位的现象，但应防止漏压。

(6)接缝

①沥青路面的施工必须接缝紧密、连接平顺，不得产生明显的接缝离析。上、下层的纵缝应错开 15cm 以上，相邻两幅及上、下层的横向接缝均应错位 1m 以上。

②纵缝应采用热接缝，将已铺部分留下 10～20cm 宽暂不碾压，作为后续部分的基准面，

然后作跨缝碾压以消除缝迹。

③表面层横向接缝应采用垂直的平接缝，以下各层可采用自然碾压的斜接缝。接缝应保持干净，表面应涂刷黏层油。

(7)其他

①路面需待摊铺层完全自然冷却，混合料表面温度低于50℃后，方可开放交通。

②铺筑好的沥青层应严格控制交通，保持整洁，不得造成污染，严禁在沥青层上堆放施工产生的土或杂物，严禁在已铺沥青层上制作水泥砂浆。

7. 下封层、黏层、透层及桥面铺装防水黏结层

(1)下封层、黏层、透层

①沥青层必须在透层油完全渗透入基层后方可铺筑。气温低于10℃或大风天气，即将降雨时不得喷洒透层油。用于半刚性基层的透层油宜紧接在基层碾压成型后表面稍变干燥，但尚未硬化的情况下喷洒。施工时，下封层应在喷洒透层油后铺筑。

②透层油的用量应通过试洒确定。

③喷洒透层油用的沥青洒布车使用的喷嘴宜根据透层油的种类和黏度选择并保证均匀喷洒。

④喷砂透层油前应清扫路面，遮挡防护路缘石及人工构造物避免污染。

⑤黏层油宜在当天洒布，待稀释剂基本挥发完成后，紧跟着铺筑沥青层，确保黏层不受污染。

(2)桥面铺装防水黏结层

①混凝土桥面板应平整粗糙，干燥整洁，不得有浮浆、尘土、水迹、杂物或油污等，桥面板表面应作铣刨拉毛处理，清除浮浆，除去过高的突出部位，桥面平整度应不大于5mm。

②沥青层铺装前必须确保混凝土完全干燥，严禁在潮湿条件下铺设防水黏结层及摊铺沥青混合料。整个铺装过程直至铺设石屑保护层前严禁包括行人在内的一切交通。

③防水黏结层必须牢牢黏附住混凝土板，确保与铺筑的沥青层成为一个整体。

④防水层施工结束后，须待防水层材料实干后进行质检，质量检验合格后方可进行沥青混凝土面层施工。质量检验主要包括表面平整性、与桥面板黏结性、针入度仪检验厚度、路用渗水仪检验透水性。

8. 中央分隔带与交通工程设施的施工

主线中央分隔带的施工与交通工程设施的施工相互影响较大，必须密切协调。

(1)正常路段施工顺序

路基施工→人手孔施工、横向管线设置→垫层施工→底基层施工→基层施工→通信管道施工→中央分隔带内夯填土→中央分隔带路面边部的清理→施工混凝土防撞护栏→中央分隔带内夯填土→铺设防渗土工布、填砂砾透水层、铺透水土工布→中央分隔带内夯填土→填耕植土→沥青混凝土面层施工→植草植树。

(2)超高路段施工顺序

路基施工→路基施工→人手孔施工、横向管线设置→开挖中央分隔带集水井及横向排水管基础、埋设横向塑料排水管、现浇加固C25混凝土→垫层施工→底基层施工→基层施工→通信管道施工→中央分隔带内夯填土→中央分隔带路面边部的清理→施工混凝土防撞护栏→中央分隔带内夯填土→铺设防渗土工布、填砂砾透水层、铺透水土工布→中央分隔带内夯填土→填耕植土→沥青混凝土面层施工→植草植树。

沥青面层与缘石的连接应密实不透水，施工后如存在缝隙，应用沥青填塞密实。

9. 土路肩施工

(1)挖方、低填方设置边沟路段

工序包括盲沟、边沟的设置及路肩路面边部排水系统的设置、土路肩的加固。在路基盲沟埋设、边沟铺砌(土路肩一侧按设计定位埋设横向排水管)、路面结构层施工完成后，进行路面边部的清理、设置横向排水管→填盲沟碎石→设置混凝土块。

(2)填方路段

铺设混凝土加固块→路面结构层施工→进行路面边部的清理→铺透水土工布、填碎石(无排水要求段填土夯实)→设置横向排水管→填耕植土→植草。同时协调与路侧防撞护栏立柱的打设，建议先打设立柱，再设置碎石盲沟、填土绿化。否则应预留立柱的打入孔，待其施工后补浇混凝土。

10. 排水及其他

(1)为了有效排水，所有路缘石底部均预留了排水孔，砌筑时不得堵塞排水孔。

(2)所有中央分隔带竖向排水管的管口均须低于填土表面1～2cm。

(3)管与管、管与集水井、集水沟与集水井、集水沟之间、管与急流槽之间应连接牢固。对需要防水的部位，须采取防水措施。

(4)所有部位均不得有积水现象存在。

(5)当横向排水管直接排在边坡上，出水口的边坡加固应牢靠、结实。

(6)当超高路段中央分隔带设置了路侧纵向排水沟时，应注意先施工排水沟，然后才施工路面。施工路面时，应注意在与路面相接的沟壁表面喷洒黏层油。

(7)路面施工的各个工序应安排合理、紧凑，任何工序不得污染路面。

(8)路面施工应注意与排水工程、绿化工程、交通安全设施工程、桥涵工程以及隧道工程等衔接好。

第三节　水泥混凝土路面施工

一、施工准备

1. 现场准备

清除路障，协调、办理有关手续，精心安排所需的现场规划工作及施工组织设计，确保在施工期间道路能够安全畅通。

2. 技术准备

组织技术人员熟悉图纸资料和有关文件，并在施工前做好施工技术交底工作。完成全线的导线、水准测量工作，试验路段做好施工放样。试验室完成相应的水泥混凝土面层配合比设计。

3. 机械设备和人员配置情况

(1)机械设备情况及施工前场的机械组合

根据水泥拌和机的生产能力及水泥混凝土的施工质量，各种施工机械设备包括水泥混凝土拌和楼(HZS150)、三辊轴提浆振捣机、水泥滑模摊铺机、挖掘机、三辊轴平板振捣机、排式振捣机、混凝土抹光机、冲击钻、切缝机、刻纹机、罐式水泥混凝土运输车、马担车、洒水车等。

(2)人员配置

每个施工作业点配置技术员2人、试验员2人、配合工人32人。

4.材料及配合比准备情况

(1)材料准备

水泥采用广东广信青洲水泥有限公司生产的金鹰牌水泥,水泥型号为P.0425R普通硅酸盐水泥。碎石由黎明石场生产供应。砂由六都料场提供,由汽车转运至工地备料场。采用韶关曲江建浩建材实业有限公司生产的"JZB-4"缓凝高效减水剂。钢筋由广东韶关钢铁厂生产。

互通立交收费广场、互通立交匝道及隧道内水泥混凝土路面,掺加0.9kg/m³的聚丙烯纤维。聚丙烯纤维技术指标要求:抗拉强度>500MPa,长度20mm,断裂延伸率不小于8%,弹性模量不小于3850MPa。

(2)配合比准备

通过广东省云浮市交通工程质量检测站备得的水泥混凝土面层的配合比如表5-6所示。水泥混凝土的拌和坍落度为45mm,砂率为35%,水泥混凝土容重为2435kg/m³。

水泥混凝土配合比　　表5-6

材料	水泥	砂	大石(16～26.5mm)	小石(4.75～9.5mm)	水	外加剂	水灰比
用量	340	684	1143	127	136	5.1	0.40

二、隧道内水泥混凝土路面施工方案及施工工艺

隧道内水泥混凝土路面采用滑模摊铺技术施工,一次性滑模摊铺成型。滑模摊铺施工应按图5-2所示的施工工艺流程网络图精心组织、循序进行。

1.施工注意事项

(1)摊铺前,先测量放样并设置拉线,禁止扰动、碰撞和振动。摊铺前对拉线进行复测或抽查。

(2)施工的搅拌楼必须通过法定计量单位计量标定。聚丙烯纤维混凝土搅拌的投料次序和方法,应以搅拌过程中聚丙烯纤维不产生结团和保证一定的生产率为原则,并通过试拌或根据经验确定。宜采用将聚丙烯纤维、水泥、粗细集料先干拌后加水试拌的方法。

进料后,边搅拌边加水并同时加入外加剂溶液。滑模混凝土应配备和采用有计算机自动称料和砂含水量反馈控制系统的搅拌楼进行生产。

(3)施工过程中,应加强对混凝土混合料的质量监控。施工开始及每200m³混凝土都应抽测坍落度、含气量、温度、砂石料含水率及混凝土容重。按规定预留一组抗折强度试件。在炎热或寒冷气候下施工,应加测混凝土的凝结时间。

(4)聚丙烯纤维混凝土的拌和时间应通过现场搅拌试验确定,并应比普通混凝土规定的纯拌和时间延长20～30s,采用先干拌后加水的搅拌方式时,干拌时间不宜少于1min。

2.新拌混凝土运输

(1)应根据施工进度、运量和运距选配车辆。运力要比拌和能力略有富余。车况要好,车厢板平整光滑,车厢在装料前应清扫干净。拌和楼卸料高度不宜超过2m。

(2)根据实验提供的新拌混凝土的初凝时间和施工时的气温来控制混凝土运输允许的最长时间。

(3)运送新拌混凝土的车辆，在装料时，应防止混凝土离析，每卸1斗应挪动一下车位。司机必须了解新拌混凝土的初凝时间，超过初凝时间的混凝土不得用于面板摊铺，应移作他用。新拌混凝土一旦在车内停留超过了初凝时间，应采取紧急措施处置，防止混凝土硬化在车厢内或车罐内。

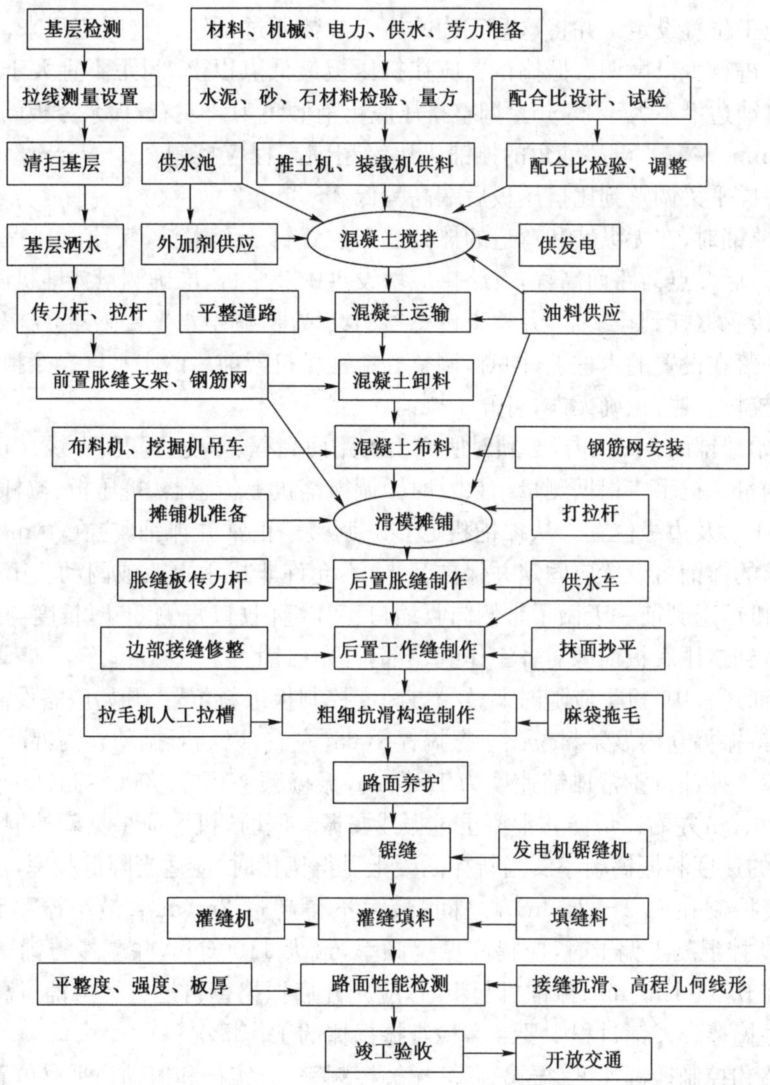

图5-2　滑模摊铺流程图

(4)新拌混凝土运输过程中要防止漏浆、漏料和污染路面。夏天、雨天和冬季施工，应遮盖自卸车上的混凝土。

3.混凝土布料

滑模摊铺混凝土路面时，必须有专人指挥车辆卸料。每个摊铺现场配备一台轮式挖掘机辅助布料机布料。

摊铺机前的堆料，最高料位不得高于摊铺机前松方控制板顶面，也不得缺料，机前缺料用轮式挖掘机补充送料。要求供料与摊铺速度协调。

4.滑模摊铺水泥混凝土面板

(1)摊铺前应对现场准备工作进行全面检查。如拉线设置是否符合板厚要求,端模板、手持振捣棒、抄平梁、传力杆定位支架是否到位,前幅摊铺时安装的拉杆是否校正扳直,纵向施工缝的缝壁是否涂上沥青,基层质量是否达到要求,并洒水湿润等。

(2)摊铺开始前,不仅应对摊铺机进行全面性能检查,而且必须根据经验,对摊铺机工作部件进行正确施工位置设定。并将这些正确的施工参数通过试铺调整固定下来,正式摊铺时只根据情况变化进行少量微调。振捣位置应在挤压板最低点以上,间距不宜大于45cm,均匀排列。振捣与摊铺边沿不大于25cm。调整挤压底板前倾角为3°左右,提浆夯板的位置为挤压底板前缘以下5mm左右。设超铺角的摊铺机边缘超铺高程应控制在3～5mm。带振动搓平梁的摊铺机应将搓平梁调整到比挤压板后端高程低2～3mm。

(3)首次摊铺时,在无纵坡和弯道的摊铺起点位置钉4个木桩,其顶面高程分别为挤压底板的4点高程,后2点为路面高程,有路拱应增设拱中2个桩,准确测量摊铺机底板高程、横坡度和路拱,将传感器挂到拉线上,并检查传感器的灵敏度,调整水平传感器立柱高度,使摊铺机挤压底板恰好落在设置的木桩上,同时,调整好摊铺机机架前后的水平度。令摊铺机挂线自动行走,再返回校核一遍,正确无误,可开始摊铺。

(4)在开始摊铺的5m之内,必须对所摊出的路面高程、厚度、宽度、中线、横坡度等技术参数进行水准测量。机手应根据测量结果及时微调摊铺机上传感器、挤压板、拉杆打入深度及压力、抹平板的压力及边缘位置。从摊铺机起步—调整—正常驻摊铺,应在10m内完成。摊铺效果达到要求的摊铺机设置应固定并保护起来,不允许非机手更改或闯动。第二天的连接摊铺,应将摊铺机后退到前一天做了带侧向收缩口工作缝(收口每侧5cm,长度与侧模等长或略长)的路面内,到挤压底板前缘对齐工作缝端部,开始摊铺。

(5)在摊铺过程中,机手应随时调整松方高度控制板进料位置,开始应略设高些,以保证进料,正常应保持振捣仓内砂浆料位高于振捣棒10cm左右,以利于振动仓内混凝土中的气泡受振动彻底放掉。摊铺机正常摊铺速度为1m/min,振捣频率可在6000～11000rpm之间调整,一般采用9000rpm左右。应防止混凝土过振或漏振。同时,机手应根据新拌混凝土的稠度大小,调整摊铺的速度和振捣频率。当新拌混凝土显得偏稀时,应适当降低频率,加快摊铺速度,最快摊铺速度控制在1.5～2m/min之间,最大不得超过2m/min,最小振捣频率不得小于6000rpm;当新拌混凝土偏干时,应提高振捣频率,最大1100rpm,并减慢摊铺速度,最小摊铺速度宜控制在0.5～1m/min;摊铺机起步时,应先开启振捣棒再进行。摊铺机离开工作面后,应立即关闭振捣棒。摊铺过程中要经常检查振捣棒的工作情况。

通过调整和控制摊铺速度、振捣频率、振捣棒频率、夯实杆和振动搓平梁位置,使面板表面砂浆层厚度控制在4mm左右,以便施工抗滑构造。

(6)摊铺过程中,应尽可能使摊铺机缓慢、均匀、连续不间断作业。不允许料多追赶,然后随意停机等待,间歇摊铺。停机次数越多,摊铺机挤压底板静止压力造成影响平整度的横向槽越多。

若新拌混凝土供应不上,或出现机械故障,停机等待时间不得超过当时气温下新拌混凝土初凝时间的2/3。在此时间内,应每隔15min开动振捣棒3min。超过此时间,应将摊铺机开出摊铺面,并做施工缝。正常驻后,重新起步摊铺。

(7)滑模摊铺结束时,必须及时地着手做好以下两项工作:

①将摊铺机驾离工作面,升起机架,用水冲洗黏附的混凝土,已结硬在摊铺机上的混凝土,

要轻敲打掉，防止损坏摊铺机。清理干净后，对与混凝土接触的机件喷涂废机油或揩干防锈。

②设置横向施工缝。施工时，应将从摊铺机振动仓内脱出的厚砂浆铲除丢弃。设置施工缝端模，并用水准仪测量抄平面板高程和横坡。为使下次摊铺时能紧接着施工缝开始机械化摊铺。施工时两侧的支撑模需向内各收进5cm左右，长度视摊铺机侧模板而定。

5.混凝土路面接缝设置及施工

(1)纵向接缝

混凝土板的纵缝必须与路线中线平行。纵缝间距(即板宽)应根据摊铺机摊铺宽度、路面总宽、车道分隔线位置综合确定。纵缝设置拉杆时，拉杆采用螺旋钢筋。

(2)纵向缩缝施工

当摊铺宽度大于4.5m时，应设置纵向缩缝。其构造采用假缝拉杆型。缩缝上部的槽口，采用切缝法施工。

(3)纵向施工缝施工

当摊铺机一次摊铺宽度小于路面宽度时，设置纵向施工缝.其构造采用平缝加拉杆型。施工缝的拉杆，在前一幅摊铺时，用摊铺机的装置插入。根据摊铺机打拉杆装置的方式，插入时的拉杆或为直的或为“L”形的。L形拉杆长度较短，应按拉杆长度和间距进行等拔出强度互换。在后一幅摊铺前，应扳直或校正前幅路面已插入的纵向拉杆，并在上半部涂饱满沥青。

(4)横向接缝

①横向施工缝设置与施工。每天摊铺结束或摊铺过程中因故中断摊铺，而中断时间超过初凝时间的2/3时，必须设置横向施工缝。横向施工缝的位置宜与胀缝或缩缝设计吻合。横向施工缝应与路面中心线垂直。横向施工缝构造采用平缝加传力杆型。

②胀缝设置。在邻近沥青混凝土路面与水泥混凝土路面交接处各设置一条胀缝，两端隧道洞口处也设置一条胀缝，临近胀缝的3条横缝应埋设传力杆，每日施工终了，或浇筑混凝土过程中因故中断浇筑时，须设置加传力杆的横向施工缝。传力杆采用ϕ38圆钢，每根长度50cm。

③横向缩缝。除有特殊要求外，横向缩缝采用假缝型，除构造物或自由端附近外均设传力杆。以摊铺时支架不推移，胀缝板不弯曲不倾斜为度而定。

(5)切缝施工，采用切缝机切缝，主要是要把握好切缝的时间，最迟不宜超过24h。新建横向缩缝锯缝分2次进行，要严格控制第1次锯缝时间，第1次横向缩缝顶部锯切槽口深度为面层厚度的1/5～1/4，宽度为0.3mm；第2次锯缝宽度为0.6mm，深度为3cm。2次锯缝后应及时填缝，填缝料之前应对缝内进行认真清理，填缝应尽早完成。

6.混凝土面板修整

(1)滑模摊铺好的混凝土面板原则上不再修整，禁止加铺薄层混凝土或砂浆来修补路面。

(2)采用自动抹平板装置进行抹面，以消除表面气孔和石子移动带来的缺陷。自动抹平板的压力不可过大，应随摊铺的纵坡变化碎石调整。适宜的抹平板压力是路面不出现它的端部推出的“之”字形影响平整度的砂浆楞。对出机表面上少量局部麻面和明显缺料部位，应在挤压板后或搓平梁前，最迟在抹平板前表面补充适量砂浆，由搓平梁和抹平板机械修整。

(3)施工差错要在混凝土尚未硬化时及时处理。

7.抗滑构造施工

采用硬刻槽施工方式制作抗滑沟槽，采用等间距刻槽，构造深度均匀，不能损坏构造边棱，不能影响施工好的路面平整度。硬刻槽时不应掉边角，也不得中途抬起或改变方向，并保证硬刻槽到面板边缘。抗压强度达到40%后可开始进行硬刻槽，并在两周内完成。硬刻槽后随即将路面冲洗干净，并恢复路面的养生。对平整度不佳的路面施工接头、桥面、桥头搭板，局部经磨平达标后，采用人工凿毛做出细观抗滑构造，硬刻槽做宏观抗滑构造。

8. 混凝土面板养生

(1)混凝土板抗滑构造软拉制作完毕后应及时养生。采用保湿覆盖的养生方式。可覆盖保湿膜、土工毡、土工布等，并及时每天洒水，不能使用围水养生方式。

(2)覆盖塑料膜养生的时间以不压坏细观抗滑构造为准。薄膜厚度应合适，宽度大于覆盖面600mm，两条膜对接时，搭接宽度不小于400mm，养生期应始终保持薄膜完整覆盖。养生时间应根据混凝土强度增长情况而定，不宜小于设计弯拉强度的80%，应特别注重前7d的养生，一般宜为14～21d。

(3)混凝土板在养生期间和填缝前，应禁止人、畜、车辆通行，在达到设计强度的40%，撤除养生覆盖物后，方可允许行人通行。

9. 填缝

混凝土板养护期满后，使用加热填缝料填缝，填缝料应加热至规定温度，加热过程中应将填缝料融化，搅拌均匀。填缝顶面热天应与板面齐平，填缝须饱满、均匀、厚度一致并连续贯通，填缝料不得缺失、开裂和渗水。

在填缝前，必须保持缝内清洁，防止砂石等杂物掉入缝内。

10. 为了保证路面面层的质量，我们采取了以下措施

(1)原材料的选用必须严格，根据施工要求和技术规范，对混凝土的原材料进行试验，保证各项指标均达到标准，并选用合格的原材料来进行配合比试验，将各项试验结果报送监理审批，一旦审批通过后，原材料及配合比不得随意改变，如有特殊情况必须改变原材料的产地或品牌，则应重新进行原材料及配合比试验，再送监理审批，打破常规材料进场必须严格控制质量，对砂、碎石定期进行抽检做试验，对水泥按批进行抽检，如果发现有不合格的材料，不予进场，以保证原材料达到一致的标准。

(2)强度指标必须保证，水泥路面的强度指标有抗压及抗折两个，要保证这两个指标达到要求，既要严格地实施配合比，又科学地掌握气候条件的不同来调整配合比，严格按照滑模摊铺机操作说明操作，以保证混凝土的均匀、密实及施工连续性，按技术规范要求取样制件，作好养生及维护，保证强度的形成。

(3)尺寸及外观保证，首先保证测量放样准确度高。履带行驶轨道平整密实，调节好螺旋布料器和整平底板的角度，符合路拱度要求，特别弯道路段的摊铺，输入电气系统的数据准确，如钢筋埋置间距，布料旋转方向。做好拌和楼和摊铺的水泥混凝土坍落度控制。

施工时按规范要求频率做试验并由质检人员做好原始记录，水泥混凝土滑模摊铺机抹光后，人工利用压纹支架和6m长的铝合金直尺进行平整度检验，每尺搭按3m，并利用长、短镘刀、灰刀进行凸割凹补并提浆，如出现板边局部塌边时用大、小灰刀配合修整，如较严重则采用临时立模修整，以保证几何尺寸和外观符合要求，压纹时必须观察混凝土的软硬程度是否适合，采用工字形钢架导向，滚动式压纹轮滚压，并视不同情况可加载，以保证纹理深度，切缝先按设计要求原施工前既定方案重新放样标线，按标线准确地切缝，并掌握好切缝时间(混凝土达到设计强度25%～30%时)，一般成型后8～10h可开始切缝，但必须根据强度形成条件(如气温)不同而具体掌握，并按设计要求尽快作好填缝工作，养生一定要按养生剂使用方法严格把关，做到专人管理，专职负责，专用工具。

11.保证机械设备先进性和配套性的措施

为了创造出高质量的路面工程，将从机械设备的先进性和配套性、管理水平以及质量检验的全面性和严格性4个环节上认真研究，制定合理科学的施工方案。保证各种施工机械技术性能良好，机械配备合理，数量充足，机械设备能力和施工能力协调、匹配。

本项目路面施工中所用机械包括路面基层施工机械和路面面层施工机械两大部分。路面基层施工机械设备中最关键的稳定土拌和设备和摊铺设备，包括稳定土厂拌设备、稳定土拌和机和摊铺机，较为重要的辅助性设备有洒水车、压路机、平地机等；路面面层施工机械中最关键的设备是混凝土搅拌设备和混凝土摊铺机，较为重要的辅助性设备有混凝土运输车辆，布料设备等，按照本项目招标文件技术规范对路面施工工艺的各项技术要求，将这些机械设备合理地选型配套，有机地组合在一起，进行科学的组织管理，实现混凝土路面施工的机械化。

三、互通匝道及收费广场水泥混凝土面层施工工艺

互通匝道及收费广场水泥混凝土面层采用三辊轴摊铺施工。施工工艺流程为：施工准备→安装模板→安设传力杆→钢筋网铺设→混凝土的拌和与运送→混凝土的摊铺和振捣→表面整修及压纹→混凝土的养生与拆模→验收。

1.水泥混凝土面层施工顺序

测量放样→水泥混凝土基层的检验和整修→拉杆安装→拌和混凝土→运输混凝土→混凝土布料→三辊轴摊铺混凝土→整平→抗滑构造制作（精平饰面、拉毛）→路面养生→锯缝→填缝→验收→开放交通。

2.施工挂线前安装模板

基层在检测符合要求后，可安装两侧钢模板。模板按预先标定位置安放在混凝土的基层上，两段用铁钎打入混凝土基层，以固定位置。模板应安装稳固、顺直、平整、无扭曲，相邻模板连接应紧密平顺，不得有底部漏浆、前后错茬、高低错台等现象。模板应承受摊铺、振实、整平设备的负载行进、冲击和振动时不发生位移。施工时候经常检验，严格控制顶面高程。

3.混凝土的拌和

(1)施工的搅拌楼必须通过法定计量单位计量标定。聚丙烯纤维混凝土搅拌的投料次序和方法应以搅拌过程中聚丙烯纤维不产生结团和保证一定的生产率为原则，并通过试拌或根据经验确定。宜采用将聚丙烯纤维、水泥、粗细集料先干拌后加水试拌的方法。滑模混凝土应配备和采用有计算机自动称料和砂含水量反馈控制系统的搅拌楼进行生产。

(2)施工过程中，应加强对混凝土混合料的质量监控。施工开始及每200m^3混凝土都应抽测坍落度、含气量、温度、砂石料含水率及混凝土容重。按规定预留一组抗折强度试件。在炎热或寒冷气候下施工，应加测混凝土的凝结时间。

(3)混凝土的搅拌时间

聚丙烯纤维混凝土的拌和时间应通过现场搅拌试验确定，并应比普通混凝土规定的纯拌和时间延长20～30s，采用先干拌后加水的搅拌方式时，干拌时间不宜少于1min。

4.新拌混凝土运输

(1)拌和好的混合料采用混凝土罐车运送，运送时间不宜过长，应尽快运至施工现场。

(2)根据工地实验室进行试验提供新拌混凝土的初凝时间和施工时的气温来控制混凝土运输允许的最长时间。夏季一般不宜超过31～40min，冬季一般不宜超过60～90min。运送

时间过长或气温较高时，应对混合料进行覆盖，以防水分蒸发。

(3)运送新拌混凝土的车辆。在装料前，应清净厢罐，洒水润壁、排干积水，在装料时，应防止混凝土离析，每卸1斗料应挪动一下车位，防止离析，司机必须了解新拌混凝土的初凝时间，超过初凝时间的混凝土不得用于面板摊铺，应移作他用。新拌混凝土一旦在车内停留超过了初凝时间，应采取紧急措施处置，防止混凝土硬化在车罐内。

(4)新拌混凝土运输过程中要防止漏浆、漏料造成路面污染，在运输途中不得随意耽搁。

5.混凝土布料

专人指挥车辆卸料。摊铺前的堆料，最高料位不得高于三辊轴摊铺机前松方控制板顶面，也不得缺料，机前缺料用人工补充送料。要求供料与摊铺速度相协调。布料器前的拌和物应保持在面板以上100mm左右，布料器后宜配备松铺高度控制刮板。

6.摊铺水泥混凝土面板

(1)摊铺前应对现场准备工作进行全面检查。如模板安装是否符合板厚要求，端模板、手持振捣棒、传力杆定位支架是否到位，前幅摊铺时安装的拉杆是否校正扳直，纵向施工缝的缝壁是否涂上沥青，贫素混凝土基层质量是否达到要求，并洒水湿润等。新旧路面之间通过加密的拉杆进行纵向连接，横缝采用传力杆连接。新建路面板的纵横缝与旧混凝土板的接缝完全一致，高程以接顺原路面的标高为原则。硬路肩板块应根据加铺罩面厚度所需的放坡宽度而加宽。

(2)摊铺开始前，不仅应对摊铺机械进行全面性能检查。而且必须根据经验，对摊铺机械工作部件进行正确施工位置设定。

(3)混凝土拌和布料长度大于10m时，可开始振捣作业，振捣时间宜为15～30s。振捣机应匀速缓慢、连续不间断地行进。其作业速度以拌和物表面不露粗集料，液化表面不再冒气泡并反上水泥浆为准。在开始摊铺的5m之内，必须对所摊出的路面高程、厚度、宽度、中线、横坡度等技术参数进行水准测量。

(4)摊铺过程中，通过调整和控制摊铺速度、振捣棒频率，使面板表面砂浆厚度宜控制在(4±1)mm，以便施工抗滑构造，三辊轴整平机前方表面过厚，过稀的砂浆必须刮除丢弃。

(5)在摊铺过程中，三辊轴整平机按作业单元分段整平，作业单元长度宜20～30m，振捣机振实与三辊轴整平两道工序之间的时间间隔不宜超过15min。

三辊轴滚压振实料位高差宜高于模板顶面5～20mm，过高时应铲除，过低应及时补料。

三辊轴整平机在一个作业单元长度内，应采用前进振动、后退静滚方式作业，宜分别2～3遍。最佳滚压遍数经过试铺确定。

在三辊轴整平机作业时，应有专人处理轴前料位的高低情况，过高时，应辅以人工铲除，轴下有间隙时，应使用混凝土找补。

滚压完成后，将振动辊轴抬离模板，用整平轴前后静滚整平，直到平整度符合要求，表面砂浆厚度均匀为止。

若新拌混凝土供应不上，或出现机械故障，停机等待时间不得超过当时气温下新拌混凝土初凝时间的2/3。在此时间内，应每隔15min开动振捣棒3min。超过此时间，应将摊铺机开出摊铺面，并做施工缝。正常后，重新起步摊铺。

(6)摊铺结束时，必须及时着手做好以下两项工作：

①将三辊轴移离工作面，用水冲洗干净黏附的混凝土，已结硬在三辊轴上的混凝土，要轻敲打掉，防止损坏摊铺机。清理干净后，对与混凝土接触的机件喷涂废机油或揩干防锈。

②设置横向施工缝。设置施工缝端模，并用水准仪测量和抄平面板高程和横坡。并保证下次摊铺时能紧接着施工缝开始机械化摊铺。

7. 混凝土路面接缝设置及施工

(1)纵向接缝。混凝土板的纵缝必须与路线中线平行。纵缝间距(即板宽)应根据摊铺机摊铺宽度、路面总宽、车道分隔线位置综合确定。

(2)纵向缩缝施工。当摊铺宽度大于 4.5m 时，应设置纵向缩缝。其构造采用假缝拉杆型。缩缝上部的槽口，采用切缝法施工。

(3)纵向施工缝施工。当摊铺机一次摊铺宽度小于路面宽度时，设置纵向施工缝，其构造采用平缝加拉杆型。施工缝的拉杆，应在模板侧预留孔插入。在后一幅摊铺前，应扳直或校正前幅路面已插入的纵向拉杆，并在上半部涂满沥青。

(4)横向接缝。

①横向施工缝设置与施工。每天摊铺结束或摊铺过程中因故中断摊铺，而中断时间超过初凝时间的 2/3 时，必须设置横向施工缝。横向施工缝的位置宜与胀缝或缩缝设计相吻合。横向施工缝应与路面中心线垂直。横向施工缝构造采用平缝加传力杆型。

②胀缝设置。按设计及规范的要求设置胀缝，胀缝传力杆是采用 ϕ38 圆钢，胀缝传力杆采用涂沥青端交替放置方式设置。

③横向缩缝。除有特殊要求外，横向缩缝采用假缝型，除构造物或自由端附近外均设传力杆。以摊铺时支架不推移，胀缝板不弯曲不倾斜为度。

(5)切缝施工，主要是要把握好切缝的时间。新建横向缩缝锯缝分 2 次进行，要严格控制第 1 次锯缝时间，第 1 次横向缩缝顶部锯切槽口深度为面层厚度的 1/4～1/5，宽度为 3mm；第 2 次锯缝宽度为 6mm，深度为 3cm。两次锯缝后应及时填缝，填缝料之前应对缝内进行认真清理，填缝应尽早完成。

8. 混凝土面板修整

(1)摊铺好的混凝土面板原则上不再修整，禁止加铺薄层混凝土或砂浆来修补路面。

(2)采用平板进行抹面，以消除表面气孔和石子移动带来的缺陷。抹平板的压力不可过大，应随摊铺的纵坡变化调整。对表面上少量局部麻面和明显缺料部位，应在挤压板后，最迟在抹平板前表面补充适量砂浆，由抹平板修整。

(3)施工差错要在混凝土尚未硬化时及时处理。

9. 抗滑构造施工

采用硬刻槽施工方式制作抗滑沟槽，采用等间距刻槽，构造深度均匀，不能损坏构造边棱，不能影响施工好的路面平整度。硬刻槽时不应掉边角，也不得中途抬起或改变方向，并保证硬刻槽到面板边缘。抗压强度达到 40%后可开始进行硬刻槽，并在两周内完成。硬刻槽后随即将路面冲洗干净，并恢复路面的养生。对平整度不佳的路面施工接头、桥面、桥头搭板，局部经磨平达标后，采用人工凿毛做出细观抗滑构造，硬刻槽做宏观抗滑构造。

10. 混凝土面板养生

混凝土板抗滑构造制作完毕后应及时养生。昼夜温差大于 10℃以上或日平均温度小于 5℃施工的混凝土路面应采取保温保湿养生。路面养生采用覆盖土工毡、土工布、麻袋、草袋、草帘等洒水养生方式。养生时间应根据混凝土强度增长情况而定，不宜小于设计弯拉强度的 80%，应特别注重前 7d 的保湿保温养生，一般宜为 14～21d。达到设计强度的 40%，撤除养生覆盖物后，方可允许人员通行。

11. 填缝

混凝土板养护期满后，应及时填缝。填缝前，应先采用切缝机清除接缝中夹杂的砂石、凝结的泥浆等，再使用压力大于或等于 0.5MPa 的压缩空气彻底清除接缝中的尘土及其他污染物，确保缝壁及内部的清洁与干燥。混凝土板的缝槽口按设计要求用合格沥青灌缝胶进行填满缝隙。路面胀缝和桥台隔离缝等应在填缝前，凿去接缝板顶部嵌入的木条，涂黏结剂后，嵌入胀缝专用多孔橡胶条同时灌缝。

第四节　试验路路面结构及平面布置

1. GTM 设计的沥青混合料试验路路面结构及平面布置

本次 GTM(Gyratory Testing Machine)试验路共分 3 段(图 5-3)，其中试路 1 约 350m(RK60＋652～RK61＋000)、试路 2 约 400m(RK61＋000～RK61＋400)、试路 3 约 440m(RK61＋400～RK61＋838)，各段的路面结构、混合料类型和路面混合料所用原材料与其他路段一样，只是试路 2 和试路 3 各面层沥青混合料的配合比设计没有采用传统的马歇尔法，而是采用 GTM 法(确定最佳沥青用量和级配优化)。各试验段铺筑的示意图如下：

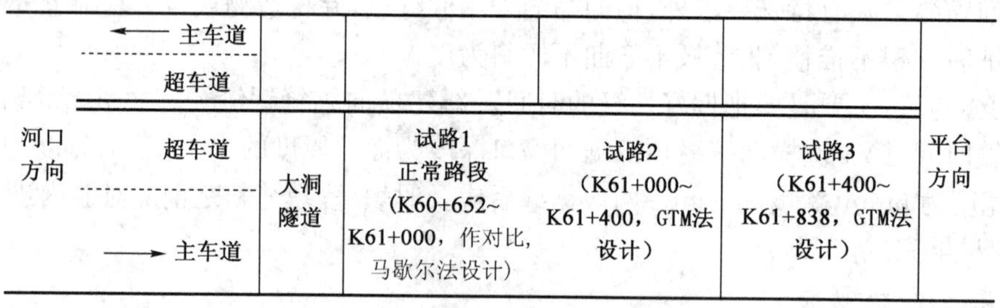

注：上面层全部采用SBS改性沥青，中、下面层采用AH-50沥青。试路2与试路3的中、下面层完全相同，但上面层级配不同。

图 5-3　GTM 试验路段平面布置示意图

(1)试路 1 的各层所用原材料及矿料级配与正常路段完全相同(采用传统马歇尔法设计，主要用于与试路 2、试路 3 进行对比)。

(2)试路 2 各层所用原材料与正常路段完全相同，上面层采用的矿料级配与试路 1 完全相同，但中、下层混合料的矿料级配均经过 GTM 优化，且各层混合料的最佳沥青用量及标准密度均采用 GTM 旋转压实法确定。铺筑试路 2 的目的主要是与试路 1 进行比较，以观测采用 GTM 法优化后的中、下面层沥青混合料长期使用性能，同时探讨 GTM 优化设计的沥青混合料合理施工工艺及质量控制措施。

(3)试路 3 各层所用原材料与正常路段完全相同，中、下层混合料的矿料级配与试路 2 完全相同，但上面层混合料的矿料级配经过 GTM 优化，最佳沥青用量及标准密度均采用 GTM 旋转压实法确定。铺筑试路 3 的目的主要是与试路 2 进行比较，以观测经过 GTM 法优化后的抗滑磨耗层长期使用性能。

2. 布敦岩沥青混合料设计指标、试验路结构及平面布置

(1)设计指标要求。岩沥青混合料路面的设计指标如表 5-7 所示。

岩沥青混合料路面技术指标要求 表 5-7

技术指标	技术要求	测试方法	备注
平整度	IRI<2.0m/km,δ<1.0mm	T0933、T0932	
抗滑性能	$SFC_{60}\geqslant54$,TD≥0.55mm	T0965、T0961、T0963	表面层
车辙动稳定度	≥2800次/mm	T0719	
浸水马歇尔试验残留稳定度(%)	≥85	T0709	
冻融劈裂试验劈裂强度比(%)	≥80	T0729	
低温弯曲破坏应变	≥2500$\mu\varepsilon$	T0715	

沥青混合料设计采用马歇尔试验方法,沥青混合料的矿料级配应符合设计要求;各层次岩沥青混合料在最佳沥青用量下的技术指标应符合配合比设计的要求。

(2)试验路结构及平面布置。布敦岩沥青改性沥青混合料应用试验段铺筑约7.5km(双幅)试验路,路面结构类型与主线其他路段完全相同,只是试验路沥青面层不同层采用布敦岩沥青改性沥青混合料,其中岩沥青改性沥青所用基质沥青为AH-70号沥青,试验路上面层混合料考虑抗滑要求,采用AC-16型沥青混合料;通过与一般路段的对比,观测布敦岩沥青改性沥青混合料与SBS改性沥青混合料的技术经济性。试验路路面结构如表5-8所示。试验路选择右幅平台方向K44+960～K52+460单幅路段铺筑岩沥青改性沥青混合料试验段。

岩沥青改性沥青混合料应用路面方案与实施段落 表 5-8

结构类型	结构1		结构2		结构3	
	材料类型	h(cm)	材料类型	h(cm)	材料类型	h(cm)
上面层	SBSAC-13	4	25%AC-16	4	33%AC-16	4
中面层	25%AC-20	6	25%AC-20	6	AC-20	6
下面层	AC-25	8	AC-25	8	AC-25	8
实施段落	K44+960～K47+460		K47+460～K49+960		K49+960～K52+460	

注:原路面上面层采用SBSI-D型改性沥青,中、下面层采用AH-50号沥青;AC-沥青混合料;25%AC-掺25%岩沥青改性沥青混合料;33%AC-掺30%岩沥青改性沥青混合料;SBSAC-SBS改性沥青混合料。

第六章 桥 梁 工 程

本项目为典型的山区高速公路，河口至双凤段路线推荐方案全长33.742km，设有大桥43座(10385m)，中、小桥13座(476m)，桥梁总长10861m，占路线总长的32.2%。双凤至平台段路线全长约64.967km，设有桥梁18108m/81座，占路线总长度的27.4%。

本章介绍桥梁总体设计与优化、特色跨线拱桥设计与施工、桩基持力层加固与溶洞处治、波形钢板拱桥技术与应用、封开西江特大桥设计与施工、几项技术革新。

第一节 桥梁总体设计与优化

山区公路地形、地质条件复杂，构造物多，技术难度大，沿线沟谷纵横、多呈U形或V形谷，地面自然横坡大部分在20°以上。桥梁设计必须适应这种特点，充分贯彻"安全"、"环保"、"舒适"、"和谐"的总体设计理念，安全即保证结构安全及行车安全；环保即充分考虑桥型方案、优化施工方案，减少污染与环境破坏；舒适即优化上下部结构刚度，减少行车条件下的位移；和谐即使桥梁充分融入大自然的环境中，成为环境的点缀。桥梁设计方案必须充分根据山区的自然地理环境和地形条件，合理布孔。山区桥梁跨越沟壑，水文及通航往往不是桥梁孔径选择的控制因素，而地形、地貌上升为主要因素。所以山区桥梁的桥型设计，首先要满足地形的要求，保护自然环境，合理布墩，避免布孔不合理造成大填大挖和对自然地形原貌的破坏。桥台是路桥的衔接点，在桥型设计中应认真考虑桥台设置问题。特别在山坡较陡处，应充分考虑纵、横向溜坡的可能，选择合理的桥台形式，必要时采用增加桥长、设置挡土墙、高低承台、设置反压护道等措施，减少工程质量隐患。桥梁景观设计中推崇桥梁与周围环境的和谐统一，用简捷的力学美来展示桥梁的最美效果。注重常规结构的细节设计，比如桥墩墩身变化、桥台锥坡处理、上部结构连续性等，在不增加或少量增加工程造价的情况下使高速公路成为一个精心设计的作品。

一、桥梁工程特点及桥型总体设计原则

1.桥梁工程特点

(1)路线平面布线受地形制约，为跨越大山谷、山沟，大型桥梁构造物较多。路线布设以曲线为主，曲线桥梁较多；桥梁构造物占路线长度比例较大，约为路线总长度的27.4%。

(2)桥址处纵断面地形起伏大，在同一座桥梁中，相邻桥墩高度差别大。地面横坡陡峻，同一桥墩墩柱高差大。

(3)桥墩高度较大，本项目为山区高速公路，为满足纵坡的平稳过渡，跨越山谷地段，桥墩高度普遍较高，最大墩高达55m。

(4)道路运输条件差异性大，本项目桩号K118+000～终点，地形平坦，省道、县道，纵横穿越，运输方便。本项目桩号K81+200～K118+000，位于山区，运输困难。

(5)路线部分区段跨越省道、县道及经过城镇边缘，须着重考虑桥梁景观要求。

2. 总体设计原则

针对上述桥梁工程特点，本段桥梁设计遵循“技术先进、安全可靠、适用耐久、经济合理和美观、有利环保”的原则。在选型时因地制宜，根据本地区的自然条件、材料供应和地质条件，以及施工要求和使用效果等，进行了综合考虑，尽可能地做到技术可行，方案经济合理，桥型美观、简洁，并尽量做到标准化、系列化和施工机械化，尽可能减少对环境的破坏。考虑本段高速公路沿线的地形条件，通过在适当位置设置集中预制场，集中预制桥梁上部结构，在保证工程质量的前提下，加快工程建设进度，降低工程造价。

(1)考虑高速公路路桥配合，原则上桥位服从路线走向，不因桥位选择造成路线过多绕行或线形指标的降低。同时，在路线方案设计中，尽量考虑大、中型桥梁两头接线顺畅、桥位处河道顺直、地质良好的需要。对于特大桥，则综合考虑路线与桥位的优劣。

(2)桥梁方案注意造型美观，接近自然，尽可能地减少由于高速公路建设产生的对自然的影响。对于城镇段或跨越主要等级公路、等级航道的主线桥、立交桥及支线上跨桥，在不受其他条件限制时，结构设计充分考虑上部结构建筑高度较低的，下部结构墩身、墩帽等外观效果较好的结构形式，以满足美观要求。

(3)在地质条件较差或软土分布区，桥梁跨径按照跨越要求和经济性进行选择。

(4)对于跨越河流、沟渠的桥梁，桥梁总跨径确定和分孔时应注意满足河流顺畅排泄、灌溉或水运通航之需要，特别是当水中墩与航道、水流方向存在斜交角时，可采用斜桥或斜桥正做方案。同时考虑根据桥位处地质条件所确定的桥头填土高度或者满足桥下净空要求，符合经济适用、安全美观、方便施工的原则。

(5)在部分软土区或高路堤路段，进行桥梁和路堤的技术经济比较，并合理控制桥头填土高度。具体到每座桥梁，根据不同地质条件确定填土高度，路线经过地质条件较好的低山、丘陵区时，在保证路基稳定和安全的前提下，尽可能地采用较高的桥头填土来控制桥梁工程的规模。

(6)对于一般桥梁及特大桥的非主孔部分，在满足不同功能的前提下，尽量选择合理的同一跨径来布设，以方便施工。

(7)对于位于曲线上的预制桥梁，针对不同情况采取如下不同的措施：

①如曲线半径较大，则可根据跨径、桥长的大小，分别采用平分中矢法，在护栏上调整，或采用单孔折线法径向布设，采用在墩顶跨间用“张口”来调整。

②对于曲线半径较小时，可根据曲线半径、桥梁跨径及桥宽等综合考虑，分别采用径向布置法或改变预制梁的尺寸等方法处理。对于现浇桥梁则均按曲线布设。而对于斜交的中、小桥梁，原则上斜桥斜做，以减小墩台阻水影响。

(8)主线桥梁的横断面，原则上按上、下行两座独立桥梁方案设置(除由于特殊原因采用整体式盖梁)，做到横向与路基同宽，外侧与路基边缘线齐平。特大桥、大中桥内、外侧根据桥梁位置及桥梁高度设置不同安全等级的护栏结构，小桥内、外侧均设置波形梁护栏。

(9)为满足高速行车舒适性要求及山区高墩桥梁养护的难度，特大桥、大桥原则上采用连续(连续—刚构)结构，并尽量做到少设支座，从而减少山区高速公路桥梁的养护工作。中小桥采用简支结构，桥面连续。桥头设置钢筋混凝土搭板，全线大中小桥均采用毛勒伸缩装置，当小桥长度小于 20m 时，一侧桥台处采用切缝处理，另一侧桥台安装伸缩装置。

(10)上部结构为预应力混凝土空心板、装配式部分预应力混凝土连续 T 梁等结构的桥梁，支座采用圆形板式橡胶支座。上部结构为现浇连续箱梁、变截面连续箱梁和其他特殊设计的桥梁，支座一般采用盆式橡胶支座。

二、桥型与结构形式的选择

1. 桥型方案的选择方法

(1)对跨越现状或规划为一级公路以上的等级公路，尽可能在中央分隔带内设墩以减小跨径，降低主线纵断面，减小工程规模。对没有设置中央分隔带的一级公路，在没有其他限制因素的前提下，尽可能争取地方交通主管部门的同意，在交叉段落局部增设中央分隔带。

(2)对于跨越国家干线公路、铁路、高速公路的桥梁，原则上采用施工时对已有道路干扰较小的桥型结构，如预制拼装结构或悬浇、悬拼结构，尽量避免采用支架现浇结构，并注意桥梁结构的美观。

(3)在跨径布置时，对于跨越等级公路、铁路、等级航道时，必须留出足够的净宽(根据公路、铁路、等级航道的批文规定进行确定)，特别在跨越非正交航道时，应按标准要求留出水流影响宽度(根据水流交角、水流速度对行船的影响及船舶等级进行综合考虑)。

(4)对于跨越地方等级公路的桥梁，征求地方政府的意见，明确公路等级及近、远期规划，以确定桥下净空标准。同时注意对于现状较差的公路，除满足规定的净高外，适当留有50～100cm余量，以便给地方公路改造留有余地。而对于已改造过的或现状较好的公路，则严格控制净高，以减小主线桥梁规模。

(5)跨越等级公路的桥梁，在前后构造物和地形受限制时，一般采用主线上跨方式，跨越具有城市主干道功能道路的桥梁，亦考虑采用主线上跨方式。在地形基本不受限制，且对周围居民出行影响比较小的交叉处，为减少主线工程量，一般采用支线上跨方式，并充分利用线外沟通的方法，对原有道路进行合理归并。

(6)除在互通式立交变宽段范围内的桥梁及匝道小半径曲线桥梁外，尽可能不采用现浇钢筋混凝土连续箱梁。

(7)对于等级航道并兼有泄洪功能的河流，分别征求航道部门及地方水利部门的意见，明确航道等级及近、远期航道整治规划、河流疏浚规划，以确定通航标准。同时参照路线经过区域的有关水文资料，桥梁布孔在满足通航净空的同时，也考虑泄洪的要求。

(8)对于跨越一般泄洪河流的桥梁，参照路线经过区域的有关水文资料，适当考虑地方水利部门意见。桥梁布孔主要满足泄洪要求，桥梁净空高度必须满足设计水位要求。

(9)兼跨农田排灌沟渠及通道的桥梁，根据现场调查所搜集到的资料并征求该级政府部门意见，与地方有关部门签订通道标准协议，孔跨布设时注意满足农田排灌需要，满足不同通道净空需要。在此前提下，对少量沟渠及通道适当改移、归并，必要时增加线外工程，以降低主线工程造价。

(10)考虑山区高速公路桥梁施工的统一性，相近桥梁(互有运输条件的)如不同桥型方案的经济性差别极小，则上部结构设计统一一致，以便统一预制，方便施工。

2. 上部结构的选用

高速公路主线桥梁上部结构采用较多的形式有：预制预应力混凝土T形梁、预制预应力混凝土空心板梁和预制预应力混凝土I形梁简支结构，装配式部分预应力混凝土连续箱梁(先简支后连续)、装配式预应力混凝土宽幅空心板、现浇钢筋混凝土连续箱梁、现浇预应力混凝土连续箱梁等。本段桥梁设计对各种上部结构进行了经济技术比较。比较结果认为：综合考虑施工简单、重量轻、吊装安全、安装方便、竖向刚度及侧向刚度大等各种因素，沿线桥梁较多推荐T形梁结构及空心板结构，以保证施工与结构的安全性能。除特殊设计外，一般大桥及有特殊净空要求的特大桥、大桥的引桥部分均采用装配式部分预应力混凝土连续 T 梁。中小桥采用预制预应力混凝土空心板梁。

本项目地质条件虽然比较复杂，但大多数桥梁桩基均可按嵌岩桩进行设计，桩基长度多在 20～25m 范围，因此，对于装配式部分预应力混凝土连续 T 形梁的经济跨径也进行了比较，结合桩基、墩柱比较后认为：墩高在 15m 以下时采用 20m 空心板；墩高 15～20m 时采用 25m 的 T 梁；墩高在 20～30m 时采用 30m 的 T 梁；而墩高在 30～40m 时采用 40m 的 T 梁；40m 以上墩高的结构采用 50m 跨径。

对于 50m 跨径桥梁的上部结构也进行了比较：考虑山区公路桥梁如采用 50m 的 T 梁，则需大型的现场预制场，势必造成环境的破坏，且 50m 的 T 梁重量较大，吊装困难，施工时的安全隐患较大；如引进新工艺，则 50m 跨径均可采用连续箱梁，利用 MSS 移动模架进行施工，无需大型预制场，加强了环保，加快了施工进度，保证了施工安全；本项目的 50m 跨径桥梁长度均超过 1km 以上，两种结构的经济性差别很小。因此，考虑环保及施工安全，50m 跨径桥梁的上部结构均采用了连续箱梁结构。

因此，广梧高速公路双凤至平台段桥梁设计均以上述比选结果作为依据，综合考虑本路线中的地形条件、施工的难易度及行车安全，结合环保原则进行各种桥梁的设计。主线桥梁上部结构的设计也由此主要采用了 20m 先张法空心板、25m 的 T 梁、30m 的 T 梁、40m 的 T 梁及 50m 连续箱梁，以适应复杂的山区地形，方便施工，加快施工进度；在一些跨线桥、立交桥梁中，综合考虑施工、美观、行车舒适性等因素，结合地形条件，上部结构采用了 20～30m 的预应力混凝土现浇连续梁。

对于跨越特殊位置的桥梁，考虑到功能要求及施工条件等因素，采用悬臂浇筑变截面预应力混凝土连续箱梁，现浇预应力混凝土连续箱梁或钢筋混凝土连续箱梁、斜拉桥、拱桥等特殊结构，并进行技术经济的综合比选。

3. 下部结构的选用

对于高速公路桥梁下部结构，基础一般采用桩基础，持力层埋深较浅时可采用扩大基础。桥墩可采用排架式、柱式、框架式、变截面实体花瓶式、Y 形实体式、薄壁实体式、空箱式等形式。

桥台可采用柱式、肋板式、座板式、U 形重力式、扶壁式等多种形式。对于各种形式的选择均根据桥位处实际情况进行比选后确定。

本项目处于山区，地形、地质复杂，因此，为了适应地形、地质条件，综合结构受力与景观效果，桥梁的下部结构主要选用了排架式、变截面实体花瓶式、薄壁实体式、空箱式的桥墩，桥台主要选用柱式与肋式桥台。

三、桥型设计实例分析

本项目桥梁设计中，较好地控制了工程规模，使全段的桥梁设计较为合理，通过对桥梁上、下部结构外形的重视，使全线桥梁比较好地与路线和自然相融合，较好地符合了"安全、环保、舒适、和谐"的设计理念。

1. 省道 S368 高峰跨线桥

受地形、地貌限制，该桥所在路线与省道 S368、硫铁矿厂专用铁路、尾矿管、高峰排灌河处于同一走廊带，桥跨布置制约因素较多。本桥起点处斜跨省道 S368，省道现有路基宽 16.0m，远景规划宽度 32m，中央绿化带 2.0m。高速公路与省道 S368 斜交角较小(20°)，如采用一孔跨越，主孔需要采用近 150m 大跨桥梁，受省道净空限制梁高需尽量压低，采用斜拉桥为唯一可行方案，其造价相当高。经过与地方有关部门协商，对省道S368进行局部同期改造，将路中中央绿化带加宽至4m放置桥墩，将跨径缩小一半并采用常规的连续梁结构。主桥采用：左幅(48+2×70+48)m，右幅(51+2×75+51)m变截面连续箱梁，引桥采用了25m、30m先简支后连续刚构T梁体系，减少了不必要的工程费用。

由于高速公路靠近省道S368和厂区，跨线桥的桥梁景观必将对周边环境及公众心理产生深刻影响，因此桥墩下部结构采用造型简洁的T形独柱墩，避免了多柱墩形成杂乱无章的“柱林”。本桥墩高为11.1～21.4m，根据受力分析，墩身采用2.5m×1.2m～2.5m×1.0m的矩形截面，具有较大的刚度调节灵活性，在墩柱宽度不变的条件下，可通过调节墩柱厚度变化墩身刚度，使同一联桥中高、低墩的水平荷载分配趋向合理，同双柱墩相比，在截面积和配筋率相等的条件下矩形墩具有较大的抗弯刚度，使桥梁结构受力与景观设计充分结合。本桥位于平曲线半径R=1023.081m上，引桥预制T梁采用弯桥直做，墩、台中心线均径向布置。设计时根据曲线半径计算出各孔每片梁的理论梁长，并归纳出几种预制梁长，通过调整梁端等厚腹板段长度来变化，从而只用一套模板就可以浇筑全部预制梁。再通过现浇连续段长度变化来适应弯桥梁长，简化了施工预制难度。

2. 四芽洞高架桥

本桥位于分离式路基段，左线为桥梁，右线为路基。四芽洞高架桥地处山地丘陵区，桥位跨越山间洼地，地形起伏较大，山体植被茂密，生长各种灌木和杂草，沟内常年流水。桥跨组合采用9×25m先简支后结构连续T梁，桥梁总长225m，位于R=700m圆曲线上。该桥虽然桥长不长，但具有山区高速公路桥梁的典型特点：地势起伏变化大、半路半桥、小半径弯桥、桥台位于陡坡上。本着安全、经济的原则同时考虑养护方便、行车舒适性，上部结构采用25m先简支后结构连续T梁，下部结构采用单幅独柱桩基础，桥台采用U形桥台。由于独柱桩基础的横向稳定性较双桩基础差，但总的桩顶力相应较小，其桩身压弯效应明显，根据计算桩身配筋率接近1%，比双桩基础钢筋增加约15%～20%，但综合考虑基础土方的开挖量和对自然环境的破坏及恢复，在墩不高的情况下采用独柱桩基础仍然是经济合理的方案。

3. 等头高架桥

等头高架桥采用整体式双幅桥，桥位地处山地丘陵，横山间洼地区，桥位地形起伏，大桥横跨河流，地面高程约61.8～70.0m。桥位处于沟谷，地势变化较大。当地的小型发电站在此修坝拦水，坝前经长期冲刷岩层裸露，且河道两侧山体的岩石也部分破碎、坍落，侵入河道。桥位处于半径为700m的圆曲线及缓和曲线上，顺水依次跨越山边道路、水坝、引水渠等构造物，充分考虑水坝和引水渠均不可改移，河道中难以搭设施工支架且应尽量少设墩减少桥墩阻水等因素后，确定桥梁上部结构采用(7×25+3×30+4×25)m先简支后结构连续预制T梁，下部结构根据地形进行特殊设计。该桥沿沟谷溪流架设，为减少阻水、避免上游滚石对桥墩危害，提高桥墩的抗撞击能力，宜减少墩柱个数、提高墩身刚度，因此通过双幅桥分幅设置独柱墩与双幅桥设置整幅双柱墩进行对比。整幅双柱墩盖梁与柱墩形成框架，按刚构计算，当墩柱同一横断面上较大地面落差造成高度差别很大时，双柱墩中较矮的柱桩随着地面横坡的变化所分配的剪力可达到平均值的1.0～2.0倍不等，从而造成弯矩分配不均匀，而且其盖梁计算必须考虑车辆双向行驶对整体式下部产生的扭力影响，需设置刚度较大的盖梁，较矮的墩身配大尺寸的盖梁会使桥梁显得笨重和呆板。考虑上述不利因素，本桥只在10号墩、12号墩为避开水渠采用了整幅框架墩，其盖梁外挑悬臂长度也尽量取长，使盖梁看上去显得比实际的轻巧，其他桥墩均采用分幅独柱墩。

4. 支线上跨桥的景观

支线上跨桥作为高速公路景观的一个亮点，这主要由于支线桥整体都会展现在行驶者视野之中，且停留时间较长，对行驶者视觉的冲击力较大，支线桥景色的好坏对行驶者具有一定的影响，因此初步设计中将支线上跨桥设计成一桥一景，给高速公路增添新的景色。

以 K47＋175.584 上跨桥为例，支线与高速公路斜交角近 46°，采用拱形塔造型跨越主线，桥梁造型新颖别致。实际施工图设计中，经过对桥梁结构进行计算分析，发现桥位所处高速公路二级高边坡，为保证边坡的稳定和桥下的净空，拱塔跨度为 50m，相应拱塔需要较大刚度来保证其稳定性，截面尺寸达到 1.6m×1.6m。另外，高的边坡阻碍了桥的透明度，使拱塔看上去很笨重。充分考虑桥梁与周围环境和自然景观相协调的情况，取而代之的是线条明快、简洁的三跨变截面连续箱梁，该桥型由于截面连续且均匀变化，结构简洁、明快，与挖方边坡可以较好的协调一致，能使公路富有韵律感、较好适应周边环境，其造价节约近 20%。在石牙山隧道 K52＋835 附近分离式路基段设置的挂榜山人行天桥兼渡槽则采用了 2×33m 双拱面异型拱桥，将分离的高速公路连接在一起，使人印象深刻。拱桥主墩设在分离式路基之间近 20m 宽的地带，斜吊杆和起伏的拱肋将视觉延伸到高速公路周围起伏的地形，与环境融为一体。由于路线呈东西走向，旭日东升或黄昏落日将与拱桥组成一幅美丽的风景，使人赏心悦目、十分壮观。

四、沟隧间桥梁方案对比

上寨高架二桥跨越 U 形沟谷后，接上寨隧道的入口处。充分考虑地形、地质、安全、环保、施工等多种因素后，经深入比选，确定了较优的设计方案。

1. 工程建设条件及技术标准

桥位处属山地地貌，地形相对起伏较大，地势较为陡峻，呈两端高中间低，横断面近似“U”形山谷，最大高差约 32m。场地和地基稳定，无活动断裂经过，桥位基底地层为砾岩及其风化层。桥址处覆盖层为耕植土、亚黏土，桥位处基底地层由上至下为全风化砂岩、强风化砂岩和微风化砂岩。

设计速度 80km/h，采用双向 4 车道，本桥位于分离式路基段，桥梁净宽度 11.0m。桥梁设计荷载为公路—I 级，设计安全等级为一级，桥位场区地震动峰值加速度系数为 0.05。

2. 方案比选

(1)桥型方案构思。根据桥位处地形、地物及工程地质条件，结合“安全”、“环保”、“舒适”、“和谐”的设计新理念，从“以人为本”、“环保和谐”的角度出发，桥型方案的设计应注重造型新颖、施工便捷并与周围自然景观相协调的原则，构造“桥隧相连”的自然生态公路景观。由于桥位处于桥隧相接处，大型起吊设备可能难以运抵现场，故拟采用大跨结构。又由于桥位处为分离式路基，为避免空间布局上的杂乱感，上承式拱桥结构为首选桥型，根据这一思路拟订以下 2 种拱桥方案。

方案 1：上部结构左、右幅均为主跨 90m 上承式钢管混凝土拱桥，矢跨比为 1/7，采用支架现浇方案，拱上建筑为 10×10m 的板梁，桥梁全长为 120m。桥台采用重力式 U 台；拱脚采用刚性扩大基础支撑。

方案 2：上部结构左、右幅均为主跨 90m 上承式钢筋混凝土箱形截面刚架拱，矢跨比为 1/7，采用支架现浇方案，拱上建筑为 10×10m 的板梁，桥梁全长为 120m。桥台采用重力式 U 台；拱脚采用刚性扩大基础支撑。

(2)上承式钢管混凝土拱。钢管混凝土的应用解决了拱桥材料高强度和施工无支架两大难题,因而得到快速发展。钢管混凝土拱桥结构具有承载力大、施工简便、景观效果突出等诸多优点。采用这一方案,不仅可以突出景观效果,体现结构的创新性,使主拱圈显得轻巧,充满现代气息,而且还可以加快施工进度,采用少支架架设施工方法,可以大大缩短工期,为隧道施工提供有利条件。设计方案主拱圈采用哑铃形断面,由 2 个 ϕ100cm 圆形钢管(t=14mm)通过缀板连接而成,钢管内灌 C50 微膨胀混凝土;主拱圈计算跨径 90m,计算矢跨比 1/7,拱轴线采用二次抛物线。为方便施工,提高结构的轻巧性,拱上立柱采用空心钢管排架。桥面系采用纵铺 10×10m 先简支后连续预制空心板,桥型布置图如图 6-1 所示。

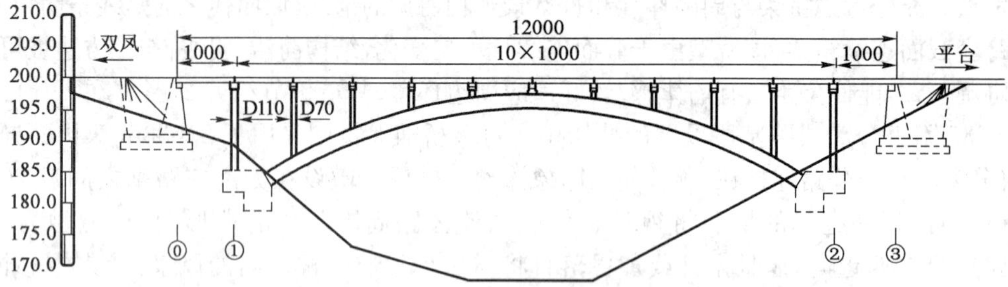

图 6-1 上寨高架二桥上承式钢管混凝土拱方案桥型布置(尺寸单位:cm)

桥面至地面最大高度 32m,桥台两岸为陡坡,受现场地形限制,施工机具与大型吊装设备难以运抵施工现场,拱肋采用少支架拼装施工,不仅简便快捷,安全性系数高,而且易于控制拱肋线型,提高施工质量和精度。

(3)箱形截面刚架拱。刚架拱桥是在双曲拱、桁架拱、肋拱和斜腿刚构桥的基础上发展起来的一种桥型结构,采用拱上建筑与主拱圈共同受力,以达到减轻自重、节约材料的目的,在跨径范围内具有较强的竞争力,20 世纪 80 年代初期在我国较为盛行。传统意义上的刚架拱桥一般是通过采用预制微弯桥面板连接多片实腹式拱肋,以达到共同受荷的目的。由于实腹截面抗弯及抗扭刚度一般不大,且多片拱肋间的横向联系也较弱,限制了这种桥型的进一步发展与应用,跨径一般不大。但刚架拱桥自身优越的技术经济指标仍是其他桥型结构难以比拟的。本次设计对这种桥型结构的缺点进行了改进,旨在为这种桥型结构的应用指引一个新的方向。桥型布置如图 6-2 所示。

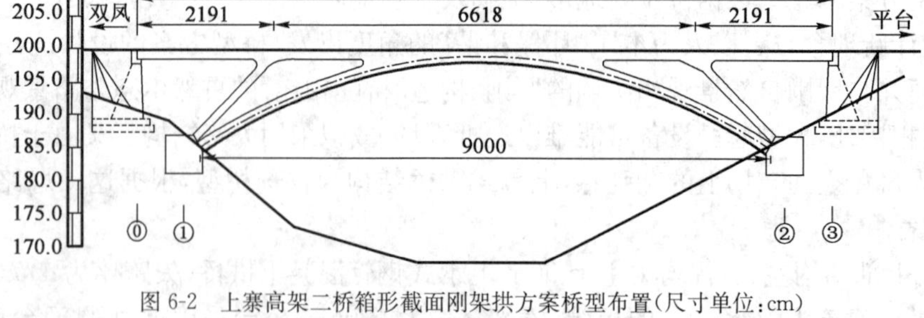

图 6-2 上寨高架二桥箱形截面刚架拱方案桥型布置(尺寸单位:cm)

设计方案采用双箱形拱肋截面,中间通过现浇桥面板连接,截面的整体及横向刚度均得到较大提高,从而加大其跨越能力,改善其使用性能。

(4)5×30m 连续刚构 T 梁。本项目大部分桥梁上部结构均采用预制标准化 T 梁,桥梁方案总体设计中详细比较了桥墩高度和桥跨组合的技术性、经济性,墩高在 20~30m 时采用

30m 的 T 梁，其经济性达到最优。因此，梁式方案采用 5×30m 预应力混凝土先简支后连续刚构 T 形梁结构。采用预制吊装，施工速度快，施工工期短，缺点是桥型常规，美观性差，而且下部墩柱落在山间谷地中，对地表破坏较多，环保差。桥型布置如图 6-3 所示。

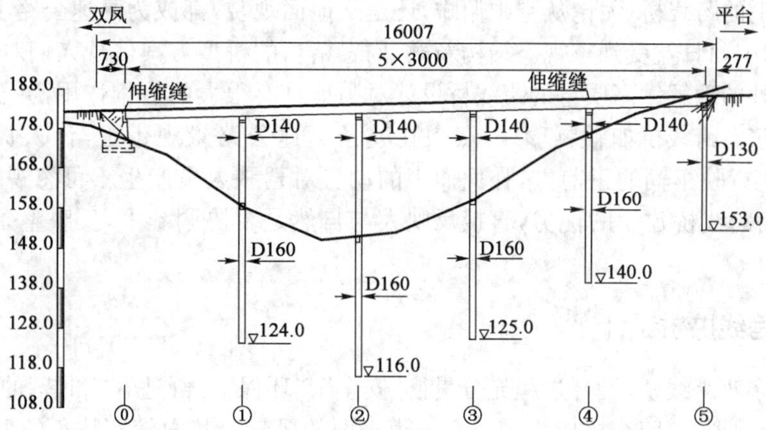

图 6-3　上寨高架二桥 5×30m 连续刚构 T 梁方案桥型布置（尺寸单位：cm）

(5)方案比选。桥梁方案比选具体情况如表 6-1 所示。

桥 梁 方 案 比 选

表 6-1

项　目	上承式钢管混凝土拱	上承式箱形截面刚架拱	先简支后连续刚构 T 梁
桥梁布置	(15+90+15)m	(10+90+10)m	5×30m
下部结构及基础	扩大基础，重力式 U 形台	扩大基础，重力式 U 形台	双柱墩，钻孔灌注桩，重力式 U 形台，三柱式桥台
施工方法	少支架拼装拱肋，吊装拱上排架；工艺成熟，施工速度快	少支架现浇拱圈，桥面板预制吊装；工艺成熟，施工期稍长	预制主梁，安装就位后张拉负弯矩钢筋，形成连续刚构体系；需要大型吊装设备，技术选进，工艺要求较严格
景观效果	与周围地形相互协调，结构轻巧，景观效果最优	与周围地形相协调，景观效果好	线条单一，下部墩柱较多，景观效果一般
环境影响	扩大基础可恢复性强，对环境影响小	扩大基础可换复性强，对环境影响小	下部墩柱落在山间谷地，对地表破坏较多，对环境影响大
经济性	建筑安装费共 1549.1 万元	建筑安装费共 946.5 万元	建筑安装费共 978.9 万元

①钢管混凝土拱是一种日渐成熟的桥型结构，其承载能力大、施工简便，景观效果极为突出。在山区高速公路合适地形处采用这一桥型结构，不仅与自然环境和谐相融，且能人为创造交通景观，体现该项目的设计理念，故作为推荐方案。

②箱梁截面刚架拱桥跨径一般不大，经济指标及与环境相融性均较优越，建成后桥梁的景观效果也较好。但是纵向及横向刚度不足，导致跨越能力及使用性能不佳，采用箱梁截面后，结构的整体受力性能及使用过程中的适用性等问题有待进一步探讨和验证。可作为比较方案。

③5×30m 连续刚构 T 梁为一般常规结构类型，但简支变连续刚构体系的施工工艺复杂，上部结构架设需大型吊装设备，桥梁整体景观效果较差，对山体破坏性大，而且其工程造价比箱梁截面刚架拱桥还高，体现不出经济性，也作为比较方案。

第二节　特色跨线拱桥设计与施工

高速公路上的跨线桥，无论从空中俯瞰，还是从地面观赏，都成为高速公路上最引人注目的构造物之一，因而日益受到重视。结构新颖、构思精巧的桥型方案体现人们对美的追求，对与自然和谐共处的理解。高质量的跨线桥设计对当地具有很大的造景作用，甚至可能成为当地的标志性建筑。跨线桥如颗颗珍珠，点缀在整条高速公路景观带上，让人赏心悦目。同时，它处于高速行驶车辆的正前方，扑面而来的动势对驾乘人员产生不可忽视的视觉影响。因此，高速公路跨线桥建设的优劣，直接反映人与自然是否协调统一，反映整条高速公路设计水平。

一、特色跨线拱桥设计

本项目有多座跨线桥，设计过程充分贯彻"安全"、"环保"、"舒适"、"和谐"的设计新理念，精心构思、统筹规划，使跨线桥成为线路上一道亮丽的风景。其中较有特色的 K111＋495 人行天桥、K131＋849 人行天桥和 RK52＋835 挂榜山渡槽(兼人行)天桥 3 座钢管混凝土跨线拱桥规模虽小，但各具特点，又相互呼应，极具特色，体现了设计者的精心构思和对勘察设计新理念的理解和贯彻。

1. K111＋495 人行天桥

桥位属于典型的深挖方路段，两侧为山地高边坡，地方路上跨主线，高度约 20m，从美学角度考虑，上承式拱桥为最优方案。结合桥位地形，桥跨大约在 50m 左右，方案设计阶段重点考虑结构的立面景观效果，希望结构轻巧、协调，且具有艺术的美感。经多方案比选，最终选择了单钢管拱肋和放射布局的三角钢管桁架组成的上承式桁架拱(图 6-4)。类似的结构形式，1996 年捷克在跨越 Bmo-Viemla 高速公路的上跨拱桥设计中首次采用，随后我国在宁淮高速公路孙家凹上跨桥的设计中，也采用了这种结构形式。本方案在立面斜撑杆的布局上优于上述的两座桥梁，使本桥的立面景观效果更加简洁，更加协调。

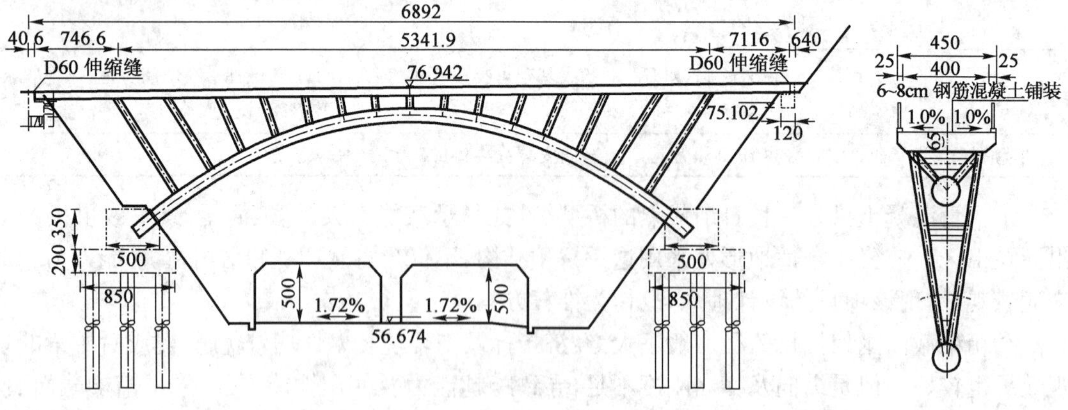

图 6-4　K111＋495 人行天桥立面及横断面布置图

主拱肋为 ϕ1200mm、t＝16mm 的单钢管，内灌 C50 微膨胀混凝土，拱轴线采用二次抛物线，计算跨径 L＝50m，矢高 f＝10m，f/L＝1/5。拱上结构为预应力混凝土梁，梁高 75cm，桥面梁与拱肋之间采用 ϕ30～ϕ50mm、t＝12mm 立柱连接，立柱之间设横撑及缀板加强。同时为了保证桥梁运营时满足稳定性要求，在桥台处设置水平限位块，防止桥梁产生共振及侧倾。

本桥桥面较窄，跨径较大，空间受力性能复杂，结构的动力特性及稳定性问题是需要解决的首要问题，技术难度较大。结构计算采用了多种程序进行空间仿真分析，为桥梁的设计与施工提供必要的理论支持。

静力分析采用 MIDAS 程序按空间杆系进行计算，采用桥梁博士平面杆系模型进行校核，两种计算结果相近，承载能力及正常使用性能均满足规范的要求。

稳定分析采用了 ANSYS 和 TDV 两种程序进行计算如图 6-5、图 6-6 所示，按照线弹性理论，考虑多种工况作用。ANSYS 计算的稳定安全系数最小为 15.0，TDV 计算的最小稳定安全系数最小为 15.57，较为接近，表明该桥的线弹性稳定满足要求。

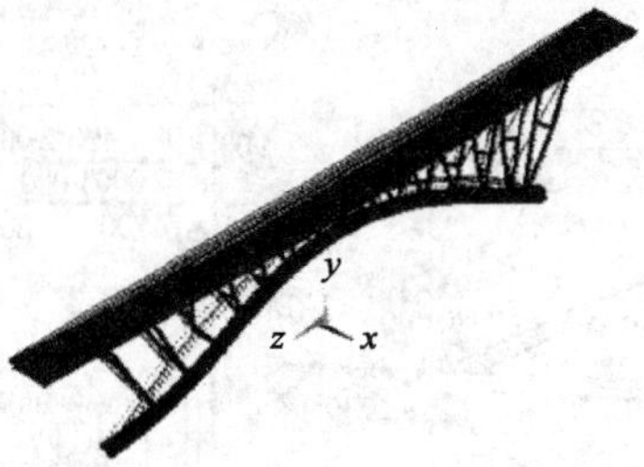

图 6-5 K111＋495 人行天桥 ANSYS 稳定分析屈曲模态

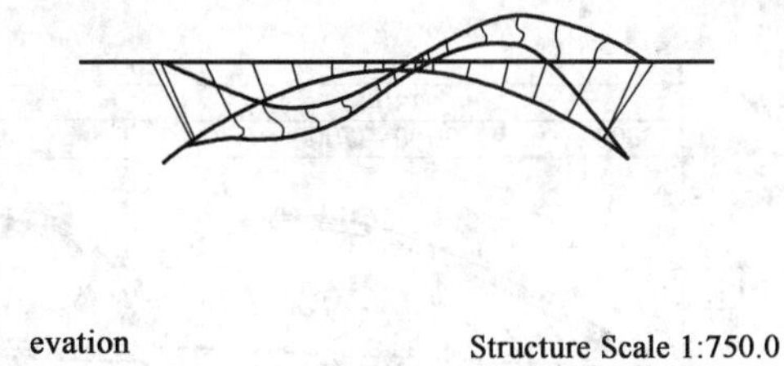

图 6-6 K111＋495 人行天桥 TDV 稳定分析屈曲模态

动力特性采用 ANSYS 和 MIDAS 程序进行分析。动力特性分析是进行谐响应分析、谱分析和瞬态动力学分析的基础，对研究单肋斜撑钢管混凝土拱桥的动荷载行为具有很大的影响。为了得到精确的振型和频率，以便进行谱分析，需要用比较精确的数值方法计算。计算时考虑梁体限位块的作用，将两端横向约束。求得该结构的前三阶自振频率分别为 2.357Hz、2.654Hz、4.773Hz，动力特性满足要求。

2. K131＋849 人行天桥

桥位位于浅挖方路段，两侧路堑边坡高度约为 8m，考虑中央分隔带不设墩，桥梁主跨约需 35m 左右，结合地形，经多方案比选，最终确定采用中承式钢管混凝土提篮拱桥(图 6-7)。

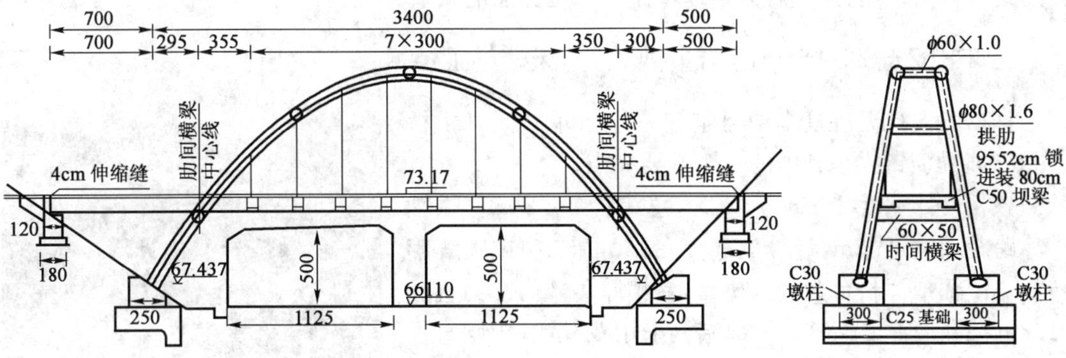

图 6-7 K131＋849 人行天桥桥梁立面及横断面布置图(尺寸单位：cm)

主拱肋采用 ϕ800mm、$t=16$mm 的钢管，拱脚 2.45m 范围内灌 C30 混凝土。拱轴线采用二次抛物线，矢高 $f=13.6$m，计算跨径 $L=34$m，矢跨比 1/2.5。2 根主拱肋内倾 11°，布置成提篮拱形式，桥面以上设 3 道 ϕ600mm 钢管横梁，以加强横向稳定性。拱上结构为预应力混凝土桥面梁，梁高 80cm。两侧对称设置 8 对吊杆，吊杆间距为 3.0m，吊杆采用 5-37 型平行钢丝束及 DS 型锚具和其配套产品。

该桥造型简洁优美，结构受力合理，与周边地形配合协调，在满足行人通行功能的前提下，为当地增添了一道新的景观。

3. 挂榜山渡槽（兼人行）天桥

该桥位于主线桩号 LK52＋837、RK52＋835 处，离石牙山隧道入口处约 500m 左右，线位左右幅分离，中间设 16m 宽绿化分隔带。桥位处地势较平坦，视野开阔，原地面有较大排水渠，顺地势而设，主要用于当地农作物的灌溉，经与地方协商，高速公路建成后需保证该水渠的功能不变，并要求满足行人通过。根据桥位处的地形、地物，结合景观设计，进行了多方案比选，最终推荐采用 2×33m 下承式双拱面系杆异形拱桥，主拱圈为钢管混凝土结构，如图 6-8 所示。

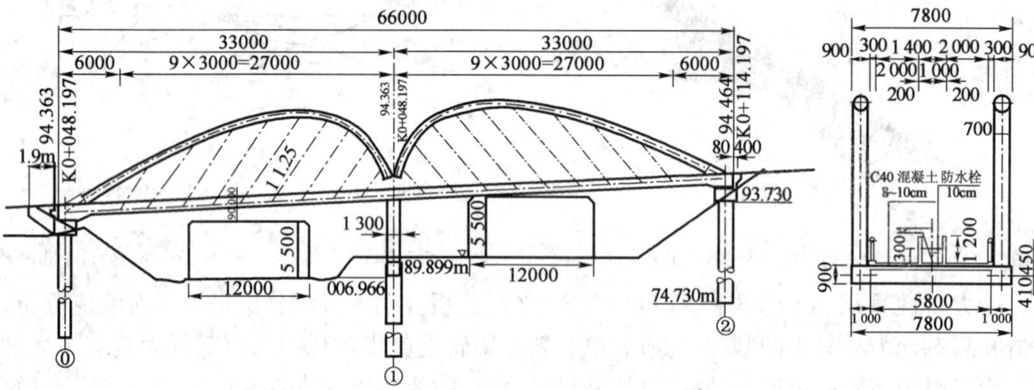

图 6-8 挂榜山渡槽（兼人行）天桥立面及横断面布置图（尺寸单位：mm）

全桥结构计算采用 Midas 程序进行空间有限元建模分析，各项力学指标均满足现行规范的要求，动力及稳定分析表明，结构刚度及稳定性均能满足要求。

该桥结构新颖，赋予动感，充分利用较宽的中央绿化带，与地形结合较好。横断面布置简洁，取消了拱肋间的横梁，通过桥面纵梁的刚度保证主拱肋的横向稳定。该桥型属首次在高速公路跨线桥中采用，建成后为当地增添了一道亮丽的风景。

二、RK52＋835 挂榜山渡槽（兼人行）天桥施工技术

挂榜山人行天桥是本项目唯一一座下承式系杆拱桥（图 6-9），异型钢拱是其中的一个重要亮点。

图 6-9 建成的挂榜山渡槽（兼人行）天桥

该桥设计宽度 7.8m，分 2 跨，总跨径 65.84m。拱轴计算跨径 $L=32.3$m，计算矢高 $f=8$m，由二次抛物线旋转 51.34°而成。桥台为轻型桥台，台帽厚 1.2m，下为直径 ϕ1.2m 钻孔灌注摩擦桩。下部结构采用双柱墩，中墩直径为 ϕ130cm，下接 ϕ1.5m 钻孔灌注摩擦桩。上部结构为双拱面异型系杆拱，共 4 个钢管混凝土结构拱肋。拱肋钢管采用 Q345C 钢，管径 ϕ700mm，由厚 16mm 的 16Mn 钢板卷制。设纵向刚性系梁，高 0.9m，宽 1.0m，为预应力混凝土结构，张拉 8 根 15-7 和 4 根 15-9 预应力钢绞线。吊杆采用 5-37 型平行钢丝束及 DS 型锚具。吊杆安装完毕后，系梁下缘锚具槽口以薄钢板焊封。中横梁（C 类）为矩形截面，预制梁高 0.9m，宽 0.5m，间距 3.0m，拱肋相交处设 B 类横梁，矩形截面，预制梁高 0.9m，宽 2.0m。端横梁为牛腿形截面，梁高 1.2m，宽 4.6m。

1. 异型钢拱施工

(1)钢管拱肋施工顺序：

①采购材料→材料送检→放线开料→半成品检验。

②制作预埋件→喷砂喷漆→成品检验→安装预埋件。

③材料喷砂喷底漆→拱肋分段卷管→纵缝焊接→无损探伤→环缝焊接。

④拱肋分3段弯管→半成品检验→切割已弯成形拱肋→安装吊索支座及加筋板→无损探伤→成品检验。

⑤打磨喷漆包装→运至安装现场。

(2)钢管拱肋制造工艺：

①钢拱肋分段。钢管拱肋制作时分为3段，分别为拱肋1、拱肋2、拱肋3(图6-10)，长度各为10.24m、11.752m、13.131m。

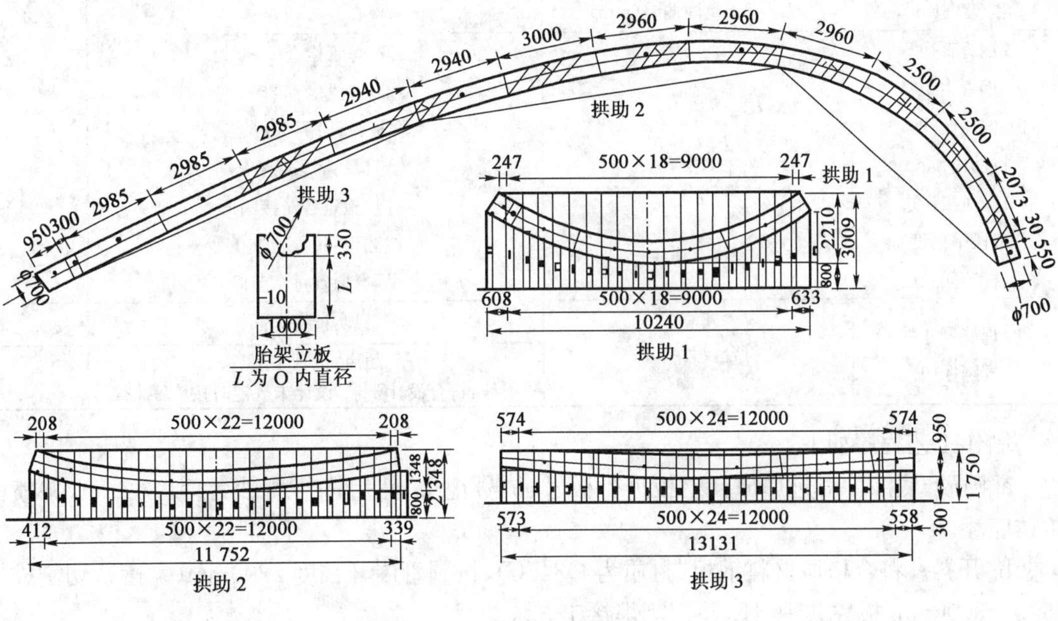

图6-10 挂榜山异型拱桥分段开料、弯管(尺寸单位：mm)

拱肋1由6节钢管(A、B、C、D、E、F)组成，制作时将6节钢管分开，独立制作成型，然后将6节钢管焊接成为拱肋1并搬至吊装现场。

拱肋2包含4节钢管(G、H、J、K)组成，制作时将4节钢管分开，独立制作成型，然后将4节钢管焊接成为拱肋2并搬至吊装现场。

拱肋3由6节钢管(L、M、N、P、Q、R)组成，制作时将6节钢管分开，独立制作成型，然后将6节钢管焊接成为拱肋3并搬至吊装现场。

各段拱肋钢板卷制下料情况如表6-2所示。

②钢拱肋制作工艺流程。管段排版图制样→下料→切割→边缘加工→卷管→焊接(纵缝，并超声检测)→矫圆→拼接(接长，焊接对接环缝)→超声检测及X射线拍片→热弯→试拼(整体试拼装)→涂装→起吊运输到位。待施工现场安装合龙后，焊接、安装各吊装段接头及相应构件，焊缝经超声检测合格后进行二次涂装。

③钢拱肋制作(以1节钢管拱肋为例)。钢拱肋制作检验实测项目如表6-3所示。

钢拱肋钢管分段卷制下料单(全桥)　　表 6-2

对应节段	下料尺寸(mm)	数量(片)	单段重量(kg)	总重量(kg)	备注
A+B	2200×850	4	229.30	917.18	桥墩拱脚处
C	2200×2073	4	559.21	2236.85	中间管节
D、E	2200×2500	8	674.40	5395.20	
F、G、H	2200×2985	12	805.23	9662.80	
J	2200×2940	8	793.09	6344.76	
K、L	2200×2960	12	798.49	9581.88	
M、N、P	2200×3000	4	809.28	3237.12	
Q+R	2200×1250	4	337.20	1348.80	桥台拱脚处

钢拱肋制作检验实测项目　　表 6-3

检 查 项 目	规定值或允许偏差(mm)	检查方法和频率	权值
钢管直径	±5	尺量:每管检查 1～3 处	3
钢管中距	±5	尺量:每段检查 2～3 处	1
内弧偏离设计弧线	8	样板:每段测 1～3 点	2
拱肋内弧长	+0,−10	尺量:每段检查	1
节段对接错边	2	尺量:检查各对接断面	2
节段平面度	3	拉线测量:每段检查 1 处	1
竖杆节间长度	±2	尺量:检查每个节间	1
焊缝尺寸 焊缝探伤	符合设计要求	量规:检查全部	2
		超声:检查全部 射线:符合设计要求,设计未规定时按 5%抽查	3

制作工艺程序如下:

a. 喷砂、底漆。对进厂原料钢板进行板号、炉号记录,然后进行喷砂处理(Sa2.5),并喷刷防锈底漆。

b. 开料。将合格原材料钢板(材质为 Q345C),按圆管展开长度 2200mm(宽度),切割成长 2500～3000mm 板块共 16 件,并切割焊接工艺坡口。

c. 卷制。将切割好的钢板在滚圆机上卷制成 ϕ700 圆管,卷制时注意控制好圆管的椭圆度。

d. 单件圆管纵缝焊接。使用埋弧自动焊机焊接圆管纵缝,焊后构件做无损探伤,合格品进入下一道工序;不合格品需返修,待其无损探伤合格后再进入下一道工序。

e. 一次接管。将单件圆管拼接成 3 段直管,长度分别为 10.24m、11.752m、13.131m。拼接时,注意直管的平直度及预留出构件弯曲工艺余量(两端长度各留 800mm)。

f. 一次环缝焊接。将拼接好的直管放置在滚轮转台上,用埋弧自动焊机对圆管环缝施焊,然后对环缝进行无损探伤,合格品进入下一道工序;不合格品需返修,待其无损探伤合格后再进入下一道工序。

g. 弯管。按图纸尺寸将直管热弯成抛物线形状。首先按抛物线形做好 3 个热弯模具,模具弧度为抛物线弧度,将直管固定在模具上方,直管上方分 3 处设置 10t 螺旋千斤顶,在直管上按 500mm 一等份划分若干加热区域,由中间至两端开始,四边同时加热,加热温度不超过 850℃。加热同时螺旋千斤顶加力,将直管弯成预定弧度。

h. 切管。将已热弯成弧度的钢管，按预定尺寸切割，切割后在管口接驳处用洋冲做好十字线标记，并用钢号做好标识，以备日后二次接管时使用。

i. 安装管内吊索支座及加筋板。按图纸尺寸，实际放样各支座板及加筋板，共 9 处，装配并焊接。焊接后进行尺寸检查及无损探伤，合格品进入下一道工序；不合格品需返修，待其无损探伤合格后再进入下一道工序。

j. 二次接管。将装配好吊索支座及加筋板之圆管，拼接成 3 段抛物线形管，长度分别为 10.24m、11.752m、13.131m，拼接时注意弧形管的抛物线尺寸。

k. 二次环缝焊接。将拼接好的抛物线形管，用埋弧自动焊机对圆管环缝施焊，然后对环缝进行无损探伤，合格品进入下一道工序；不合格品需返修，待其无损探伤合格后再进入下一道工序。

l. 对样。对焊接好的 3 段抛物线形管进行构件大样复核及确认，对装配及焊接时产生的变形进行修正，确保构件尺寸满足图纸要求。

m. 喷刷面漆。将外形尺寸检验合格且焊缝无损探伤合格的抛物线形管进行喷刷面漆处理，漆膜干厚满足图纸要求。

n. 包装出厂。用发泡塑胶包住管构件，在吊装处作加厚处理，避免油漆损坏。

④钢拱肋安装及吊装

钢拱肋安装及吊装按图 6-11 进行。主拱圈安装实测项目如表 6-4 所示。

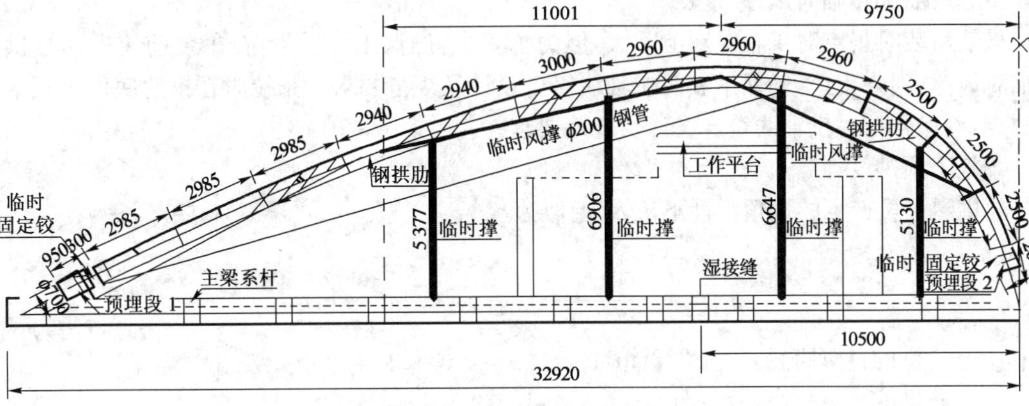

图 6-11 挂榜山异型拱桥钢拱肋安装示意(尺寸单位:mm)

主拱圈安装实测项目 表 6-4

检 查 项 目		规定值或允许偏差(mm)	检查方法和频率	权值
轴线偏位 拱圈高程		$L/6000$ $\pm L/3000$	经纬仪:检查 5 处 水准仪:检查 5 处	1 2
对称点高差	允许值	$L/3000$	水准仪:检查各接点头	2
	极值	$L/1500$，且反向		2
拱肋接缝错边		0.2 壁厚，且≤2	尺量:每个接缝	2
焊缝尺寸 焊缝探伤		符合设计要求	量规:检查全部 超声:检查全部 射线:符合设计要求，设计未规定时按 5%抽查	2 3

安装及吊装方法如下：

a. 检查预埋件尺寸，在准备安装拱肋处预放好临时支撑，搭设好现场焊接风撑的操作平台。

b. 将从工厂运来的3段弯管放在1：1的放样工作平台上，按图纸尺寸接驳成一条弯管，拼接时注意弧形管的抛物线尺寸。检查尺寸无误后，用埋弧自动焊机对圆管环缝施焊，然后对环缝进行无损探伤，合格品进入下一道工序。不合格品需返修，待其无损探伤合格后再进入下一道工序。焊接连接处环缝及无损探伤，检验合格后进行涂装处理。

c. 用2台25t吊机吊装钢拱肋，整体一次吊装。吊装时选择好吊点并加装临时固定装置，保证钢拱肋在吊装过程中不变形。

d. 待4个钢拱肋全部吊装就位且检验合格后，实施最后封闭工序及涂装处理。

e. 拆除临时支撑，割除临时吊耳，打磨并做涂装处理。

f. 在各吊装节段组拼焊接好并检查合格后，将各节段仿照现场条件在工程内整体试装（含临时风撑）。应注意在吊点支点处设置"软防护"，保护涂装并防止意外变形。

g. 主拱肋采用吊装，不分段，最大吊重小于20t，在工厂试拼装无误后，才进行起吊、安装。为了便于调整拱圈线形，吊装阶段拱脚按铰接处理。为保证拱肋吊装过程中的稳定性，在拱肋吊装就位后保持吊索连接并在梁拱肋间加设临时风撑。

（3）钢拱肋各工况下的保证措施

①起吊前连接临时风撑

虽然吊装时吊点对拱轴线影响不大，但为了安全，确保工程质量，在吊装前应先连接拱肋间临时风撑，加强支撑，确保吊装时拱轴线符合设计及规范要求。张拉时在拱肋底面用枕木支撑固定，确保张拉时拱轴线符合设计及规范要求。

②施工预拱度计算。

a. 拱圈自重产生的拱顶弹性下沉 δ_1 近似为：

$$\delta_1 = \frac{\left[\frac{L}{2}\right]^2 + f^2}{f} \times \frac{\sigma}{E} = 0.146(\mathrm{mm}) \tag{6-1}$$

式中：L——拱的计算跨径，$L=32.3(\mathrm{m})$；

f——拱的计算矢高，$f=8(\mathrm{m})$；

σ——恒载作用下拱圈截面的平均应力，$\sigma=\frac{Hg}{A\cos\phi_{\mathrm{m}}}=0.757(\mathrm{MPa})$。

其中，H 为以拱圈单位宽度计的恒载推力；A 为单位宽度的拱圈截面面积；ϕ_{m} 为4分点截面处拱轴线的水平倾角。

b. 拱圈温度变化产生的弹性下沉 δ_2：

$$\delta_2 = \frac{\left[\frac{L}{2}\right]^2 + f^2}{f} \times [\alpha \times (t_2 - t_1)] = 2.43(\mathrm{mm})$$

式中：α——拱肋材料的线膨胀系数；

t_2、t_1——拱圈合龙温度与年平均温度。

总的预拱度 $\delta_{总}=\delta_1+\delta_2=2.57\mathrm{mm}$，按二次抛物线进行分配，$\delta_{\mathrm{X}}=\delta_{总}(1-4X^2/L^2)$。因本工程钢拱肋为抛物线形异型结构，其热弯收缩余量变形较复杂，总的预拱度 $\delta_{总}=2.57\mathrm{mm}$，小于 $L/1600$，可不设预拱度，故在加工制造时仅采用加工精度控制拱轴线。

③钢材钢管热弯收缩余量控制

钢件热弯前，先进行热弯工艺评定，然后再予实施。因本工程钢拱肋为抛物线形结构，其热弯收缩余量变形较复杂，钢管热弯成型后，按图纸理论值制作样板并进行复核，用热工二次校正方法，对已基本成型管件进行调整，控制其系统误差在±5mm之内。通过二次校正达到与设计相符合的曲线后进行定型固定，防止冷却后钢拱肋回型，以确保加工时拱轴线符合设计及规范要求。

④对接焊缝收缩余量

对接焊缝的收缩变形与对接焊缝的坡口形式、对接间隙、焊接线的能量、钢板厚度和焊缝横截面积等因素有关，坡口大、对接间隙大，则焊缝截面积大，焊接能量大，变形也大。

单V对接焊缝横向收缩近似值公式：

$$y = 1.01 \times e(0.0464x) \tag{6-2}$$

式中：y——收缩近似值；

x——板厚(本桥拱肋为16mm厚钢板)；

e=2.718282。

经计算，施工工程控制收缩余量近似值取2mm。

2. 吊杆施工

本桥为下承式吊杆拱桥，刚性永久式系杆结构。全桥吊杆最大长度为10.579m，重约250kg，吊杆的安装采用1t的手拉葫芦配合支撑架吊装，采用桥底放索张拉端穿至拱上进行张拉。吊杆采用YDC600—200型千斤顶配合专用撑脚在拱肋上端张拉。

(1)吊杆制作

①吊杆索体

根据设计要求，本工程采用37根ϕ5直径、强度1670MPa的高强钢丝外包双层高密度聚乙烯(HDPE)成品索做吊杆索体，钢丝弹性模量$2.0\times10^5\pm10$MPa，成品拉索的弹性模量不小于1.9×10^5MPa，钢丝性能符合《预应力混凝土用钢丝》的规定，成品索体性能符合《斜拉桥热挤聚乙烯高强钢丝拉索技术条件》。经对产品进行严格筛选，本工程最终选用柳州欧维姆预应力机械有限公司的产品。

②锚具及其他材料

锚具是预应力工程中最重要的部件之一，必须为符合国家标准(GB/T 14370—2000)及(GB 18365—2001)第6.1.3条的产品。

减振器采用阻尼性能良好的丁基橡胶，硬度53～56HA，扯断伸长率大于400%，橡胶与钢板黏接剥离强度大于7kN/m^2，预埋钢管及锚具的延长管应采用符合(GB/T 8162—1999)标准的无缝钢管制造。

(2)吊杆施工工艺

①吊杆施工流程

吊杆施工流程依次为全桥下部结构、桥面系及拱肋施工，吊杆部分产品加工制作，吊杆安装施工准备，吊杆吊装设备的安装布置，吊杆放盘与吊装，吊杆张拉及调整，安装减震装置、防水罩，安装保护罩、注油，拆除安装设备。

②吊杆安装施工操作要点

a. 锚具的最终设定位置

本桥锚具的最终设定位置如图6-12所示。

b. 预埋件的安装

预埋件主要包括上下吊点内径 $\phi140\times10$ 的预埋钢管、钢垫板与螺旋筋。各部件安装的尺寸参照设计图纸进行。埋置时应保证钢垫板的位置为水平，预埋管应与钢垫板垂直，对应的上下预埋管应同轴。

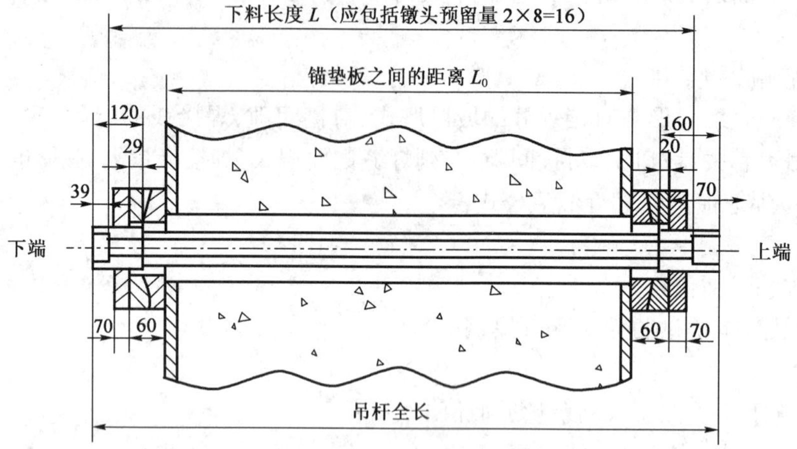

图 6-12　锚具最终设定位置图(尺寸单位：mm)

c. 挂索

本桥锚具为拉杆式锚具，索体最长一根为 10.579m，重约 250kg，采取在拱圈搭支撑架，然后用 1t 手拉葫芦通过专用接头直接与 $\phi7$ 钢丝绳连接牵引锚头出索孔后采取螺母固定的方式即可满足要求。具体挂索过程如图 6-13 所示。

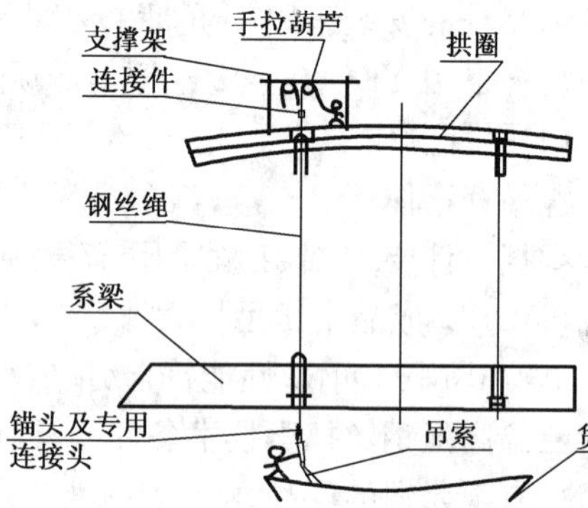

图 6-13　吊杆挂索示意图

操作步骤如下：

• 准备 1t 葫芦吊 6 个，$\phi7$ 钢丝绳 15m，钢丝绳扣件 4 个，专用接头 1 件。

• 拱圈上端搭设支撑架，支撑架的高度在1.7m 左右。

• 将对应的吊杆固定端螺母旋至锚杯中部 1/2 处，将张拉端螺母旋出并将专用接头旋入张拉端锚杯对应螺孔，张拉端螺母则旋出后置于拱圈上端索孔处。

• 吊索至索孔下端，将 $\phi7$ 钢丝绳自上至下依次穿过张拉端螺母、拱圈预埋管、系梁预埋管后，通过专用接头与张拉端锚杯连接。

• 两个葫芦交替进行，逐步将索体依次吊上穿过系梁预埋管、拱圈预埋管、张拉端螺母。

• 吊索穿出拱圈索孔后稍微张紧即可将螺母旋入锚杯，则一根索体挂索完成。

d. 减振器的安装

本桥采用橡胶阻尼减振器，为保证顺利安装，减振器在吊索张拉后进行安装。要求钢管轴线与拉索轴线基本平行，拉索在钢管内的初始偏心距小于 10mm。安装步骤如下：

• 使用固定器使拉索在钢管内居中。

• 将与所装拉索对应的减振器放入钢管内，楔块Ⅰ应置于钢管出口一侧。

• 位置定位后，旋紧胀紧螺杆上的螺母，使 2 副楔块逐渐靠近，直至减振器的橡胶圈与拉索完全密贴，并略显鼓起。注意4副楔块的位置与受力应大致相同，螺母在旋入过程中需用专用的外套加长扳手来操作。

• 用$\phi 1$的不锈钢丝在每根胀紧螺杆上绕一圈后连接，以固定其在圆周上的相对位置，最后再各旋上一只螺母挤紧。

• 索力调整完成后，应再次收紧胀紧螺杆的螺母，确保减振器、拉索与预埋管内壁完全密贴。

③吊杆张拉施工工艺

张拉作业前应将千斤顶配套压力表送有资质的单位进行检定，根据检定的数据和回归方程，计算出油压—力值对应表。

张拉前进行锚头检查，必要时在螺母与锚杯的螺纹部位加少量的机油，便于张拉时旋扭。张拉过程中固定端与桥面应有专人观察、检查，防止固定端螺母位置的变化与索体偏心。张拉过程中为保证索体拉力，减少回缩损失，张拉螺母必须旋紧到与钢垫板完全贴合后才能放张。

a. 张拉程序

预应力钢束均为两端张拉。其张拉步骤为：

$$0 \xrightarrow{\text{张拉}} \text{初应力}(0.1 \sim 0.15)\sigma_1 \xrightarrow{\text{张拉}} \sigma_1 \xrightarrow{\text{持荷 5min}} \text{锚固}$$

张拉预应力应采用应力控制，并以伸长量进行校核，当预应力张拉达到控制张拉应力时，实际伸长量与理论伸长量的差值应控制在6%范围内。预应力钢绞线理论延伸量根据规范要求计算取值，施工时应根据钢绞线实测弹性模量和钢束面积具体计算。

因拉索总的力值很小，张拉过程中因受拉索垂度、拱圈压缩与系梁抬高的影响，实际测量的延伸量与计算值将会有较大的误差，应根据桥梁的实际变形情况调整。

b. 张拉设备的安装

为保证张拉工序的质量要求(图6-14)，应该按照如下步骤进行准确作业：

• 安装撑脚，并与螺母同轴。

• 将千斤顶置于撑脚上，止口对应。

• 将连接螺母旋入锚杯内螺纹。

• 将张拉杆自上至下穿入，并与连接螺母对应的螺纹连接好。

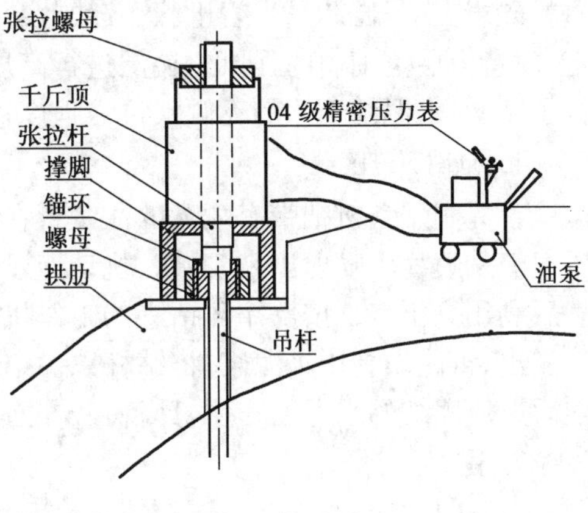

图6-14　张拉设备安装示意图

• 将张拉螺母旋入张拉杆，对中千斤顶活塞止口。

• 连接油泵油管与压力表。

• 按程序张拉、测量、记录与观察。

c. 索力测量与调整

吊杆桥的索力是拱桥设计的一个重要参数。索力测量与调整的目的是使桥面高程符合或接近设计状态，索力与设计值误差控制在±5%的范围内。本桥索力用千斤顶—压力表配合进行。

• 首先分别单独将个别索力不够的吊杆调至接近原设计值。

• 根据桥面高程确定需增加或减少的索力，按照均匀、对称、分次循环的原则，对每根吊杆增加或(减少)相同的索力。

• 复测桥面与吊杆的索力。

• 根据复测结果再对个别吊杆另行单独调整。

d. 封描封端处理

按照施工程序进行完前期工序后，即可进行封锚。

第三节　桩基持力层加固与溶洞处治

地质资料表明，连滩～双凤一带发育泥盆纪白云岩、白云质灰岩夹细砂岩及薄层灰岩，往往形成溶蚀盆地及丘陵地貌；云浮一带发育石炭纪的灰色厚层状石灰岩夹深灰色厚层含结核或条带状燧石灰岩。本项目多标段处于岩溶发育地区，如 4 标、5 标、9 标、18 标等，桥梁桩基在设计时是每个墩按“之”字形布置地质钻孔勘探，施工和检测结果发现了很多没有勘探出的岩溶现象，要求桩基必须进行超前地质钻探，达到一桩一孔，结合“管波探测技术”探明桩周、桩底的岩溶情况，通过抽芯检验桩底持力层的厚度及完整性，或采用“弹性波 CT 技术”探明桩底持力层是否完整。对揭露的桩基溶洞和软弱持力层采用了注浆法、回填法、钢护筒法、群桩法、扩大基础法等一系列处理措施，保证了桥梁桩基质量。

一、应用高压旋喷注浆技术加固桩基持力层

第 7 合同段下围高架桥 0 号台，桩基设计为挖孔摩擦桩，桩身混凝土为 C25，桩径 1.30m，桩长 16.80m，桩顶高程 105.65m。设计时地质情况为全风化至弱风化不同层厚分布的泥质粉砂岩，桩底需进入弱风化层不小于 8m。施工完成后，对该桩进行钻芯发现，桩底存在强风化泥质粉砂岩夹层，岩芯呈半岩土状、碎块状。为消除桩底软弱夹层的安全隐患，保证桩基安全、稳定，对持力层范围内的强风化夹层进行高压旋喷注浆补强处理（图 6-15）。注浆加固后重新进行了钻芯，水泥结石体的无侧限抗压强度达到了 20.8MPa，收到了预期效果。

1. 加固原理

首先利用钻机把带有喷嘴的注浆管在预定位置以高压设备使清水成为 20～40MPa 的高压射流从喷嘴中喷射出来，冲切、扰动、破坏强风化泥质粉砂岩，使其中夹杂的碎块、土等分离，然后利用高压空气按反循环钻进的工作机理清渣，将已经高压清水切割分离的土、细粒岩从孔口溢出，再注入高压水泥浆，将钻杆以一定速度逐渐提升，使浆液与土粒强制搅拌混合，浆液凝固后形成固结的水泥结石体，具备一定的强度，达到预定加固目的。

2. 施工方法

（1）注浆孔布置。利用原有的两个钻芯孔作为注浆孔，平面布置如图 6-16 所示。

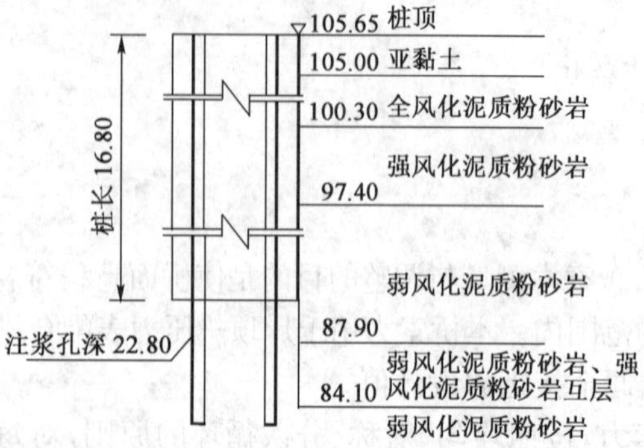

图 6-15　下围高架桥 0 号台基桩持力层加固（尺寸和高程单位：m）

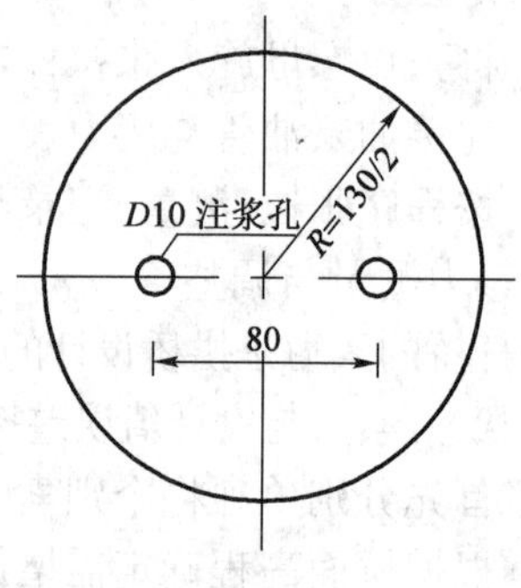

图 6-16　注浆孔平面布置图（尺寸单位：cm）

(2)钻孔。注浆孔采用 XY－1A 地质钻机，以 ϕ110mm 金刚石双管钻具对桩身混凝土进行抽芯钻孔，基岩部分采用 ϕ91mm 金刚石钻具进行加深钻孔。钻孔进入设计桩端持力层基岩深度应不小于 3 倍桩径，且穿过软弱夹层入弱风化岩 0.50m 以上。按此标准，对已有的两个抽芯孔进行加深钻至 22.80m。

(3)高压清水切割。通过高压泵产生的高压水喷射流主要对软弱夹层顶、底板区间段内的岩土层进行高压清水切割，旋喷切割时，采用高压力(25～30MPa)、慢转速(5～10r/min)、慢提升(5～10cm/min)等措施，在处理段内重复切割 5 次以上，施工切割段为层顶、底板上下各延长 1.00m。

(4)气举反循环清渣。所用施工参数为：空气压力 0.6～0.7MPa，空气排量 6～9m^3/min。尽可能将孔内的充填物及泥浆、削落物、孔底沉渣等物清出桩外。

根据现场实际情况，第(3)、第(4)步骤可反复进行。

(5)埋设孔口压浆装置。桩内每个补强钻孔清洗完成后，将桩顶表面杂物清除干净，在孔口埋置 ϕ108mm 孔口管进行孔口封闭压浆，待埋设孔口管的砂浆强度达 5MPa 以上后，可转入下一步施工。

(6)高压旋喷注浆施工。根据钻孔揭露的软弱夹层发育情况，2 孔作为高压旋喷注浆孔。施工参数为：压力 20～25MPa；流量 60～70L/min；提升速度 10～15cm/min；旋转速度 8～10r/min。喷射段长为孔底自下而上至处理段顶、底上下各延长 1.00m，注浆影响半径不小于 25cm。

高喷注浆材料采用 42.5R 水泥、水和外加剂(缓凝型减水剂)按比例配制，水灰比(重量比)为 0.8(水泥浆液相对密度为 1.61)，外加剂掺入比例宜在注浆前由现场试配或按有关说明确定。

(7)孔口注、压浆。桩内的各个旋喷注浆孔待孔内的清水及泥浆替换出孔外至孔口返出浓水泥浆后，即关闭孔口返浆阀门进行孔口封闭式压浆，注浆泵压力 1.0～3.0MPa；流量 30～60L/min。

根据钻孔连通情况及施工现场的需要，可选择 1 孔作为压浆孔，其余孔作为排稀水泥浆出浆孔，待所有出浆孔均返出浓水泥浆后即关闭阀门进行封闭式压浆。孔口注、压浆材料采用 42.5R 水泥、水和外加剂(缓凝型减水剂)按比例配制，水灰比不大于 0.6(水泥浆液相对密度大于 1.7)，外加剂掺入比例宜在注浆前由现场试配确定。

(8)孔口补浆。压浆结束后在水泥浆液终凝前再进行孔口补浆，消除浆液回缩，直至孔口满浆为止。

二、桩基溶洞处理

本项目逐桩地质钻孔资料及管波探测资料显示，大部分基桩都有溶洞，多数为串珠状，有充填物的，也有空洞的，而且有些墩台的几个基桩均有溶洞出现，有的岩石裂缝发育，岩石半边溶蚀，岩芯呈碎块状。如果不对溶洞进行处理或处理不当，钻孔桩通过这些地段时容易漏浆，孔壁坍塌严重，如提钻不及时将造成掉钻、埋钻、卡钻现象。

1. 施工方案及方法

(1)高度小于 5m 溶洞的施工。

当溶洞出现的位置在表层土 3m 以上，且溶洞高度 $H \leqslant 5$m 时，采用冲击钻成孔，施工到溶洞部位时采用抛填片石及黏土块挤压充填溶洞空隙及护壁，穿过溶洞范围 2m 后可按正常钻进速度钻进。

首先准备足够的小片石($\phi10\sim\phi20$cm)和黏土(做成$\phi15\sim\phi20$cm的泥球),对于半填充和无填充的溶洞要组织足够的水源。当钻至溶洞顶1～1.5m范围内变换冲程,冲程控制在0.5～1m,逐渐将洞顶击穿。在溶洞内钻进时,当充填物为软弱黏性土或淤泥时,应向孔内投入黏土、片石混合物(比例1∶1),抛填高度为$H+2$m,抛填完后再用冲击钻成孔,放慢钻进速度,冲程控制在1m左右,挤压充填溶洞空隙及护壁;当充填物为砂层、卵石层时采取向泥浆加入水泥,用来提高泥浆的黏度和相对密度,每立方掺入量为30～50kg,只有当泥浆漏失现象全部消失后才转入正常钻进。如此反复,使钻孔顺利穿过溶洞。穿过溶洞范围2m后可以按正常钻进速度钻进,冲程可采用2m。在施工过程中随时对孔径及深度进行检查,如出现水头降低、缩径及坍孔现象,可重新按上述方法进行处理,同时泥浆比重控制在1.4以上。清孔时为防止坍孔,可在钢筋笼吊装后进行二次清孔,清孔完成后立即灌注混凝土。

(2)高度大于5m溶洞和相连溶洞的施工。

对于溶洞高度大于5m和串珠状相连的溶洞及相邻桩基之间有可能连通的溶洞,钻孔时可能发生漏浆,造成孔壁坍塌严重。在钻孔之前,采用预先压入水泥浆的方法进行处理,改善溶洞部位地质状况,充填孔隙或裂隙,提高溶洞填充物的强度,不致在钻孔过程中由于冲击振动而产生塌孔。

①压浆机具与材料。准备压浆机、搅浆机各1台,镀锌水管、水管接头、阀门开关等。将镀锌水管伸到孔底部分约2～4m的长度加工小孔,镀锌水管分为压浆管和泄浆管,用于水泥浆压入或溢出。为防止压浆管和溢浆管小孔被洞内小颗粒堵塞,可在管外用过滤网套好,然后再放至溶洞内。水泥采用42.5级普通硅酸盐水泥。

②布孔。在有溶洞的桩位四周均布4个灌浆孔。

③钻孔。使用超前钻成孔,孔径80mm,孔深要求达到最深溶洞的底部。

④抛填砂包与压浆。先将准备好的镀锌水管2根放至孔底,连接至孔顶并固定好,然后抛填砂包至该溶洞顶部,在砂包面(溶洞顶部)用导管灌注2m厚强度等级为C20的水泥混凝土作封顶,当封顶混凝土达到强度后进行压浆。搅浆机与压浆机配合,搅浆机注水将水泥搅成可以流动的水泥浆,经过压浆机和压浆管将水泥浆压入砂包之间空隙;当泄浆管顶口溢出水泥浆时,将泄浆管上设置的阀门关闭,压浆要继续进行一段时间。在压浆机压力作用下,使水泥浆能渗入砂包内的砂粒间,这样就能有效地填充桩孔所处溶洞,并在孔壁周围与溶洞之间筑起了隔离墙。

⑤钻孔施工。约7d后,水泥浆与砂包内的砂粒已经凝结并具一定的强度,拆去压浆管和泄浆管,成孔施工便可以进行。成孔采用冲击钻施工,施工中如发生漏浆,可采用加入片石和黏土,并投入水泥加大泥浆相对密度的处理方法。

2.关键技术控制

(1)准备充分。在桩孔附近备足成孔用的水、黏土(做成$\phi15\sim\phi20$cm的泥球)、片石(直径10～20cm)、泥浆、水泥等材料,确保溶洞击穿时能迅速补水、补浆,并及时抛填黏土、片石,预防塌孔。准备处理漏浆的机械设备,如挖掘机、铲车、自卸车、起重机等,以免发生险情时无法及时实施溶洞处理措施。

(2)冲孔过程中,桩孔附近只能堆放用于填充溶洞的黏土及片石,不能将机械及材料堆放在桩孔附近,防止大面积塌孔时被埋没。桩孔设立防护范围,避免车辆在防护范围通过,减少对桩孔护壁的压力和振动。要经常检查桩孔的垂直度。当钻至溶洞顶1～1.5m范围时,桩锤冲程控制在0.5～1m。在溶洞范围内钻进时桩锤冲程要控制在1～1.5m,并采用轻压钻进,每进尺 2m 回填 1 次，如此循环直至穿过溶洞，使孔壁充分挤压密实，防止扩孔。在穿过溶洞范围 2m 后可以按正常钻进速度钻进，冲程可采用 2m。钻进过程中如发生漏浆要及时将钻头提起，以防塌方埋钻。

(3)施工时要密切注意施工动态，当施工过程中突然出现浆面下降，要立刻提起钻头，向孔内加浆，抛填黏土和片石，保持孔内浆面稳定，如出现坍塌即按应急措施进行处理。

(4)浇筑混凝土时，在整个灌注过程中，导管的出料口应伸入先前灌注的混凝土内至少 2m，且不得大于 6m，最好不要在溶洞的位置拆管。

(5)为保证钻机不因塌孔、扩孔、漏浆等因素而倾斜，一般采用型钢或钢管将钻机纵横向支撑加长，超出预计的塌孔范围。

(6)钢筋笼的就位及混凝土的灌注要迅速、及时。混凝土灌注时，应观察混凝土面上升情况和出浆的变化。混凝土上升高度和出浆量应与混凝土的灌入量成正比，如有异常，应分析原因并采取相应的措施。

3. 工程实例

新屋高架桥处于 18 标整体式路基段，左右幅桥梁等跨布置，中心里程桩号 K126＋505，桥跨组合 25×30m，桥长 750m，上部结构采用预应力混凝土先简支后连续刚构 T 梁，单幅桥面宽 12.0m，下部结构桥墩采用独柱板式墩配承台桩基，每个承台配两根基桩，基桩尺寸根据不同墩高选用 ϕ160cm 及 ϕ180cm 两种不同直径。3 号墩 4 根基桩均设计为钻孔灌注嵌岩桩，设计桩径 ϕ180cm，设计桩长 40.65m。

(1)问题的出现。3 号右 B、3 号左 B 基桩冲击钻孔过程中，均出现大方量漏浆、塌孔现象，因塌孔严重导致 3 号左 B 桩钻机钻锥埋置在高程－15.000m 处无法取出。尽管事后通过地质补钻已查清 3 号墩每个桩位的岩溶情况，但还是缺乏对 3 号墩整体岩溶的评估与考量。后决定采用片石、土回填 3 号左 B，3 号右 B 桩已成孔部分，另外补钻 3 个地质孔，采用钻探与跨孔 CT 相结合的方法，通过对相邻两个钻孔之间进行跨孔弹性波 CT 测试，查明 3 号墩场地内溶洞的位置、规模、埋深、连通性和岩溶裂隙范围，对 3 号墩整体岩溶进行评估和考量，为 3 号墩桩基溶洞处理提供较为详细的地质资料依据。根据超前地质钻探及跨孔弹性波 CT 反演波速影像等物理勘探资料发现：未成孔的 3 号左 B、3 号右 A、3 号右 B 桩桩身范围内均存在大小不一的溶洞。

(2)处理方案。根据超前地质钻探及跨孔弹性波 CT 反演波速影像及综合地质解释剖面图等资料，确定新屋高架桥 3 号墩桩基溶洞处理方案，如表 6-5 所示。

新屋高架桥 3 号墩基桩溶洞处理方案 表 6-5

桩号	开钻	冲桩过程中异常现象	成桩	溶洞分布	处理方案
3 左 B	是	漏浆、塌孔、埋锤	否	桩身范围	钢护筒跟进＋高压旋喷注浆
3 右 A	否	—	—		旋喷桩帷幕＋高压旋喷注浆
3 右 B	是	漏浆、塌孔	否		

①3 号左 B 桩

a. 钢护筒加工制作。外层钢护筒直径为 ϕ225cm，壁厚 12mm。内层钢护筒直径 ϕ210cm，壁厚 12mm。钢护筒预先加工成 1～2m 一节，在孔口采用对接焊接的方式连接成需要的长度。护筒两端设宽 15cm、厚 8mm 的扁钢一圈，用于上下两节护筒连接。接长时，上下护筒对准，将连接钢板对接焊牢，焊缝应严密。底节护筒的上端设焊接钢板，下端设刃脚。为了加强钢护筒的刚度，防止变形，在每节钢护筒连接处沿四周焊一圈加强箍筋。

b. 外层钢护筒施打。采用 ϕ2.35m 钻头，利用钻头的重量及冲击的能量施打 ϕ225cm 外层钢护筒，入土深度 8m，用以围护孔口塌孔部分。

c. 内层钢护筒跟进。外层钢护筒打至设计高程后，在护筒内套 ϕ210cm 护筒，采用跟进的方法穿过溶洞打至岩面，直至孔壁稳定不需要跟进为止，然后成孔，最终护筒与钢筋混凝土结合在一起，作为永久结构支撑在岩石上。

d. 内、外护筒之间及外层护筒与土层之间空隙的处理。待基桩完成灌注达到强度后，为保证钢护筒间、外层钢护筒与土层间的空隙全部能够填充满，在外层钢护筒外侧设置 4 个压浆孔，在两层钢护筒间设置 3 个压浆孔，进行高压旋喷水泥浆处理。

②3 号右 A 桩和 3 号右 B 桩

为防止冲孔过程中漏浆塌孔，在桩中心半径为 1200mm 的圆周上均布 16 个单管高压旋喷桩形成圆形闭合帷幕的方案围护孔口，桩的影响半径为 250mm，桩长同全风化层厚。然后在桩周范围内布置 10 个注浆孔，跳孔施工，每孔钻至漏浆层，漏浆时进行高压旋喷压注水泥浆，第二天扫穿水泥塞，继续往下钻进，如下一段漏浆时再压注水泥浆，然后第二天再继续往下钻进，反复进行直到溶洞底板下 0.5m，把溶洞内充填满水泥浆，确保桩基施工顺利进行、桩底持力层承载力满足要求。再施工基桩。在施工过程中如果因注浆不彻底发生漏浆，采用抛填黏土、片石，小冲程冲砸的方法，形成泥石护壁，堵塞空洞，保证冲孔施工顺利完成。

(3)质量检测及效果评述。施工过程及工后检测结果表明，成孔深度、灌浆压力、旋喷注浆灌注参数以及灌浆体的试件强度满足要求，水泥固结体水泥掺量大、拌和均匀、胶结紧密、整体强度高。溶洞内水泥浆固结体充填饱满，密实度较好，达到了预期处理目的。3 号墩 4 根基桩检测合格率达 100％。

第四节　波形钢板拱桥技术与应用

波形钢板是一种新型建筑材料，波形钢板拱桥采用波形钢板组装，主要优点是施工简易、环保。目前我国极少量工程采用了这一工程结构，如 1999 年上海市四号地铁北段桥涵工程，跨径为 4m；2001 年的湖北荆州市区荆州区里李埠小桥，跨径为 5m；2004 年 03 月，内蒙古自治区省道 103 线城壕～大饭铺段，有 3 个涵洞采用波形钢板拱桥形式，同期，东(胜)～苏(家河畔)段高速公路采用波形钢板涵洞 1 处。该技术在我国才刚刚起步，暂无相关的设计规范与施工规范。

2007 年，本项目第 8 合同段 K66＋265.5 处建设了波形钢板拱桥，该桥位于云安县高村镇佛洞管理区，跨越一连接田心村和县道 X464 的地方道路。地方路宽 7.0m，净高 3.5m。该桥采用扩大基础，上部结构为大波型钢板安装成型的金属结构，跨度达到 10m，实际施工工期只有 3 个月，是广东省第一座波形钢板拱桥。该桥的建设成为本项目的一个亮点。

一、波形钢板材料要求

1. 钢板

波形钢板原材料使用符合表 6-6 标准的构造用钢材。本通道桥跨径大，荷载大，选用“大波型”波形板，其截面特性满足表 6-7 的要求(图 6-17)。

波形钢板原材料规格　　表 6-6

化学成分			机械特性			
P(%)	S(%)	镀锌附着量 (g/m^2)	屈服强度 (MPa)	抗拉强度 (MPa)	延伸率	
					$t\leqslant5$	$5\leqslant t\leqslant16$
≤0.050	≤0.050	≥900	≥285	≥490	≥19	≥15

注：①波形钢板原材料标准参照韩国标准(S D3503)普通构造用轧制钢材和(KS D3506)熔融镀锌钢板及钢带；

②镀锌附着量是以钢板两面镀锌计。

大 波 型 规 格　　表 6-7

厚度 t (mm)	波谷 P (mm)	波谷深度 d (mm)	弯曲半径 r (mm)	截面面积 A (cm^2/m)	截面系数 S (cm^3/m)
5.45	150	50	28	76.28	241.38

注：①钢板厚度以镀锌之前为准；

②波谷 P 和波谷深度 d 的容许误差为±3mm。

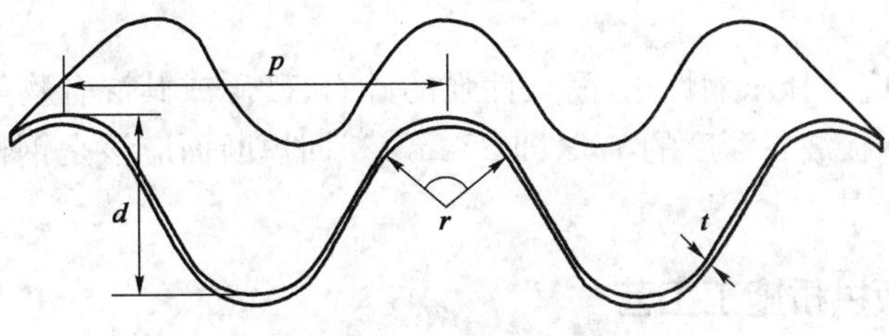

图 6-17 “大波型”波形板截面参数

波形钢板的相互搭接长度和螺栓孔间的间距要求如表 6-8 和图 6-18 所示。钢板必须定型成最终的形状，穿透螺栓孔之后做熔融镀锌，镀锌之后不能任意切断或改变形状。

钢板的螺栓孔间的间距　　表 6-8

轴线方向搭接长度 (mm)	圆周方向搭接长度 (mm)	
1	g_1	g_2
38	38	76

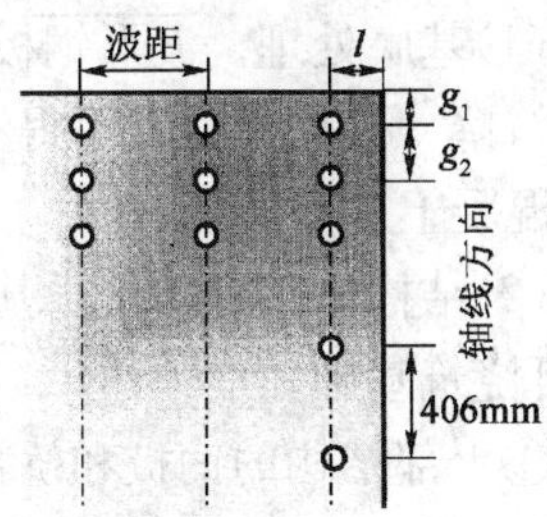

图 6-18　波形钢板的相互搭接要求

2. 螺栓及其他

(1)用于钢板组装的螺栓、螺母应使用标准规格中指定的产品，与混凝土基础连接的锚钉、槽钢要各自符合螺栓及钢板的材料标准。

(2)金属附属材料必须使用镀锌或不生锈的材料。

(3)波形钢板主材料及附属材料均为韩国生产，需达到韩国规范和我国规范的要求。

二、大波型钢板拱桥设计要点

本通道桥址从上到下依次是 0.5m 厚的耕植土、3.7m 厚的卵石、4.3m 厚的全风化砾岩和 4.7m 厚的强风化砾岩。除表层耕植土的地基承载力为 130kPa 外，其余地层的承载力均不小于 280kPa。

(1)技术标准。设计荷载按公路—I级，恒载为波形钢板上的填土和路面荷载；桥梁宽度为24.5m(整体式路基宽度)；设计洪水频率为1/100；地震动峰值加速度值为0.05g；地方路净空要求3.5m。

(2)地基承载力要求不小于255kPa。施工时，应清除表土，回填合格土并压实，压实度90%以上。回填完成后，应实测地基承载力值。采用混凝土基础，混凝土采用C30混凝土。

(3)波形钢板构造物的结构设计采用容许应力设计法，对于压缩破坏和屈曲破坏的安全系数取3.0(施工阶段)和2.0(运营阶段)。

(4)设计时采用土—结构联合单元进行分析，并进行了施工阶段仿真分析。

(5)钢板的长度方向连接处的最小强度(直径20mm螺栓标准)应不小于1667.2kN/m，连接处强度安全系数取3.0。

(6)若把厚度互不相同的钢板按长度方向连接使用时，若薄钢板的厚度小于3.1mm，则连接处折叠在一起的两钢板的厚度差不能超过1mm。还有一侧的钢板厚度是3.1～3.5mm时，两钢板的厚度差不能超过1.5mm。当钢板厚度大于3.5mm时，对折叠在一起的钢板厚度没有限制。

(7)回填材料。应选择压缩性小，耐久性强的碎石、砂砾或其混合物等材料。回填材料的最大粒径不能超过钢板波谷深度的1/2(即25mm)。回填断面应该是钢板壁两侧大于1/2跨径的区域。

三、大波型钢板拱桥施工工艺

大波型钢板拱桥施工工艺流程为:准备工作→基底处理→基础混凝土浇筑→钢管支架搭设平台→钢板安装→防水处理及端墙施工→台背回填。

1.地基处理及基础混凝土浇筑

(1)基底处理。波形钢板通过与基础墙身间连接的相互作用发挥结构性能，基础不能产生过大沉降。基底承载力不得小于255kPa。若地基承载力不能满足设计要求，用优质砂垫层或C25混凝土进行换填。

(2)结构物基础部位。基底宽度要大于基础宽度1.0m以上。换填混凝土强度达到要求后，可浇筑基础。

①上部结构的钢板和桥台混凝土预埋的槽钢进行连接。施工中除了保证桥台的位置准确外，还必须保证预埋槽钢的位置准确，才能保证在钢板安装后螺栓的受力和钢板的变形量满足要求。槽钢通过L型锚钉螺栓焊接在墙身钢筋上，保证槽钢倾斜5.65°(图6-19)。在焊接螺栓前，先在基础两端精确定位基础中线，严格控制钢板拱桥跨径和L钢的位置。

②预埋的槽钢不得有弯曲。两个桥台的槽钢位置应保证平行对称，不能错开过大距离，最大不得大于15mm，否则会影响后续钢板安装工作。因此测量精度对钢板的后期受力影响很大。

2.钢管支架搭设平台

采用ϕ48钢管搭设支架平台，支架宽度700cm，延桥向长度500cm，高度根据实际的波形钢板安装后的实际位置确定，搭设成中间高两侧低的工作平台。

3.钢板安装

钢板安装前，对整个工作场地进行整理，使施工有序进行。

(1)材料现场验收和现场准备，检查波纹钢平整度，核对土建基准，确定波纹钢位置、中心轴线和中点。

(2)钢板安装。

首先在地面上整体拼装3环，采用整体吊装的形式进行安装。因搬入现场的钢板一般规格和曲率都不同，组装时必须按设计图来组装，注意不要弄错顺序和位置。相互折叠钢板时一定要有最小化空隙，4张以上的钢板不能折叠在同一处。在钢板连接处可使用衬垫。

在进行钢板吊装时，吊车支在桥跨范围内（图6-20），钢板放在吊车臂的旋转半径内。以中心轴线和中点为基准定位第一张波纹钢板，然后以此为起点向两侧延伸，直至两端。第二张板叠在第一张板上面，对中连接孔、人工装上螺栓、套上垫圈、旋上螺母，然后用套筒扳手拧紧螺母。

图6-19 精确焊接倾斜槽钢

图6-20 钢板吊装

螺栓的公称拧紧扭矩是200～400N·m，全部螺栓都要用均等的扭转力来组装。钢板组装完成后，需现场在长度方向连接处和圆柱方向连接处中分别随机选取对应于全体螺栓数的3%的螺栓，用扭矩计量器检查。若公称扭矩范围外的螺栓数超出检查对象螺栓数的10%，则应以全体螺栓为对象重新进行组装。

4.防水处理及端墙施工

(1)钢板吊装前，将密封胶垫黏在钢板外边，确保安好螺栓后钢板间密封不浸水(图6-21)。

(2)端墙设计中主要考虑了对钢板的加固稳定、桥台后回填土较高起到挡土作用，以及建成后的结构物美观的作用。施工中端墙基础与钢板拱部基础施工方式一致，对原地基换填混凝土，保证承载力能满足要求。端墙墙身钢筋一次性绑扎，混凝土一次性浇筑。台背回填覆盖部位涂沥青防水，外侧待台背回填完毕后，对混凝土表面贴瓷砖装修(图6-22)。

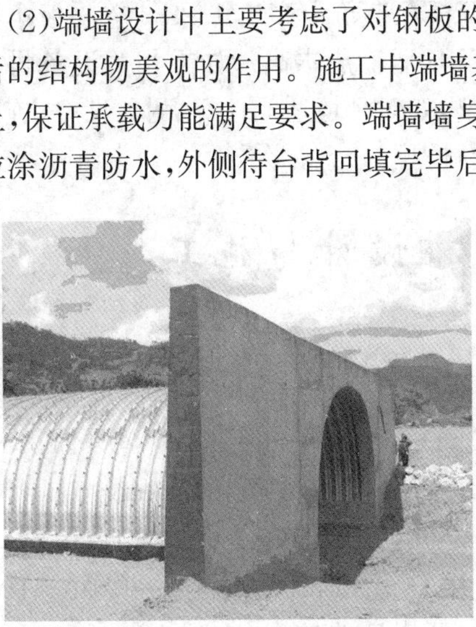

图6-21 钢板防水处理及端墙

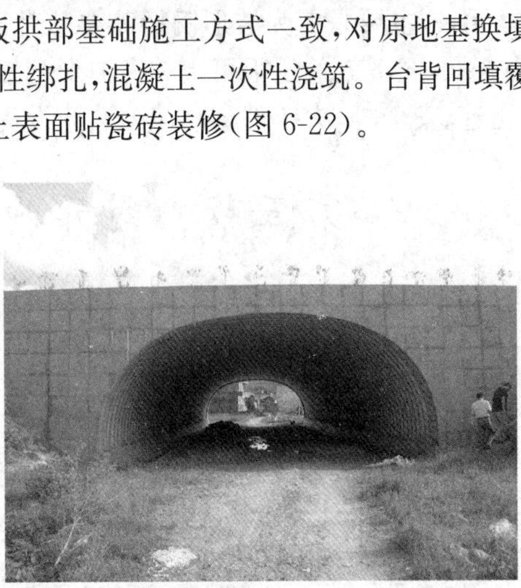

图6-22 建成的波形钢板拱桥

5. 台背回填

拱形波纹管在组装铺设完成后进行台后回填。砾类土、砂类土是最理想的回填材料，一般土、碎石或砾、卵石与细砾土的混合料也可以。在距波纹钢 30cm 范围内的填土不得有大边尺寸超过 8cm 的石块、混凝土块、高塑性黏土块或其他有害物质。

台后填土应在两侧保持对称且均匀的原则下分层压实，压实后每层厚度不得超过 20cm，压实度不得小于 96%。填土时，构造物两侧同时填筑，两侧的填土高度差小于一层填土厚度。在台后距波形钢板壁 0.6m 以内，在没有达到最小填土厚度前，禁止除压实设备以外的重装设备运行。压实钢板侧面时，压实设备于构造物长度方向平行行驶，加固钢板上方时，垂直构造物长度方向行驶。

6. 波形钢板截面测量

在波形钢板组装完毕、填土压实、施工结束阶段都要测量截面的形状变化。截面变形的测量可采用落锤式线尺测定法或激光测距仪测定法。组装完毕后在开始填土之前，若其大小超出所设计的形状 5%，则应放松螺栓，矫正形状后重新组装。从回填开始到土层施工结束期间，应在各层压实之后马上测量构造物内截面的大小(选取 3 处以上截面)，把握变形量。施工途中及完工之后的容许截面变形量为结构物高度的 2%以内(即不大于 7.9cm)。当截面的变形量超出标准时，应立即停止施工，查明原因，采取适当措施，把变形量减小到标准范围内。

7. 防锈和除锈

对于钢结构而言，防锈和除锈是一项非常重要的工作。一般波纹钢涵管、螺栓、螺母和钩栓等附件出厂时，已经镀锌或镀铝处理，其镀锌量达 4.25g/m^2，在没有盐碱水或有害工业废水浸泡以及涵管内经常有流水的情况下，这种镀膜即可以防止锈蚀。否则，可在管节内外常水位以下管壁涂上或喷上含有石棉纤维的石油沥青一道，或涂刷两遍沥青和石油的拌和物，以加强防腐作用。

四、技术经济效果

在初步设计中该处设计有 1～8m 空心板小桥。施工图设计阶段引进了波形钢板新材料，并与 1～8m 空心板小桥进行了经济技术比较。波形钢板在造价上高出 1～8m 空心板小桥约 34 万元，这主要是因为波形钢板需要从韩国运输到工地，运输成本高。如果相关设备材料在国内普及，经济效益是很可观的。波形钢板桥优点突出，如对环境适应性好，耐久性好，施工简便、迅速、安全等，为新理念高速公路建设提供了一种新桥型。

第五节　封开西江特大桥设计与施工

一、设计概况

封开西江特大桥桥梁孔跨布置为：6×30＋8×40＋(66＋120＋2×138＋120＋66)＋4×30＋3×30m，基础均为钻孔灌注桩基。公路等级为二级公路，全幅桥宽为 12.0m。

1. 地形与地貌

桥位区两岸为丘陵地带，地势高低不平，高程一般在 15～150m，相对高差一般 50～150m，坡度一般 20°～50°。属现代河流侵蚀堆积地貌；北东封开岸地势较高，地形较陡，南西岸地势稍低，地形较缓，岸边有河漫滩。河床有冲积物，厚度 4～0m。河床高程一般为 1～－3.0m。

河床常水位为 4.34m，枯水位为 2.90m。北东岸沿江为国道 321 线。

2.各部分工程概况

(1)主桥。主桥上部结构采用(66＋120＋2×138＋120＋66)m 现浇预应力混凝土刚构—连续箱梁，0 号块横截面如图 6-23 所示。

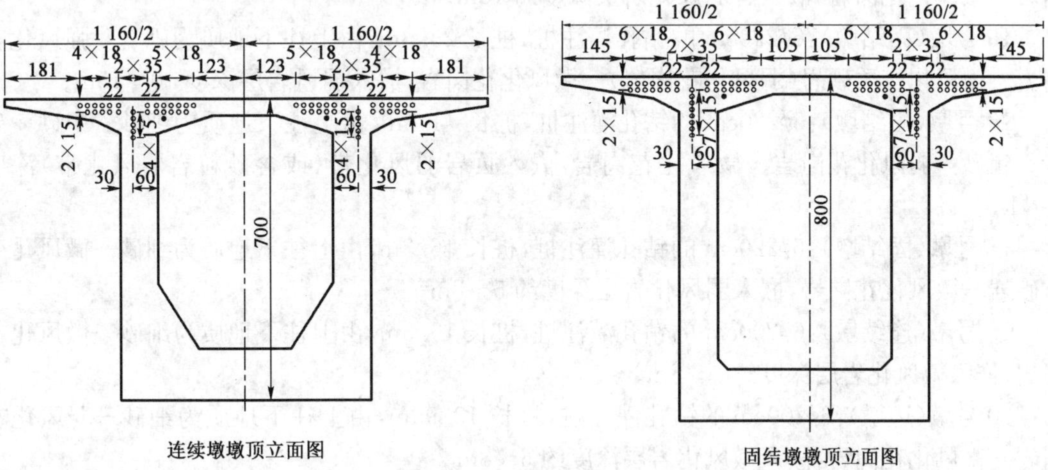

图 6-23　0 号块横截面

下部结构为单薄壁空心墩。边墩基础及下部结构一般构造如图 6-24 所示，主墩 16 号、17 号、18 号墩(固结墩)基础及下部构造如图 6-25 所示，主墩 15 号、19 号(连续墩)基础及下部构造如图 6-26 所示。

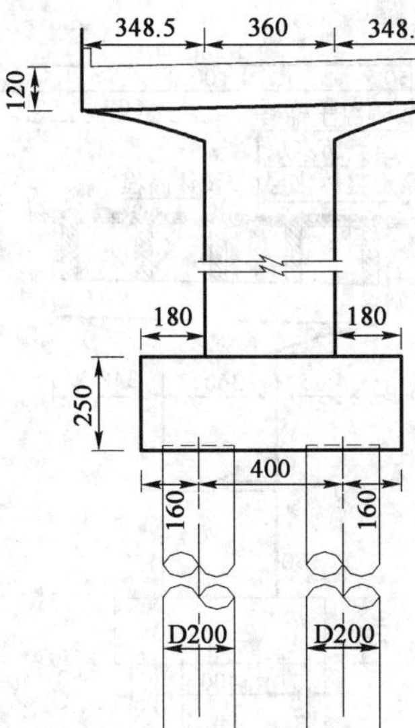

图 6-24　边墩基础及下部构造

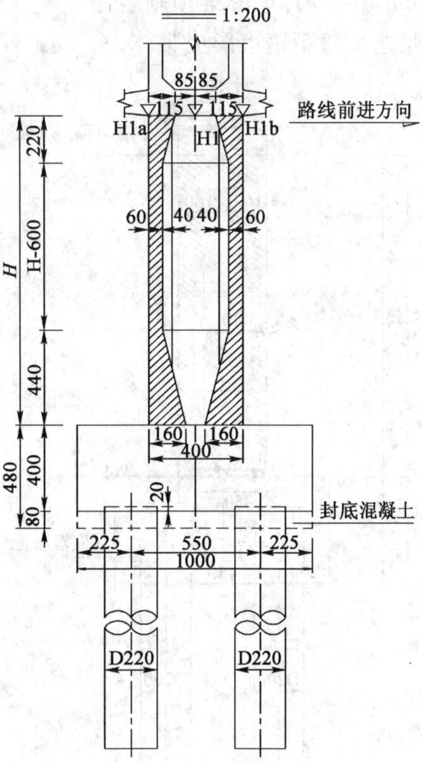

图 6-25　固结墩(主墩)基础及下部构造

各墩地质与基础情况如下：

14 号墩(边墩)：6ϕ200cm 的钻孔灌注桩，桩长 14.25m，由上往下地质为细砂—弱风化花岗岩—微风化变质砂岩—微风化花岗岩，嵌入微风化岩层深度约 6～8m。

15 号墩(连续墩)：6ϕ200cm 的钻孔灌注桩，桩长 16.8m，由上往下地质为细砂—弱风化花岗岩—微风化花岗岩，嵌入含弱风化岩层深度约 10m。

16 号墩(固结墩)：6ϕ220cm 的钻孔灌注桩，桩长 23.3m，由上往下地质为砾石—强风化花岗岩—微风化变质砂岩(弱风化花岗岩)—微风化花岗岩，嵌入弱风岩层深度 10～15m。

17 号墩(固结墩)：6ϕ220cm 的钻孔灌注桩，桩长 44.3m，由上往下地质为细砂—中砂—砾砂—粗砂—弱风化花岗岩—微风化花岗岩，嵌入页岩弱风化带(或含砂粒岩弱风化带)深度约 11m。

18 号墩(固结墩)：6ϕ220cm 的钻孔灌注桩，桩长 16.3m，由上往下地质为细砂—微风化变质砂岩—微风化花岗岩，嵌入弱风化岩层深度约 5～8m。

19 号墩(连续墩)：6ϕ200cm 的钻孔灌注桩，桩长 19.3m，由上往下地质为细砂—微风化花岗岩，嵌入微风化岩层深度约 6～8m。

20 号墩(边墩)：6ϕ200cm 的钻孔灌注桩，桩长 13.95m，由上往下地质为细砂—弱风化花岗岩—微风化花岗岩，嵌入微风化岩层深度约 6～8m。

(2)引桥。如图 6-27 所示，引桥桥墩采用实心薄壁式 T 形墩，墩高 7～39m，墩身宽度均为 3.6m，厚度分为两种，分别为 160cm 墩身配两根 ϕ180cm 桩基，180cm 厚墩身配两根 ϕ200cm 桩基，承台厚度分别为 2.0m 和 2.5m。墩顶设置挑臂式盖梁，盖梁内设置横桥向预应力。上部结构采用 30m 及 40m 先简支后连续刚构 T 梁，30mT 梁梁高 185cm，共 45 片；40mT 梁梁高 230cm，共 60 片。T 梁预制后吊装施工，待安装就位后现浇整体化层、湿接缝及现浇连续段，并张拉负弯矩钢束形成整体。

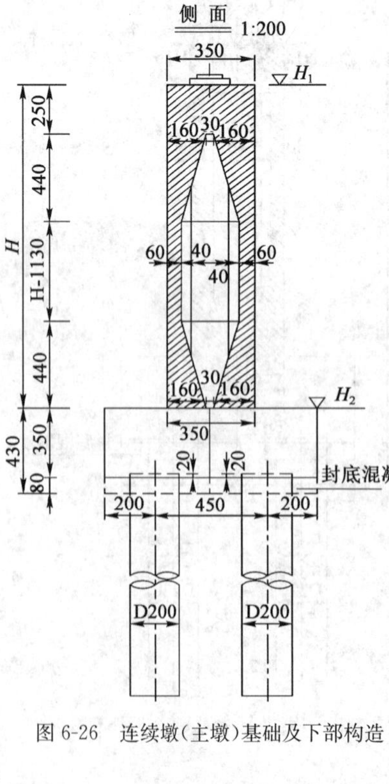

图 6-26　连续墩(主墩)基础及下部构造

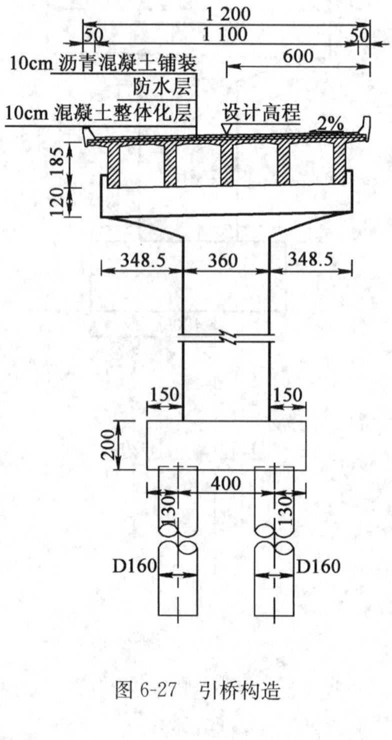

图 6-27　引桥构造

二、施工关键技术

1. 基础工程施工

封开西江特大桥基桩总计 81 条，其中 ϕ220cm 基桩 18 条，ϕ200cm 基桩 40 条，ϕ160cm 基桩 14 条，ϕ120cm 基桩 9 条。基桩采用冲击钻或回旋钻成孔，施工工序一般为施工准备（包括测量放样、平整场地或架设水上平台、护筒的制作及下沉、设置泥浆循环系统等）、成孔（包括钻机就位、开孔、正常钻进、掏渣、清孔及钢筋笼下放、二次清孔）、成桩（包括安装导管、灌注水下混凝土、拆卸导管）。关键工序是二次清孔、安装导管和灌注水下混凝土。

(1)二次清孔。钢筋笼下放后，安装导管，采用正、反循环方法清孔，以达到设计和招标文件技术规范孔底沉淀厚度的要求。

(2)安装导管。导管选用无缝钢管制作，直径为 25～30cm。漏斗、储料槽用 8mm 的 A3 钢板和型钢制成，容积需满足首批混凝土的灌注量。混凝土导管使用前一定要进行水密性试验，并检查止水胶垫是否完好，有无老化现象，以保证灌注过程中不漏水、不破裂。

(3)灌注水下混凝土。首批混凝土一定要够数量，以满足灌注后导管埋入混凝土面 1.0m 以上的要求，灌注后及时测量混凝土面的高度，以确定首批混凝土埋管深度，如不符合要求，则立即使用空压机通过导管吸去已灌注混凝土，准备好后重新灌注。在混凝土灌注过程中，设专人测量孔深，准确掌握混凝土面上升高度，以便严格控制导管埋深在 2.0～6.0m 之间，防止埋管过深，上层部分混凝土初凝，导管提不起来。

提升降落导管时，动作要慢，以免钩挂钢筋笼或提空导管。混凝土开始灌注后，不得中途停顿，须连续灌注，争取在 7～9h 内完成。

灌注水下混凝土要求导管埋深保持在 2～6m 之间。最终混凝土的顶面要高出桩顶设计高程 80cm 以上，以保证桩头混凝土质量。首批混凝土初凝的时间一定要大于桩的灌注时间。

2. 承台和系梁的施工

(1)预留牛腿施工法。当承台施工期间，19 号墩河床底较低，承台底有足够空间进行吊架施工，可在桩基钢护筒安装吊架吊住底篮进行第一次封底混凝土的施工，后预埋钢牛腿，将吊装系统转换到牛腿上进行第二次封底施工，套箱抽干水后即可进行承台结构部分的施工，如图 6-28 所示。

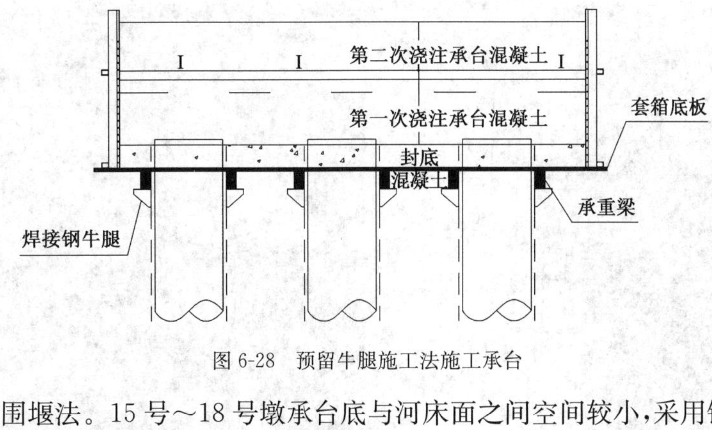

图 6-28 预留牛腿施工法施工承台

(2)钢板桩围堰法。15 号～18 号墩承台底与河床面之间空间较小，采用钢板桩围堰法。

基桩混凝土全部浇注完后，拆除钻机，按设计图纸插打钢板桩，应注意钢板桩合龙前应进行试拼，保证合龙精度。

板桩插打成型后，往围堰内回填砂砾至设计封底混凝土底，安装内撑，浇筑封底混凝土，达到一定强度后抽干围堰内水，整平封底混凝土面后测量放样承台，安装模板，进行后续工序施工。

(3)钢筋绑扎。钢筋在钢筋棚内按设计图分类制作好后，再转运至套箱内现场绑扎。钢筋按图纸要求一次绑扎完成，注意按要求预埋墩柱预埋筋。

主墩承台钢筋绑扎时应注意冷却管的埋设，防止堵塞、漏水、震坏。

测量组需注意在每个主墩承台的4个角上预埋钢筋头，作为承台完成后和箱梁施工过程中的沉降观测点。

(4)浇注承台混凝土。浇注混凝土时在水平方向分层进行。当第一层混凝土完成后，马上开始第二层混凝土的浇注。自高处向混凝土模板内倾卸混凝土时，为防止混凝土离析，自由倾落高度不超过2m，当超过2m时，应通过串筒等设施下落。

浇注混凝土时使用插入式振动器振实，与侧模应保持5～10cm的距离；振动时需插入下一层混凝土5～10cm；每一处振动完毕后应边振动边徐徐提出振动棒；应避免振动棒碰撞模板、钢筋及通水降温管或其他预埋件。

供拌制混凝土的砂、石料在拌制前要不断洒水降温，水泥要采用出厂存放15d以上的水泥，以降低新拌混凝土温度。

为避免承台大体积混凝土的温度裂缝，需按照设计图纸要求埋设冷却水管。每层混凝土浇筑完成，混凝土表面收浆后即可开始蓄水保温，冷却管通水时间按图纸要求的天数执行。

3.墩柱施工

该主桥墩身采用空心薄壁墩，引桥采用实心薄壁式T形墩。由于多数墩身高度都在30m以上，加之大部分位于水上，钢筋安装、模板装拆比较困难，拟采用翻模结合爬架逐节施工，每节施工长度6～8m。

(1)支架搭设。岸上矮墩墩身支架采用门式支架，水中高墩墩身支架均采用爬架，如图6-29、图6-30所示。承台施工完成后，直接将爬架拼装在墩位，进行下一步的施工。爬架爬升之后，在两幅桥的爬架之间搭设门式架作为人上下爬架的通道。

图6-29　高墩墩身上的爬架

图6-30　封开西江特大桥施工现场

(2)钢筋制作与安装。墩身钢筋在钢筋棚中统一加工,钢筋笼在施工点绑扎成型。加工时应根据钢筋形状和设计长度分为一节或多节成型,由动臂塔吊或浮吊配合安装。在施工支架搭好后即可进行墩柱钢筋焊接与绑扎。

(3)墩身模板的制作与安装。墩柱施工使用的模板采用大块钢模板,并由专业厂家专门加工以保证模板的加工精度和墩柱的施工质量。模板安装前要先在地面上涂上脱模剂并拼装成型,然后再整体吊到墩台处拼装,就位后用缆风绳固定并调整其垂直度。

(4)混凝土施工与养护。混凝土采用岸上拌和楼拌和,并泵送入模。混凝土的振捣用插入式振动器,振捣应分层进行,每层混凝土厚度不超过30cm。混凝土振捣时,振捣器插入或拔出时速度要慢,以免产生空洞。振捣器应垂直插入混凝土,分层浇注时,要插入前一层混凝土,保证新浇注混凝土与前一混凝土良合良好;插入深度一般为5~10cm;插入式振捣器的移动距离不能超过有效振动半径的1.5倍;混凝土振捣密实的标志是,混凝土停止下沉,不冒气泡、泛浆、表面平坦。混凝土浇筑过程中,控制好混凝土初凝时间,浇注上层时,下层不初凝。

混凝土浇筑完毕后,在收浆之后以及拆除模板之后,应及时用清水养护;气温特别高时,采用塑料薄膜覆盖混凝土表面,然后用清水湿润,这样可减小水量的蒸发,保持混凝土表面的温度。混凝土养护时间为7d。

4.盖梁施工

对于岸上或墩身不高的盖梁及帽梁施工拟采用满堂式支架,汽车台吊或泵送现浇混凝土的施工方案;对于水中或墩身较高的盖梁施工拟在墩身上预留牛腿(钢插销)架设工字钢,泵送混凝土或吊车台吊浇筑的施工方案,模板采用大块钢模拼装而成。

支架搭设后,按盖梁设计重量和施工荷载的100%进行预压。

采用预留孔插销施工时,在立柱相应的标高处安装钢插销,其上架设贝雷片,在铺工字钢、方木安装底模。安装套箍时必须认真检查螺栓是否固紧。浇注混凝土时要间断进行支架的沉降观测,发现情况及时处理。盖梁的底模应根据支架的变形、沉降值等设置一定的预拱度。盖梁钢筋焊接成骨架,整体绑扎成型,整体吊装。浇筑盖梁混凝土时,采用从中间向两端方向分层浇筑,并注意预埋支座垫石、挡块钢筋,支座及防震挡块均应精心施工。

5.主桥连续箱梁施工

(1)0号块施工

①安装托架。0号、1号块采用钢管柱结合贝雷、型钢组成现浇托架,在托架上安装模板现浇施工。在主墩承台浇注前确定钢管桩的位置,并安装好预埋钢板。安装托架时将钢管桩焊接在预埋钢板上,再在钢管桩上纵横向架设工字钢或贝雷,并连接,加固组成托架。在托架上安装模板采用泵送混凝土现浇成型,连续墩需注意临时固结构件的预埋。墩身混凝土浇筑完毕后,使用塔吊或浮吊进行贝雷架和工字钢等的安装。贝雷架底需要满挂安全网、翼板模外侧装防护栏等安全措施。翼板区门式支架上面用10×12cm方木制作成三角撑作为横梁。

②安装底模及侧模。0号、1号块底模采用大块钢模拼装,两端坡度用三角木架加垫板来形成。腹板外侧安装门式架作施工支架,用钢管纵横锁紧,然后安装腹板外侧模,用花篮螺丝和方木固定,外侧模板先在平板船上拼装成一整块,用8号槽钢作模板纵横骨架,外侧模板由塔吊吊装。模板要拉风缆绳,安装完成后由测量组复核,调整到符合要求。

③绑扎底板、腹板钢筋及布置预应力筋管道。先绑扎底板底层钢筋，然后安装腹板钢筋，之后套装竖向预应力筋管道及竖向预应力筋，完成以后，开始绑扎底板顶层钢筋，顶层钢筋扎完后开始绑扎横隔板钢筋，安装预应力锚垫板及其他预埋构件。

④安装腹板内模、横隔板模板及底板、腹板端模。在绑扎钢筋前安装好端模，端模采用钢板制作定型模。钢筋绑扎完后，安装部分腹板及横隔板内模，同时在腹板预留通气孔，按图纸的设计布置。内膜采用组合钢模木模。

⑤浇注底板及部分腹板混凝土。箱梁混凝土采用输送泵泵送入模，浇筑混凝土时采用插入式振动器进行振动。特别在腹板与底板交汇处，要充分振动，以确保此处混凝土密实。

⑥安装其余内模、横隔板及顶板模板。第一次混凝土浇注后，在底板上安装门式架，张拉班安装预应力管道，木工班安装剩余部分内模，包括横隔梁侧模，同时在腹板预留通气孔。然后用对拉螺丝与外模连接，同时内模之间也用钢管和花篮螺丝固定，之后安装翼板模板，最后安装顶板模板。

⑦绑扎顶板钢筋及布置预应力管道。测量放样后，开始绑扎顶板钢筋，之后进行预应力管道的布置，预应力管道定位要牢固，安装端模及翼板侧模，安装预应力锚板及其他预埋构件。完成以后由测量组复核。

⑧浇筑混凝土。浇筑混凝土时，按层高 30cm 分层浇筑。在纵向预应力波纹管及其锚头处，振动器不能靠近波纹管长时间振捣。浇筑混凝土时，注意测量观测。为防止混凝土裂缝和边棱破损，箱梁混凝土达到设计强度 85%时，方可拆模。0 号块拆模后，梁端面应凿毛清洗干净，以保证新旧混凝土的整体性。0 号段及 1 号段混凝土必须达到 100%的设计强度时方可张拉预应力。

(2)安装挂篮

①联体挂篮安装。0 号、1 号块预应力张拉完成后，开始安装联体挂篮浇注 2 号块。挂篮的安装垂直运输采用浮吊或塔吊进行。先安装主梁，然后安装后锚系，之后再安装挂篮横联。横联固定后即可安装前后上横梁，固定后，即进行吊带的安装。然后将底篮在浮箱上拼装完毕，整体起吊。装好底模后调紧后锚及吊带，完成好试压工作后，即可进行 2 号块的施工，悬浇梁段采用整体一次浇注。

②挂篮分离、分步前移。2 号块悬浇、张拉完，主桁架即须分离。安装纵移千斤顶，将挂篮轨道梁通过竖向预应力钢筋锚固好，并将挂篮通过反扣装置扣住轨道梁，然后把联体主桁分离。解除箱内吊带，并放松其他吊带，底篮整体下放一定间隙，然后用锚固在轨道梁下的千斤顶推动主桁梁，将挂篮整体移动就位，主桁梁在向前移动时，应保持其中心线与箱梁中心线一致，如有偏移，应随时纠正。挂篮到位后在主桁梁后端部安装后锚系统与已浇梁体锚紧，测量放样底篮中线和坡度，预调紧吊带，即可进行下一道工序。

③吊篮的提升。箱梁底部为二次抛物线，每浇筑一个梁段均须将底模提高一次，也即整个底篮提高一次。底篮的提高采用千斤顶把吊带升高，然后用钢板垫起，当升高高度够一个吊带销的间距时，则提高一个销孔的高度。

(3)挂篮模板的构造及使用

①底模。底模是用型钢和钢板组装而成。底模骨架应与底篮纵梁固定，底模伸入已浇梁端底 10cm，而且应加垫以防漏浆。底模高程及中线每次移完挂篮都应测量放样，如有偏差则需通过调整整个底篮来调整。底模高程要考虑设计施工预留度和主桁梁前端挠度。待确定高程及中线无误后，方可进行下一道工序。底模两侧应密铺 5cm 木板作施

工平台。

②内外侧模及顶模。箱梁内侧模及顶板和翼板模板都是采用大块钢模，内模采用组合钢模加木模拼装而成，均需加水平及竖向骨架，用丁字螺丝及碟形扣连接。

每次挂篮移到位，底模高程、中线调整好后，安装外侧模，然后采用钢管、方木及花篮螺栓固定。之后，安装翼板模板，翼板模板是由门式架支承。

安装完底模及外腹板模后，安装端头模。扎底板及腹板钢筋。扎好箱梁底板及腹板钢筋（包括预应力筋管道），就开始安装内侧模，两内侧模采用钢管对撑和花篮螺丝对拉连接固定，之后再用对拉螺丝和硬塑管与外模固定，在箱梁内安装门式架，作为施工脚手架和顶板支撑架，最后安装顶模。

③端模与拆模板。箱梁端模采用钢模，端部采用方木斜撑和对拉螺丝固定。在混凝土强度达到 2.5MPa 时可以拆除非承重侧模。对于承重的顶板及翼板等需混凝土强度达到 75%或者设计规定时才能拆除。

(4)钢筋及预应力钢筋。先扎底板钢筋，然后安装腹板钢筋，套装腹板竖向预应力筋及波纹管，安装腹板纵向预应力筋管道。安装好顶板模板后，跟着绑扎面层钢筋，布设纵、横向预应力管道。

纵向预应力筋波纹管比较大，需用硬塑管作撑管，以防振动棒振动变形和漏浆。纵向波纹管接长时一定要用胶带包扎好。各波纹管必须于端部和管道的最高点处装压浆管（咀）及出气管。

(5)浇筑混凝土。箱梁混凝土应在墩的两侧一次性同时浇筑，并采用插入式振动器振动。顶板混凝土浇筑完后要进行抹浆，然后拉毛。混凝土初凝后，用湿麻袋盖住养生。每次混凝土的浇筑应有测量监控。对于纵向预应力管，应一边浇注混凝土一边清洗。模板拆除后，对新浇混凝土与旧混凝土接缝处要进行修补，梁端要凿毛。

(6)预应力钢筋的张拉。混凝土强度达到 90%设计强度且龄期不小于 7d 方可张拉预应力钢束。张拉纵向预应力筋时，先腹板钢束，后拉面板钢束，而且应对称张拉。张拉采用吨位控制和延伸量控制。横向及竖向预应力筋需晚一步张拉，张拉时间应符合设计及规定的要求，竖向预应力钢筋张拉后螺母不超出混凝土面，确保螺母埋在混凝土内，以免在桥梁使用过程中螺母受到外力损坏。

张拉完立即封锚，封锚材料达到一定强度之后，开始压浆。压浆前先用压力水清洗管道孔，然后从低端往高端压浆。当出浆端的浆液稠度达到压浆端浆液稠度后，就封住出浆口，并保持压力一定时间，然后关闭压浆端。压浆采用真空压浆。压浆要做好压浆记录。

竖向预应力钢筋采用两次张拉，在每次浇注完一个块段混凝土后，张拉完纵、横向预应力且灌浆强度达到 95%以下时进行第一次的竖向预应力张拉，成桥后在未施工桥面铺装前对全桥的竖向预应力进行第二次张拉，完成后马上采用环氧树脂对锚头进行固定然后压浆。

(7)合龙段施工。合龙段施工均采用吊架施工，吊架承载力、刚度均需满足施工要求。其中边跨现浇段合龙段采用钢管桩平台上布置满堂式现浇支架施工方案。支架布置必须满足承载力要求。现浇合龙段的模板、钢筋、混凝土等均与箱梁悬浇段采用相同的工艺进行施工。

第六节　几项技术革新

一、后张法预应力管道采用镀锌金属波纹管嵌套内衬管技术

预应力管道常用的波纹管有镀锌金属波纹管和塑料波纹管两大类，相比而言，塑料波纹管优点较多，但价格比金属波纹管高，大约每米要贵 2 元钱。镀锌金属波纹管虽然比较经济，但是在钢筋安装或是在混凝土浇筑过程中，易被电焊灼穿或是被振捣棒捣穿，引起波纹管漏浆而堵塞，钢绞线无法贯通、张拉。问题处理相当棘手，常常需要对混凝土实体实施凿孔、开膛才能解决，给施工带来了极大的不便。

1. 工艺介绍

图 6-31　镀锌金属波纹管嵌套内衬管技术

造成波纹管穿孔漏浆并导致钢绞线穿不过去的直接原因是因为波纹管在卷制过程中钢条压槽不紧密，振捣棒将波纹管压槽振开，水泥浆漏到波纹管内造成堵塞。要解决这个问题，如图 6-31 所示，可以在金属波纹管（圆管）安装固定好后，浇注混凝土前，在其内穿一根直径略小于波纹管内径的半刚性塑料管，在混凝土浇筑过程中不断活动塑料管，如此即便波纹管有穿孔漏浆现象，其内嵌套的塑料管也不会被水泥浆固结，在混凝土浇筑 2～3h 后再把塑料管抽出即可。这样可以完全避免金属波纹管穿孔漏浆被堵塞的现象发生，更不会出现对混凝土进行凿孔、开膛了。

该工艺可适用于所有后张法预应力管道施工。对于金属波纹管特别长的，若从一端穿塑料管难度大，可以采取从两端对穿塑料管的办法，一端穿一半即可。施工时注意以下几点：

①使用前注意对塑料管的检查，由于多次重复使用塑料管会有一定的磨损，视其磨损情况，或修补或更换塑料管。

②浇注混凝土过程中，每条塑料管必须得到充分的活动。

③塑料管的抽拔时间要严格控制，一般在混凝土浇筑 2～3h 后即可抽拔，具体视当时的气温酌情增减。

2. 与传统工艺的比较

与传统的采用塑料波纹管相比，既经济又实惠。

与传统的采用镀锌金属波纹管（不加内衬管）相比，在成本上仅仅增加了几条塑料管，塑料管的价格相当低廉，约 8 元/米，并且可以重复使用，更避免了波纹管穿孔、漏浆的现象发生，杜绝了对混凝土实体凿孔、开膛。

3. 使用情况

镀锌金属波纹管嵌套内衬管施工工艺首先在 9 标、16 标开始试点，经过不断的总结、提高，该工艺基本成熟。这两个标段采用该工艺总共生产 238 片梁，没有出现穿孔、漏浆现象。其中 16 标共有波纹管 43880.6m，按塑料波纹管与金属波纹管市场价格相差 2 元/米来算，共计可节约成本 87761.2 元。

二、ZY—C 型混凝土表面处理缓凝剂凿毛工艺

新旧混凝土接触面的凿毛在桥涵规范中对处理层混凝土的强度有着明确规定，一般在人工凿毛时混凝土强度须达到 2.5MPa，用风动机凿毛时须达到 10MPa，并且要求凿除处理层混凝土表面的水泥砂浆和松弱层，露出粗集料。施工中发现新旧混凝土接触面的凿毛效果差，深浅不均匀、光面多、不彻底，成为一种质量通病。在花费了大量的人力、工具(斧子凿、锤错敲)，甚至机械(电钻、风枪)的同时，效果还不太理想，不能满足规范要求，甚至多次出现返工的现象。为此，尝试采用 ZY—C 型混凝土表面处理缓凝剂，经过在 12 标 20m 小箱梁的多次现场试用，感觉其整体效果较为理想，无论是均匀度、深浅度、粗糙度以及质量方面都能满足施工要求，目前该工艺已基本成熟。

1. 工艺介绍

(1)原理与工艺

通过 ZY—C 型超强缓凝剂延缓浇灌的混凝土表面水泥的水化和凝结，渗透厚度 0.5～1.0cm，经冲洗或刷除使混凝土表面达到粗糙效果。该工艺可适用于混凝土表面骨料外露处理、接头处理或连续施工因故中断后的处理。材料与设备包括 ZY—C 型超强缓凝剂(由缓凝剂、增稠剂、成膜剂组成)和高压水枪。工艺流程为：清理模板(需凿毛位置不刷脱模剂)→拌匀 ZY—C 型超强缓凝剂涂刷在模板上→浇注混凝土→拆模→高压水枪冲洗需凿毛位置。

①模板安装完成后清除模板表面污迹，使模板表面干净，需凿毛部分不刷脱模剂。

②混凝土浇筑前 2～3h，将缓凝剂搅拌均匀，不可用水稀释，用刷子或滚筒涂在干净的模板上，模板四周留 1cm，防止缓凝剂渗入混凝土四周，造成掉角等质量缺陷，每层用量大约为 0.2～0.3kg/m^2；待涂刷的缓凝剂风干后(避免阳光暴晒)方可开始浇筑混凝土。

③混凝土达到拆模时间进行拆模。模板拆除后，可立即用高压水冲掉浮浆。如拆模时间较长时则可用钢丝刷轻轻刷除，露出混凝土粗糙面即可。

(2)施工注意事项

①施工温度宜在 5℃～40℃范围内进行施工。

②模板要清理干净，不得沾有油迹、污渍。

③每层用量大约为 0.2～0.3kg/m^2，涂刷于模板上一定要均匀，否则会影响冲刷效果。

④材料应储存于阴凉、干燥处，防止霜冻。

⑤不慎溅泼时，立即用清水彻底清洗。

⑥冲刷时间要控制，基本与拆模时间同步。

⑦在使用前宜先做一个样板试用，达到良好效果后再推广。

2. 与传统凿毛工艺的比较

(1)施工方便，刷涂即可，省时省力，减小了劳动强度。

(2)只延缓与 ZY—C 型缓凝剂所接触混凝土的终凝时间，渗透厚度仅 0.5～1.0cm，不破坏水泥凝结及原有强度，不改变混凝土的性质。

(3)不弄污混凝土，不影响钢筋与混凝土的连接。

(4)凿毛彻底，能最大限度地满足规范要求。

(5)ZY—C 型缓凝剂无色、无味，符合环保要求。

(6)成本低，费用少。

3. 应用情况

ZY—C 型混凝土表面处理缓凝剂凿毛施工工艺首先在 12 标 20m 小箱梁进行试点，取得了良好效果(图 6-32、图 6-33)。经过不断的试验和总结，该工艺基本成熟。经计算，使用该工艺一片 20m 箱梁凿毛费用约 35 元，而传统的人工凿毛若要满足规范要求，则需 2 个人工方可完成，按时下约 60 元/人工来计，凿毛人工费约 120 元，即每一片梁采用该凿毛工艺可节约 85 元，经济效益显著，又满足规范要求。

图 6-32　小箱梁横隔板使用效果

图 6-33　小箱梁翼缘板使用效果

第七章 隧道工程

广梧高速公路共有隧道18座，其中特长隧道2座、长隧道5座、中短隧道11座，单洞总长41295.68m；分离式隧道13座，连拱隧道4座，单边隧道1座。设计为单向两车道，设计速度为80km/h。隧道采用复合式衬砌，初期支护为锚喷支护，二次衬砌为模筑混凝土衬砌。建筑限界净高5m，洞内行车道宽度7.5m，两侧设路缘带。隧道进、出口除几座采用端墙式洞门外，其余采用削竹式洞门。隧道洞内防排水设计主要包括防水混凝土、防水板、止水带、排水沟、盲沟、排水管等。中长隧道设置车横通道和行人横通道，同时还设置了变电、照明配电、消防、紧急电话、功放箱、控制器、车辆检测器等洞室。洞门和洞内装饰设计为镶贴瓷块、喷涂防火涂料。

本章介绍新理念设计与安全施工措施、地质超前预报及监控量测、隧道穿越溶洞技术与塌方处理、石牙山隧道及其通风竖井施工技术、双功能全液压伸缩全自动行走混凝土衬砌台车设计、双跨连拱隧道施工、浅埋偏压隧道洞口施工、公路隧道不良地质灾害处治措施数据库管理系统研制。

第一节 新理念设计与安全施工措施

一、隧道工程的新理念设计

本项目隧道设计过程中坚持和谐、自然、环保的新理念，进行了以下尝试：

(1)隧道削竹式洞门设计。遵循“早进晚出”、“零埋深”、“零开挖”、“整体协调和自然”等原则，隧道洞门设计强调人性化，与周围景观协调，提倡简洁、隐蔽、淡化洞口处理，营造“悄悄”进洞气氛，使车辆自然驶入隧道。削竹式洞门符合此原则和理念，本项目24个洞门采用了削竹式洞门，图7-1为茶林顶隧道左线苍梧端削竹式洞门。

(2)隧道“明洞暗进”法进行洞口段施工。隧道洞口的设计应尽可能与洞口地形协调，保护自然环境，按照“早进晚出”原则，施作明洞，结合地形条件采用“明洞暗进”法施工，可以很好地减少土石方开挖量，降低边仰坡刷坡高度，尽可能减少破坏植被，保护自然环境，符合“零开挖”的设计新理念，如正涌隧道苍梧端洞口，白石岭隧道广州端洞口，石排口隧道苍梧端洞口等。

(3)顺应自然条件的连拱隧道接单洞隧道新形式。如图7-2所示，白石坑隧道设计中，结合隧道地质、地形等实际情况，采用了连拱隧道接单洞隧道的新形式，更好地符合地形、地质条件，减少了占用土地，降低了边仰坡高度，保护了自然环境。

(4)截水沟隐蔽布置。隧道截水沟施工图设计时可能存在对洞口地形、地貌调查不够详细的问题，因此，在隧道施工前，业主单位组织设计单位重新对洞口地形、地貌做详细调查，逐一对隧道进行设计复核。在施工时截水沟只能人工开挖，且截水沟外边至征地界桩范围、截水沟内边至仰坡刷坡线范围内的植被一般情况下不能破坏，做到截水沟隐蔽于植被之间。

(5)隧道洞身有效防排水设计。遵循“防、排、截、堵相结合，因地制宜，综合治水”的原则，做好防排水设计，采取针对性措施控制施工质量，预防隧道渗漏水，保证隧道结构物和营运设备的正常使用和行车安全。

图 7-1　茶林顶隧道左线苍梧端削竹式洞门

图 7-2　白石坑隧道

①衬砌混凝土采用防水混凝土，施工时应进行混凝土不同配合比的抗渗试验，确定施工配合比，抗渗等级应不小于 P8。

②隧道衬砌管沟盖板底以上的所有纵、横施工缝，有仰拱地段，仰拱与边墙及仰拱与仰拱横向施工缝均设置 Hx—2 型钢板腻子止水带。

③洞内设双侧排水沟，管沟与排水沟分开独立设置。在侧沟两侧沟壁上设置泄水孔，将衬砌背后及路面下地下水引入侧沟排除，侧沟每间隔 50m 设置沉砂井。

④在两侧边墙底部，衬砌混凝土与喷射混凝土之间沿隧道纵向全长各设 1 根 ϕ80mmTJRX 圆形盲沟排水管。

⑤隧道二次衬砌环向施工缝，在其背后喷混凝土与防水板之间设置 140mm×30mmTJRX 扁形排水盲沟。

⑥在隧道路面基层下设置纵横向 60mm×50mmTJRX 扁形排水盲沟，对于沥青混凝土路面地段，横向盲沟的间距从 9m 加密到 3m。

二、标段划分

如图 7-3 所示，沿线有 18 座隧道，分布在除 7 标、9 标和 11 标外的 12 个标段中，详见表 7-1所示。

广梧高速公路河口至平台段 18 座隧道　　表 7-1

标段	隧道名称	左右线	长度(m)	起点里程	终点里程
4 标	大哗山隧道	左线	1180	LK42＋086	LK43＋266
		右线	1179	RK42＋091	RK43＋270
	石梯迳隧道	左线	261	LK43＋894	LK44＋155
		右线	285	RK43＋870	RK44＋155
5 标	石牙山隧道	左线	4555.91	LK53＋366.16	LK57＋922.07
		右线	4606.45	RK53＋344.16	RK57＋950.61
6 标	大洞隧道	左线	791.2	LK60＋290	LK61＋081.2
		右线 1 号	280.16	RK59＋762.42	RK60＋044.58
		右线 2 号	535	RK60＋117	RK60＋652

续上表

标段	隧道名称	左右线	长度(m)	起点里程	终点里程
8 标	五指山隧道	左线	1219.12	LK67＋359	LK68＋578.12
		右线	1238.94	RK67＋355	RK68＋593.94
10 标	茶林顶隧道	左线	2691	LK71＋562	LK74＋253
		右线	2600	RK71＋640	RK74＋240
12 标	三家寨隧道	左右线	126	K82＋524	K82＋650
13 标	旗山顶隧道	左线	1951.59	LK84＋678.56	LK86＋630.15
		右线	1956.69	RK84＋674.46	RK86＋625.15
14 标	石排口隧道	左线	104	LK90＋444	LK90＋548
	鹅公髻隧道	左线	3130.66	LK90＋619.24	LK93＋749.9
		右线	3113.12	RK90＋628.26	RK93＋741.38
	白石坑隧道	左线	151.5	LK94＋423.818	LK94＋575.318
		右线	143	RK94＋414	RK94＋557
	黄茅村隧道	左右线	202.91	K94＋882.09	K95＋085
15 标	牛车顶隧道	左线	2503	LK100＋740	LK103＋243
		右线	2457.9	RK100＋775	RK103＋232.9
16 标	亚婆髻隧道	左线	465	LK106＋320	LK106＋785
		右线	462.94	RK106＋317.32	RK106＋780.26
17 标	息村大山隧道	左线	625.16	LK114＋699.42	LK115＋324.58
		右线	627	RK114＋753	RK115＋380
	百路须隧道	左线	210.64	LK115＋613	RK115＋823.64
		右线	220.64	RK115＋620	RK115＋840.64
	正涌隧道	左右线	271.42	K116＋698.58	K116＋970
18 标	次步隧道	左线	275.89	LK132＋749.11	LK133＋025
		右线	267.71	RK132＋748.04	RK133＋015.75

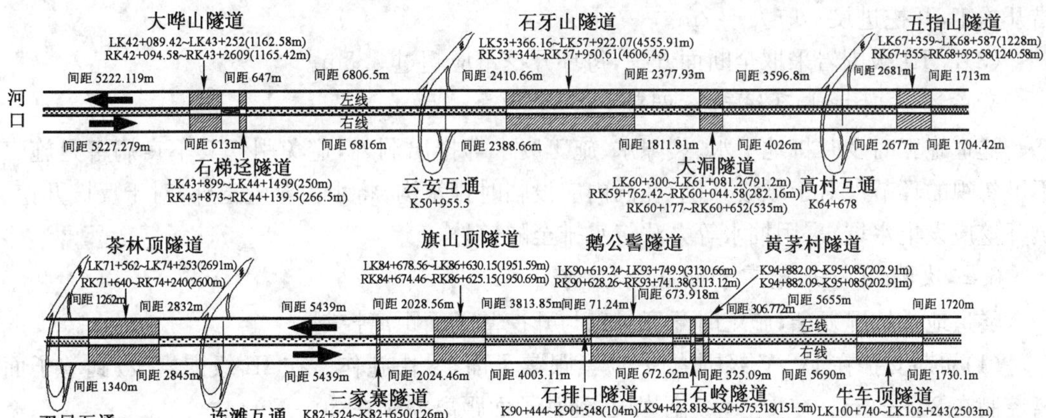

图 7-3　广梧高速公路河口至平台段 18 座隧道

三、安全施工措施及质量保证

1. 隧道施工“四不准”

不做地质超前预报不准施工；每100m施工段开工报告没有批复不准施工；对预测到的不良地质地段无处理预案不准施工；安全距离不足不准施工。

2. 超前地质预报

隧道地质情况复杂，岩溶、断层等不良地质现象时常遇到。运用地质雷达法、TSP法等超前探测技术探明前方地质情况，根据探测的地质情况及时调整设计支护参数，确保施工安全。

3. 信息化设计及施工

隧道采用新奥法设计施工，监控量测作为新奥法设计施工中的重要环节，对于特长隧道，聘请专业化队伍进行监控量测，通过监控量测掌握围岩和支护的动态信息并及时反馈，修改支护参数设计，指导施工作业。

4. 合理的隧道开挖方法和循环进尺

根据隧道围岩情况制定科学合理的开挖方法是确保隧道施工质量与安全的根本。隧道开挖应坚持“少扰动、早支护、勤量测、紧封闭”的原则。

(1)Ⅴ级围岩段采用环形导坑法开挖，尤其是上软下硬的不良地质围岩段，预留核心土面积不小于开挖面积的1/2，且环形开挖进尺以0.5～1.0m为宜；下台阶不爆破或采用弱爆破跳槽开挖，错开施工，开挖进尺不宜大于2m；仰拱开挖应优先选择各段一次成型，避免分部灌注，这对于底板为软岩大变形或者有其他地质灾害地段，以及对根治隧道运营病害非常重要。

(2)Ⅳ级围岩段采用台阶法开挖，上台阶挖进尺以1.0～1.5m为宜；下台阶应跳槽开挖，错开施工，开挖进尺不应大于2m。

(3)Ⅱ、Ⅲ级围岩采取全断面开挖，每环开挖不应超过3.5m。

5. 隧道临时排水系统动态调整

隧道施工时及时将地下水、裂隙水、施工废水等排出洞外，避免引起其不良病害是施工中不可忽视的环节。对于顺坡开挖，在洞内应设临时排水沟，将水引至隧道外；对于反坡开挖、仰拱开挖应设集水坑，采用抽水等办法将水排至隧道外。

6. 二次衬砌与开挖掌子面距离控制

隧道地质情况复杂，施工时注意衬砌与开挖掌子面距离控制。

(1)初期支护在Ⅳ、Ⅴ级围岩段，应紧跟掌子面，尽快施作。在Ⅲ级围岩段，到掌子面距离控制在20～30m。在Ⅰ～Ⅱ级围岩段，到掌子面距离控制在30～50m。

(2)二次衬砌在洞口段及Ⅳ、Ⅴ级围岩段距开挖掌子面距离控制在80～100m，Ⅲ级围岩段距开挖掌子面距离控制在180m以内，Ⅰ、Ⅱ级围岩段距开挖掌子面距离控制在260m以内。

另外，在施工程中，对初期支护、二次衬砌到掌子面距离要根据围岩的监控量测、裂隙发育、软弱夹层和地下水等情况，通过监控量测在施工过程中做适当调整，以确保工程质量和施工安全。

7. 二次衬砌模板台车施工要求

隧道二次衬砌施作应采用定型模板台车，且台车应具有足够刚度(面板厚度不少于8mm)，保证混凝土施工时变形符合规范要求；二次衬砌每环施工长度应统筹合理安排，尽量避免长搭接造成环与环间的错台。个别标段还采用了多功能模板台车，以同时供标准断面和避车道二次衬砌使用。

8. 隧道二次衬砌无损检测

隧道在二次衬砌施工完毕后，由业主统一组织进行无损检测，避免二次衬砌存在空洞及厚度不足等问题的出现，充分保证隧道施工质量和结构安全。

9. 隧道锚杆无损检测

隧道锚杆施工过程中，按规范规定做拉拔试验，同时还组织专门的队伍不定期地进行无损检测，杜绝锚杆偷工减料的现象发生。

10. 隧道内施工环境检测

施工过程中，必须对隧道内进行氧气含量、气温、有害气体浓度、粉尘浓度等指标的检测，充分保证施工的良好环境。特殊地段如瓦斯地段进行相应的检测和监控。

11. 制定隧道施工灾害应急预案

坚持"安全第一、预防为主"、"保护人员安全优先、保护环境优先"的方针，贯彻"常备不懈、统一指挥、高效协调、持续改进"的原则。

(1)杜绝重大伤亡事故及重大机械事故，因工死亡率为零。

(2)因工负伤频率控制1.2%以内，因工重伤频率控制在0.04%以内。

(3)杜绝急性中毒事故与重大火灾事故。

公司和项目部对应急预案每月至少进行一次评审，针对施工的变化及预案演练中暴露的缺陷，不断更新和改进应急预案。

第二节　地质超前预报及监控量测

隧道地质超前预报是在隧道掘进过程中，提前发现隧道前方的地质变化，为施工提供较为准确的地质资料，及时调整施工工艺及方案，减少和预防生产事故的发生。

一、综合超前地质预报

1. 综合预报原则

隧道综合超前地质预报以"地质分析为核心，综合物探与地质分析结合，洞内外结合，长短预测结合，物性参数互补"为原则。

(1)"以地质分析为核心"是指以地面和掌子面地质调查为主要手段(必要时开展超前钻孔)，并将地质分析作为超前预报的核心，贯穿于整个预报工作的始终。

(2)"综合物探与地质分析结合"是指在开展地震反射波法(TSP)、地质雷达法(GPR)、瞬变电磁法(TEM)等综合物探工作的同时，必须将物探解译与地质分析紧密结合。

(3)"洞内外结合"是指洞内、洞外预报相结合，并以洞内预报为主，如地面地质调查是洞外预报，掌子面素描、超前钻探和各种物探方法是洞内预报。

(4)"长短预测结合"是指在长距离预报的指导下，进行短距离精确预报，如地面地质调查和TSP是长距离预报，掌子面素描、地质雷达、超前钻探等是短距离预报。

(5)"物性参数互补"是指选取的物探预报方法其预报物性参数应相互补充配合。地震反射波法、地质雷达、瞬变电磁法、电法等物探方法不一定同时同等使用，应在地质分析的基础上，考虑“长短预测结合”等综合预报原则和物探方法适宜性，选取适宜的一种或几种物探方法进行预报。如对于探测断层，宜选用 TSP＋GPR 或 TSP＋BEAM 组合；对于探测富水情况，宜选用 TSP＋TEM 或 TSP＋BEAM 组合。

2. 综合预报工作体系

在综合预报原则的指导下，建立隧道超前地质综合预报工作路线，如图 7-4 所示。

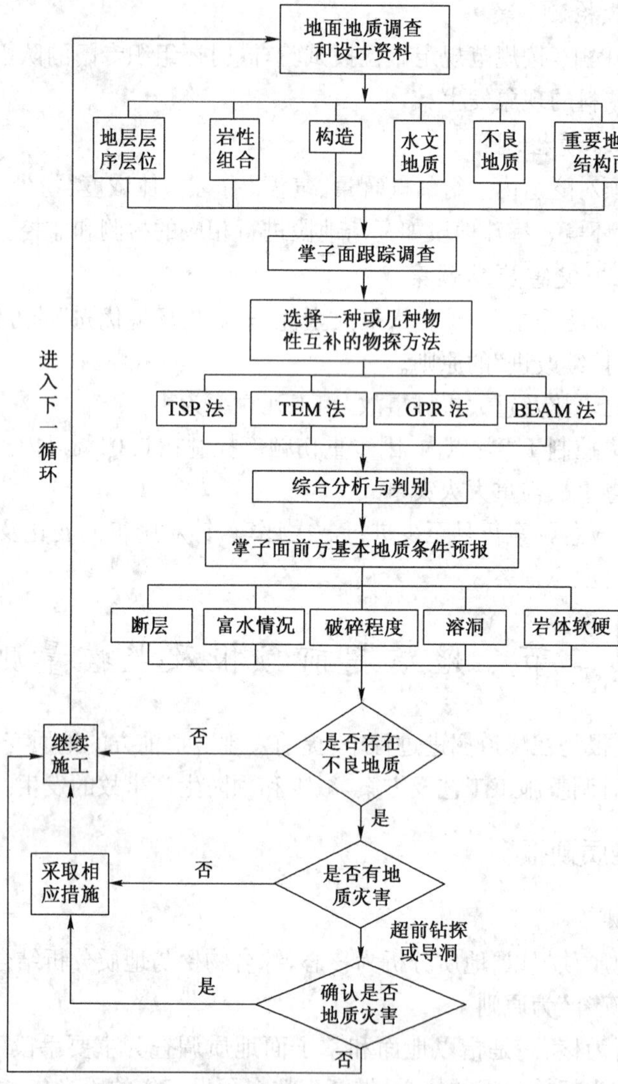

图 7-4　隧道超前地质综合预报工作路线图

首先对隧道勘察设计资料进行详细研究，利用地面地质调查等方法，确定断层和其他不良地质体与隧道轴线交点的大概位置，估测岩层、断层和其他重要地质界面的产状，预测地下水富存段。在此基础上，根据宏观地质分析预测成果和掌子面地质调查，结合各种物探方法(表 7-2)，有针对性的选择一种或者几种物性参数互补的物探方法进行超前探测与预报解译，对掌子面前方的基本地质条件，包括断层、岩体破碎情况、溶洞、地下水情况、岩体软硬程度等，进行综合分析预报，并判断是否存在不良地质体和施工地质灾害，以便采取相应的措施指导施工。

4 种物探预报方法预报准确性对比评价 表 7-2

物探方法	准确性评价				
	断层	破碎岩体	富水情况	溶洞(干)	软弱岩体
TSP	A	B	C	C	B
GPR	A	A	C	B	C
TEM	D	D	A	D	D
BEAM	B	B	A	B	D

注:A,B,C,D 分别表示对应于某一种地质情况,该方法与其他几种方法相比准确度高、较高、较低、低。

3. 综合预报组织机构

在隧道超前地质综合预报工作中,成立以施工单位为主体的"超前地质预报综合分析现场组"(简称为现场组);同时,成立有丰富理论知识和工作经验的专家组成的"隧道超前地质预报专家顾问组"(简称为专家顾问组)进行平台咨询。现场组负责收集地质编录、进行物探测试(如 TSP 测试等)及结果整理,并进行综合分析,形成综合预报初稿,上报专家顾问组。现场组讨论分析,必要时进行超前钻探,形成最终综合预报报告。然后通过监理组组织四方会议,根据预报结果形成工程决策来指导施工。其详细工作流程如图 7-5 所示,为保证组织机构完整性,图 7-5 中列出了 4 个物探测试组,实际可根据隧道复杂程度,选择其中的一种或几种物探方法建立相应的物探测试组。

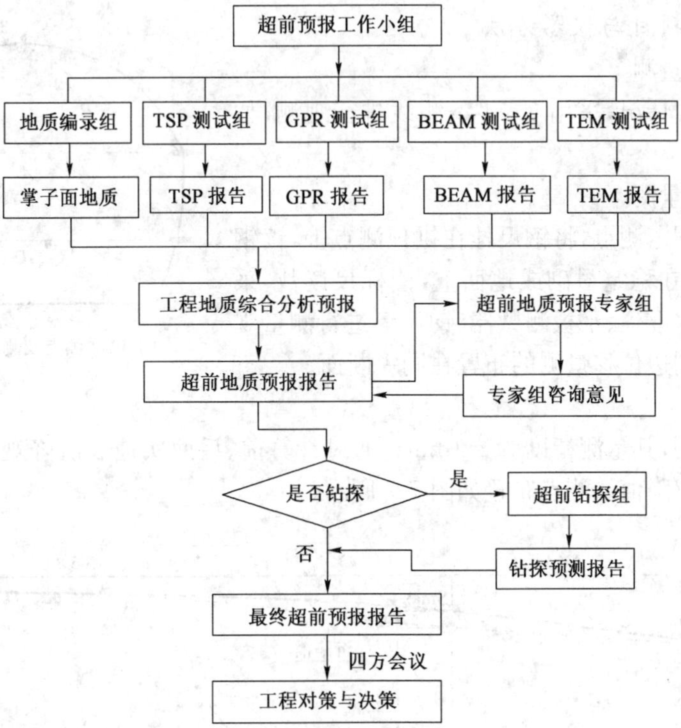

图 7-5 隧道超前地质综合预报组织机构工作流程图

4. 工程应用

结合现行超前地质预报方法的特点,本项目采用长短结合并参考地质素描的综合预报方法,采用 TSP 技术进行长距离预报,在施工到可能存在不良地质灾害体前,采用地质雷达进行中短距离预报,遇到严重的不良地质体时,采用水平钻探进行临灾预报。TSP 系统采用瑞士安伯格测量技术公司新近推出的 TSP203 PLUS 增强型预报系统，地质雷达使用加拿大 A-CUBED 公司生产的 EKKO100 型地质雷达。

(1)石牙山隧道超前地质预报

石牙山隧道实施预报共 18 次(其中地质雷达 11 次，TSP7 次)，累计预报长度为 1531 延米。通过隧道施工地质超前预报实践，采用上述长短结合的综合预报方法，主要取得了以下技术成果：

①预报结果与实际揭示的情况基本相符，为下一步施工工艺、支护参数以及对可能发生的施工开挖灾害应对措施的选择提供了可靠的参考依据。

②施工方根据预报成果，对原有的施工方案及时做出了相应的调整，避免可能发生的塌方等施工事故，保证了施工的连续性。

③根据预报结果及时调整围岩级别，为设计资料做出了有益的补充与修正。

(2)次步隧道超前地质预报

次步隧道采用 TSP203 结合地质经验(地质素描)法，完成超前地质预报。

二、隧道施工监控量测

现场监控量测项目列入施工组织设计，掌握围岩和支护的动态信息并及时反馈，以指导施工作业。

1. 主要量测项目与仪器方法

(1)周边位移量测

根据隧道围岩情况，采用 3～4 条测线进行观测，如图 7-6 所示。

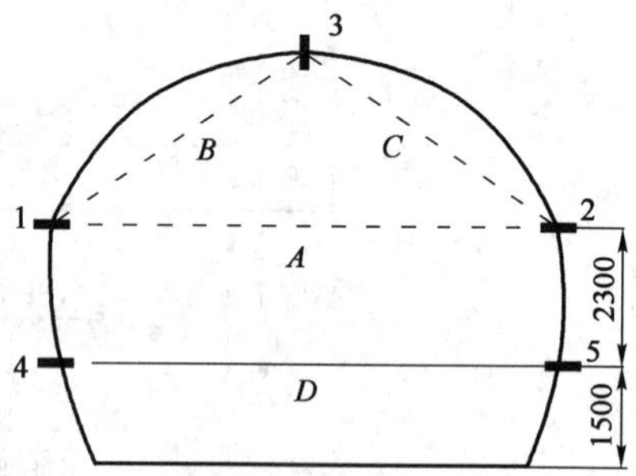

图 7-6 测点及测线位置布置图

(2)拱顶下沉量测

在拱顶布设固定测点，将钢尺挂在拱顶测点上，读钢尺读数，后视点设在稳定衬砌或地面上，读标尺读数，采用精密或高精度水准仪、平板测微器、钢尺等进行测量观测。断面布设与周边位移量测的布置在同一断面。

(3)地表下沉

用水准仪量测，其量测精度为±1mm。通过计算前、后两次地表沉降观测点高程得变化值即可算得地表沉降值。测点布置如图 7-7 所示。

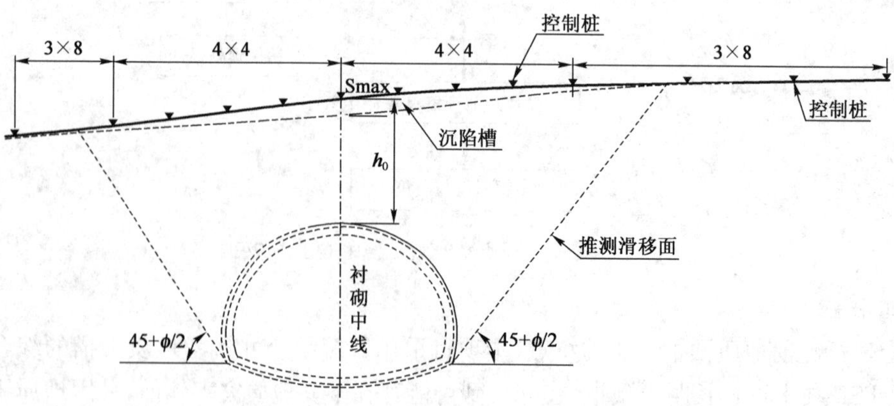

图 7-7 地表下沉量测布置图

(4)围岩内部位移量测

围岩内部位移通过单点位移计来量测，单洞隧道每一断面布置5个测点，拱顶中央1个，在拱基线上(或拱基线上1.5m处)左右各安装一个，在两侧墙施工底板线上1.5m处各设一个，如图7-8所示。尽量与周边位移、锚杆轴力、钢支撑应力、衬砌内力、表面应力等布设在同一断面上。

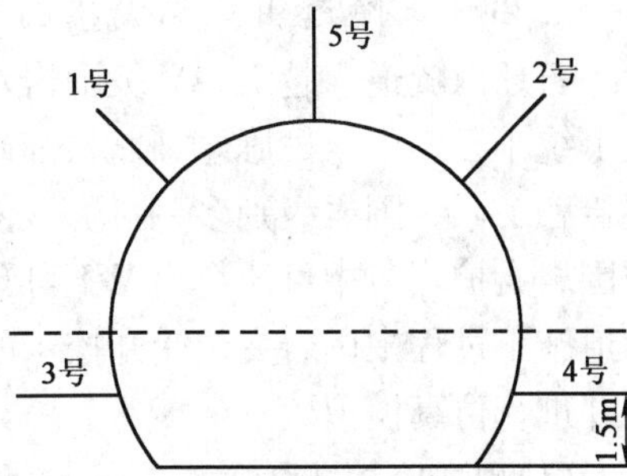

图7-8　围岩内部位移量测图

(5)围岩压力量测

测点布置是在量测断面的拱顶、左右拱1/3处，左右拱2/3处，左右拱脚处，左右墙角处埋设共9个压力盒。

在初期支护的钢拱架架立好以后，将待测围岩压力部位的围岩表面或初期支护表面凿平或用水泥砂浆抹平，以使压力盒能与围岩充分接触，然后用预制混凝土垫块将压力盒垫牢、固定，将导线沿钢拱架引至边墙距墙角1.5m高处，线头从预埋的铁盒中引出。埋设时将压力盒编号与测试点编号所对应位置做好记录。

(6)锚杆抗拔力量测

用拉拔仪进行量测。量测要求有以下几个方面：

①平均3根/10m，可根据地质情况变化调整检测间距。

②同组锚杆拉拔力的平均值，应大于或等于设计值，同组单根锚杆的拉拔力，不得低于设计值的90%。

③千斤顶应牢固可靠，并有必要的安全保护措施。特别应注意的是，试验操作人员要避开锚杆的轴线延长线方向，在锚杆的侧向并远离锚杆尾部的位置上加压读数。

④测位移时停止加压。

(7)支护及衬砌应力量测

对于喷射混凝土层应力的量测是将量测元件直接埋入喷层的，喷层在围岩逐渐变形过程中由不受力状态逐渐过渡到受力状态。

在设计断面上共布置7对混凝土应力计，为了测出每个测点的环向应力和切向应力，每个测点布置一对混凝土测力计，具体测点布置如图7-9所示。

(8)钢支撑内力及外力量测

隧道钢支撑内力量测采用表面应变计进行量测。把表面应变计粘接在钢支撑上，用检测仪测得各点的应变，然后根据虎克定律转化为钢支撑的内力。此种方法操作简单、安全稳定、使用方便、并能多点测量和远距离量测，能长期观测。

在每个断面上安装7个测点，每个测点在钢支撑内外各安装一个表面应变计，具体测点布置如图7-10所示。

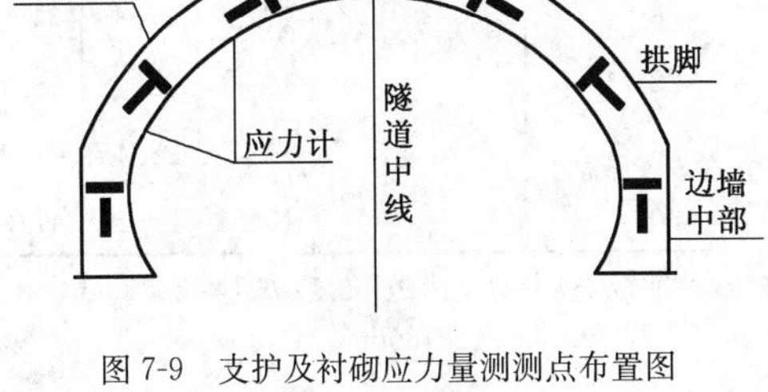

图7-9　支护及衬砌应力量测测点布置图

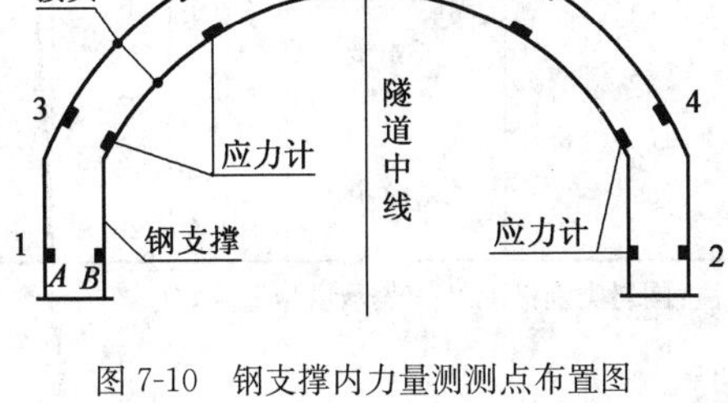

图7-10　钢支撑内力量测测点布置图

2. 石牙山隧道出口端偏压围岩监控测量与仿真模拟

石牙山隧道穿越 II～V 级围岩，有震旦系石英岩、云母石英片岩、硅质岩、石英砂岩和三叠系上统小云雾山组砂砾岩、砂岩、细砂岩、粉砂岩、泥岩、页岩两套地层呈角度不整合接触或断层接触关系。围岩级别多、变化大，使实际围岩级别与勘察设计提供的围岩级别有差异，开挖与围岩支护环节中可能会出现不可预见的情况，对施工进度与人员安全造成影响。况且，偏压隧道施工过程中围岩变位受开挖步的影响更大。除进行正常监控外，还要加强出口偏压段监控并进行仿真模拟。

(1)现场监控测量

①监测断面的布设

监测断面的间距按有关规范及合同要求确定，石牙山隧道观测断面的间距为 20m。考虑到围岩条件复杂并受偏压作用，在隧道进出口处监测断面间距适当加密，隧道进出口处连续 3 个监测断面的间距为 10m。如图 7-11 所示。现场监控如图 7-12 所示。

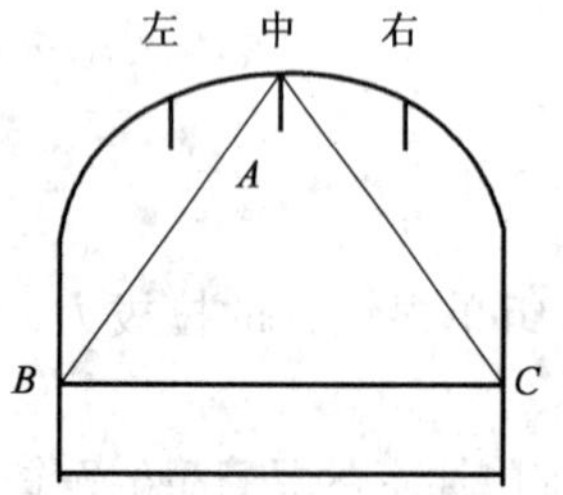

图 7-11　观测断面测点布置示意图

图 7-12　石牙山隧道做监控量测现场

②测量数据与分析

通过对石牙山隧道左线 ZK88＋476 断面进行为期 1 个月的观测，得到拱顶下沉与周边位移收敛数据如表 7-3、表 7-4 所示，将测量结果绘制成变位曲线，如图 7-13 所示。

ZK88＋476 断面拱顶下沉监控量测结果　　表 7-3

量测时间(第 n 天)	开挖步	实测值(mm)		
		左	中	右
2	第 1 步	2.8	3.1	3.3
4		3.0	2.6	3.7
6	第 2 步	4.1	3.9	4.8
8		3.8	3.8	4.7
10	第 3 步	～0.5	15.5	36.4
14		～1.0	25.5	45.2
18	第 4 步	～1.1	27.3	47.1
22		～1.8	20.5	37.2
26	第 5 步	～2.1	22.8	39.6
30		～0.4	23.9	40.3

注：围岩类别：III，"～"表示拱顶上升。

ZK88＋476 周边位移监控量测结果　　表 7-4

量测时间(第 n 天)	开挖步	实测值(mm)		
		AB	AC	BC
2	第 1 步	4.85	0.70	5.88
4		12.19	4.17	10.85
6	第 2 步	12.36	5.18	10.42
8		12.21	5.51	10.82
10	第 3 步	11.45	14.28	29.50
14		11.50	16.20	33.42
18	第 4 步	12.00	17.35	34.56
22		10.36	27.42	45.12
26	第 5 步	10.49	28.45	47.34
30		10.52	29.20	47.80

注：围岩类别：III；测线长度：AB＝7980mm，AC＝8200mm，BC＝10430mm。

由图 7-13 可知，拱顶下沉曲线与周边收敛位移曲线中均出现两个突变点，即在第 10d 时拱顶右、中两测点的下沉量与隧道周边 AC 与 BC 两测线的收敛位移量突然增大，此时对应于隧道右侧边墙开挖施工时，隧道受偏压作用围岩压力向右侧拱脚转移，导致右侧拱脚围岩产生塑性破坏所致。在第 22d 时隧道拱顶右、中两测点突然上升，拱顶总下沉量减少，而隧道周边 AC 与 BC 两测线的收敛位移突然增大，原因在于此时正在进行左侧边墙的开挖，破坏了隧道围岩业已形成的稳定平衡，围岩内力发生重分布。同时由于隧道受偏压作用，围岩压力有向隧道的右侧转移的趋势，但此时隧道右侧边墙已做了喷射混凝土与钢拱架支护，右侧矮墙也已施工完毕，具有一定的支承力，在左右侧压力共同作用下，迫使拱顶上升。值得注意的是在进行左右两侧边墙开挖时，拱顶左测点与 AB 测线的变位受开挖的影响均相对较小，且左侧拱顶始终具有上升的趋势，这都是由于隧道受偏压作用所致。

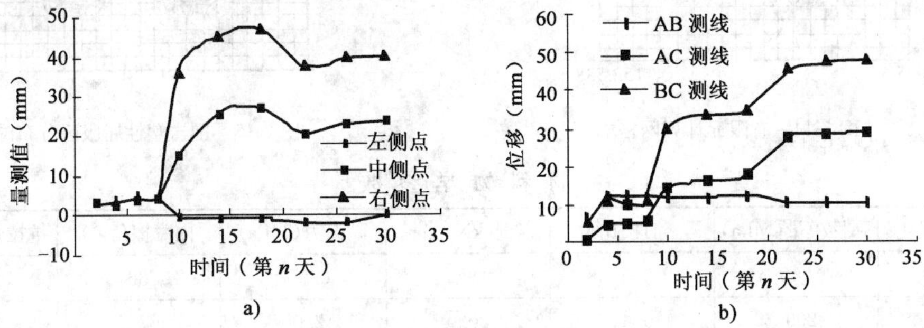

图 7-13　现场监控量测结果

a)拱顶下沉量测值；b)周边收敛位移量测值

(2)隧道施工的有限元模拟

为了从理论上论证现场监控测量结果的准确性，进一步深入研究隧道受偏压作用时围岩受力与变形规律，以下将根据实际开挖步骤，利用有限元方法对石牙山隧道左线出口端(桩号：ZK88＋476～ZK88＋760)施工全过程进行动态模拟。

①有限元模型的建立

a. 基本假设。将隧道围岩受力与变形视为平面应变问题加以研究；锚杆、钢拱架以及隧道衬砌材料为弹性介质，隧道围岩为弹塑性介质。

b. 屈服准则。根据隧道围岩的工程地质条件与力学性态，模拟其弹塑性特性时屈服条件宜采用 Drucker-Prager 准则。

c. 隧道衬砌、锚杆与钢拱架的模拟。隧道初期支护采用直梁单元、隧道锚杆则采用锚杆单元进行模拟。为简化起见，钢拱架亦采用直梁单元进行模拟。

②动态施工模拟

利用有限元模型，根据隧道实际施工步骤对石牙山隧道进行有限元动态施工模拟。

a. 隧道断面施工步骤

整个隧道断面划分为 5 个开挖步进行施工。第 1 步：开挖拱顶部分岩体并对其进行锚喷网加钢拱架支护；第 2 步：开挖下部台阶；第 3 步：开挖右侧边墙岩体和进行边墙锚喷网加钢拱架支护以及矮墙施工；第 4 步：开挖左侧边墙岩体和进行边墙的锚喷网加钢拱架支护以及矮墙施工；第 5 步：开挖仰拱部分岩体并进行仰拱混凝土浇筑。

b. 有限元计算与分析

根据提供的地质资料，石牙山隧道进口段围岩上覆岩土体从上至下分别为第四系黄色、褐黄色砂质黏土，含少量风化白云岩；深灰色中厚层至薄层状白云岩、泥质白云岩夹角砾状白云岩，灰色中厚层状白云岩、泥质白云岩。计算区域上边界取至地表，左右部及下部边界取为离隧道外缘周边约为50m，已知边界条件均取为位移约束，其中上部为自由边界，左右为水平位移约束边界，下部为竖直位移约束边界。有限元计算网格如图7-14所示，围岩及支护材料的力学参数如表7-5所示。各开挖步拱顶测点的位移量如表7-6所示。隧道开挖终了时围岩塑性屈服区分布如图7-15所示，各主要开挖步围岩的变位规律如图7-16所示。

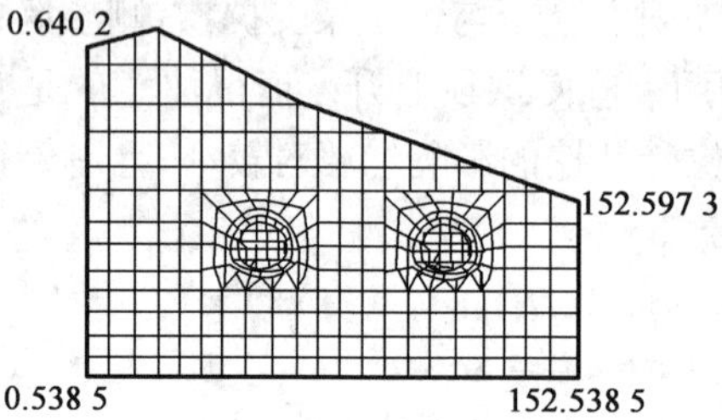

图7-14　有限元计算网格

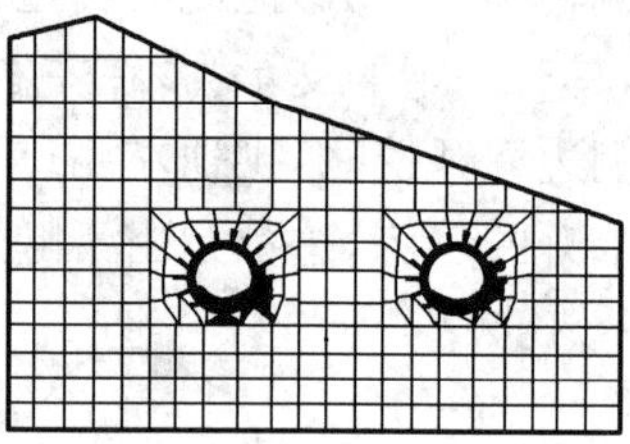

图7-15　围岩塑性屈服区分布图

材料力学参数　　表7-5

材料类型	弹性模量(MPa)	泊松比	容重(kN·m³)	黏聚力(MPa)	内摩擦角(°)	抗拉强度(MPa)
砂质黏土	200	0.31	18.5	0.050	36	0.0
白云岩	2000	0.42	20.0	2.00	72	0.05
混凝土喷层	25500	0.20	25.0	2.50	38	1.50
锚杆	210000		78.0			
钢拱架	280000		78.0			

拱顶各测点竖向位移计算值　　表7-6

开挖步	计算值(mm)		
	左	中	右
第1步	2.80	2.6	3.1
第2步	3.60	3.8	4.2
第3步	1.00	25.3	45.5

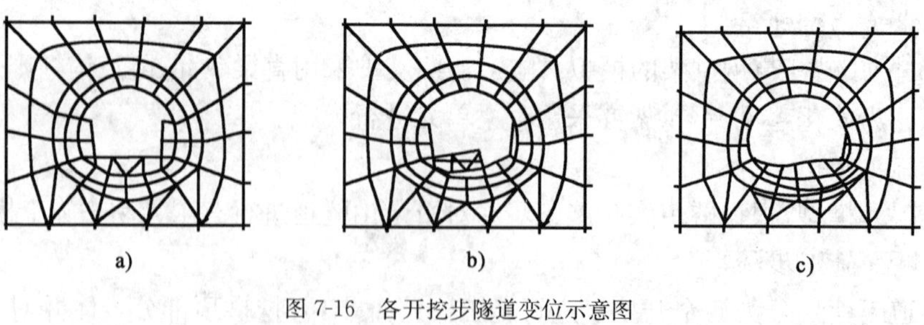

图7-16　各开挖步隧道变位示意图

a)第2开挖步；b)第3开挖步；c)第4开挖步

从计算结果可以看出，各开挖步拱顶竖直位移以及隧道围岩的变位规律与监控量测结果相吻合。即当隧道开挖至第3步(右侧边墙开挖)，监测工作进行到第10d时拱顶右、中两测点的下沉量与隧道周边 AC 与 BC 两测线的收敛位移突然增大；而当开挖至第4步(左侧边墙开挖)，监测工作进行到第22d时拱顶右、中两测点突然上升，拱顶总下沉量突然减少；隧道周边

AC 与 BC 两测线的收敛位移突然增大；而拱顶左测点与 AB 测线的变位受开挖步的影响均较小，且左侧拱顶始终具有上升的趋势；同样从有限元分析结果可知第 5 开挖步（即仰拱开挖）对隧道拱顶下沉与周边收敛位移的影响不大。模拟结果与隧道施工过程中围岩表现出来的位移规律完全一致。

第三节　隧道穿越溶洞技术与塌方处理

一、基本理念

岩溶隧道设计与施工实践表明，隧道岩溶处理措施不当，将会给施工、运营及水环境带来严重的影响。但由于岩溶形态各异、微观发育规律性差，并且具有明显的地区性，兼顾环境保护的岩溶处治难以取得理想的综合效果。处治工作坚持以下基本理念：

（1）以隧道结构稳定和施工安全为出发点。隧道工程的隐蔽性导致岩溶区施工环境更为恶劣、突发问题多、施工安全防护更加复杂。施工单位应密切注意隧道内的围岩与支护体系的稳定状况，作好应急方案，包括设备及时到位、人员的有力调度等。

（2）注重水环境保护，因地制宜、综合治理。施工时强调根据现场地质条件、施工条件、设备条件等因素，具体问题具体对待，因地制宜。整治方案必须经过多方面的综合比选，并结合设计预案与工程经验，综合治理，避免顾此失彼。

（3）不断完善，彻底治理。对岩溶的认识和方案的完善，不仅应持续到施工完成，在施工完成后，有条件的话，还宜对典型区段进行处治效果复查。

二、技术路线

1. 收集地质基础资料

施工过程中应根据超前地质预报、超前探孔以及隧道开挖后的实际地质情况，详细调查工程地质、水文地质情况，查明溶洞和暗河分布范围、类型（大小、有无水，溶洞是否仍在发育，以及其充填物等）、岩层的稳定程度和地下水流情况（有无长期补给来源、雨季水量有无增长、水的混浊）等，为处治岩溶不良地质提供基础资料。

2. 确定施工方案

根据隧道地质情况，开挖前，确保超前支护的质量，提高预留变形量，以便为加固处理留下空间；优化支护结构的设计参数，灵活采用注浆技术、锚喷网和钢拱架联合支护技术。提出岩溶段施工处治措施，分别以引、堵、越、绕等措施进行综合处理，在设计和施工中尽可能地采用新材料、新技术、新工艺、新设备，把好质量关，采取各项必要的措施。使隧道建成后满足行车、运营管理和水环境保护的各项要求。

对岩溶的处理措施主要有以下两种方案：

①当隧道开挖或地质预报没有发现明显的溶洞管道，而开挖面又出现较大的涌水量时，应优先选择“先超前预注浆堵水，再开挖、支护，一次性通过”的方案进行处治。

②当地质预报发现有比较准确的溶洞位置时，或开挖后出现空溶洞时，在对隧道工程有影响的范围内，应根据具体情况采取有效措施。

（1）小型溶洞处理

对出露于拱部、边墙及底板的，发育有限（溶洞洞径≤1/5 隧道开挖洞径，一般按 2～3m 考虑)、溶蚀充填物易于清理的小型溶洞,原则上采用回填的方式处理,如图 7-17 所示。

①拱部。出露于拱部的小型溶洞,应清除洞内充填物,有条件时,可对溶壁进行喷锚防护,并保证锚杆嵌入基岩不少于 1.0m。在隧道衬砌施工后,浇筑 C25 混凝土护拱,护拱应设锁脚锚杆,最后吹砂充填。

②边墙处。出露于边墙的小型溶洞,在隧道衬砌施工前,浇筑 C15 片石混凝土或 M7.5 浆砌片石护墙,墙背以干砌片石回填。

③底板下部。出露于底板下部的小型溶洞,在隧道底板浇筑前,应清除溶蚀充填物,自下而上,以干砌片石、C15 片石混凝土换填。

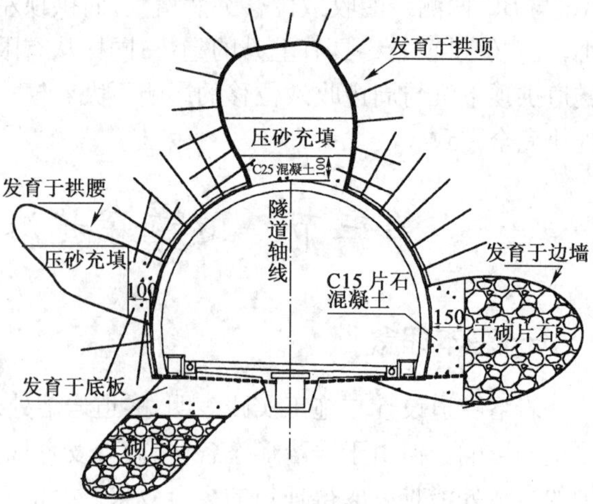

图 7-17 小型溶洞处治方案(单位:cm)

(2)大型溶洞处理

对洞体深浚、充填丰满、难于回填、不宜填塞的大型溶洞,原则上应因地制宜进行处理。

①洞体深浚、充填丰满的大型溶洞,且隧道从溶蚀充填体中穿过,建议按预注浆、管超前、强支护、梁跨越的综合方式进行处理,如图 7-18 所示。

②出露于隧道边墙及底板、不能堵塞的大型溶洞(岩溶管道),建议按梁跨方式处理,梁跨的具体设计根据探明的岩溶特征而定,如图 7-19 所示。

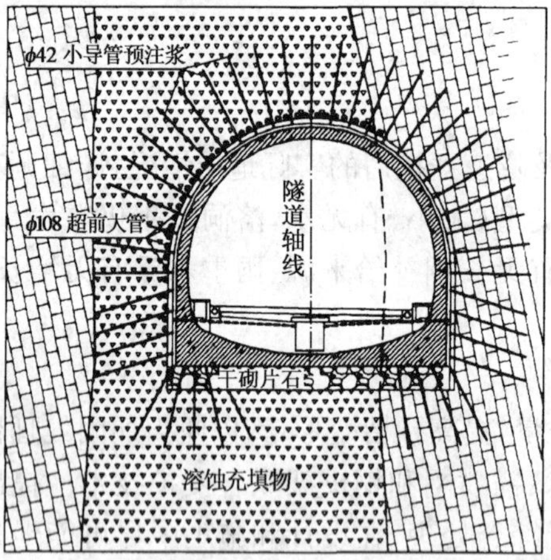

图 7-18 综合方式处治大型溶洞

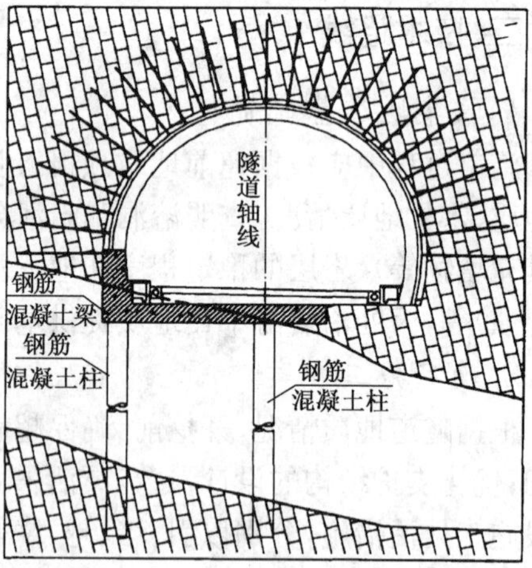

图 7-19 梁跨方式处治大型溶洞

③对横穿隧道洞身、不能阻塞的大型溶洞(如地下暗河),应考虑泄水洞的方式进行处理,泄水洞的平纵面设计应根据现场情况而定,其出水口与溶洞(地下暗河)的下游相连或引自地表,应在做充分的技术、经济比选后确定。泄水洞净空应考虑排水、施工等因素,如图 7-20 所示。

3. 几个关键点

(1)施工中注意检查溶洞顶板,及时处理危石,爆破作业应尽量做到多打眼、打浅眼,并控制药量。

(2)溶洞未做出处理前，不要将弃渣随意倾填于溶洞中。

(3)处理溶洞时，不要堵塞原有的排水通道，或通过选用具有一定排水效果的材料，如砂、片石等。

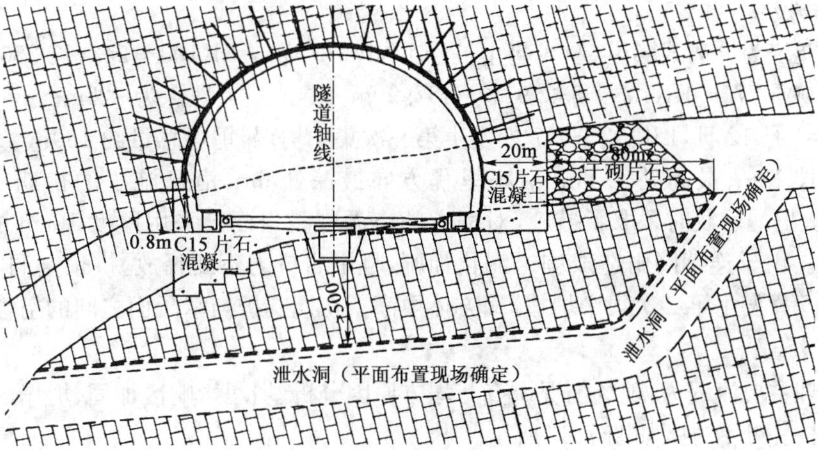

图7-20　泄水洞方式处治大型溶洞

(4)对涌水量大的溶洞或岩溶带等复杂情况，一时难以处理，为使开挖工作不致停顿，可采取迂回导坑绕避溶洞，继续进行隧道前方开挖。同时在溶洞两段进行探测，查明溶洞大小或岩溶带的分布范围、岩溶水补给来源等，再来进行研究，确定相应的处理方案。

(5)为了确保隧道工程的安全可靠和经济合理，岩溶地段施工完成初期支护后，必须进行拱顶下沉、水平收敛、支护状态、地表沉陷等监控量测，并及时反馈确定是否需要修改支护参数。出现不利情况时，应采取补强措施，保证隧道修筑、使用的安全可靠性。

(6)加强岩溶地质综合勘探与施工地质预报

对于地质复杂的岩溶隧道，除常规的隧道围岩稳定性分析与评价外，还应采用岩溶调查的专门手段和方法，必须重视岩溶发育基本规律的研究，加强地质勘探手段，结合物探、钻探，综合判断，大力发展综合勘探手段。特别是不断提高物探技术水平，使其满足工程地质工作的要求，达到规范化应用的成熟程度。在施工过程中，应加强超前地质预报工作，在开挖面前用TSP、地质雷达并结合超前钻孔具体查明隧道周围和开挖面前方15～200m范围岩溶地质情况，及时预报各种隧道岩溶地质灾害，避免重大事故，作为确定施工方案、调整支护参数和衬砌结构类型的重要依据，及时提出各种处理预案，以弥补隐伏岩溶难以探测的不足。

三、牛车顶隧道塌方处理

塌方是指在复杂或不良地质条件下修建隧道时，出现洞顶、侧壁岩(土)体的滑移和坍塌或坍落至地表(冒顶)的现象。塌方处理除了注意塌方对隧道施工和结构安全可能产生的危害以外，还应充分考虑处治措施不当可能对隧道周边生态环境造成的不利影响。塌方的处理原则为：

①塌方的处理应贯彻“安全第一、预防为主、不留后患”的方针，应严格按隧道施工安全技术操作规程和安全规则组织预防和处治。

②根据不同地质情况、塌方范围制定不同的处治方案。塌方的处治应坚持“先加固，防扩展，后处理，稳通过”的原则，要求“治塌先治水”，处理塌方要“宁早勿迟，宁强勿弱”。

③塌方处理前应确保塌方相对稳定后才能处理，确保人员和设备安全。在塌方相对稳定后，及时准确查明塌方的范围和现状、塌方的原因和产生机理以及地质条件、地下水情况、设计情况和施工情况，以便制定相应的处治对策。

1.工程概况

牛车顶隧道为分离式隧道，左线起止桩号 LK100＋740～LK103＋243，长 2503m；右线起止桩号 RK100＋775～RK103＋232.9，长 2457.90m。隧道最大埋深为 322m。

2008 年 4 月 12 日，LK102＋997 处发生第一次集中坍塌，坍塌总量约 180m³，塌方形成的空洞沿环向长 12m、最高处 4.8m，沿小里程方向最深处 6m，沿已施工的初期支护上方约 1.5m，第一次坍塌后及时采取了措施，对塌方的空洞外露岩面已采用厚度 10cm 的 C20 喷射混凝土封闭。由于连续降雨造成围岩泥化加剧，且围岩应力不断释放，拱顶空洞上方不断掉快，于 4 月 16 日发生第二次集中坍塌，塌方体填满了初期支护与掌子面之间的空隙。

2.塌方处理

塌方处理主要流程为：现场情况调查与塌方原因分析、坍塌影响区加固、坍塌区加固、塌方段开挖与支护。处治方案如图 7-21 所示。

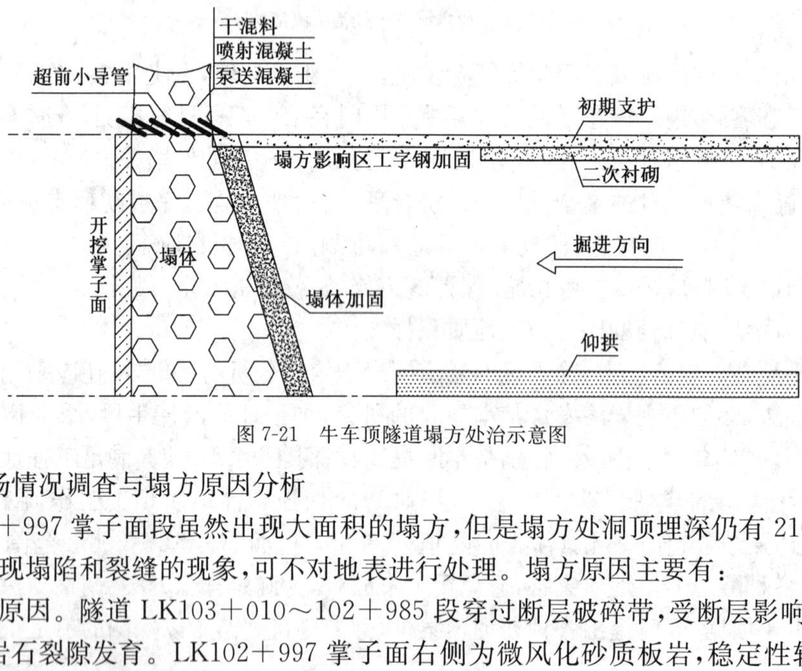

图 7-21　牛车顶隧道塌方处治示意图

(1)现场情况调查与塌方原因分析

LK102＋997 掌子面段虽然出现大面积的塌方，但是塌方处洞顶埋深仍有 210～217m，山体地表未出现塌陷和裂缝的现象，可不对地表进行处理。塌方原因主要有：

①地质原因。隧道 LK103＋010～102＋985 段穿过断层破碎带，受断层影响，岩层挤压、扭曲严重，岩石裂隙发育。LK102＋997 掌子面右侧为微风化砂质板岩，稳定性较好，左侧及拱顶为强风化～全风化砂岩，节理发育，裂面黄褐色，裂隙间黏土充填，涌水量较大。

②雨水原因。塌方前连续阴雨，使得基岩裂隙水增多，导致山体自重加大。雨水渗入围岩，泥质淤化，使结构面的抗剪强度减小，围岩自稳能力下降，受重力作用，易产生塌方。

③施工原因。爆破对围岩稳定产生很大的震动。

(2)坍塌影响区加固

①临时支撑。在塌方掌子面后 8m(LK102＋997～LK103＋005)的范围内已施工初期支护断采用 I20a 工字钢进行临时支护，间距 0.5m，相邻钢拱架用 $\phi22$ 钢筋相连，钢筋环向间距 1m，钢筋与工字钢焊接牢固，使各工字钢形成一个整体支撑。用钢拱架基础立在岩石上，钢拱架与初期支护接触面有空隙的地方塞打木楔，确保已施作的初期支护不受影响，控制塌方向外

继续扩展。

②锚杆支护。对塌方影响段 5m 范围(LK102＋997～LK103＋002),环向拱顶 120°范围,采用 ϕ22 砂浆锚杆加固(长 4m,横纵向间距 1m×1m),以防塌方进一步扩大。

③注浆加固。对塌方影响段 5m 范围(LK102＋997～LK103＋002)内径向打入 ϕ42 壁厚 4mm 的注浆小导管,导管长度 6m,环向间距为 1m,纵向间距 1m,梅花形布置,小导管的尾端和增设的临时钢拱架焊接牢固。浆液由 42.5R 普通硅酸盐水泥配置,水灰比 1∶1,注浆终止压力 1～2MPa,确保塌体内松散体全部固结,形成护拱。

④加强监控量测,根据水平收敛和拱顶下沉,以便及时采取措施,修改临时支护参数,加强支护措施,做到动态设计,确保已施工段初期支护结构的安全。

(3)坍塌区加固

①封闭掌子面。对掌子面前的塌方体用 10cm 厚喷射混凝土进行封闭,对松散的塌方体进行注浆加固,按留核心土开挖立钢拱架。

②排水。塌方地段含水,对施工的危害极大。排除施工部位的地下水,有利于施工。降水可在洞内或辅助坑道内井点降水,通过水泵排至已施工好的水沟中,排出洞外。隧道环向按 5m 一处在围岩与喷射混凝土之间设置 140mm×30mm 扁形排水管。塌方段隧道环向施工缝,在其背后喷射混凝土与防水板之间设置 140mm×30mm 扁形排水管。衬砌背后集中出露的股水,可用聚氯乙烯管将其直接引入侧沟内排除。

③采用先填充后固结的施工方法,在塌方掌子面处沿环向向拱顶塌腔中打 3 根 ϕ108 钢管,每根长度 6m 压送干混合料,混合料配合比按水泥∶砂∶碎石＝1∶2.4∶5,干混合料应填充整个塌腔。

④沿环向轮廓线,在 LK102＋997 和 102＋996 两处采用 ϕ42 壁厚 4mm 的注浆小导管进行超前支护,每根长度 6m,环向间距为 0.2m,小导管的尾端和钢拱架焊接牢固,施作范围拱顶 120 度。浆液由 42.5R 普通硅酸盐水泥配置,水灰比 1∶1,注浆终止压力 1～2MPa,固结塌方范围的土体、填充混合料。

⑤在塌方地段向前掘进 10m(LK102＋997～＋987)段,每掘进 3m 沿径向打 ϕ42 注浆超前小导管加固围岩,每根长度 4.5m,环向间距 0.4m,小导管的尾端和钢拱架焊接牢固,施作范围拱顶 120°,导管中插入 ϕ22 钢筋,以增强导管坑弯能力。由于塌方地段渗水严重,注浆由 42.5R 普通硅酸盐水泥和出厂浓度 42～45Bé,比重 1.42～1.45,模数 2.4～2.8 的水玻璃原液配置,水灰比(W/C)为 0.8;水玻璃稀释浓度为 25～35Bé;双液体积比(C/S)为 1∶(0.5～0.7)。为满足浆液扩散半径的要求,采用凝结时间为:一般地段 3min,富水地段 1～2min。

3.塌方段开挖与支护

(1)开挖与支护方法

塌方段开挖按上下台阶留核心土法开挖,并预留 20cm 变形沉降,上台阶的高度应根据塌体的稳定情况确定,并不超过规范规定的高度,上台阶开挖后要立即进行初喷,初喷后立钢拱架,钢架底部设置长度 L＝4m 的锁脚锚杆,钢拱架采用 I20a,间距 0.3m,并采用 ϕ22 号钢筋纵向连接,环向间距 1m,设双层钢筋网片,喷射混凝土厚度 30 cm,再施工锚杆。每掘进一次立即施作一环,不可冒进,随时观察初期支护变形情况。在塌方处理及以后的施工中,应严格按照“弱爆破,短进尺,强支护,勤量测”的原则进行施工。

洞内塌方段通过后,二次衬砌应及早浇注,塌方段二次衬砌考虑受力,混凝土为钢筋混凝土,厚 60cm,开挖时预先考虑。

(2)地质观察及监控量测

①每次开挖后作好地质素描记录，记录工作面的地质构造，岩石挤压破碎程度，裂隙充填物情况，地下水活动情况等。

②加强监控量测，根据水平收敛和拱顶下沉速度，及时采取措施，修改支护参数，加强支护措施等，做到动态化设计与施工，确保安全。

第四节　石牙山隧道及其通风竖井施工技术

石牙山隧道位于第5合同段，为分离式隧道，左、右线相距40m，左线里程LK53+366.16～LK57+922.07，长4555.91m，左洞纵坡为2.225%和-0.8%的人字坡；右线里程RK53+344.16～RK57+950.61，长4606.45m，右洞纵坡为2.278%和-0.809%的人字坡，属于特长隧道。隧道设行车横通道5处，间距约750m；设行人横通道17处，间距约250m。隧道左、右线各设紧急停车带5处，间距约750m。竖井一座，直径ϕ7.0m，深156.99m。

石牙山隧道为广东省内当时在建的最长高速公路隧道，也是唯一设计有通风竖井的公路隧道，是全线的控制工程。该隧道于2005年12月动工，2008年5月双线贯通，历时两年多。

一、工程地质条件

石牙山隧道地处低山丘陵区，丘陵属粤桂边界的云雾山脉部分，千米以上的山岭有大绀山(1085.5m)。进出洞口坡度较陡(图7-22)，隧道穿越区地面相对高差392m，丘陵脊线明显，由于受区域断裂控制，脊线大部分为北东～南西方向，山体地形陡峻，山体植被茂密，生长各种杂木和杂草，在洞口上未发现崩塌、滑坡等不良地质现象，两端洞口基本垂直地形等高线。

a)

b)

图7-22　石牙山隧道进、出口端原始地貌

a)进口端；b)出口端

隧道围岩主要为微风化粉砂岩、石英砂岩、硅质岩、石英岩，岩质坚硬，完整性较好，局部比较破碎，节理裂隙发育。隧道左线LK55+840～LK56+200段出露F4断层，产状变化较大，切割上三叠统和震旦纪地层。断层破碎带为构造角砾岩，硅化、赤铁矿化及褐铁矿化发育，是裂隙水的通道或富集地段，需注意大量涌水或发生坍塌，影响隧道施工。

地下水与上覆岩土层分布和厚度及构造裂隙发育程度关系密切，根据水位观测资料，洞身围岩地下水位高程范围120.75～252.57m(设计隧道地面高程为98.2～175.3m)，围岩地下水为基岩裂隙水。地下水化学类型为CO_3.CL-Ca.Na型。

二、洞身施工方法与工期

石牙山隧道由广东省长大公路工程有限公司承建，其中第5分公司负责进口端施工，第3分公司负责出口端施工。

1. 开挖方法

洞口、浅埋偏压段、V级围岩地段，采用留核心土环形上台阶开挖法；IV级围岩采用正台阶法开挖方法；I、II、III级围岩采用全断面开挖方法。

2. 爆破

爆破钻眼采用YT—28型液压气腿风钻施工。留核心土环形开挖利用核心土作施工平台，台阶法和全断面开挖采用简易台车作施工平台，竖井采用扩孔爆破与掏槽法相结合爆破开挖法。各级围岩均采用光面爆破或预裂爆破（软弱围岩）的方法。周边眼采用小直径药卷间隔装药，起爆方式采用塑料导爆管毫秒微差有序起爆。

3. 出渣

主洞出渣采用无轨运输方法，即侧卸式装载机装渣，重型运输车运输的方法。竖井出渣由竖井顶面通过扩孔通道（直径约1m）往底面人工排渣，然后在竖井底面侧卸式装载机配合运输车出渣。

4. 初期支护

主洞、竖井喷射混凝土均采用干喷施工方法，根据围岩情况加设拱架、钢筋网等。

5. 模筑混凝土

隧道洞身模筑衬砌采用全断面钢模板台车施工，每个洞口各配置一台。竖井模筑衬砌采用爬模施工。

根据隧道作业队的施工能力和施工水平，单洞计划：I、II级围岩每月全断面掘进180～200m，III级围岩每月全断面掘进150～160m，IV级围岩每月掘进75～85m，V级围岩每月掘进30～35m。单台车二次衬砌，每月平均进度180m，水沟与电缆沟每天进度15m，装饰工程每天进度20m。模筑混凝土每天进度1m。

三、通风竖井施工技术

石牙山隧道通风竖井位于RK56＋465偏右25m处，距右线苍梧端洞口1472.37m，井口高程为＋312.00m，井底高程为＋155.01m，井深156.99m，成井直径7m，底部通过联络风道与隧道主洞相连，由送风系统（送风口、送风联络风道、竖井送风道、送风轴流风机、吊顶板）和排风系统（排风口、排风联络风道、竖井排风道、排风轴流风机、排风塔）组成，为广东省内第1个竖井工程。竖井围岩主要为II、III级围岩。经过调研，石牙山隧道竖井施工使用中心扩孔法，使用LM—300型（ZFY1.4/300）反井钻机法施工导井。井壁II级围岩范围内为8cm厚锚喷支护加30cm厚模筑混凝土；III级围岩范围为直径ϕ22mm锚杆和15cm厚锚喷支护，二次衬砌为35cm厚模筑混凝土。

1. 施工方法的选择

施工方法有全断面法、导坑扩挖法、中心扩挖法、反井钻机法等，经过比较选用LM—300型反井钻机进行施工。LM—300型反井钻机（图7-23）可施工300m深、直径250mm的导孔和1.4m的导井。

反井钻机包括主机和钻具两部分。主机包括机架、液压泵站及操作控制系统，钻具包括开孔钻杆、稳定钻杆、普通钻杆、导孔钻头和扩孔钻头。工作时，液压马达驱动动力水龙头，将扭矩传递给钻具系统，带动镶齿盘形滚刀旋转破岩，滚刀在钻压的作用下沿井底滚动，对岩石产生冲击、挤压和剪切作用使其破碎。钻导孔时岩屑由洗井液沿钻杆与孔壁间的环行空间上升；扩孔时岩屑靠自重下落。钻凿 ϕ1.4m 导孔时只需先钻 ϕ250mm 的导孔，当导孔钻透下水平巷道时，将导孔钻头卸下，接上 ϕ1.4m 的扩孔钻头，再由下向上扩孔。导孔的平均钻速为 15m/d，扩孔的平均钻速为 5m/d，成孔速度为 120m/月。

图 7-23　反井钻机

2. 通风竖井施工工艺与监控

通风竖井总体施工工序是，用反井钻机先钻一个直径 ϕ250mm 的小导孔至设计井底高程，反井钻机换上扩孔钻头由下至上扩孔，形成一直径 ϕ1400mm 的导井，由上往下用钻爆法扩孔开挖到设计轮廓，开挖爆破后从导井溜渣落至井底部，通过联络风道至主洞无轨出渣，初期支护相应跟进，由下往上爬模施工衬砌混凝土。

由于场地局限，绞车单侧布置对井架受力处于非理想状态，因此，拟对井架和井架基础、锁口圈混凝土以及锁口圈周边 15m 范围设置沉降、变形观测点，定期观测。每个井架基础面预埋钢钉，在井架天轮平台面四角布置观测点，在锁口圈混凝土面按对角对称预埋 4 个钢钉、锁口圈外周边 15m 范围合适位置预埋混凝土桩，桩顶面设钢筋头，用油漆做好标记，所有观测点的观测频率均为 1 次/3d，有异常变化时则加大检查频率。

(1)设备基础、安装条件及安装技术要求

在井口位置按规定浇筑混凝土基础，该基础必须水平，而且具有足够的强度。若井口地板是破碎地带，应挖掘到稳定岩层，或采取一些特殊措施。若地板是稳定的硬岩，可适当减小基础的面积和厚度。对于井孔偏斜率要求较高的深井，应加大基础面积和厚度。石牙山隧道竖井施工设备及部分设施如表 7-7 所示。

石牙山隧道竖井施工设备及部分设施　　表 7-7

设备及设施名称	规格型号	数量	功率(kW)	备　注
反井钻机	ZYFL 4/300	1 台	130	使用 250mm 直径刀头
泥浆泵	TBW-850/5A	1 台	90	流量必须大于 $30m^3/h$
冷却水泵	—	1 台	1.5	流量必须大于 $7m^3/h$
泥浆池	$12m^3$	1 个	—	多级分布方便捞渣
冷却水池	$4m^3$	1 个	—	—
供水水泵	—	1 台	5	流量必须大于 $7m^3/h$

钻机运到施工现场后，按钻机中心找正钻机车位置，保证钻机竖起后主轴旋转中心与钻孔中心相重合并垂直于作业面。这一点非常重要，将直接影响到导孔的偏斜率。

(2)导井施工

①导向孔施工

用直径 ϕ241mm 钻头，采用湿钻法下钻成孔至设计竖井底，形成一直径约 ϕ250mm 的导孔。开孔时采用短钻杆、低钻压、低钻速和间断推进的方式，并用扶正器扶住钻杆。短钻杆钻入后，接1节导向作用的稳定钻杆，待稳定钻杆完全进入孔内后，逐渐调整钻压和转速，进行正常钻进。

距离第一节稳定钻杆5m后接入第二节稳定钻杆，以后每钻进15～20m装一节稳定器。钻深达到50m后，启动液压减压钻进系统。遇到节理发育和破碎或软弱围岩时，钻机产生振动、卡钻或塌孔情况，需减缓钻压、转速，并间断钻进。在钻透下水平透点3m左右时，逐渐降低钻压。钻进过程中注意检查倾斜度，钻孔角度偏差不得大于1°，必要时采用测斜仪随时测斜。钻渣及时排出，注意渣样变化和钻机扭矩不能过大。经过连续83h的不停顿作业，导孔顺利终孔，横向偏斜0m，纵向偏斜1m，偏斜率控制很好。

②扩孔施工

根据工艺要求，扩孔施工在主洞开挖超过竖井位置和联络风道开挖贯通后进行。导向孔钻通后，用液压卸杆器拆下钻头，上下人员配合，换上直径ϕ1400mm扩孔滚刀，调整回转变速装置(动力水龙头)至用于扩孔的低速挡。反向扩孔时，必须采用小轴压、低转速、间断推进，每次瞬时推进时等刀头的冲击明显平稳后再进行下一次瞬时推进，反复进行，直至岩面全部刮平，钻头均匀接触岩面后，进行正常拉力扩孔。扩孔过程中根据岩层的软硬变化情况和钻深调整扩孔压力，注意记录不同岩体硬度和扩孔拉力，不断总结，正确选择扩孔拉力，降低钻进成本。钻通后拆机，导井形成。扩孔施工注意事项：要先开水、后开钻，先停钻、后停水；卸钻杆前超扩一定深度，确保换钻杆时扩孔刀具脱离岩面；碰到岩层裂隙、孔洞或软硬不均匀等造成卡钻时，及时换向推进，解除卡钻状态，改用小轴压、间断推进的方式，钻进冲击平稳后，再恢复常压扩孔；扩孔过程中出现进尺异常，钻机跳动时，可能存在刀具损坏，应及时换刀具；导井快钻通时，采用小轴压、间断推进，否则，突然贯通，产生很大冲击，可能造成卡钻、主机移位、损坏机件等。

(3)二次扩孔及初期支护

反井钻机扩孔形成直径约ϕ1400mm的导井后，即可从竖井顶部向下进行钻爆两次扩孔开挖和初期支护。开挖和初期支护的人员、设备、材料等均从井口进出。

①扩孔钻爆

土质地段采用挖掘机和人工手持风镐开挖，每循环进尺0.8m。土质软弱地层开挖采用挖马口的形式，每个马口开挖弧长3.0m。

石质地段IV级围岩采用预裂爆破，II、III级围岩采用光面爆破技术，每循环进尺视围岩情况，拟1.5～2.5m。人工手持风枪(YT28型)钻孔，孔径约40mm，其崩落眼采用直眼钻孔，爆破器材采用2号岩石乳化炸药，反向不耦合连续装药，采用电雷管、导爆管联合起爆法，即孔内用导爆管毫秒雷管，簇联线后再用电雷管接井外起爆器起爆的方法。孔内雷管隔段使用。起爆顺序由孔内雷管延时控制。每循环开挖前，检查上次爆破效果，测量放线，用仪器准确描出开挖轮廓线、周边眼、辅助眼位置及间距，钻炮孔注意下钻的眼孔位置偏差，同类炮眼钻进深度必须达到预定设计要求，且眼底保持在同一平面上。开挖前先进行爆破试验，需注意炮眼布置和药量，关键在于控制爆破岩石粒径，尽量避免渣块太大而堵塞导井，施工中调整爆破参数，提高爆破效率。开挖爆破后如果自然通风效果比较差或出现堵井而无法自然通风时，采用井底设置的通风系统辅助通风。

②出渣运输

爆破后利用HZ—6型抓岩机向已成的导井清渣，溜渣至井底部。抓岩机无法清理的部分，人工进入开挖面进行清理，废渣在竖井底部采用 LWC160 侧卸装载机和 FY20 型翻斗车清运出联络风道，再用大型装载机和自卸车转运出洞外弃渣场。

③初期支护

竖井初期支护施工顺序：通风→清理岩面→处理欠挖→初喷混凝土（只对锁口圈段、IV、V级围岩）→打设锚杆→安装钢架→挂钢筋网→喷射混凝土到设计厚度→围岩量测→反馈、调整支护参数。

(4)衬砌施工

待整个竖井二次扩孔成井后，模筑衬砌从下向上采用自升式液压爬模工艺施工，保证井壁混凝土施工进度、质量。

①模板系统设计

自升式液压模板系统主要由模板、支撑架、上平台、中平台、下平台、支腿、千斤顶撑杆以及液压系统、振捣装置组成。模板系统按送风道、排风道分两部分，中、下平台同时是整个模板系统的支撑平台。整个模架滑升采用行程 1.5m 的液压千斤顶完成，液压系统分模板伸缩和提升两部分，采用两套液压泵，分别控制相应部分。模板结构示意图如图 7-24、图 7-25 所示。

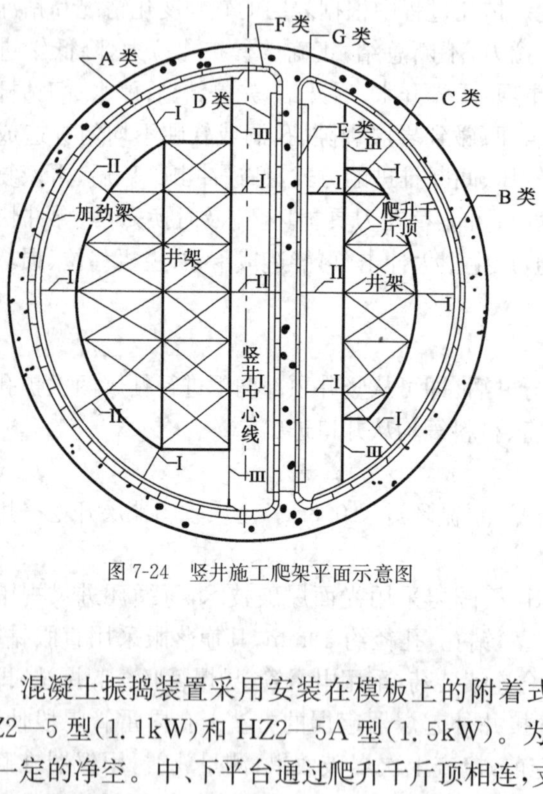

图 7-24 竖井施工爬架平面示意图

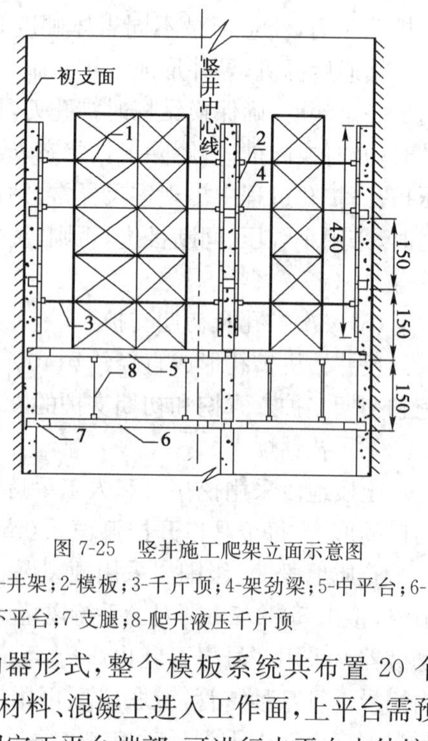

图 7-25 竖井施工爬架立面示意图

1-井架；2-模板；3-千斤顶；4-架劲梁；5-中平台；6-下平台；7-支腿；8-爬升液压千斤顶

混凝土振捣装置采用安装在模板上的附着式振动器形式，整个模板系统共布置 20 个 HZ2—5 型(1.1kW)和 HZ2—5A 型(1.5kW)。为保证材料、混凝土进入工作面，上平台需预留一定的净空。中、下平台通过爬升千斤顶相连，支腿固定于平台端部，可进行水平自由伸缩。

②爬模施工

整个爬模系统中，150cm 高模板作为接口模板，每次爬升高度为 3.0m，混凝土浇筑高度为 3.0m。爬模施工步骤主要为脱模、爬升、校模。滑升时，下平台不动，收入中平台支腿，启动液压系统，顶升中平台及以上爬架、模板等；到位后支好中平台支腿，收入下平台支腿，油缸回油把下平台提升 1.5m，固定支腿，重复前面步骤完成全部爬升过程。爬架爬升前对所有连接螺栓、焊接进行检查，并进行试爬检验，合格后方可投入使用。每节段施工后，注意填补预留槽和混凝土养生。混凝土强度达到 0.5MPa 时可以拆除，达到 2.5MPa 后，方可进行模板爬升。

③混凝土施工

衬砌模筑混凝土采用在主洞区设置的拌和站集中拌和。从施工成本,施工时间、施工安全及其他方面综合比选,采用从井口用吊桶送至工作面入模的方案。混凝土从井口吊送至工作面后,利用溜槽,人工辅助分料入模,利用附着式振捣器将混凝土振捣密实。

(5)通风、除尘与排水措施

在隧道主洞贯通前,竖井二次扩孔爆破后和喷射混凝土施工过程中,直接利用导井的自然通风效果可能比较差,特别是开挖过程卸渣至井底引起粉尘的处理,因此,拟采用压入式辅助通风。在联络风道的排风道内安装一台 FDII 型对旋式局部通风机,与主洞通风系统进行联合通风。在送风道马头门交叉口安装挡风门,开挖、支护过程,连接临时段风管,关闭挡风门,通过导井进行通风,将烟尘排除井口。扩孔爆破后落渣以及出渣过程,对井底落渣产生的烟尘废气等,打开风门,以便将部分井底烟尘、废气排入主洞,借助主洞通风排除。同时,在卸渣完成后,进行喷水,降低粉尘浓度,减少空气污染。隧道主洞贯通后,利用导井的自然通风完全可以满足基本通风、排烟尘的要求,但考虑扩孔开挖过程可能发生导井堵塞等情况,则在井口面设置一台 FBD—2 型压入式对旋轴流局部通风机进行通风、除尘。

除此之外,防、除尘措施还有:扩孔施工中采取湿式凿岩、洒水、定期测试粉尘和有害气体的浓度等,以保证井内、井底以及隧道洞内施工环境的空气质量。施工过程中,岩层裂隙水和施工用水将直接通过导井排至井底,在井底设置集水坑,排风道一侧开挖临时排水沟,将水引至主洞排水沟内,再从主洞用水泵机械分级将水排出洞外。如果出现导井堵塞,由于喷射掉料、回弹料等,可能造成水无法向导井下渗排水情况,则采用水泵、吊桶向井口排。

(6)钻孔施工偏斜控制技术

①钻孔偏斜原因分析

a. 钻杆轴向载荷造成的偏斜。在钻孔过程中,随着钻孔深度的增加,钻压也逐步加大,钻杆就可能逐渐产生弯曲,由弯曲钻杆产生的非垂直荷载可以导致钻进角度的变化,此时钻具的下部(即从弯曲到钻头的部分)就会偏离钻孔的预定路线,造成钻孔偏斜。

b. 岩层对钻头的反作用造成的偏斜。通常在无层理、节理或断层的坚硬而均质的岩层中钻凿导孔时,较少发生因岩层反作用造成的孔偏斜。而岩层硬度的变化则会引起导孔偏斜,钻头钻进的方向在很大程度上取决于钻头与硬度变化的岩石表面相遇时的角度。如果角度小,钻孔的偏斜将向与硬度变化的岩石表面平行的方向发展;如果角度大,钻孔的偏斜将向与硬度变化的岩石表面垂直的方向发展。

②影响钻孔精度的因素

a. 钻头。对于扩孔钻头,选择滚刀时主要根据岩石的硬度、磨蚀性来确定滚刀的齿形和布置。软岩钻头宜采用较小夹角的长楔齿或碳化钨一字形镶齿;硬岩钻头宜采用较大夹角的短楔齿或碳化钨半球形镶齿。

b. 钻压和转速。在钻进施工中,钻压和转速需要搭配合适,以获得最佳钻进速度。导孔转速为 15~40r/min,钻压为 50~60kN;扩孔转速为 10~20r/min,钻压 3800~4600kN。保持恒定的钻进速度是控制偏斜的最常用方法。

③钻孔偏斜控制措施

a. 稳定钻杆。稳定器是避免钻孔偏斜最有效的工具,一般为六棱形或八棱形,直径与钻孔井相同。通常将 2 个或 2 个以上的稳定器连接在一起使用,以便在钻孔底部形成一个刚性的、与孔壁多处接触的钻具组。另外,选用刚度足够大的钻架可以防止因变形而引起的偏移。

b.测量和纠偏。在钻进过程中，对井孔纠偏情况进行测量是必要的。密切注意岩层的变化，采取相应的措施进行纠偏。根据钻孔深度、岩石地质条件和对钻孔精度的要求等不同条件，可选用钟表、陀螺测斜仪等进行测井。如果发现井孔超偏，必须停止正常钻进，对钻孔进行纠偏处理。钻孔纠偏的方法很多，采用何种方法必须视钻孔的具体情况而定。如果钻孔偏斜程度和方向非常有规律，可采取偏置钻机的方法来纠正预计的偏斜，移动钻机的距离和方向可根据本地以前施工获得的经验而定；另外，可以采用堵塞偏孔重新钻孔的方法解决偏斜，堵塞钻孔是指用纯水泥浆将变向点至孔底一段进行填充，并使之凝固。

四、石牙山隧道贯通控制测量

施工测量的主要任务是保证隧道开挖按规定的精度贯通，使衬砌结构符合设计要求，以减少施工浪费和不必要的返工。石牙山隧道严格控制地面控制网的精度，采用 GPS 作洞外平面控制，效果理想。

1. 隧道贯通误差分析

(1)隧道贯通误差分类及其限差

在隧道施工中，由于地面控制测量、地下控制测量以及细部放样测量的误差，使得 2 个相向开挖工作面的施工中线不能理想地衔接，由此产生的错开现象，称为贯通误差。贯通误差在路线中线方向上的投影长度称为纵向贯通误差，在垂直于中线方向的投影长度称为横向贯通误差，在高程方向的投影长度称为高程贯通误差。实际上对于隧道贯通误差来说，纵向贯通误差影响隧道的长度，只要它不低于路线中线测量的精度（$\leqslant L/2000$，L 为隧道两开挖洞口间的长度），便可满足隧道施工要求；高程贯通误差影响隧道的纵坡，需要通过水准测量的方法控制；横向贯通误差的精度影响隧道中线的几何形状，严重时会使衬砌部分侵入到建筑限界内，影响施工质量，因此横向贯通误差的控制非常关键。《公路勘测规范》(JTJ 061—1999)（简称《规范》）对隧道两相向开挖施工中线在贯通面上的极限误差（取 2 倍中误差）作了规定，如表 7-8 所示。

极限误差规定 表 7-8

<table>
<tr><th>两相向开挖洞口间长度(m)</th><th>横向贯通误差(mm)</th><th>高程贯通误差(mm)</th></tr>
<tr><td><3000</td><td>150</td><td rowspan="3">70</td></tr>
<tr><td>3000～6000</td><td>200</td></tr>
<tr><td>>6000</td><td>视仪器设备及施工需要另行规定，并报有关部门核准</td></tr>
</table>

(2)隧道贯通误差来源

隧道贯通误差主要来源为洞外控制测量和洞内控制测量的误差，洞内施工放样所产生的误差对贯通的影响很小，不予考虑。

2. 隧道洞外控制测量

(1)洞外平面控制测量

石牙山隧道穿越区地面相对高差 392m，所在测区地形起伏较大，以重陵山地为主，沿线山地植被茂密，山坡陡峻，交通十分困难。考虑以上情况，如采用全站仪进行附和导线测量不仅费时、费力，且测量精度也难保证，所以采用 GPS 全球定位系统进行平面控制测量。由于是特长隧道的平面控制网，其测量精度必须达到三等平面控制网要求，所以以 2 级 GPS 控制网精度要求，即平均边长小于 2km，最弱边相对中误差小于 1/10000 进行测量。用 GPS 定位技术作隧道地面控制，只需在洞口外布一个点，再布两个定向点。由于是对原设计方提供的平面控制网复测，所以所设计的控制网是以原平面控制网为基础，再根据《公路全球定位系统（GPS）测量规范》（JTJ/T 066—98）（简称《测规》）和实际施工要求进行适当的筛选和加密而成。

控制网共 10 个点，其中联测高等级控制点 4 个（G9、CKH、B29、W1），进口左右线洞口各有 L1 和 R1 两个点，出口左右线洞口也各有 Z1 和 Y1 两个点，还有竖井也布了 TF1 和 TF3 两个点（图 7-26）。

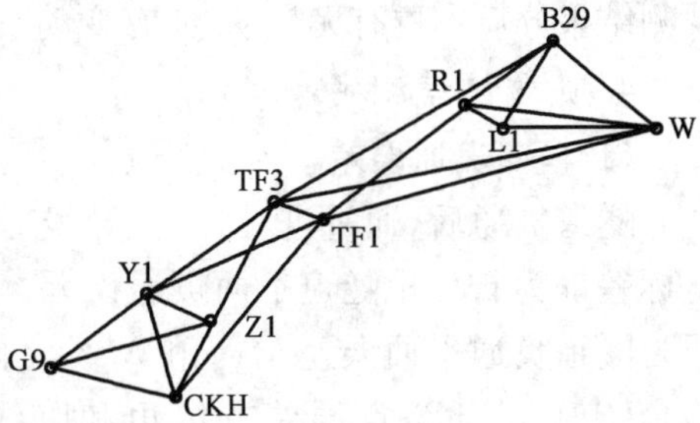

图 7-26 石牙山隧道洞外 GPS 控制点布置

内业成果处理采用接收机厂商提供的 GPS 随机软件 SpectrumSurveyV3.20 商用软件包进行。测量成果的坐标系采用设计院提供的统一工程坐标系，经过平差后，把 GPS 网的 WGS—84 坐标转换为施工使用的坐标。GPS 网经过平差后，最弱边边长相对中误差 CY2—CZ2 1/196342，满足《测规》1/10000 的要求。

（2）洞外高程控制测量

对于洞外高程控制点，采用 2 台捷创力 CII—3 型水准仪，按《规范》要求，3 等水准测量要同时施测，按符合水准路线沿县道从进口的 IIIBM8 闭合到出口的 IIIBM10（IIIBM8、IIIBM10 为 3 等水准控制点），测线全长 16km，测站读数顺序为后—前—前—后。2 台水准仪测得的闭合差分别为 12mm、16mm。测量精度符合《规范》规定的 3 等水准测量要求，即 $\pm 12\sqrt{l}$。

3. 隧道洞内控制测量

（1）洞内导线测量

洞内导线测量的目的是以必要的精度，按照地面控制测量的坐标系统，建立洞内平面控制系统。根据洞内导线坐标，测设隧道中线、放样隧道衬砌位置及其他附属设施，定出隧道开挖方向，保证相向开挖的隧道在规定的精度范围内贯通。洞内导线控制采用多边形闭合导线环，按《规范》4.1 条中 1 级闭合导线控制测量要求施测：角度和距离测量均采用正、倒镜全测回方式进行测量，采用拓普康 7000 型全站仪按照后—前—前—后的顺序测量角和距离，角度和距离全测回读数较差控制分别为 5s 和 2mm。洞内导线点以洞口投点为起点，沿中线布设，导线点距离取 200～300m，平差处理后得到的坐标用于施工开挖放样。随着开挖的深入，连接左右洞的行人横通道和行车横通道也相继打通。洞内导线点控制也相应的由单洞导线测量变为左右洞导线联系测量。即以洞口投点和洞外控制点作为基线边从左（右）洞测入，通过行人或行车横通道再从右（左）洞测出组成闭合环，进行导线闭合测量。其进、出口测量最大中误差分别为 1/117925、1/200000，满足《测规》要求。为减少测角误差对横向贯通精度的影响，在成洞地段选择原导线点组成长边导线（边长 350～550m）从洞口施测，计算各点坐标并与原导线的坐标校核。对于离掌子面较近且在 1 级闭合导线测量中无法联测到的临时导线点，采用的是支导线测量法。具体做法是：以离掌子面最近且经过平差后的 1 级闭合导线为基准边，采用正、倒镜全测回方式对临时导线边的长度和方位角进行测量，然后计算各临时导线点坐标，得出的数据用于开挖放样。

（2）洞内高程控制测量

洞内高程测量的目的是为了在洞内建立一个与地面统一的高程系统，以作为隧道施工放样的依据，确保隧道在竖向正确贯通。洞内高程控制按4等水准精度往返测量，采用捷创力CII-3型水准仪施测。水准点与导线点结合埋设，每200m左右埋设1个。进、出口测得的水准闭合差分别为2mm、0.5mm，测量精度符合《规范》规定的4等水准测量要求。由于洞内施工场地狭小，运输频繁，还有水侵害，会影响到洞内点位的稳定性，故应经常性地进复测，根据观测结果分析点位有无变动，如有变动及时改正。

4.贯通误差测定

(1)横向贯通误差

隧道贯通后，通过进、出口支导线对离贯通面最近的同一个点分别测量其坐标，测得的坐标差即为石牙山隧道平面贯通误差。左右线测得的平面误差分别为21.9mm、25.7mm，即为隧道贯通平面误差$M_{左平}$和$M_{右平}$。隧道横向贯通误差$M_{横}=M_{平}$在该点路线横断面方向的余弦值，已知该点误差方位角和路线在该点处的方位角，则隧道横向贯通误差$M_{横}=M_{平CO}$(误差方位角－路线方位角)。算得隧道横向贯通误差分别为$M_{左横}=9.3$mm和$M_{右横}=10.1$mm。

(2)高程贯通误差

分别以进、出口的2个高程控制点为后视点，对隧道贯通面的某个点进行高程测量，测得的高程差即为隧道贯通高程误差，测量得出石牙山隧道高程贯通误差为10.9mm。

五、石牙山隧道运营通风方案比选

1.隧道需风量的确定

(1)交通量

石牙山隧道的远期交通量很大。《广梧高速公路河口至平台段工程可行性研究报告》(简称《工可报告》)中2027年预测交通量为58938pcu/d，大于《公路工程技术标准》(JTG B01—1999)中相应的道路适应交通量55000pcu/d；其按照高峰小时交通量折算为3890pcu/h，也大于《公路隧道通风照明设计规范》(JTG B026.1—1999)所列的道路最大适应交通量；而且《工可报告》也进行了说明，该路段2020年以后服务水平降至二级以下，其通行能力和服务水平不能满足交通量的需求，建议增加一条向西的高速公路通道来解决。因此石牙山隧道远期通风设计不能采用预测交通量，在此采用《公路隧道通风照明设计规范》(JTJ 026-1—1999)的建议值，如表7-9所示。

隧道设计交通量 表7-9

工况车速(km/h)	10	20	30	40	50	60	70	80
交通量(pcu/h)	1900	2660	3100	3400	3560	3600	3500	3200

(2)阻塞工况

从目前全国已投入运营的各高速公路隧道运营状况来看，即使达到各设计年份相应的设计交通量，隧道内发生阻滞的概率非常小。同时，本工程以及所在路段均设有完善的交通监控系统，完全可以通过交通管制来限制进洞车辆数，《公路工程技术标准》(JTJ B01—2003)中80km/h设计速度当行车速度为45km/h时已为四级服务水平，故本次设计以30km/h为控制工况，30km/h以下的各种工况将通过交通监控措施来控制。根据《公路隧道通风照明设计规范》(JTJ 026-1—1999)，隧道阻滞的平均车速采用10km/h，其考虑的隧道内汽车排队长度不大于1km，而对于大于1km的阻滞长度则采用交通管制来解决。

(3)稀释空气中异味

根据本工程交通量和隧道规模的特点，隧道空间不间断换气频率按每小时 4 次，并保证隧道内换气风速不小于 2.5m/s。

(4)火灾工况

鉴于本隧道为特长隧道，车(人)行横洞较多，洞内高差大，在火灾发生后，影响洞内通风效果的因素较多，因此火灾时排烟风速按 V_r=2.5m/s 控制。

(5)汽车尾排主要有害物的排放量递减率

以 1995 年为基准年，按每年 2%递减，最大年限不大于 30 年。

(6)通风计算最大行车速度

在 2020 年以后，道路交通量趋于饱和时，通风设计采用的最大行车速度为：行车方向纵坡 $i \leqslant 1.0\%$时，V=80km/h；行车方向纵坡 $i > 1.0\%$时，V=60km/h。

(7)隧道需风量

通过计算，到 2027 年，左、右洞需风量分别为 316m/s、626m/s。左洞通风设计的需风量为稀释空气中异味所需风量，右洞通风设计的需风量为稀释烟尘浓度所需风量。

左、右洞设计需风量相差较大。下面对右洞通风方案进行比选，左洞参照右洞。

2. 通风方案

(1)全射流风机纵向通风方案

通过计算，考虑风机取 20%的备用系数计算出风机台数，即到 2027 年，左、右洞风机分别为 22 台(660kW)、58 台(2610kW)。

隧道通风系统设置：射流风机平均分配在隧道进、出口。从进、出口 200m 处开始布置风机，每组 2 台，沿隧道以 150m 间距依次向洞内布置。

(2)竖井集中排风通风方案

本方案用于单向交通隧道，竖井位置宜设置在靠近隧道出口一侧，根据地形条件，右洞通风竖井设在 RK56+485，进口段长 3123m，出口段长 1459m，其分段需风量如表 7-10 所示。

隧道分段需风量(m^3/s)　　表 7-10

交通目标年限	进　口　段	出　口　段	合　　计
2027 年	427	199	626

竖井集中排风量由于存在竖井底部两侧风压不平衡。为达至平衡，本方案采用在进口段设置射流风机来作为调压手段，实现隧道内的风压平衡。调压的射流风机采用 112 型大口径风机，其升压效果好。经过计算，竖井排风所需的轴流风机和调压所需的射流风机的功率计算结果如表 7-11 所示。

隧道通风所需风机功率　　表 7-11

交通目标年限	射流风机(台/kW)	轴流风机(kW)	总功率(kW)
2027 年	30/900	1200	2100

采用竖井集中排风通风，当发生火灾时，为保持排烟风速 2.5m/s，在不开轴流风机的情况下，以射流风机提供动力，考虑 20%诸备，经过计算，需设置 8 台 112 型射流风机。

(3)竖井送排式纵向通风方案

根据地形条件，本次设计设置了两个竖井位置分别进行比较。通风竖井位置Ⅰ设在RK54+960，进口段长1598m，出口段长2984m；通风竖井位置Ⅱ设在RK56+485，进口段长3123m，出口段长1459m。其分段需风量如表7-12所示。

隧道分段需风量(m^3/s)　　表7-12

交通目标年限	竖井位置Ⅰ			竖井位置Ⅱ		
	进口段	出口段	合计	进口段	出口段	合计
2027年	218	408	626	427	199	626

竖井送排式纵向通风系统，其大型轴流风机的升压效果较小，往往难以与隧道所需压力($\Delta P_r - \Delta P_t + \Delta P_m$)平衡。为解决升压力不足的问题，本次设计采用升压效果较显著的射流风机与之组合。通过试算，确定Q_e、v_e等各值，最后得出所需风机功率，计算结果如表7-13所示。

隧道通风所需风机功率　　表7-13

交通目标年限	竖井位置Ⅰ				竖井位置Ⅱ			
	射流风机(台/kW)	轴流风机(kW)		总功率(kW)	射流风机(台/kW)	轴流风机(kW)		总功率(kW)
		送风机	排风机			送风机	排风机	
2027年	8/240	700	200	1140	8/240	300	300	840

采用送排式纵向通风，当发生火灾时，为保持排烟风速2.5m/s，在不开轴流风机的情况下，以射流风机提供动力，考虑20%储备，经过计算，需设置8台112型射流风机。

(4)斜井送排式纵向通风方案

本次还进行了斜井送排式纵向通风方案设计，根据地形条件，通风斜井位置设在RK55+300，进口段长1938m，出口段长2644m，其分段需风量如表7-14所示。

隧道分段需风量(m^3/s)　　表7-14

交通目标年限	进　口　段	出　口　段	合　　计
2027年	265	361	626

送排式纵向通风系统，其大型轴流风机的升压效果较小，往往难以与隧道所需压力($\Delta P_r - \Delta P_t + \Delta P_m$)平衡。为解决升压力不足的问题，本次设计采用升压效果显著的射流风机与之组合。通过计算，确定Q_e、V_e等各值，最后得出所需风机功率，计算结果如表7-15所示。

隧道通风所需风机功率　　表7-15

交通目标年限	斜　　井			
	射流风机(台/kW)	轴流风机(kW)		总功率(kW)
		送风机	排风机	
2027年	8/240	500	250	990

采用送排式纵向通风，当发生火灾时，为保持排烟风速2.5m/s，在不开轴流风机的情况下，以射流风机提供动力，考虑20%储备，经过计算，需设置8台112型射流风机。

3. 方案比选

方案比较情况详见表7-16所示。

石牙山隧道右线通风方案比较　　表 7-16

主要技术经济指标		射流风机纵向通风	竖井集中排风纵向通风	竖井送排式纵向通风(竖井方案一)	竖井送排式纵向通风(竖井方案二)	斜井送排式纵向通风
隧道长度(m)		4582	4582	4582	4582	4582
设计小时通量(pcu/h)		3560	3560	3560	3560	3560
通风分段		1	2	2	2	2
设计风量(m^3/s)		626	626	626	626	626
洞内最大风速(m/s)		9.9	6.8	7.1	6.8	6.9
隧道面积(m^2)		62.99	62.99	62.99	62.99	62.99
通风竖井	直径(m)		7.5	7.5	7.5	
	座数		1	1	1	
	竖井井深(m)		136	209	136	
通风斜井	净宽(m)×净高(m)					7.5×7
	座数					1
	斜井长度(m)					420
风机房	座数		1	1	1	1
射流风机	型号	SLFJ112-1T	SLFJ112-3T	SLFJ112-3T	SLFJ112-3T	SLFJ112-3T
	功率/台数(kW/台)	45/58	30/30	30/8	30/8	30/8
	总功率(kW)	2610	900	240	240	240
大型轴流风机	流量(m^3/s)		626	408+180	199+310	200+360
	功率/台数(kW/台)		300/4	350/2+200/1	300/1+300/1	250/1+250/1
	总功率(kW)		1200	900	600	750
隧道风机总功率(kW)		2610	2100	1140	840	990
建安费	竖(斜)井+联络风道(m/万元)		(136+50)/465	(209+100)/773	(136+100)/590	(420+100)/1090
	施工便道(m/万元)		500/75	1000/150	500/75	500/75
	风道隔板(万元)			50	50	50
	风机房(m^2/万元)		400/80	400/80	400/80	400/80
	风机费用(万元)	348	780	498	348	498
	合计(万元)	348	1400	1551	1143	1793
运营费用(万元)	运营管理费	600	400	400	400	400
	电费	15242	12264	6658	4906	5782
	合计	15842	12664	7058	5306	6182
方案比较总费用(万元)		16190	14064	8609	6449	7975

通过上表综合比较,竖井送排式纵向通风(竖井方案二)投资总费用最小,本设计推荐采用此方案。

4. 几点认识

(1)需风量计算时选择通风的控制状态非常关键。本工程以及所在路段均设有完善的交通监控系统,完全可以通过交通管制来限制进洞车辆数,故本设计为充分发挥监控设施的作用，将通风设计的控制工况定为30km/h。30km/h车速以下的工况采用监控设施加以控制，而不盲目通过加大通风量来解决，可以节约大量的投资和运营费用。

(2)基准排放量递减率I的取值对需风量的计算也很关键。

(3)通过对全射流纵向通风、竖井集中排风、竖井送排式通风、斜井送排式通风的综合比较下发现：全射流纵向通风由于节省了竖井、风道等费用，其一次性投资最低，但其装机总功率最高，后期运营电费最高，洞内风速高，噪音大，综合总费用最高。竖井集中排风方案由于在出口段行车方向与风流方向相反，交通风为阻力，能耗很大，故其装机总功率也很高，造成综合总费用也很高。送排式通风方案由于不存在行车方向与风流方向相反，能耗小，其装机总功率最小。在本设计中，竖井送排式通风方案其一次性投资、维护费、运营电费相对最低，具有投资省、便于维护、经济和技术可行、有利环保等特点，作为推荐方案。

第五节　双功能全液压伸缩全自动行走混凝土衬砌台车设计

一、设计思想的产生

石牙山特长隧道设计双洞4车道，左、右线分离布设，全长为4.6km。左、右线各设紧急停车带5处，间距约750m，紧急停车带有效长度30m，全长41m，跨度较正常地段加宽2.75m(图7-27)。

按常规，本隧道需配制标准断面和加宽段断面衬砌2种台车，投入大、施工干扰多。针对该隧道的二次衬砌线路长、工期紧、质量要求高的特点，综合分析隧道开挖进度慢于二次衬砌施工进度的条件，针对标准和加宽段断面混凝土衬砌所使用的模板台车专用机械进行了全面考虑和分析，经过严密的论证、分析，反复研究对比，决定在标准断面模板台车的基础上通过自身伸缩为加宽段断面混凝土衬砌的模板台车，称之为隧道双功能全液压伸缩全自动行走混凝土衬砌台车(图7-28)。该台车在洞外完成初级拼装，初级拼装为标准断面二次衬砌混凝土台车，二次衬砌施工至加宽段时伸展开来，进行加宽段二次衬砌施工。一车两用，既节约了成本、缩短了工期，又保证了衬砌质量。

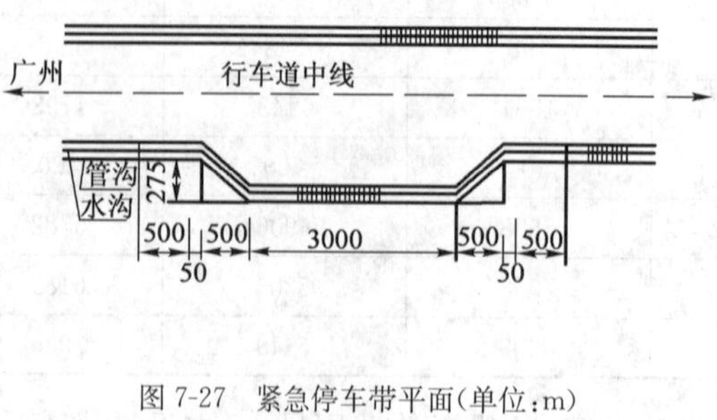

图7-27　紧急停车带平面(单位：m)

图7-28　双功能全液压自动行走衬砌台车照片

二、基本功能

隧道双功能全液压伸缩全自动行走混凝土衬砌台车专用于特长隧道加宽段和标准断面混凝土衬砌施工，它可以大大提高工程进度。该衬砌台车由下纵梁、上纵梁、横梁、模板连接梁、丝杆千斤顶、液压站、动力行走系统等组成。横梁设置为液压伸缩横梁，通过内置大小横梁和液压达到伸缩，如图 7-29 所示。

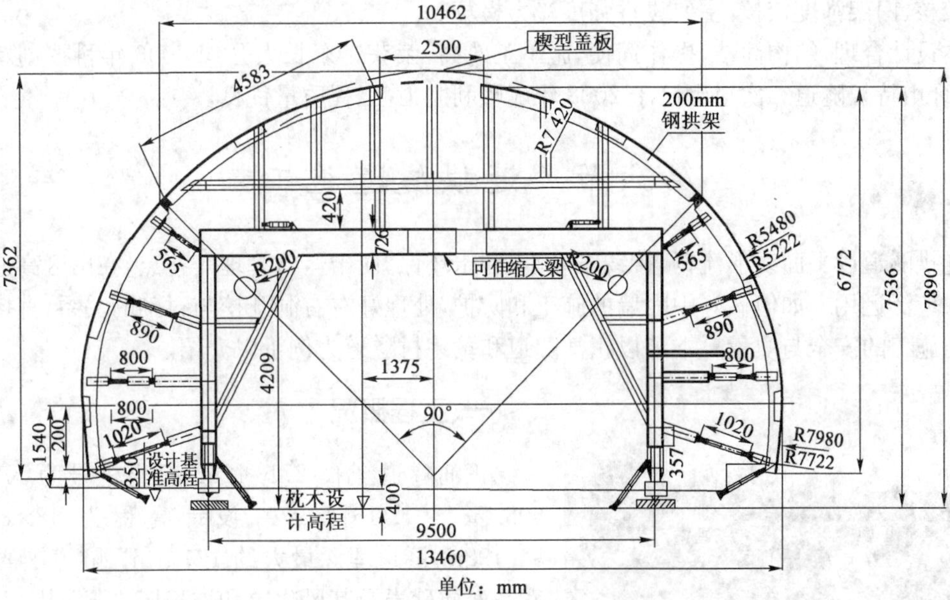

图 7-29　双功能全液压自动行走衬砌台车轮廓

液压整体伸缩是该台车的最大特点。使用该台车避免了人工在洞内反复拼装的烦琐工序（人工拼装一个加宽段台车需要工期约 1 个月，采用该台车伸缩完成一个加宽段台车则最多需要 2～3d 的时间）。

双功能全液压自动行走混凝土衬砌台车具体操作方法如下：

(1)当台车由标准断面向加宽断面变化时，将台车整体顶升到位。

(2)将非伸缩半边固定，将加宽一侧的行走轮系及轨道旋转 90°。

(3)将台车沿标准断面中线拆离，采用液压油缸整体推动，将大梁缓缓伸开，达到加宽衬砌位置，将加宽一侧的行走轮系及轨道再次旋转 90°。

(4)吊装加宽部分伸缩盖板。

(5)完成剩余拼装工作。

完成此次加宽段混凝土施工任务后，液压收缩变为标准断面混凝土衬砌台车，进行标准断面混凝土衬砌，如此反复。

三、基本技术参数与验算条件

1. 基本技术参数

隧道双功能全液压伸缩全自动行走混凝土衬砌台车最大衬砌长度 $L=10.5$m；最大通过能力（高度）×宽度为 7060mm×6100mm；行走速度为 10m/min；爬坡能力为 3%；总功率为 15kW；行走电机为油泵电机 5.5kW；液压系统压力 $P_{max}=16$MPa；模板单边脱模量 $A_{min}=150$mm；水平油缸左右调整量 $B_{max}=100$mm；顶升油缸最大行程为 250mm；侧向油缸最大行程为 300mm；水平油缸最大行程为 100mm（左、右）。

2. 结构受力分析的计算条件

混凝土最大下落高度不大于 3m；台车前后混凝土高度差不大于 600mm，台车左右两侧混凝土高度差不大于500mm；每层混凝土厚2m。左右交替灌注混凝土，按每小时浇灌2m的速度，每平方米承受5t载荷的条件进行计算，内容包括面板校核、面板角钢校核、模板总成强度刚度校核、门架强度校核、主要零件强度受力检算。

本设计合理，结构简洁，操作简便，施工工效高，荣获广东长大公司2006年科技创新二等奖，石牙山特长隧道二次衬砌已于2008年底顺利完工，工程质量优良。

第六节　连拱隧道施工

连拱隧道以平面线形流畅、接线难度小、利于环保、便于运营管理等特点，在山区高速公路隧道中广泛运用。如何做好中隔墙的施工和防护，处理好左右洞开挖与衬砌的关系，直接关系到隧道施工的安全与质量。本节以正涌隧道和黄茅村隧道为例予以介绍。

一、工程概况

图7-30　黄茅村双连拱隧道洞口

正涌隧道全长271.42m，起止桩号为K116+698.58～K116+970，设计高程为48.845～54.192m，隧道埋深最大约124.1m。隧道围岩为寒武系变质砂岩及其风化层和坡积层。洞身围岩IV～V级，属于软弱围岩。

黄茅村隧道（图7-30）全长203m，起止桩号为K94+882～K95+085，隧道地处山岭重丘区，岩性表层为土黄色坡残积亚黏土及全风化、强风化岩，下伏寒武纪弱～微风化变质砂岩、板岩坡积及其风化层，地下水类型上部为孔隙潜水及基岩裂隙水，以渗流的形式向沟谷排出，水量一般。

二、双跨连拱隧道施工方法

隧道按“新奥法”原理进行设计、施工，采用复合式衬砌结构，锚杆、钢筋网、喷混凝土作为初期支护手段，在洞口段辅以型钢拱架、超前长管棚，洞身段辅以型钢拱架、超前小导管、钢插管超前支护。综合考虑工期、工作断面空间、总工作量，采用人工配合机械进行隧道的洞身开挖，不放炮或采用微震爆破。洞内出渣采用无轨运输，装载机装渣，反铲挖掘机清理掌子面和凿顶，自卸车运渣。采用三导洞CRD法施工，如图7-31所示。

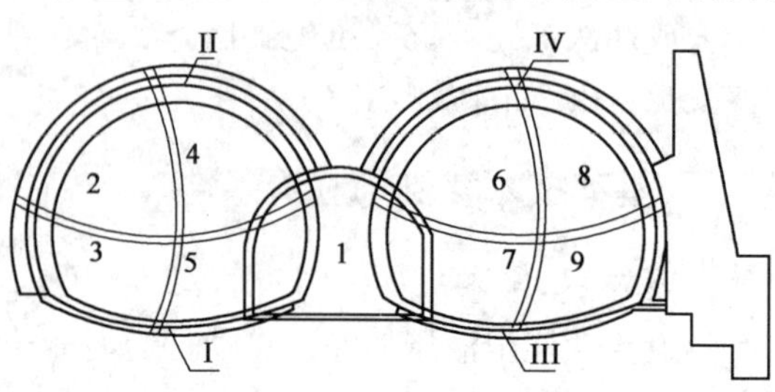

图7-31　CRD法开挖步骤图

开挖时，左右洞开挖面前后应错开25m以上，工序4和3应错开15m以上，左右洞应及时施作仰拱和二次衬砌，尽早形成闭合环受力。工序4和工序7应错开较大距离开挖。CRD法施工工序如下：①中导洞开挖、初期支护和中隔墙施工；②左洞左侧壁上导洞开挖、初期支护；③左洞左侧壁下导洞开挖、初期支护；④左洞右侧壁上导洞开挖、初期支护；⑤左洞右侧壁下导洞开挖、初期支护；⑥右洞左侧壁上导洞开挖、初期支护；⑦右洞左侧壁下导洞开挖、初期支护；⑧右洞右侧壁上导洞开挖、初期支护；⑨右洞右侧壁下导洞开挖、初期支护；⑩左右洞防排水、二次衬砌施工。

1. 中隔墙施工

软弱围岩双跨连拱隧道施工，首先是开挖中导洞施工中隔墙，而中隔墙施工速度是制约正洞开挖的关键所在，应突出一个“快”字。围绕如何在短时间内能为正洞开挖创造好条件，应制定中隔墙方案实施施工。

(1)中导洞开挖

应依据正涌隧道中隔墙设计高度和宽度，考虑一定的施工作业空间及中隔墙顶部不至于造成过多的混凝土回填，同时还要考虑中导洞临时支护拆除后可重复利用等方面的因素，确定中导洞开挖断面。中导洞开挖采用光面爆破技术全断面开挖，严格控制中隔墙顶部超挖，减少回填量。

(2)中导洞支护

中导洞Ⅳ、Ⅴ级围岩临时支护采用20号工字钢拱架及喷射混凝土，确保施工安全。支护拱架拱腿高度采用3.92m与正洞支护格栅拱腿设计相同，以便拆除后部分能重复利用。拱架间距为1.0m，拱部打设8根ϕ2mm超前注浆小导管，小导管采用TY—28风钻、ϕ30mm钻头钻眼，用风镐顶入孔内。超前小导管长度为3.5m，依拱架间距隔榀安装，其环向间距为50cm，以5°外插角布设、尾部与拱架焊接。拱架间用ϕ20钢筋焊接，连接钢筋间距为1.0m。拱架安装定位后再喷射5～10cm混凝土形成临时支护。混凝土喷好后即开始下一环的施工。

(3)中隔墙混凝土浇筑

中墙基础开挖后，及时用砂浆封闭并注意做好基坑排水。中隔墙混凝土采用6m一个施工段分段浇注，每段长度与正洞衬砌施工段一致。中隔墙钢筋制作绑扎也按6m分段进行。在确保基础钢筋与墙身钢筋按规范要求焊接的同时，注意预留筋和预埋件的位置及尺寸。因中导洞断面较小，不便于大块模板施工操作，故中隔墙浇注采用小型自制衬砌台车(模板)。在中隔墙基础两侧用方木、工字钢(或轻型钢轨)搭设移动滑道，长度大于2倍施工段，保证台车纵向行走一个施工段即可。衬砌台车(模板)侧向支撑在中导洞初期支护上，以外撑为主。衬砌台车端头封堵模板为拆卸式，行走时拆下，就位后安装。台车中线、高程、尺寸等经检查无误，确认合格后进行下道工序。中隔墙全部采用泵送混凝土，输送管从端头进入模板。混凝土严格分层振捣。为保证圆弧拱顶密实，当浇注到拱顶时，要在两侧预留ϕ50mmPVC塑料注浆管和ϕ10mm排气管，间距为2m，待混凝土强度达到设计强度的70%后进行注浆，以保证墙顶密实。

(4)中隔墙防排水

中隔墙浇注前，首先在中隔墙顶挂一层复合式防水板，并使两侧预留出与正洞防水板连接量。但由于在正洞施工中造成预留防水板破坏严重，中隔墙顶部防水板同正洞防水板连接后效果不够理想。为了解决中隔墙的防排水问题，在中隔墙顶部采用SH100透水软管加设纵向排水管，再采用ϕ75mm硬塑引水管在中隔墙内每6m施工段埋设一道竖向排水管，纵竖向排水沟相连及时将渗水汇入纵向排水管，并沿其竖向排水管排入隧道排水沟中。在中隔墙浇注过程中及时做好顶部防排水，并采用同强度等级混凝土回填。同时按设计要求做好施工缝、沉降缝的防水处理。浇注后用同标号水泥浆压浆至密实，确保正洞开挖时的稳定。

2. 边导洞开挖支护及外边墙施工

临时支护均采用ϕ22钢筋格栅，并与边墙侧永久支护钢架相连接，拱部打设ϕ42mm超前小导管10～12根，小导管的安装与中导洞相同。格栅间距Ⅵ、Ⅴ级围岩为0.6m，外边墙永久支护侧支立工字钢拱架(拱腿)，打设4根长度为4m的浆锁脚锚杆，以保证拱腿与围岩形成整体，挂间距为15cm×15cm的$\phi8$钢筋网，喷射25号混凝土厚28cm。当且围岩收敛趋于稳定，开始按6m一节分段浇注外边墙，同中隔墙保持一致。由于边导洞断面较狭窄，浇注的同时还要为开挖掘进提供通道，再加之又是单侧浇注，不适合衬砌台车作业，所以采用特制大块组合钢模板，机械搅拌泵送入模浇注。

边墙浇注前按设计要求及时施做排水盲沟、纵向SH100透水软管，敷设350g/m^{2}土工布和TJ281防水板组成的防水层(复合式防水板)，并根据洞内渗水点在衬砌背后每隔6m设一环向盲沟。同时做好施工缝、沉降缝的防水处理。

3.正洞施工

(1)正洞开挖支护

开挖VI、V级围岩拱部采用预留部分核心土，此办法既避免了整个掌子面的暴露，减小由于风化剥落而引起坍塌的可能，对掌子面围岩稳定起到了良好的支撑作用，又提供作业平台更利于搬运拱架，同时方便了施工，加快了进度。正洞大拱开挖完成后应及时支立拱架进行支护。VI、V级围岩每0.6m支立一榀工字钢拱架，并挂间距为15cm×15cm的$\phi8$钢筋网及喷射25号混凝土厚28cm。拱架由两段拼装而成，在拼装时连接板处一定要调整好，满足净空要求，且弧度应圆顺。如遇特殊情况，可用电焊将连接板焊死。中隔墙侧除与中隔墙顶部钢板焊接牢固外，还应将拱架与中导洞临时支护拱圈焊接。

为平衡隧道正洞拱圈推力，在左侧正洞开挖前即完成中隔墙顶部防水层及回填，并在中墙右侧用原木或钢管进行支顶。右侧正洞开挖必须滞后左洞一定时间，待左洞一次支护及仰拱施工完并达设计强度后再进行。由于隧道跨度大、围岩破碎，因此进洞开挖时一定要遵循“安全第一”的原则，严格控制装药量。宜采用短进尺，强支护，早喷锚，微震爆破，风镐配合开挖。每次进尺控制在0.7m以内，开挖完成后应立即进行支立拱架挂网喷锚封闭。

(2)防水

在初期支护与二次支护间敷设350g/m^{2}土工布和TJ28l防水板组成的防水层，并与已完成的边墙防水层连接。再将边墙施工时施设的盲沟延长至中隔墙上使之成环，盲沟与中隔墙顶纵向排水管(SH100透水软管)及边墙底角纵向排水管(SH100透水软管)相连通。同时按设计要求做好施工缝、沉降缝的防水处理。对已完成的一次支护喷锚土表面有渗水处加设半边盲沟，将渗水引入设底角的纵向引水管后，再铺设防水层和施做二次衬砌。为使加设的半边环向盲沟的渗水及时排出，用$\phi50$mm钢管在相应侧增设一道通向排水沟的竖向排水管。

(3)仰拱、二次混凝土衬砌施工

仰拱及填充混凝土紧跟一次支护，按6m段跳槽施做，及时对边墙形成支撑。施工缝同已施边墙保持一致。正洞大拱二次混凝土采用衬砌全断面一次浇筑成形。衬砌台车的长度按一次浇注6m，强度按泵送混凝土入膜设计，采用有轨行式。为使浇注过程中能及时将模中空气排除，二次衬砌与一次喷锚混凝土密贴，台车端头板有排气孔和溢浆孔。从进口开始分段依次浇注，施工缝同已施工的边墙保持一致。浇注中按设计做好预设的管网及施工缝止水带防水处理。

(4)监控量测

隧道监控量测是施工的重要组成部分，是管理中不可缺少的重要环节。为了掌握围岩和支护的力学动态信息及稳定程度，据以指导施工作业，保证施工安全，在正涌隧道施工中，根据隧道围岩特点，本着量测简单、结果可靠、成本低廉、便于采用的原则，选择了地质及支护状态观测、地表下沉量测、周边位移量测、拱顶下沉量测、锚杆抗拔力、地质超前预报量测项目。

4.认识与体会

(1)双连拱隧道施工的关键部位是中隔墙。中隔墙既制约施工进度,又影响整体施工质量,施工中必须围绕中隔墙施工进度和质量优化方案制订措施。使用自制简易衬砌台车及泵送混凝土可加快施工速度,提高中隔墙混凝土浇筑质量。

(2)软弱围岩双连拱隧道开挖支护的安全重点是防范正洞开挖过程的偏压。最有效的解决办法:一是加强已完中隔墙支护;二是一次支护及仰拱紧跟掌子面,并使左右正洞掌子面间距控制在25m范围内。同时还要遵循“短进尺、弱爆破、少扰动、强支护、早封闭、勤量测”的原则施工。

(3)软弱围岩双连拱隧道施工质量控制重点部位是中隔墙顶部防水施工。由于中隔墙顶是连拱隧道汇集渗水之处,加之受施工环境所限,中隔墙顶难于填筑密实,同时中隔墙施工后还要进行多次爆破作业,极易使已完成的墙顶防水层遭到破坏,致使连拱隧道在中隔墙部位出现渗漏水现象。而渗漏水是体现隧道质量的重要标志之一,所以中隔墙顶部防水是施工控制不可动摇的重点部位。

(4)监控量测伴随施工的全过程,是施工的眼睛,是判断围岩稳定的手段,是及早发现异常预见险情的可靠信息,是采取相应措施尽早处理的依据,是优化施工方案指导安全生产的保证,是施工管理中不可缺少的重要环节。

第七节　浅埋偏压隧道洞口施工技术

为了保证隧道安全进洞,隧道洞口施工技术方案的正确制定,具有重要的现实意义和经济价值。石排口隧道(LK90+444～LK90+548)属于浅埋偏压隧道,穿过山地丘陵,半路半隧,长104m,隧道埋深最大约20m,为单洞两车道,位于直线上,地震动峰值加速度系数为0.1g。地处山地丘陵,山体走向总体呈近东西向,地面高程230.3～268.9m,丘陵脊线明显,山体地形陡峻,南西高,北东低,进口端坡度32°～37°,坡向近东;出口端坡度30°～35°,坡向近北东。隧道施工区无断层出露,隧道区岩体片理化发育,片理产状270－300°∠75－82°。隧道围岩地下水与上覆盖层分布和厚度及构造裂隙发育有关,山体范围内地下水的主要类型有坡残积层中的第四系松散层孔隙水和岩石裂隙中的基岩裂隙水。

一、施工测量

洞口开挖之前,复核洞口地表、洞口刷坡线放样、预埋地表沉降观测标。在靠近截水沟顶选择一个断面通视条件较好、测量方便处预埋牢固的基准点。测点沿地面布置在隧道轴线及其两侧各4个点。测量放线定位,用水准仪量测,隧道开挖开始量测,隧道开挖超过测点30m并待沉降稳定以后停止量测。

二、洞口工程

1.进口端洞口

根据洞口的地形及地质条件,进口端洞门采用端墙式。由于洞顶覆盖较薄,采用30m长管棚超前支护,保证安全进洞。设长管棚的地段加设钢插管。洞口位置边坡外露面均应进行绿化。

2. 出口端洞口

出口端洞口地段严重偏压，避免大刷大挖，体现零开挖理论。采用“明洞暗进”工法，不刷仰坡。出口端洞门采用端墙式。先施工大边墙，在大边墙与地表间隙全部回填水泥混合土，再进行反压护拱施工，洞口 35m 长管棚超前支护。

三、洞口开挖

1. 施工方法

洞口工程施工时，先做好洞顶截水沟的开挖及 10 号浆砌片石工作。施工方法以挖掘机开挖为主，人工配合刷坡，装载机配合挖掘机进行装渣作业，自卸汽车运输弃渣。开挖时自上而下开挖至仰坡坡底高程，在仰坡坡底高程(即变坡点)以下部分，按照长管棚套拱厚度弧线中间预留核心土开挖，预留核心土作为下工序套拱及长管棚施工平台。结合隧道洞口地形、地貌、工程地质和水文地质条件，并考虑到施工开挖边坡的稳定性，本着“早进晚出”、“少开挖”的原则，洞口工程采用明挖法施工，挖掘机按放样的设计坡率刷坡线开挖，用预先加工好的坡度架控制刷坡坡度，人工修整，每次开挖高度为 2m，测量复核坡度无误后，及时进行锚杆、挂网及喷射混凝土临时支护施工，并加强对山坡稳定情况的监测、检查，以保证边坡稳定。

2. 施工控制要点

(1)在洞顶截水沟挖通及砌体完成后，根据仰坡开挖总高度及挖掘机有效工作高度确定开挖台阶数量，台阶高 2m，准确按边桩开挖，以真正实现从上而下开挖。

(2)准确掌握设计坡率和变坡点。

(3)对有防护要求的坡面，应结合开挖，边开挖边进行坡面防护。

(4)不破坏周边植被。

四、洞口边、仰坡防护

1. 施工方法

边、仰坡开挖修整后，即时分层进行边、仰坡临时防护。明暗交界处成洞面临时防护采用喷锚、挂网联合支护，仰坡采用喷锚支护，边坡应进行植草绿化，以稳固洞口边坡，防止因雨水直接冲刷而造成边、仰坡坍塌或滑坡。

2. 施工控制要点

边开挖，边支护，每次工作高度 2m 左右，避免搭架作业。坡面修刷平顺，一次喷混凝土到设计厚度。设计有锚杆、钢筋网加固的坡面部分，应先作锚杆，将钢筋网焊接于锚杆外露段，然后再喷混凝土。锚杆规格、间距、数量、设置位置、角度满足设计要求。采用水泥砂浆作锚固材料，砂子过筛，粒径小于 3mm，严格控制配合比，保证砂浆标号不低于 30 号，注浆饱满。

五、大边墙施工

1. 施工方法

先施工大边墙，在大边墙与地表间隙全部回填水泥混合土，回填高度为设计洞顶回填线。开挖时，临时边坡应施作锚喷临时支护，待大边墙施作完成后，其内侧仰拱悬空部分空隙用 C20 混凝土回填，外侧回填土石。大边墙由里向外回填混合土，在洞门位置的正面采用麻袋围堰，待水泥混合土达到强度后拆除麻袋围堰，在掌子面进行锚喷防护。

2. 施工控制要点

大边墙基础下的地质条件应为弱风化岩石，地质承载力应达到600kPa。大边墙与地表间隙回填水泥混合土前，应清除地表植被。水泥混合土配比采用碎石土中加425水泥8%，掺水量以不泌水为度，水泥混合土28d抗压强度达到2.0MPa。水泥混合土要求搅拌均匀，分层压实，每层厚度不大于30cm。加强大边墙的位移量测。

六、反压护拱施工

1. 施工方法

反压护拱施工，施作混凝土加固，护拱随地面自然坡度起伏平均厚度保持0.4m，地面锚杆在大管棚施工后施作。反压护拱施工顺序为：清除地表植被，精确测量横断面，垂直地面打入锚杆，绑扎钢筋网，浇筑混凝土护拱。

2. 施工控制要点

清除地表植被。精确测量隧道横断面地面线，纵向间距为2m。垂直地面打入砂浆锚杆，锚杆深度为3.8m。距地面10cm绑扎钢筋网并与锚杆焊接，位置错过较远处可加短钢筋焊接。距地面0.35m铺第二层钢筋网。

七、长管棚施工

1. 施工工艺

(1)先做好施工地段的边坡防护工作，以利安全施工。

(2)采用在C20混凝土套拱内埋设3榀钢格栅拱架及孔口管，钢格栅拱架与孔口管焊接成整体。孔口管位置应用经纬仪以坐标法标定，与格栅焊接时必须严格控制其角度与方向。

(3)搭设平台或开挖洞口土方预留平台、安装钻孔机。

①钻机平台尽量一次搭好，钻间隔孔，安装钢花管并注浆，然后再钻孔补足并安装钢管和注浆。

②安装钻机。钻孔平台要稳固，钻机安装要牢固，防止施钻时钻机不均匀下沉、摆动、位移、倾斜而影响钻孔质量。

③钻机定位。钻孔方位与线路中线平行，且钻孔深度钻杆轴线与管棚轴线要有一定数值的仰角，以抵消钻深后钻杆自重增加所产生的下垂。

(4)钻孔

①为便于插管，钻孔直径应比管棚设计直径大20～30mm。

②用测斜仪或钻进中某些参数和反馈信息判断钻孔是否偏斜。

(5)安装管棚钢管

①钢管接头采用丝扣连接，丝扣长15cm，为使钢管接头错开，编号为奇数的第一节管采用3m长钢管，编号为偶数的第一节采用6m长钢管，以后每节均采用6m长钢管。

②钢管顶进用钻机顶进，如遇故障，须清孔然后再将钢管插入。

(6)注浆

隧道长管棚注浆按固结管棚有限范围内土体设计，浆液扩散半径不小于0.5m。

①灌注浆液。水泥浆液。

②注浆参数。水泥浆水灰比1∶1，注浆压力：初压0.5～1.0MPa，终压1.5～2.0MPa。

③注浆前应先进行注浆现场试验，注浆参数应通过现场试验按实际情况确定，以利施工。

④完成注浆后及时清除管内浆液，并用 30 号水泥砂浆紧密充填，增强管棚的刚度和强度。

2. 施工注意事项

(1)管棚钻孔时，应在开孔后 2m 处，孔深 1/2 处，终孔处，量测斜度，发现误差超限随即进行纠偏，至终孔仍超限者，应封孔重钻。

(2)如注浆量超限而注浆压力仍未到 1.2～2.0MPa，应调整浆液配合比，直至符合注浆质量标准。

(3)将管棚钻孔作为地质预报的手段，为安全施工提供依据。

(4)在钻孔作业中，要掌握好开孔与正常钻进的压力和速度，防止断杆事故。

(5)钻孔中发生卡钻、掉钻、孔斜、坍塌等故障，要积极采取对策，尽快组织处理、抢修、防止废孔与损伤钻机及造成人身伤亡事故。

第八节　公路隧道不良地质灾害处治措施数据库管理系统研制

一、系统开发的背景与思路

在隧道施工过程中经常遇到不良地质现象和地质灾害问题。不良地质现象是由各种地质作用和人类活动而造成的工程地质条件不良现象的总称，隧道施工过程中遇到的不良地质现象主要有滑坡、断层破碎带、岩溶、地震、高地应力、瓦斯(放射性和有害气体)等。地质灾害主要是指由于自然或人为作用使地质环境恶化，造成人类生命财产损失或人类赖以生存的资源环境遭受破坏的灾害事件，隧道工程常见的地质灾害有隧道塌方、冒顶、片帮、鼓底、岩爆、大变形、突水、瓦斯爆炸等。不良地质现象和地质灾害问题处理不当，将给隧道施工造成巨大的困难，增加工程投资、减缓施工进度，造成巨大的人民生命财产损失，给国家和社会造成诸多不良的负面影响。

目前对不良地质及地质灾害的处治没有明确的规范和指导性的手册，从而使得设计和施工的盲目性增大，一般等到不良地质体出现或地质灾害出现后才根据具体情况提出相应的处理措施，尤其在塌方处理上目前均是“就塌治塌”，这不利于保证安全和加快施工进度。有必要建立一套切实可行的办法，在隧道施工遇到不良地质及出现地质灾害时，能提前或迅速地制定合理的对策，最大限度地减小灾害的扩展。

鉴于此，本项目开发了“公路隧道施工不良地质灾害处治措施数据库管理系统”。该系统主要是为隧道施工过程中遇到不良地质和地质灾害等现象提供施工技术指导。在隧道遇到不良地质或地质灾害时，首先可以在系统中查找该问题的特征和总体预处治措施，在工程案例中查找类似的工程措施，然后结合现场情况、总体处治措施、典型工程的处治措施 3 个方面综合确定本工程的处治措施。该系统以其强大的查询功能以及方便的网络功能，为隧道施工提供了技术支撑，有效避免了隧道的塌方等施工灾害，大大减少了人员设备以及经济财产损失，在本项目取得了明显的社会经济效益。

二、系统整体框架与功能

1. 系统的总体框架

(1)不良地质处治综合技术，包括概念与特征、预处治措施。

(2)地质灾害处治综合技术，包括概念与特征、发生原因、处治措施、应急预案。

(3)工程案例，包括工程概况、地质情况、灾害情况、处治措施、处治效果。

结合实际工程综合确定处治措施。

2.系统功能

图 7-32 为系统的登录窗口。系统有管理员和普通用户。普通用户只能录入和查询相关信息，所录入的信息待管理员审核后才能在网上发布。管理员不仅可以录入相关信息，而且可以对普通用户录入的信息进行审核、修改和删除，还可以对用户进行设置。

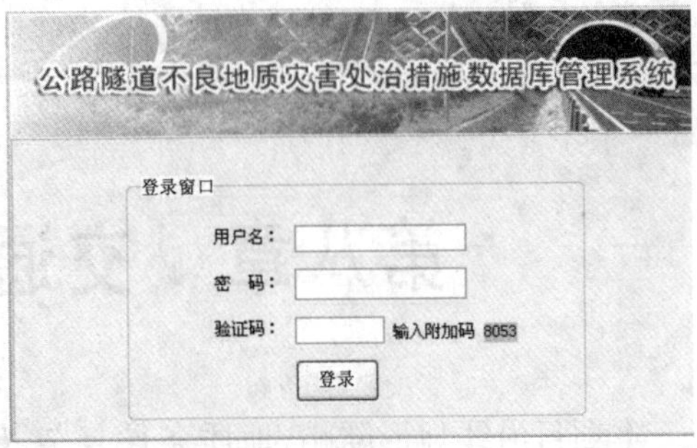

图 7-32 登录窗口

进入系统后，如图 7-33 所示，在第 3 行可以看到不良地质、灾害类型、工程案例、查询、用户管理等。从该图第 4 行可知，用户可以添加和查询不良地质的信息，类似地，用户可以添加和查询灾害类型、典型案例的信息。用户可以查询不良地质、地质灾害和典型工程案例，可以实现全文搜索。系统管理员可以对所有用户进行管理。

图 7-34 为添加不良地质的对话框。用户可以添加不良地质的概念与特征和预处治措施。类似地，用户可以添加灾害类型的概念与特征、发生原因、处治措施和应急预案，也可以添加工程案例的工程概况、地质情况、灾害情况、处治措施和处治效果。

图 7-33 不良地质界面

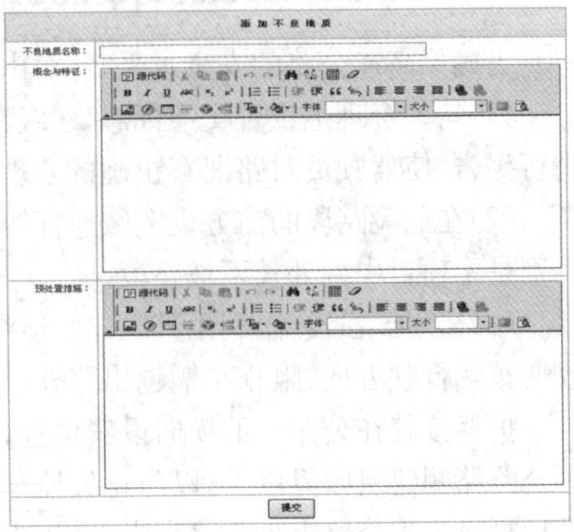

图 7-34 添加不良地质

第八章　交通工程与服务设施

本项目沿线地形陡峭、地质条件复杂、地形起伏大、桥隧比例大、局部路段存在特长上下坡。交通安全设施作为最基础、最必需的安全防护系统，能够保障行车的准确、安全、快速和舒适，对整条高速路的安全运营起着决定性的作用。为此，本项目进行了安全性评价，完成了《广梧高速公路河口至平台段中央分隔带护栏设置方案分析报告》，开展了特长上、下坡路段综合安全措施、隧道监控、EED车辆识别配置方法、隧道照明节能和防灾救援控制预案等研究。

本章介绍交通安全设施新理念设计、隧道一体化监控、EED车辆识别配置方法、隧道照明节能技术与专项设计、防灾救援控制预案。

第一节　交通安全设施新理念设计

一、主要交通安全设施的设置方案

为确保高速公路的安全水平，针对山区高速公路的特点，在设计中采用了合理的方案：

(1)均匀合理地设置交通标志，多级预告，向驾驶员提供充分的前方道路信息，对危险路段进行警告，使驾驶员对路况有正确的心理预期，能够采取正确的驾驶行为。

(2)在危险路段的前方设置减速标线或振动带，强迫驾驶员主动降低车速通过危险路段，特别是本项目中两处长下坡路段。

(3)采用护栏设施，利用其纵向吸能结构，通过自体变身或车辆爬高来吸收碰撞能量，从而改变车辆行驶方向、阻止车辆越出路外或进入对向车道、最大限度地减少对乘员的伤害。

护栏按其在公路中的横向设置位置，可分为路侧护栏和中央分隔带护栏。路侧护栏设置于公路路侧建筑限界以外，以防止失控车辆越出路外或碰撞路侧构造物和其他设施；中央分隔带护栏设置于公路中央分隔带内，以防止失控车辆穿越中央分隔带闯入对向车道，并保护中央分隔带内的构造物。

二、中央分隔带全线采用SBm级新泽西护栏

广梧高速提出了针对全线特别是长下坡路段中央分隔带新泽西护栏设计的新理念，加强交通安全控制，体现“与人为本，安全至上”的原则。

(1)中央分隔带全线采用SBm级新泽西护栏，安全性和耐久性更高

广梧高速位于粤西山区，能够加强广东与广西、云南、贵州的运输往来，促进“泛珠江三角洲”经济和社会的发展，其交通量构成以货车为主，大型车所在比例较大。目前，我国公路超载运输现象十分严重、十分普遍，很多货车制动安全储备不足，有些货车尚未配备辅助制动措施，一旦发生车辆撞击中央分隔带护栏，将产生重大事故，甚至可能引发二次重大事故或二次特大事故。现阶段，国内大部分高速公路中央分隔带护栏主要采用新泽西护栏和波形梁钢护栏。

新泽西护栏也是混凝土护栏的一种，主要是靠自重来挡阻车辆跨越，利用专门设计的断面使失控车辆与之碰撞后爬高并转向，吸收能量，损坏可能性较小。图8-1是新泽西护栏的现场照片。

图8-1 白石岭隧道口的中央分隔带SBm级新泽西护栏

(2)完善中央分隔带SBm级新泽西护栏结构设计，兼容性更高

中央分隔带的排水和敷设通信管道是高速公路设计的重要组成部分，通过对高速公路中央分隔带内部积水原因及其对路基造成损害等问题的研究，完善了中央分隔带新泽西护栏的结构设计，最大限度地保证高速公路排水系统有效。

中央分隔带新泽西护栏在路面以上高度为0.9m，符合公路交通安全设施设计规范，在车辆碰撞情况下能够有效避免越出事故和钻撞事故。

采用新泽西护栏能够防止地表水渗入路面基层与路基，保证高等级公路的土基处于干燥、稳定状态。而波形梁护栏需要在中央分隔带内设置完善的排水设施，但按照规范要求，护栏的立柱需保证一定的插入深度，往往穿透路基的防水隔离层，在多雨地区易造成路基病害。

本项目中央分隔带全线采用SBm级新泽西护栏，能够有效保护高速公路的排水系统，兼容性更高。

(3)树立全寿命周期成本理念，资源有效节约

树立全寿命周期成本理念，加强造价管理力度，保证最优工程质量，使中央分隔带护栏始终保持在良好的服役状态。

由于混凝土护栏本身是刚性的，相对于半刚性的波形梁护栏，在车辆碰撞后混凝土护栏的损坏可能性较小，养护和维修费用低。对于中央分隔带布设波形梁钢护栏而言，建成后还存在着中央分隔带绿化养护频繁的问题，由于植株需要长得相对高大，其供水和裁剪需求量大，所以绿化的养护费用偏高。

通过树立全寿命周期成本理念，对中央分隔带新泽西护栏和波形梁护栏两种方案的建设和日后养护进行分析得出，采用新泽西护栏能够有效控制工程建设和运营管理成本，节约资源。

第二节　隧道一体化监控

高速公路建立监控系统的目的主要是监视全线交通运行状况，保证主线路段的交通畅通，提高服务水平和通行能力，减少车辆延误，实现对交通运行的宏观管理和调度，发挥道路安全、舒适、快捷的特点，以及保证道路服务水平的主要手段。高速公路监控系统由外场监控设备、隧道监控设备、监控站内设备等构成。

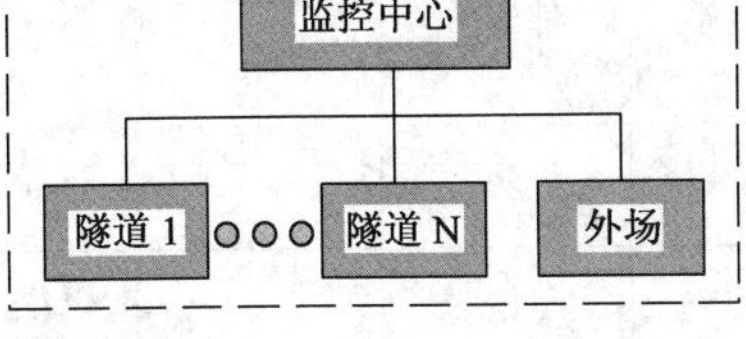

图8-2 广梧二期隧道一体化监控

广梧二期采用一体化监控，如图8-2所示。一体化监控完全去掉了除监控中心外的其他管理环节，由监控中心统一管理全线的隧道和外场设备，高速集成化。

一、闭路电视系统

闭路电视系统主要包括外场和隧道的视频监控及监控中心的闭路电视系统。随着高速公路管理和服务水平的提高，高速公路监控视频已成为公众信息网的重要内容，通过路况图像信息发布和在线点播，为公众提供出行参考服务。

1.视频监控点的构成

高速公路视频监控系统包括全程监控，隧道、桥梁、互通等外场监控以及收费站广场、收费亭、收费车道及收费站场区监控。全程监控沿道路分布，桥梁、隧道布局分散，长短不一，是否采用全程监控，要依路段交通量大小等因素综合确定。

(1)全程监控。为了实现高速公路的全程视频监控，避免道路盲点的产生，可以在整条高速公路上大致均匀地设置监控点，在考虑降低成本和提高监控效果的前提下可以考虑沿高速公路每隔1～2km设置一个监控点。

(2)隧道视频监控。公路隧道闭路电视系统完成对全隧道进行无盲区的监视任务，平时用以掌握交通状况，以利于交通控制；紧急情况时，用以确认外场设备上传的信息、监视消防活动、疏散行动等状况。目前，国内标准为间距不大于150m，日本为直线段间距150～200m。而隧道洞口的车辆行驶状态信息作为掌握隧道运行状态，以及洞内发生事故时，即时了解洞外情况，通过洞外联络车道疏导交通流发挥重要作用。通常在隧道的洞口二端分别设置遥控摄像机。

(3)互通区视频监控。互通式立交作为高速公路的重要组成部分，主要承担相互交叉的道路之间以快速而安全地进行交通流转换。车辆出入匝道时，容易由于需要变换车道或车速太慢导致交通事故的发生，作为重点监视区域，有必要在互通处设置摄像机。

(4)收费站广场、车道、亭、场区视频监控。收费站智能数字监控系统对公路收费站的重要部位和重点区域，如车道、收费室等，进行7×24h连续监视。距离收费站前后50～80m的广场，放置1台高速智能球型摄像机。主要目的是为了杜绝收费站工作人员对来往的货运车辆进行强行收费和监视车辆来往的情况。在收费站门口的岗亭5m处每条车道安装1台固定彩色摄像机，主要目的是为了监视车辆有没有进入收费站监测及收费，并能够拍清车辆的车牌号。在收费站的每个收费窗口安装1台彩色半球摄像机，主要监视整个收费窗口的情况。在每处收费站场区内投包室设置摄像机，监视投包室情况。

广梧二期全线互通、路段、隧道、桥梁等区段以及收费站范围内设置完善的视频监控后，总共路数统计如表8-1所示。

广梧二期视频图像统计

表8-1

视频来源	大洞、五指山、茶林顶、旗山顶、鹅公髻隧道和连滩站	石牙山隧道	大哗山隧道、云安站	牛车顶隧道、亚婆髻隧道、建城站	息村大山隧道、郁南站	省界主线站	小计
监控路数	181	79	26	55	20		361
收费路数	18		20	14	18		70
合计路数	199	79	46	69	38	19	450

2.视频图像的传输

按一体化监控的要求,全路段所有的图像需集中至监控中心进行显示,在各收费站不进行显示。

图 8-3 是 IP 方式视频传输系统构成图。IP 传输通过把视频图像编码之后,经过通信系统提供的传输通道,把视频信号传输至监控分中心交换机,再经过解码器解码还原成视频信号后上监视器墙显示,采用视频压缩数字传输方式进行图像传输是发展的趋势,采用 IP 的方式,系统易于扩容、兼容性好、易于维护、视频信号全网共享、强大的网管功能、易于实现图像上传等优点,通过网络进行视频切换与控制、存储、回放、检索等,能够最大化地发挥监控系统的综合管理作用。与光端机的方式相比,全 IP 的方式对光传输系统的要求更为简单。另外,采用 IP 的方式使用虚切换的技术,整个 IP 网络就是一个大容量的矩阵系统,在监控室也不再需要矩阵系统和其他周边设备。

图 8-3 IP 方式视频传输系统构成图

在广梧二期高速公路的设计上,结合一体化的研究,总共的图像数量达到 450 路需传至监控中心一并管理,在传输方式上,选择的是数字化编码传输,编码方式的选择上,我们选择了将成为主流方式的 H.264 编码方式,可大量的节约带宽。

确定了数字化编码传输后,广梧二期采用“CCTV→编码器→通信系统→监控中心”传输方式,可省掉光端机,在摄像机前端进行编码,同时采用无源光网络进行传输方式(图 8-4)。

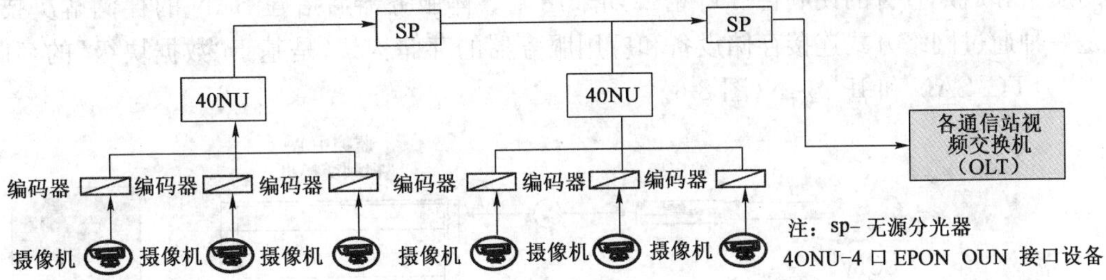

图 8-4 无源光网络传输构成图

隧道洞内图像每路图像前端编码,每 3 路编码后的图像接入 4 口 EPON ONU(Optical-NetworkUnit)接口设备,接入各通信站内的视频交换机。EPON 是由 IEEE802.3EFM 工作组(EthernetintheFirstMileStudyGroup)引入的一种新接入技术标准,EPON 中传送 IEEE802.3 规定的以太数据帧,即 802.3ah 协议。

中心采用 OLT(OpticalLineTerminal)网络交换设备,作为光终结点,在每个需要分支的地方采用分光器,分出需要的光路(使用 5%:95%分光比的分光器,最大不能超过 12 个。避免故障点过多),然后每分光器分出的光纤到需要铺设监控器的点(每个 ONU 光接受灵敏度 −26dbm,必须保证)。

在局点内用户我们选择的核心 OLT 设备支持 SFP 光口,通过光口与局点内其他交换机(需要支持至少 SFP 光口以及 100/1000M 电口)的设备,电口用作灵活的接入解编码器或者其他设备。

广梧二期采用的视频传输系统构成如图 8-5 所示，道路和隧道监控摄像机图像在本地编码转换为数字信号，通过 EPON 设备连接至就近通信站的以太网核心视频交换机，所有收费图像在前端经编码转换为数字信号后，与监控系统以太网核心视频交换机连接后，与监控系统图像通过同一信道上传连滩收费中心。视频监控传输平台拟独立于光纤数字传输网，为确保网络的可靠性，结合各节点的位置，视频监控平台网络组成 2 个环网，采用 RRPP 技术，并通过设置，每个环组成 2 个逻辑环，确保每个 OLT 设备与视频交换机之间的数据交换机的高效。视频监控平台之间采用 RRPP 组网，可实现 50ms 的快速倒换，确保网络的高可靠性，同时，通过双环组网，每个环设置成 2 个逻辑环，共可提供 4Gbps 的主干带宽(单向)。

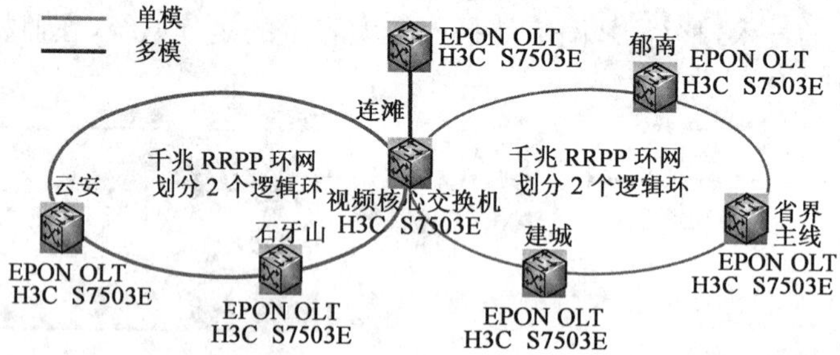

图 8-5 视频传输系统构成图

配置的 EPON OLT 设备及视频交换机均支持 RRPP 协议，且具有相应的光端口，只需进行光模块的更换，即可完成 RRPP 组网。

3. 视频图像的存储

监控和收费作为事后缉查的重要手段，有必要进行存储。存储方式的选择，直接关系到存储的质量和后期查看的便利性。广梧二期采用流媒体服务器后搭建 SAN 的存储解决技术。这是一种通过网络方式连接存储设备和应用服务器的存储构架，是基于“数据块级”的存储方式，分为 FC SAN 和 IP SAN(图 8-6)。

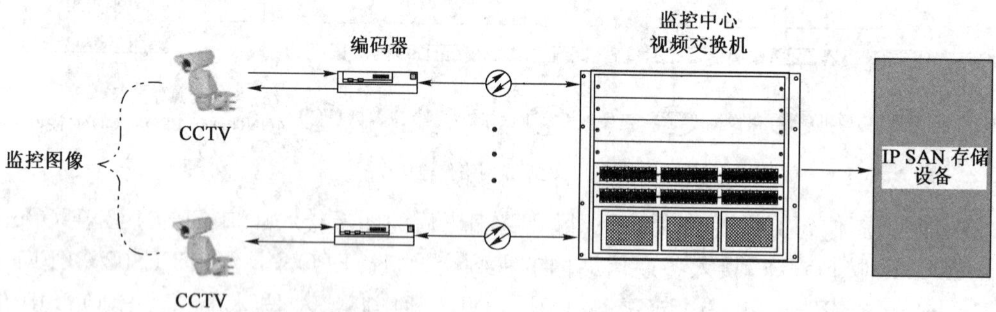

图 8-6 IP SAN 存储视频示意图

监控视频信号在监控中心采用集中式存储方式，即所有监控视频信号接入到远端综合接入设备进行编码成为 IP 信号，使用低速码流上传至就近收费站，然后统一传输至监控中心的存储设备中。

广梧二期采用一体化监控，所有的图像需在监控中心统一存储，本地节点接入设备采用高速总线技术，实现数据交换功能，同时支持电信号和光信号输入/输出，无需二次编码压缩。系统采用双码流传输模式，对每路视音频双码流压缩，支持 ITU TH.264 和 MPEG2 标准，高码流用于广播级图像监控，低码流用于存储以及视音频点播、流媒体转发，则带宽的利用率大大增强。

按 0.5Mbps 单路视频图像低码流，计算图像存储容量。0.5Mbps/8＝64KB/s；每小时容量＝3600s×64KB/s＝230.4MB/h；每路图像一天 24h 存储容量＝24h×230.4MB/h＝5.6GB/d。由此可计算出连滩监控中心视频存储容量为：监控系统视频数量 361 路，存储 15d，容量＝361 路×15d×5.6GB/d≈30.4TB；收费系统视频数量 18 路，存储 30d，容量＝18 路×30d×5.6GB/d≈0.4TB；则连滩监控中心视频存储总容量为：30.4TB＋0.4TB≈31TB；需配置 IP 存储设备 3 台，42 块 750GB 硬盘。

4. 视频图像的显示

外场视频图像和收费图像在监控分中心的监视墙上进行显示，通常采用一对一显示，如果路数较多，为节省投资，可采用画面分割技术，在一台监视器上显示多路图像。也可采用轮询显示方式，不同视频源隔一段时间轮流显示于同一台监视器上。另外可配置少量的大屏幕投影，一旦发生交通事故或特殊情况，可直接切换到大屏上显示，便于管理人员了解情况，即时进行处理。

采用集中式一体化监控模式，所有的视频图像需汇集到监控中心进行显示，采取怎样的显示方式，即能满足实时监控的要求，规模又合理，对于一体化监控来说，是要考虑和研究的内容。

广梧二期视频图像显示图如图 8-7 所示。监控中心监视墙共有 64 台 29 口寸 CRT 监视器和 1 套 2×2×67 口寸的大屏幕投影系统。所有上传监控中心的图像通过解码器、四画面分割器接入监视墙和综合操作台的 2 台 17 口寸 LCD 监视器，进行轮循显示。外场、隧道及收费等所有视频约 450 路传至中心。具体采用方式如下：监控外场及隧道洞口图像解码 18 路轮询显示，隧道内 265 路图像解码 132 路 4 画面轮循分割显示，变电所电力监控 59 路解码 28 路 4 画面分割轮循显示，收费系统 89 路图像解码 24 路 4 画面分割轮循显示，同时在控制台上的 2 台液晶分别显示监控和收费图像。

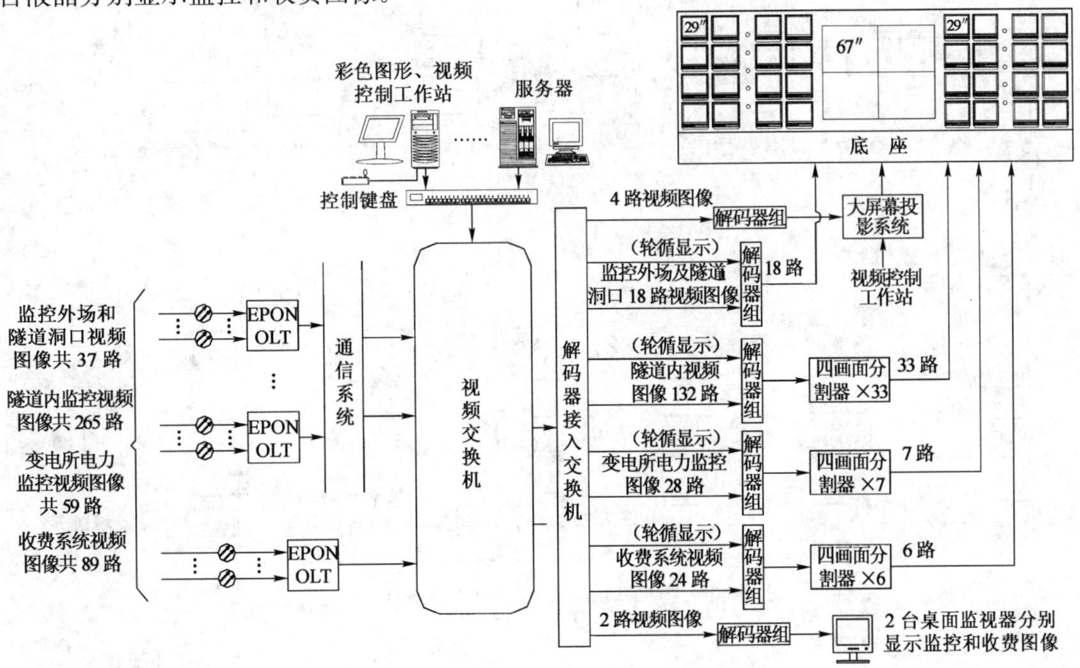

图 8-7　广梧二期视频图像显示图

二、信息采集传输及发布系统

1. 隧道信息采集及传输

隧道监控站是隧道监控系统的监控中心。

隧道监控系统具有干扰强、环境较差的特点。网络系统对隧道监控安全、可靠、有效地运行非常重要。在隧道监控系统的结构上,国内公路监控系统在管理体制上主要是三级管理,即监控总中心、监控分中心和监控所。由于监控所不直接对隧道的设备进行控制,因此,按照系统结构的划分把监控系统划分为信息层、控制层和设备层。

相对于一体化监控来说,我们取消了隧道监控所这一级,同时未采用总线方式连接各PLC,采用的是在每个现场区域控制器加以太网交换机、将网络分成若干网段,以太网交换机具有数据存储、转发功能,以增强系统的可靠性。

图 8-8 是广梧二期隧道环网系统构成图(部分)。广梧连滩监控中心管辖的石牙山、大哗山等 18 座隧道群分 10 个光纤冗余环网。以旗山顶隧道为例,将旗山顶隧道构成一个光纤冗余环网,通过隧道变电所的主控 PLC 实现在隧道洞外就近控制,同时通过变电所内的工业以太网交换机实现与连滩监控中心的通讯。由于旗山顶隧道右洞洞内共设置区域控制器 5 台,工业以太网交换机 5 台,隧道左洞洞内共设置区域控制器 5 台,工业以太网交换机 5 台,在隧道口两个变电所各设置区域控制器 1 台,工业以太网交换机 1 台,故旗山顶隧道左右洞分布的 PLC 构成一个环形网络,为一个独立的光纤冗余环网。其他的隧道群同样通过洞外的主控 PLC 和交换机经通信系统把所有的隧道内数据上传至监控中心。

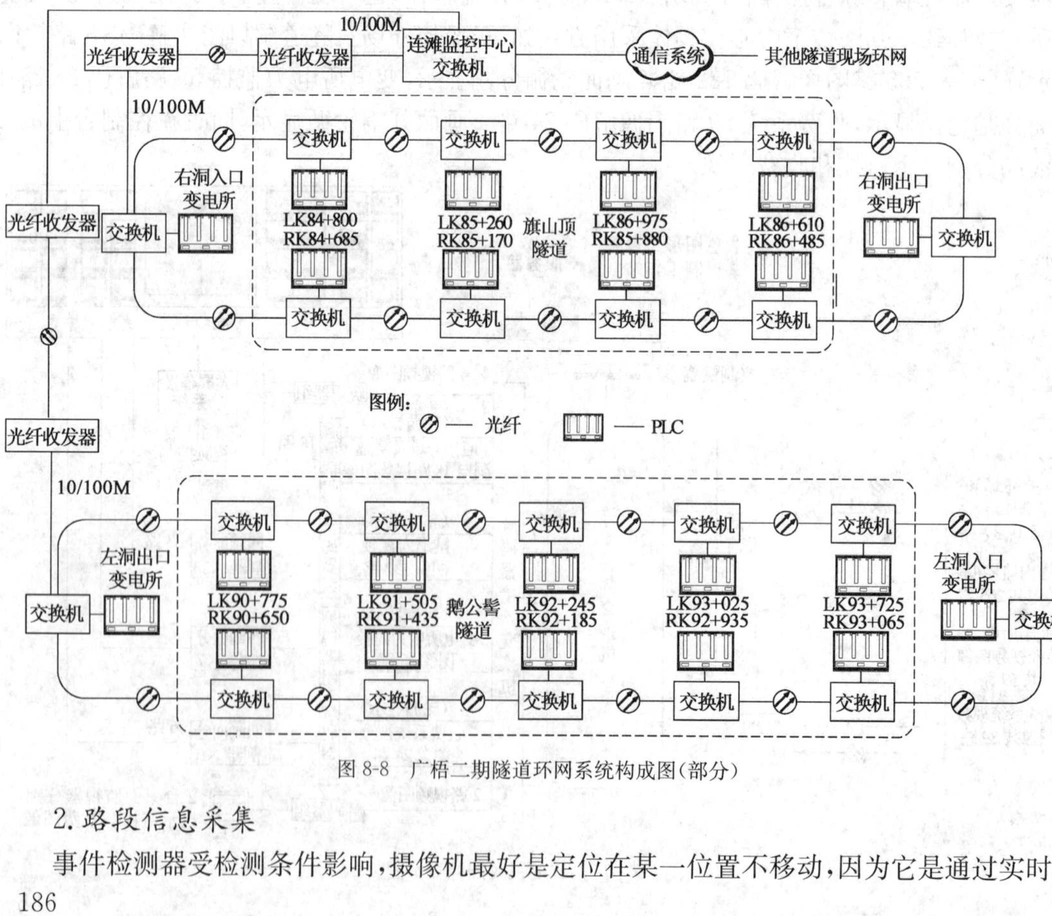

图 8-8 广梧二期隧道环网系统构成图(部分)

2. 路段信息采集

事件检测器受检测条件影响,摄像机最好是定位在某一位置不移动,因为它是通过实时捕捉车辆运行轨迹进行识别，另外要进行摄像最好是有相应的照明系统，而在外场，我们主要采用的是遥控摄像机，且通常外场未设置夜间照明。

交通监控系统在路段每个互通立交两侧设置微波车辆检测器，用于检测交通量、车速、占有率等交通参数，作为制定控制方案的基本参数，同时为交通部门进行分析提供依据。

3. 信息发布系统

信息发布系统是路网监控系统的一个重要组成部分，是当前高速公路主要采取的控制手段，它直接引导驾驶员控制车速，选择行车路线，了解前方交通情况，以便防止交通拥挤和交通事故的发生。全路段一体化监控时，对信息发布标志布设提出更高要求，需保证全路线任一点发生事故，在事故前方能即时发布信息，诱导车辆驶离高速公路，避免二次事故的发生。

广梧二期的发布设备全线共布设可变限速标志 10 套、悬臂式可变情报板 1 套、门架式可变情报板 12 套。石牙山隧道内设置了 10 套可变限速标志，以便在隧道内、交通异常时及时向驾驶员提出合理的行车速度和路况信息。在三家寨隧道与逍遥口停车区之间设置了 1 套悬臂式可变情报板作为可变限速标志，以便在天气、交通异常时及时向驾驶员提出合理的行车速度和路况信息。

4. 数据的传输

实行一体化监控方式，各路外场和隧道数据需向监控中心传输路上外场设备状态、采集数据、事故信息等，同时接收监控中心下发监控管理指令。

图 8-9 为本项目监控数据传输示意图。外场数据经数据光端机传至就近通信站，经串口服务器，转换为以太网信号进就近无人通信站 ONU，经通信系统传至监控中心的中心接入交换机。串口服务器是异步串行口（RS-232/422/485）和以太网 RJ45 接口间的转换器，是一个带有 CPU 和嵌入式 OS 及完整 TCP/IP 协议栈的独立智能设备。串口服务器可以提供 RS-232/485/422 终端串口与 TCP/IP 网络的数据双向透明传输，完成 RS-232/422/485 格式和以太网传输的 IP 包之间的数据转换，提供串口转网络功能，可以让串口设备立即联结网络。串口服务器可看作数据传输系统的一个前端接入和处理设备，负责将低速串口数据转换为 TCP/IP 网络数据。串口服务器就像一个小型的计算机，具备 CPU、内存、网络接口和 OS 操作系统，以及可以在串口和以太网口之间进行双向数据传输的 TCP/IP 协议。串口服务器内置 IP 地址，支持动态 IP(DHCP)和静态 IP，支持网关和代理服务器，内部集成 ARP、IP、TCP、HTTP、ICMP、SOCK5、UDP 等协议，完全符合局域网相关规范的要求。串口数量可分别提供 1、4、8、16、32 等不同数量的端口，同一个串口服务器可根据数据传输的需要，将串口混合配置为 RS-232 或 422 或 485 的不同组合形式；串口服务器支持安全机制，防止未经授权者的非法访问，支持中文菜单配置界面；通信工作站通过 WEB 页面实现对串口服务器的配置、管理和查询功能。现在，部分串口服务器可提供串口过电压保护功能，用于抵御来自外部的感应过电压，增强设备的可靠性；部分串口服务器还可以配置双网口，实现数据传输到不同的服务器，形成数据传输的冗余备份。串口服务器的发展得益于 IPoverSDH 技术在高速公路通信系统的广泛应用。串口服务器安装在无人通信站的前端，每个无人通信站均需要配备一台串口服务器，但每台串口服务器的串口数量较少，可根据无人通信站附件的外场设备数量进行选择，一般选择 4 口或者 8 口的即可满足要求。在无人通信站将外场的串口数据转换为 TCP/IP 网络接口，通过通信系统提供的以太网口将数据传输到通信中心，通信中心的以太网端口与监控系统交换机相连，将数据传输到通信计算机。串口服务器的优点如下：安装快捷，管理容易，维护方便；独立操作的服务器，节省 PC 资源；支持热插拔功能和串口共用功能，减少系统停止运行时间；使用串口转网络解决方案，不需要更改应用程序，即可实现串口设备联网；高弹性布线

和串口扩充性可以满足 RS-232/485/422 串口设备分布和扩充的需求;使用与专用 I/O 子系统无关的标准 RS-232 接口,易于主机升级;适用与容错环境,能够简单快速地与备机重联;每一终端可与单主机或多主机进行多路对话,提高用户的工作效率。

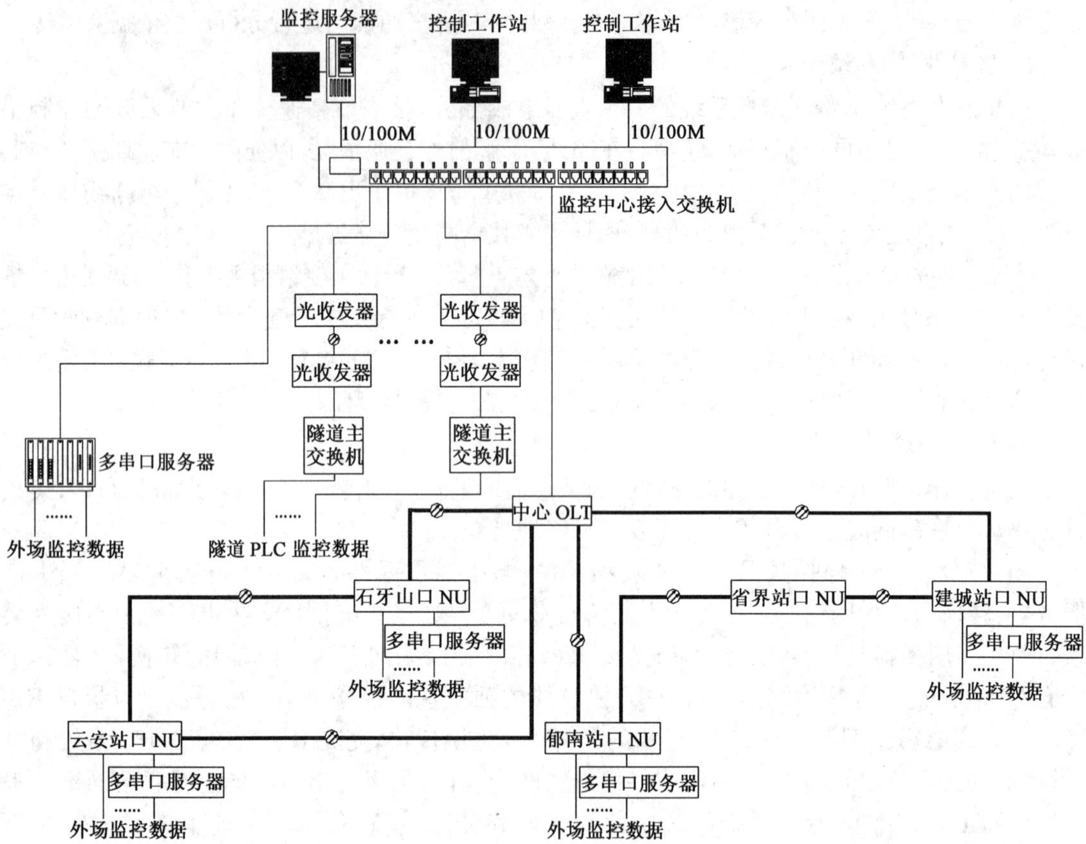

图 8-9 监控数据传输示意图

三、监控中心控制系统构成

监控中心控制室内设置 1 套计算机系统,主要由服务器、各工作站和交换机组成局域网,局域网的网络结构采用星形拓扑结构。

(1)接入交换机。监控中心共有接入交换机 12 台,分别为 6 台 48 口交换机和 6 台 24 口交换机,负责整个监控中心计算机网络和视频传输网络的组网,分别通过多模光纤接入监控中心视频主交换机的 12 个多模光口。

(2)路由器。用于上传监控数据至上级监控中心。

(3)服务器。服务器负责完成网络服务、数据库服务,包括数据自动集成提取,数据自动备份、维护等。监控中心 4 台服务器分别为监控服务器、视频管理服务器、流媒体服务器、交通事件管理服务器。

(4)工作站。工作站是整条路的核心所在,通过中心的工作站实现对全路段的控制管理。通信计算机负责实时采集外场设备(含隧道设备)检测的参数和设备工作状态等数据,存入服务器数据库中;视频控制、图形工作站是集成了视频控制和图形处理功能的终端设备;交通监控计算机是监控中心进行数据分析、处理、生成控制方案的终端计算机。交通监控计算机可以与彩色图形计算机互为备份使用；电力监控工作站是对各隧道电力监控系统进行实时监视和控制的终端设备，具有声音报警功能；隧道管理工作站负责管理隧道火灾、通风、照明和消防的检测和控制工作。

(5)多串口服务器。用于对外场监控设备的数据信号进行集中采集并进行协议转换，输出以太网信号接入通信系统上传中心。其中监控中心 2 台、云安通信站 1 台、石牙山通信站 1 台、建城通信站 1 台、郁南通信站 1 台。

第三节　EED 车辆识别配置方法

EED 车辆识别法指在隧道入口与隧道出口设置图像识别与传感设施，根据进入隧道的车辆标识与行驶速度，通过与预设车辆正常安全通过隧道时间与实际行驶时间比较，判别隧道洞内交通状态及隧道内行驶车辆数，为交通控制与预案决策提供依据。

一、车辆检测设备布置情况

交通信息检测传感设施(包括感应环形线圈、磁性检测器、地磁检测器等检测设备)采集进出隧道车辆的行驶速度，为判别车辆进入隧道后的运行情况提供依据。视频监视系统用于监视出入隧道的交通流状态，识别车辆标识。隧道出入口摄像机一般设在距隧道出入口外 100～350m 处，若双管隧道二洞口相距不远，其间地势平坦，则可设置在二洞口中间地带，同时监视二洞口交通流状况。感应设施布设在离隧道出入口外 100～350m 处，车辆行驶道路中间。两种检测设备的布置情况如图 8-10 所示。

图 8-10　EED 车辆识别法检测设备布置示意图

二、EED 车辆识别法基本流程

(1)通过视频检测设备和传感设施标识进入隧道的车辆 a，并采集车辆进入隧道行驶车速 V_{a1} 和驶出隧道行驶速度 V_{a2}。

(2)记录车辆 a 驶入隧道时刻 t_1 及驶出隧道时刻 t_2，求得车辆 a 通过隧道的实际行驶时间 $T_1=t_2-t_1$。

(3)根据 V_{a1}、V_{a2} 计算车辆通过隧道的平均行驶速度 $\overline{V}=(V_{a1}、V_{a2})/2$。

(4)平均行驶速度 $\overline{V}$，设定车辆 a 正常安全通过隧道行驶时间阈值范围，$T_s \in \left(0,\dfrac{L}{\overline{V}-(\overline{V})\cdot 30\%}\right)$。

(5)车辆 a 通过隧道的实际行驶时间 T_1 与车辆 a 正常安全通过隧道行驶时间临界值 $T_2=\dfrac{L}{\overline{V}-(\overline{V})\cdot 30\%}$ 进行比较，若 $T_1>T_2$，则判断隧道洞内发生交通拥堵异常事件，转步骤(6)，若 $T_1\leqslant T_2$，则转步骤(1)继续检测下一辆进入隧道洞内车辆 b 的相关信息。

(6)根据视频摄像机和感应线圈等检测设备采集标识的车辆数据，计算车辆 a 通过隧道的实际行驶时间 T_1 内，洞内被困车辆数及平均排队长度，并发出交通异常事件警报。

第四节　隧道照明节能技术与专项设计

隧道的照明运营成本将成为一个不容轻视的问题，如何能降低照明的设备、维修及用电费用，将会产生较大的经济效益。我国公路隧道建设起步较晚，隧道照明的设计水平和节能措施相对落后，远远不能适应公路隧道照明工作的需要。本着安全、经济、环保、节能的公路建设目标，本项目开展了“高速公路隧道照明需求与节能技术”研究，切实了解实际运营隧道在照明系统管理、设计等方面的需求和存在的问题，收集现有隧道照明系统的运营效果情况、新型照明光源灯具在隧道内使用情况，提出了改善隧道的照明系统设计。

广梧高速鹅公髻隧道 LED 照明设计采用高光效大功率半导体(LED)隧道灯，入口段加强照明单灯功率由高压钠灯的 400W 降低为 LED 隧道灯的 150W，过渡段由高压钠灯的 250W 降低为 LED 隧道灯的 100W，基本照明由高压钠灯的 100W 降低为 LED 隧道灯的 75W。这样仅从使用 LED 隧道灯替代传统高压钠灯上，就能实现节电 30%以上。

广梧高速鹅公髻隧道 LED 照明还使用了智能化调光控制系统，该系统可根据户外进入隧道内的光线的强弱、车流量和车速等因素，自动调节隧道内照明强度。仅从使用该智能系统上，就能实现节电 20%左右。同时，该隧道照明采用多线路控制，在不需要全部点亮时可关闭部分隧道灯以节约用电，真正实现了高科技与节能的紧密结合。

一、隧道传统照明与 LED 照明

1. 传统照明

目前，国内高速公路隧道使用最广泛的照明灯具为高压钠灯。其优点是光效高，寿命长，光的穿透力强。高压钠灯需要镇流器等辅助电路调整通过灯的电流才能点亮，而且在无风机的短隧道中，高压钠灯的能耗占整个隧道能耗的 95%以上，在有风机(含轴流风机和射流风机)的中、长隧道中，高压钠灯的能耗也占整个隧道能耗的 40%以上。所以，多隧道高速公路的能源消耗成本在整个高速公路运营成本中占较高比例，降低隧道照明灯具的能耗对降低整个隧道的能耗、降低隧道的运营成本有重要意义。

2. LED 照明

LED 光源在照明领域的应用，是半导体发光材料技术高速发展及“绿色照明”概念逐步深入人心的产物。“绿色照明”是国外照明领域在 20 世纪 80 年代末提出的新概念，我国“绿色照明工程”的实施始于 1996 年。实现这一计划的重要步骤就是要发展和推广高效、节能照明器具，节约照明用电，减少环境及光污染，建立一个优质高效、经济舒适、安全可靠、有益环境的照明系统。LED 光源高效节能、绿色环保、安全可靠，有效降低运营成本和维护成本。

(1)绿色环保

LED 是目前全世界公认的、最具环保特性的绿色光源。大功率半导体(LED)灯具无红外线、紫外线辐射，无铅、汞等有害污染，无有害气体排放。

(2)安全可靠

LED 隧道灯是专业针对隧道照明需求研发的新产品，具有优异的防尘、防水、防爆和抗震性能。同时，由于 LED 隧道灯具有其他传统光源所不具备的即时启动、无频闪等特点，并能通

过智能化调光控制系统使整条隧道内的照明保持在一个相对稳定的水平上，使得隧道内的行车安全性大大提高。

(3)有效降低运营成本和维护成本

虽然LED隧道灯的成本高于传统高压钠灯，但由于采用LED隧道照明解决方案后所需的电缆成本大幅度降低。因此，采用LED隧道照明方案的工程造价与传统高压钠灯隧道照明方案相比，建设成本没有大幅度增长。LED隧道灯的光源寿命长达5万小时，性能稳定可靠；而传统高压钠灯的平均寿命只有12000h，因此又大大减少了光源损耗和日常维护费用，运营和维护成本有效降低。

二、设计标准

对鹅公髻隧道、百路须隧道进行照明节能专项设计。

鹅公髻隧道长3km多，原设计采用高压钠灯照明方案，本次设计采用LED功能照明+诱导照明方式。百路须隧道右洞213m，左洞208m，原设计采用高压钠灯照明方案，已做好了照明设施的预留预埋工作，近期采用诱导照明方式，远期根据交通量的增加设置功能照明系统。

1. 隧道洞内照明标准

隧道入口段维持亮度 $L_{th}\geqslant 91cd/m^2$；隧道过渡段1维持亮度 $L_{tr1}\geqslant 27.3cd/m^2$；隧道过渡段2维持亮度 $L_{tr2}\geqslant 9.1cd/m^2$；隧道中间段维持亮度 $L_{in1}\geqslant 2.11cd/m^2$；隧道出口段维持亮度 $L_{out}\geqslant 10.55cd/m^2$；应急照明维持亮度 $\geqslant 1.25cd/m^2$；横通道维持亮度 $\geqslant 2cd/m^2$。

2. 其他主要照明设计参数

路面亮度总均匀 $U_0\geqslant 0.4$；路面亮度纵向均匀 $U_1\geqslant 0.6$；洞外引道照明维持亮度 $\geqslant 2cd/m^2$；隧道洞外亮度 $L_{20}(S)$：$3500cd/m^2$；应急照明维持时间 $t\geqslant 30min$。

三、功能照明系统设计

1. 照明方案与灯具选择

基本照明兼应急照明采用50WLED隧道照明灯，采用双侧交错布灯方式；加强照明段分别采用150W、100WLED隧道照明灯，采用双侧对称布灯方式。

引道照明采用12m单臂150WLED路灯，在隧道进出口两侧对称布置。

2. 照明配电

隧道加强照明和基本照明的电源分别引自进出口隧道变电所低压配电柜，为保证隧道内应急照明的供电可靠性，应急照明设置独立的供电电缆，并由进出口隧道变电所EPS应急电源装置供电，用于应急照明的EPS应急电源装置容量与原设计一致。

隧道照明的主电缆从隧道变电所引至隧道隧道内的配电箱内，照明主电缆敷设在行车方向左侧电缆沟内。分支电缆由隧道内的配电箱引至LED照明灯具，分支电缆敷设在电缆桥架内。横通道的照明电缆采用阻燃PVC管明敷在隧道壁上。

3. 照明控制

广梧高速LED照明使用了国内先进的隧道动态调光完整的控制算法，提出基于洞外环境亮度、交通量、平均车速的照明智能控制模型，提出基于洞外环境亮度、交通量、平均车速多元参数的隧道照明节能分析软件，得到最优的控制方案。

(1)手动控制

可以通过中心计算机的控制软件及隧道照明变电所配电柜上分别完成，隧道配电房中的手动照明用于维修的需要。如遇火灾，无论照明现状是什么，照明控制系统应将隧道照明开到最大限度，以利于救火。

(2)预置模式控制

①策略分类

预置模式分为大交通量预置模式、中交通量预置模式、小交通量预置模式、交通堵塞预置模式、隧道火灾预置模式及隧道养护管理预置模式。

其中大交通量、中交通量、小交通量预置模式分别包括晴天、云天、阴天、重阴天、夜间、深夜 6 种模式，共 18 种模式。预置控制模式分类如表 8-2 所示。

预置控制模式分类 表 8-2

大交通量控制方案	中交通量控制方案	小交通量控制方案
晴天大交通量	晴天中交通量	晴天小交通量
云天大交通量	云天中交通量	云天小交通量
阴天大交通量	阴天中交通量	阴天小交通量
重阴天大交通量	重阴天中交通量	重阴天小交通量
夜间大交通量	夜间中交通量	夜间小交通量
深夜大交通量	深夜中交通量	深夜小交通量

②天气判定方法

a. 晴天、云天、阴天、重阴天可按照 L_{20}(S)检测参数值确定。晴天：$L_{20}(S) \geqslant 2000cd/m^2$；云天：$2000cd/m^2 < L_{20}(S) < 1000cd/m^2$；阴天：$1000cd/m^2 < L_{20}(S) < 500cd/m^2$；重阴天：$500cd/m^2 < L_{20}(S) < 200cd/m^2$。

b. 夜间、深夜由时间和 L_{20}(S)两个参数确定。夜间一般指凌晨 1 点之前且洞外亮度 $L_{20}(S) < 200cd/m^2$，深夜指凌晨 1 点之后且洞外亮度 $L_{20}(S) < 200cd/m^2$。

③预置模式控制应用基本要求

a. 预制控制模式基本要求。应在照明控制软件开发中根据隧道的实际情况通过配方实现，软件开发中应考虑交通量、停车视距、洞外亮度 L_{20}(S)等因素。在实际应用过程中，首先根据近期内历史交通量参数最大值判断属于大、中、小交通量控制方案，天气判定首先按照“天气判定方法”确定，然后人为判断天气状况。若亮度传感器失效时，可采用人工判断天气状况。

b. 预制控制模式使用条件。应在自动控制系统完全失效的情况下使用，输入历史最大交通量参数及天气状况参数确定后执行。

(3)自动控制

自动控制为照明控制的主要组成部分，是控制系统默认控制模式。算法原理是：依据交通量及洞外亮度建立洞内亮度理论需求曲线，然后根据洞内亮度理论需求曲线进行灯具的动态调光控制。整个照明控制输出接近平滑曲线，可以快速响应跟踪照明需求曲线，可以得到最优的控制效果并能够达到节能的目的。

隧道照明设计分为：入口段、过渡段、中间段、出口段。因此自动控制算法中进行隧道照明理论需求曲线 L 的计算采用分段方式进行计算。自动控制算法通常采用时间触发条件，每 5～10min 重新读取洞外亮度、交通量等参数重新进行照明需求计算。算法外部结构框图如图 8-11 所示。

亮度需求：
$$L=\begin{cases}入口段\ L_{th}\\ 过渡段\ L_{tr}\\ 中间段\ L_{in}\\ 出口段\ L_{ou}\end{cases}$$

图 8-12 为隧道照明理论需求曲线，其中 x 轴为以入口起点距离值 S_T，y 轴为隧道照明理论需求 L。

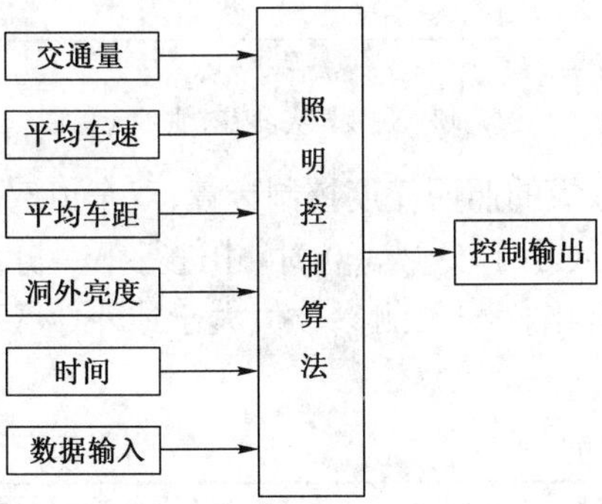

图 8-11　算法外部结构框图

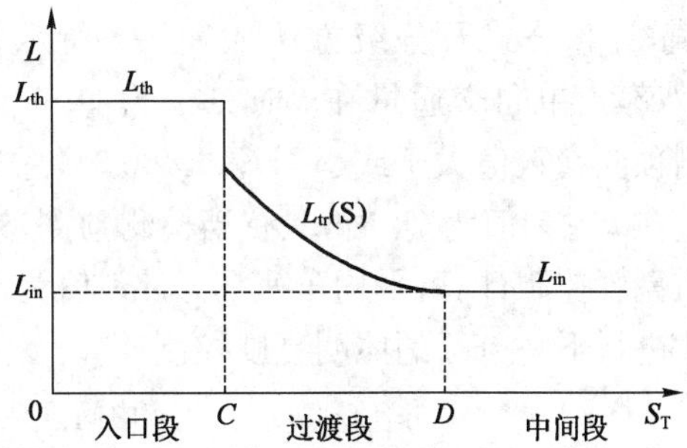

图 8-12　隧道照明理论需求曲线

①入口段亮度需求 L_{th}(cd/m^2)

$$L_{th}=k\times L_{20} \tag{8-1}$$

式中，k 为折减系数，按照表 8-3 计算；L_{20}(cd/m^2)为洞外亮度取值按照亮度检测器读数计算，分级方法如表 8-4 所示，表中，交通量在 t 时刻值为 Q_t 时，只有当检测预测参数值大于或小于 $Q_t\pm100$ 时才进行下一分级的照明亮度控制计算，平均车速在 t 时刻值为 V_t 时，只有当检测预测参数值大于或小于 $V_t\pm2$ 时才进行下一分级的照明亮度控制计算。

折减系数 k 值　　表 8-3

平均车速 v	双车道单向交通≥2400	双车道单向交通 2400>Q>700	双车道单向交通≤700
60≤v≤80	$k=(0.013v-0.34)/20$	$k=(0.003v-0.04Q+0.003Q\times v-482)/34000$	$k=(0.01v-0.3)/20$
40≤v<60	$k=(0.01v-0.16)/20$	$k=(5v-0.16Q+0.005Q\times v+112)/34000$	$k=0.00025v$

入口照明交通量、平均车速参数取值分级　　表 8-4

双车道单向交通量(辆/h)	交通量参数取值(辆/h)	平均车速参数取值
Q≥2400	取 2400	2km/h
700>Q>2400	每 200 辆/h 为一取值分级	
Q≤700	取 700	

②过渡段亮度需求 L_{tr}(cd/m^2)

$$L_{tr}=L_{th}\times\left(1.9+\frac{S_T}{v}\right)^{-1.4}\quad 当(0\leqslant S_T\leqslant D'_{tr}) \tag{8-2}$$

$$L_{tr}=L_{in}\quad 当(D'_{tr}\leqslant S_T\leqslant D_{tr}) \tag{8-3}$$

式中，S_T 为过渡段上点到过渡段起点的距离(m)；D_{tr} 为过渡段长度(m)；v 为平均车速(m/s)；D'_{tr} 为过渡段计算终点。

如图 8-13 所示为过渡段亮度需求曲线（x 轴为以过渡段起点距离值 S_T，y 轴为隧道照明理论需求 L），当 S_T 取值范围（0～D_{tr}）内通常会出现 M 点。即当 $S_T = D'_{tr}$ 时，$L_{tr} = L_{in}$，此时 $S_T \geqslant D'_{tr}$ 范围内取 $L_{tr} = L_{in}$。

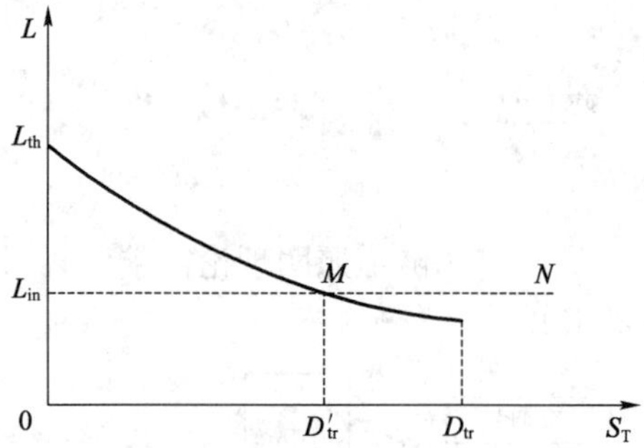

图 8-13　过渡段亮度需求曲线示意图

③中间段亮度需求 L_{in}（cd/m²）

不同交通量和计算行车速度时的中间段亮度 L_{in} 值，计算公式及分级方法如表 8-5 所示。表 8-6 中，双车道单向交通量在 t 时刻值为 Q_t 时，只有当检测预测参数值大于或小于 $Q_t \pm 400$ 时，才进行下一分级的照明亮度控制计算；双车道双向交通量在 t 时刻值为 Q_t 时，只有当检测预测参数值大于或小于 $Q_t \pm 300$ 时，才进行下一分级的照明亮度控制计算；平均车速在 t 时刻值为 V_t 时，只有当检测预测参数值大于或小于 $V_t \pm 5$ 时才进行下一分级的照明亮度控制计算。

中间段亮度值 L_{in}（cd/m²）　　表 8-5

平均车速	双车道单向交通≥2400	双车道单向交通 2400>Q>700	双车道单向交通≤700
$60 \leqslant v \leqslant 80$	$L_{in} = 0.1v - 3.5$	$L_{in} = (49000 - 70Q - 200v + 1.5Q \times v)/34000$	$L_{in} = 0.025v$
$40 \leqslant v < 60$	$L_{in} = 0.05v - 0.5$	$L_{in} = (79000 - 40Q - 700v + Q \times v)/34000$	1.5

基本段交通量、平均车速参数取值分级　　表 8-6

双车道单向交通量（辆/h）	交通量参数取值（辆/h）	平均车速参数取值（km/h）
$Q \geqslant 2400$	取 2400	5
$700 > Q > 2400$	每 400 辆/h 为一取值分级	
$Q \leqslant 700$	取 700	

④出口段亮度需求 L_{ot}（cd/m²）：

$$L_{ot} = 5 \times L_{in} \tag{8-4}$$

（4）调光控制系统节能效果

为了能够检验自动控制系统及其生成的控制策略的有效性并体现节能效果，采用隧道照明智能控制模拟分析系统，模拟隧道照明节能分析模块在相同的洞外亮度参数、交通量参数以及平均车速参数条件下，就以下控制模型的节能效果进行对比分析：

①对天气分成晴天、云天、阴天、重阴进行分级的控制模型（按现行规范）。

②以单一洞外亮度为控制参数的一元控制模型。

③仅考虑洞外亮度和交通量的二元控制模型。

隧道照明节能分析模块根据交通仿真生成某天的隧道参数，结合以上控制模型所形成的控制策略，在界面上描绘出按照各自控制策略得出的隧道内亮度需求曲线，同时计算出这一天的洞内平均亮度需求，由该平均亮度需求估算出各策略在一天内的能耗，并对节能效果进行对比，系统界面直观生动。

以一座长度为 4000m、设计时速 80km/h、设计最大交通量 2400Q/h、洞外亮度最大为 3000cd/m² 的隧道为例，在相同的隧道参数条件下分别用控制模型进行独立模拟控制，由系统的分析模块分别算得：

①将天气分成晴天、云天、阴天、重阴的分级控制模型全天耗电 3456 度。

②以单一洞外亮度为控制参数的一元控制模型全天耗电 3124 度。

③仅考虑洞外亮度和交通量的二元控制模型全天耗电 2116 度。

通过分析计算可知，第二种控制模型比第一种控制模型节电 9.6%；第三种控制模型比第一种控制模型节电 38.8%。由此可见以洞外亮度、交通量的二元控制模型对于隧道的照明节能具有显著的效果。

四、诱导照明系统设计

为增强行车诱导性，本次设计在隧道检修道靠近行车道一侧设置 LED 诱导灯，采用 LED 主动发光轮廓标与逆反射被动发光轮廓标间隔布置的方式。这种主动发光与被动发光相结合的布设方式，既克服了单纯逆反射轮廓标反射光强度弱、引起刺激小，反光衰减快的缺点，又能保证特殊情况下，电源不能正常供电，主动发光装置不发光时的道路线形诱导功能，形成“主动发光为主，被动发光为辅”的诱导模式，同时还可节约电能，降低运营成本。

LED 轮廓标布置于隧道检修道边缘平面上，行车方向右侧正面白色反面黄色，行车方向左侧正面黄色反面白色。

第五节　防灾救援控制预案

一、预案区段划分

按照区段划分原则，从河口互通起点开始，河口至平台段共设 8 个预案区段，52 个预案单元，如图 8-14 所示。

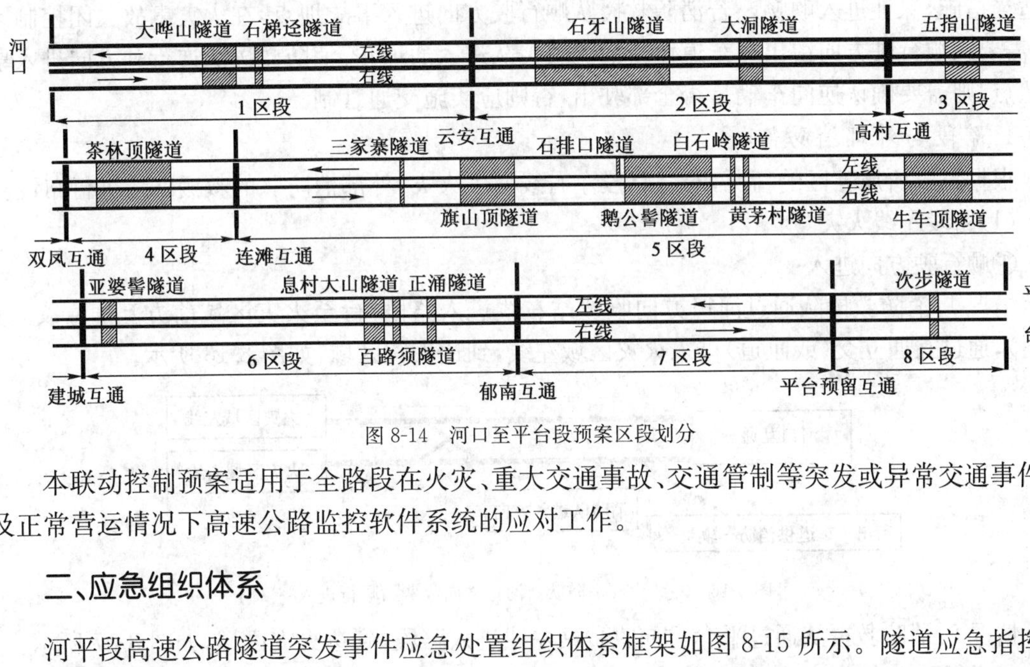

图 8-14　河口至平台段预案区段划分

本联动控制预案适用于全路段在火灾、重大交通事故、交通管制等突发或异常交通事件以及正常营运情况下高速公路监控软件系统的应对工作。

二、应急组织体系

河平段高速公路隧道突发事件应急处置组织体系框架如图 8-15 所示。隧道应急指挥部要按照“集中统一、政令畅通、指挥有力、条块结合、资源共享”的原则，认真负责地开展应急处置工作，各部门成员应服从领导，按照既定预案和现场机动处理的原则积极响应，确保在应对突发公共事件时形成紧密对接、上下贯通、高效有序的应急运作机制。

三、外部消防衔接

河口至平台段高速公路建设中，路段未设消防接援站，发生火灾事故后，直接拨打 119，由当地的消防部门派就近的消防队进行救援。

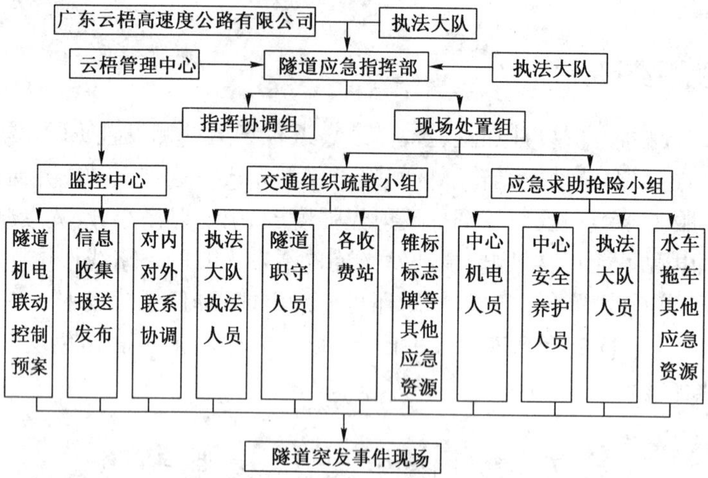

图 8-15　河平段隧道突发事件应急处治组织体系框架图

考虑路况等因素，河平段高速公路不同位置发生火灾，消防救援队可通过两端（河口互通或平台收费站）和中间互通收费站（云安互通、高村互通、双凤互通、连滩互通、建城互通、郁南互通、平台预留互通）进入。

消防救援队可采用顺行驶方向和逆行驶方向进入火灾事故地点。两种方向进入均需要采取适当措施，保证进入顺畅。若消防救援队顺行驶方向进入事故地点，在火灾事故关闭控制区时，需要在顺行驶方向留出一车道作为消防救援队进入通道；若消防救援队逆行驶方向进入事故地点，则需要确认逆向车辆是否全部驶出，否则应实施交通管制。

1.路段与外部消防衔接

根据路段所属辖区的情况，对各路段左右线发生火灾，外部消防队的救援路线进行布设。

(1)路段左线火灾

①顺行驶方向进入

情况 1：消防救援队通过河口方向收费站右线进入路段，行至火灾区域前方互通立交（或匝道），通过互通立交（或匝道）进入火灾区域左线，到达火灾区域，如图 8-16 所示。

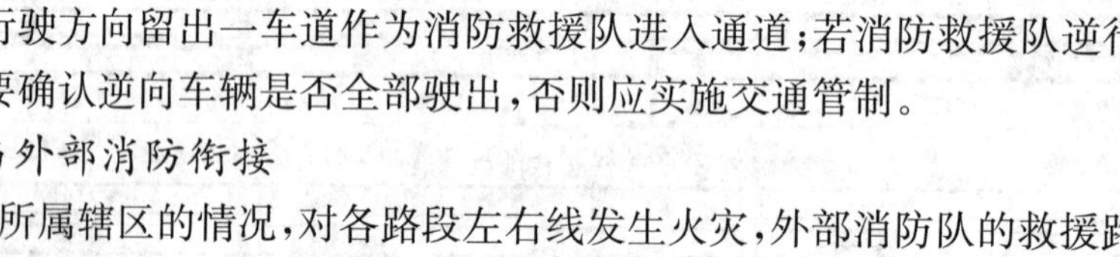

图 8-16　左线火灾消防队由河口方向收费站顺行进入

情况 2：消防救援队通过平台方向收费站左线进入路段，到达火灾区域，如图 8-17 所示。

②逆行驶方向进入

情况 1：确认逆向车辆全部驶出，或实施交通管制后，消防救援队通过河口互通左线进入路段，到达火灾区域，如图 8-18 所示。

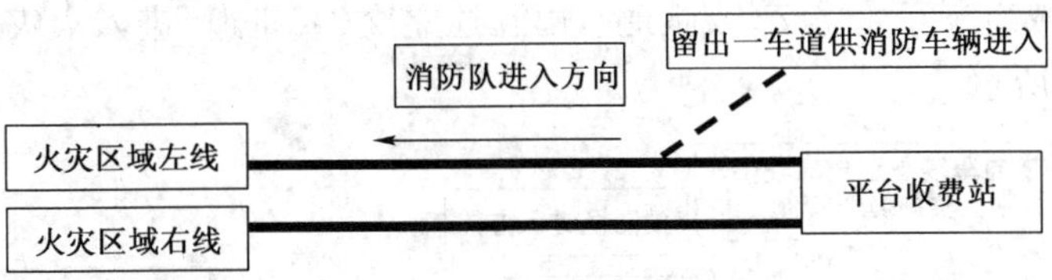

图 8-17　左线火灾消防队由平台方向收费站顺行进入

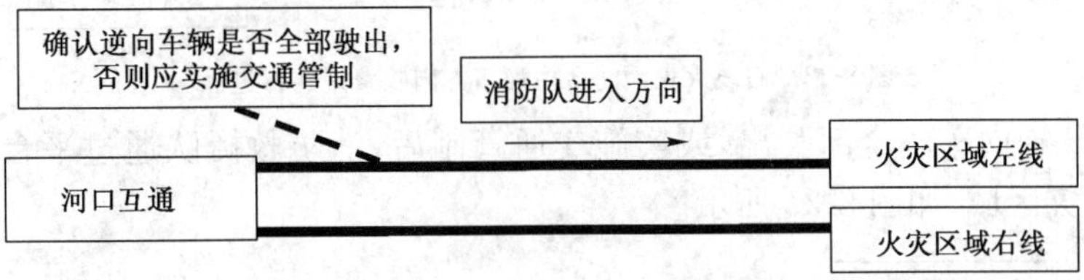

图 8-18　左线火灾消防队由河口方向收费站逆行进入

情况 2：确认逆向车辆全部驶出，或实施交通管制后，消防救援队通过平台收费站右线进入路段，行至火灾前方互通立交（或匝道），由互通立交（或匝道）进入火灾区域左线，到达火灾区域，如图 8-19 所示。

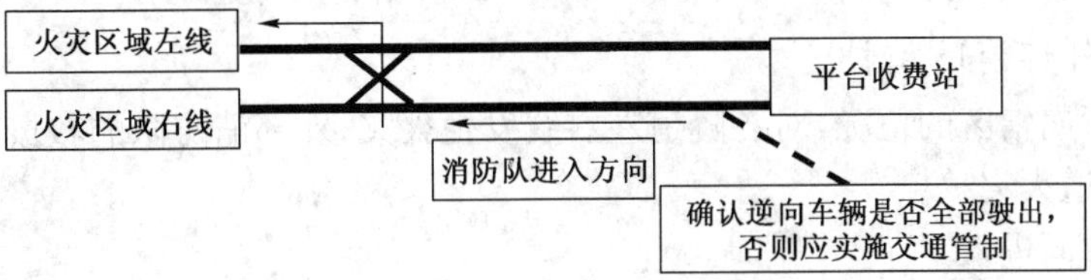

图 8-19　左线火灾消防队由平台方向收费站逆行进入

（2）路段右线火灾

①顺行驶方向进入

情况 1：消防救援队通过河口互通右线进入路段，到达火灾区域上游，如图 8-20 所示。

图 8-20　右线火灾消防队由河口方向收费站顺行进入

情况 2：消防救援队通过平台收费站左线进入路段，到达火灾区域前方互通立交（或匝道），通过互通立交（或匝道）进入火灾区域右线，到达火灾区域，如图 8-21 所示。

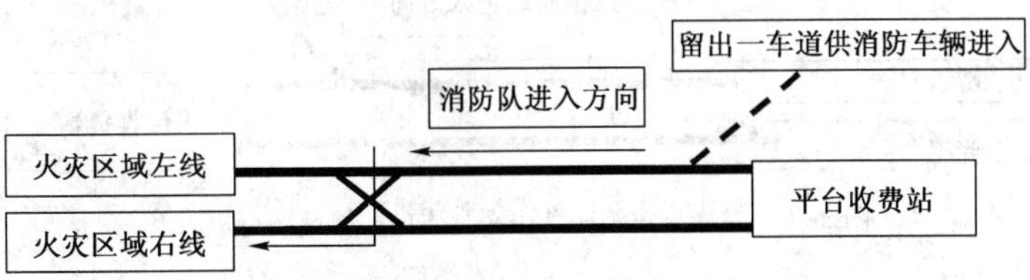

图 8-21　右线火灾消防队由平台方向收费站顺行进入

②逆行驶方向进入

情况 1：确认逆向车辆全部驶出，或实施交通管制后，消防救援队通过河口互通左线进入路段，行至火灾区域前方互通立交(或匝道)，由互通立交(或匝道)进入火灾区域右线，到达火灾区域，如图 8-22 所示。

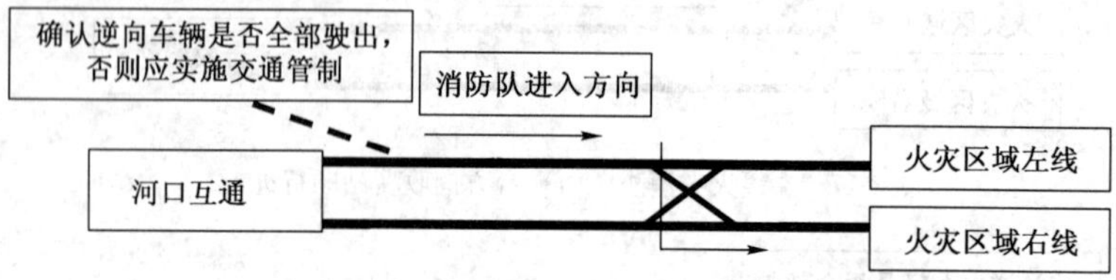

图 8-22　右线火灾消防队由河口方向收费站逆行进入

情况 2:确认逆向车辆全部驶出，或实施交通管制后，消防救援队通过平台收费站右线进入路段，到达火灾区域，如图 8-23 所示。

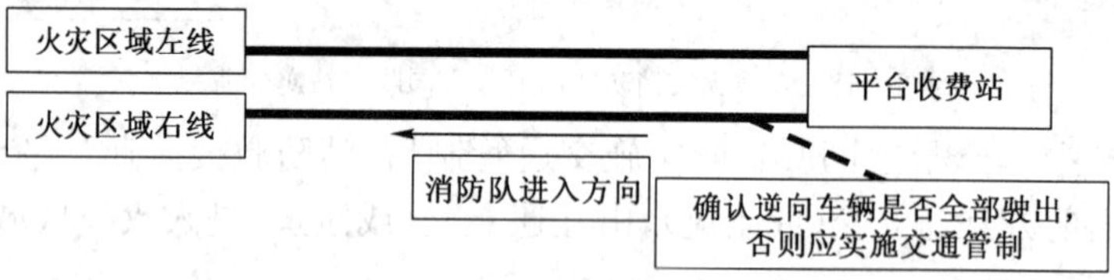

图 8-23　右线火灾消防队由平台方向收费站逆行进入

2. 隧道与外部消防衔接

根据隧道所属辖区的情况，对各隧道左右线发生火灾，外部消防队的救援路线进行布设。

(1)左线隧道火灾

①顺行驶方向进入

情况 1:消防救援队通过河口方向收费站右线进入路段，行至隧道，由右线隧道进入，通过行车横通道进入火灾隧道上游，如图 8-24 所示。

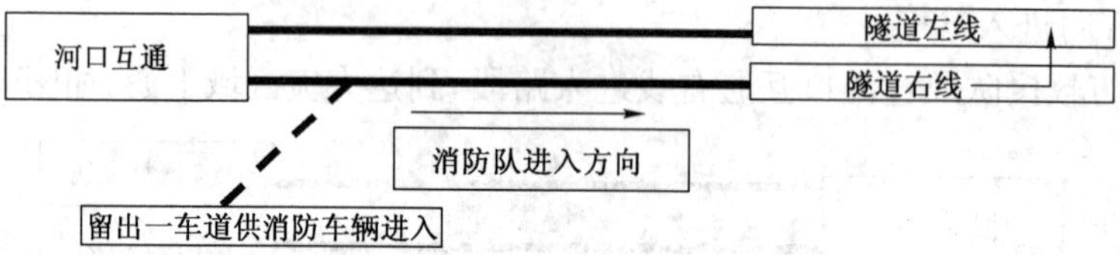

图 8-24　左线火灾消防队由河口方向收费站顺行进入

情况 2:消防救援队通过平台方向收费站左线进入路段，行至隧道，由左线隧道火灾上游进入，如图 8-25 所示。

图 8-25　左线火灾消防队由平台方向收费站顺行进入

②逆行驶方向进入

情况 1:确认逆向车辆全部驶出，或实施交通管制后，消防救援队通过河口互通左线进入路段，行至隧道，由右线隧道进入，通过行车横通道进入火灾隧道上游，如图 8-26 所示。

情况 2:确认逆向车辆全部驶出，或实施交通管制后，消防救援队通过平台收费站右线进入路段,行至隧道,由左线隧道进入火灾上游,如图 8-27 所示。

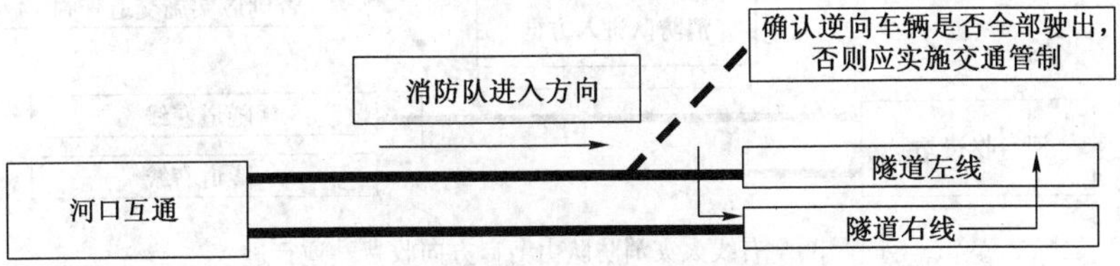

图 8-26　左线火灾消防队由河口方向收费站逆行进入

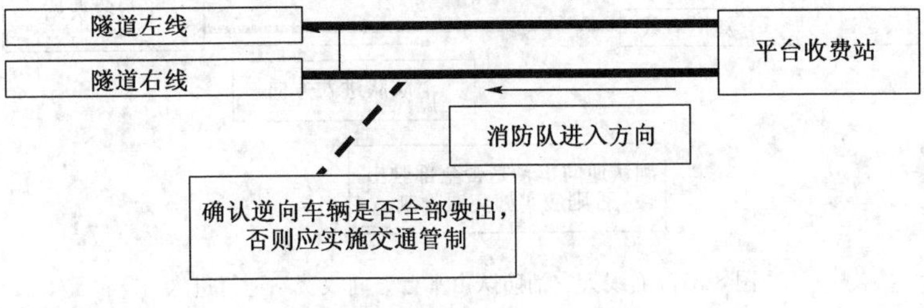

图 8-27　左线火灾消防队由平台方向收费站逆行进入

(2)右线隧道火灾

①顺行驶方向进入

情况 1:消防救援队通过河口互通右线进入路段,行至隧道,由右线隧道进入火灾隧道上游,如图 8-28 所示。

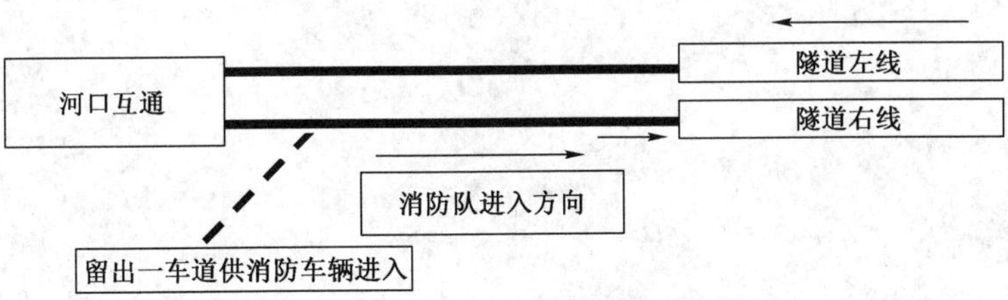

图 8-28　右线火灾消防队由河口方向收费站顺行进入

情况 2:消防救援队通过平台收费站左线进入路段,行至隧道,由左线隧道进入,通过车行横通道进入火灾隧道上游,如图 8-29 所示。

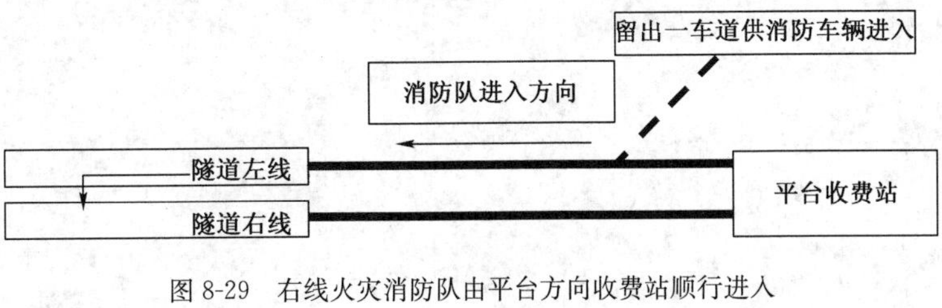

图 8-29　右线火灾消防队由平台方向收费站顺行进入

②逆行驶方向进入

情况 1:确认逆向车辆全部驶出,或实施交通管制后,消防救援队通过河口互通左线进入路段,行至隧道,由右线隧道进入火灾隧道上游,如图 8-30 所示。

情况 2:确认逆向车辆全部驶出,或实施交通管制后,消防救援队通过平台收费站右线进入路段,行至隧道,由左线隧道进入,通过车行横通道进入右线火灾隧道上游,如图 8-31 所示。

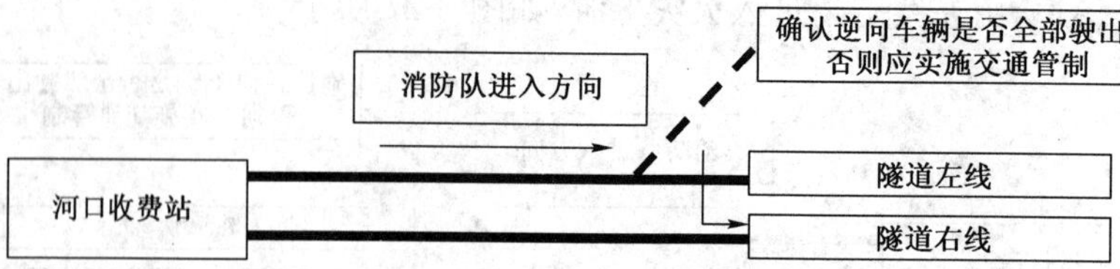

图 8-30　右线火灾消防队由河口方向收费站逆行进入

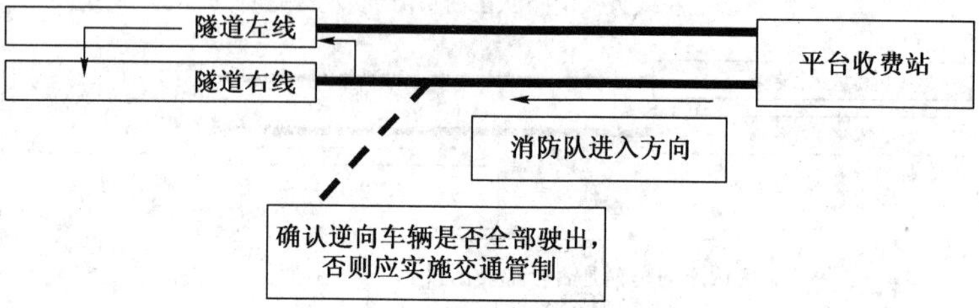

图 8-31　右线火灾消防队由平台方向收费站逆行进入

第九章　绿化景观与环境保护

广梧高速公路地处武夷南岭山地过湿区(IV-6),亚热带季风气候,高温多雨,温暖湿润,极利于植物生长,但也容易造成水土流失。路域地形陡峭,植被茂密,自然生态环境丰富。显然,“变公路为景观”、建成生态高速公路具有得天独厚的优势。按照“尊重自然、爱护自然、融入自然、自然而然”的设计思想,本项目尽量减少人造景观,体现自然景观。根据沿线的地形、地貌和人文环境,路线景观分成田园风韵(K71＋400～K82＋000)、山峦翠影(K82＋000～K96＋000)和果林飘香(K96＋000～K136＋071)3段。

本章介绍绿化景观设计、环保型施工技术措施、路域资源保护与恢复、生态排水措施、使用乡土植物和表土进行边坡绿化。

第一节　绿化景观设计

一、景观设计原则

1. 基本原则

(1)安全性原则。重视安全,景观必须在满足道路交通功能的要求下进行设计。

(2)地域性原则。特有的地域文化是景观的载体,在设计中应充分考虑、尊重地域性。根据本项目的特点,以保护生态环境为核心,最大限度地减少对生态环境的破坏。明确“以人为本”的设计指导思路,以“安全、环保、舒适、和谐”为总体设计目标,建设生态的、可持续发展的高速公路。

(3)整体协调性原则。公路具有线性特征,纵向跨度大,在公路景观环境设计中,要求将公路自身与沿途地形、地貌、生态特征以及其他自然和人文景观作为一个有机整体统一考虑,使公路这一人工系统配合协调,并努力使公路在满足运输功能的基本前提下,完善原有景观环境。

(4)自然性原则。公路景观环境要素包罗万象,不应将精力集中在耗费大量人力、物力、财力的人造景观上,而应重点体现对原有景观资源的保护、利用和开发,以及公路主体与原有自然及社会环境的相融,“不破坏就是最大的保护”。

2. 绿化设计原则

植被配置以自然群落式为主,坚持原生植物的设计理念,同时因地制宜,通过孤植、丛植、列植、群植各种乔灌木,形成丰富林冠线。每个区域植物配置上各有特色又相互联系。在整体植物的配置上,以乔灌木、地被、草坪等相结合,在树种、树形上互相协调呼应,通过绿色植物的栽植,创造具有丰富植物景观。

3. 绿化树种的选择原则

(1)因地制宜、适地适树。选择的植物品种不但适应本区域气候、土壤条件,还应具有耐寒、耐旱、耐瘠薄、抗污染、病虫害少及管理粗放等特点。

(2)乡土树种与外来树种相结合。

(3)与原生植被相协调。

(4)生态效益与经济效益相结合。植物的选择与投资成本相结合，景观效益与经济效益相结合。

二、设计方案

1.路线路基景观设计

(1)上边坡的堑顶设计

堑顶采用了全线的动态设计，即根据堑顶的周边植被情况选择不同物种、采用乔灌草不同类型组合，把视线范围内的截水沟利用植物进行隐性化处理。在物种选择上，主要有乔木类(包括山苍子、杨梅、荔枝、台湾相思、马尾松、杉木、荷木、朴树、黎蒴、山乌桕、枫香、栾树、苦楝等)、灌木类(包括山黄麻、桃金娘、桑树、山指甲、红背山麻秆、鸭脚木、春花木、火棘、盐肤木)和草本类(包括簕杜鹃、粽叶芦、类芦、芒萁、野牡丹、乌毛蕨、雀梅藤、芒、竹类及缀花草坪)。比如在实际调查周边环境过程中，K80＋720～K80＋800(右线)堑顶，主要原生植被有芒萁等，设计中就采用：A类用黎蒴、枫香、荷木，搭配比为5∶3∶2；B类用盐肤木、桃金娘、鸭脚木，搭配比为10∶6∶5；C类用芒萁、类芦、粽叶芦，搭配比为10∶5∶3；D类用缀花草坪。通过这样的设计，使群落更趋近于一致，对周边的边坡开挖能够更好地、更有效地进行生态恢复，如图9-1所示。

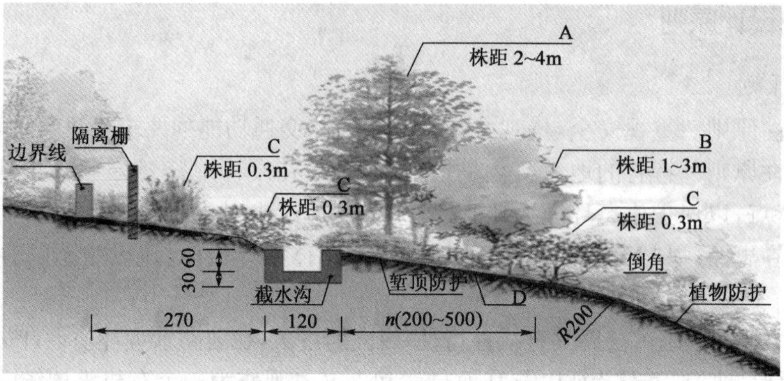

图 9-1　上边坡堑顶的绿化景观设计

(2)路堤设计

路堤的景观绿化是沿线视觉景观的重点，设计上采用了“封、透、漏”的大原则，对沿线的自然景观“嘉则透之、俗则屏之”，使驾乘人员能够更好地观赏山体美景、欣赏田园风光，使公路成为开放式的观景廊道。

①经过村庄、城镇，需要隔音的路段要密植乔木，起到隔音、防噪、防尘的作用。

②弯道路段可以栽植乔木以诱导视线，并起到防光污染的作用。

③遮蔽挡土墙。

④国道、省道、县道及乡道与本高速公路平行且相距较近的路段，护坡道种植乔木。

⑤其他一般路堤边坡路段绿化草灌结合，不用乔木，打开视线看到远处自然界，使司乘人员视野开阔，不易乏味。

⑥对15m以上的高填方路段，边坡栽植乔、灌木，减少心理负面影响。在植物的配置上采

用不同品种不规律方式搭配组合间种，每个标准段的搭配方式应有所不同，使整个线路的种植呈现不规律，又有基调物种。种植间距可以在标准段内保持数量不变的情况下进行适当地不等间距种植，形成有疏有密，错落有致的景观。

植物品种的选择主要有乔木类(包括尖叶杜英、假苹婆、枫香、樟树、铁冬青、麻楝等)和灌木类(包括桃金娘、米碎花、大红花、春花木、银合欢等)。

2. 互通立交景观设计

互通立交是全线绿化的重点，在高速行驶的道路上注重大效果的同时，要着重注意减速行驶的匝道互通立交桥的绿化效果，它就像镶嵌在高速公路主线这条项链上的钻石，有着画龙点睛的作用，对于提高整个高速公路的绿化效果至关重要。互通立交绿化要能适应当地气候、土壤情况，又要满足交通需要、不影响行车视线，还要能固土护坡。匝道边坡多采用较缓的坡度(一般在1∶5左右)，互通区内地形处理舒缓自然，与周围丘陵地貌非常协调。互通区内绿化完全采用自然式栽植方式，以乡土草种形成的草地为主，在个别地方适当点缀树形优美、枝繁叶茂的乔灌木，真正体现了“师法自然”的原则，达到与环境的高度和谐，同时由于植物选择以乡土种为主，植被建植完成后能在较短时间内达到稳定的状态，从而减少对植被的人工养护工作，产生了较明显的经济效益。

(1)云浮东互通立交(K36+867.301～K37+400)——季韵

落叶与常绿植物相结合，植物成片种植成林，乔灌木相结合，能够展现四季的不同景象，营造自然的生态环境，也展示了绿树丛生的翠绿景色，郁郁葱葱、密密层层富有韵律感，如图9-2所示。

(2)云安互通立交(K50+390～K51+700)——田园风光

充分利用现有山地、果园、农田自然流畅的曲线，纵横的“自然肌理”艺术浓缩与再生，辅以乔木、缀花草坪等景观元素，形成与周边环境水乳交融的个性景观特色。互通立交，由于弯道多，为防止眩光，在植物的种植设计中充分考虑到匝道两边的绿化植物的高度、密度，并让植物起诱导作用，如图9-3所示。

图9-2 云浮东互通立交绿化景观设计

图9-3 云安互通立交绿化景观设计

(3)连滩互通立交(K76+300～K78+350)——湿地

连滩互通立交周边生态环境良好，河网密集，南面有一定面积农田菜地，北面为山地，岭南农村水乡风韵犹在。

湿地具有维护生态安全、保护生物多样性等生态功能。景观设计以湿地为主题景观，结合附近的一些自然水体，考虑将水引进到用地中来，同时结合原有的植被营造湿地的生态效果。将基地附近的水系引入并形成连续的水流，沿线引入适合粗放生长的本地慢生树种为主要景观树，并放置当地具有特色的岩石。为防止负氧化，湿地中的植物保持原状态，增加少量的芦苇、菖蒲等水生植物，盛开的美人蕉、鸢尾是湿地里亮丽的风景，如图 9-4 所示。

(4)建城互通立交(K104＋350～K105＋600)——山林风光

建城互通立交周边以山地为主，有部分农田菜地，利用周边水源，营造人工自然湖，种植耳叶相思、厚荚相思、马占相思、台湾相思等景观植物，配植其他如黄皮、荔枝、香樟、黄槐、羊蹄甲、红千层、白千层、各类杜鹃等，提高植物群落的多样性。开车徜徉在杜鹃丛中尽情享受花的清香，如图 9-5 所示。

图 9-4　连滩东互通立交绿化景观设计

图 9-5　建城互通立交绿化景观设计

(5)郁南互通立交(K117＋250～K119＋300)——果香

充分利用现有果园、鱼塘、农田、山地自然流畅的曲线，纵横的“自然肌理”艺术浓缩与再生，辅以大树、缀花草坪等景观元素，形成与周边环境水乳交融的个性景观特色，如图 9-6 所示。

3. 中央分隔带景观设计

防眩功能下的生态景观中分带景观的设计满足道路的防眩功能，同时要注重打破景观的单调感，营造景观的节奏变化。通过单位植物绿化，整齐中穿插不同种类灌木，高低错落，层次丰富。

(1)整体式中央分隔带

中央分隔带铺草皮和栽种矮型灌木，间隔变换品种，既不单调贫乏，又不致眼花缭乱。与路基边坡绿化共同形成沿线绿化环境，有效地改善了公路形成的“热浪带”局部小气候。如垂叶榕、黄金榕球、海桐球、红花檵木、福建茶相组合，形成高低错落的自然景观，与周围环境相统一，达到渲染和调节枯燥乏味的行车环境的目的，如图 9-7 所示。

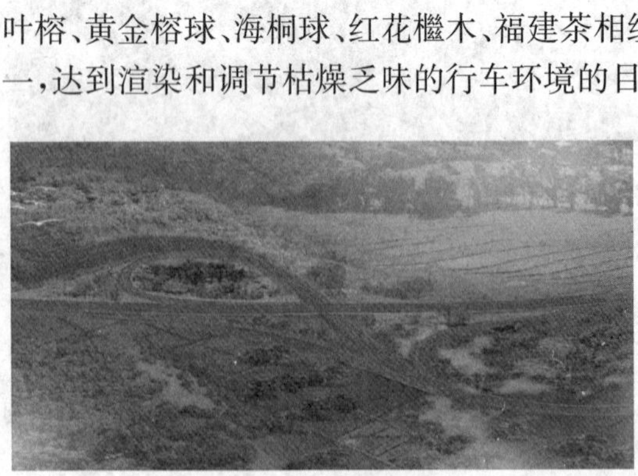

图 9-6　郁南互通立交绿化景观设计

图 9-7　大哗山隧道广州端中央分隔带景观设计

(2)分离式中央分隔带

在整体绿化植物的配置上，以植物组团形式为主，多层林相、乔、灌木、地被、草坪等相结合，树形或高或低，冠幅或大或小，在树种选择，树形搭配上互相协调呼应，通过绿色植物的栽植，创造一个具有丰富植物景观的、浓厚自然气息的田园环境。具体配置形式采用段落式种植，主次、收放、开合，错落有致、色彩分明、季相变化，同时因地制宜，强调绿化空间的互相渗透，随环境的变化而变化，移步换景，步移景移，使绿化空间更加丰富。之所以采用段落式的配置形式，主要也是考虑道路绿化的连续性，在分离式中分带缀花草坪种子配比为：每平方米缀花草坪 13g，其中矮生百慕大草籽 1g，蟛蜞菊 2g，蒲公英 1g，狗尾草 1g，野牡丹 3g，长春花 3g，白三叶 1g，二月兰 1g。

第二节　环保型施工技术措施

为把广梧高速公路建设成为一条“安全、环保、舒适、和谐”的一流高速公路，落实环境友好型公路建设理念，实现“规范化管理、新理念设计、环保型施工、优良的品质”的典型示范工程目标，本项目严格执行环境保护制度，强化施工阶段的环境管理与监控，效果良好。

一、临时工程环保施工措施

1. 施工便道

全线统一规划，尽可能利用已有的村道、县道、省道作为施工便道，施工结束后修复，交付当地公路管理部门。新开的便道尽量设在征地红线内，在红线外的便道占用植被相对稀疏、生态价值较低的土地，并首先剥离便道占用范围的表层土、移植保存树木。对便道边缘不在路面上的树木尽量保留，妨碍车辆通行的伐除树干、保留树墩，以利施工结束后的萌发。

施工中做好施工便道的排水维护工作，保证道路畅通、防止泥水流入农田。在雨季时注意防止边坡冲刷，易冲刷边坡应以植草或喷浆处理。大部分施工便道采用泥结碎石硬化(图 9-8)，村镇、陡坡特殊地段采用水泥混凝土硬化，合理设置纵横向排水，及时进行养护，对上、下边坡，适时进行植草、种树，予以绿化。在旱季使用便道时洒水除尘(图 9-9)，以减少对附近农作物的影响。

图 9-8　4 标硬化后的施工便道

图 9-9　14 标 3 处施工便道洒水降尘

未硬化的新修便道在施工结束后恢复土地原来用途。硬化的新修便道在施工结束后可以恢复或者移交。

2. 临时营地

公路沿线临时营地的布设采取“减少布点集中建设”的原则。施工营地建设尽量集中并靠近公路道班或村镇，尽量避开天然乔木，因为乔木的恢复比灌木成本高、周期长。优先考虑租用当地居民的房屋，确实需要建设施工临时住房，将施工营地尽量安排在立交区永久征地范围内，减少临时占用地，或选用荒坡、灌丛地和劣质土地，并远离河道，以减少对河道水质的影响，且不得将营地设置在高压线下，也不得设置在沟边、崖边以及滑坡、泥石流等潜在地质灾害带上或者山洪可能冲击到的区域。

施工营地要进行必要的绿化工作，将临时驻地绿化成舒适的家园（图 9-10、图 9-11）。如果在立交范围，营地已存在的乔木则无论大小都尽可能保留。

图 9-10　5 标项目部

图 9-11　14 标项目部

3. 拌和站

水泥混凝土拌和站、稳定土拌和场和沥青混凝土拌和站尽量选用荒坡和劣质的土地，远离村庄、学校、医院等敏感目标，一般都选在处于上述环境敏感点主导风向的下风处 200m 以外。应远离河道，以减少对河道水质的影响。站内地面全部采用混凝土硬化处理，采取雨水、施工废水分流排放，场地及时清扫、保持干净整洁，用料堆放有序、雨布防护。

投料器需设有防尘设备，不得采用开敞式或半封闭式沥青熬化作业。做好防尘、减少噪声和废气污染等工作。拌和楼顶部用 PVC 管收集排出的水泥粉，减少水泥扬尘对拌和站及周边环境的影响，保证拌和站环境空气质量状况良好。施工废水经过三级沉淀过滤处理后达标排放。图 9-12 为 14 标 2 处的拌和站，图 9-12a）显示拌和楼安装了水泥粉尘吸收管，图 9-12b）显示了三级沉淀过滤池，可以看出整个场地有明显的汇水坡度。

a)　　　　　　　　　　b)

图 9-12　14 标 2 处的拌和站

a)拌和楼安装了水泥粉尘吸收管；b)三级沉淀过滤池

二、路基工程环保施工措施

1.路基环保施工坚持“最低限度破坏、最大限度恢复”原则

在具体施工中做到“施工不流土、竣工不露土”，做到“三不、五隐蔽”，即：不乱挖乱填，不砍风景林、名贵树木，不扰乱山洪水系；取土场要隐蔽，弃土场要隐蔽，采石场要隐蔽，拌和场要隐蔽，建筑垃圾要隐蔽。

2.路基施工引入“施工红线”概念

施工单位在施工前即需确定现场工作界线，并保护所有规定保留的植物及构造物。挖方地段的工作界线应为实际开挖坡顶线，坡顶线外的植被必须保留；填方界线以排水沟外侧边缘为界，排水沟外侧边缘至征地桩的植被必须保留。

3.路基“表土利用”技术

清表前先放出挖方坡口线，只准进行坡口线以内的砍树、挖根和清除表土等作业，严禁清除坡口线以外的植被。清表的土方必须集中堆放，不得与其他弃方混堆，并做好临时防护和排水，用作以后中央分隔带、互通式立交区、服务区、边坡绿化及弃土场复耕绿化的回填土。

4.坚持取、弃土场的“恢复性”原则

弃土场选择原则是：节约用地、少占耕地，保持水土、保护自然景观，符合当地环境、植被和水土保持要求，符合“保护性”原则；便于水土保持、植被恢复和美化环境，符合“恢复性”原则。弃土场应充分考虑环保和水保要求，设置在距离拟建项目较近的山间汇水面积比较小的沟谷，对行洪汇水没有影响的荒地或劣质地，设置必要的防护、环保设施、排水系统，弃土场必须先施工防护设施，然后才能弃土。弃土完后，应覆土复耕或进行地表绿化美化，力争与原地貌保持一致。取土场应该设置集中取土，尽量减少取土场的个数，取土场应选择在荒地或劣质地，避免占用农田和林地，尤其是应该避开基本农田保护区。并尽量选在比较隐蔽的区域，远离河道，以减少取土场水土流失对河道水质的影响。

5.利用“本土植物”进行绿化

广梧高速公路绿化尽可能采用本土植物。边坡绿化必须与周边环境相结合，在植物的颜色、高度、物种等方面尽量做到与周边自然环境相一致；在边坡绿化中采用乔、灌木、草本植物相结合的方式；在边坡绿化中尽量使种类丰富，避免单一；结合不同的土质、石质，选用适合本地生长的、根系发达且适宜两季或两季以上生长的不同种类的乔、灌木（如马尾松、荷木等）进行绿化；并充分利用表土来覆盖，表土应占总土量的80%。表土应用富含腐殖质的土壤。

6.防止水土流失

路基在施工过程中应采取临时拦挡、排水等防护措施，防止雨水冲刷，防止水土流失。其中拦挡技术措施有挡土墙、挡水墙、截水沟等措施；排水措施主要采用排水沟；防水措施主要有塑料薄膜、防水板、土工布等。

三、桥梁工程环保施工措施

1.维持场地水系

选择枯水期或平水期进行桥涵水下施工，尽量避开雨季、汛期。及时疏通河道和沟渠，确保汛期及时排洪排涝。桥涵在农业灌溉涵渠位置施工时，尽量赶在农灌淡季抓紧施工，如确需在农灌季节施工，需以临时过渡措施辅助，不能对农业灌溉产生干扰。现有灌区被施工占用

的，施工单位需恢复用于灌溉的临时性沟渠或铺设水管。

2.废浆(渣)不污染环境

人工挖孔时挖出的桩渣应废弃或利用到合理的地点，不允许乱倒乱放；钻孔桩施工时，采用“泥浆循环利用”技术：钻进过程中，泥浆从孔内出来后，通过泥浆筒初步除去大直径颗粒并沉淀后，进入另一条护筒沉淀，然后进入钻孔护筒，形成循环。泥浆必须经充分沉淀、过滤处理后才能排放至自然河沟；弃浆不得随意堆置，禁止将弃土、弃渣堆置于堤岸内侧、最高水位线以下的滩涂、岸坡；桥梁墩台修筑完毕，及时清除围堰等临时工程的堆积物，并将施工中产生的废浆、弃土和废弃物及时运到弃渣场，恢复河道河岸；生活垃圾、施工废料应分类回收，集中堆放和处理；对桥墩和平台上及箱梁内的施工垃圾，必须清理干净。

3.上部构造施工采用“移动模架”、架桥机“预制吊装”施工技术

现浇桥梁尽可能采用移动模架或架空模架施工，尽量少用满堂式支架施工，以保护桥下树木和植被。必须采用满堂式模架施工时，在地基承载力满足要求的情况下，少硬化场地，硬化部分在模架施工完毕后挖除、恢复植被。预制场尽可能设在桥头路基范围之内，或设在视线以外植被较少且容易恢复原貌的隐蔽处。禁止在Ⅱ类水体堤岸内侧，最高水位线以下的滩涂、岸坡设置预制场、堆料场、拌和站。预制场四周设立沉淀池过滤，防止废水无处理排放。

四、隧道工程环保施工措施

1.贴壁进洞

隧道洞口工程尽量取消“仰坡开挖”，实现“贴壁进洞”。传统隧道进洞施工工艺流程为：施作截水沟→边仰坡开挖加固→成洞面开挖加固→暗洞施工，其中仰坡开挖对隧道顶部的植被破坏最大。广梧高速公路隧道属于山岭隧道，在隧道未施工时山岭自然边坡大多是稳定边坡，为减少施工对周围环境的破坏，充分贯彻了“早进洞、晚出洞”的原则，将明暗洞交界里程尽量外移，然后根据地质地形对超浅埋段适当采取技术措施进行加固，保证洞口的边坡稳定，就可以实现“贴壁进洞”。超浅埋段技术加固措施主要有：长管棚、短管棚、反压护拱、锚喷注浆等技术。经过调整后隧道进洞施工工艺流程为：施作截水沟→成洞面开挖加固→暗洞施工。结果是，截水沟外边至征地界桩范围、截水沟内边至成洞面范围内的植被，最大限度地被保护起来。

2.治理废水

洞口设滤油池、沉淀池、处理池。隧道施工废水首先进行处理，达到排放标准后，再排入沉淀池进行沉淀、去除泥浆等杂质；沉淀在底部的泥浆定时清运，上部清液循环利用或外排。

3.采用“水幕除尘”技术爆破

精心设计爆破施工方案，以保证对周边环境造成的影响最小，采用“水幕除尘”技术除尘或者在炮眼中封入水，水在爆破瞬间雾化，可以消除扬尘。喷射混凝土施工时，采用湿喷法，取消干喷法。隧道内注意洒水除尘，保证路面湿润，避免隧道内扬尘。对隧道洞壁也经常进行冲洗，防止上面附着的烟尘颗粒再次飞扬，二次污染。

4.帷幕止水，防止水流失

很多隧道顶部区域有附近村民生活、生产水源，隧道施工采取“帷幕止水”技术，减少隧道开挖后水流失对水环境的破坏。

5.检测隧道内施工环境

隧道内空气通常因受施工机械、爆破作业等影响而遭受污染，必须按隧道长短、污染源等

情况计算通风量，选择通风方式、安置通风机，保证隧道内空气新鲜。所有隧道作业人员配齐劳动防护用品，充分保证隧道作业人员的身体健康，体现以人为本的理念。对于隧道内施工环境，必须进行氧气含量、气温、有害气体浓度、粉尘浓度等指标的检测，及时洒水，充分保证施工的良好环境。特殊地段如瓦斯地段还必须进行相应的检测。

实践表明，坚持“不破坏就是最大的环境保护”思想，构造“建设资源节约型、环境友好型社会”的环保型施工理念，改善施工方法，能够达到“安全、环保、舒适、和谐”的目标。

第三节　路域资源保护与恢复

公路施工会不可避免地引起沿线自然植被的破坏、农田林地占用以及立体工程施工区和临时用地引起的水土流失。施工过程中的植被、土地和水资源保护工作要求全体施工人员甚至地方民众都要有强烈的环保意识，资源保护比工后绿化更重要。本项目在施工过程中贯彻“最低限度地破坏就是最好的保护”理念，加强保护自然资源及野生动植物的教育，在合同中规定严禁偷猎和随意砍伐树木，尽量保护资源，利用当地丰富的乡土植物进行生态恢复，让主体工程完工后的绿化植被与原生植被融为一体，让公路“镶嵌在青山绿水中”。

一、植被保护与恢复

1. 植被保护

地面清表原有的做法是将征地红线范围内的表土全部清除。本项目施工禁止过度清表。沿线主要分为以下 4 种情况：

①在挖填段，清表前先放出挖填方边坡线，只进行边坡线以内的砍树、挖根和清除表土，不清除边坡口线至红线的植被。

②在桥梁范围的植被，只清除桥台桩基施工范围内的植被，其余范围的清表视墩柱、上部结构施工情况再定。桥下原则上不清表，尽可能减少清表范围，很好地维持了当地原有景观（图 9-13）。

图 9-13　14 标大用桥下植被保护

③隧道洞口只清理开挖洞口处，左右线分离式隧道左右洞之间虽然已征地但不清表。

④红线内如果是当地的经济作物（水田、菜地、果树等），则在红线范围内全部清除，以免在施工过程中引起纠纷、高速公路封闭后的地方群众进入隔离栅。

水田、低洼处清表前先挖一条隔离沟，可起到分隔排水作用。清表的表土另要求集中统一堆放，设置临时防护、排水，表土可用于上下边坡中间分隔带的绿化。

2. 大树的保护

原生态植被中的高大乔木（胸径 40cm 以上）是珍贵的资源。一些乔木生长了数十年甚至数百年，是绿化工作无法达到的景观效果。本项目沿线现存不少大树古树，为行车范围内创造原生态景观亮点的好机会。经过多方努力，均保留下来。

（1）线外大树

对于在视野范围内的线外大树，先登记入册，建立档案（表 9-1），保护工作需地方林业部门支持，以林业部门和施工单位共同的名义在树旁立牌，标明树龄、树种、胸径等和"此树保护，严禁砍伐"，防止不法分子路通后偷伐或偷移。

项目沿线部分大树统计 表 9-1

桩 号	部 位	树龄	胸 径	树高	树 种
封开连接线 K2+741 处	中线右侧 1m 处	400 年	1.2～1.5m	18m	樟树
封开连接线 K2+732 处	中线左侧 1.5m 处	50 年	0.4m	8m	野生洋桃
封开连接线 K2+728 处	左侧红线外 1m 处	150 年	0.8m	9m	乌榄树
封开连接线 K3+300 处	左侧红线外 0.5m 处	80 年	0.5m	5m	杂木
封开连接线 K5+980 处	左侧红线外 2m 处	200 年	一株 0.7m 一株 0.8m	15m	樟树、乌榄树
封开连接线 K7+215 处	中线左侧 4m 处	70 年	0.7m	16m	樟树
封开连接线 K11+512～K11+530 处	中线左右侧 7～8.5m 处	100 年	三株都为 0.4m 另有线外 8 株成林	12m	格木
主线 K129+980	中线左侧 9.5m 处	380 年	1.9m	32m	山椎树
封开连接线 K2+200 处	红线外左侧 220m	800 年	2.6m	18m	樟树

(2)线内大树

在公路选线时，应尽量避开线内大树。无法避开时，应千方百计保留，这也是施工单位需要投入相当的人力、物力、财力的工作重点。有如下几种情况：

①大树位于征地线与坡口、坡脚之间。这种情况较好处理。清表时保留，如果有侵入行车净空的树枝，在竣工时再部分截枝处理。

②大树位于边坡上。需局部变更设计。在相应位置处设置局部挡墙以避开大树（图 9-14），且部分截枝处理。

③大树位于行车道上，如果公路不能改线则只能移栽。移栽时应在年初的三、四月份。

④大树、成片树林、竹林位于中央分隔带或立交范围内。这种情况最有利于保护。在其周围补种一些低矮灌木即可创造景观亮点。

大树位于公路中线附近。如果在高速公路、一级路视具体情况请设计部门稍微改线避开或移栽到路旁。如果是无中间分隔带的二级路，可以大树为中心设分流岛。

封开连接线 KZ+271 中线处有一株树龄 400 年、胸径 1.4m 的大樟树，不另补征地的情况下，按图 9-15 的方案处理。

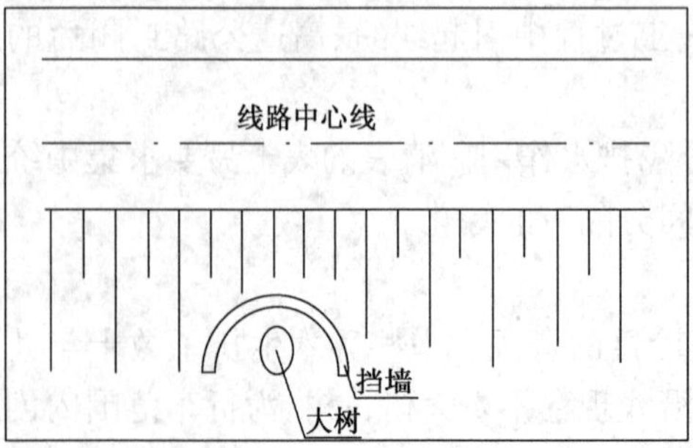

图 9-14 大树位于边坡上处理方案

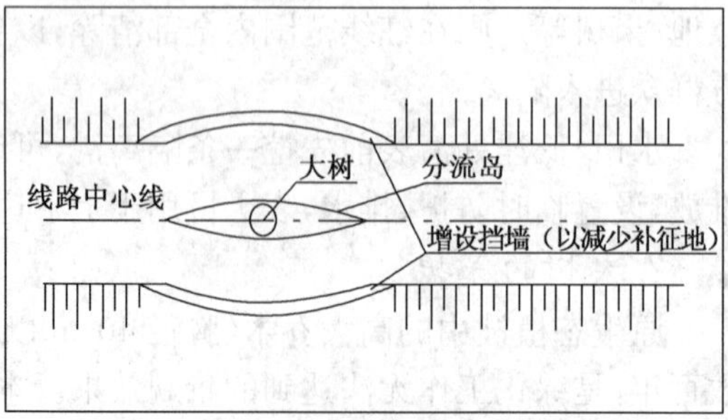

图 9-15 大树位于公路中线处理方案

3. 隧道口喷浆时的植物防护

隧道口喷浆时注意附近植被的防护,在喷浆可能播及的范围用薄膜先覆盖再喷浆。

4. 植被恢复措施

(1)红线内绿化

景观保护应与公路的绿化及生态恢复措施紧密结合。通过绿化手段实现与自然的和谐。沿线绿化时,尊重原有的景观,不做大面积种植,只做重点点缀,在上下边坡、中间分隔带处注意选用适合当地生长的乡土植物。在服务区的绿化则要进行专门的景观设计,使乔木和灌木搭配。

(2)红线外绿化

在红线外绿化的主要范围是取、弃土场、施工便道。

(3)取、弃土场

取、弃土场在施工完毕后进行修整和清理,按要求在地面覆盖耕植土,尽可能造田、菜地或者果园、鱼塘。本项目将弃土场和农民种植砂糖桔结合起来,不能造田、旱地处,尽可能种植当地野生植物,和周围自然环境融为一体。

(4)施工便道

对于新建的红线外的施工便道,在施工完成后可和地方政府联系,如果地方交通需要,交与村民继续使用;如果地方交通不需要,则应复耕或绿化,可复耕为菜地或果园。绿化时也尽可能种植当地野生植物。在便道边坡上应种植草或灌木。便道路面在挖出路面硬化材料后种植乔木,能达到在通车后高速路上行车看不到便道痕迹的效果。

二、土地资源保护与恢复

1. 临时用地复耕复垦原则

土地复垦是指对在生产建设过程中因挖损、塌陷、压占等造成破坏的土地,采取整治措施,使其恢复到可供利用的状态的活动。为了使取弃土场能复耕复垦,本项目制定了以下原则:节约用地、少占耕地、保持水土、保护自然景观,符合当地环境、植被和水土保持要求,符合"保护性"原则;便于水土保持、植被恢复和美化环境,符合"恢复性"原则。取弃土完成后,对取弃土场进行覆土复耕还田,与原地貌保持了一致。

2. 制定经济合理的复垦技术方案

(1)将耕地保护的有关条款列入招标文件,并严格执行。

(2)合同段划分以能够合理调配土石方,减少取、弃土数量和临时用地数量为原则。

(3)严格控制建设标准和规模,控制取弃土场数量规模。

(4)合理设置取土坑和弃土场,防止水土流失。

(5)严格控制临时用地数量。

(6)公路改扩建贯彻因地制宜、充分利用旧路资源的原则。

(7)项目实施中合理利用所占耕地地表的耕作层,用于重新造地。

3. 合理规划施工临时用地

对全线的施工临时用地,应进行详细的规划,并做好恢复工作。

4. 实行严格的耕植土的保护制度

(1)确定清表的厚度

在进场之后清表之前，首先制订表土资源保护、剥离、存放及利用计划，根据现场情况确定表土剥离厚度。在一般的边坡路基区域，表土剥离厚度一般在 15～20cm；在表土资源丰富的路段如农田、果园区域，表土剥离厚度可达 30cm 以上。原则是剥离全部营养丰富的腐殖土、耕作土。

(2)明确表土利用方向

取出的表土，一部分用于沿线农民垦荒造田、改良土壤，弥补公路占地给沿线群众造成的耕地损失。利用表土资源造田造地，还耕于民，促进公路建设与沿线社会环境的和谐。剩余的部分选择不影响工程施工的地方妥善保管和存放，适当防护、防止水土流失。路基工程结束后用于覆盖路基边坡、立交区、取弃土场以及临时占地范围等，为更好地开展植被恢复创造条件。

(3)规定清表的范围和方式

在对路基实行第一次清表时，由于清场的范围是路基宽度范围，这一区域的表土资源要全部清除，表土清除数量大，要妥善予以保存，防止造成压埋和浪费。第二次清表时对于“环保绿线”范围的表土资源要结合植被资源保护，尽量连同地表植被一起保留在原地，减小对表土的扰动。

(4)保护清表土

清表土要集中堆放(图 9-16)。为减少表土存放时间，避免水土流失和表土资源浪费，加快植被恢复速度，公路主体工程应与植被恢复工程同步施工。主体工程完成或施工占用结束的区域要立即覆盖上表土，迅速完成植被恢复，确保通车时大部分绿化区域的植被都有较长的生长、恢复过程，与周围自然植被群落比较接近。

5.开展土地资源保护工作

(1)妥善处理废弃的土方，山坡弃土尽量避免破坏或掩埋路基下侧的林木、农田及其他工程设施(图 9-17)。沿河弃土避免壅塞河道、改变水流方向和抬高水位而淹没或冲毁农田、房屋。

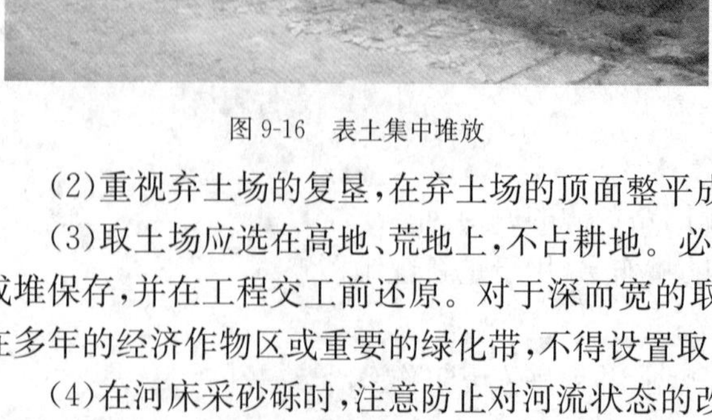

图 9-16　表土集中堆放

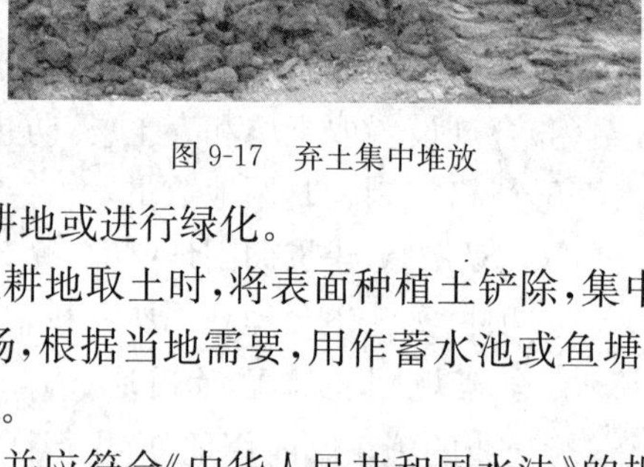

图 9-17　弃土集中堆放

(2)重视弃土场的复垦，在弃土场的顶面整平成为耕地或进行绿化。

(3)取土场应选在高地、荒地上，不占耕地。必须从耕地取土时，将表面种植土铲除，集中成堆保存，并在工程交工前还原。对于深而宽的取土场，根据当地需要，用作蓄水池或鱼塘。在多年的经济作物区或重要的绿化带，不得设置取土场。

(4)在河床采砂砾时，注意防止对河流状态的改变，并应符合《中华人民共和国水法》的规定，即：“在泄洪、排涝河流和航道范围内开采砂石、砂金，必须经河道主管部门批准，按照批准的范围和作业方式开采，涉及航道的，由河道主管部门会同航道主管部门批准”。

(5)采石场的位置,结合环境保护的要求选择,其中包括噪声、爆破引起的地下振动、公共安全问题等。采石场的位置,征得当地政府及环境管理部门的同意并办理必要的手续。

三、水资源保护与恢复

1. 实行严格的水土保持制度

聘请水利厅、环保局的监测站对施工敏感点进行水土流失,水环境监测,以敦促监理及施工单位对水环境保护进行切实有效的工作。控制施工中的水土流失问题的发生,减少水土流失对沿线农田的污染和影响,保护耕地资源。

2. 保护沿线水体水质

(1)项目开建之初就要求施工废水、生活污水不得直接排入农田、耕地、灌溉渠和水库,不得排入饮用水源,必须做到处理后达标排放。

(2)施工区域、砂石料场,在施工期间和完工以后应妥善处理,以减少对河道、溪流的侵蚀,防止沉渣进入河道或溪流。

(3)冲洗集料或含有沉积物用水,积极采取过滤、沉淀池处理或其他措施,达标排放。

(4)施工期间,严格管理沥青、水泥、油料、化学品等施工物料堆放,防止在雨季物料随雨水径流排入地表及附近水域、造成污染。

(5)施工机械应防止严重漏油,禁止机械在运转中产生的油污水未经处理就直接排放,或维修施工机械时油污水直接排放。

3. 对水环境敏感点进行重点保护

(1)及时筛选出公路沿线的重点敏感水体,主要包括西江、南江、建城河、宝珠河等,在施工过程中对这些敏感水体进行重点保护。

(2)严格限制敏感水体路段桥梁桩基施工工艺,在筑岛围堰施工中积极采用钢板桩围堰、木板桩围堰和砂袋防护的土围堰(图 9-18、图 9-19)等围堰技术,并将施工中泥浆经沉淀处理后及时运往就近的弃土场,大大减少桥梁施工对敏感水体的影响。

图 9-18　西江大桥围堰施工

图 9-19　南江大桥围堰施工

4. 保护沿线既有的农林灌溉系统

在建设过程中多使用桥梁涵洞跨越稻田和鱼塘,很好地保证了项目沿线的耕地资源连通性。同时,设置了较多路段的改沟工程,如连滩互通立交处,就为了连通原有的稻田灌溉系统,改沟长度约 1km 多。另外,在公路排水沟与稻田交接部分,通常会为农灌系统布设管线留有足够的空间,基本没有影响原有农灌系统,保证了农用水资源的连通。

第四节　生态排水措施

公路排水设施中大量圬工砌体的采用，对生态环境的破坏相当严重，且工程费用较大。在大力发展"绿色交通"、"生态公路"的背景下，在满足工程技术要求的前提下探索应用具有经济和社会效益的生态型公路排水系统十分必要。

一、生态排水设计的原则

(1)排水系统在实现其功能时，不应造成不适当的拥水或阻水，不应产生冲刷流速，不影响公路的安全运营。

(2)排水设计的标准应同所设计的公路的重要性相适应，应根据公路等级、沿线地形、地质、水文、气象以及桥涵位置等因素综合考虑，并注意各种排水设施、排水构造物之间的联系，提供功能完善和造价合理的最佳排水方案。

(3)高速公路应自成排水系统，且同当地的自然水系、已有的或规划的灌溉排水、河川治理或水土保持等水利设施、公共下水管道、地下管线等协调配合，全面规划、合理布局。

(4)防止排泄水冲毁农田或水利设施，防止冲刷地表引起水土流失或污染水源。

(5)排水系统的断面形式、尺寸，除要满足排水量的要求外，还应符合在使用过程中便于检查和修理的要求，排水设施的外形轮廓应清晰、线条圆滑、美观耐用。

二、设计参数的选取

1. 草种的相关技术指标

生态型排水系统主要按三维网加植草(或草皮)的形式进行设置。三维网和草皮可用竹(木)桩等进行固定，其露出草皮不超过 2cm；草皮或草种的选择要求根系发达、茎矮叶茂；草种要求能迅速生长，以适应排水需求。不同的排水设施草的类型应不同，边坡的草种应具有较强的抗干旱性能，边沟草应具有过渡的浸水性能。

2. 计算参数的选取

生态排水设计中的主要计算参数是糙率，对草皮的糙率取值按表 9-2 选定。

抛物线形草皮沟的糙率取值　　表 9-2

$v(\mathrm{m\cdot s^{-1}})$	$n(i=0.3\%)$	$n(i=1\%)$	$n(i=2\%)$
0.3～0.6	0.040～0.025	0.060～0.040	0.070～0.045
0.6～1.0	0.025～0.015	0.040～0.025	0.045～0.030

三、设计方案

本项目做了排水总体设计，将路面排水、路基排水、中央分隔带排水、超高段路面排水、路基地下水等综合考虑排水系统，避免公路水毁。边沟、排水沟采用生态型沟，不仅有利于环保，对失控驶出路外的车辆还能起到减少损失的作用，有利于行车安全。

1. 中央分隔带排水设计

如图 9-20 所示，排水沟的横向宽度为中央分隔带宽，竖向、纵向、横向排水管采用 PVC 管，竖向排水管的间距、PVC 管得直径及横向排水管的间距与直径等参数，根据实际工程所处的自然条件等因素确定。在底基层以下设置排水盲沟，便于下渗水的排出。

图 9-20 中央分隔带生态排水

2. 边沟、排水沟设计

设计边沟、排水沟采用浅碟形，如图 9-21、图 9-22 所示。考虑到生态排水系统排水过程中渗水对路基的影响，均须按要求进行地面以下渗水的防排水处理。

受路堤、路堑边坡坡度与高度的影响，常需设置截水沟和急流槽等排水构造物，这些要求可参考《公路排水设计规范》(JTJ 018—97)，但当截水沟或急流槽的水汇入生态边沟或排水沟时，均应在各自相应的部位设置消能池，以免因水流流速过大对生态型边沟或排水沟造成较大的冲刷而使其失去排水功能。

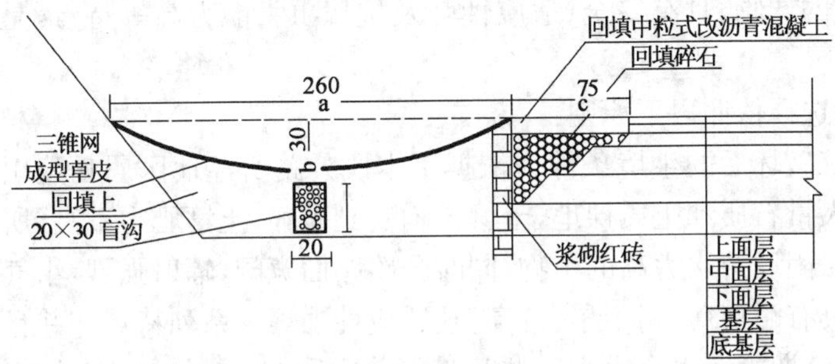

图 9-21 边沟设计示意图(尺寸单位:cm)

图 9-22 浅碟形边沟

第五节 使用乡土植物和表土进行边坡绿化

绿化是高速公路建设中的一项重要内容。《公路建设项目环境评价规范(试行)》(JTJ 005—96)和《公路环境保护设计规范》(JTJ/T 006—98)等，明确规定："应重视高速公路绿化设计，充分调查沿线的工程地质、地形地貌、气候条件、植被种类及覆盖率、水土保持现状等，选用适合当地生长的花草、灌木、乔木等植物，对路堤边坡、取、弃土场等进行绿化，防止水土流失"并与周边环境协调，达到绿化、美好环保的高效结合。20 世纪末期，生态高速公路成为高速公路建设的最新目标，"生态绿化"、"生态恢复"、"植被恢复"的概念逐渐引入到高速公路绿化工程中来，"绿化"从工程的范围扩大，纳入了生态学、植物学、生态系统学、地学等领域的理论与实践。京沪高速公路、云南思小高速、粤湛高速公路在选线及初设时即开始考虑绿化方案，坚持最小破坏理念，设计采取顺适地形、地貌，利用外来植物结合乡土植物构建复合型植物群落，绿化效果良好。然而，我国大规模的公路路域植被生态恢复尚处于起步阶段，恢复重建的理论体系和技术方法还不成熟，达成初步共识的是应尽可能采用乡土植物进行公路绿化，但对乡土植物的选择、配置、定植和群落构建尚未有一个成熟的模式。因此，了解公路路域沿线的植被和乡土植物资源是进行植被恢复和乡土植物种类选择的前提条件。

土地是人类社会赖以生存和发展最重要的物质基础。我国土地资源紧缺，珍惜和合理利用土地是我国的基本国策。我国每年新增建设用地约 648 万亩，其中占用耕地约 200 万亩左右，相当于一个小县的土地总面积，在被占用的耕地中，60%以上是优质耕地。长期以来，建设占用耕地表土剥离进行再利用没有引起应有的重视；如果能将被建设占用这部分优质耕地的表土有计划的剥离后进行利用，在人地矛盾突出的情况下，无疑是实现耕地占补平衡目标的又一有效途径。重视土地复垦，特别是将表土利用工作纳入公路建设的全过程，加强表土剥离和再利用技术的研究和创新，可以实现经济效益、社会效益和生态效益的最大化。

本项目在开展路域自然条件、植被、植物全面调查的基础上，综合各种条件筛选出适宜的乡土植物，依据群落学原则进行合理的配置，力求使该路段沿线的植被恢复获得最佳效果；在借鉴以往经验的基础上，结合当地实际工程条件，在表土剥离、利用和边坡绿化方面探索了一条公路建设中保护耕地和环境的新途径。

一、乡土植物在绿化中成功应用

1.选择原则

乡土植物较外来种、栽培种具有很大的生态优越性。它们是在长期的系统演化过程中，与当地的气候、土壤、水湿条件相适应的产物，具有安全、适应性强及抗病虫害能力高等特点，是高速公路可持续发展的必然选择。

高速公路生态绿化的乡土植物选择依照以下原则：

(1)以高速公路建设对自然系统破坏后的生境条件为依据。本段公路所经地区属丘陵山地，地形多变，随着道路开挖，产生大量石质和土质裸地，土壤结构受到破坏，土壤肥力不高，所以要求生命力强、繁殖力强、根系深、固坡持水力高的植物，同时公路路面宽阔，辐射强烈，小气候气温较高，因而要求绿化植物要具有耐瘠薄、耐干旱、抗高温、适应性强等一系列特点。并且考虑到高速公路线路长，管理不善，后期运营也会带来一些环境污染，所选植物也应具有较强的抗逆性和抗病虫害能力。

(2)以生态恢复、群落演替理论为指导。高速公路的绿化更应该是一个生态恢复的过程，演替理论是生态恢复中的植物选择重要依据之一。由于演替发生的各个阶段包含着植物种类的更迭，即由先锋种的入侵、优势种的更替最后形成稳定群落，则准确识别自然系统中各个群落所处的演替阶段及其相应的植物组成，就可以针对高速公路沿线的现有植被基础和远期目标筛选出合适的植物用于群落建成，达到加速植被恢复的目的。

(3)以具有自然生态系统的组成和结构为目标。结构合理、功能完善的自然群落系统是高速公路路域植被恢复的目标。一个地区以其地带性植物群落为顶级群落，具有最大的多样性和稳定性。地带性的植物群落必然是由当地的乡土植物组成的——这也是生态恢复提倡尽可能地利用乡土植物的原因，不同生长型、生活性和生态型的植物成就了群落的时空结构，维持着这个系统的正常运转。乡土植物的选择可以模拟不同阶段地带性群落的组成和结构:选择该生境条件下适生的植物种类；乔、灌、草的比例适当，利用藤本植物丰富垂直层片；在时间结构上，要考虑到植物的生长期，群落演替时间等。这样初步营建出一个基本的群落骨架系统，再通过自然力的作用，使之得到不断的更新、恢复。

2.研究方法

通过野外调查，对路域植被特征、群落结构和植物分布进行全面的考察，拍摄照片、标本采集、记录及鉴定，获得比较完整的该区域的植物名录；同时调查记录路域土壤岩石类型、生境条件、自然景观特征；最后结合多方面的资料，筛选出比较理想的适合本段高速公路绿化的乡土植物种，并根据恢复生态学的原理设计其应用方法。

3. 调查结果

(1)路域自然植被状况

本区发育的地带性植被类型为亚热带常绿阔叶林，但人为破坏严重，目前几乎不存在天然森林，多为次生性植被或人工林。主要植被类型如下：

①常绿阔叶林。主要分布在历洞、中里、大用一带丘陵山地上，山体连续，地势较为陡峭，最高峰海拔近 700m，公路在这段主要是采用隧道的方式通过。因人为破坏较少，该地植被覆盖较好，主要树种为黧蒴(Castanopsis fissa)、木荷(Schima superba)等阳生性树种，群落结构比较统一，可明显分为乔灌草三层。灌木层一般高 2m 左右，组成种类以野牡丹(Melastoma candidum)、米碎花(Eurya chinensis)、山苍子(Litsea cubeba)、酸藤子(Embelia laeta)为主。

②马尾松林。人工马尾松林多位于交通方便的丘陵地区，少数地区间杂少量的常绿阔叶林。分布区的地形多为馒头状的丘陵，海拔在 200～500m 之间，坡度为 10°～20°。土壤为红壤或砖红壤，土层厚薄不一，表土常遭受雨水冲刷，局部有岩石裸露。林地山腰至山脚常被开垦做果园。该区的马尾松林呈单优群落，结构简单，大部分群落为乔木层、草本层两层，乔木层高 5～10m，覆盖度约为 85%；草本层高度一般为 50～200cm，以芒草(Miscanthus sinensis)、芒萁(Dicranopteris pedata)、类芦(Neyraudia reynaudiana)、金丝草(Pogonatherum crinitum)为主，间杂有藤檀(Dalbergia hancei)、红背山麻杆(Alchorneatrewioides)、余甘子(Phyllanthus emblica)、桃金娘(Rhodomyrtus tomentosa)、野牡丹等灌木。

③芒草、芒萁灌丛群落。该群落是郁南县典型的优势灌丛，是由于该地植被多次受到严重破坏之后发展起来的华南荒山草坡灌丛群落。群落高 1～3m，外貌呈黄绿色，灌丛密闭，以芒草和芒萁为优势种和建群种。组成的种类还有盐肤木(Rhus chinensis)、余甘子、岗松(Baeckea frutescens)、桃金娘等灌木。

④人工植被。主要为果园和农田。果园种植砂糖桔、无核黄皮、荔枝、龙眼、乌榄等。稻田主要位于南江沿岸盆地或地势低平的谷地，栽培双季稻，中间夹杂一些湿地。

群落的结构一般可分为乔、灌、草三层，群落的优势种为黎蒴、荷木、马尾松、余甘子、黄牛木、野牡丹、桃金娘、红背山麻杆、盐肤木、芒草、类芦、五节芒、芒萁、乌毛蕨、野葛、粪箕笃、藤檀等。

(2)乡土植物种类组成

据多次调查和采集标本鉴定的资料统计显示，该高速公路路域共有维管束植物 342 种，隶属于 95 科 244 属，其中蕨类植物 11 科 14 属 23 种，裸子植物 3 科 3 属 4 种、被子植物 81 科 227 属 315 种；乔木 66 种、灌木 83 种、草本 124 种、藤本 69 种。各群落的主要优势种为：乔木层有马尾松(Pinus massoniana)、黎蒴、荷木、余甘子、黄牛木(Cratoxylum cochinchinense)等；灌木层有野牡丹、桃金娘、红背山麻杆、盐肤木、石岩枫(Mallotus repandus)等；草本层有芒草、类芦、五节芒(Miscanthus floridulus)、棕叶芦(Thysanolaena maxima)、芒萁、乌毛蕨(Blechnum orientale)等；藤本植物有野葛(Pueraria lobata)、粪箕笃(Stephania longa)、藤檀(Dalbergia hancei)等。

4. 乡土植物的选择与应用

在首先满足适应性、抗性强的条件下，以自然群落为参考，先锋种、优势种、建群种及其他伴生种兼顾，合理配置乔灌草藤比例，最后筛选得到 53 种乡土植物，其中乔木 14 种，灌木 15 种，草本 16 种，藤本 8 种(表 9-3)。

推荐绿化用乡土植物

表 9-3

植物名	科	生长型	特性	生长习性	繁殖	群落地位
黧蒴 Castanopsis fissa	壳斗科	落叶乔木	速生，萌发力强，根系发达，能固氮，适应性强	喜光，抗风，不耐寒	播种、苗植	先锋种、建群种
木荷 Schima superba	山茶科	常绿乔木	树姿挺拔，对有毒气体有一定的抗性	喜光，抗风力强，耐寒	播种、苗植	先锋种、建群种
马尾松 Pinus massoniana	松科	常绿乔木	生长旺盛，砂砾和干燥荒废的山地都可生长	阳性树种，适于干燥的红土和黏质土壤	播种、苗植	先锋种、建群种
山黄麻 Trema tomentosa	榆科	常绿小乔木	枝平展，生长旺盛，适应性强，抗大气污染	喜光，稍耐荫、耐水湿，抗风	播种、苗植	次生林的先锋种
黄牛木 Cratoxylum cochinchinense	金丝桃科	落叶乔木	枝繁叶茂，萌发力强，生长旺盛，少病虫害	喜光，耐半荫，不耐寒，喜酸性土壤	播种	次生林的先锋种
余甘子 Phyllanthus emblica	大戟科	落叶乔木	树姿优美，萌芽力强，根系发达，可保持水土	喜光，耐干热瘠薄，性喜高温，适生于酸性土壤	播种	先锋种
山乌桕 Sapium discolor	大戟科	乔木	秋冬叶变红，抗大气污染，生长迅速，少病虫害	耐瘠薄，抗旱	播种、苗植	先锋种、优势种
枫香 Liquidambar formosana	金缕梅科	落叶乔木	秋冬叶变红，萌生力强，性强健	喜光，耐火烧	播种	优势种、建群种
台湾相思 Acacia confusa	含羞草科	常绿乔木	生长迅速，适应性强，为华南水土保持的重要树种	耐干旱，对土壤要求不严格	播种	先锋种
潺槁树 Litsea glutinosa	樟科	常绿乔木	枝叶浓密，适应性强，抗大气污染，养护简单	喜光，耐干旱和瘠瘦，不耐寒	播种、苗植	伴生种
八角枫 Alangium chinense	八角枫科	落叶小乔木	枝叶开展，养护简单，少病虫害	喜疏松、排水良好的土壤	播种、苗植	伴生种
山苍子 Litsea cubeba	樟科	常绿乔木	生长迅速，适应性强，养护简单	喜光、耐旱	播种、苗植	先锋种
深山含笑 Michelia maudiae	木兰科	常绿乔木	能吸收有毒气体，生长较慢，少病虫害	幼苗喜阴，大苗喜光，喜肥	播种、苗植	优势种
阴香 Cinnamomum burmannii	樟科	常绿乔木	生命力强，对氯气、二氧化硫有较强抗性	喜光，喜肥沃、疏松湿润而不积水土壤	播种、苗植	优势种
红背山麻杆 Alchornea trewioides	大戟科	灌木	适应性强，萌发力强，可粗放管理	喜光，耐贫瘠，不拘土壤	播种	先锋种、优势种
桃金娘 Rhodomyrtus tomentosa	桃金娘科	常绿灌木	生长力强，可粗放管理	喜光，耐干旱和瘠薄	播种	先锋种、优势种
岗松 Baeckea frutescens	桃金娘科	灌木	分支多，枝叶优美，生长迅速	喜光，耐寒，耐瘠薄，为酸性土指示植物	播种	先锋种
豺皮樟 Litsea rotundifolia var. oblongifolia	樟科	常绿灌木	分支繁茂，生长力强	喜光，耐旱和耐瘠瘦，不拘土质	播种、扦插	优势种

续上表

植物名	科	生长型	特性	生长习性	繁殖	群落地位
盐肤木 Rhus chinensis	漆树科	灌木	适应性强，可粗放管理	喜光，耐半荫，耐瘠薄	播种	伴生种
龙船花 Ixora chinensis	茜草科	常绿小灌木	花大色艳，生长旺盛，华南山地林下普遍生长	耐高温、耐干旱和瘠薄土壤	播种、扦插	优势种
米碎花 Eurya chinensis	山茶科	常绿灌木	耐修剪，养护简单	喜光，耐高温、耐干旱和瘠薄，不拘土质	播种	优势种
车轮梅 Raphiolepis indica	蔷薇科	常绿灌木	生长力强，耐修剪，养护简单	耐干旱瘠薄，耐阴、耐盐，抗风，适生于微酸性砂壤	播种、扦插	优势种
野牡丹 Melastoma candidum	野牡丹科	常绿灌木	可观花，长势旺盛	耐半荫和瘠薄，喜湿润和肥沃酸性土	播种或扦插	优势种
玉叶金花 Mussaenda pubescens	茜草科	攀援灌木	供观赏，山地林下常见种	喜半阴环境及酸性土壤	扦插、播种	优势种
地稔 Melastoma dodecandrum	野牡丹科	小灌木	为优良的地被植物，耐践踏、耐修剪	喜光，不耐寒，稍耐荫，耐干旱、瘠薄	分根、分匐匍茎	常见种
金樱子 Rosa laevigata	蔷薇科	常绿攀援灌	木生长力强，养护简单	喜光，喜温暖湿润的环境，性强健	播种、扦插	常见种
红叶藤 Rourea minor	牛栓藤科	攀援灌木、藤本	叶幼时鲜红色故名，养护简单	喜光，喜高温、湿润环境，耐半荫，不耐寒	扦插、压条、播种	常见种
薜荔 Ficus pumila	桑科	攀援、匍匐灌木	攀援着生，长势旺盛	喜半阴，耐干旱和耐寒，喜肥沃、富含有机质壤土	播种、扦插	常见种
石岩枫 Mallotus repandus	大戟科	常绿攀援灌木	树姿优美，养护简单	喜光，喜高温，耐干旱和瘠薄，耐修剪，不拘土质	播种、扦插	常见种
类芦 Neyraudia reynaudiana	禾本科	多年生草本	适应性极强，分蘖力、萌芽力强，根系发达，为优良固堤、固坡植物	耐寒，抗热，也耐瘠薄和修剪	分根、分株	先锋种、优势种
丝茅 Imperata koenigii	禾本科	多年生草本	优良的地被植物，适应性强，适用于护堤固坡	耐寒，抗热，对土壤要求不严，也耐瘠薄和修剪	分根、分株	先锋种、优势种
棕叶芦 Thysanolaena maxima	禾本科	多年生草本	簇生，为优良的地被植物，性强健，适应性强	耐寒，抗热，对土壤要求不严	分根、分株	先锋种
乌毛蕨 Blechnum orientale	乌毛蕨科	中大型蕨类	叶色翠绿，长势茁壮，少病虫害，可粗放管理	喜光，忌烈日直射，生长适温为16℃～24℃	孢子繁殖	优势种

续上表

植物名	科	生长型	特性	生长习性	繁殖	群落地位
芒萁 Dicranopteris pedata	里白科	中型陆生蕨	在荒林地能形成平整稠密的地被，适应性强	耐贫瘠，广布于强酸性的红壤丘陵荒坡或马尾松	孢子繁殖	先锋种、优势种
假俭草 Eremochloa ophiuroides	禾本科	多年生草本	蔓延力强，适宜保土护堤之用	喜湿，耐修剪	分根、分株	优势种
狗牙根 Cynodon dactylon	禾本科	低矮草本	适应性强，根茎蔓延力强，为良好的保土护坡植物	耐旱，耐寒，耐修剪、践踏，不拘土壤	分根茎	先锋种、优势种
五节芒 Miscanthus floridulus	禾本科	多年生草本	丛生，植株高大，生性强健，抗性强	耐寒，抗热，对土壤要求不严，也耐瘠薄和修剪	分根、分株	先锋种、优势种
芒草 Miscanthus sinensis	禾本科	多年生草本	丛生，植株高大，为优良固堤、固坡植物	耐寒，抗热，对土壤要求不严，耐瘠薄和修剪	分根、分株	先锋种、优势种
猪屎豆 Crotalaria pallida	蝶形花科	多年生草本	生命力强，管理粗放	喜光，耐旱，耐贫瘠	播种	常见种
青葙 Celosia argentea	苋科	一年生草本	适应性强，生长迅速，可粗放管理	喜光，喜干燥环境，不耐寒，宜栽于肥沃的砂质壤土	播种	常见种
地胆草 Elephantopus scaber	菊科	多年生草本	适应性较强，可粗放管理	喜光，耐旱，不耐寒，不拘土壤	播种	常见种
狗尾草 Setaria viridis	禾本科	一年生草本	分布广布，适应性较强	耐旱，对土壤要求不严	播种	常见种
金丝草 Pogonatherum crinitum	禾本科	四季常绿	丛生，秆硬，萌发力强，为优良的护堤固坡植物	喜光，稍耐寒，耐干旱和瘠薄，不拘土质	播种、分株	常见种
山菅兰 Dianella ensifolia	百合科	多年生草本	浆果紫蓝色，生长健壮	耐荫、耐旱，喜高温高湿	播种	常见种
猪屎豆 Crotalaria pallida	蝶形花科	多年生草本	生命力强，管理粗放	喜光，耐旱，耐贫瘠	播种	常见种
石韦 Pyrrosia lingua	水龙骨科	小型蕨	匍匐，叶近二型，宜作石质边坡绿化	喜阴凉而干燥的环境，喜生于钙质土壤中	分株、孢子繁殖	常见种
野葛 Pueraria lobata	蝶形花科	常绿粗壮藤本	优良的地被植物，有水土保持作用，生命力强	喜光，喜高温，耐干旱和瘠薄，粗生，不拘土质	分根茎、播种	优势种
酸藤子 Embelia laeta	紫金牛科	藤本、攀援灌木	适应性较强，生长迅速，养护简单	喜湿润环境，稍耐寒	播种、扦插	常见种
鸡屎藤 Paederia scandens	茜草科	落叶藤本	优良的地被植物，适应性强，可粗放管理	喜光，繁殖力强，不拘土质	播种	常见种
粪箕笃 Stephania longa	防己科	草质藤本	优良的地被植物，可粗放管理	不耐寒冷和干旱，耐瘠薄	播种	常见种

续上表

植物名	科	生长型	特性	生长习性	繁殖	群落地位
扭肚藤 Jasminum elongatum	茜草科	攀援灌木	生性强健，生长快，养护简单	喜湿润环境，稍耐旱，对土壤要求不严	播种	常见种
锡叶藤 Tetracera asiatica	五桠果科	常绿木质藤本	适应性强，可粗放管理	喜光、耐炎热	播种、扦插、压条	常见种
崖爬藤 Tetrastigma obtectum	葡萄科	常绿藤本	生山坡岩石或林下石壁，适合石质边坡绿化	喜光，耐半荫，好湿耐旱，不耐寒	播种、扦插、压条	常见种
藤檀 Dalbergia hancei	蝶形花科	攀援藤本	长势茁壮，为荒山草坡常见种类，可粗放管理	喜光，耐旱、耐贫瘠	播种	常见种

(1)高速公路两侧绿化带的生态绿化

高速公路两侧绿化带约位于路界外10～20m。由于其土壤基质基本没变，自然条件相对于边坡要优越很多，但高速公路的运行带来的干扰是不可避免的，导致在其两侧附近实现地带性群落的完全恢复不太可能，理想的两侧植物布局应该是从一个由公路向外侧，群落结构趋向复杂、植物种类更加多样的分布模式。

绿化植物的应用应视其条件而定，人工生态系统如田地、果园等适加打理即可；自然系统干扰轻微者，尽量保持原来生态系统的组成和格局，适当补植；破坏较严重的裸地、荒地，就需要从群落生态恢复的角度来合理配置、定植。

参考路域沿线植被状况，推荐以下群落构建模式(3种乔木群落和1种灌草群落)：

①木荷群落。木荷、台湾相思、乌桕、黄牛木、山乌桕＋豺皮樟、山苍子、车轮梅、桃金娘、岗松、野牡丹、金樱子、玉叶金花＋乌毛蕨、假俭草、山菅兰＋酸藤子、锡叶藤、藤檀。

②马尾松群落。马尾松、木荷＋桃金娘、岗松、豺皮樟、红背山麻杆、山乌桕、野牡丹＋芒萁、五节芒、金丝草、丝茅＋藤檀。

③黧蒴群落。黎蒴、木荷、枫香、潺槁树、山乌桕、黄牛木、山黄麻＋红背山麻杆、米碎花、车轮梅、豺皮樟、石岩枫、山苍子、玉叶金花＋五节芒、乌毛蕨＋酸藤子、锡叶藤。

④芒草群落。芒草、五节芒、芒箕、类芦＋岗松、桃金娘、山乌桕、盐肤木、余甘子＋鸡屎藤。

(2)边坡的防护及生态绿化

边坡一直是高速公路绿化的重要项目，治理不好会造成水土流失、滑坡、泥石流等生态灾害，尤其是华南地区，降雨量大，暴雨狂风剧烈。我国刚把恢复生态学的理论引入到边坡恢复中，强调最好的边坡绿化效果是恢复边坡原有的生态系统。目前在这方面，已有许多实践探讨，研究表明，灌草结合、加快人工植物群落向自然群落演替是实现裸露边坡生态稳定的必然趋势，乔木、小乔木由于根系深广，如能适当引入，对边坡的长久稳定具有重要意义。

具体在植物组合上，当以草本(以禾本科、豆科为主)为主体，配置一定量的藤本和灌木、小乔木，前期旺盛的草本植物群落利于边坡的快速稳定和水土保持，但边坡的长期稳定和生态恢复还有耐于灌木和乔木种的参与，理想的目标是经过3～5年的演替和自然更新后，形成灌木占优势、有少量小乔木种存在的矮灌丛群落。

边坡的立地条件对植物生长的适宜度差异很大，土质边坡土壤易流失，要求耐贫瘠、繁殖力强、根系发达的植物(图9-23)；石质边坡大部分植物不能生长，宜用藤本或可贴壁生长种类;坡度较缓的边坡自然作用力小,适合各种植物稳定生长,植被恢复较容易;高陡边坡则以藤本和紧贴地面着生的矮草本为宜。推荐的植物配置模式:

①桃金娘群落。桃金娘、岗松、野牡丹、龙船花、芒箕、地稔+芒箕、乌毛蕨+马尾松、山黄麻、豺皮樟、山苍子、山乌桕+酸藤子。

②芒箕群落。芒箕、芒草、地胆草、狗尾草、丝茅、地稔+马尾松、豺皮樟、桃金娘、龙船花、岗松、野牡丹+扭肚藤。

图 9-23 LK52+810~LK52+900 马尾松+银合欢+山毛豆+类芦+狗牙根群落

③类芦群落。类芦、野牡丹、五节芒、猪屎豆+豺皮樟、山苍子。

④芒草群落。芒草、五节芒+粽叶芦、丝茅、芒箕、野牡丹、地胆草、地稔、金丝草+山芝麻、豺皮樟、山苍子。

⑤葛藤群落。葛藤+丝茅、金丝草、狗牙根。

5. 几点认识

利用乡土植物进行公路生态恢复是一个长期的过程,需要不断进行探索和试验,切不可急功近利。因此,还需要做好以下工作:

(1)设计、施工过程中要尽可能地减少生境和植被破坏,减少或避免高陡边坡。

(2)植物措施与工程技术相结合。植物措施提供最合适的植物种类及组合模式,工程措施则从具体实施上提供行之有效的方法。

(3)加强后期管理,并根据具体情况适当调整植物种类和群落的组成方式。

(4)许多乡土植物苗木缺乏,应提早进行乡土植物种子收集及苗木培育,并扩大繁育的规模(种类和数量),建立足够的植物储备库。

二、使用表土绿化边坡

1. 表土再利用的优点及原则

(1)表土再利用的优点

在表土利用方面国外发达国家比较重视,如日本,在公路建设中,要对沿线适当地区(如立交区和服务区等)的表土进行剥离,并在公路建成后适时回填以及移栽原有树木等,以尽快恢复原有自然生态群落;在矿山环境治理中,日本也早就意识到表土剥离和再利用的重要性,并进行了大量研究和实践活动。美国也是非常重视表土利用的国家,尤其是对植被破坏最为严重的露天采矿。越来越多的国家重视表土再利用技术的研究,目前主要还是采取开始时先将表土剥离后堆放好,在限定的开采时间到后,填好矿坑及废弃地,再铺回原来的表土。而由土壤种子库中的种子萌发所形成的植被,比起人工林来,更接近原有的植被和更多姿多彩,更有利于向着原有植被方向演替。

表土层具有较好的肥力,表土是土地恢复的重要基础,是复垦区非常珍贵的资源,用剥离的表土进行造地复垦,土壤肥力充足,作物产量高。可以保证复垦土壤的生产力等于或优于原土壤。

具有土壤种子库的作用,存在于确定面积的土壤表面及其下的土层中具有活力的种子总数称为土壤种子库。云梧高速公路从规划设计初期就被定为施工示范工程，环境保护示范工程，尤其是对高速公路的边坡绿化、中央分隔带、取、弃土场的恢复要求使用乡土植物进行绿化，不再只是满足于种上植物，而是要求要恢复原有的植被，使高速公路沿线绿化方法自然，与周边环境协调。而表土中含有本地植物的种子，如果使用恰当，很多种子都能发芽生长，这样就使得除人为选用乡土植物进行绿化外，由于利用表土作为回填土进行绿化，将有许多本地植物的种类发芽生长，使得边坡、互通、中央分隔带、取、弃土场的乡土植物种类更加丰富。

(2)利用原则

①按照“以人为本、保护优先、治理为辅、再生结合”的原则，切实加强环境保护，实现工程建设和环保目标的协调和统一。

②按照可持续发展、节约资源的原则。

③利用表土进行复垦，要坚持因地制宜、综合治理。

2.表土剥离施工技术

表土剥离再利用是指将建设所占土地约30～50cm厚的表土搬运到固定场地存储，然后再搬运到需要完成造地复垦或绿化的技术。

(1)表土剥离的设计

表土剥离是一项系统工程，由于地理位置的不同，需要对沿线的边坡开挖路线、取、弃土场，尤其是对沿线拟占用的农田、山地，逐个进行地质勘察、地形测量，计算工程量。表土剥离时既要保证剥离的表土具有充足的肥力，还要将剥离的表土性状改变控制在最小范围内，尽量不改变土壤团粒结构，并在被剥离的表土堆放时间内，不发生新的水土流失。

(2)表土的采集和存放

采用推土机、铲车等机械挖掘，进行表土剥离施工。一般厚度为30～50cm。将剥离的表土存储在预先确定的临时堆放地点，堆放高度一般不高于5m，为防止水土流失和土壤风化，堆放的表土应压实，有条件时可在土堆上加盖塑料薄膜以防止雨水冲刷。取自农田的表土和取自山地的表土需要分开存放，取自农田的表土主要用于以后取、弃土场的复耕表土，取自山地的表土主要用于以后景观恢复、绿化使用。

对路基施工中清除的腐殖土，可临时集中存放在主线两侧和互通区占地范围内，以上占地面积不足时，可考虑用临时占地解决，一般5km设置一个表土存放场。路基成型后，可用于取、弃土场复垦，路基边坡、中央分隔带、互通区绿化等。

3.表土在公路工程建设中的利用

比较常见的表土利用方式是将建设占用地区较为肥沃的表土，作为客土加入已经列为改良项目区的土壤中。

(1)利用表土进行取、弃土场的造地复垦

先对取、弃土场数据整，尽量使地面高差不超过10cm，然后回填取自农田的表土，此时，应考虑表土的沉降量，形成的地表坡度不超过20°为宜，以保证降水均匀分布而不积聚，能快速流掉多余的雨水，不至于出现新的水土流失。造好地后交回给农民复耕或撒上草种复绿备耕。

(2)利用表土进行拌和站、预制梁场、施工驻地的复垦。施工中未利用的腐殖土，可以与当地政府沟通，提供给当地政府和群众进行旱地造田，使土地资源得到最大化利用。

(3)利用表土进行边坡绿化

利用表土进行高速公路景观绿化，就是将表土从存放场运到需要绿化的地点，先对表土进行杂质清除和无害处理。使用60%的表土和40%的其他客土并掺入一定比例的肥料在搅拌设备内或人工充分搅拌均匀制成混合物，将混合物用液压喷坡设备喷到预定的边坡区域或人工将混合物敷在边坡上。然后用喷播机将过渡性草种和其他乔、灌木种子喷到已喷表土的边坡上，盖上无纺布防雨水冲刷、保湿。根据不同的边坡可采用不同的使用表土的方法。

①边坡高度低于 10m 或顶级边坡（坡率 1∶1），可直接将少量表土和种子混合后，用喷播机喷射到需要绿化的边坡，盖上无纺布防雨水冲刷、保湿。

②边坡高度大于 10m 或 2～3 级边坡（坡率 1∶1.5），需采用三维网植草护坡，按照三维网植草技术要求，在平整好坡面、回填客土、开挖沟槽、做好排水设施后，进行铺网固定，将预先准备好的表土、客土混合物覆盖在三维网上，洒水浸润沉实后，将蕨类植物的孢子、草本、灌木种子等人工撒播或液压喷播，盖上无纺布防雨水冲刷、保湿。

③在需要采用喷混植生的边坡，按照喷混植生的施工要求准备好后，将表土与客土、水泥、锯木、有机肥、复合肥按一定比例将植生混合料拌均匀用喷浆机将其喷布在已挂好镀锌机编网及植生带的岩石坡面上，平均厚度 10cm，且保证铁丝网上有 3～5cm 厚的土。自然风干 4～12h 后，将预先准备好的蕨类植物的孢子、草、灌种子与纸浆纤维、胶粉、保水剂等按一定比例混合加水搅拌并用液压机喷播。最后盖上无纺布防止雨水冲刷、保湿。

4. 应用与效果

第 4、5 合同段部分边坡绿化采用了表土。跟踪调查发现，由于使用表土而长出的植物达到 40 种（其中草本 25 种，藤本 2 种，灌木 8 种，乔木 2 种，蕨类植物 3 种），远远超出利用客土喷混植生的植物种类，而且植物种类大多为本土植物。

利用表土在工程中体现了以下优点：

(1)节约了土地资源。表土富含天然肥力，具有良好生命力的植物生长母体，直接使用表土资源进行建设用地的复垦，可以为耕地占补平衡作出积极贡献，而且由于缩短了表土熟化的时间，极大地提高了补充耕地的质量。

(2)保护了环境。合理利用表土可以恢复施工场地的耕种，固化土壤，提高种植率，保护环境。

表土剥离和再利用时，需要结合水田、旱地、山区、丘陵的特征差异，科学规划和设计，制定可操作性强的方案。

第十章　专题研究

第一节　概　述

作为广东省交通厅首批科技示范工程，本项目遵循“安全、环保、舒适、和谐”的高速公路建设原则，以“建设一条高标准的，安全、环保、舒适、和谐的，有自己特色的高速公路”的建设理念为指导思想，通过科研立项（表 10-1），开展科技创新，保障工程项目的安全，体现“以人为本”和“人与自然和谐”的理念，实现工程技术的创新，提高工程效率、降低工程造价。特别是结合山区高速公路建设特点和需要，以隧道建设安全与节能、环境友好型高速公路建设为重点与特色，积极开展技术攻关、推广应用新技术。“高速公路三维形象进度系统的开发与应用研究”作为成果之一的“高速公路建设信息化管理技术研究及应用”项目获得了 2009 年度中国公路学会科学技术奖一等奖。2010 年 3 月 28 日，广东省交通运输厅组织了“广梧高速公路隧道群安全保障与节能关键技术研究”成果鉴定（粤交科鉴字[2010]06 号），专家组认为课题成果总体达到了国际先进水平，照明节能达到了国际领先水平。限于篇幅，本章对部分课题做简单介绍，详细内容参见相应结题成果或鉴定报告。

广梧高速公路（河口至平台段）**科研立项**　　表 10-1

序号	课题名称	课题来源
1	广梧高速公路安全、环保建设综合技术研究 子课题：高速公路隧道照明需求与节能技术研究★ 子课题：山区高速公路隧道智能监控系统研究 子课题：复杂地质条件下隧道安全施工保障技术研究 子课题：高速公路三维形象进度系统的开发与应用研究 子课题：高速公路生态环境恢复与景观综合设计研究 子课题：特长上、下坡路段综合安全措施研究 子课题：广东山区高速公路定额与造价指标研究 子课题：变形性设计新理论的研究及其在高效预应力混凝土桥梁工程中的应用 子课题：环境友好型广梧高速公路建设对策研究★	广东省交通运输厅 （2005-06） 带★号两课题被列入交通部联合攻关课题
2	公路隧道竖井机械化施工关键技术研究	广东省交通运输厅 （2007-19）
3	公路隧道防火抗灾技术研究	广东省交通运输厅 （2008-18）
4	GTM 设计的沥青混合料及其性能研究	广东省交通集团
5	布敦岩改性沥青混合料应用技术研究	
6	RCC+CGA 复合式基层在广梧高速公路沥青路面中的应用研究	
7	广梧高速公路高液限土利用与改良施工方案和工艺研究	自选

第二节　广梧高速公路安全、环保建设综合技术研究

一、高速公路隧道照明需求与节能技术研究

1. 项目背景

安全、经济、环保、节能是公路工程建设追求的目标，在公路隧道运营管理中尤显突出。通过对隧道较多的广东、福建、重庆等地隧道管理部门的调查表明，隧道照明费用已成为公路隧道运营中最主要开支，甚至是一笔沉重负担。隧道照明系统的安全性和节能性存在着此消彼长的矛盾。在行车安全的前提下，如何提高隧道的运营效率、降低能源消耗，成为隧道科研设计、建设和运营单位迫切需要解决的问题。广梧路沿线地形陡峭，以山地丘陵为主，隧道群的照明设计及运营成本将成为一个不容轻视的问题，如何能降低照明的设备、维修及用电费用，将会产生较大的经济效益。由于我国公路隧道建设起步较晚，隧道照明的设计水平和节能措施的应用相对落后，远远不能适应公路隧道照明工作的需要。根据广东省高速公路隧道运营照明的实际问题，重庆交通科研设计院、广东省长大公路工程有限公司、广东省公路勘察规划设计院共同对高速公路隧道照明需求与节能技术开展专题研究。

本专题通过理论研究与技术创新，探索隧道照明系统的综合节能方法，系统地解决公路隧道照明节能问题，从而显著降低广东省高速公路隧道乃至全国山区高速公路隧道的运营电费及管理费用，具有重要的推广价值和实用意义。

2. 主要研究内容

(1)高速公路隧道照明环境与驾驶行为的相互影响。

(2)隧道照明设计参数。

(3)显色性与照明度的关系。

(4)辅助诱导措施下的隧道照明适应性。

(5)高速公路隧道照明综合节能系统开发。

3. 核心成果

(1)首次提出了中间视觉下等效亮度在隧道照明的应用，通过对隧道照明节能系统不同光色光源的光效研究，得出了 MH、CFL 和 LED 在测试的亮度范围内相对于 HPS 的等效亮度对比系数，通过表 10-2 可确定其他灯具相对于高压钠灯的等效亮度。

等效亮度对比系数　　表 10-2

背景亮度($cd \cdot m^{-2}$)		1.0	1.5	2.0	3.0	4.0
在 HPS 下的反应时间(ms)		361.5	339.2	329.9	320.1	311.2
R(L)	MH	0.3763	0.6964	0.7033	0.6252	0.6063
	CFL	0.6844	1.0831	1.0960	1.0092	1.0676
	LED			0.2217	0.3901	0.5159

(2)总结了国内外隧道照明的发展现状，分析了隧道照明存在的问题，充分考虑纵坡、路面摩擦系数、车速、交通量、隧道长度、隧道曲线半径等因素，提出了公路隧道照明分类与标准，给出了长隧道与短隧道的概念、分类方法、设计标准。同时，提出了公路隧道照明评价体系与方法。

(3)通过对全国已建和在建的公路隧道照明营运情况进行了较广泛的调查研究,分析了大量设计文件、实验报告等技术资料,借鉴了国外公路隧道的成功经验和先进技术,参考了挪威、英国等国家的隧道照明规范,编制了《广东省公路隧道照明设计指南》,为《公路隧道交通工程与附属设施设计规范》的编制奠定了基础。该指南对公路隧道照明系统设计、照明管理与维护、节能标准和措施等方面提出了详细的规定及要求,充分体现安全可靠、节能环保、经济实用、技术先进的设计理念。

(4)分析 LED 隧道照明灯具的应用现状及发展趋势,针对目前 LED 隧道灯具应用中存在的问题,提出了 LED 灯具主要检测参数与检测方法。

(5)理论分析与试验相结合,提出诱导设施在隧道照明中的适应条件、适用范围、布置方式及参数选择。

(6)在隧道照明控制方面,现有控制方法仍然采用分回路控制,进行人工或自动的有级(整体 4~6 级)调光控制。通过本课题的研究,将等效亮度理论应用于隧道照明,首次提出了以洞外亮度、速度与交通量为控制参数,以洞内外实际检测的照度为基准,通过模糊闭环控制,使实际照明照度满足需要的照度。

(7)开发了基于多元参数的隧道自适应智能照明模拟分析软件。结合科研成果,以功能需求为基础,开发了鹅公髻隧道 LED 照明智能控制系统,为后期应用软件开发提供参考。

二、山区高速公路隧道智能监控系统研究

1. 项目背景

山区高速公路建设飞速发展,管理难度随之增大,迫切需要提高管理水平、改善管理控制系统。交通部文件(交规划发[2001]268 号)"关于颁布《2001~2010 年公路水路交通行业政策及产业发展序列目录》的通知"第二部分"关于公路交通行业政策"第 18 条明文规定,要研究开发公路隧道设计和施工成套技术、长大隧道通风照明和消防技术以及安全智能监控系统、公路隧道专用材料和设备。重点鼓励的技术进步课题中包括了长大隧道建设、养护、管理关键技术。公路隧道安全性和智能化控制的关键技术,主要包括公路隧道的交通控制、通信网络和综合控制问题。另外,智能化控制也影响到隧道的运营费用问题,尤其对于特长隧道来说,建立一个高效节能的通风控制系统在我国能源紧缺的情况下十分必要。广东省公路勘察规划设计院承担了该课题的研究。

2. 主要研究内容

(1)隧道群与中心监控一体化的研究

主要对影响到隧道控制的监控和通信系统进行研究,包括监控系统和通信系统的研究及交通异常自动检测优化配置方法。

(2)前馈式智能模糊通风控制系统研究

①隧道群通风设计方案确定。

②隧道纵向通风智能模糊控制系统模型的建立。

③隧道通风控制系统的分析和数学模型建立。

④控制效果的仿真分析。

⑤前馈式智能模糊通风控制系统的仿真。

3. 研究目的

在分析近年来隧道事故产生原因的基础上,提出提高山区高速公路隧道安全性能的隧道

控制方法和控制系统，提出一套能降低事故率的隧道使用者通过隧道时的行为方式，并把研究成果应用到现有的隧道监控软件和硬件设备上，合理配备广梧二期监控系统设备和标志，并影响到其他系统的设计，提高隧道的安全性，降低运营管理费用，实现智能化控制目标。

4. 核心成果

(1)隧道群与中心监控一体化的研究

针对山区高速公路隧道智能控制系统研究的内容，提出了隧道群与监控中心一体化监控的理念，并提出了具体的解决思路，包括监控系统设备的布置、整体的系统构成、通信系统的设计、信号的传输等方面，大胆采用一些新技术，现已应用于广梧二期高速公路上，并制作了隧道模型。

(2)交通异常自动检测优化配置方法

研究高速公路隧道智能控制系统，总结了交通异常自动检测方法的组合类型，提出了基于交通异常自动检测的 EED 车辆识别法，突破了现有交通异常自动检测设计理念，提供了 EED 车辆识别法的设计原理与实现步骤。

(3)前馈式智能模糊通风控制系统研究

①通风控制的目标是将隧道内的污染物尽量控制在要求的水平附近，通过对目前国内外的公路隧道通风控制方式进行的详细介绍和比较，对隧道通风控制技术进行了研究和探讨，提出了公路隧道前馈式智能模糊通风控制系统。

②建立了公路隧道通风系统的基本结构以及数学模型，给出了隧道的污染物排放量、需风量、交通通风力和所需射流风机的台数等计算公式。通过数值仿真发现一些通风控制规律，即在单向行驶的隧道中，隧道内的活塞风与车流量和车速有关，当隧道正常运行时，车辆排放污染物较少并且活塞风速较大，可以减少开风机的台数，就可以达到控制要求，而且风速的取值总大于 0；风机增开的台数不仅与预测偏差有关，还与当前时刻隧道内的风速有关，这些规律为模糊控制器的输入变量提供了理论依据，也为确定输入、输出变量的论域及模糊推理规则的制定提供了参考。

③对比分析了几种适用于公路隧道前馈式智能模糊通风控制系统的短时交通流预测模型，详细介绍了 BP 神经网络的预测模型，并对其做了仿真测试，为模糊通风控制中下一个控制周期的交通流预测提供在线预测。

④通过引入前馈式控制方法，对下一个周期的交通流、污染物浓度进行在线预测，并将此信号提前传给控制程序，实行提前控制，做到了“有多少车就送多少风”，从根本上解决了传统控制中的时滞问题。

三、复杂地质条件下隧道施工安全保障技术研究

1. 项目背景

广梧高速公路河口至平台段隧道群地质条件复杂，勘察、设计施工难度大，工期长。茶林顶隧道通过地段，褶皱相对发育，在 K73＋010～K73＋060 遇断层 F7 破碎带，溶洞发育，尤其在 F7 附近，岩体破碎，地表有泉水溢出；旗山顶隧道所遇岩石为志留系浅变质砂岩、粉砂岩，褶皱、断裂发育，构造相对复杂。为有效避免或减少隧道施工中发生大规模塌方等地质灾害，为不良地质段隧道施工提供技术指导，本专题研究复杂地质条件下隧道施工安全保障技术。

2. 主要研究内容

隧道施工安全保障技术是一个综合体系，包括隧道前期勘察、设计(支护方式、开挖方式

等)、施工(超前地质预报、二衬施作时机、应急预案等)等一系列保障安全的措施。

本课题的主要研究内容如下：

(1)广梧高速公路双凤至平台段隧道地质灾害的类型及分布特征。

(2)隧道施工方案及施工工艺关键技术。

(3)不良地质体的准确超前预报技术及评价方法。

(4)不良地质条件下隧道施工及地质灾害预警和保障体系。

(5)隧道施工灾害应急预案。

(6)不良地质及地质灾害处治措施数据库管理系统开发。

3. 项目实施方案

本课题采用文献调研、现场调查、现场测试和数值仿真等手段，依托广梧高速公路隧道的工程实际建设，并紧密结合该隧道复杂地质条件的实际，由重庆交通科研设计院、同济大学、广东省长大公路工程有限公司、广东省公路勘察规划设计院共同对设计与施工中的技术问题进行了科技攻关。

4. 核心成果

(1)以茶林顶隧道为例，全面系统地分析了隧道施工中的不良地质以及由不良地质可能诱发的地质灾害，并对灾害产生的条件和原因进行了分析，内容包括茶林顶隧道的地质情况，洞口不稳定边坡、断层破碎带、溶洞对隧道施工稳定性的影响，双凤至平台段隧道施工地质灾害的分布情况，为后续隧道超前地质预报、结构设计、处治设计提供了参考依据。实际隧道开挖结果表明，预测与实际情况部分接近。

(2)结合依托工程围岩特点，提出了上下台阶法和上下台阶留核心土法施工台阶和核心土大小的合理取值。隧道施工合理台阶长度的研究表明，隧道台阶法施工台阶及核心土的留设能改善隧道掌子面的稳定性，台阶不宜过长或过短，核心土同样不宜过短，且截面越大越好，否则不能达到最佳效果。计算分析表明，上下台阶法施工下台阶的长度控制在 $1.0D$ 左右、上下台阶留核心土法施工核心土长度控制在 $0.75D$ 左右是比较合理的，考虑受力和施工方便，核心土高度不宜小于上台阶高度的 2/3，宽度不宜小于开挖宽度的 2/3。

(3)从经验和理论两方面研究分析了二衬的支护时机及其仰拱与掌子面的合理间距，提出了确定二衬合理支护时机的位移速率准则、位移准则及屈服接近度准则。给出了与各种准则适应的具体求解二衬合理支护时机及其仰拱和掌子面间距的确定方法，主要包括经验法、收敛限制法和理论分析法。基于实体工程，从具体的二衬构筑时间和二衬及仰拱与掌子面间距两方面规定了各级别围岩中隧道二衬及其仰拱的构筑时机，分析了几种主要影响因素对二衬及其仰拱支护时机的影响，提出了考虑各种影响因素的支护时机的具体取值或修正公式。

(4)基于经验积累和本项目的前期研究，提出了实体工程条件下较准确和经济合理的不良地质超前地质预报组合技术，包括 TSP 法、地质雷达法或瞬变电磁法。

(5)提出了超前地质预报的三部曲方法，强调以较宏观的隧址区既有地质勘探资料全貌和较微观的动态的掌子面地质资料为依托，在有效运用物探结果基础上进行超前地质预报，三者缺一不可。本方法与以往所提出的综合超前地质预报方法的不同是：以往所提出或使用的综合超前地质预报法所强调的是长短距离的物探方法结合，物探与钻探的结合，轻视或忽略了怎样与地质结合；三部曲方法所强调的是恰当的物探方法怎样与宏观地质及微观地质结合，钻探仅作为控制风险的最后主要手段。

(6)明确提出了预报的内容是进一步划分围岩级别和预报不良地质。虽然这两项内容在工程实践中有不同程度的尝试，但地质和物探专家对能否进行围岩级别预报和划分存在争议。本项目经过研究，通过采用三部曲预报方法，同时参照现行《公路工程地质勘察规范》和《公路隧道设计规范》，并根据具体工程地质情况对其有关参数进行修正，认为能够进行围岩级别预报和划分。茶林顶隧道围岩级别预报表明，预报准确率达 73.5%，比前期未使用本方法的预报准确率提高 11%，能满足工程需要。

(7)提出并系统总结了地质雷达、TSP 超前地质预报方法对不良地质的目标识别技术，包括强风化带、断层破碎带及其破碎程度、围岩含水段、溶洞等在地质雷达图像、TSP2D 成果图等的识别特征。

(8)根据施工过程中对不良地质体、不同阶段的预报准确性差异和不良地质体对施工影响程度的不同，建立不同的预警级别，并建立相应的不良地质体的处治预案。

(9)采取"测前位移损失率"η(塑性区数值取 0.2，脆性区数值取 0.3)的位移补偿措施，对"允许相对位移"基准值进行规整，结合数值分析得出"极限相对位移"，对两车道公路隧道围岩变形预警指标及预警等级进行了修正。

(10)全面分析了应急预案编制的方针、目标与原则，制定了隧道施工灾害应急预案的编制依据和应急响应程序，建立了隧道施工灾害的应急等级。结合广梧高速公路管理特点，明确了各管理部门的职责，业主和施工单位应准备的应急物资。编制了适用的隧道塌方、突水、突泥等隧道施工灾害的应急机制和处理措施。

(11)结合国内外隧道施工中存在的问题，从使用方便、能和用户信息互通的原则出发，建立了网络版"公路隧道不良地质及地质灾害处治措施数据库管理系统"。通过该数据库系统，管理、施工及其他现场人员通过账号和密码能查询国内外典型隧道施工不良地质及地质灾害的处治措施，从而选择适合现场特点的处治技术，并能通过添加功能不断丰富数据库内容。

(12)在不良地质与地质灾害处治技术方面，提出了不良地质段的隧道开挖方案和施工方案；提出了小型溶洞、大型溶洞、充填型溶洞、半充填型和空溶洞等溶洞处治措施；建立了富水地层不同类型的注浆方式和标准；提出了断层破碎带按小断层、中断层、大断层分类处治的措施；提出了塌方按小塌方、中塌方、大塌方分类的综合处治措施。

根据课题成果，编制了《复杂地质条件下不良地质及地质灾害处治技术指南》、《二衬及仰拱合理支护时机确定指南》。

四、高速公路三维形象进度系统的开发与应用研究

1. 研究目的

在对高速公路工程管理的实践经验的基础上，结合广梧高速公路工程管理的实际需要以及道路 CAD 技术、计算机技术、网络技术、可视化技术、图形技术、GIS 技术、数据库技术、计算机辅助工程技术等在高速公路建设行业中应用研究，研究开发高等公路三维工程进度管理系统，对高速公路工程管理实现过程中的动态化、可视化管理，同时为公路运营养护管理提供可靠的管理平台和依据，提高高速公路工程建设管理水平。

所开发的系统一方面以地形地貌数据，路线及构造物设计数据为基础，建立沿线的数字高程模型、道路三维空间模型、构造物以及道路桥梁等的三维模型，同时通过模型与模型之间的关系建立好高速公路三维空间模型，从而检查设计成果，从不同的角度了解设计成果。另一方面，系统将对工程三维形象进度进行研究，根据施工单位施工情况及提供的工程测量数据，定期更新历史数据，建立工程不同时期的三维模型，采用图形技术，形象、直观地表现工程进展情

况，实现工程进度管理的三维化。

长沙理工大学承担该项研究。

2. 核心成果

(1)完成了对数据量无限制的海量数据的带状三角网快速整体建模程序，并高效、完善的对地物、地形断裂线进行TIN的网形调整，数模内插精度高，构网速度达到了国际同类软件的先进水平。

(2)三维系统开放的数据接口，使系统能够接受目前常见的各种数据源，并且易于扩展，实用性强。

(3)根据公路平、纵、横、设计资料建立公路表面模型。具体做法是根据定义的路基标准横断面逐桩进行"戴帽子"设计，再由两相邻横断面设计线构建面模型，然后再将公路设计面模型与地表面模型－即数字地面模型进行交接拼合以得到组合面模型。

(4)开发了针对海量数据的三维引擎系统，解决了大场景模型显示和操作的技术难点。

(5)三维引擎系统利用深度缓冲区(Z-Buffer)来实现图像空间中的消隐，利用纹理映射原理还原真实感图形。

(6)基于数据库，完成了功能强大的、灵活的图形与数据的双向动态平衡的三维交互系统，三维模型的选择、360度全方位浏览、三维位置的快速跳转，不仅满足工程建设管理的需要，而且为使用者提供了方便快捷的操作方式。

(7)带地面景观的三维道路工程模型快速、准确、客观的反映道路修建后的真实情况。

(8)基于互联网的分布式数据采集解决了高速公路因工程建设地域性广阔而难以采集数据的难点，使系统能得到较好的应用。

(9)数据更新方式灵活，整体的、局部的数据更新。可以对不同的对象或标段调用不同时期的进度。

(10)历史进度调度功能。为了方便用户查询过往进度，系统提供了历史进度数据载入功能。可以查询以往的进度数据并在三维仿真系统中以图形的形式表现出来。

(11)系统的网上维护和更新。为了更好和便捷的维护系统，本系统提供了网上更新的功能。当我们对系统进行更新或升级时，用户只要点击更新便能获取最新的数据库和程序。

(12)为了保障数据的安全，本系统提供了用户及权限管理。每个合同段都有自己用户和密码，每个标段都只能录入和看到自己标段的进度数据。

(13)系统为用户提供了简捷明了的录入界面和帮助系统，用户基本不需任何培训，通过系统界面基本就能掌握数据的录入。结合系统帮助用户能在短时间内准确无误的掌握进度数据的录入方法。

(14)灵活的自定义信息录入。系统管理者可以根据需要，定制输入信息。并对录入的信息进行查询。例如，系统本身没有提供让各个标段进行进隧道进度的文字报告功能(假设)。管理者只需通过表单设计器添加该项内容，用户通过互联网录入数据时就会要求用户录入该信息。系统提供了该信息录入的界面，并能在信息查询时显示用户录入的该信息。

(15)用户权限管理功能，系统用户可以针对各个标段对用户的权限进行限制。

(16)所见即所得的智能表单设计，用户可通过智能表单设计器对用户的输入界面进行定义。

(17)由于本系统对公路设计的成果通过全三维的形式表现出来，对公路设计选线方面有一定的参考价值。

3. 解决的关键技术

(1)地形点的粗差检测与删除是影响建模精度的最主要原因之一。本课题基于统计学原理,创造性地提出采用地形模拟的方法检测并剔除粗差点,有效地保证了地形原始数据的正确和可靠。

(2)完善和改进了不规则三角网构网的动态插入算法,提出了动态维护拓扑关系技术,系统的构网速度较常规算法提高 3～5 倍。

(3)针对海量数据的特点,运用了背面消影、大规模图形 LOD 等优化三角格网的技术,保证了系统在数据处理、构网、渲染、运动处理等过程的高速度。

(4)运用了多重纹理映射技术,使得物体表面含有大量丰富的纹理细节,增强了场景的真实感,丰富了视觉效果。

(5)双缓冲技术使图像转换更平滑,屏幕无闪烁。反走样技术的应用消除了由于以离散点生成图形和曲线所带来的锯齿现象,提高了画面质量。

(6)针对系统的需要,利用 OpenGL 给我们提供的 GLU 函数 gluUnProject,计算出拣选射线,从何实现选择物体的功能。

(7)通过开发三维引擎数据接口和数据输入端进行数据对接,从而实现三维进度的实时显示。

4. 系统功能及特点

本系统由三维漫游、三维进度显示、三维进度管理与查询、多媒体动画、三维模型的观察和显示等几个主要部分组成。系统的开发紧密结合工程建设的需要,尽可能反映有关的最新研究成果和计算机技术发展水平,以其实用性、先进性为目标。系统具有如下主要功能和特点:

(1)三维漫游

利用虚拟现实技术,结合现有的真实地形数据和高速公路完整设计资料,构建出设计完成后的“广梧”高速公路场景,提供道路真实场景的交互与查询,用户可以选择自动式或者交互式的方式进行道路三维漫游。对于自动式漫游而言,用户只能以预设好的线路进行漫游。而交互式漫游可以利用有关知识和经验操作交互设备(如鼠标、键盘),进而操纵屏幕中的照相机在三维中定位,并允许用户在界面上进行定位查询公路相关构造物信息以及公路的进度信息。

(2)数据查询

在三维漫游时,可以通过点击路边的构造物以及标识牌调出有关该路段的工程进度信息。配合整个系统中的位置(桩号、桥梁、隧道)跳转功能,对虚拟场景进行快速浏览、定位。

(3)进度管理

作为本系统的主要用途,“进度管理”功能必不可少,为了能够通过三维系统真实再现公路工程的进度,将本系统与数据库相连接,同时为各个要体现进度的对象依次建立数据表。数据表根据对象类别的不同设置不同的表结构,达到公路工程建设的需要。由于公路工程建设地域广阔,数据类型多样,所以必须提供一个工程进度数据录入接口。考虑到现实的可操作性,通过 B/S 客户端将各标段分别建立用户,用户只需通过互联网登录系统即可将进度数据方便快捷的上报到中心数据库。

五、高速公路生态环境恢复与景观综合设计研究

1. 研究目的

筛选出适应当地气候条件和高速公路环境特点的观赏性强、抗逆性高、适应性强的本土植

物，增加公路绿化新品种；提供景观与道路综合设计的方法。广东省公路勘察规划设计院承担该项研究。

2. 主要研究内容

(1)高速公路开发利用本土植物进行绿化和恢复生态的研究。

(2)山区高速公路取、弃土场水土保持研究。

(3)山区高速公路景观设计综合研究。

六、特长上、下坡路段综合安全措施研究

1. 研究目的

对广梧高速公路初步设计阶段的路线备选方案提出安全性评价报告，提出最安全的推荐性方案；在确定的路线方案基础上，采用基于安全的运行速度设计方法，对连续纵坡路段提出科学、合理的设计指标，同时提出切实可行的安全改造措施，指导下一阶段的设计。广东省公路勘察规划设计院承担该项研究。

2. 主要研究内容

本项目拟进行特长上、下坡路段(鹅公髻路段 K81～K101)综合安全措施研究，以解决本项目两处长达 10km 左右的长下陡坡路段行车安全问题。主要研究内容是：现有相似道路安全性调查分析；特长上、下坡路段安全性代表车型研究；汽车爬坡动力性能和刹车制动性能的研究；本项目特长上、下坡路段安全性评价，和相应的综合安全措施研究；归纳总结高速公路的平均纵坡及坡长指标。

七、广东山区高速公路定额与造价指标研究

1. 项目背景

近年来，广东省委、省政府提出了实施区域协调发展战略、加快山区发展的决定，以实现东西两翼和山区经济跨越式发展。建设山区高速公路是贯彻区域协调发展战略部署，加快山区发展决定的重要举措。山区地形、地质、水文条件复杂，建设环境和设计、施工、管理明显地有别于平原区，现行的行业规定和计价依据存在一定程度的不适应、不完善，高速公路建设资源占用率更高，新工艺、新材料、新设备、新技术的应用缺乏指导建议，工程设计的技术、经济等方面的比选、优化，及造价确定与控制依据不足，波动幅度偏大。研究山区高速公路建设成本构成与影响因素，补充、完善高速公路计价依据，归纳山区高速公路工程造价指标，提出山区高速公路成本控制关键环节及技术经济方案，合理确定山区高速公路造价，提出节约资源、降低造价策略，为山区高速公路建设发展提供理论支持。广东省交通工程造价管理站、广东云梧高速公路有限公司和长安大学共同承担该项目。

2. 主要研究内容

(1)现行定额在广东山区高速公路建设的应用。

(2)山区高速公路资源节约，降低造价研究。

(3)山区高速公路工程造价指标的分析、总结。

(4)山区高速公路临时工程与临时设施成本分析。

(5)山区高速公路成本控制关键环节及技术经济方案。

提出广东省山区高速公路合理造价的指标体系。

3. 核心成果

本项目通过研究山区高速公路建设成本构成与影响因素，补充、完善高速公路计价依据，总结出山区高速公路工程典型造价指标，合理确定、有效控制山区高速公路工程造价，提出节约资源、降低造价的具体策略，并重点研究部分新定额在广东省山区高速公路建设上的适应性。

(1)临时工程与设施推荐技术经济指标

通过对工程量清单中的各项临时工程与设施各子项费用和公路工程预算中的临时工程与设施的各子项工程量，分别计算出汽车便道、临时便桥、临时电力设施和临时工程用地中的预制厂与搅拌站的单价指标(表 10-3)，可为山区高速公路建设中临时工程与设施的造价控制提供参考依据，同时为工程造价的估算提供校核参考。

山区高速公路临时工程与设施推荐技术经济指标推荐值　　表 10-3

临时工程与设施	技术经济指标平均值
便道	234151 元/km
临时电力线路	90983 元/km
临时电信线路	4267 元/km
便桥	8078 元/m
预制场及搅拌站	37 元/m^2

(2)节约资源的新技术、新工艺

在山区高速公路资源节约技术的造价指标研究中，通过对高桥隧比、表土回填及高液限土改良等 3 个典型工程进行测算，总结出资源节约的新技术、新工艺。

①基于有无对比法，对云梧高速公路 14 合同段(K87＋850～K99＋360)高桥隧比方案与填挖方案的造价与占地情况进行研究(表 10-4)，可知高桥隧比方案造价增加，但节约了土地资源。

山区高速公路通常采用较高的桥隧比，在适当的地方用桥隧来代替高填深挖，虽然提高了造价，但是节约了宝贵的土地资源，产生的价值无法估量。

②表土回填是高速公路普遍采用的一种技术，山区高速的特殊地理条件和庞大资源耗费扩展了这项应用。本课题基于有无对比法，以云梧高速公路第 18 合同段为调查对象，得出的统计结果见表 10-5，可知采用表土回填技术在建设期从各方面节约了成本，同时可以变“废”为“宝”，做到“最小的破坏就是最大的保护”，生态意义显著。

高桥隧比与填挖方案的比较　　表 10-4

方　　案	造价(万元)	占地(m^2)
桥隧方案	1226.81	3059.451
填挖方案	806.57	9575.721
差值	420.24	－6516.27
每平米增加的造价	644.9 元/m^2	

表土回填资源节约对比　　表 10-5

方　　案	造价(万元)	占地(m^2)
表土回填	438.5	0
表土弃除	730.8	50053.5
差值	292.3	50053.5

③地理环境相对恶劣的山区高速，受到取运距离和生态资源的制约，高液限土的改良应用不仅消除了取运土的建设成本，而且通过减少占地节约了土地资源，同时减少了对生态环境的破坏，带来的社会效益远远超出了改良土质所增加的成本。

(3)典型工程新定额与修正定额的对比

在对现行定额在广东山区高速公路建设的应用研究中，选取三维植被网、机械液压喷播植草和拱形骨架护坡 3 个典型工程工程量清单中单价与新定额中单价的比对分析，如表 10-6

所示。

<table>
<caption>典型工程新定额与修正定额对照表　　表 10-6</caption>
<tr><th>项　目</th><th>单　位</th><th colspan="2">新定额基价(元)</th><th>修正定额基价(元)</th></tr>
<tr><td>三维植被网</td><td>$1000m^2$</td><td colspan="2">24060</td><td>24860</td></tr>
<tr><td rowspan="2">机械液压喷播植草</td><td rowspan="2">$1000m^2$</td><td>填方边坡</td><td>10391</td><td>6609</td></tr>
<tr><td>挖方边坡</td><td>12235</td><td>8179</td></tr>
<tr><td>拱形骨架护坡</td><td>$10m^3$</td><td colspan="2">1940</td><td>2612</td></tr>
</table>

①山区高速公路边坡高度及等级增加，导致清理边坡、加覆盖物等工序施工难度增加，使得典型工程(三维植被网、机械液压喷播植草、拱形骨架护坡)的人工总消耗量增加，同时随着边坡等级的提高，人工的单位造价也随之增加，因此人工的整体费用是增加的。

②边坡的增高，机械液压喷草难度增加，使得机械消耗量增加；而其他材料费中由于具体施工方法的科学性，使得材料消耗费用相对新定额有一定幅度的下降。

③山区高速公路特殊的地理环境和地质条件下，需要达到设计中规定的技术标准，甚至更高的技术标准则，典型工程中(拱形骨架护坡)有些材料的使用会根据实际的要求进行改变，一些材料的消耗量则会相应增加。

(4)山区高速公路典型工程技术经济指标体系的构建及研究成果

从方案设计、施工组织和造价 3 方面对山区高速公路的典型工程特征进行了分析，并基于其特点选取了路基工程的土石方工程、边坡防护工程、排水工程和路面工程、桥梁工程、隧道工程和互通立交匝道作为典型工程构建综合技术经济指标体系，结合云梧高速公路两阶段设计资料和工程量清单，系统地建立了山区高速公路典型工程技术经济指标体系，创新设立更能准确描述公路建设规模的建筑面积指标体系，形成了有参考价值的各项综合造价指标和设计数量综合指标。

①纵向按照指标综合范围划分为单项工程、单位工程、分部分项工程，横向按照指标性质分为技术指标、工程数量指标、造价指标及权重系数四类，并将纵向和横向指标相结合，构建出了典型工程的技术经济指标体系，为造价管理部门和建设单位更好地把握山区高速公路的技术经济状况提供了科学、准确的评定工具。

②基于构建的山区高速公路造价指标管理体系，根据云梧高速公路 5、13、14、18 标的两阶段施工图设计和工程量清单进行统计测算，并对不同标段之间的工程量和造价情况进行对比分析，得出山区高速公路典型工程技术经济指标测算结果及相关结论。

③根据广东省交通工程造价管理站提供的大量的清单预算审核资料，总结出山区高速公路房建工程、隧道机电、主线机电工程、绿化工程及交通安全设施工程的技术经济指标的合理划分范围和控制指标，以部位差异性为特征划分，填充目前国内这方面的资料空白。

八、变形性设计新理论的研究及其在高效预应力混凝土桥梁工程中的应用

1. 研究目的

通过对高性能混凝土、高性能预应力钢材及其结构构件的试验研究，搭建对高延性高效预应力混凝土梁应用的平台。建立量化的能满足变形性指标的设计新理论，并形成一整套的包括计算理论、设计方法、施工技术等内容的适用于桥梁工程的高效预应力混凝土应用体系，并

完成考虑变形性指标的桥梁应用技术标准和指南，为今后推广应用该项技术提供可靠的科学依据。广东省长大公路工程有限公司、广东省公路勘察规划设计院共同承担该项研究。

2. 主要研究内容

针对预应力混凝土构件，以承载能力状态和极限破坏状态为性能特征点，分别从变形性系数、承载力系数、变形能系数和整体性能系数等方面进行研究。通过理论分析研究与试验研究相结合，解决以下几个关键问题：

(1)预应力混凝土梁变形性表述方法。

(2)建立基于承载力安全储备和变形安全储备条件的预应力混凝土梁设计新方法。

(3)用足量的试验论证新方法的可靠性。

(4)疲劳因素对预应力混凝土梁耐久性及变形性的影响。

(5)基于变形性理论的高效预应力混凝土梁的实际应用。

3. 核心成果

(1)理论分析研究

综合以前的研究成果，概括提取反映结构性变形和安全度储备的变形性系数、承载力系数、变形能系数等指标，并通过试验数据将其量化作为预应力混凝土梁变形性设计的依据。

(2)数值分析

充分利用计算机模拟手段，模拟混凝土和预应力筋、普通钢筋共同作用时的应力—应变关系，建立数值模型。

基于可靠的数值分析模型，对试验研究未涉及的影响参数范围进行数值分析研究，以全面了解各种参数的影响。

数值分析按两种以上不同的理论进行背靠背研究，以比较分析结果的异同。

(3)试验研究

从材料性能试验着手，为应用技术标准提供确定材料性能指标的依据，也为初步设计和构件试验研究提供依据，通过缩尺模型试验，研究受力性能主要参数变化规律，为确立计算理论和方法提供依据，进行一定量的足尺试验，反映真实构件受力性能，印证缩尺试验研究建立的设计计算方法。

通过一系列研发，得出成果报告有：

①高效预应力混凝土 T 形梁(25m)静载破坏试验报告。

②高效预应力混凝土 T 形梁静载破坏试验数据报告(7.9m)。

③高效预应力混凝土 T 形梁基础试验报告。

④预应力混凝土梁非线性分析及其在高效预应力混凝土 T 形梁中的应用研究(7.9m)。

⑤变形性设计新理论的研究及其在高效预应力混凝土桥梁工程中的应用研究。

九、环境友好型广梧高速公路建设对策研究

1. 研究目的

研究确定环境友好型高速公路的评价指标体系与标准，为交通部评价环境友好型高速公路提供技术支持；研究提出广梧高速公路环境友好功能实现途径并进行关键技术的应用，指导建设全省乃至华南地区的环境友好型高速公路，为建设环境友好型交通行业积累经验；研究构件广梧高速公路危险化学品事故应急反应体系，提出生态安全防范对策。交通部科学研究院、广东省长大公路工程有限公司、广东省公路勘察规划设计院共同承担该项研究。

2. 主要研究内容

(1)环境友好型高速公路的内涵与建设理念研究。

(2)广梧高速公路环境友好度评价指标体系及标准研究。

(3)环境友好型高速公路建设的实现途径研究。

(4)环境友好型高速公路危险化学品事故应急反应体系研究。

(5)环境友好型高速公路试验示范工程研究。

3. 核心成果

(1)提出了环境友好型高速公路的内涵与建设理念。

(2)进行了广梧高速公路环境友好度评价指标体系研究。

(3)进行了环境友好型高速公路建设的实现途径的初步研究。

(4)开展了环境友好型高速公路危险化学品事故应急反应体系研究。

第三节　公路隧道竖井机械化施工关键技术研究

一、项目背景

石牙山隧道是广梧高速公路(河口至平台段)先行控制性工程,双洞四车道设计,通风竖井处于隧道右线偏右25m处,距苍梧端洞口1472.37m,底部通过联络风道和斜井与左、右线主洞相连,井深156.99m,成井直径ϕ7.0m,井身采用复合式衬砌,为双腔室圆筒形规则断面薄壁结构,由送风道和排风道组成。竖井地层主要以上三叠统、震旦系微风化石英砂岩和硅化岩为主,岩石新鲜、岩质坚硬,局部破碎,节理较发育,完整性较差。

竖井施工的条件复杂、工作面小、投入的施工机械多,如何有效组织施工、确保安全、降低成本,是目前施工单位急需考虑的重要问题。在铁路、水电、矿山等行业,竖井施工技术比较成熟,公路行业相对落后,工艺和设备处于吸收和改进阶段,施工技术有待于进一步研究、积累和提升,现行《公路隧道施工技术规范》中相关内容也需结合工程特点补充和完善。为此,以广梧高速公路石牙山隧道通风竖井施工为实体工程,立项进行公路隧道通风竖井机械化施工关键技术研究。

二、主要研究内容

(1)竖井的总体施工方案。

(2)反井钻机的选型与导井孔径选择和施工工效的关系。

(3)爆破参数选择与地质条件、施工进度和导井孔径关系。

(4)井身衬砌全液压滑模施工技术。

(5)在复杂条件下竖井施工安全技术。

三、项目实施方案

通过比较目前国内外竖井的施工方法和工艺进行技术、经济分析,结合石牙山隧道通风竖井的工程特点和地质条件,确定总体施工方案。采用工程地质学原理、力学及机械原理等,设计与改进匹配机械设备,研究导井施工技术、钻爆施工技术、滑模与混凝土施工技术、安全技术措施,形成“公路隧道通风竖井施工工法”。

四、核心成果

本项目采用工程地质学、力学及机械理论原理，对比分析了目前国内外竖井项目的施工方法和工艺，结合石牙山隧道通风竖井的工程特点和地质条件，提出了反井钻机法施工先导井、再钻爆凿岩扩孔开挖、最后滑模施工衬砌成井的总体施工方案。通过机械设备的匹配设计与改进、导井施工技术、钻爆施工技术、滑模与混凝土施工技术、安全技术的研究，提高了公路隧道竖井施工机械化程度，达到改善作业人员的施工环境和安全性、降低作业人员的劳动强度、减少对井口生态与环保的破坏的效果。在此基础上编制了"公路隧道通风竖井施工工法"，填补了广东省行业空白，为公路隧道通风竖井的投资、控制、设计和施工提供了技术保障，有利于提高公路行业施工技术水平。核心成果包括以下几点：

(1)运用工程地质学、力学和机械原理，研究反井钻机与钻进工艺、导孔(井)直径与工效关系、导孔偏斜的影响与控制，确保导孔偏斜率小于0.5%，提高施工工效。

(2)结合配套设备设计和总装技术保障，分析石牙山隧道通风竖井的工程地质特性，研究孔眼形式、炸药品种型号、装药形式、起爆方式以及爆破对导井孔径范围的围岩稳定，确保在不同岩层情况下，一次扩孔爆破成井的钻爆设计优化，降低超欠挖，避免堵井，有效降低钻爆开挖成本。

(3)结合井身双腔室规则断面薄壁衬砌结构特点，分析衬砌施工机械设备的匹配性，研究衬砌顶升式液压滑模和混凝土导管法输送技术，形成了经济、快速、安全、高效的竖井衬砌机械化施工关键技术。

(4)分析竖井在立体空间交叉作业的复杂条件与安全问题，形成以设备的安全装置配备与使用、通信与信号配置等成套安全施工技术。

第四节　公路隧道防火抗灾技术研究

一、项目背景

随着高速公路的快速发展，隧道建设取得了显著成绩，火灾也频繁发生，后果严重。隧道火灾的毁损主要是由于不同原因引起的热量和腐蚀性燃烧气体的大量扩散而造成的，往往会危及隧道内的有关人员的安全，导致洞内车辆和车上的物资的毁损、隧道本身设施的损坏(包括通风设备、通信设备、照明设备、监控设备、电缆、电线等)和隧道衬砌结构的严重损坏(包括衬砌结构力学性能的降低、混凝土爆裂、开裂、垮塌等)。有资料显示，平均每年每30km隧道内发生一次事故，汽车大约每行车1000万公里平均发生0.5～1.5次火灾，频率高。隧道一旦发生火灾，势必影响整条线路的交通，导致交通阻塞和中断，有时恢复运输要花几周或几个月或者更长的时间，造成的经济和财产损失难以估计，产生恶劣的社会影响。

火灾危害问题在公路隧道运营安全工作中值得重视。目前，在隧道火灾安全领域开展的课题很少，防火抗灾设计方法跟不上隧道通风技术发展，从2001年到2005年，我国交通部在公路安全方面的课题，仅有2001年的"秦岭终南山特长公路隧道关键技术研究"中的"防灾技术研究"课题和2003年的"西部地区公路交通安全评价技术研究"两个课题和安全相关。同时，我国目前的公路隧道既没有安全等级划分，又没有安全设施设计标准，设计者只能根据自己的经验和认识程度进行设计，运营安全隐患较多，有必要建立公路隧道安全等级标准和防火灾概念设计指南。另外，在火灾中伤亡的人员大部分是由于烟雾造成的，如何转换隧道运营通风与防灾通风，如何在火灾发生早期进行探测，如何展开救援与防灾，目前在国内还没有正式的规范和类似的指南可供参考，提出公路隧道火灾防灾技术与救援预案体系对于提高我国公路隧道发生火灾时减灾、防灾、消防、救援能力具有指导作用。

本课题正是在此背景下，由广东省交通厅、广东云梧高速公路有限公司、西南交通大学联合攻关，于2008年10月启动，2010年初完成。广东云梧高速公路有限公司主要负责项目总体方案设计、广东省现场调研组织及协调、研究总报告撰写等工作；西南交通大学土木学院主要负责公路隧道防火抗灾技术在广东省公路到适应性评价研究、广东省公路隧道火灾预防与救援对策研究、广东省隧道火灾安全性评价指标体系与防火安全分级标准研究等工作，以及资料收集和现场调研实施工作。

本课题成果对隧道防灾设计、施工和管理有指导作用，也将极大地提高公路隧道的运营安全性，提高隧道监控、灾害处理能力，提高车辆通过能力，应用前景十分广阔。

二、主要研究内容

(1)现有公路隧道防火抗灾技术在广东省公路隧道适应性评价研究，包括建立国内外公路隧道火灾数据库、适应性评价体系及其方法研究。

(2)广东省公路隧道火灾预防、监控与救援对策研究，其中预防，包括公路隧道防火土建技术总结研究、易燃、易爆和危险品车辆进入隧道的安全运输管理办法研究；监控，包括公路隧道火灾监控和报警系统技术总结研究；救援，包括隧道火灾模式下的通风技术总结研究、公路隧道火灾救援体系对策研究；建立公路隧道火灾数值模型，进行必要的火灾数值模拟计算。

(3)广东隧道火灾安全性评价指标体系与防火安全分级标准研究，包括公路隧道防火规模、等级、安全性评价指标体系和防火安全分级标准研究。

三、项目实施方案

本项目采用资料收集、程序编制、现场调研、理论分析、模型试验和数值模拟的研究方法。

1.资料收集及程序编制

通过国际互联网、光盘、人工检索的方法，对国内外隧道火灾的相关资料(火灾实例、研究成果、规范和规则、设备和设施)进行了大范围的收集、分析和整理。按隧道所在国、隧道名称、火灾发生年月、起火原因、救援措施、火灾损失、研究成果、规范和规则、设备和设施情况等项目进行归类，建立了公路隧道火灾数据库，为下一步研究做好技术数据的基础准备。

2.现场调研及理论分析

通过现场调研手段，收集广东省高速公路基本情况以及高速公路交通事故情况等基础资料数据，从而了解广东省高速公路交通特点、交通事故类型等，同时为了研究隧道及隧道群交通事故类型和特性，对浙江省高速公路隧道及重庆市所发生的交通事故及火灾进行基础数据资料的收集和现场调研，并对全国各省份高速公路进行资料调研分析，为下一步对现有公路隧道防火抗灾技术在广东省高速公路适应性评价研究做好前期准备。在数据库基础上，结合现场调研数据，针对广东省公路隧道的实际，利用模糊数学理论，建立评价体系，提出广东省公路隧道防火抗灾的适应性基准。

3.模型试验和数值模拟

通过模型试验手段，共进行了55种不同火灾规模、火源位置、通风条件的试验工况，试验组数 124 组。采用数值模拟手段，模拟计算 21 组情况。对搜集情报对广东省隧道防火抗灾技术的适应性有差异的部分，进行补充性验证研究。根据数值仿真模拟结果，总结出隧道火灾情况下温度、烟流分布和有害气体浓度分布的规律，为隧道火灾模式下防灾和救援提供理论依据。

对上述研究结果进行对比分析验证，编制《广东省公路隧道防火抗灾技术指南》。

四、核心成果

(1)首次建立了高速公路隧道交通安全风险评估方法

通过对 15 个省市已建成并运营的隧道交通事故形态分布规律的研究，确定了主要影响因素；对各因素的重要程度进行分析，建立了高速公路隧道交通安全风险评估指标体系；运用层次分析法和模糊综合评估方法建立了高速公路隧道交通安全风险评估方法。

(2)首次建立了公路隧道火灾情况下烟流控制基准

通过物理模型试验及三维数值分析，建立了公路隧道火灾烟流控制基准，火区附近防止烟雾回流最小风速和避免两隧道间烟流通过横通道从火灾隧道扩散到非火灾隧道的两隧道风速组合。

(3)首次建立了高速公路隧道防灾救援预案制定方法

根据高速公路特点，确定了预案区段和预案单元的划分方法；根据隧道防灾控制的隧道间极限间距和隧道间行驶的驾驶员视觉特性影响距离，定义了单座隧道、隧道群和毗邻隧道，并确定了毗邻隧道应作为一个单座隧道进行控制的原则；根据交通事件发生位置，将预案区段确定为 3 种执行区，即控制区、影响区和无影响区，对 3 种执行区分别采取不同的联动控制措施及策略；根据广梧高速公路隧道及路段监控系统构成，确定了突发事件应急处置组织体系和外部消防衔接方法，并据此制定了 406 项广梧高速公路防灾救援预案。

第五节　沥青路面技术攻关

一、项目背景

我国经济飞速发展，交通量急剧增加，车辆载重逐渐增大，车辆行驶渠化，车辆超载现象日趋严重，使得许多高速公路沥青路面在通车不久后的夏季高温期就出现了严重的车辙、泛油、拥包、波浪、推移等病害。广东地区常年气温较高，夏季路面温度高达 70℃，在高温重载作用下，高速公路沥青路面更是面临着严峻的考验。车辙、泛油等病害的出现不仅影响到汽车行驶的舒适性，而且危及行车的安全，给国家造成了较大的经济损失和不良的社会影响。如何有效地防止和治理车辙病害，已经成为我国高等级公路沥青路面建设中亟待解决的一个重要课题。在广东省交通集团的支持下，广东华路交通科技有限公司、广东省云梧高速公路有限公司和广东省长大公路工程有效公司等单位结合广梧高速公路(河口至平台段)建设共同开展沥青路面技术攻关，重点围绕“GTM 设计的沥青混合料性能及应用研究”、“布敦岩改性沥青混合料应用技术研究”、“RCC+CGA 复合式基层在沥青路面中的应用研究”展开研究。

长期以来，马歇尔试验以其操作方法简单、设备价格低廉，且易于推广等优点一直成为我国沥青混合料的配合比设计的唯一方法。然而，由于马歇尔击实方法没有模拟实际路面成型时混合料压实状态，试件的受力模式也与实际路面混合料的受力状况相差甚远，而且用于表征沥青混合料稳定性的马歇尔稳定度和流值与混合料的实际路用性能相关性不大，仅是一种经验性指标。目前，我国公路沥青路面设计是以 BZZ-100 作为标准轴载，轮胎触地压强为 0.7MPa，而马歇尔试验的击实功也是与 0.7MPa 压强相对应的，可是随着行驶车辆的大型化和重载化，许多公路路面承受的压强已远远超过 0.7MPa，有的甚至高达 1.4MPa。以上情况表明，传统的马歇尔设计法已经不能满足现代重载交通条件下的沥青混合料设计要求，必须寻求一种更为合理的设计方法。《GTM 设计的沥青混合料性能及应用研究》课题正是在上述背景下提出来的，目的是将 GTM 应用于沥青路面混合料的设计中，以解决高速公路沥青路面车辙、坑槽两大主要病害，并探索与该设计方法相关的原材料检验标准、级配优化准则，以及施工工艺和质量控制方法等。

目前国内约 85%以上的高等级公路采用沥青路面结构，美国等发达国家这一比例则达 90%以上。但沥青具有明显的感温性，高温易软，低温易脆，夏季高温季节易出现车辙、推移等，而冬季易出现低温缩裂等病害。现代公路交通的发展对沥青路面提出了越来越高的要求，普通沥青常常难以胜任。布敦岩沥青(BMA)产于南太平洋印度尼西亚苏拉威西岛东南部布敦岛，其形成是由于石油不断从地壳中冒出，存在于山体、岩石裂隙中，经长期蒸发凝固而形成的天然沥青。布敦岩沥青经过挖掘粉碎后形成微细颗粒，呈浅褐色，一般沥青含量在 22%～28%之间，其余为石灰岩类矿物质。布敦岩沥青中的矿物质很细，具有很好的吸收沥青的能力，能够加强沥青与矿料的黏附作用，在印尼称为活性剂。用布敦岩沥青作改性剂的改性沥青具有良好的高温稳定性及低温抗裂性能，且耐久性好。研究布敦岩沥青改性沥青混合料应用技术，有利于解决广东地区渠化重载交通下的沥青路面车辙问题。

针对广东地区在高温重载条件下的沥青路面易出现车辙、推拥、裂缝、坑槽等早期损坏，尝试采用 RCC+CGA 复合式基层沥青路面结构，以解决广东地区重载交通作用下的路面耐久性问题。

二、技术方法与研究内容

通过国内外调研、室内试验与试验路铺筑观测相结合的方法进行研究。

1. GTM 设计的沥青混合料性能及应用研究

应用 GTM(Gyratory Testing Machine)旋转压实剪切试验机进行沥青混合料配合比的设计，并采用多种试验手段将 GTM 试验法与传统马歇尔法设计的沥青混合料路用性能进行对比分析，同时通过试验路的铺筑及其长期路用性能观测，探讨 GTM 法设计的沥青混合料的施工工艺、质量检测方面的新特点，在借鉴国内外研究成果的基础上形成一套具有广东特色的 GTM 法沥青混合料设计、施工与验收方法和标准，以彻底解决高温重载作用下沥青路面车辙、泛油等病害，为我省沥青路面质量的进一步提高开辟一条新的途径。主要研究内容如下：

(1)在现行沥青路面施工技术规范对沥青混合料原材料要求的基础上，根据广东省高速公路沥青路面建设中原材料集料、沥青的实际情况，结合必要的室内试验研究，提出适合广东省地区的用 GTM 法设计沥青混合料的原材料选用技术标准。

(2)通过分别采用 GTM 法和马歇尔试验法对广东省几种常用类型沥青混合料的配合比设计及路用性能对比试验分析，探讨采用 GTM 法设计沥青混合料的技术经济性。

(3)用 GTM 法对不同级配类型沥青混合料进行设计，通过观测各种混合料路用性能优劣，探讨适合广东地区的沥青混合料类型。在选定适合广东地区的最佳混合料类型的基础上，通过变化几个关键筛孔的通过率，探讨矿料级配曲线位置的变动对采用 GTM 法设计的沥青混合料路用性能的影响,从而提出高温重载交通条件下沥青混合料级配设计的基本准则。

(4)通过对GTM法设计的不同类型沥青混合料体积指标的测定,以及路用性能检验,提出沥青混合料GTM法设计的控制标准。

(5)通过铺筑试验路,总结出一套用GTM试验法设计的沥青混合料的拌和、摊铺、碾压等合理施工工艺。

(6)在铺筑试验路的基础上,结合室内试验研究结果及现场路面质量检验情况,提出一套用GTM法设计沥青混合料的质量检验及评价标准。

(7)通过对试验路段路面使用状况的定期跟踪观测,并与相邻路段的路面状况进行对比分析,以考察用GTM试验法设计的沥青混合料长期路用性能,为以后的高温重载作用下的沥青混合料设计提供参考依据。

2.布敦岩改性沥青混合料应用技术研究

主要研究布敦岩改性沥青胶结料、混合料路用性能、施工工艺及质量标准。

3.RCC+CGA复合式基层在沥青路面中的应用研究

(1)确定适合广东地区的高等级公路沥青路面碾压混凝土基层原材料技术要求,以选择合适的组成材料。

(2)选择合适的配合比设计方法,确定碾压混凝土最佳施工配比等应用技术。

(3)探讨适合广东地区高等级公路碾压混凝土基层施工成套技术,如施工机械配套方案、施工工艺及技术参数、各工序的质量评定指标、检测试验方法、影响因素及质量控制措施等。

(4)探讨沥青路面采用水稳厂拌式碾压混凝土基层+水泥稳定碎石基层的复合式基层结构的长期使用性能,并与柔性基层长寿命沥青路面和“白加黑”路面进行全寿命周期技术经济对比分析,为广东省今后高温重载条件下沥青路面结构设计提供参考依据。

第六节　广梧高速公路高液限土利用与改良施工方案和工艺研究

一、研究背景

随着广东省高速公路建设的迅猛发展,其建设区域已逐步从沿海(江)经济较发达地区推向山地丘陵较多的经济欠发达地区。山地丘陵地区往往分布着广泛的高液限土。高液限土具有弱膨胀性、裂隙性和崩解性等独特的工程地质特性,并且具有很强的地区性特点,作为路堤填料具有很大盲目性和随意性,效果不佳。广梧高速公路(河口—平台段)4~8标段和15~18标段分布近150万m^3高液限土,大部分不能直接作为高速公路路堤填料。如果作为路堤填料使用,将给工程施工和质量控制带来很大困难,如果作弃方处理,将使工程造价增加、破坏公路周边环境,而且沿线符合填筑要求的土源稀缺。在新理念高速公路建设指引下,开展高液限土利用与改良施工方案和工艺研究十分重要和必要,这不仅有利于本工程合理确定施工方案和广东地区高液限土的利用,而且有利于设计、施工和管理规范化,节约工程造价、保护环境。河海大学和广东云梧高速公路有限公司共同开展了高液限土利用与改良施工方案和工艺研究。

二、高液限土作路基填料相关问题

沿线高液限土的使用问题主要有两方面:一是高液限土分布位置刷坡后形成的天然边坡稳定性问题,二是刷坡后产生的高液限土能不能直接作为路堤填料,以及如何处治问题。从现场情况看,直接由高液限土做成的边坡由于在边坡表面形成硬壳,所以在自重应力作用和人为干扰下易发生脱落现象,并在边坡上部由于高液限土的裂隙性,有很明显的破裂面。根据试验结果,高液限土的强度指标基本上都能满足要求,因此针对高液限土边坡,将主要解决边坡的表层稳定性和局部滑塌,以及雨季施工工艺问题。

按规范要求,高液限土不能直接作为路堤填料,要经过处治以后才能加以利用,由此就造成了大量的弃方,尤其以6、7标段和18标段最为突出。直接采用高液限土填筑路堤的效果不理想,主要反映在以下几个方面:

(1)翻晒效率低。由于高液限土黏粒含量过大,液限过高,造成其土体内部失水困难,要将其翻晒至最佳含水率左右才能进行压实,要达到最佳含水率翻晒时间在4～7d,工期严重滞后。

(2)压实困难。把高液限土直接作填料进行压实,当采用低吨位的压路机压实时达不到设计的压实度,采用高吨位的压路机压实时,压实3～4遍土体内部的水被挤压至表面,形成类似镜面的光滑表面(黏粒含量大),不易渗水,并在表面形成积水,这时压实度难以达到设计要求。

(3)表面龟裂。压实好的路面在经过一周左右的失水期,由于里外水分散失的不均匀性,在阳光日照和风力作用下,在其表面形成网状的龟裂,并且有起皮的现象,表面强度基本丧失。

可见,在现有的施工工艺条件下,直接采用高液限土填筑路堤是不可靠的,也不可行。

将高液限土作为路堤填料主要解决以下问题:首先,天然含水率、高液限和高塑性指数问题。高液限土天然含水率很高,要降低至最佳含水率附近比较难;其次,水稳定性问题。填料在含水率较低填筑时,土体过于坚硬,难以破碎和碾压;一旦吸水浸湿后,含水率又很难降低,很难得到较高的压实度;最后,路堤施工工艺方面。由于高液限土具有诸多不良性质,填筑施工工艺也需要开展专门的研究。

三、核心成果

大量的地质调查、室内外试验、试验路填筑与理论分析结果表明,区内高液限土具有高液限、高塑性指数、高塑性指数、细颗粒含量大、种类多,土质极不均匀,粗颗粒含量变化大等特点。可以把区内高液限土分为高液限黏土、含砂高液限黏土、高液限粉土、含砂高液限粉土等4类。

1. 直接填筑压实标准与工艺

可采用压实度和空气率双指标控制直接填筑、用压实含水率差(土体填筑含水率与最佳含水率之差)指导施工。按90%压实度和8%空气率标准控制高液限黏土、按90%压实度和13%空气率标准控制含粗粒高液限黏土填筑下路堤可满足路堤整体强度要求。

(1)高液限黏土

按施工设计方案要求每层松铺厚度取为35cm,碾压工艺按拟定要求:静压1遍→振3遍→静压2遍→振2遍→静压3遍,若未碾压至预定压实度则最后2遍静压所检测压实度差需在0.5%以内,否则继续静压。含水率控制采用晾晒法。压实含水率差6为压实度能否达到

90%的分界点。

(2)含砾高液限黏土

碾压机械为18t振动压路机和22t振动压路机。每层松铺厚度取为35cm,18t振动压路机的碾压工序为:静压1遍→小振2遍→大振2遍→静压1遍→检测压实度→大振2遍→静压1遍→检测压实度→大振2遍→静压1遍→检测压实度(共碾压12遍);22t振动压路机的碾压工序为:静压1遍→振4遍→静压1遍→检测压实度→振1遍→静压1遍→检测压实度(共碾压8遍)。

2.改良方案

(1)从改良材料对高液限土压实含水率差、界限含水率、CBR值方面的影响出发选择生石灰作为改良高液限土的首选材料。

(2)从不同掺灰率下高液限土压缩系数变化、无侧限抗压强度变化及压实含水率控制方面定量计算出掺灰率,再综合考虑塑性指数、压缩系数的改良情况进行修正,得出掺灰率为5%更加切合实际。

(3)在满足经济可行性的前提下,将不良细粒土改良为粗粒土是改良的一种新思路。掺25%砂将含粗粒高液限土改良为含细粒土砂或细粒土质砂,改良所得含细粒土砂和细粒土质砂是良好的路用填筑材料,部分土不仅可以用于93%区填筑,而且可以用于94%区填筑。

3.改良施工工艺

(1)生石灰改良高液限粉土施工工艺为:试验路填筑前,为降低碾压时填料的含水率,进行了生石灰焖料和晾晒降低含水率的试验,并以晾晒后的土料作为试验路填料;碾压时沿路纵向碾压,其中靠近中央分隔带的一侧用18t振动压路机碾压,远离中央分隔带的一侧用22t宝马振动压路机碾压;闷料4天;22t宝马振动压路机碾压工序为:静压1遍→振3遍→静压1遍→检测压实度→静压3遍→检测压实度(共碾压8遍)。18t振动压路机碾压工序为:静压1遍→小振2遍→检测压实度→小振1遍→检测压实度→小振1遍→检测压实度→静压3遍→检测压实度→静压3遍→检测压实度(共碾压11遍)。控制压实含水率差在最大压实含水率差范围内时,压实度可以达到93%标准。

(2)生石灰改良高液限黏土施工工艺为:参照改良高液限粉土进行。因为土料天然含水率与最佳含水率差值很小,所以闷料3天后即进行压实;施工工艺与改良高液限粉土相同。

(3)掺25%砂改良含粗粒高液限土施工工艺为:掺25%砂改良后,碾压沿路纵向碾压,其中靠近中央分隔带的一侧用18t振动压路机碾压,远离中央分隔带的一侧用22t宝马振动压路机碾压;填料采用晾晒法降低天然含水率;晾晒8天后进行压实填筑,碾压工序为:18t压路机静压1遍→小振2遍→大振2遍→静压1遍→大振2遍→静压1遍→大振2遍→静压4遍,共15遍,22t压路机静压1遍→振3遍→静压2遍→振2遍→静压3遍,共11遍。粉土质砂在较大的压实含水率差下能够达到93%压实标准。

参考文献

[1] 周德泉,彭柏兴,陈永贵,刘宏利.岩土工程勘察技术与应用[M].北京:人民交通出版社,2008.

[2] 陈昌富,葛忻声,吴曙光,周德泉.地基处理[M].武汉:武汉理工大学出版社,2010.

[3] 徐一鸣,杨红军.广梧高速公路环保型施工技术措施[J].公路,2010,(2):176-179.

[4] 林才奎,方建勤.广梧高速公路使用表土进行边坡绿化的技术研究[J].公路,2010,(1):193-195.

[5] 李海青,林才奎.管波探测法在广梧高速公路灰岩区桥梁桩基工程中的应用[J].广东公路交通,2009,(2):27-29.

[6] 吴章华,徐一鸣.广梧高速公路波形钢板拱桥的应用[J].公路,2010,(2):23-27.

[7] 雷鸣,贺泽敏,池长加.浅谈广梧高速公路(河口至平台段)绿化景观设计[J].公路,2010,(2):170-175.

[8] 张修杰,余素萍.广梧高速公路双凤至平台段初勘方案—交通部勘察设计典型示范工程[J].广东公路勘察设计,2006,(1):29-37.

[9] 霍明.山区高速公路勘察设计指南[M].北京:人民交通出版社,2003.

[10] 周孝宇.综合物探方法在广梧高速公路勘察中的应用[J].广东公路勘察设计,2006,(3):23-32.

[11] 李树茂.可控源音频大地电磁波法在石牙山隧道勘察中的应用研究[J].广东公路勘察设计,2009,(1):8-26.

[12] 李树茂.茶林顶隧道工程地质综合勘察[J].山西建筑,2008,34(19):310-311.

[13] 林济南,林伟琦.遥感地质解译技术在山区高速公路选线应用[J].广东公路勘察设计,2004,(3):9-13.

[14] 丁宗源.广梧高速公路高边坡综合治理[J].湖南交通科技,2009,35(1):22-24.

[15] 刘祥兴.浅谈注浆钢锚管在高速公路治理的施工应用[J].中小企业管理与科技,2009,19:213.

[16] 梁定.压力分散型预应力锚索在高速公路中的应用[J].广东交通职业技术学院学报,2008,7(1):10-12.

[17] 胡昕,洪宝宁,王海明,杜强.高液限土和煤系土抗剪强度的水敏感性比较研究[J].四川大学学报(工程科学版),2010,42(1):54-59.

[18] 周邦良,褚兰哲,王爱华.广梧高速公路煤系土抗剪强度特性试验研究[J].路基工程,2009,(2):119-120.

[19] 罗文进,周伟华.广梧高速公路岩溶路基土洞注浆处理施工[J].广东公路交通,2009,(2):46-48.

[20] 苏高裕.广梧高速公路双凤至平台段桥梁总体设计[J].广东交通职业技术学院学报,2006,5(4):30-33.

[21] 林敏.广梧高速公路河口至双凤段桥型设计实例分析[J].黑龙江交通科技,2006,(3):57-58.

[22] 袁卫国,刘沐宇,孙向东.广梧高速公路上的特色跨线拱桥设计[J].建材世界,2009,30

(5):109-114.
[23] 陈枝洪.广梧高速公路上寨高架二桥桥型方案设计[J].公路与汽运,2007,(4):138-140.
[24] 陈兆波.广梧高速公路桩基溶洞的处理[J].建筑机械化,2009,(09):77-79.
[25] 周后春.应用高压旋喷注浆技术加固桩基持力层[J].路基工程,2009,(4):208-209.
[26] 杨文亚,李潮江.广梧高速公路新屋高架桥 3 号墩桩基溶洞处理[J].山西建筑,2010,36(1):349-350.
[27] 唐凌伟.广梧高速公路异型钢拱桥拱肋施工技术[J].公路交通技术,2009,(2):110-114.
[28] 黄经纬.广梧高速公路石牙山隧道通风竖井施工技术[J].筑路机械与施工机械化,2009,26(7):65-66.
[29] 丁宗源.浅谈广梧高速公路软弱围岩双跨连拱隧道施工工艺[J].湖南交通科技,2009,35(2):137-152.
[30] 李晓锋.反井钻机在竖井工程施工中的应用[J].公路交通技术,2009,(4):125-128.
[31] 杨雷.特长公路隧道通风竖井施工方法分析[J].广东公路交通,2009,(3):65-68.
[32] 吴晓林.石牙山隧道贯通控制测量[J].公路交通技术,2009,(5):125-127.
[33] 梁淦波,聂玉文.石牙山隧道运营通风方案比选[J].四川建筑,2005,25(1):115-117.
[34] 马步方,王保先.公路偏压隧道施工监控量测与模拟分析[J].企业技术开发,2009,28(1):44-56.
[35] 陈宏彬,曾永军.浅埋偏压隧道洞口施工技术方案初探[J].中国新技术新产品,2009,(13):52-53.
[36] 詹文兵.高速公路双跨连拱隧道施工技术[J].企业科技与发展,2009,(10):102-104.
[37] 但淑英,刘涛.隧道双功能全液压伸缩全自动行走混凝土衬砌台车结构受力分析[J].公路,2009,(7):281-285.
[38] 李海青,徐一鸣.广梧高速公路隧道工程施工质量控制[J].公路,2009,(12):201-205.
[39] 潘红丽,吕世明.次步隧道超前地质预报[J].科技创新导报,2009,(31):254-255.
[40] 李天斌,孟陆波,朱劲,等.隧道超前地质预报综合分析方法[J].岩石力学与工程学报,2009,28(12):2429-2436.
[41] 龚琴,周劲松,刘东明,易巍,邢福武,陈红锋.乡土植物在广梧高速公路生态绿化中的应用[J].生态环境,2007,16(2):486-491.
[42] 何勇,衷平.广梧高速公路施工期植被保护与恢复[J].交通建设与管理,2008,11:37-42.

建设掠影

灰岩地区逐桩钻探

管波探测现场

30m 高陡坡路堤

煤系土高边坡

高速液压夯实机在盆古二桥台背夯实

袋装砂井

石牙山隧道出口段分离式路基

云安立交路段线形与地形协调

沥青路面下面层施工

南江口大桥 10 号墩左 A 桩钻芯样

半桥半隧

桥隧相连

亚婆髻隧道洞口与植被

次步隧道采用垫板铺设防水层

竖井设备总装布置实体图

正井开挖

Φ1400mm 扩孔钻头

移动工作平台(下井过程)

中央分隔带新泽西护栏

预制场三级沉淀两级过滤池

拌和楼设置水过滤器降尘

截水沟隐蔽在植被中

掺入表土机械喷播种植

绿化的边坡

XinlinianxiaShanquGaosuGonglu

新理念下山区高速公路建设管理

JiansheGuanli

广梧高速
河口至双凤段

项目起点：河口

林才奎　刘建生　◎主　编

人民交通出版社
China Communications Press

内容提要

广(州)—梧(州)高速公路河口至平台段是广东省交通运输厅首批科技示范工程，其中双凤至平台段是交通运输部与广东省联合实施的公路勘察设计典型示范工程。项目建设过程中，以公路建设新理念为指导，始终坚持公路与自然环境、社会环境和谐共处的原则，以绿色价值为导向，以绿色技术为动力，以和谐组织为保证，实现了经济效益、社会效益和生态效益的和谐统一。形成了一套完整的、创新性的高速公路新理念建设管理模式，取得了一系列丰硕的成果。

本书是对广梧高速新理念建设管理经验的总结，深度挖掘了广梧高速建设管理的特色与亮点，全面阐述了高速公路建设的理念与方法、组织与计划、控制与实施的全部内容，系统总结了高速公路建设管理的新理念与新方法。本书可供公路建设领域管理和技术人员参考。

图书在版编目(CIP)数据

新理念下山区高速公路建设管理/林才奎，刘建生主编. —北京：人民交通出版社，2010.6

ISBN 978-7-114-08477-5

I. ①新… II. ①林…②刘… III. ①山区—高速公路—管理—研究—中国 IV. ①F542.3

中国版本图书馆 CIP 数据核字(2010)第 103242 号

书　　名：新理念下山区高速公路建设管理
著 作 者：林才奎　刘建生
责任编辑：刘永芬
出版发行：人民交通出版社
地　　址：(100011)北京市朝阳区安定门外外馆斜街 3 号
网　　址：http://www.ccpress.com.cn
销售电话：(010)59757969，59757973
总 经 销：人民交通出版社发行部
经　　销：各地新华书店
印　　刷：北京市凯鑫彩色印刷有限公司
开　　本：787×1092　1/16
印　　张：14.5
字　　数：358 千
版　　次：2010 年 6 月　第 1 版
印　　次：2010 年 6 月　第 1 次印刷
书　　号：ISBN 978-7-114-08477-5
定　　价：80.00 元(套)

《新理念下山区高速公路建设管理》

编　委　会

主　　编：林才奎　刘建生

副 主 编：杨红军　蔡兆秋　廖树忠　黄水泉　黄瑞武

参编人员：方建勤　邓百洪　徐一鸣　孙耀波　林俊彬

洪伟鹏　梁毅俊　李海青　黄佐才　陈达群

张　羽　雷　鸣　周俊荣　刘砥石　古泉元

黄文正　雷尊贵　郭伟海　康良桢　赖培良

曾　治　周　毅　周玉强　李伟彬　连万里

吴勋华　黄福军　张魏魏　陈　懿　周德泉

前　言

随着建设“资源节约型、环境友好型社会”宏伟目标的提出，高速公路建设理念正在发生深刻的变革。“安全、环保、舒适、和谐、节约、耐久”的建设新理念贯穿到了公路项目的设计、施工以及建设管理的全过程。广（州）—梧（州）高速公路河口至平台段是国家高速公路“7918”网中的第十八横——广州至昆明高速公路的组成部分，全线穿越崇山峻岭，桥隧和高边坡众多，属于典型的山区高速公路。被广东省交通运输厅列为首批科技示范工程，其中双凤至平台段是交通运输部与广东省联合实施的典型勘察示范工程，相关项目为广东省交通集团有限公司建设管理示范工程。项目建设过程中始终坚持公路与自然环境、社会环境和谐共处的原则，以绿色价值为导向，以绿色技术为动力，以和谐组织为保证，实现了经济效益、社会效益和生态效益的和谐统一。

作为典型示范工程，广梧高速严格执行“公路建设四项制度”，通过严谨、规范的管理手册与实施细则以及高效的集成化信息管理系统，为工程建设提供了组织保障；通过科学规划与设计、科技创新与技术管理、路域资源原生态保护与利用、环保施工、质量保证、和谐征拆等大量卓有成效的工作，形成了一套完整的、创新性的高速公路新理念建设管理模式，取得了一系列丰硕的成果。其中：“高速公路建设信息化管理技术研究及应用”，荣获2009年中国公路学会一等奖；“公路建设企业基于绿色理念的建设项目管理”，荣获第十六届国家级企业管理现代化创新成果二等奖；“建设项目信息管理系统的开发与应用”，荣获第十八届广东省企业信息化建设创新成果一等奖。完成了“广梧高速公路隧道群安全保障与节能关键技术研究”、“广东省环境友好型高速公路建设评价研究”等课题10多项，部分课题已完成鉴定，整体达到国际先进水平，部分成果达到国际领先水平。出版了《公路隧道节能技术》、《复杂地质条件下隧道施工安全保障技术》等专著6本。形成了《不良地质及地质灾害处治技术指南》、《公路隧道火灾自动报警系统技术条件》、《公路隧道通风竖井施工工法》等标准、指南与工法10余项。

本书是对广梧高速新理念建设管理经验的总结，深度挖掘了广梧高速建设管理的特色与亮点，全面阐述了高速公路建设的理念与方法、组织与计划、控制与实施的全部内容。与其姊妹篇《新理念下山区高速公路建设实践》一起，系统总结了高速公路建设的新理念与新方法，旨在为广大的高速公路建设管理者提供借鉴。

全书由林才奎、刘建生主编。杨红军、蔡兆秋、廖树忠、黄水泉、黄瑞武担任副主编，参加编写的同志还有方建勤、邓百洪、徐一鸣、孙耀波、林俊彬、洪伟鹏、梁毅俊等。

本书在编写过程中，参考和引用了设计文件、现场照片、课题总结及相关文献，得到了人民交通出版社的大力支持，谨此一并致以诚挚的谢意。由于时间仓促和编者的学识、经验有限，疏漏或未尽之处在所难免，尚祈读者指正为幸。

编　者

2010 年 5 月

目　录

第一章　新理念的内涵与实施途径

新理念高速公路建设管理是对传统管理理念的变革，是按照可持续发展的思想和环境保护的要求，将“安全、环保、舒适、和谐、节约、耐久”的理念贯穿到公路项目的设计、施工以及建设管理的全过程。以公路、自然环境与社会环境和谐共处为目标，以绿色价值为导向，以绿色技术为动力，以和谐组织为保证，实现经济效益、社会效益和生态效益的和谐统一。公路建设新理念管理的核心是在公路建设管理中，适应经济社会可持续发展的要求，节约资源，保护和改善环境，实现公路建设与自然环境和社会环境的高度和谐，最终达到公路建设科学可持续发展的目标。广(州)—梧(州)高速公路河口至平台段是广东省交通运输厅首批科技示范工程，其中双凤至平台段是交通运输部与广东省联合实施的典型勘察示范工程，相关项目为广东省交通运输集团有限公司建设管理示范工程。作为典型示范工程，广梧高速严格执行“公路建设四项制度”，通过严谨、规范的管理手册与实施细则以及高效的集成化信息管理系统，为工程建设提供了组织保障；通过科学规划与设计、科技创新与技术管理、路域资源原生态保护与利用、环保施工、质量保证、和谐征拆等大量卓有成效的工作，形成了一套完整的、创新性的高速公路新理念建设管理模式。

第一节　高速公路建设项目管理的理念与方法

一、我国高速公路建设项目管理的发展历程

高速公路建设在“七五”期间被列入我国公路建设日程。以 1984 年 6 月沈大高速公路和 1984 年 12 月沪嘉高速公路相继破土动工为标志，我国公路建设进入了一个新的历史发展时期。

近年来，由于国家优先对基础设施建设加大投资力度，高速公路因其巨大的社会效益和经济效益成为投资重点。据统计，“十五”期间，全社会累计完成交通建设投资 21 957 亿元，年均增长 18.7%，超过建国 51 年以来完成投资总和，是“九五”期间完成投资的 1.92 倍。其中：公路建设完成 19 505 亿元，沿海港口建设完成 1 313 亿元，内河建设完成 326 亿元，分别是“九五”期间的 2 倍、1.7 倍和 1.3 倍。“十五”期间建成高速公路 1.47 万 km，是“八五”和“九五”建成高速公路总和的 1.5 倍。

2005 年 1 月国务院审议通过了《国家高速公路网规划》，我国将在未来 30 年内建成“7918”高速公路网，即建成由首都北京向周边辐射的高速公路 7 条，南北纵向高速公路 9 条，东西横向高速公路 18 条，总里程达 8.5 万 km，静态投资约两万亿元。目前，我国高速公路通车里程已超过 6 万 km。高速公路网络在国民经济和社会发展中发挥着越来越重要的支撑作用。可以说，在强大的政策性投资倾斜之下，高速公路建设正以超乎寻常的速度发展，并在今后一段时间之内仍将是我国经济建设的重点。

高速公路建设的飞速发展，为项目管理的理念、方法和手段的更新与发展提供了广阔的实践平台。系统论、控制论、信息论、组织论、行为科学、价值工程、预测与决策技术、数理统计等方法运用于项目管理中，产生了巨大的效益。广大建设工作者在对高速公路建设项目管理的

经验与教训进行分析总结的基础上，从项目管理的制度化、规范化和科学化的高度，确立了我国高速公路建设管理模式的基本框架。目前，我国高速公路建设过程中广泛推行了包括项目资本金制、项目法人负责制、招标投标与合同管理制、建设监理制等项目管理制度，取得了十分明显的效果。现代管理技术使得高速公路项目管理趋于“扁平化”，它衍生出项目控制、集成化管理、基于网络的项目管理、虚拟组织等新的工程项目管理理论。而基于网络的工程项目管理信息平台则较好地解决了工程项目管理中信息的收集、存储、处理、分发和使用等问题，成为高速公路项目管理不可或缺的组成部分，从根本上改变了项目管理的方式和方法，成为提高高速公路建设项目管理水平的必由之路。

随着建设“资源节约型、环境友好型社会”的新宏伟目标的提出，对高速公路项目的建设与管理提出了更高的要求，交通运输部从贯彻落实科学发展观出发，根据“依靠科技创新，按照社会效益、经济效益、环境效益相统一”的原则，提出了“在公路建设中对生态环境最小程度的破坏、最大程度的保护、最强力度的恢复”的建设新理念和“安全、环保、舒适、和谐、节约、耐久”的公路建设方针。在 2006 年 7 月召开的建设创新型交通行业工作会议上，明确提出要“走资源节约型、环境友好型”发展道路。2007 年全国交通工作会议上进一步要求“提出资源节约型、环境友好型交通行业发展政策和评价指标体系以及发展模式”。提出了在公路建设管理中，应该适应经济社会可持续发展的要求，节约资源，保护和改善环境，实现公路建设与自然环境和社会环境的高度和谐。

二、高速公路建设项目的建设程序

高速公路建设项目的基本建设程序是指在整个建设过程中各项工作的先后开展顺序。这个程序是由基本建设进程的客观规律所决定的。高速公路的建设程序如图 1-1 所示。

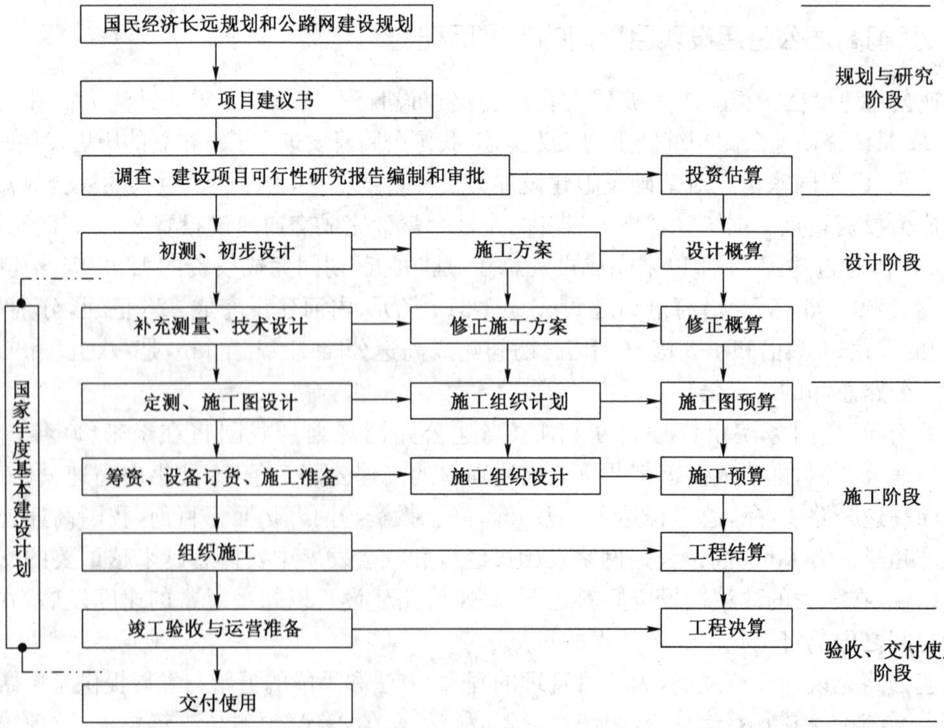

图 1-1　高速公路建设项目建设程序

1. 规划与研究阶段

该阶段形成工程项目的设想。具体分为：项目建议书、可行性研究报告的编制和审批等内容。

2. 设计阶段

该阶段将项目的设想变成可实施的蓝图。工作内容包括：初步设计、技术设计、施工图设计。

3. 施工阶段

该阶段将项目的蓝图实现为产品，工作内容包括：申请批准工程项目建设列入基本建设计划、建设准备、组织施工。

4. 工程验收、运营准备与交付使用阶段

该阶段是检验工程的质量和功能是否满足预定的目标和要求。工作内容是：进行竣工的检验和试验，完成运营前的筹备工作，然后交付使用。

三、高速公路建设项目管理的内容

高速公路项目管理就是以项目为对象的系统管理方法，其主要内容是通过对项目进行高效率的计划、组织、指导和控制，以实现项目全过程的动态管理和项目目标的综合协调与优化，以使项目的费用目标、进度目标和质量目标得以实现。

高速公路项目管理是一个动态的过程，需要在项目的生命周期内，不断进行资源的配置和协调，不断作出科学决策，从而使项目执行的全过程处于最佳的运行状态，产生最佳的效果。同时，高速公路项目管理也是项目目标的综合协调与优化的过程，项目管理应综合协调好时间、费用及功能等约束性目标，在计划工期内实现建设目标。其日常活动通常是围绕项目计划、项目组织、质量管理、费用控制、进度控制等基本任务来展开。

高速公路建设项目管理工作的内容涵盖高速公路建设过程中的项目筹备，项目前期管理，项目招标工作管理，项目实施过程中的质量、进度、费用、合同、信息管理，项目竣(交)工验收与运营筹备，项目后评价。

1. 高速公路建设项目筹备

高速公路建设项目筹备包括高速公路建设项目的投资决策和初步设计及施工图设计管理等工作。高速公路建设项目的投资决策主要是在其立项之前，通过可行性研究来完成的。高速公路建设项目的可行性研究是由政府交通主管部门以业主的身份，委托有相应资质的咨询、勘察、设计单位，对建设项目和与项目有关的各项主要问题，进行比较细致的调查分析；然后提出多种比较方案，从技术、经济、财务等不同方面对各方案进行准确的计算比较，在分析、研究、比较的基础上，选出最佳方案，提出可行性研究报告。

高速公路建设项目一般采用两阶段设计。重大项目，由审批部门指定，采用三阶段设计，即初步设计、技术设计和施工图设计。初步设计是根据批准的设计任务书的要求，对建设项目进行概略的计算和初步的规定。初步设计要求就总体布局、技术结构、工程造价等作出基本技术决定和经济估计，是指导工程建设或者说是未来建筑物的初步蓝图。技术设计是根据更详细的调查研究资料，对批准的初步设计中有关技术、经济的各项初步设计方案和技术决定进一步具体化，提出较为详细的设计方案和拟采用的施工工艺过程，校正材料、设备和劳动力需要量，核实各项技术经济指标，并修正施工组织规划设计和总概算。施工图设计是根据批准的初步设计或技术设计进行详细设计、绘制施工图、编制各种表格和设计说明，作为施工的直接依据。施工图分为施工总图和施工详图两部分。

2. 高速公路建设项目前期管理

高速公路建设项目前期管理包括：项目的组织与策划、项目融资和征地拆迁，其目的是为项目的顺利开工奠定基础。高速公路建设项目的组织与策划包括项目组织结构形式，项目业主的机构设置与职责分工，项目管理的工作流程与管理职能分工。项目融资则包括融资模式研究、项目融资的阶段与步骤、各种融资方式资金成本分析。项目征地拆迁包括征地拆迁计划的确定、征地拆迁模式的选择和征拆安置方案的宣传与实施。

3. 高速公路建设项目招标管理

招标工作一般由业主单位在政府主管部门的指导和管理下负责完成，主要包括招标策划、招标文件编制、招标中各项具体工作的组织。具体内容有：发布招标广告或邀请投标通知，组织现场考察，审查投标单位资格，组织开标、评标，选定中标单位。

4. 高速公路建设项目实施过程中的管理

高速公路建设项目实施过程中的管理工作主要内容包括施工生产中的计划、组织、协调和控制。承担管理工作的主体有项目业主、承包单位、监理单位。同时，政府交通主管部门（或业主）为保障施工环境良好，与沿线地方政府、有关单位进行的协调工作也是这一时期建设管理的重要内容。具体包括以下工作内容：

(1)招投标与合同管理。项目建设前期，严格按照招标投标的规定，选择理想的设计、监理、施工单位，是实现项目建设目标的基础。严格执行项目合同签订程序，合理设置合同条款，特别是合同风险条款的设置，确保合同的合法性和有效性，使合同管理制度化、规范化和程序化，是合同管理的重要内容。合同履行过程中，应该经常分析合同，找出合同漏洞，尽可能使合同双方对合同条文的理解达成一致，最大限度避免合同争议。合同管理的日常性工作主要是合同交底、合同跟踪和合同偏差分析，通过规范工程变更的范围和程序，有效地控制工程变更，确保合同顺利履行。

(2)精细化项目目标控制。项目管理目标包括质量、进度、费用和安全，是高速公路实施过程中管理工作的重点。项目质量管理是在满足规定质量目标的基础上，通过建立健全质量管理保证体系和质量保证措施，进行质量的动态控制，在定期质量分析的基础上，及时把握项目质量状况，发现并处理质量问题。进度管理则是在合理建设工期内，研究制订计划体系，按各合同段分解项目任务，采用先进的进度管理方法，编制与审核计划进度，运用进度管理系统进行进度的动态控制。费用管理是在项目总投资的约束下，进行工程费用组成分析，编制年度、季度和月度资金使用计划，运用费用控制管理系统进行费用的计划值与实际值的比较，确定工程计量与支付、工程变更和索赔处理的方法，对施工方案进行技术经济分析与论证。安全管理是基于“安全第一，预防为主”的理念，建立企业法定代表人、项目负责人和专（兼）职安全员为责任人的安全管理责任体系，以日常安全管理为重点，严格执行安全技术措施的制订与审批，安全技术交底、安全监督和安全检查制度。

(3)文明施工与环境保护。高速公路建设过程中不仅改变自然环境，还不可避免地对环境造成污染和损害。因此，在建设过程中要尽力控制工程建设对资源和环境的污染和损害程度，采取技术、经济和法律的手段，对不可避免的环境污染和资源损害进行治理与恢复，促进经济建设、社会发展和环境保护协调发展。

(4)信息化管理与管理现代化。高速公路建设是一项复杂的系统工程，管理人员面对大量信息的组织、加工、归类、存储、分发与使用，必须借助现代化的管理工具，通过信息化管理系统，对项目实施过程中的各类信息进行有序化管理，达到为项目建设增值的目标。

5. 高速公路建设项目竣(交)工验收与运营筹备

高速公路工程按批准的设计文件和技术要求建成之后，还必须组织验收，验收合格后才能交付使用。工程验收主要是检验和鉴定高速公路工程是否符合设计要求、质量是否达标，施工工艺、材料消耗、工程成本是否合理等。高速公路验收分为交工验收和竣工验收两个程序。

交工验收主要由业主单位组织设计和施工单位对路基、路面、大中桥、隧道及大型构造物等工程设施质量进行检测、评定，对工程财务支出、材料消耗、施工组织、技术措施、安全生产等方面进行全面检查和总结。验收中发现的工程质量缺陷，需要补救或返工的，由验收组织单位正式通知施工单位及时修补。

竣工验收一般是在项目交工验收并通车运行一年后，由批准设计的单位主持，建设单位、设计单位、施工单位、投资方和运营管理方的代表参加，共同组成竣工验收机构负责具体的竣工验收工作。

运营筹备主要包括运营公司的机构设置，运营管理考核办法，人员编制与职责划分，人员招聘与岗前培训，完成收费报批，路政大队建设，交通警察、消防、应急救援队伍建设。

6. 项目后评价

高速公路建设项目后评价一般由省级交通主管部门组织高速公路运营管理、施工、设计单位及有关科研机构的人员，对高速公路项目建设的必要性、建设的条件、技术方案及社会、环境效益等方面进行全面的分析论证。经过政府主管部门(一般为设计审批单位)组织审查通过后，高速公路建设项目管理工作即告完成。

四、基于新理念高速公路建设与管理的内涵

基于可持续发展的思想和环境保护的要求，高速公路项目建设新理念是对传统管理中以建成通车为核心目标的管理理念的根本变革。是企业按照可持续发展的思想与环境保护和要求，形成的一种经营管理理念及其所实施的一系列管理活动。新理念高速公路项目建设管理是以"生态人"(能与自然环境相协调，合理利用资源的自然人与法人)假设为管理原点，将"安全、环保、舒适、和谐、节约、耐久"的理念贯穿到公路项目的设计、施工以及建设管理的全过程。以公路、自然环境与社会环境和谐共处为目标，以绿色价值为导向，以绿色技术为动力，以和谐组织为保证，通过科学设计、环保施工、质量保证、科技创新、信息化管理以及和谐征拆等措施，确保经济效益、社会效益和生态效益的和谐统一，实现公路建设的可持续发展，将高速公路建成和谐路、精品路、生态路和环保路。公路建设新理念的核心是在公路建设管理中，适应经济社会可持续发展的要求，贯彻落实"建设资源节约型、环境友好型社会"号召，把节约资源、保护和改善环境，实现公路建设与自然环境和社会环境的高度和谐，实现公路建设科学可持续发展。在项目建设过程中，必须坚持的六项基本理念是：坚持以人为本，树立安全至上的理念；坚持人与自然相和谐，树立尊重自然、保护环境的理念；坚持可持续发展，树立节约资源的理念；坚持质量第一，树立让公众满意的理念；坚持因地制宜，合理选用标准和建筑材料，树立设计新的理念；坚持系统论的思想，树立全寿命周期成本的理念。

1. 安全

交通行业的核心价值是"用户第一，行者为本"，安全是公路设计和建设需考虑的首要因素。安全包括工程实体安全、运行安全以及施工安全三方面。工程实体安全主要是通过精心

设计与施工来保证公路结构物的安全。运行安全从工程建设角度是指在设计阶段,重点消除由于公路本身引起的安全使用问题,尽可能采取"主动"的预防与容错措施,必要时辅以"被动"的防护措施;在运营阶段,重点加强交通监控与督查。施工安全则是通过施工安全技术措施的制订与实施,施工中的安全检查与监督以及应急救援等几个方面具体落实。

2. 环保

环保是指在公路建设中应该尊重自然规律,建立和维护人与自然相对平衡的关系,树立"不破坏是最大的保护"的理念,坚持最大限度的保护、最小程度的破坏、最强力度的恢复,使工程建设顺应自然,融入自然。实施的途径主要有设计过程中线形的优化、构筑物的环保理念设计和施工阶段的环保型施工。

3. 舒适

舒适是通过优化设计,使路线线形更加流畅,路面更加平整,从而减少行车颠簸,提高行车、乘车的舒适性。

4. 和谐

和谐是指人与自然的和谐、人与人的和谐和人自身和谐。高速公路建设项目实施过程中的和谐是指在项目实施过程中要充分满足环境保护与可持续发展的要求,以经济效益、社会效益和生态效益相统一的生态经济效益为衡量标志,考虑公路与行车行人、沿线自然地貌、人文景观的和谐统一。公路景观遵循地域性、自然性原则,以乡土植物与原生态恢复为手段,使公路本身与公路环境融为一体。其次,和谐也体现在公路建设与沿线群众的根本利益的和谐统一上,在征地拆迁过程中要充分考虑沿线群众的利益诉求,实现和谐征拆。另外,和谐还体现在项目实施过程中,要建立一种和谐的管理文化,营造一个和谐的管理氛围,将项目各参与方的利益诉求统一到实现项目目标整体最优化上来。

5. 节约

节约体现在公路建设中首先是土地的节约,在公路建设的各阶段,要将节约土地作为首要任务,通过合理设计,精心施工,减少土地的消耗与破坏。其次,节约也体现在矿产资源与耕植土的保护上,在公路建设中要尽量避免压覆矿产资源,要充分做好耕植土的保护与利用。其三,是建设成本的节约,体现在设计与施工过程中,要以满足功能为目标,合理确定建设标准,优化工程结构,降低资源消耗,追求建设成本合理最小化,同时,灵活运用经济指标,最大限度地利用原有自然资源,避免大填大挖;体现在建设管理中,要加强精细化管理,避免不合理的增加工程造价的设计变更,同时,通过提高信息化管理水平,提高管理效率,节约管理成本。

6. 耐久

耐久是指从项目全寿命周期出发,坚持科学合理的公路全寿命周期成本的评价方法,提高设计与施工质量,增加公路的使用年限。

五、基于新理念的高速公路项目建设实施途径

1. 新理念设计

新理念高速公路设计的总体原则是:根据项目特点,坚持"以人为本"、"安全、环保、舒适、和谐"的设计理念,贯彻落实"建设资源节约型、环境友好型社会"等"可持续"的科学发展观。重视环境保护和土地资源利用,重视对地质、文物、矿藏的最小损害,重视公路与沿线自然、生态、人文和社会的协调。

(1)新理念设计表现在方案选择中应该充分收集各种资料。如，地质灾害危险性评估报告、地震安全性评价报告、环境影响评价大纲报告、水土保持方案报告、土地利用规划（特别是农业保护用地）、公路网规划、城市发展规划等资料，分析研究这些基础资料，按照地形选线、安全选线、环保选线、地质选线、全寿命分析选线的原则确定最优路线。

(2)在新理念设计中必须充分考虑安全问题。包括满足公路自身结构物的安全和行车安全的需要。通过适当改善路线平纵线形，采取必要的工程处理以及设置完善、可靠的交通安全设施，以确保公路结构本身的安全稳定，消除道路上的事故多发点和道路安全隐患，为行车、行人提供安全保障。其做法是：重视地质勘察，贯彻地质选线；运用航测数字地形图建立三维数字地面模型，通过路线CAD直接读取横断面地面数据，反复进行路线平纵优化设计，尽量避免大填大挖；尽量减少隧道洞身偏压、浅埋，加强土质浅埋短隧道的设计，确保隧道施工和结构安全；加强对高边坡和陡坡路堤的稳定性分析，确定安全可靠的支护措施；做好排水总体设计，避免公路水毁；提高压实度，减少差异沉降或不均匀沉降。为确保行车安全，应该从线形设计、视距、紧急避险车道设置、路侧安全、视线诱导、中央分隔带设置等方面精心设计。

(3)环保及耕地保护是新理念设计中尤其应当注意的问题。在路线多方案比较、典型工程多方案比较中，就应该将环保、占用耕地作为重要的因素考虑。当路线无法避让耕地时，应当采取挡土墙、护坡道等工程措施尽可能少占用耕地。在规模较大的村镇、居民点等，应当采用声屏障降噪。

(4)高速公路在为人们的出行提供高效的同时，还必须提供一种舒适、和谐的环境。为此，设计过程中应该本着“尊重自然、爱护自然、融入自然、自然而然”的思想，尽量减少人造景观，体现自然的原则。路线设计中应当注重对沿线已有景观的保护。根据地形条件，采用以曲线为主的线形，路线沿山脚或山腰布线，随势就弯，使路线自身协调和与自然地形和谐。同时，采用原生乡土植物进行绿化，使之与自然和谐。桥梁设计考虑行车舒适、养护管理方便。隧道洞门尽量采用削竹式，争取“零开挖”，使洞口与自然环境和谐。互通立交的景观设计充分利用现有山地、果园、鱼塘，采用自然流畅的曲线，创造一种自然和谐的景观。服务区内做到三季有花，四季常绿，房屋建筑与沿线当地的建筑风格和谐一致。

2.精细化目标控制

(1)以质量为根本，加强质量管理，确保工程耐久性。“百年大计，质量第一”。高速公路建设必须严格按照国家新规范、新标准、国家和地方强制性条文的规定，针对项目的特点，建立质量管理体系，扎扎实实地推行全面质量管理。

新理念质量管理首先是质量观念的形成与质量保证体系的建立与运行，变被动的、纠错式的质量管理为主动的、预防为主的质量管理。根据公路产品质量的产生、形成和实现的运行规律，突出预防为主的管理理念。通过各类专业教育培训，将“质量在我心中，质量在我眼中，质量在我手中”的质量观镌刻在每一个参建单位和人员的心中，切实提高全线建设者的整体素质和业务水平。

在项目实施伊始，建立以单位“一把手”为龙头的质量控制管理体系，形成“政府监督、业主管理、社会监理、企业自检”的四级质量监管网络。结合项目的特点，实施工程质量管理的责任制度、检查制度、评比奖罚制度、举报制度、事故报告制度、对监理实行“红黄牌”制度等管理制度。

在项目前期，为了确保工程详细勘察阶段地质勘探质量和设计详测资料达到要求和规范标准，并能满足施工图设计和建设要求，控制和减少工程建设施工过程中的工程变更，在项目开始阶段就应及时开展地质勘察监理和设计详测外业跟踪。同时，通过选择有资质的第三方检测单位对桥梁桩基、隧道锚杆进行检测，对隧道二次衬砌、特殊路段、结构物荷载等进行试验、检测，确保工程质量。

项目实施过程中，重点做好技术准备、现场准备工作，从原材料控制、承包人资质要求、机械设备配置、监理监督和质量评测等每一道关口严格把关。力求用最好的材料、最精湛的工艺和最严格的管理实现最好的质量。同时，实行最严格的质量责任制度，对每一个工程设定质量追溯档案，实行质量责任终身制。

新理念质量管理还体现在质量管理手段的信息化和网络化。在传统项目管理模式下，管理文档全部以纸张为载体，由人工来填写，造成数据准确性差，不容易检查发现数据差错。比如，原材料进场与使用、试验表格与进场单之间等大量关联的数据，需要重复填写而导致容易出错。由于手工管理条件下，数据的检验能力低，难以对这些质量信息进行有效的跟踪管理，使原本应该进行统计分析的数据不能方便及时利用，不能进行实时的质量监控与分析，使活数据变成了死资料。通过质量管理信息系统，能加强质量管理的透明度，以工程的质量控制单元管理质量文件，完整性强。改变了传统的质量资料形成过程，提高了质量文件的准确性。另外，质量管理信息系统还改变了竣工资料的收集模式，使竣工资料编制基本上与工程建设同步进行，保证了竣工资料的真实性与可靠性。

(2)加强进度管理，确保计划工期。新理念高速公路进度管理是在对项目进度目标进行充分分析与论证的基础上，确定项目建设目标，通过编制总进度纲要或总进度计划，重点确定建设中的里程碑事件和控制性工程的实施方案。采用WBS工作分解结构，按工程项目、实施单位、实施阶段编制进度控制计划系统。用网络计划、流水作业等组织形式，结合进度前锋线、“S”形曲线和“香蕉”曲线，对进度计划执行情况进行动态的检查和调整。由于承发包模式的选择直接关系到工程实施的组织和协调。为了实现进度目标，应选择合理的合同结构，避免过多的合同交界面而影响工程进展。

新理念进度管理首先是理顺进度计划的编制程序、审批程序和计划的调整程序，避免出现分别编制各种相互独立而互不联系的计划，形成不了计划系统。其次是加强计划执行管理，避免只重视计划的编制，而不重视及时进行计划的动态调整所带来的计划进度与实际进展两张皮的现象。第三是加强进度考核工作，督促承包人严格按投标承诺投入人员和设备，严格进度管理，对进度滞后的标段进行处罚。

进度实施过程中会产生大量的进度信息，通过对这些信息进行加工整理能及时掌握工程的实时进展状态。传统的手工统计方法效率低，更新速度慢，显然不可能满足高速公路项目的进度管理要求。新理念进度管理是采用基于网络的进度管理系统将项目各参与方联系起来，由承包人及时上传实时进度信息，通过网络计划等进度管理模型加工整理，以表格、图形呈现出来，甚至还可以用虚拟现实技术的方式以三维立体方式进行表现。项目业主、监理、承包人、供应方和其他协作方通过这一系统可以实时了解项目进展，进而据此制订各自的下一阶段工作计划。

(3)严格投资管理，确保投资总目标的实现。基于新理念的高速公路建设项目投资管理本着全寿命周期管理的理念，在项目设计阶段综合考虑项目建设投资、运营维护、大修与局部更新等项目全寿命费用，通过多方案的技术经济论证与评价，优先建设方案；在项目实施阶段，严格执行招投标制度，通过公开招标优选承包单位，确定合理的承包合同价，为控制项目总投资奠定基础。

新理念的投资管理应该是将事前的投资计划编制、事中的投资使用情况监督与事后的投资偏差分析有机地结合起来。项目建设前期，项目业主应该编写切实可行的资金使用计划，据此编制出各建设阶段的资金需要量计划，在认真组织做好财务预算编制和上报的基础上，将预算执行与监督工作贯穿于项目实施的全过程。同时，项目业主还应当研究制订融资方案，采用多种融资方式，从融资风险、融资成本、资金供给能力等方面优选项目融资方案。项目施工过程中，对内严格财务审批制度，建立、健全会计内部控制，实现各岗位相互制约。对外严格资产管理和资金监管，确保支付给各施工单位的预付款，工程进度款专款专用，足额投入在本项目的工程建设中。

施工阶段投入的资金量最大，项目建设资金主要在这个阶段投入。工作的主要内容是工程计量、工程变更控制和工程款支付。为此，首先需要充分发挥监理工程师的作用，加强合同管理，严格控制工程数量。对实际施工可能引起工程数量与图纸不一致的部位，实行工程数量业主、监理、承包人三方联合测量制度或清点制度，按实验收计量，避免工程数量多计、重计。其次，需要运用投资动态控制的方法，定期进行工程预算、合同价、工程款支付等指标的比较，及时发现投资偏差，找出偏差产生的原因，采取组织、技术、经济、合同等措施纠正偏差。

3.环保型施工

高速公路建设不可避免会对环境造成破坏，对周围群众的生产生活带来影响。为此，必须切实树立“尊重自然、保护环境”的理念，合理设置临时工程、加强取土和弃土管理、做到文明施工。

高速公路建设需要在沿线周围设置大量的临时工程，涉及大量的土方的挖运和填筑。基于环保型的施工理念，应该对临时驻地、取弃土场、排水设施进行统一规划，严格按照项目环境影响评价报告规定的位置和标准设置，最大限度地减小项目建设对周边环境的破坏。

临时工程尽可能利用已有的道路，如要修建新的施工便道，要尽量减少对自然环境的破坏，并在施工结束后加强恢复，使用中做好排水维护等工作，防止水土流失。临时驻地尽可能选用荒坡和劣质的土地，少占用耕地，远离河道，以减少对河道水质的影响。临时堆料场、拌料场选址要隐蔽，尽量不占用自然植被、自然环境好的地方，并要易于恢复。

建立施工红线制度，严禁超范围开挖是环保型施工的另一项重要工作。路基施工时清除表土前，应该先放出挖方坡口线，只准进行坡口线以内的砍树、挖根和清除表土，严禁清除坡口线以外的植被。清表的土方必须按指定的地方集中堆放，不得与其他弃方混堆，并做好临时防护和排水，用于以后中央分隔带、互通立交、服务区、边坡绿化及弃土场复耕绿化的回填土。

弃渣场选择应本着“节约用地、少占耕地，保持水土、保护自然景观”的原则，符合当地环境、植被和水土保持要求，力争与原地貌保持一致。符合“保护性”原则，便于水土保持、植被恢复和美化环境。符合“恢复性”原则，弃土完后，应覆土复耕或进行地表绿化美化。

施工噪声对周围环境的影响是显而易见的，因此，在设置诸如混凝土拌和站、钢材加工场、预制场时考虑尽量远离居民区。同时，严格控制强噪声作业时间并采取降噪措施。

4.发挥科技示范与技术创新的先导作用

高速公路建设中会出现许多的技术难题，因此，必须充分发挥科技示范与技术创新的先导作用。通过科技创新保障工程项目的质量和安全，提高工程效率、降低工程造价，最终实现“以人为本”和“人与自然和谐”的理念。

5.和谐征拆、合作共赢

高速公路建设中的征地拆迁工作历来被认为是“头等难事”。为此，必须坚持“以尊重民意为先导，以地方政府为主导”的原则，努力营造和谐征地、有情拆迁的工作氛围。在工作中，坚持以人为本，切实维护沿线群众正当利益；坚持“公开、公平、公正”阳光操作，遵循政策法规，合理补偿、及时兑现。坚持耐心细致的工作态度，宣传做到位、工作做细、补偿落实，并结合工程实际适当地为农民群众做好事、办实事，取得群众的理解和支持，营造“高效、廉洁、和谐、双赢”的施工环境。

第二节　基于新理念的广梧高速公路项目建设

一、广梧高速公路建设项目概况

广（州）—梧（州）高速公路河口至平台段（以下简称广梧高速公路）位于广东省西部，起自云浮市河口镇，经云浮市区、云安县、高村、东坝、连滩、中里、宝珠、建成、郁南县、平台，终点位于郁南县平台镇古同村，与广西苍梧至郁南高速公路相连，全线长 98.71km，是国家高速公路“7918”网中的第十八横——广州至昆明高速公路的组成部分。同时本项目也是《广东省高速公路网规划》中的一横——惠州至（广西）梧州高速公路的一段，如图 1-2 所示。

图 1-2　广梧高速公路路线示意图

广梧高速公路是广东省交通运输厅首批科技示范工程，其中双凤至平台段是交通运输部与广东省联合实施的典型勘察示范工程，相关项目为广东省交通集团有限公司建设管理示范工程。按山岭区、全封闭、全立交四车道高速公路修建，路基宽 24.5m，设计速度为 80km/h，设计荷载公路-I级。

广梧高速公路是国家重点公路网的组成部分，它串联了广肇高速公路、国道G324线、省道S368线、省道S352线、省道S279线。它的建设对改善广东省西部山区路网结构，完善广东省高速公路网具有重要意义。同时，也能加强广东省西部城镇与珠江三角洲的联系，加强广东与广西、云南、贵州的运输往来，对促进“泛珠江三角洲”经济、促进社会发展及对完善国家高速公路网和广东省高速公路网都具有重要意义。

广梧高速公路穿越崇山峻岭，桥隧和高边坡众多。沿线地形陡峻，属山岭重丘区，地表侵蚀切割强烈，地形相对起伏大。本地区属于武夷南岭山地过湿区(Ⅳ-6)，构造单元主要包括断裂构造和褶皱构造。区内断裂和褶皱构造发育，其中延伸较远、影响范围较宽的断裂有北东走向的罗定—广宁断裂带和罗镜—云浮断裂带。纵观全线，具有以下几个主要特点：

(1)沿线地形陡峭，以山地丘陵为主，约90%属山岭重丘区，植被茂盛，建设条件极差。而且路线穿越地区的人文环境、自然生态环境丰富，如何在公路建设过程中保证“人与自然的和谐”是一个极大的挑战。

(2)地质条件复杂，有煤系地层，岩溶，采空区，软土地基，高液限土、红黏土等不良土以及断裂、褶皱构造等。地表风化严重，滑坡、崩塌和冲沟发育。因此，对不良地质的处理、隧道围岩失稳和隧道涌水，不良土的改造以及高边坡的稳定等是本项目施工中面临的主要工程地质问题。

(3)桥隧比例大，施工技术要求高，其中很多桥梁属高墩位桥。高挖高填路段多，弃方与借方矛盾大。路堑高边坡的不确定因素多，高边坡稳定性分析、加固措施等技术要求高。

(4)地形起伏大，局部路段形成特长的上下坡路段。特别是K82～K92为10km的长上坡，平均纵坡为2.15%(一幅为长下坡)。K92～K101为9km的长下坡(另一幅为长上坡)，平均纵坡为2.12%。这一路段下坡的行车安全，上坡的通行能力需特别研究。

(5)项目前期工作任务艰巨。地形地质条件复杂，植被茂密，透视条件差，导致项目路线方案技术难度高，初步设计方案是平纵横的组合设计，半路半桥、高低式路基、比较方案多，地质初勘、详勘，路线初测、定测难度高，需增加多种勘察手段，工期长。

(6)路线长，投资大。作为“双示范工程”，要实现“安全优质、以人为本、科技领先、环保和谐”的基本理念和目标，建设管理是面临的一个新课题。

面对艰巨的建设任务，广梧高速借助典型示范工程的推动力，严格执行“公路建设四项制度”，通过严谨、规范的管理手册与实施细则以及高效的集成化信息管理系统，为典型示范工程建设提供了组织保障；通过科学规划与设计、科技创新与技术管理、路域资源原生态保护与利用、环保施工、质量保证、和谐征拆等大量卓有成效的工作，形成了一套完整的、创新性的高速公路新理念建设管理模式，取得了一系列丰硕的成果。

二、制度建设与组织创新

作为典型示范工程，为了更好地推动广梧高速公路“新理念”的创建工作，广梧高速项目业主一广东云梧高速公路有限公司(以下简称项目业主)成立了典型示范工程实施领导小组。在制度建设和组织创新、实施程序和实施方式的规范化等方面做了大量工作。

1. 严格执行“四项制度”

根据《公路建设监督管理办法》、《公路建设市场管理办法》、《公路建设市场准入规定》、《公路建设四项制度实施办法》及《关于对参与公路工程投标和施工的公路施工企业资质要求的通知》等文件的要求，广梧高速公路项目建设中严格执行了项目法人负责制、招标投标制、工程监理制和合同管理制。

(1)项目法人负责制。项目建设期间，云梧公司作为项目法人，对项目策划、资金筹措、建设实施、生产经营、债务偿还和资产保值增值，进行全过程负责。云梧公司下设合同管理部、技术部、工程管理部、交通工程部、总经办、财审部及综合信息部共七个职能管理部门，部门职责分工明确，管理制度完善。

(2)招标投标制度。根据《中华人民共和国招标投标法》、《工程建设项目招标范围和规模标准规定》、《评标委员会和评标方法暂行规定》、《工程建设项目施工招标投标办法》等文件的规定，基于"公开、公平、公正、诚实信用"的市场竞争准则，项目的勘察、设计、监理、施工及主要材料采购均按有关法规进行国内公开招标。所有招标都在国家指定的媒体发布公告，资格预审评审、施工招标、开标、评标、定标都在交通主管部门和监察部门监督下严格按有关法规和程序进行。资格预审文件和评审结果，招标文件及评标结果都报广东省交通运输厅核备，招标结果按规定进行公示。选出了一批信誉可靠、技术能力强、管理水平高、报价合理的中标人(设计单位、监理单位、施工单位、供货单位)。做到了招标活动的信息公开、开标的程序公开、评标的标准和程序公开、中标的结果公开。招标过程中严格按照公开的招标条件和程序办事，同等地对待每一个投标竞争者。招投标双方在合同履行中地位平等，诚实守信。

(3)工程监理制度。广梧高速公路建设项目实行工程监理制度。通过招标方式选择出由具有公路工程监理甲级资格的监理单位承担监理工作，按国家有关规定受业主委托对施工承包合同的执行、工程质量、进度、费用等方面进行监督与管理。本项目设三个总监办，其中A、B总监办由广东省公路工程监理站承担，C总监办由广东翔飞公路工程监理有限公司承担。

(4)合同管理制度。本项目的勘察设计、施工、监理及材料采购都在招标文件的规定的时间内，在中标人提交了符合规定的履约保函后及时签订了合同。有关施工合同、勘察设计合同采用了交通运输部颁发的合同示范文本。监理合同、材料采购合同参照了广东省交通集团有限公司的范本，各主要合同的合同条款科学严谨，合同各方的权利、义务明确，风险划分科学合理。在建设管理过程中，严格以合同为依据对施工单位、勘察设计单位及监理单位进行管理。

2.项目管理规范化、程序化

为提高项目建设的管理水平，作为管理示范工程，广梧高速公路建设项目在管理规范化和程序化方面进行了卓有成效的探索与实践，收到了十分明显的效果。

(1)严谨、规范的管理手册与实施细则。项目建设过程中，项目业主组织各参与方一起编制了广梧高速管理实施方案，编制了多个管理手册、实施细则和建设指南。

①编制了《广东广梧高速公路管理手册》。

②编制了《安全、环保、舒适、和谐广梧高速公路创优管理手册》。

③开展环境监理，编制了《广梧高速公路环境监理方案》、《广梧高速公路环境监理实施细则》，并组织了环境监理培训。

④开展绿化监理，编制了《广梧高速公路绿化施工技术手册》、《广梧高速公路绿化监理实施细则》，并组织了绿化与景观设计新理念培训和绿化施工技术培训。

⑤在双凤至平台段开工之前，广梧高速公路公司委托专业单位对公路用地界的植物、水体以及周边的环境敏感目标进行了调查，编制了《环境友好型广梧高速公路建设指南》，制订了针对性保护措施。

⑥在双凤至平台段开工之前，广梧高速公路公司委托华南植物园对周边的乡土植物进行

了调查，编写了《广梧高速公路边坡绿化乡土植物总结性报告》，并进行了乡土植物在边坡绿化中的试验。

(2)进行典型示范实施方案技术交底，组织学习培训。在项目开工之前，项目业主组织了《广东广梧高速公路管理手册》、《安全、环保、舒适、和谐广梧高速公路创优管理手册》、《广梧高速公路环境监理方案》、《广梧高速公路绿化与景观设计新理念》、《广梧高速公路绿化施工技术手册》等管理实施方案的学习培训，培训了一批技术骨干。在项目建设过程中，典型示范工程实施领导小组逐标段进行宣贯。

(3)组织定期或不定期的检查落实。典型示范工程各工作组对各标段进行定期或不定期的检查，督促落实新理念的实施效果。根据《广梧高速公路环境保护考核评优实施细则》、《广梧高速公路景观绿化考核评优实施细则》，实行每季度末环境保护及绿化综合考核和环境保护专项奖励考核，按照奖优罚劣、扶优抑劣的原则，采取全面考核、定量评分的办法进行环境保护与绿化考核评优工作。同时每月组织监理单位、施工单位进行月度环保及绿化检查，并及时对发现的问题进行整改。

3. 引进环境与绿化咨询服务单位

广梧高速公路将环境监理与绿化监理纳入土建监理管理中。引进了交通运输部科学研究院及广东省水利厅作为环境监理咨询服务单位，以加强环境监理的力度。同时引进交通运输部科学研究院及华南植物园作为绿化监理咨询服务单位，以提高景观绿化监理的水平。

4. 集成化信息管理

通过对国内多条高速公路项目建设中信息管理经验的总结，结合公路计算机辅助设计、工程技术、网络技术、数据库技术、图形技术等在建设项目的应用研究，广梧高速构建了一个以业主为中心，监理单位、施工单位和材料设备供应单位等参建单位一体，以信息化为手段的全过程规范化管理系统，为项目建设的“四控二管一协调”提供了坚实的保障。

由于本项目线路长，原地方交通非常不便，为提高项目管理效率，在项目开始建设前便注重信息化管理。2006 年 5 月，项目业主自主组织开发的门户平台网站自动化办公模块投入使用。2007 年 6 月，门户平台网站工程项目信息管理集成模块投入使用。该门户系统平台将办公自动化和工程项目信息管理集成糅合在一起，将有关的信息资料汇集到信息平台上进行共享，提高了项目业主、监理及承包人的工作效率，消除了管理上的信息孤岛现象。项目参建单位的来往公文、计量支付数据、试验及有关质量数据、变更处理数据及信息沟通等均通过互联网进行网上传递，大大提高了工作效率，确保了信息的准确性和相关资料的可追溯性。

同时，广梧高速还部署或组织开发了多个专项管理系统。2005 年 10 月，Primavera(P3e/c)在广梧高速部署和实施，于 2006 年 6 月全线投入使用；2005 年 12 月，HCS 项目管理系统在广梧高速部署，2006 年 4 月全线成功运用“HCS 项目建设管理系统”，对工程造价进行管理；2006 年 5 月，使用自主组织开发的“质量管理系统”对公路工程建设质量进行一体化的管理与控制；2007 年 4 月，业主自主组织开发的三维形象进度系统投入使用，实现了项目建设过程中三维进度立体可视化、实时化管理；2008 年 7 月，竣工档案系统进行投入使用。这些管理系统的使用，使广梧高速实现了“数字化”高速公路建设管理的目标。具体表现在：

(1)为质量、进度、造价、安全等目标的有效控制提供了可靠的条件。

(2)实现巨量数据的汇总、统计，取代手工低效方式，提高了项目管理效率。

(3)业主、监理和承包人业务联网，实现无纸化办公和网上流程跟踪，提高了协作效率。

(4)将各系统有效融合在一起，避免了出现信息“孤岛”现象。

(5)定制与跟踪业务流程，提高了监督力度和业务透明度，消除了造假等不良现象。

(6)项目建设过程中完整、真实的档案信息，为运营期管理提供了良好的基础。

三、科技创新

作为山区高速公路，广梧高速借助“双示范”工程的推动力，以“建设一条高标准的，安全、环保、舒适、和谐的，有自己特色的高速公路”的建设理念为指导思想，贯彻落实“建设资源节约型、环境友好型社会”等“可持续”的科学发展观，积极开展典型勘察设计示范工程工作。通过科技示范的先导作用，实现了保障工程项目的安全，体现了“以人为本”和“人与自然和谐”的理念。由于工程技术的创新，提高了建设效率，降低了工程造价。

根据项目的工程建设特点，广梧高速以隧道建设安全与节能、环境友好型高速公路建设为本项目的科研特色与重点，同时结合工程建设的需要，积极开展相关的技术攻关与新技术推广应用，取得了显著的成效。依托广梧高速公路开展了“复杂地质条件下隧道安全施工保障技术研究”、“高速公路隧道照明需求与节能技术研究”、“公路隧道防火抗灾技术研究”、“山区高速公路隧道安全综合措施研究”、“环境友好型广梧高速公路建设对策研究”、“高速公路生态环境恢复与景观综合设计研究”等课题的专题研究，见表 1-1。

广梧高速公路科研课题一览表

表 1-1

序号	课题名称	子课题	课题性质
1	广梧高速专题研究	环境友好型广梧高速公路建设对策研究 *	广东省交通厅计划项目(2005-18)，带“ * ”者为交通部联合攻关课题
		高速公路隧道照明需求与节能技术研究 *	
		山区高速公路隧道智能监控系统研究	
		公路隧道通风竖井机械化施工关键技术研究	
		复杂地质条件下隧道安全施工保障技术研究	
		高速公路生态环境恢复与景观综合设计研究	
		特长上、下坡路段综合安全措施研究	
		广东山区高速公路定额与造价指标研究	
		变形性设计新理论的研究及其在高效预应力混凝土桥梁工程中的应用	
		高速公路三维形象进度系统的开发与应用研究	
2	公路隧道防火抗灾技术研究		广东省交通运输厅计划项目(2008-18)
3	布敦岩改性沥青混合料应用技术研究		广东省交通集团项目
4	RCC+CGA 复合式基层在广梧高速公路沥青路面中的应用研究		
5	GTM 设计的沥青混合料及其性能研究		
6	资源节约、环境友好型的山区高速公路服务区研究		
7	广梧高速公路高液限土利用与改良施工方案和工艺研究		自行开展课题

四、质量创优

1. 工程质量管理目标

(1)项目质量总目标：分项工程合格率 100%，主要分项工程评分 93 分以上；项目交工验收综合评分 90 分以上;项目竣工验收达到优良工程。

(2)过程控制目标:杜绝发生重大质量事故和一级一般质量事故,有效防止发生二、三级一般事故,尽可能少发生质量问题。

2. 工程质量管理的各项制度

为确保工程建设质量,广梧高速依据相关法律法规和要求建立了"政府监督、业主负责、社会监理、承包人自检"的四级质量保证体系。在工程质量管理的制度建设方面,结合项目的特点,实施工程质量管理的责任制度、检查制度、评比奖罚制度、举报制度、事故报告制度、监理单位"红黄牌"制度等管理制度。

为保障工程质量管理目标的实现,建立健全了工程质量管理的组织机构、部门职责、岗位职责,制订了工程质量管理的各项制度并予以贯彻落实。针对本项目线路长、工程施工难度大等特点,专门成立了外业巡查小组,在工程建设过程中进行巡查。对工程建设中存在的质量问题、质量安全隐患及时发现并进行跟踪处理。各参建单位均按照相关要求签订了《交通建设项目工程质量责任承诺书》。通过严格的质量保证体系,对工程质量进行有效监控,对查出的质量问题及时下发指令,督查监理单位严肃处理并及时反馈,为工程质量管理打下了坚实的基础。

根据公路产品质量的产生、形成和实现的运行规律,突出预防为主的管理理念。针对高填路堤的稳定性、陡坡路堤的稳定性、路堤与结构物的差异沉降控制、填挖结合部差异沉降的控制、软基的处治、不良土的工程应用、高边坡的稳定性和低矮边坡的防局部坍塌、石质边坡的生态防护、大型挡土墙和高填方下涵洞通道的稳定性、沥青路面的高温稳定性和水稳定性、特长上下坡路段防沥青路面过度车辙等本项目的工程难点,编制了《安全、环保、舒适、和谐广梧高速公路创优管理手册》,通过优化设计,开展创优、创亮点等劳动竞赛举措,克服了工程质量通病,将质量隐患消灭在萌芽状态。

3. 质量管理的措施

在质量管理方面,广梧高速建设项目贯彻实施了一系列有效的工程质量管理措施,取得了非常明显的成效。

(1)强化项目参与者的质量意识。人是直接参与项目实施的组织者、指挥者和操作者。人的因素是质量管理中的第一要素。在质量管理中,人的因素起决定性的作用。所以,做好质量管理工作应该以人的因素为基本出发点。作为控制对象,应该避免因人产生的失误;作为控制动力,应该充分调动人的积极性,发挥人的主导作用。广梧高速建立了各参与方全员参与的、以质量管理目标和管理职责为中心的管理机构,即由业主的工程部牵头,联合监理单位和承包单位主要负责人为一体的质量监管体系。从承包人、分包人的资格,操作人员特别是重要技术工种、特殊工种及危险作业的操作人员的上岗资格,到一般作业人员的职业教育和技术培训,按规定严格执行。严格项目的各项施工管理制度,规范操作人员的作业技术活动和管理人员的管理活动。建立和完善为保证质量的奖励和处罚制度,充分发挥项目参与者的最大工作潜能。

(2)项目前期监理、跟踪控制与项目实施过程中的第三方检测。为了确保广梧高速公路工程详细勘察阶段地质勘探质量达到规范标准,以满足施工图设计和建设要求,项目业主在地质勘察阶段委派了工程监理,委托有资质的地质勘探单位对地质勘探过程进行监控。这一措施的采用,提高了地质勘察质量,也为减少施工过程中的工程变更奠定了基础。

同时,为了确保设计单位测量工作及测量成果的质量,项目业主在项目设计详测阶段专门派驻测量工程师对工程详细勘察设计阶段相关测量进行跟踪，以减少或避免工程施工过程中由于测量不够详细造成的工程变更。

项目施工过程中，通过选择有资质的第三方检测单位对桥梁桩基、隧道锚杆无损检测、隧道二次衬砌、特殊路段监测、结构物荷载等进行试验、检测，确保了工程质量和结构的安全可靠。

(3)加强业主实验室管理。广梧高速组建了由项目业主和广东交通集团检测中心合作的业主实验室，其母体单位具备交通运输部桥隧专项和交通运输部公路甲级检测资质。业主实验室的主要工作包括各种施工原材料质量常规抽样监控、路基和路面现场施工质量抽检、对总监办及各施工单位的实验室进行定期和不定期的检查并接受监理和各施工单位实验室的业务咨询。通过业主实验室相关工作，业主可以及时准确获取工程实体的相关参数，及时采取必要措施。实现了“提升监理人员和承包人质量意识和质量管理水平，控制进场原材料质量，监控施工过程质量状况，确保工程实体质量”的目标，为项目业主实施质量奖惩提供了科学依据。

针对工程施工中容易出现质量问题的环节，业主实验室加强抽查检测工作。购置了一批检测工具如回弹仪、钢筋保护层检测仪等，及时准确地获取工程实体的相关参数，及时采取必要措施，确保工程实体质量满足设计要求。项目建设期间，业主实验室除完成了工程原材料、混合料的抽检等工作外，还对工程实体质量如桥、涵、隧道混凝土强度、路面结构层施工质量进行了大量的检测、抽检，切实保证了项目施工质量。

(4)开展样板工程评比。从项目管理的立场来看，工程质量的控制首先是生产者的自控，在生产要素合格的条件下，作业者能力及其发挥的状况是决定工程质量的关键。因此，广梧高速在全线开展了工程质量创优活动，通过严格实施奖罚制度，激励承包人在质量控制中变被动监管为主动创优。

为提高工程项目的实体质量，促使承包人争创优质工程、精品工程，由项目业主牵头，各总监办组织，各承包人具体实施，结合首件工程认可制，开展样板工程创建活动。各承包人在自己的工程项目中，选取“一段样板路基、一道样板涵洞(通道)、一段样板挡墙、一段样板水沟、一座样板桥梁、一段样板隧道、一处样板高边坡”进行样板工程的创建、参加评比并给予奖励，做到以点带面全面推广。

(5)自控与监控、事前预控与过程控制相结合，确保工程实体质量。工程质量控制是一个生产者自己主动控制与业主、监理、质量监督部门监控相结合的过程，也是一个事前预控、事中过程控制和事后质量整改相结合的过程。为保证路面工程质量，建立了完善的路面工程质量管理体系，制订了《路面集料质量管理办法》。为确保该体系的正常运行，业主根据工作需要定期召开各单位参加的质量管理工作例会和技术例会，讨论相关技术问题，形成技术方案，集中解决施工过程中出现的问题。鉴于路面工程技术要求高的特点，广梧高速充分发挥技术专家团的作用，聘请了广东华路交通科技有限公司对本项目路面质量进行质量监控和技术咨询，对路面施工技术方案提出建议，并对路面结构层配合比(特别是沥青面层配合比)提出参考性意见，对相关的试验进行评价分析。专家团及时与业主进行有效的沟通，并将质量问题能及时传达到监理和承包人并要求其限期整改，以确保路面施工质量过程控制的效果。同时，定期召开由质量监控单位讲评，施工、监理单位参加的专题会议，对出现的路面质量问题、试验评价结果等进行分析。

一般来说，影响质量的因素有人、材料、机械设备、施工方法和环境。对于高速公路施工而言，材料与设备的影响尤其应该高度重视。为确保原材料质量，广梧高速严格控制集料加工生产—运输—现场堆放等各个环节的质量，按照有关要求进行产品质量抽检。为加强集料加工的质量稳定性，对每批次进场集料都进行检验，以保证符合技术要求。其次，做好进场施工设备的管理，贯彻“以设备保工艺，以工艺保质量”的指导思想。要求承包人严格按照合同要求和施工需要投入足够的施工设备，并保证其完好率，业主和监理单位在施工前对进场设备进行全面检查。

工程质量控制有事前、事中和事后控制，诚然，事前的预控是最重要的。但鉴于目前承包人的管理水平与操作人员的实际技术水平，事中的过程控制同样重要。广梧高速为确保路面施工的质量，建立了质量巡查和抽检体系，并聘请路面专家在各路面结构层施工前对参建各方进行有针对性的施工技术培训，在施工过程中提供技术指导和技术支持。业主和技术咨询服务机构加强对施工过程质量巡查的频率达到5%以上。质量巡查的主要内容是检查承包人和监理人员的人员到位和工作情况、原材料质量情况、施工设备和机械运行情况、施工过程是否规范、试验检测工作的开展、中间交验检测工作的开展等等。

(6)开发应用质量管理系统，实现质量管理信息化。为满足广梧高速公路项目建设质量控制的需要，为工程建设的试验检测人员提供一个规范、准确的数据处理平台，为质量管理人员提供一个高效、快速、集成化的质量管理信息平台，提高项目业主、监理及承包人工作效率，消除质量管理上的信息孤岛，使参建各方及时掌握工程质量动态，减少工程质量事故的发生，广梧高速开发应用了质量管理系统，实现质量管理信息化，对工程建设质量进行一体化的管理与控制。将工程建设过程中质量监督部门、质量检测机构、建设单位、工程监理单位和施工单位对工程质量进行全方位的过程管理通过集成网络平台联结在一起，大大提高了管理效率和质量管理水平。

五、环保型施工

高速公路建设过程中环境保护始终是一个值得认真研究的重大课题。通过对一些工程项目施工过程中破坏自然、污染环境带来的恶劣社会影响和巨大经济赔偿的教训的分析，广梧高速公路建设过程中，通过管理创新、施工方法创新和施工技术创新，倡导环保型施工的理念。

1. 临时工程

开工前，全线统一规划临时便道、便桥等临时工程的建设。施工便道尽可能利用已有的村道、县道、省道。施工中做好排水维护等工作，防止水土流失。施工便道使用完毕进行修复，交付当地公路管理部门。对于新修道路做好临时排水设施，保证道路畅通。未硬化的道路使用结束后恢复土地原来用途。施工中大部分施工便道采用泥结碎石硬化，村镇、陡坡特殊地段采用水泥混凝土硬化，合理设置纵横向排水，及时进行养护，对上、下边坡，适时进行植草、种树，予以绿化。

施工驻地的选址和驻地管理充分考虑对周边环境的影响，施工驻地尽可能建在荒坡和劣质的土地上，少占用耕地，远离河道，以减少对河道水质的影响。当然，从安全的角度考虑，也不得将驻地设置在高压线下，沟边、崖边以及滑坡、泥石流等灾害地质带上和山洪可能冲击到的区域，确保使用安全。施工人员的生活垃圾不能随意堆弃，必须集中、统一处理或填埋，不给沿线景观环境带来污染，施工结束后加强对沿线取弃土场的植被恢复。施工驻地、料场、废弃物堆放场等严禁设置在距河岸100m范围内。驻地设置集中厕所，并设置容积至少$20m^3$的化粪池收集生活污水并进行初步处理，处理后的上清液可用于肥田，底泥定期清运，生活垃圾设置垃圾箱全部收集，定期清运。

对于拌和站等大型的临时设施的选址应慎重，除了考虑生产的便利性外，还更应该从环境保护的要求出发，合理选址。应远离居民聚居区，站内地面全部采用混凝土硬化处理，采取雨水、施工废水分流排放。场地及时清扫保持干净整洁，用料堆放有序、雨布防护。拌和楼顶部用PVC管收集排出的水泥粉，减少水泥扬尘对拌和站及周边环境的影响。保证拌和站环境空气质量状况良好。施工场地设置必要的临时排水沟和蒸发池，疏导施工废水，防止暴雨时将大量泥沙和油污带入河流，施工废水经过三级沉淀过滤处理后达标排放。

在有雨水及路面径流处开挖路基时，应设置临时沉淀池，使泥沙沉淀。在沉淀池出水的一侧设土工布围栏，再次拦截泥沙。当路基建成、过水涵洞铺设完毕后，推平沉淀池，恢复植被。施工过程产生的工程废水，通过沉淀池、蓄水池和小型过滤池，尽可能使施工废水处理后重复利用。

2. 施工环境

施工噪声对施工环境和附近生活环境的影响是显而易见的。因此，在设置混凝土拌和站、钢材加工场和预制场时考虑尽量建在距离驻地、居民区较远的位置。对于钻孔桩、土石方施工等高噪声作业，采用低噪声施工机械。当这些作业点距居民点较近时，则严格限制其作业时间，晚间22时至第二天早上7时禁止作业。大气污染主要是隧道内施工通风和隧道外道路扬尘问题，为此，洞内施工必须安装足够的通风设备，确保施工时有效通风并及时洒水，以保证洞内的空气质量符合标准要求。另外，施工便道要经常洒水，降低扬尘，泥土车经常冲洗，减少掉渣。

六、安全生产

本着“以人为本、安全第一”和“预防为主、综合治理”的原则，广梧高速公路建立健全并落实了安全生产的各项规章制度，各参与单位同心协力、齐抓共管，项目建设过程中没有发生安全生产伤亡责任事故，在安全生产管理工作方面取得了较好成绩。

开工之前，按照《安全生产法》和《安全生产管理条例》的要求，建立了安全生产管理机构，制订了安全生产和文明施工保证体系，明确了业主单位、监理单位、施工单位各方的安全管理职责。在招投标阶段的资格预审中，严格要求具有安全生产许可证的企业才能参加投标。在签订施工承包合同时，同时签订《安全生产合同》，在合同条款中明确了安全生产目标、责任以及奖罚办法。在施工合同中确定了安全生产经费。如承包人在进场施工后不能落实安全生产措施、履行安全生产责任或落实不充分、责任不到位时，业主将使用此经费落实安全生产措施。

根据安全生产管理“五同时”原则，项目业主除正常的月度安全检查外，每季度组织一次安全生产工作会议和安全产生评比活动，做到计划、布置、检查、总结、评比与生产建设工作同步推进。项目业主每周最少进行一次以上的不定期安全巡查，总监办组织每月一次的月度质量安全联合检查，每季度还进行质量安全联合大检查。对隧道施工、桥梁高墩施工、人工挖孔桩施工、炸药雷管仓库、工棚防火等重大危险源进行定期和不定期的专项检查。通过各种形式的检查，对检查中发现的安全隐患，督促承包人及时落实整改，将施工安全隐患降到最低。同时，督促施工单位制订完善的应急预案、应急响应措施、应急物资准备，并安排施工单位进行应急预案专题演练活动，提高施工单位对安全生产突发事件的应变能力。

因为监理人员是第一线的管理者，对承包人的安全管理状况和工程施工中的各项安全防护措施掌握最清楚。为此，广梧高速充分发挥监理人员在安全监理方面的作用，督促监理人员切实履行安全生产管理的责任，提高安全生产管理意识和管理力度，及时发现并处理安全隐患，杜绝安全事故的发生。

针对本项目隧道多的特点以及隧道施工环境较差的状况，项目业主组织设计单位、施工单位进行隧道施工的技术交底工作，督促施工单位认真做好安全技术的“三级安全教育”工作，切实确保操作人员对操作工艺、机械设备操作方法的正确掌握。为了消除地质灾害隐患，业主专门从瑞士购置了处于国际先进水平的地质超前预报仪器 TSP，并委托专业队伍对隧道地质情况进行超前预报，强化隧道施工动态监控量测工作。同时，要求承包人按有关要求严格做好隧道必测项目的具体工作。为解决隧道通风和粉尘污染的问题，项目业主为全线合同段统一代购了 80 多台有害气体、粉尘检测仪器，保障了隧道施工安全及职工的身体健康。

七、新技术与新工艺的应用

广梧高速公路新工艺的应用包括两个方面。第一是通过科技创新，研究开发适用本项目特点的新技术、新材料与新工艺，并推广应用于工程建设实践中。本项目开展近 20 项科研课题研究，所取得的研究成果已经应用到工程建设中，取得了明显经济与社会效益。第二是引进消化国内外先进的工艺方法并应用到工程实践中。如采用高速液压夯实技术处理桥涵台背回填，减少了工后沉降，消除了台背跳车现象。为减少不均匀沉降引起的路基开裂和增强路基稳定，根据填土高度设置土工格栅，同时在半填半挖处采用高性能冲击式压路机冲压。采用地质超前预报仪器 TSP 进行隧道施工地质超前预报，确保隧道施工安全。采用管波探测技术探明桩基底部溶洞特征，保证桩基施工质量等等。

1. 路基工程

路基施工中，高性能压路机的使用，有效地避免了不均匀沉降和台背跳车。为解决高速公路的路基填挖交界处的不均匀沉降和台背跳车等质量顽症，广梧高速采用了高性能压路机进行路基碾压。在纵横向半填半挖处，除了根据填土高度设置土工格栅外，还在半填半挖处采用高性能冲击式压路机冲压，减少了不均匀沉降引起的路基开裂，确保了路基稳定。为防止台背跳车，台背回填采用液压式压路机进行碾压，确保达到设计的密实度。

2. 桥涵工程

广梧高速通过的地段地质复杂，为确保桥涵工程的安全性，项目施工中加大了地质勘察的投入。针对岩溶地区、不良地质地区采用了“管波”、“CT”探测技术进行地质补勘，以探明桩基溶洞的位置、大小、不良地质的构造等，以保证桥梁桩基质量。对灰岩区桩基溶洞成孔采用了预注浆、回填法、钢护筒法、群桩法、扩大基础法等一系列处理措施。

针对桥头搭板下路基沉降容易引起断板、路面裂缝等不良病害，采取提前超载预压的措施。在后张法预应力混凝土施工中，采取真空辅助压浆技术代替传统的管道压浆技术，提高了压浆的填充度。为了保证全线桥台回填砂的质量，同时杜绝出现跳车现象，对全线台背回填砂的桥台进行压浆处理。所有钻孔要保证孔口灌满，灌满到井口不再进浆时才可止浆，止浆后用碎石(或河沙)加水泥浆将钻孔填实封闭。一般吸浆量大的钻孔，先采用自流灌浆，然后再用压力灌浆。加压灌浆按照先稀后浓的原则，施工期间注意观察坡面有否冒浆现象，若发现冒浆，则停止注浆，并封堵冒浆点。同时灌浆中加强观察，分析灌浆情况的变化，现场及时采取相应措施，确保灌浆质量。台背施工采用先填土后反开挖施工台帽的方法，有条件的采用桩柱式埋置桥台。为加快施工进度，穿越高速公路的通道部分采用了新型波形钢板拱式桥。

3. 隧道工程

隧道施工中落实“零开挖”的理念。为了实现典型示范工程的目标，广梧高速公路减少了洞口边仰坡的开挖量，保证了山体的稳定，同时减少了对植被的破坏。隧道洞门主要采用了削竹式，尽量少用端墙式洞门，对于明洞式洞门，尽量使仰坡坡率平缓。洞门结构简单，仰坡、边坡有利于植被的恢复，易与周围景观协调。因地形地势限制必须用端墙式洞门的，也尽量做成阶梯式，并对端墙弧化、绿化。

针对复杂的地质，实行信息化设计及施工。采用超前地质预报技术，根据围岩条件选择合理的隧道开挖方法和循环进尺。为确保隧道内施工环境达标，定期进行氧气含量、气温、有害气体浓度、粉尘浓度等指标的检测。为减少对资源的消耗，尽可能对隧道洞渣进行综合利用。如石牙山隧道就综合利用了洞渣加工碎石约 40 万 m^3。

4. 机电工程

(1)通风系统。广梧高速公路隧道通风系统采用智能控制通风系统。该系统以环保、节能为原则，保证车辆在隧道内能快速安全行驶和良好的行车环境。智能控制技术应用于长大公路隧道的通风系统，不仅可以在正常运营时期，根据实际情况，按需调动通风设备，有效地节约电能。还可以在发生火灾、交通事故或突发事件时，迅速、有效地控制通风设备的运行，供给必要的新鲜空气，稀释烟雾浓度和 CO 浓度，减少事故人员的伤亡。

通风控制系统主要由风机 PLC 控制器、隧道内区域控制器、CO/VI 检测器、风速风向检测器、能见度检测器等组成。控制系统主要功能是对隧道的通风状况和风机的运行状态进行检测，数据采集处理、风机控制和运转状态反馈及全部信息的记录，根据隧道内的能见度、风速、风向、交通量、CO/VI 的数据信息以及风机转向、运行时间给出相应的控制方案，对隧道风机的开启、停止、正反转工作状态进行控制。系统具备正常情况条件下的通风控制功能和发生火灾条件下的通风控制功能。

(2)照明系统。

①高压钠灯照明系统。广梧高速公路隧道照明系统主要采用高压钠灯照明方案，高压钠灯光通效率高、穿雾能力强、光线柔和，可以有效地保证行车安全。该系统分短、中隧道照明控制和长隧道照明控制。短、中隧道洞内照明采用时序控制，按照凌晨(5∶30～7∶00)、早晚、白天(9∶00～17∶00)、夜间(19∶00～23∶00)和深夜(23∶00～次日 5∶30)共 5 级分级调控不同配电回路。长隧道照明控制按晴天、云天、阴天、重阴天、夜间和深夜六级控制，由不同的照明配线回路和照明监控实现，采用在隧道供配电洞室就地手动控制、监控中心远程手动控制和自动控制方式。

②LED 照明系统。广梧高速鹅公髻隧道照明系统采用 LED 节能照明的系统。该系统是以新一代的 LED 照明替代高压钠灯，并采用了国内先进的隧道动态调光方案。它是基于洞外环境亮度、交通量的照明智能控制系统。该系统根据隧道照明设计中所确定的照明区段、不同时段气候条件、交通环境下的照明要求，控制各个照明回路的开关、单灯功率，达到既满足隧道的照明亮度要求，保证行车安全，又节省能源。LED 光源具有高效节能、绿色环保、动态调光等特点，与高压钠灯相比，有显色指数高、光的定向性强、照射至公路路面光损失小的特点。在达到与高压钠灯相同照明效果的情况下，LED 灯具的使用功率更小。LED 是目前全世界公认的、最具环保特性的绿色光源。LED 灯具无红外线、紫外线辐射，无铅、汞等重金属有害污染，无有害气体排放。在灯具损毁后，容易回收，不污染环境，也不产生对人体有害的物质，完整地体现了绿色、环保、节能的理念。LED 光源可进行 0～100%功率的调光控制，可以根据不同的照明需要进行动态调光。

③短隧道 LED 诱导照明设计。广梧高速公路百路须隧道全长 210m，采用无直接照明的

诱导照明系统替代原高压钠灯照明设计方案。为增强行车诱导性，隧道检修道靠近车道一侧设置 LED 诱导灯。诱导灯采用 LED 主动发光轮廓标与逆反射被动发光轮廓标间隔布置的方式。这种主动发光与被动发光相结合的布设方式，既克服了单纯逆反射轮廓标反射光强度弱、引起刺激小、反光衰减快的缺点，又能保证特殊情况下，电源不能正常供电，主动发光装置不发光时的道路线形诱导功能，形成"主动发光为主，被动发光为辅"的诱导模式，节约电能，降低成本。

(3)隧道防火抗灾预案。广梧高速公路隧道防火抗灾预案是针对发生火灾、重大交通事故、交通管制等突发或异常交通事件情况下，全路段各子系统及设备的应急反应实施方案。当灾害或事故发生时，能够迅速、有序、高效地组织各种突发或异常事件的应急反应行动，充分发挥高速公路各种监控设备的作用，提高路段的整体防灾、救灾能力，最大限度减少灾害造成的损失，保障驾乘人员及救灾人员生命财产安全。

5.交通安全设施

广梧高速公路沿线地形陡峭、地质条件复杂、地形起伏大、局部路段形成特长的上下坡路段，交通安全设施作为最基础、最必需的安全防护系统，它能够保障行车的准确、安全、快速和舒适。结合工程建设需要，项目业主组织设计单位进行了广梧高速公路和封开连接线的施工图设计安全性评价并形成报告，召开专题报告审查会。同时根据审查意见，完成了《广梧高速公路河口至平台段中央分隔带护栏设置方案分析报告》。由于本项目位于粤西山区，建成通车交通量构成以货车为主，大型车所占比例较大。为有效保证运营时期的行车安全，中央分隔带全线采用 SBm 级新泽西护栏。

八、路域资源原生态保护

1.土地资源保护

资源是人类生存发展的物质基础，也是可持续发展的重要保证。广梧高速公路建设中本着"可持续发展、节约资源"的理念，正确处理好节约资源和公路建设的关系。在工程建设中，充分挖掘各种潜能保护和利用土地资源。具体措施有：通过局部调整设计尽量少占用地，对边坡二次开发利用，取、弃土场及时恢复与土地再造，保护与再利用表土等。

广梧高速公路项目建设中取弃土(渣)场、施工场地、施工驻地等临时工程，严格控制施工范围，以最大程度保持原貌，尽量减少破坏原有土体结构，降低水土流失。取土场尽量布设在荒坡地带，尽量少占耕地，严格按照设计方案取土，杜绝随意从规定范围外取土，并做好土石方纵向调运的规划。取土做到边开采、边平整，及时覆土复垦。弃土场下游设置挡渣墙，并且设有排水沟和截水沟等排水设施，以防形成滑坡或泥石流。弃土场以恢复植被优先，采取工程防护措施和植被恢复措施尽快进行植被恢复。取弃土场影响范围内不得有村庄和重要公共设施，也不得设置于崩塌、滑坡、泥石流等危险地质地段。

为了使取弃土场能尽快复耕复垦，广梧高速公路项目建设之初就对全线取弃土场场址的选定制订了"节约用地、少占耕地、保持水土、保护自然景观，符合当地环境、植被和水土保持要求"的"保护性"的原则和"便于水土保持、植被恢复和美化环境"的"恢复性"的原则，取弃土完成后，对取弃土场进行覆土复耕还田，达到与原地貌保持一致。同时，将耕地保护的有关条款列入招标文件，并严格执行。合同段划分以能够合理调配土石方，减少取、弃土数量和临时用地数量为原则，合理设置取土坑和弃土场，防止水土流失。施工中严格控制建设标准和规模，控制取弃土场数量和规模，合理规划施工临时用地。因地制宜，充分利用旧路资源，严格控制临时用地。合理利用所占耕地地表的耕作层，用于重新造地。

基于对沿线生态环境的最小影响的理念，妥善处理废弃的土方。山坡弃土尽量避免破坏或掩埋路基下侧的林木、农田及其他工程设施。沿河弃土避免壅塞河道、改变水流方向和抬高水位而淹没或冲毁农田、房屋。

重视弃土场的复垦，在弃土场的顶面整平成为耕地或进行绿化。必须从耕地取土时，先将表面种植土铲除，集中成堆保存，并在工程交工前做好还地工作。对于深而宽的取土场，根据当地需要，用作蓄水池或鱼塘。在多年的经济作物区或重要的绿化带，不得设置取土场。

在河床采砂砾材料时，注意防止对河流状态的改变。采石场的位置，结合环境保护的要求选择。对施工人员加强保护自然资源及野生动植物的教育，在雇用合同中规定严禁偷猎和随意砍伐树木。

2.表土资源的综合利用

由于表土中含有本地植物的种子，也即具有土壤种子库的功能，如果使用恰当，土壤种子库中的很多种子都能在较短时间内发芽生长。利用表土作为回填土进行绿化，尤其是在边坡、互通、中央分隔带等处使用表土，将有许多本地植物的种类发芽生长，使得边坡、互通、中央分隔带、取弃土场的乡土植物种类更加丰富。

广梧高速要求各承包人在清除表土作业之前，首先制订表土资源保护、剥离、存放及利用计划，根据现场情况确定表土剥离厚度，营养丰富的腐殖土、耕作土应该全部剥离。在一般的边坡路基区域，表土剥离厚度一般在15～20cm；在表土资源丰富的路段如农田、果园区域，表土剥离厚度可达30cm以上。取出的表土，一部分用于沿线农民垦荒造田、改良土壤，弥补公路占地给沿线群众造成的耕地损失；另一部分存放于不影响工程施工的地方并妥善保管，做好适当防护，等路基工程结束后用于覆盖路基边坡、立交区、取弃土场以及临时占地范围。

路基施工是表土资源的保护重点，在对路基实行第一次清表时，路基宽度范围内的表土资源要全部清除。这一阶段表土清除数量大，要妥善保存，防止造成压埋和浪费。第二次清表时对于“环保绿线”范围的表土资源要结合植被资源保护，尽量连同地表植被一起保留在原地，减小对表土的扰动。

表土剥离是一项系统工程，由于地理位置的不同，需要对沿线的边坡开挖路线、取弃土场，尤其是对沿线拟占用的农田、山地，逐个进行地质勘察、地形测量，计算工程量。表土剥离时既要保证剥离的表土具有充足的肥力，还要将剥离的表土性状改变控制在最小范围内，尽量不改变土壤团粒结构，并在被剥离的表土堆放时间内，不发生新的水土流失。

表土的剥离和存放采用推土机、铲运机等机械挖掘，进行表土剥离施工。一般厚度为30～50cm。将剥离的表土存储在预先确定的临时堆放地点，堆放高度一般不高于5m，为防止水土流失和土壤风化，堆放的表土应压实，有条件时可在土堆上加盖塑料薄膜以防止雨水冲刷。一般5km设置一个表土存放场。取自农田的表土和取自山地的表土需要分开存放。取自农田的表土主要用于以后对取、弃土场进行造地复耕的表土；取自山地的表土主要用于以后高速公路景观绿化。

为减少表土存放时间，避免水土流失和表土资源浪费，加快植被恢复速度，公路主体工程与植被恢复工程应同步施工。主体工程完成或施工占用结束的区域要立即覆盖上表土，迅速完成植被恢复，确保通车时大部分绿化区域的植被都有较长的生长、恢复过程。

3.水资源保护

广梧高速施工期间聘请了广东省水利厅、环保局的监测站对施工敏感点进行水土流失,水环境监测,敦促监理及施工单位对水环境保护进行切实有效的保护。控制施工中的水土流失,减少对沿线农田的污染和影响,保护耕地资源。

项目建设之初就制订了水资源保护措施,要求施工废水、生活污水不得直接排入农田、耕地、灌溉渠和水库,不得排入饮用水源,必须做到处理后达标排放。施工区域、砂石料场,在施工期间和完工以后妥善处理,以减少对河道、溪流的侵蚀,防止沉渣进入河道或溪流。冲洗集料或含有沉积物的操作用水,采取过滤、沉淀池处理或其他措施,使能做到达标排放。施工期间,施工物料如沥青、水泥、油料、化学品等堆放管理严格,防止随雨水径流排入地表及附近水域造成污染。禁止机械在运转中产生的油污水未经处理就直接排放,或维修施工机械时油污水直接排放。

同时,对水环境敏感点进行重点保护,及时筛选出广梧高速公路沿线的重点敏感水体,在施工过程中对这些敏感水体进行重点保护。在敏感水体路段进行了桥梁桩基施工等作业,采用钢板桩围堰、木板桩围堰和沙袋防护的土围堰等围堰技术,并将施工中泥浆经沉淀处理后及时运往就近的弃土场,减少水体的影响。

广梧高速公路在建设过程中多使用桥梁涵、洞跨越稻田和鱼塘,很好地保证了项目沿线的耕地资源连通性。同时,设置了较多路段的改沟工程,保证不因高速公路建设影响原有农灌系统,很好地保证了农用水资源的连通。如连滩互通立交,为了连通原有的稻田灌溉系统,改沟长度约1km。

4.原生态植被的保护

原生天然植被是生态系统的重要组成部分,是千百年来自然形成的一种稳定的野生植物群落。不仅在巩固坡岸、净化水质、调节气候、保持水土等方面发挥着巨大作用。同时,还为一些野生动植物的生存创造了良好的生态环境。长期以来,由于人们对原生生态功能的认识不够,在一些高速公路项目建设过程中采用的是路线通过地段的植被和树木被全部砍伐的做法。这样虽然方便了施工,减少了施工过程中对原生树木的保护费用,但会造成当地局部生态系统的平衡破坏,与“环境友好型”的建设理念是根本对立的。

广梧高速公路在施工过程中很好地维持了当地原有景观和原生植被,尤其是历史悠久的古树。施工单位进场时,对其合同段范围内的古树、名贵树木、敏感及脆弱区段原生植被进行调查登记,在施工组织设计中制订相应的保护对策。

九、和谐征拆

广梧高速公路征地拆迁涉及四个县(市、区),19个镇(街),20多万群众,征地面积约10 000亩,房屋管线拆迁及青苗清点工作量大,时间紧、任务重、影响大,在国内高速公路项目中实属罕见。在项目筹建伊始,通过认真研究相关土地政策,并深入沿线进行详细的调查取证,积极主动与地方政府协商沟通,以较低的综合单价签订了征地拆迁总承包合同,大大减轻了项目的投资压力。

在征地拆迁过程中,坚持“以尊重民意为先导,以地方政府为主导”的原则,努力营造和谐征地、依法且有情拆迁的工作氛围。在工作中,坚持以人为本,切实维护农民群众正当利益;坚持“公开、公平、公正”阳光操作,遵循政策法规,合理补偿、及时兑现;坚持耐心细致的工作态度,努力宣传到位、工作做细、补偿落实,并结合工程实际适当地为农民群众做好事、办实事,从而取得了群众的理解和支持,营造了“高速、高效、廉洁、和谐”的施工环境。

“和谐化征地、人性化拆迁”的理念在征地拆迁过程中得到了较好的贯彻。项目建设过程中,采取多种有效措施,通过创新管理模式,有效地加快了征地拆迁进度,使工程建设得以顺利进行。本项目首创开展征地拆迁劳动竞赛,取得了圆满的成功,有力地促进了工程建设进展。由于征地拆迁工作成绩显著,得到了上级的肯定。在2007年6月广东省全省交通工作会议上作为唯一的业主单位进行了征地拆迁工作经验介绍。

第二章　规划与设计

高速公路规划与设计是在“六个坚持、六个树立”的公路设计新理念指导下，遵循“尊重自然，保护环境，节约资源，坚持可持续发展”的原则，完成预可行性研究、项目建议书、可行性研究、初步设计及施工图设计等工作。作为勘察设计典型示范工程，广梧高速的规划与设计从“可持续发展”的环境保护和土地资源综合利用角度出发，围绕安全运行、生态环境和耕地保护进行多方案论证。坚持技术指标与地形相协调，按地质选线、地形选线、安全选线、环保选线，实现了路线协调流畅、与自然地形和谐统一。设计过程中本着“尊重自然、爱护自然、融入自然、自然而然”的思想，尽量减少人造景观，注重对沿线已有景观的保护。同时，采用原生乡土植物进行绿化，使之与自然和谐。桥梁设计考虑行车舒适、养护管理方便；隧道洞门尽量采用削竹式，争取“零开挖”，使洞口与自然环境和谐；互通立交的景观设计充分利用现有山地、果园、鱼塘，自然流畅的曲线，创造一种自然和谐的景观；服务区内做到三季有花，四季常绿，房屋建筑与沿线当地的建筑风格和谐一致。

第一节　项目前期管理

一、前期管理的工作内容

高速公路建设项目的前期管理工作可以分为项目论证和评估、初步设计管理和施工图设计管理。具体分为预可行性研究、项目建议书、可行性研究、初步设计及施工图设计等工作，基本的工作程序如图 2-1 所示。

广梧高速公路于 1999 年 4 月完成预可行性研究，2003 年 8 月，广东省交通厅对广梧高速公路河口至平台段的工程可行性研究报告进行了评审。2004 年 3 月，广梧高速公路河口至平台段项目建议书获得广东省发展与改革委员会的批复，同意立项建设。2004 年中，由于《国务院关于投资体制改革的决定》正式出台，企业投资的建设项目由“审核制”改成“核准制”，至 2004 年下半年，本项目被确定按“核准制”报建。2004 年中至 2005 年，先后完成了本项目的放射性影响评价、地质灾害危险性评估、地震安全性评价、文物调查勘探、环评报告、水土保持方案、用地预审等相关程序，广东省发展和改革委员会于 2005 年 2 月将本项目的项目申请报告向国家发展改革委申请项目核准。国家发展和改革委员会于 2005 年 11 月以发改交运〔2005〕2371 号文对本项目正式核准。

广梧高速公路河口至平台段中的双凤至平台段被列为交通部勘察设计典型示范工程，由交通部和广东省交通主管部门联合组织实施。2005 年 4 月，广梧高速组织召开了河口至双凤段的初步设计评审会，2005 年 5 月开始进行施工图阶段的定测、详勘工作。为使施工图设计更加完善、合理，项目业主派出多名技术人员分组配合设计院进行定测、详勘和拆迁调查工作，取得大量一手的资料，并定期与设计院进行沟通，将业主的意见及时反馈到设计方，尽量减少因设计原因而导致工程变更。在设计院完成了先行开工的五标施工图后，于 2005 年 11 月组织进行了施工图审查。

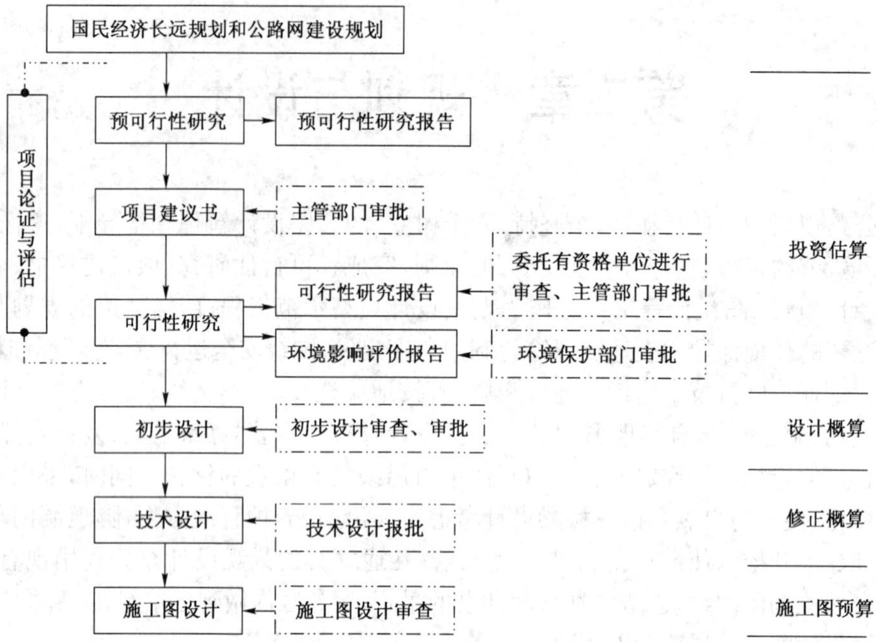

图 2-1　高速公路建设项目前期管理的工作程序

二、项目论证与评估

高速公路建设项目的论证与评估工作分为预可行性研究、项目建议书、可行性研究等。通过预可行性研究为编制项目建议书提供依据，而批准的项目建议书则为可行性研究提供依据。

1. 项目建议书

高速公路项目建议书，是高速公路建设项目基本建设程序中前期准备工作阶段的第一个重要的工作环节。编制高速公路建设项目建议书，要以国民经济与社会发展长远规划、路网规划和地区规划的要求为依据，对拟建项目的规模、技术标准、投资额度等提出建议，并重点分析项目建设的必要性和可能性。虽然这一阶段对量化的精度要求不高，但从定性的角度来看则是十分重要的，便于从总体上、宏观上对项目作出选择。项目建议书是国家选择建设项目和进行可行性研究报告编制的依据。

广梧高速公路项目建议书由业主委托咨询单位负责编制，通过考察和分析，提出了本项目的轮廓设想和初步说明。重点论证了项目是否符合国家宏观经济政策，尤其是是否符合产业政策的要求，以减少盲目建设或不必要的重复建设。项目建议书阶段的分析、测算数据参考了同类项目的有关数据或其他经验数据。项目建议书的主要内容包括：项目提出的必要性和依据；拟建规模和建设地点的初步设想；投资估算和资金筹措设想；建设条件、协作关系等的初步分析；项目进度安排；经济效果和社会效益的初步估计。

在正式报送有关主管部门审批前，业主组织有关单位和专家共同参与对项目建议书进行了审查，审查的重点放在以下几方面：本项目是否符合国家的建设方针和长期规划；对项目的财务、经济效益和还款要求的粗略估算是否合理；对遗漏、论证不足的问题，要求咨询单位进行补充修改。项目建议书完成后，于 2004 年 3 月得到广东省发展与改革委员会的批复，同意立项建设。

2. 可行性研究

项目建议书通过批准后，广梧高速组织进行可行性研究工作，编制了“广梧高速公路河口至平台段的工程可行性研究报告”，由广东省交通运输厅组织进行了评审。

高速公路建设项目可行性研究是指在项目决策前，通过对与项目有关的工程、技术、经济等各方面条件和情况进行调查、研究、分析，对各种可能的建设方案进行比较论证，并对项目建成后的经济效益进行预测和评价的一种科学分析方法。进而评价项目技术上的先进性和适用性，经济上的盈利性和合理性，建设的可能性和可行性。可行性研究是项目前期工作的重要内容，它从项目建设和生产经营的全过程考察分析项目的可行性。目的是回答项目是否有必要建设，是否可能建设和如何进行建设的问题，其结论为最终决策提供依据。

高速公路建设项目的可行性研究主要内容包括：建设项目依据、背景、建设地区综合运输网的交通运输现状和建设项目在交通运输网中的地位及作用；原有公路的技术状况及适应程度；建设项目所在地区的经济特征，建设项目与经济发展的内在联系，交通量、运输量的发展水平预测；建设项目的地理位置、地形地貌、地质、地震、气候、水文等自然特征；建筑材料来源及运输条件；不同建设方案的路线起讫点和主要控制点、建设规模、标准论证，建设项目对环境的影响评价；主要工程数量、征地拆迁数量测算，投资估算，资金筹措方式；勘测设计、施工计划安排；运输成本及有关经济参数确定，经济评价与财务评价、敏感性分析；推荐方案评价；存在问题和有关建议。

可行性研究中要特别重视多方案的论证。因为多方案论证既是贯彻落实高速公路新理念设计的精髓，也是选择综合指标最优方案的前提，同时是精心设计的最好体现。广梧高速的多方案论证包括三个层次，即走廊带方案、路线方案和典型工程方案。在项目的预可行性和工程可行性等前期阶段进行走廊带方案的充分论证，选择最有价值的走廊带。设计过程中，紧紧围绕新的设计理念，树立和落实科学发展观，以人为本，坚持可持续发展。收集了地质灾害危险性评估报告、地震安全性评价报告、环境影响评价大纲报告、放射性环境影响评价报告、水土保持方案报告、土地利用规划（特别是农业保护用地）、公路网规划、城市发展规划等资料，注意与电力电信、航道、水利等部门的协调，在对这些基础资料进行分析的基础上，按照地形选线、安全选线、环保选线、地质选线、全寿命分析选线的原则，双凤至平台段共拟订 1 个推荐方案（K线），14 个比较方案，推荐方案路线长约 64.7km，比较方案路线长 119.0km（约为推荐方案路线长度的两倍），从安全、环保、舒适、和谐、占用耕地、经济以及全寿命成本分析等进行全方位比较论证。对典型工程进行了多方案比较，主要包括高路堤、陡坡路堤、软基处理与高架桥，高边坡与短隧道（棚洞），小间距隧道与连拱短隧道，高边坡加固与放缓边坡，桥梁比选，互通立交比选，路面比选等，从安全、环保、节约造价、节约用地以及全寿命周期成本等角度选用了合理的工程方案。

可行性研究完成后，2005 年 3 月，广梧高速河口至平台段（含封开连接线）在肇庆举行了申请报告核准咨询会。中国国际工程咨询公司、广东省交通厅、广东省交通集团、地方政府及项目业主等单位的领导、专家或负责人等对项目申请报告提出了评估意见，认为建设本项目对完善高速公路网、促进区域经济发展、构筑“泛珠三角”经济圈具有重要意义，且路线总体走向合理，技术可行，专家组一致表示支持该项目上马。同时，专家组认为，罗定支线与广西在建的相关道路连接，是该区域出省的另一个通道，对本项目吸引交通量有利。2005 年 4 月，交通部规划研究院在北京组织召开了本项目申请报告审查会。会上专家组听取了本项目的申请报告及相关附件，认为项目申请报告和补充材料的内容及所附文件较齐全，基本满足国家发改委《企业投资项目核准暂行办法》的要求，建议应尽快核准实施。2005 年 11 月国家发改委批复了本项目的核准报告。

三、设计控制

1.设计控制流程

设计是通过对项目的全面规划，编制工程建设的蓝图。设计确定了建设标准、建设规模，对项目投资的影响程度最大。应该引起项目业主的高度重视。广梧高速在设计过程中，制订了设计控制流程(图2-2)，对设计任务书严格把关，提出了项目总投资、总进度和质量目标，要

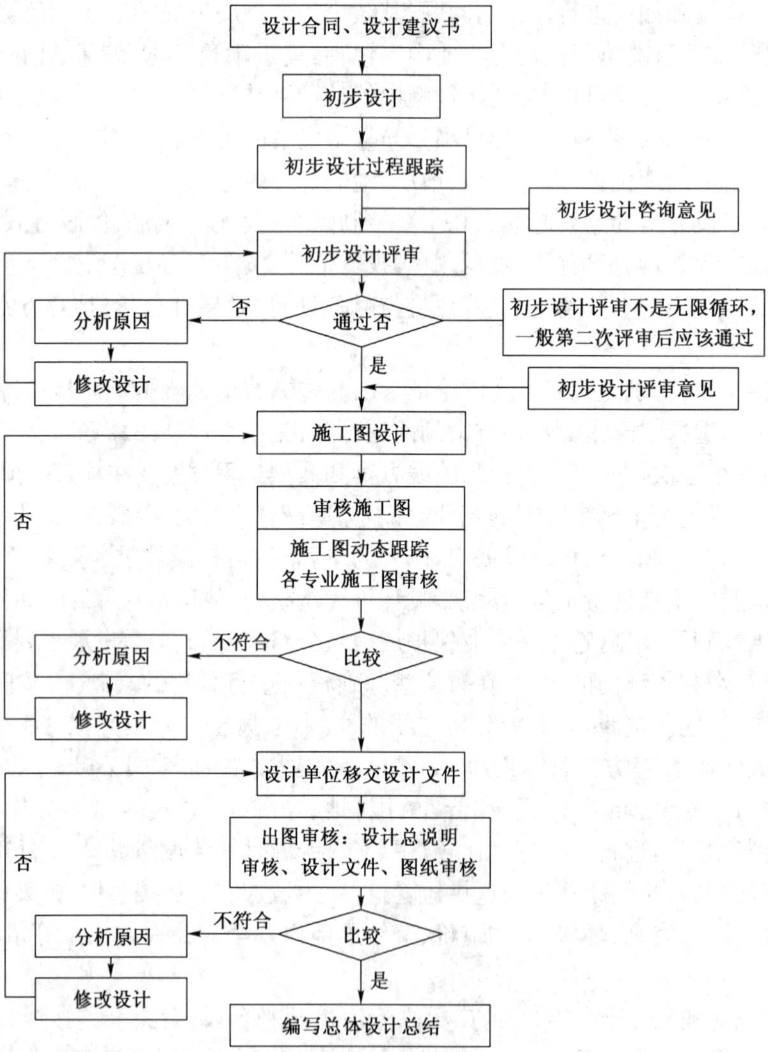

图 2-2　广梧高速设计阶段控制流程

求设计单位根据拟订的设计大纲，在投资限额之内按进度要求完成满足设计质量要求的设计成果。设计工作经历了初步设计和施工图设计等阶段。设计任务书的内容主要有：建设目的和依据；建设规模，包括路线、桥梁长度、起讫及主要控制点；建设标准，如线路等级、路面等级、桥梁宽度等；要求达到的技术水平和经济效益，如建成后的通过能力、载重标准、结构形式、微

观和宏观经济效益等；水文、地质、材料、燃料、动力、运输等协作条件；需占用的土地；防震要求；建设工期；投资控制数额及投资来源；必需的附件（如与沿线有关县、乡对土地占用的意见，水利、地质部门的水文、地质资料，与材料、燃料、动力、运输等有关协作单位的意见或协议等）。

为加强对工程设计质量的管理，减少在施工阶段的工程变更，在设计阶段，业主重点做了以下几方面的工作：

(1)委托有资质、有经验的单位对项目各阶段设计工作进行咨询。

(2)委托地质钻探监理对地质勘探进行监理。

(3)组织工程技术人员参与外业测量跟踪。

(4)组织测量控制网复测。

(5)对桥梁、涵洞及重要结构物实地放样复核。

(6)对技术复杂的隧道、桥梁等项目请专家进行专业评审，以保证整个项目的设计质量。

(7)在设计单位按要求完成各个阶段的工作并提交成果后，组织有关单位和各方面的专家进行评审，并将审核意见汇总给设计单位，要求设计单位按审核意见落实和完善设计工作。

2.初步设计的管理

初步设计是根据批准的设计任务书的要求，对建设项目进行概略的计算和初步的规定。初步设计要求就总体布局、技术结构、工程造价等作出基本技术决定和经济估计，是指导工程建设的初步蓝图。其目的在于正确地选择线路的线形和桥梁结构形式；保证主要材料、燃料、动力和水的供应来源；说明设计对象在技术上的可能性和经济上的合理性。内容包括：设计指导思想和依据，线形或桥梁结构方案，总体布置，主要辅助设施，占地面积和征地数量，建设工期，主要技术经济指标，施工组织规划设计，总概算等设计图表和文字说明。

初步设计阶段主要控制项目路线布置、路基、路面及排水、桥梁、涵洞、隧道、路线交叉交通工程、沿线设施的设计规模、设计原则、标准采用，以及对筑路材料的料源调查资料；环境保护方面的设计情况；设计单位根据环保选线、地质选线及投资选线等原则的要求进行的多方案的比选，最终确定的最优方案；编制设计概算。

2003年12月29日，广东省长大公司以粤公程综〔2003〕240号文委托广东省公路勘测规划设计院承担广梧高速公路河口至平台段初步设计工作。初步设计委托书的主要内容包括了设计依据，批准的资源报告，经过科研取得的建设条件的技术资料，环保部门批准的环境影响报告书或环境评价书，与地方政府签订的外部水、电、交通等的协议书，建设工程的名称、功能、规模和有关的技术数据和条件，各单位工程的详细使用要求，批准的相应的勘察报告，科研报告，自然环境资料，测量资料。

在初步设计过程中，广梧高速公路项目业主对初步设计深度、初步设计内容提出了要求，在设计单位完成初步设计后，组织进行了初步设计的审查。初步设计的深度要求是：在充分细致论证设计项目的效益、社会效益、环境效益的基础上，进行多方案比较，择优推荐设计方案。建设项目的单项工程要齐全，主要工程量误差应在允许范围以内。主要设备和材料明细表，要符合订货要求，可作为订货依据。总概算不应超过可行性研究估算投资总额。初步设计应该满足土地征用、投资包干、招标承包、施工准备、开展施工组织设计，以及生产准备等项工作的要求。同时，要求经批准的可行性研究报告中所确定的主要设计原则和方案，如建设地点、规模、产品方案、生产方法、工艺流程、主要设备、主要建筑标准等，在初步设计中不应有较大变动。若有重大变动或概算突破估算投资较大时，则要说明原因。

初步设计完成后，2005年4月，由广东省交通厅组织召开了广梧高速公路河口至双凤段初步设计预评审会，对初步设计方案进行了评审，提出了修改意见。2005年6月，广东省交通厅下发了河口至双凤段初步设计预审意见。初步设计的审查着重围绕所设计文件的质量、进度及投资等内容进行。查核设计质量是否符合决策要求，项目是否齐全，有无漏项，设计标准、装备标准是否符合预定要求。针对业主所提的委托条件和业主对设计的要求，逐条对照，审核设计是否均已满足。初步设计中所安排的施工进度和投产时间，是否确有可能实现，各种外部因素是否考虑周全。投资审查方面，主要是审核设计总概算。

3. 施工图设计的管理

施工图设计是指设计单位根据批准的初步设计或技术设计及其评审意见，进一步对设计方案、技术方案加以具体和深化，确定各项工程数量，提出文字说明和适应施工需要的图表资料以及施工组织计划，并编制出施工图预算，作为施工的直接依据。施工图设计分为施工总图和施工详图两部分。

本项目主线的设计单位由广东省公路勘察规划设计院承担。为配合设计单位更好地完成施工图设计，广梧高速公路项目业主编制了施工图设计委托书。主要内容包括设计依据，经批准的初步设计及批准部门核发的设计条件，批准的满足施工图设计的勘察资料、地形地貌资料、建设地点的自然状况资料，和有关部门及地方政府签订的外部条件的正式协议书，以及施工条件、地方材料、有关的建筑、设备的技术经济数据、资料等。

随着设计的进展，业主分期分批组织进行了多次施工图设计审查会。2005年11月，本项目的先行开工工程石牙山隧道施工图审查会在广州召开，会上听取了设计单位关于石牙山隧道主洞施工设计汇报，查阅了施工设计文件，并经审查、讨论，形成了审查意见。审查的主要内容有：总体审查，总说明审查，具体图纸审查，施工图预算和总投资预算审查，其他要求审查等。

设计院施工图设计后，在正式开始施工前，为了使监理、承包人熟悉设计图纸，了解工程特点和设计意图，以及对工程关键部位的质量要求，同时也为了减少图纸的差错，将图纸中的质量隐患消灭于萌芽状态，项目业主组织设计单位向监理工程师和承包人进行设计交底，并就承包人和监理工程师提出的设计疑问进行答疑；对施工图会审提出的图纸错误和疏漏及时更正补充。施工合同签订后正式施工开始前的施工准备阶段，业主组织施工单位、监理单位和设计单位进行图纸会审，先由设计单位向业主单位、施工单位和监理单位进行技术交底，介绍工程概况、特点、设计意图、施工要求、技术措施等有关注意事项。然后由业主单位、施工单位和监理单位提出图纸中存在的问题和需要解决的技术难题，通过业主、设计、施工、监理协商，拟订解决方案，写出会议纪要。

4. 变更设计管理

高速公路项目建设过程中由于工程环境的变化，预定的工程实施条件的改变，可能会发生需要变更设计的问题。因此，在施工过程中设计单位必须派驻设计代表，实时掌握施工现场情况，配合施工并解决施工过程中的涉及设计的问题，及时做好动态设计工作以满足现场施工的需要。广梧高速要求在立足于满足“安全、质量、进度”三大目标的基础上，本着节约投资的原则，鼓励参建各方提出设计优化的建议。为了保证设计的权威性和设计质量，明确变更设计责任，对所有涉及的变更设计都必须经设计单位签章出图。项目业主、监理和承包人都无权修改设计单位完成的经审查合格的施工图设计文件。

四、环境影响评价

高速公路的建设一方面对社会经济发展作出贡献，另一方面又使自然环境和资源遭到破坏，从而引起一系列环境问题，如水土流失、生态平衡失调、环境污染等。环境影响评价是监督和减缓建设工程的不利影响，保护环境，达到经济发展和环境保护协调和持续发展的重要手段之一。

1. 环境影响评价的管理程序

业主在取得项目建议书的批准文件后，须立即选择环保评价单位进行环境影响评价工作，以便及时满足可行性研究的需求。环境影响评价的管理程序如图 2-3 所示。

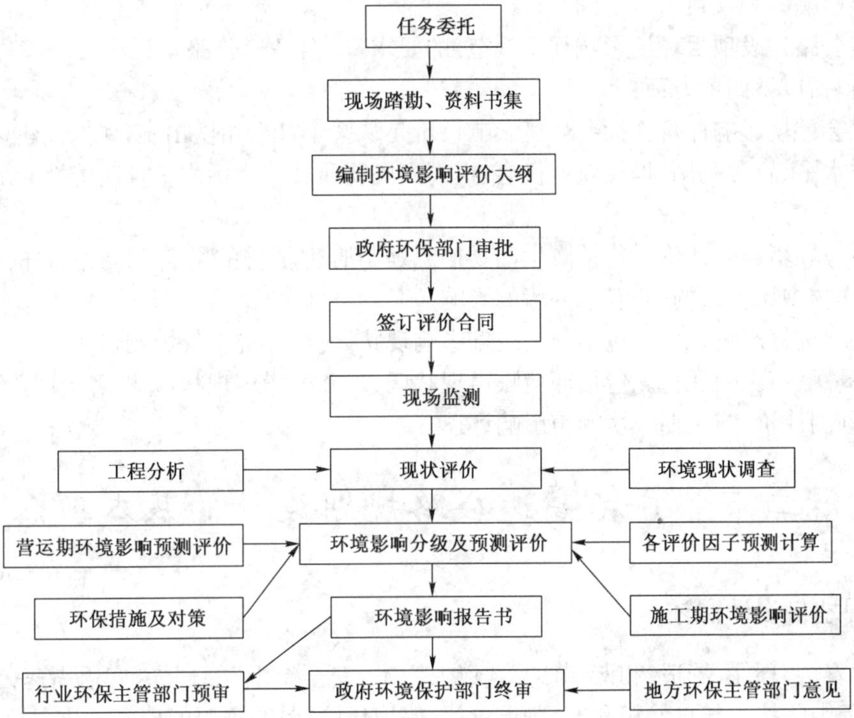

图 2-3　项目环境影响评价程序

2004 年 3 月，河口至平台段及罗定支线环评大纲及放射性环境影响专家评审会在云浮市举行。会后，广东省环境技术中心以粤环技纲〔2004〕17 号文《关于广梧高速公路河口至平台段环境影响评价大纲暨放射性环境影响专题报告评估意见的函》批复通过河口至平台段的环评大纲；以粤环技纲〔2004〕16 号文《关于广梧高速公路罗定支线环境影响评价大纲暨放射性环境影响专题报告评估意见的函》批复通过罗定支线的环评大纲。广东省环境保护局粤环函〔2004〕519 号文《关于广梧高速公路河口至平台段及罗定支线环境影响评价有关问题的复函》于 2004 年 6 月 21 日回复同意在初步设计完成前报相关项目的环境影响报告书；2005 年 1 月 8 日，由交通部环保办办公室主持，于北京召开"广梧高速公路河口至平台段（含罗定支线）环境影响报告书"预审会，国家环境保护总局、国家环境保护总局环境工程评估中心、广东省环境保护局、广东省交通厅、广东省交通集团、广东长大发展投资有限公司、设计单位、环境影响评价单位及 6 位特邀专家参加了会议。会议通过了本项目的环境影响报告书并于 2005 年 2 月，由交通部以交环函〔2005〕26 号文《关于对广梧高速公路河口至平台段（含罗定支线）环境影响报告书预审意见的函》送国家环境保护总局。2005 年 5 月，国家环境保护总局以环审〔2005〕399 号文下发了《关于广梧高速公路河口至平台段（含罗定支线）环境影响报告书审查意见的复函》，同意交通部及广东省环境保护局初审意见。

2. 环境影响评价主要内容

高速公路建设项目对环境的影响因项目的不同而不同，评价范围也因具体项目和环境而不同。环境评价的范围首先取决于高速公路建设项目的规模、等级和标准等；其次，评价范围取决于项目所在区域的社会环境状况。因此，在高速公路建设项目具体规模和等级确定的情况下，在确定影响评价范围时，总是根据社会环境和自然环境的特点，尽可能地把对环境可能有较大影响的社会功能区域和敏感区包括在内，但不要一味地追求大范围。一般考虑直接影响区、间接影响区和项目沿线范围。

根据《公路建设项目环境影响评价规范》的要求，广梧高速公路建设项目环境影响评价的内容主要包括以下四个方面：

(1)社会环境影响评价。社会环境影响评价是从整个社会角度出发，评价拟建项目对地区经济、科技水平、资源利用、提供就业机会、提高人民物质文化生活水平及改善社会福利等方面的影响。

(2)生态环境影响评价。包括野生动物栖息地与野生植物的影响，水土流失的影响，农业土壤与农作物中铅含量的影响，水环境的影响。

(3)环境空气影响评价。包括环境空气影响现状评价，环境空气影响预测评价。

(4)环境噪声影响评价。包括环境噪声现状调查，环境噪声现状监测，环境噪声现状评价，环境噪声预测评价，施工期环境噪声影响评述。

第二节　广梧高速公路规划设计的基本理念

一、规划与设计概述

根据“安全、环保、舒适、和谐、节约”，“以人为本，安全至上”的理念，广梧高速公路项目规划设计过程中坚持人与自然相和谐，尊重自然、保护环境，节约资源的理念。认真学习了《公路勘察设计典型示范工程咨询示范要点》、《新理念公路设计指南》、《降低造价公路设计指南》、《山区高速公路勘察设计指南》、《公路灵活性设计指南》(美)，考察了国内的川九、思小、景鹜黄、杭宁、漳龙、广清北、渝湛等高速公路，并随交通部示范工程考察团对德、法、意等国的高速公路进行了考察。

通过学习和考察，吸纳成功的经验，提升了设计理念。在设计阶段按照安全、地形、地质、环保、资源、全寿命周期成本等选线原则，就路线方案作了大量的比较论证，同时对典型工程方案如高路堤、陡坡路堤、软基处理与高架桥，高边坡与短隧道，小间距隧道与连拱短隧道，高边坡加固与放缓边坡，桥梁方案，互通立交方案，路面方案等进行仔细的比较。在施工阶段依据地形精心调整线位，按照运行速度优化平纵指标，重点关注长坡路段的运行安全。在桥梁、隧道洞门、立交场地等设计上突出美观、协调。从实体工程来看，线形顺畅，工程与环境协调良好，较好地落实了勘察设计新理念的要求。

二、设计理念与措施

1. 总体设计

(1)围绕安全运行、生态环境和耕地保护进行多方案论证。高速公路在建设和营运过程中会对周边环境产生影响，但不同的路线方案对环境的影响是完全不同的，甚至某些环境破坏因素是完全可以避免的。广梧高速的总体设计坚持“以人为本，树立全面、协调、可持续的科学发展观”，深入贯彻“六个坚持、六个树立”的公路设计新理念。从可持续发展的环境保护和土地资源利用等角度，重视路外居民和公众的感受，考虑地面以下的地质、文物、矿藏等建设条件，重视公路与沿线自然、生态、社会、人文等周边环境的协调性。

在规划布局阶段，广梧高速力求保持拟建道路与区域运输网和经济中心间的密切联系，同时尽量避免与现有运输干线和城市规划的矛盾。重点从优化路线方案入手，通过工程、经济、环保等各方面的综合分析，确立最佳的路线方案。以广梧高速双凤至平台段为例，该路段共拟订 1 个推荐方案(K 线)和 14 个比较方案，比较方案路线长约为推荐方案路线长度的两倍。各方案均从工程、环保、拆迁安置诸方面进行了定性和定量的比较。

为了加强行车安全设计工作，在平纵组合线形设计时，重点放在高低指标的均衡性和渐变过渡上，避免突变线形，使线形组合在视觉上能自然地诱导驾驶员的视线，保证视觉上的连续性；对长大隧道及其洞口附近的平纵指标及运行速度进行安全性评估；为改善行车的安全性和舒适性，适当增大竖曲线半径；开展“特长上下坡路段综合安全措施”的专题研究，保证特长上下坡的设计安全；在挖方路段边沟采用可跨越式，保证路侧安全。

①鹅公髻路段方案比选(K 线、E 线)。E 线 10km 平均纵坡较小，但隧道长，造价高，通风照明等营运费用高。K 线 10km 平均纵坡较大，隧道短(3 264m 单洞)，后期运营管理费用低，但隧道前后路段高边坡较多，土石方数量大，弃方较多。推荐 K 线方案，如图 2-4 所示。

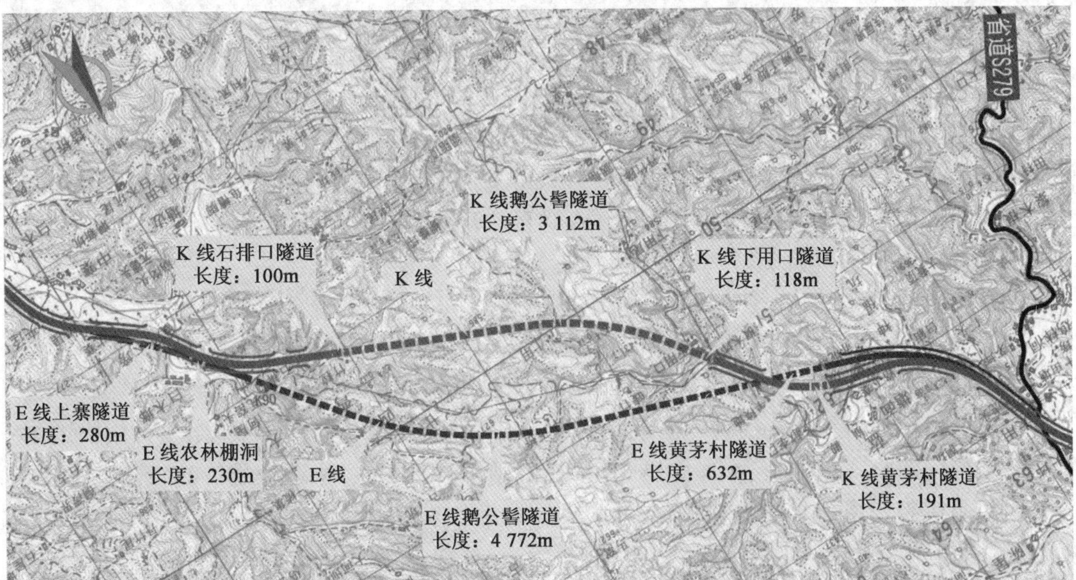

图 2-4　鹅公髻路段方案比选

②郁南路段方案比选(K 线、I 线)。I 线路线短，桥梁少，但占用耕地较多，隧道长，不利于郁南立交的布设及与封开连接线的连接，地方政府不支持该方案。K 线路线基本沿山脚布线，占用耕地相对较少，有利于郁南立交的布设及与封开连接线的连接，但路线长。推荐 K 线方案，如图 2-5 所示。

(2)技术指标与地形相协调。较高的技术指标必然造成工程量增加，生态环境破坏加大，造价上升，因此，应在保证行车安全的前提下，强调因地制宜选择技术指标。坚持技术指标与地形条件相互协调的原则，不片面追求高指标。

(3)坚持按地质选线。从地质选线的角度，通过综合勘探手段，最大限度地摸清沿线的地质条件，特别是滑坡、大型崩塌、泥石流、大型断裂带、岩溶、软基的分散情况，使路线从较好的地质区域通过，保障工程安全和降低造价。如双凤路段就注意了偏离大型坍塌区，K75＋700注意了偏离虎岩大型溶洞，路线选择时从大型断裂带和褶皱带大角度通过。

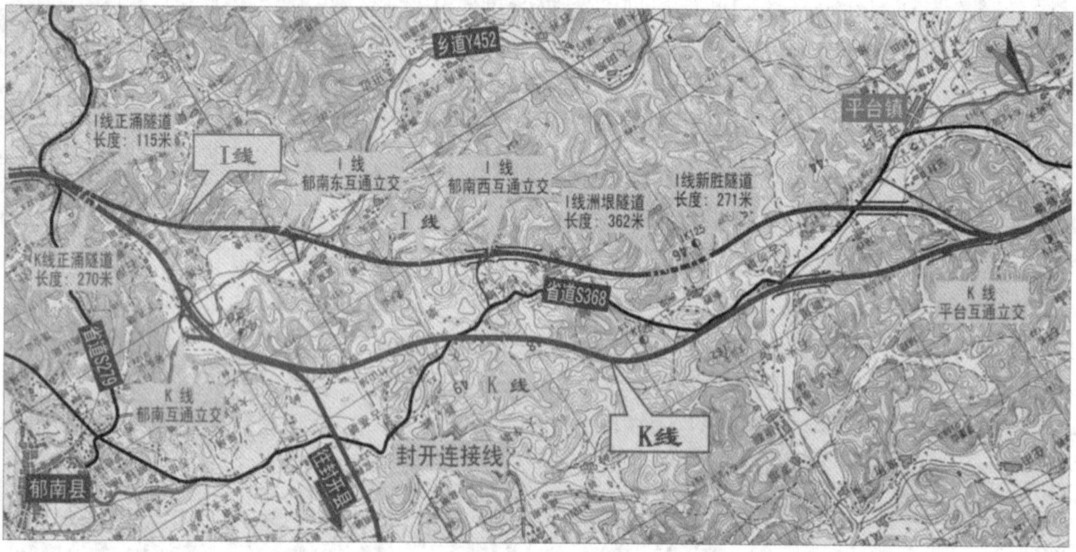

图 2-5　郁南路段方案比选

(4)对典型工程方案进行综合比选。桥隧和高路堤等典型工程的安全性是设计中需要认真考虑的因素。设计过程中通过对短隧道和深路堑、高架桥和高路堤，放缓边坡和收陡加固边坡等进行全面的比选分析，将工程安全度高，对自然环境破坏小的工程方案作为推荐方案，不再以工程造价作为主控因素，如多处推荐了造价较高的短隧道方案。

(5)为互通立交和服务区选择良好的场地条件。互通立交和服务区交通组织复杂，占用场地大。为此，通过多方案的比选，选择良好的场地条件，处理好与相邻桥隧的关系，确保了行车安全。

(6)选择合理的桥隧方式。广梧高速地形复杂，桥隧占比大，结构形式多，设计中因地制宜地选择了变间距分离式隧道、小净距隧道、连拱隧道等多种形式，来适应地形和线形的需要；桥梁采用预制拼装为主，现浇为辅的结构形式，减少基础施工对环境的破坏，注重下部结构美观设计。

(7)降低边坡高度，减少弃方数量。通过平纵横反复优化设计，困难路段采用"宜桥勿填，宜隧勿挖"的设计理念，尽可能减少对自然环境的破坏，边坡防护采用植物生态防护为主、工程防护为辅，对取弃土场实行复垦和恢复植被设计。

(8)着力营造回归自然的景观和环保设计。景观设计尊尚自然、融入自然、整体协调，通过采用乡土物种来防护和绿化，增进了路域范围的和谐性。

2. 路线设计

路线方案选择受到多种因素的影响，如长度、工程量、投资等方面。但从全面、协调、可持续发展的角度，还应强调安全、环保等因素。总之，路线方案选择，除应做到地形选线、地质选线外，还应做到安全选线、环保选线，提倡节能选线理念。公路线形设计应综合考虑公路的平面、纵断面、横断面三者间的关系，做到平面顺适、纵面均衡、横面合理。“安全舒适，人文关怀”是对高速公路的基本要求。为改善广梧高速公路设计的安全性、舒适性，注入更多的人文关怀。在广梧高速公路规划设计期间，广大规划设计人员和建设管理人员对交通安全问题进行了多层次、长时间的思考。

驾驶员所依据的信息主要来自道路和交通环境，因此安全的道路应该提供一条清晰醒目的行车方向、足够的视距和符合驾驶员期望的自然流畅线形。广梧高速公路路线设计中，特别强调了线形的连续性及平纵组合对视线的诱导效果，平曲线半径的选择考虑了中央分隔带及路侧护栏对视距的影响、竖曲线半径尽可能考虑采用视觉所需要的最小半径，为提供更安全的行车条件，许多地方进行了严密的分析和反复的研究。几何规划充分协调了平、纵、横之间的关系，全线形成了通顺流畅的线形，给驾驶员提供了良好的视觉环境，如图 2-6 所示。

a)　　　　　　　　b)

图 2-6　路线设计

a)精心设计线位，随形就势；b)桥隧相连，环境协调

3. 路基防护及绿化

为将广梧高速变成真正的“生态路”，贯彻“环保、舒适、和谐”的理念。在规划设计阶段，通过强调公路绿化、注意保护原有绿色植物，同时使用人工栽培办法，在沿线重建了绿色生态环境。全线路基防护和绿化采用了客土栽培、液压喷播、绿化植生带、挂网喷播及岩石边坡的土工格室绿化等新技术。为进一步提高行车的安全和舒适性，减少由公路给周围生态环境带来的不利影响，广梧高速公路实施了公路绿化、周边植被恢复、运营期水土保持的“生态绿化工程”。

路基防护充分考虑公路与沿线景观的协调、防护措施与公路景观的协调、防护措施自身的协调、力求避免采用连续的大面积保护墙，使公路与沿线景观达到有机的统一。由于高大混凝土或浆砌工程结构尤显突出，在岩土结构稳定、满足安全要求的前提下，广梧高速以选择刚性结构与柔性结构相结合，多层防护与生态植被防护相结合的方法进行边坡治理。在防护方案选择时，综合考虑到边坡岩土性质、环境气候、排水条件等多种因素的影响，选择合适的防护措施。为与当地自然植被协调，掩盖人工痕迹，在路基防护设施的修筑中，在充分考虑边坡稳定的前提下，避免采用高挡墙、护面墙进行大段落防护，而采用工程结构和植被相结合的方式对路基进行防护，尽力将公路融入沿线自然环境之中。在满足功能要求的情况下，从环境保护、视觉舒适上考虑防护措施的选择，条件许可时，优先考虑植被防护。

4. 桥梁设计

本项目桥梁众多，由谷地高架桥、跨线桥、跨河桥组成。部分桥梁纵横向地形变化大、桥墩高，少数桥梁与隧道相连。桥梁形式有：整幅桥、分幅桥、半路半桥和左右幅不等长桥等形式。

在初步设计阶段，对桥梁选型、经济跨径、墩台形式进行了多方案论证。桥梁上部结构以预制拼装为主，现场浇注为辅（表 2-1）；对桥墩美观选型作了专题研究，采用分幅双柱式墩、空心薄壁墩、独柱板式墩等形式。

桥梁上部结构（双凤至平台段） 表 2-1

项　　目	长度(m)	占全线桥梁的比例(%)
20m、25m 小箱梁	1 550	10
25mT 梁	1 890	12
30mT 梁	7 390	45
40mT 梁	970	6
连续箱梁（支架施工）	1 820	11
50m 连续箱梁（MSS 移动模架施工）	2 540	16

桥梁下部构造包括双柱墩、独柱板式墩和大挑臂盖梁双柱墩（图 2-7）。设计中根据不同地质条件、不同地段和不同的景观要求进行了精心选择。

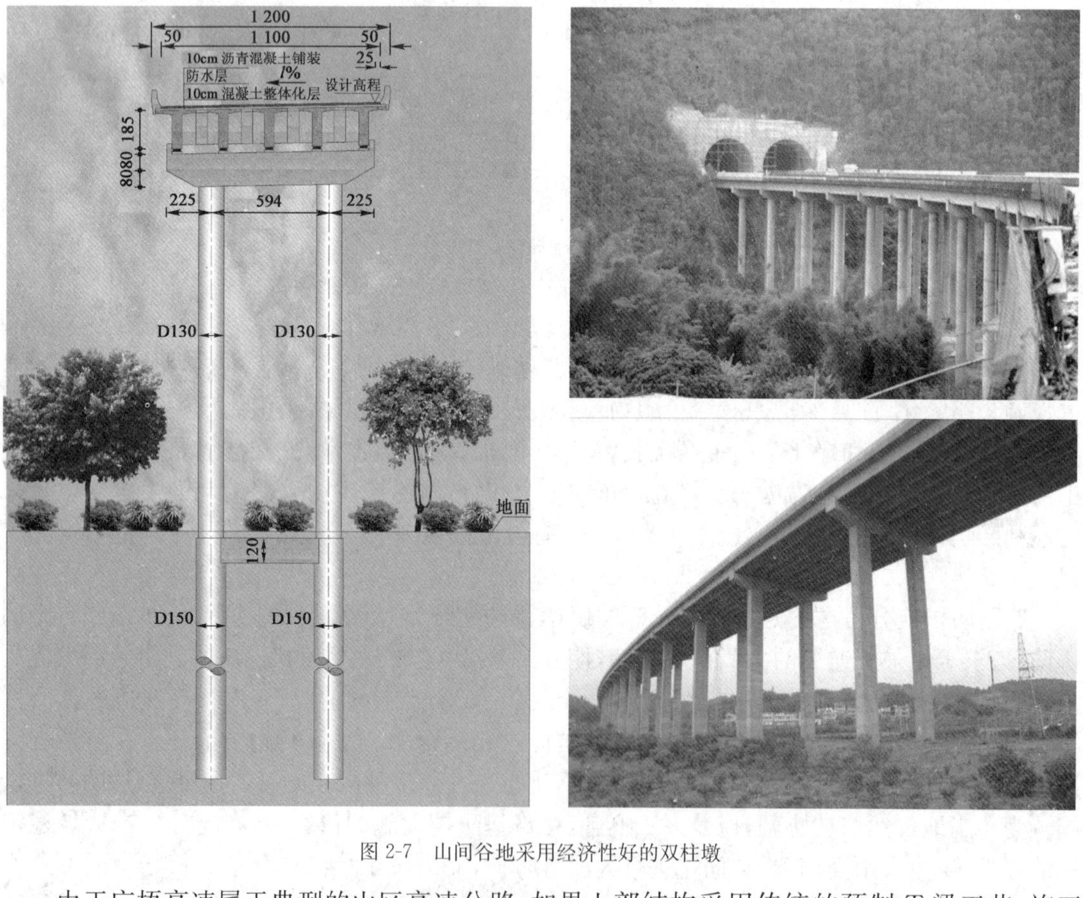

图 2-7　山间谷地采用经济性好的双柱墩

由于广梧高速属于典型的山区高速公路，如果上部结构采用传统的预制 T 梁工艺，施工时在桥位处需设置大型的现场预制厂，山体开挖时会破坏土体、植被，不利于环保。同时，大跨径 T 梁重量大，吊装过程中安全隐患多。为避免上述问题，广梧高速引进施工新技术、新工艺，改 T 梁为连续箱梁结构，利用 MSS 移动模架进行施工，技术可靠、安全、施工速度快、经济性好，解决了“制梁、运输、架设、环保”的难题。

高速公路上的跨线桥，从满足功能而言是工程结构物，从人们观赏和行车视觉舒适要求而言是一件艺术品，而跨线桥景观设计则体现了人、景观、环境三者之间的关系。广梧高速公路跨线桥设计在安全、适用、美观、经济的前提下，以造型美观、结构轻巧、与景观相协调为原则，考虑了空间的形态、平面轮廓、线形组合、线条设计以及细部装饰和景点布置的协调。在比例、尺度、韵律、风格、色彩等方面取得协调统一，平、纵、横各方面的连续性以及各元素之间的协调统一。注意使线形顺适、自然，从而保证视觉的连续性和流动感，给人们一种流畅的美感。上跨桥梁设计如图 2-8 所示。

a) b) c) d)

图 2-8 上跨桥梁设计

a)异形拱桥；b)提篮拱桥；c)上承式钢管拱桥；d)下承式钢管拱桥

5. 隧道设计

本项目隧道设计过程中坚持和谐、自然、环保的新理念，隧道洞门设计遵循“早进晚出”、“零埋深”、“零开挖”、“整体协调”的原则，尽量采用了与此原则和理念一致的削竹式洞门。设计成端墙式时，采用梯级挡墙的形式，并绿化。隧道洞门设计不强调人工化，与周围景观协调。不提倡宏大、雄伟、醒目，提倡简洁、隐蔽、淡化洞口处理。营造“悄悄”进洞气氛，使车辆自然驶入隧道。隧道洞口段开挖，在保证施工安全的条件下，以不产生过大的坡面开挖痕迹为原则，洞口边、仰坡及明洞洞顶均用乡土物种来绿化。如图 2-9 所示。

隧道支护按新奥法原理设计，采用复合式衬砌，初期支护采用喷锚支护，二次衬砌为模筑混凝土衬砌。隧道开挖必须进行监控量测，进行动态信息设计。连拱隧道采用曲中墙形式，以利于防水排水。

在隧道洞口设计中结合地形采用了“明洞暗进”法新工艺，很好地减少了土方开挖，降低边仰坡刷坡高度，符合“零开挖”的设计新理念。例如正涌隧道苍梧端洞口，白石岭隧道广州端洞口，石排口隧道苍梧端洞口等均采用了此工法。

6. 环境与耕地保护

高速公路建设对资源的需求量大，对生态环境有直接影响。这就要求在公路规划和设计过程中要创新理念，精心设计。将“以人为本、安全至上、环境友好、资源节约”的原则，贯穿于从方案比选，技术指标选用，到构筑物的设计等规划设计的全过程，实现对资源的高效率利用。坚持“不破坏就是最大的保护”、“筑桥铺路，造福于民”的理念，尽可能提升高速公路建设对沿线地区经济的带动作用，减少对生态环境、人文环境的破坏，建设真正的“和谐、友好型”高速公路。

图 2-9　隧道洞门设计

广梧高速在设计上始终秉持“融入环境，和谐共生”的设计理念。从自然与社会组成的大环境着眼，综合考虑公路建设的经济效益、社会效益和环境效益，遵循既保障运输，又尽可能保护环境的原则。一方面注意对各类环境破坏的预防和综合治理；另一方面加强沿线环境开发，建立新的完整的公路环境，尽可能使高速公路成为自然环境的一部分。在节约土地资源方面，坚持从规划设计阶段做起，贯穿于工程建设的全过程。在规划阶段，通过合理规划线路、统筹利用线位资源、合理确定建设规模和方案，提高土地的集约利用程度，设计线路原则上不覆压未开采的矿产资源富集区。路线选线贯彻环保选线和保护耕地。通过多方案比较、典型工程多方案比较，将环保、耕地占用等作为重要的因素考虑。通过精细设计，优化路线选线，以满足功能为前提，精心拟定各细部参数，节约每一寸土地。

挖方和隧道出渣实施长距离和跨标段调配，并将部分隧道出渣石料用做排水防护工程以及加工成碎石用做路面基层材料等减少弃方数量，间接减少弃土占用耕地。施工图设计时积极与当地政府和企业协调，将弃方用于地方建设，为当地经济服务。弃土场做到不占用农业保护用地，以荒地、旱地或低产园为主并考虑进行复垦。

为降低噪声污染，敏感区在离路边 60～100m 范围内，且规模较大的村镇、居民点等，采用声屏障降噪。在设备材料的选择上尽可能采用环保材料。

在收费站、服务区、管理中心等处均设置二级处理设施，对排水进行生态深度处理。在加油站设立隔油池，避免污水直接流入河中、农田和养殖水体。

加强施工组织设计，引入“施工红线”概念，减少施工对环境的影响。路基开挖做到边开挖边防护，并做好临时排水系统，减少施工期间的水土流失。注意保护和利用好腐殖质土，用于土地复耕、造地、恢复植被。

广梧高速路线走廊带所在山区，耕地十分有限，是当地居民的生命田。因此，设计中贯彻了“最严格的耕地保护制度”的精神。选线过程中，遵循“尽可能少占耕地”的原则，进行了多方案的路线比选。当路线无法避让耕地时，采取了坡脚矮挡墙或桥梁跨越等工程措施。交通工程管理设施坚持“精简、集中、高效”的设置原则，减少管理层次，机构合并设置，尽可能少占用耕地。

7. 绿化与景观设计

“一条路串起一段文化，一条路传播一段文化”。公路景观设计应重点体现对原有景观资源的保护、利用和开发，最大限度地保护和恢复生态原始地貌，使公路与自然环境相协调。

广梧高速从景观设计入手，将公路沿线路段的优美自然风光，展示在人们的视野范围内。在初步设计时进行了景观专项设计，为道路舒适、和谐、协调提供了保障。景观设计本着“尊重自然、爱护自然、融入自然、自然而然”的思想，尽量减少人造景观，体现自然的原则。路线设计注重对沿线已有景观的保护，如古树保护等；根据地形条件，采用以曲线为主的线形，使路线自身协调，同时也与自然地形和谐；全线多处采用连拱短隧道和小间距隧道，减少了山体开挖，保护了自然环境，使路线与自然环境和谐；根据沿线的地形、地貌和人文环境，将路线景观分成三段，分别为芳香长廊、春花烂漫、竹影婆娑(图 2-10)。采用原生乡土植物进行绿化作为基本绿化理念，使之与自然和谐。

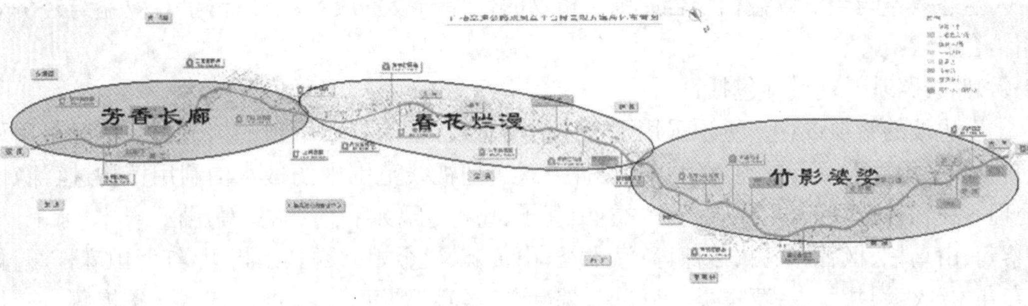

图 2-10　路线景观

绿化设计主要采用原生乡土植物进行绿化，使之与自然和谐。通过对沿线原生植物进行调查和筛选，根据树形、色彩、香味、质地、季相、树势、管养、病虫害、生长环境、栽植方式等选择了多种满足绿化功能的原生草本植物、藤本植物、灌木、乔木。

服务区、管理中心及收费站内绿化做到三季有花，四季常绿。管理中心及收费站的建筑造型上充分考虑与周围环境的相互协调，体现当地文化特色。建筑小品主要有隧道名牌、大桥名牌、高速公路进出口名牌、风景点标志牌、特色公里桩等。

(1)景观设计总原则包括：

①安全性原则：景观必须在满足道路交通安全功能的要求下进行设计。

②地域性原则：特有的地域文化是景观的载体，在设计中应充分考虑、尊重地域性。根据本项目的特点，以保护生态环境为核心，最大限度地减少对生态环境的破坏；明确“以人为本”的设计指导思路，以“安全、环保、舒适、和谐”为总体设计目标，建设生态的、可持续发展的高速公路。

③整体协调性原则：公路具有线性特征，纵向跨度大。在公路景观环境设计中，要求将公路自身与沿途地形、地貌、生态特征以及其他自然和人文景观作为一个有机整体统一考虑，使公路这一人工系统配合协调，并努力使公路在满足运输功能的基本前提下，完善原有景观环境。

④自然性原则：公路景观环境要素包罗万象，不应将精力集中在耗费大量人力、物力、财力的人造景观上，而应重点体现对原有景观资源的保护、利用和开发，以及公路主体与原有自然及社会环境的相融，遵循“不破坏就是最大的保护”的理念。

(2)绿化设计原则包括：

植被配置以自然群落式为主，坚持原生植物的设计理念。同时因地制宜，通过孤植、丛植、列植、群植各种乔灌木，形成丰富林冠线。每个区域植物配置上各有特色又相互联系。在整体的植物配置上，以乔灌木、地被、草坪等相结合，在树种、树形上互相协调呼应，通过绿色植物的栽植，创造具有丰富性的植物景观。

(3)绿化树种的选择原则包括：

①因地制宜、适地适树。选择的植物品种不但适应本区域气候、土壤条件，还应具有耐寒、耐旱、耐瘠薄、抗污染、病虫害少及管理粗放等特点。

②乡土树种与外来树种相结合。广梧高速开展了"高速公路开发利用本土植物进行绿化和恢复生态研究"科研课题专项研究，全部绿化植物采用乡土植物，同时考虑与周边环境相结合，在植物的颜色、高度、物种等方面进行选择。在边坡绿化中采用乔、灌、草本植物相结合原则，同时尽量使种类丰富。

③与原生植被相协调。

④生态效益与经济效益相结合原则。植物的选择与投资成本相结合，景观效益与经济效益相结合。

(4)路线路基景观设计包括：

①上边坡的堑顶设计。堑顶采用了全线的动态设计，即根据堑顶的周边植被情况采用了不同物种，采用乔灌草不同类型组合的设计方式。把视线范围内的截水沟利用植物进行隐性化处理。在物种选择上，主要有：乔木类，山苍子、杨梅、荔枝、台湾相思、马尾松、杉木、荷木、朴树、黎蒴、山乌桕、枫香、栾树、苦楝等；灌木类，山黄麻、桃金娘、桑树、山指甲、红背山麻秆、鸭脚木、春花木、火棘、盐肤木；草本类，簕杜鹃、粽叶芦、类芦、芒萁、野牡丹、乌毛蕨、雀梅藤、芒、竹类及缀花草坪。比如在实际调查周边环境过程中，K80＋720～K80＋800(右线)堑顶，主要原生植被有芒萁等，设计中就采用：A类用黎蒴、枫香、荷木，搭配比为5∶3∶2；B类用盐肤木、桃金娘、鸭脚木，搭配比为10∶6∶5；C类用芒萁、类芦、粽叶芦，搭配比为10∶5∶3；D类用缀花草坪。通过这样的设计，使群落更趋近于一致，对周边的边坡开挖能够更好、更有效地进行生态恢复。

②路堤设计。路堤的景观绿化是沿线视觉景观的重点，为此设计上采用了"封、透、漏"的原则，对沿线的自然景观"嘉则透之、俗则屏之"，使驾乘人员能够更好地观赏山体美景、欣赏田园风光，使这段公路成为开放式的观景廊道。对于经过村庄、城镇，需要隔音的路段密植乔木，起到隔音、防噪、防尘的作用。对于弯道路段栽植乔木以诱导视线，并起到防光污染的作用。国道、省道、县道及乡道与本高速公路平行且相距较近的路段，护坡道种植乔木。其他一般路堤边坡路段绿化草灌结合，不用乔木，打开视线看到远处自然界，使驾乘人员视野开阔，不易乏味。对15m以上的高填方路段，边坡栽植乔、灌木，减少心理负面影响。在植物的配置上采用不同品种不规律搭配组合间种，并且每个标准段的搭配方式有所不同，使整个线路的种植呈现不规律，又有基调物种。并形成有疏有密，错落有致的景观。

植物品种的选择主要有：乔木类，尖叶杜英、假苹婆、枫香、樟树、铁冬青、麻楝等；灌木类，桃金娘、米碎花、大红花、春花木、银合欢等。

(5)互通立交景观设计。互通立交就像镶嵌在高速公路主线这条项链上的钻石，有着画龙点睛的作用，对于提高整个高速公路的绿化效果至关重要，是全线绿化的重点。互通立交绿化首先要能适应当地气候、土壤情况；其次要满足交通需要，不影响行车视线；再次要能够固土护坡。匝道边坡多采用较缓的坡度(一般在1∶5左右)，互通区内地形处理舒缓自然，与周围丘陵地貌非常协调。互通区内绿化采用自然式栽植方式，以乡土草种形成的草地为主，在个别地方适当点缀树形优美、枝繁叶茂的乔灌木，真正体现“师法自然”的原则，达到与环境的高度和谐，同时由于以乡土植物为主，植被建成后能在较短时间内达到稳定的状态，从而减少了对植被的人工养护工作，产生了较明显的经济效益。

①云浮东互通立交——季韵(图 2-11)。采用落叶与常绿植物相结合，植物成片种植成林，乔灌木相结合，能够展现四季的不同景象，营造自然的生态环境；同时也展示了绿树丛生的翠绿景色，郁郁葱葱、密密层层富有韵律感。

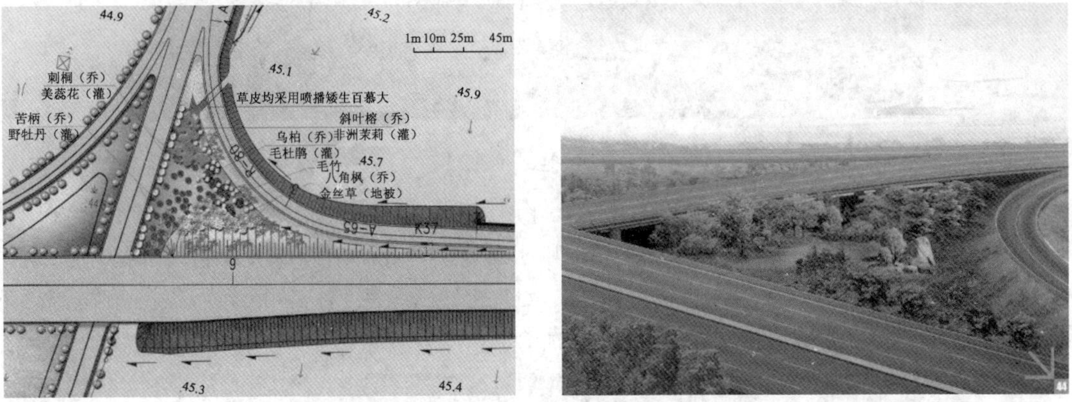

图 2-11　云浮东互通立交

②云安互通立交——田园风光(图 2-12)。充分利用现有山地、果园、农田，自然流畅的曲线，纵横的“自然肌理”艺术浓缩与再生，辅以乔木、缀花草坪等景观元素，形成与周边环境水乳交融的个性景观特色。互通立交，由于弯道多，为防止眩光，在植物的种植设计中充分考虑到匝道两边的绿化植物的高度、密度，并让植物起诱导作用。

图 2-12　云安互通立交

③连滩互通立交——湿地(图 2-13)。连滩互通立交周边生态环境良好，河网密集，南面有一定面积农田菜地，北面为山地，岭南农村水乡风韵犹在。湿地，具有维护生态安全、保护生物多样性等生态功能。景观设计以湿地为主题景观，结合附近的一些自然水体，考虑将水引进到用地中来，同时结合原有的植被营造湿地的生态效果。将附近的水系引入并形成连续的水流，沿线引入适合粗放生长的本地慢生树种为主要景观树，并放置当地具有特色的岩石。为防止负氧化，湿地中的植物保持原状态，增加少量的芦苇、菖蒲等水生植物，盛开的美人蕉、鸢尾是湿地里亮丽的风景。

图 2-13　连滩互通立交

④建城互通立交——山林风光(图 2-14)。建城互通立交周边以山地为主,有部分农田菜地,利用周边水源,营造人工自然湖,种植耳叶相思、厚荚相思、马占相思、台湾相思等景观植物,配植其他如黄皮、荔枝、香樟、黄槐、羊蹄甲、红千层、白千层、各类杜鹃等,提高植物群落的多样性。开车徜徉在杜鹃丛中尽情享受花的清香。

图 2-14　建城互通立交

⑤郁南互通立交——果香(图 2-15)。充分利用现有果园、山地,以大树、草坪点缀其间,形成果香四溢的美景。

图 2-15　郁南互通立交

(6)中央分隔带景观设计(图 2-16)。中央分隔带的设计在满足道路的防眩功能条件下，注重打破景观的单调感，营造景观的节奏变化。在广梧高速中，通过单位植物绿化，整齐中穿插不同种类灌木，高低错落，层次丰富。

图 2-16　大哗山隧道广州端中央分隔带效果图

①整体式中分带。中央分隔带铺草皮和栽种矮型灌木，间隔变换品种，既不单调贫乏又不致眼花缭乱。与路基边坡绿化共同形成沿线绿化环境，有效地改善了公路形成的“热浪带”局部小气候。如垂叶榕、黄金榕球、海桐球、红花檵木、福建茶相组合，形成高低错落的自然景观，与周围环境相统一，达到渲染和调节枯燥乏味的行车环境的目的。

②分离式中分带。在绿化植物的配置上，以植物组团形式为主，多层林相、乔、灌木、地被、草坪等相结合，树形或高或低，冠幅或大或小，在树种选择，树形搭配上互相协调呼应，通过绿色植物的栽植，创造一个具有丰富植物景观的、浓厚自然气息的田园环境。具体配置形式采用段落式种植，有主有次，有收有放，有开有合，错落有致，色彩分明，季相变化；同时因地制宜，强调绿化空间的互相渗透，随环境的变化而变化，移步换景，步移景移，使绿化空间更加丰富。

(7)服务区设计。广梧高速公路地处山区，沿线地质条件复杂，地形起伏大，全线共设置管理中心 1 处，收费站 5 处，集中住宿区 1 处，服务区 2 处，停车区 1 处，养护工区 2 处。服务区设计充分体现了节约、环保、和谐、友好型的理念。例如，针对葵洞服务区一边临近高山，另一边地势相对开阔的特点，充分结合地形和周边环境，采用了单边服务区设计(图 2-17)。这种设计能够充分利用单边服务区的有利条件，尽可能地共用一些服务设施，大大减少用地面积，避免对另一边山体的开挖和对环境的破坏。

a)　　　　b)

图 2-17　服务区

a)葵洞服务区；b)建城服务区

广梧高速在规划和设计中处处注重对粤西宝贵文化资源的传承与传播，把柔性的文化融入刚性的道路中。具有粤西特色的文化符号在广梧高速的隧道洞口、边坡防护、互通立交、跨线桥上随处可见，成为一条流动的文化长廊。全线收费站和服务区设计注重与当地建筑风格的协调，通过曲面流线形式，与粤西人文风情融为一体，形成独具特色的建筑风格。如图 2-18 所示。

a)　　　　b)

图 2-18　服务区

a)连滩管理中心综合楼；b)虎岩服务区综合楼

第三章　组织创新与项目管理规划

高速公路项目建设过程中资源耗用量大、参与人员多、组织管理复杂,其建设目标能否实现的决定性因素是项目的组织。工作任务的分解、组织结构模式、管理任务分工和工作流程组织是高速公路项目建设中首先需要解决的问题。广梧高速基于集成化组织管理的理念,在组织结构、组织过程、组织体系、组织文化、工作流程和组织管理手段上进行了创新。根据现代企业管理制度和人力资源管理办法,广泛推行管理标准化、程序化和透明化。通过《广梧高速公路管理手册》或专项手册,既明确了项目各参与方的管理任务,也对日常管理工作的程序、方法和步骤进行了详尽的规定。同时,通过加强对监理人员的管理,充分发挥了他们在现场管理中的重要作用。通过有效的协调机制,加强了与地方政府、沿线群众、主管部门之间的协调,营造了良好的施工条件。通过企业文化与项目团队建设,实现了"出一批优秀设计,建一批优秀工程,培养一批优秀人才,创造一批优秀科技成果"的目标。

第一节　创新型组织管理

一、高速公路建设中项目组织管理存在的问题与解决对策

现代项目管理中,组织创新包括企业战略、组织结构、组织文化、工作流程和工作制度等方面的创新,是组织中管理者和其他成员为使组织系统适应外部环境的变化或满足组织自身内在成长的需要,对内部各个系统进行调整、开发和完善的过程。组织创新活动的主体既包括组织中的管理者,也包括组织中的其他成员;组织创新的对象是组织内各个子系统及其相互作用机制,以及组织系统与外部环境的相互作用机制。其内容包括组织结构与职权分配的创新,组织任务与组织流程的创新,组织人员与组织观念的创新。

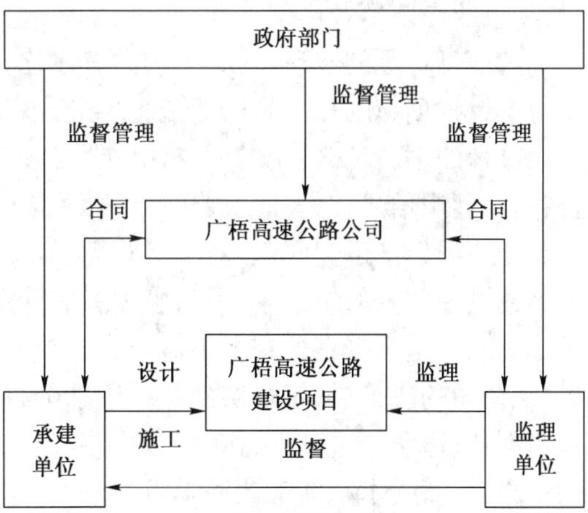

图 3-1　广梧高速公路建设阶段管理组织模式

目前,我国高速公路建设中的项目管理模式广泛采用设计—招标—建造模式(DBB),其基本流程为:工程可行性研究报告批复后,投资人组建项目法人公司,项目法人通过招投标确定设计、施工和监理单位,监理工程师协助业主对项目设计及施工过程等进行监督,以确保项目圆满通过竣工验收。营运阶段,项目法人组织营运管理。广梧高速公路项目建设也是采用这样的一种管理模式(图 3-1),但在项目建设过程中,发现这种模式存在某些固有的缺陷。于是,

项目业主通过组织创新，扬长避短，有效地提高了管理效率，降低了管理成本。

目前，高速公路建设项目管理组织机构的设置以计划和控制为组织核心，由于管理的主体不同，高速公路项目管理分为业主方项目管理、设计单位项目管理、承包人项目管理等不同内容。工程项目的不同建设阶段，业主方、设计单位、承包人等项目管理组织的工作任务不尽相同。这样，可能就会出现由于某些项目管理者在工程项目管理方面缺乏经验而各自为战的现象。即使项目管理组织在各个阶段如项目策划、项目控制、项目设计、项目施工等阶段大量采用现代信息技术，但是由于没有采用一种集成信息处理系统而使各阶段、各参与方的信息相互隔绝，产生了"信息孤岛"现象。比如，在材料和设备的供应过程中，由于供货进度与使用(或安装)进度之间缺乏沟通，材料采购系统与项目的计划系统之间衔接不紧密，导致供应提前或延迟。其后果是在整个供应链中，项目管理者对项目资源需求的准确预测程度降低。

另外，工程项目管理组织方式存在知识管理的局限性。由于很多工程项目的管理者通常喜欢根据个人的专业知识与经验来进行管理，因此，对高速公路工程建设项目这种具有单件性和一次性特征的管理活动，无法对实施过程中遇到的问题、失败的教训、项目组织管理成功的经验等进行系统化的总结；项目管理组织自身特有的内部运作机制和组织协调方式方法无法积淀下来形成有价值的历史资源，无法成为以后行业内工程项目建设的借鉴和行业未来发展的知识财富；项目组织内部很多有价值的隐性知识无法转换成显性知识，使项目管理的知识资源浪费，不能形成完整的知识链，无法形成可持续发展的、具有战略意义的项目管理组织的核心能力。

鉴于此，广梧高速公路建设过程中基于组织管理集成化的理念，在组织结构、组织过程、组织体系、组织文化、工作流程和组织管理手段上进行了创新性管理。根据现代企业管理制度和人力资源管理办法，做到因事设岗、职责分明、关系理顺。

组织结构是人与人之间、职能间和组织间协调、沟通和联系的方式以及组织责任和义务的分布形式。广梧高速公路从实际需要出发，遵循精简、高效、有利于工作的原则，优化了组织机构设置，如图 3-2 所示。在组织结构方面的创新点是理顺和改组了传统高速公路项目管理中的组织协调、沟通和联系的方式以及组织责任和义务的分布形式。在《广梧高速公路管理手册》编制过程中，在进行管理部门设置和各部门职能设计时，充分考虑了与企业的发展战略、企业文化、对内对外的工作流程保持协同。为了避免出现"信息孤岛"现象，通过组织集成化管理，使项目业主内部各部门之间，业主、承包人、监理单位和供货单位之间在一个基于网络的平台上实现信息资源的互享，达到管理的有序化。如图 3-3 所示。

组织过程创新的核心是业务流程再造。广梧高速公路采用以核心业务流程再造为基础进行组织过程的创新，对传统的公路建设项目管理的业务流程进行再思考和再设计，剔除无效和重复管理，利用信息技术和现代化的管理手段，提高管理效率和水平，降低管理成本。

当今知识经济迅速崛起，对项目管理者提出了终身教育、可持续发展等要求。结合广梧高速公路建设中涉及的单位多，项目管理者的管理水平参差不齐的现状，项目业主提出了学习型组织的理念。基于凝聚公司上下意志、大家共同努力、个人乐于奉献、为组织目标共同奋斗等愿景，从公司的决策层、管理层到执行层都全心投入对新理念、新技术、新工艺的学习，强调边学习边准备、边学习边计划、边学习边实践。项目建设过程中定期组织廉政建设、新理念设计、环保型施工、新技术和新工艺等学习与培训，通过内部刊物、网站、板报，营造一个浓厚的学习氛围。

广梧高速公路工程浩大，技术复杂，建设期长，涉及技术、经济、社会、生态、科研和管理等多个层面，既是施展才华的大舞台，也是培养人才的大熔炉。广梧业主本着大力弘扬创业、创新、创优的精神，把一切积极因素调动起来，把各方面的力量凝聚起来，把全体建设管理者的创造力激发出来的理念，鼓励年轻同志积极向上，通过进一步深造或报考各类执业资格，提高自己的业务水平。实现了“出一批优秀设计，建一批优秀工程，培养一批优秀人才，创造一批优秀科技成果”的目标。

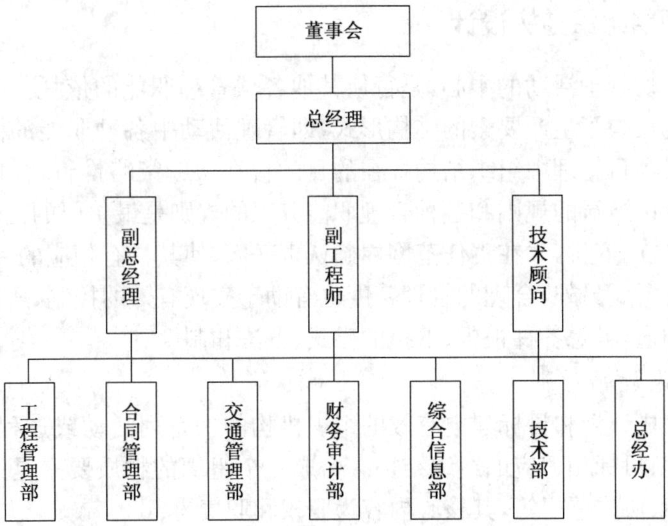

图 3-2 广梧高速公路有限公司组织机构图

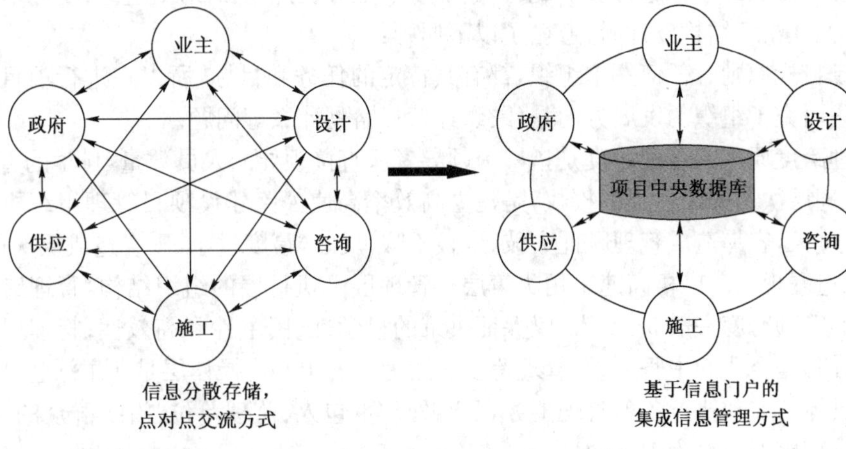

图 3-3 广梧高速公路组织集成管理模型

广梧高速公路还广泛推行标准化、程序化和透明化管理，日常管理工作的程序、方法和步骤在《广梧高速公路管理手册》或专项手册中有详尽的规定。例如工程计量工作是费用管理中最核心也是工作量最大的日常性管理工作，涉及承包人、监理单位和项目业主。为了避免多计、重计或超计，制订了《广梧高速公路工程计量与支付实施细则》，并根据实施细则实行计算机系统自动化管理，将其分为“计量计算书→质量简报→计量证→月度报表→月度支付证→支付单”等六个阶段。对应于各个阶段的实施主体也有明确的要求，分为“驻地监理→业主代表→总监(办)→工程部(交通工程部/质量安全部)→合同部→总工室→公司领导”。每一个阶段的开始时间、完成时间也作了具体的规定，这样就保证计量支付工作的标准化、科学化。

另外，广梧高速还非常注重知识管理，对项目建设中形成的先进的管理理念、管理方法和技术措施及时进行总结、整理、精炼和提高，通过技术报告、经验总结和报奖的方式及时进行推广。其中，“高速公路建设信息化管理技术研究及应用”荣获2009年中国公路学会一等奖；“公路建设企业基于绿色理念的建设项目管理”荣获第十六届国家级企业管理现代化创新成果二等奖。

二、创新型项目组织结构设计

组织结构是一切管理活动的中心，是行使其他各项管理职能的依托。高速公路建设项目管理中的组织结构反映了生产要素的结构形式，即管理活动中各种职能的横向分工和层次划分。高速公路建设项目管理中组织结构存在的目的旨在协助策略推行，合理且有效地分配资源。组织结构设计中运行的规则和各种管理职能分工的规则是最主要的工作。组织结构中要有合理的层次、位置的安排，并在责任范围内确认责任人，使其具有相应的决策权和指挥权，以保证决策指挥的统一。另外，合理的管理跨度也有助于实现有效的控制，所以组织结构设计还必须注意信息的沟通，考虑各种报告、汇报的方式、方法和制度。

1.组织结构设计的原则

组织是围绕完成计划和目标建立有效的组织机构的一系列活动或过程，它的中心任务就是建立一套与计划、目标相适应的组织结构。构成一个组织的物质要素是人、物和工作，其精神要素是共同目标、协作愿望等，其核心内容为职权和职责。

广梧高速公路采用以项目为中心的组织结构形式，这种组织形式具有组织结构更加灵活、调整更加方便、更加有效地进行资源配置、更加便于充分发挥项目团队的整体力量和个人的创造性等优点。在组织结构设计时，遵循了以下原则：

(1)任务目标原则。任何一个组织，都有其特定的任务和目标，所以在进行项目组织结构设计时，首先研究了组织的发展方向是什么、经营战略是什么等问题。

(2)管理跨度原则。管理跨度是指一个领导者所直接领导的人员数量，科学的管理跨度加上适当的管理层次划分和适当的授权，是建立高效率高速公路建设项目管理组织机构的基本条件。跨度过大，容易造成管理顾此失彼、应接不暇；反之，跨度过小，则会造成层次过多，信息传递失真和遗漏现象。广梧高速采用决策层＋管理层＋执行层的组织结构，管理跨度逐步增加，决策层的管理跨度一般5～6人，以保证决策的科学性、民主性和高效性；管理层即业主的各个职能部门，是企业的中坚力量，管理跨度一般为10～12人；操作层是业主派驻到各标段的业主代表，具体落实和执行各项管理事务，及时处理承包人、监理单位、沿线群众的问题，工作具体繁杂，管理跨度一般为15～20人。

(3)分工协作与统一指挥原则。高速公路项目管理内容广泛、专业性强、关联性高。广梧高速在组织结构设计中首先将主要的管理工作进行了分类，划分为组织与协调、采购与合同、财务与审计、计划编制与目标控制、科学研究与技术管理、集成化管理平台建设与信息沟通等工作，各类工作都有明确的管理主体。由总经办负责组织与协调工作，包括征地搬迁，项目业主内部各部门关系协调，与主管部门、沿线地方政府、当地群众的关系协调；由合同管理部负责各项招标采购、合同谈判、合同会签、合同跟踪管理；由财务部负责项目投资计划、年度季度费用预算编制、工程款支付管理和现金、存款、工商税务、财会档案等管理工作；由工程部负责进度计划编制与审核、质量、进度、安全管理工作；由技术负责施工图设计管理、重大设计和施工方案技术论证的组织、工程质量安全事故的处理；由信息管理部负责信息管理平台建设与日常维护、数据统计与查询。由于很多工作的完成可能要涉及多个部门,因此,还特别设计了协调与指挥机制,提出了“做好本职工作,但不袖手旁观”的工作方针。通过建立起严格的责任制,消除了多头领导和无人负责现象,保证全部活动的有效领导和正常进行。

(4)精干高效原则。在业主项目公司内部,克服人浮于事、相互扯皮、推诿拖拉、效率低下的办事作风,力求做到人人有事干、事事有人管、保质又保量、负荷都饱满。

(5)责权利相对应原则。在进行了工作分工以后,就意味着明确了业主各部门、各人员的职务和责任,因而需要赋予其与职务和责任相等的权力,并使其享有相应的利益。广梧高速公路项目业主基于“职务要实在、责任要明确、权力要恰当、利益要合理”的理念,在管理团队内部营造出了职责公明、和谐共振的良好氛围。

2. 组织结构设计的过程

高速公路建设项目是一个有明确建设目标的活动,其项目的组织需要围绕项目的目标来展开。广梧高速公路项目在对本项目的目标、结构以及建设环境进行分析之后,按照图3-4所示的组织结构设计过程模型进行组织设计。在《广梧高速公路管理手册》上,通过组织图、职位说明书、组织手册具体明晰各类组织结构及其关系。其中,组织图是用图形的方式表示组织内的职权关系和主要职能,组织图的垂直形态,显示权力和责任的关联体系,其水平形态则显示分工与部门化的分组现象;职位说明书包括工作的名称、主要的职能、职责、执行此责任的职权与组织其他职位的关系,以及与外界人员的关系;组织手册是综合职位说明书与组织图,表示直线部门的职权与职责,每一职位的主要职能及其职权、职责,以及主要职位之间的相互关系。

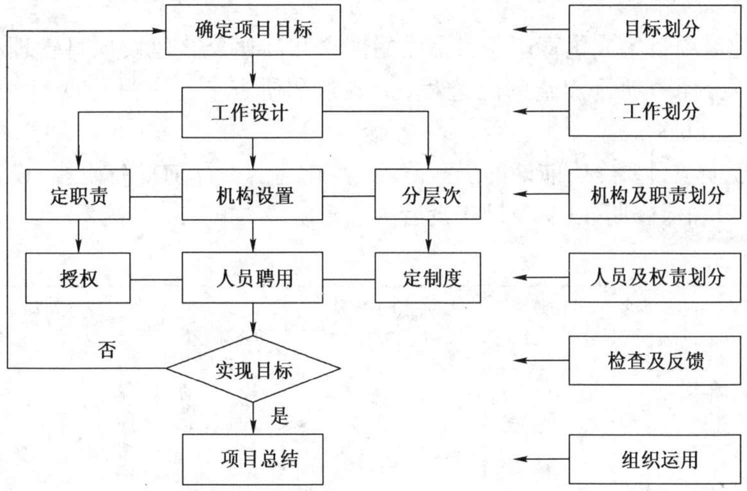

图3-4　组织结构设计过程模型

3. 项目团队建设

为了把广梧高速公路打造成“精品工程”,经过精心选拔,仔细挑选,广梧项目业主公司组建了一个高手济济、有丰富建设管理经验、开拓进取的领导班子和一支人员精简、能力出众、搭配合理、团结协作的干部职工队伍。在项目团队的建设工作中的主要做法是:

(1)进行项目工作分析。通过对本项目的工作分解结构(WBS)及其工作说明,确定项目实施过程中需要完成的主要工作,做到因事设人、因事设岗。例如,本项目属于典型的山区高速公路,属于部、省联合实施的“双示范”工程,桥梁与隧道占比大,与其他高速公路项目相比,更需要加强科技创新与技术管理工作,需要配备科研能力强的专家型管理人才。

（2）在工作分析的基础上，了解和定义完成项目各项工作都需要何种角色，这些角色都需要具备哪些技能，何时需要这些角色。

（3）从企业人力资源信息系统中了解有哪些人具备担任这些角色所必需的技能，有哪些人有过类似的经验，有哪些人有合适的时间能够担任这些角色。广梧高速公路建设伊始，在广东长大公司、广东公路行业乃至全国基本建设系统进行了多次、多批招聘，预选出一批基础素质条件好、基本技能扎实、知识和经验丰富的人员。

（4）对这些预选出的成员进行性格、团队角色和谐性分析，进行角色分工，初步确定项目团队成员。因为高速公路项目建设的管理工作是一个分工协作的过程，所以要求管理团队人员性格要互补与和谐。广梧项目团队组建时，特别注重团队内既有高瞻远瞩、组织协调能力强的决策型人才，也有执行力强的实干家。另外，由于高速公路项目的建设并不能由项目业主单独完成，它的成功需要其他相关方之间的配合，所以，项目业主管理团队还要具备与项目其他参与方如设计方、监理方、承包方等良好合作的能力。

三、基于组织集成化的项目管理

项目管理经过30多年的不断发展，可以划分为传统的项目管理（Project Management）、全过程的项目管理（Program Management）、组合管理（Portfolio Management）、变化管理（Change Management）等阶段。高速公路建设项目管理集成化可以概括为以下三个方面：纵向管理集成——项目全寿命期管理，横向管理集成——项目全要素管理，管理环境集成——全面一体化管理。

高速公路建设项目集成化管理是将集成的理念和高速公路建设项目管理实践相结合，从项目的全局出发，针对项目实施的全过程、全要素和所有参与方进行的科学和系统管理的模式。

高速公路建设项目要经历前期的决策阶段，实施期的设计前准备阶段、设计阶段、施工阶段、竣工验收阶段和保修期，以及项目建设后的运营阶段，如图3-5所示。

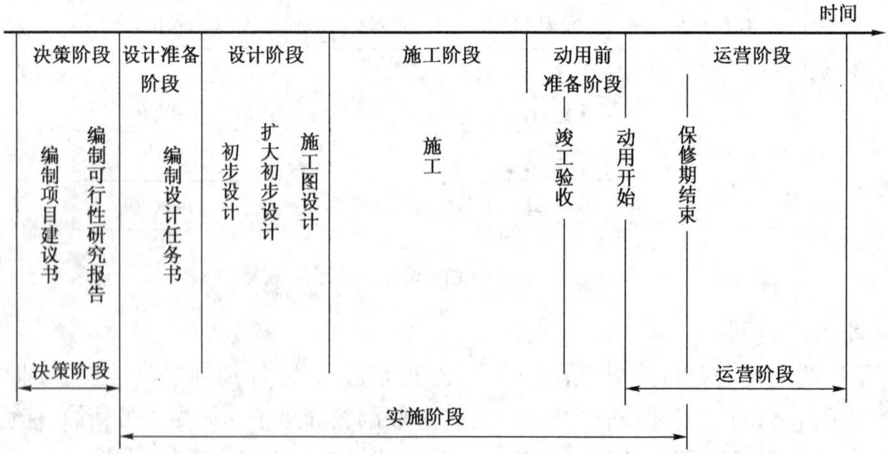

图3-5　高速公路建设项目寿命周期

广梧高速公路建设项目的全寿命周期集成化管理是运用集成管理思想，在管理理念、管理目标、管理组织、管理方法、管理手段等各方面将项目从决策、设计、施工准备、施工、运营的各阶段、各环节之间通过充分的信息交流集成为一个整体，如图3-6所示。项目业主、设计、监理和承包人在共同的建设目标指导下，通过协作化的组织系统，基于共同的管理理念、管理语言和管理规则，依托网络的信息处理平台，使得项目的信息流在项目的各个阶段之间、各参与方之间准确、充分地传递，各个阶段的参与方能进行有效的沟通与合作。

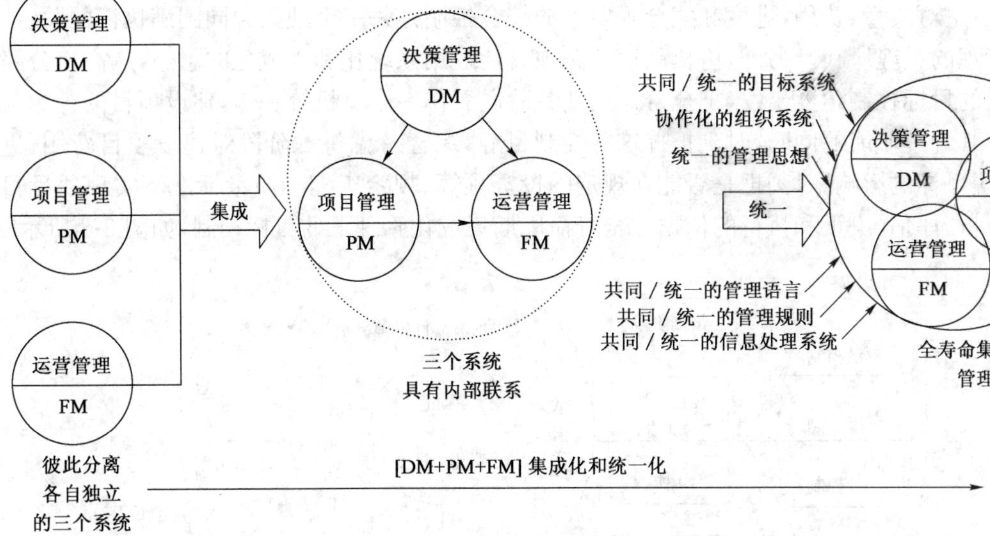

图 3-6　全寿命周期集成化管理模式

高速公路项目建设中包括业主、咨询单位、设计单位、承包人、分包人、设备与原材料供应商等参与方，他们之间是由独立的合同构成的交易关系。传统组织管理模式下，信息分散存储于各参与方的管理系统中，信息的交流多以点对点方式进行，存在信息封闭、信息获取困难、信息交流不畅通的问题。导致项目参与方之间缺乏相互交流和了解，影响各方的合作，容易造成成员各方追求局部优化的现象。

广梧高速公路以“合作”、“双赢”的理念，通过对传统信息沟通方式的改造，采用信息集中存储、充分共享、多方参与的集成化信息管理系统，从而更加有利于项目信息的检索和查询。使信息获取便捷，信息透明度提高，信息流扁平化，项目各参与方之间的信息交流更加通畅，协同工作效率更高。最终达到降低成本、加快进度、保证质量、控制风险、多方共赢的目的。

高速公路建设项目同时具有工期、质量、费用、范围、人力资源、风险、沟通等多个相互影响和制约的管理目标，各种要素都会直接或间接地影响一个项目的成功，项目中任何一个要素的变化都会对项目其他要素造成影响。例如，项目的范围如果发生改变，通常会直接造成项目的费用、工期和质量等要素发生变化。这种项目各要素之间的相互影响和关联，要求在项目的管理中必须充分、有效地开展项目的集成管理，对项目各方面的目标进行协调和对项目各项活动进行综合性的管理与控制。项目管理全要素模型，如图 3-7 所示。

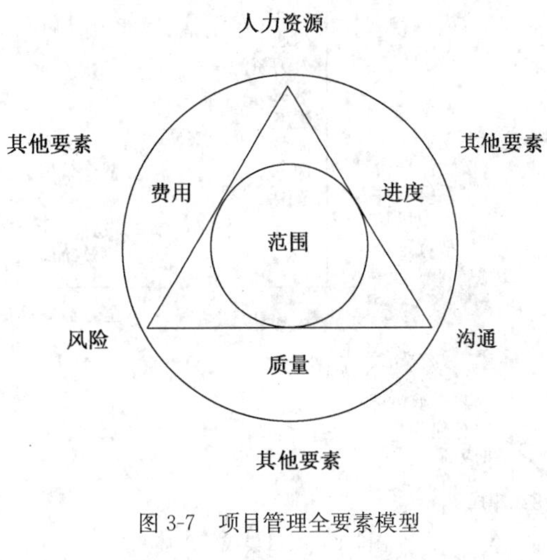

图 3-7　项目管理全要素模型

广梧高速公路的项目管理中，注重研究各项目管理要素之间相互联系、相互制约的关系，研究其对项目本身的影响与作用，将管理核心要素定义为：范围(合同)、质量、费用、进度和安全，因为它们与其他要素相比，处于目标性要素的核心地位，亦是其他要素调整的方向。就一个具体的合同段来说，当根据合同要求进行工作结构分解，由特定的合同条款表征后，在合同履行过程中，业主对质量、费用、进度和安全等要素的综合控制是每一个独立合同圆满执行的关键，是项目管理的灵魂所在。另外，广梧高速公路项目还运用系统化和集成化的思想，从高速公路建设项目的目标控制角度出发，把全寿命周期各阶段看作一个有机统一体，建设项目的各参与方在行使其管理职能的同时，时刻把握这些控制目标，综合考虑每一阶段对建设项目费用、进度、质量等目标的影响，时刻把是否能在规定的投资预算、规定工期和质量标准下实现项目目标作为分析、评估、决策和执行的依据。全寿命周期集成化管理下的目标控制，如图 3-8 所示。

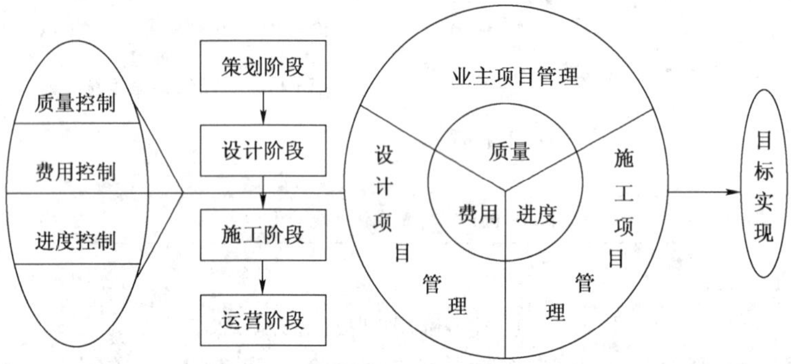

图 3-8　全寿命周期集成化管理下的目标控制

信息技术是高速公路建设项目集成化管理实施的基础。集成化管理要求高速公路建设项目实施中，建立高效率的信息管理平台，以实现对物流、信息流、资金流的集成控制，最终降低项目成本，提高项目管理效率，为项目建设增值服务。广梧高速公路建设项目的信息集成是将基于信息技术的资源及应用聚集成一个协同工作的整体。包括硬件平台、系统软件、组织措施、教育培训等方面，它为要素集成、全寿命周期集成及组织集成提供高效、稳定、安全的信息解决方案。集成平台包括功能交互、信息共享、数据通信等方面的管理与控制。简单地说，该平台包含了信息层面和应用层面。对功能交互的管理与控制就是有计划地、按业务流程和相应规则建立分布于不同的应用系统之间的相互关联的逻辑关系。而这种逻辑关系又是通过相互间信息的共享和信息的交换体现的。同时，通过对信息共享及数据通信的管理与控制以确保信息的统一性、完整性、准确性、安全性、及时性、使用的方便性等。为不同系统间的功能交互过程中的业务处理营造统一的信息基础环境，进而保证业务处理的准确性、主动性和动态性。

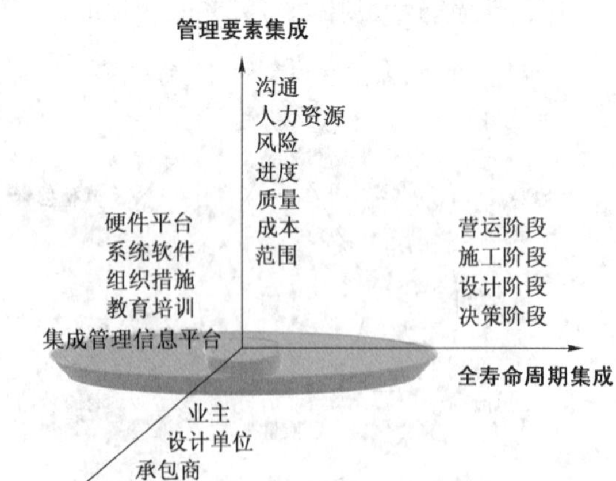

图 3-9　项目集成管理体系

广梧高速的全寿命周期集成、组织集成、管理要素集成和信息集成构成了一个完整的管理体系，如图 3-9 所示。

四、管理任务分工

根据高速公路建设项目生产组织的特点，项目实施过程中的管理工作往往需要由许多参与单位共同完成。由于各参与单位的工作性质、工作任务和利益不同，因此形成了不同类型的项目管理。云梧高速公路有限公司作为项目业主，既是项目生产过程的总集成者，即人力资源、物质资源和知识的集成，也是建设工程项目生产过程的总组织者。项目实施过程中以业主方的管理为核心，按不同参与方的工作性质和组织特征划分为业主方的项目管理、设计方的项目管理、施工方的项目管理、供货方的项目管理、总承包方的项目管理。

广梧高速公路由广东省公路勘察规划设计院（承担除房建、交通工程外的设计）、中交第二航务工程勘察设计院有限公司承担勘察设计，由广东省长大公路工程有限公司等12家施工单位承担路基和桥梁、隧道施工，由中交第二工程局有限公司、广东省长大公路工程有限公司承担路面设计施工总承包，由广东翔飞公路工程监理有限公司、广东省公路工程监理站承担工程监理。各参与方项目管理的任务按以下原则进行划分：

1. 业主方项目管理的目标和任务

业主方项目管理目标是：投资目标以不突破项目总投资为目标；进度目标以预定的全项目竣工通车为目标；项目质量目标以满足国家相应的技术规范和技术标准的规定，达到优良工程为目标。业主方的项目管理工作涉及项目实施阶段的全过程，即在设计前的准备阶段、设计阶段、施工阶段、竣工验收阶段和保修期分别进行安全管理、投资控制、进度控制、质量控制、合同管理、信息管理和组织协调等工作。

2. 设计方、施工方、供货方、总承包方项目管理的目标和任务

设计方、施工方、供货方、总承包方分别作为项目建设的参与方，其项目管理主要服务于项目的整体利益和自身的利益。其项目管理的目标包括投资\成本目标、进度目标、质量目标和安全目标。

设计方的项目管理工作主要在设计阶段进行，但它也涉及设计前的准备阶段、施工阶段、竣工验收阶段和保修期。其项目管理的任务包括：设计组织协调、设计成本和建设投资控制、出图进度控制、图纸质量和项目质量控制、设计合同管理。广梧高速公路设计中特别注意了设计方案的优选与评价。因为从全寿命周期的角度来看，设计费虽然一般只相当于工程全寿命费用的1%左右，但正是这1%的费用却基本决定了几乎全部随后的项目建设总费用。

施工方项目管理工作主要在施工阶段进行，由于在工程实践中，设计和施工往往是交叉的，因此必须加强设计与施工的协调工作。施工方项目管理的任务包括：施工组织、施工成本控制、施工进度控制、施工质量控制、施工安全管理、施工合同管理、信息管理与施工有关的组织协调。由于各施工单位的管理模式、管理理念不完全相同，广梧高速公路通过《广梧高速公路管理手册》、《广梧高速公路施工管理办法》等规范施工方的管理行为。

3. 监理方的项目管理目标和任务

广梧高速公路由两家具有公路甲级资质的监理公司承担监理任务，监理方受业主的委托，尽一切努力进行项目的目标控制。基于服务性、科学性、公正性和独立性的原则，依照法律法规、技术标准、设计文件和承包合同，对施工单位进行监督管理。在设计阶段，协助业主开展地质钻探监理等工作。在施工阶段，对施工单位的技术文件进行审核，施工过程中进行材料、设备的检查与检验，测量与定位检查，隐蔽工程验收，施工进度计划的审核与督查落实，工程的计量与支付签证，参与质量、安全事故的处理。

为了明确项目各方的管理任务，广梧高速将业主方、设计方、施工方和监理方的项目管理的任务，用项目管理任务分工表进一步明示出来。在任务分工表中，特别就项目实施各阶段的费用（投资或成本）控制、进度控制、质量控制、合同管理、信息管理和组织与协调等管理任务进行详细分解，见表3-1。

广梧高速公路集成化管理任务分工表 表3-1

序号	任务		业主	设计	施工	监理
	设计阶段（SJ）					
01	审批	获得政府有关部门的各项审批	EC	PE		
02		确定投资、进度、质量目标	DC	PDE		PE
03	发包与合同管理	确定设计发包模式	PD	E		
04		选择总包设计单位	PDE	E		
05		选择分包设计单位	PDE	PDC		PC
06		确定施工发包模式	PD	PE		PE
07	进度	设计进度目标规划	PDC	PE		
08		设计进度目标控制	PDC	PEC		
09	投资	投资目标分解	PDC	PDE		
10		设计阶段投资控制	PDC	PE		
11	质量	设计质量控制	PDC	PE		
12		设计认可与批准	PDE	PE		
	招标阶段（ZB）					
13	发包	招标、投标、评标	PDC	P	PE	PE
14		选择施工总包单位	PDE		E	PE
15		选择施工分包单位	PD		PDE	PEC
16		合同签订	PDEC		PDE	P
17	进度	施工进度目标规划	PDC		PEC	PE
18		项目采购进度规划	PDC		PEC	PE
19		项目采购进度控制	PDC		PEC	PEC
20	投资	招标阶段投资控制	PDC		PEC	
21	质量	制订材料设备质量标准	PDC		PEC	PEC
	施工阶段（SG）					
22	安全	确定安全目标，编制安全计划	DC	DC	PDEC	PEC
23		安全措施计划实施	C	C	PDEC	PEC
24		安全措施计划验证	C	C	PDEC	PEC
25	质量	建立质量控制系统	DEC	C	PDEC	PEC
26		质量过程控制	C		PDEC	PEC
27		质量验收与评定	EC	C	PDEC	PEC
28	进度	进度计划系统的建立	DEC	C	PDEC	PEC
29		进度控制	DC		PDEC	PEC
30	投资（成本）	投资（成本）计划的制订	DC	P	PDEC	PEC
31		投资（成本）控制	DEC	C	PDEC	PEC

续上表

序号	任　务		业主	设计	施工	监理
32	合同	合同管理	DEC		PDEC	PEC
33	信息	信息管理	PDEC		PDEC	PEC
34	组织与协调	组织协调	PDEC		PDEC	PEC

注：P—筹划；D—决策；E—执行；C—检查。

五、管理职能分工

管理是由多个环节组成的过程，包括提出问题、筹划、决策、执行和检查。这些环节构成了管理的职能。如图 3-10 所示。

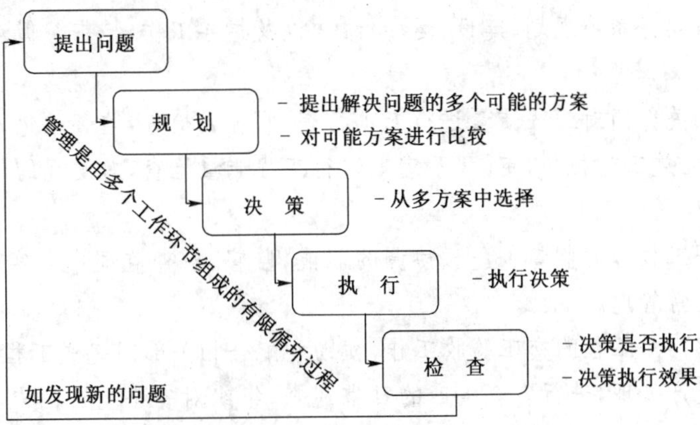

图 3-10　管理职能

以进度管理为例，管理职能的划分为：

1. 提出问题

即通过进度的计划值与实际值比较，发现进度推迟了。

2. 筹划

即加快进度有多种可能的方案，如改一班制为两班制，或者通过增加施工设备和改变施工方法。

3. 决策

从上述可能的方案中选择一个执行的方案，如增加施工设备。

4. 执行

要求承包人落实设备来源，设计性能应该满足工程质量、安全等要求。

5. 检查

即检查执行的效果。

事实上，以上的管理职能是由不同的职能部门来完成的。进度控制部门负责跟踪和提出有关的进度问题；施工协调部门对进度问题进行分析，提出可能的方案，并对其进行比较；承包人的项目部选择一个方案实施；作业班组执行选择出的方案；监理方、业主代表和项目部检查执行的效果。

管理职能的分工既要职责明确，又要协作配合。要明确某一项职能由哪个部门负责主办，哪些部门配合与协作，出现问题时由哪个部门负责协调。

【案例3-1】 广梧高速公路项目业主各部门职责分工

一、工程管理部部门职责

工程管理部设以下岗位:部门经理、部门副经理、计划主管、测量主管、安全主管、资料主管。其职责包括:

1. 负责项目工程的进度控制、质量控制和安全管理,编制进度控制、质量控制、安全管理的规章制度、管理办法。

2. 负责编制项目工程进度计划,并根据执行情况进行调整。

3. 负责审核(批)分承包人的施工进度计划,对计划的执行情况进行动态的跟踪检查,定期组织召开工程进度计划会议进行分析、总结、协调、布置,必要时对其进行调整。

4. 负责P3e/c软件系统规划、建设、运转、维护以及指导工作,检查督促承包人健全进度计划控制体系。

5. 负责组织相关部门对工程质量进行专项检查、联合大检查,监督承包人按照工程质量要求履行投标承诺,在施工过程中,定期、不定期进行工程质量检查,对发现的问题或隐患及时提出整改意见和建议。

6. 履行对监理工程师的监督、检查、协调的职能,监督、检查监理中心实验室的工作;负责社会检测力量的日常管理。

7. 组织相关部门对工程的交工验收工作,协助和配合相关部门完成工程的竣工验收工作。

8. 负责安全生产管理,进行安全生产的日常巡查,组织对安全生产的专项检查、联合大检查,并进行总结评比。

9. 组织相关部门对工程质量问题进行调查处理,参与和配合工程质量、施工安全事故的调查处理。

10. 对设计变更的工程量进行复核,必要时组织相关部门及承包人一同进行联合测量核实;指导、督促建设各方做好平面控制、高程控制工作。

11. 负责档案管理部门的对口协调,编制项目《竣工文件编制办法》,组织对建设项目的竣工资料编制,指导、检查、督促承包人做好竣工资料的编制工作,负责本部门各种资料的编制、使用、登记、保管、归档工作。

12. 会同相关部门及时解决工程实施过程中的技术问题。

13. 参与审核承包人的施工组织设计/计划。

14. 参与劳动竞赛的组织、实施、检查和评比的工作。

15. 完成业主单位领导交办的其他工作。

二、合同管理部部门工作职责

合同管理部设以下岗位:部门经理、部门副经理、招投标主管、合同主管、造价及变更主管、计量支付及统计主管。

1. 负责协助有关部门组织各项工程的招标前期工作、招标文件的编制和招标工作。

2. 做好项目建设方面的合同管理工作:参与本项目合同的起草及合同的谈判,办理合同的审定、签订等工作;对合同协议进行建档管理,做到分类编号、整理有序、查找方便、保管完好;监督合同的执行,办理合同款收支的审核手续。

3. 负责工程计量支付月报的审核工作。按计量支付管理程序，准确地完成每月计量支付的审核工作，必要时会同相关部门及总监办检查各合同段的施工完成及计量情况，避免多计、漏计和错计等问题的发生，为最终的工程结算、决算打好基础。

4. 会同相关部门及监理审查承包人的实际施工进度计划、计量支付台账、设备到位情况，组织召开合同管理、计量支付等有关协调会。

5. 负责造价管理工作。对经济合同进行造价审查；管理工程变更设计造价台账、HCS项目建设管理系统等；参与工程变更的技术审查工作，对变更设计的造价进行审查，必要时提请委托造价咨询单位协助审查。

6. 协同相关部门做好工程交、竣工结算和决算工作。

7. 负责与法律顾问的沟通协调工作。

8. 完成业主单位领导交办的其他工作。

三、交通工程部部门工作职责

交通工程部设以下岗位：经理、副经理、交通安全工程主管、机电工程主管、房建工程主管、绿化与环保组工程主管和甲供材料主管。

负责与交通安全工程、机电设备工程、房建工程、绿化与环保工程以及甲供材料有关的管理工作：

1. 组织并跟踪房建工程的地质钻探、工程设计工作，并组织对相关工程设计文件的审查。

2. 参与交通安全工程、机电设备工程、房建工程、绿化与环保工程以及甲供材料的招标工作。

3. 组织设计单位对交通安全工程、机电设备工程、房建工程、绿化与环保工程设计文件进行技术交底，组织解决施工中的疑难问题。

4. 组织编制交通安全工程、机电设备工程、房建工程、绿化与环保工程的总体指导性施工组织设计。

5. 参与审查承包人上报的交通安全工程、机电设备工程、房建工程、绿化与环保工程的实施性施工组织设计和关键工程的施工组织设计。

6. 制订并监督交通安全工程、机电设备工程、房建工程、绿化与环保工程工程质量保证措施，参与相关工程的质量管理。

7. 参与相关工程的变更设计管理。

8. 编制交通安全工程、机电设备工程、房建工程、绿化与环保工程进度计划并检查计划执行情况。

9. 参与相关工程的计量工作。

10. 参与相关工程的交工验收工作。

11. 参与相关工程施工的安全生产和文明施工管理工作。

12. 负责甲供材料的计划、组织和管理工作。

13. 参与审查与上报相关工程的科技攻关项目实施方案，负责跟踪有关科技攻关项目的进展情况并向相关主管及时汇报。

14. 负责制订本项目运营的总体规划以及运营前的筹备工作。

15. 完成业主单位领导交办的其他相关工作。

四、财务审计部部门工作职责

财务审计部设以下岗位:经理、副经理、会计主管、办税员、出纳。

1. 认真贯彻执行《中华人民共和国会计法》、《企业会计准则》、《企业会计制度》、《会计基础工作规范》等国家有关财经法规制度及广梧高速公路有限公司章程及其有关制度,遵守财经法纪,实行会计监督,维护投资者的合法权益。

2. 处理好财务日常事务工作,及时、完整、准确地负责业主会计核算工作,定期编制各种财务会计报表和财务专题报告,经总经理审核后报送各有关部门。

3. 根据年度工作安排和开支需要,在业主各部、办的配合下编制年度及各季度财务预算、费用预算,经预算管理程序审批后贯彻执行;认真执行财务预算、费用预算,年度及季度终了需编制和汇总业主预算执行结果,并对预算执行情况进行分析,提出改善管理、开源节流的建议及措施,进一步提高经济效益。

4. 根据业主工程建设情况,编制年度资金使用方案,并及时与银行、上级主管单位联系,保证资金按时到位。

5. 做好工程款支付管理工作,及时支付工程款。

6. 建立完善的会计内部控制制度,提高财务会计信息质量,避免出现各种舞弊现象和会计造假行为,保证财产的安全、完整。

7. 参与拟订和审查经济合同、经济协议和其他经济文件;建立合同台账,定期进行合同执行情况报告。

8. 严格执行现金和银行存款管理制度,妥善保管库存现金和有价证券;督促和配合财产、物资管理部门,对各项财产物资的正确计算、检验、收发、领退、调拨、摊销等进行全过程审核,定期进行财产清查和业务核算工作,确保国有资产的保值增值。

9. 定期汇报生产经营活动情况,为业主单位领导决策提供依据。

10. 负责业主税务登记、年检、申报和管理工作,及时按税法的规定缴纳各种税款。

11. 与业主股东和交通主管部门、财政、税务、工商等国家有关部门保持良好的协作关系,配合他们搞好监督检查工作。

12. 定期组织会计人员进行会计理论、会计业务知识学习,努力提高业务水平和操作能力。

13. 做好会计档案的保管工作,需要归档的会计资料按有关规定及时归档。

五、综合信息部部门工作职责

综合信息部设以下岗位:经理、副经理、人事主管、后勤总务、计算机及信息管理员。

1. 负责人事、工资、职称、专业技术人员考核、员工教育培训等人力资源的组织和管理工作。

2. 负责办理员工保险、福利和劳动保护等有关事宜。

3. 负责业主邮寄、各类报刊、杂志的订购、分发等管理工作。

4. 负责业主固定资产、办公用品、生活用品的采购、管理、分发等工作。

5. 负责办公楼、食堂、宿舍和招待所的日常管理维护工作。

6. 负责业主安全保卫、治安防火和综合治理工作。

7. 负责业主各种会议的会务工作及上级单位和有关业务单位的来往接待工作。

8. 负责公务车辆和驾驶员的日常管理工作。

9.负责计算机及计算机网络、办公设备的日常管理和维护工作。

10.组织业主办公自动化的建设、实施工作,负责各类办公、管理软件的组织开发、日常管理工作。

11.负责党务管理工作。

12.负责业主各类庆典和其他活动的策划、组织等工作。

13.负责工会工作。

14.负责计划生育管理工作。

15.完成业主单位领导交办的其他工作。

六、技术部工作职责

技术部设置以下岗位:经理、副经理、路基路面主管、桥涵主管、隧道及高边坡主管、变更设计主管、交通工程主管、技术文档管理员。

1.负责工程技术管理工作。

2.监督设计单位按建设意图进行设计,协助设计单位开展技术经济分析,搞好设计方案比选;对初步设计阶段、施工图设计阶段、施工阶段等各个阶段的设计进行控制和管理;组织有关单位和专家对施工图进行会审。

3.组织审查承包人的施工组织设计,组织总体施工组织设计的编写。

4.组织设计单位对承包人进行施工图的技术交底。

5.组织有关单位和专家,召开解决重大技术问题的专家会。

6.负责工程变更设计的组织和管理工作。

7.负责对设计代表日常工作的安排。

8.根据建设科技示范路的要求,针对本项目特殊的工程条件,合理设立科研课题,合理安排人员和资金,进行技术攻关,解决工程的重点与难点。

9.负责执行技术巡视制度,定时或不定时组织相关部门到工地召开现场会,及时解决工地有关技术和变更设计问题。

10.参与工程进度、安全、质量的检查和管理。

11.参与工程质量事故的处理,组织重大事故处理分析会。

12.负责技术文件和资料的控制与管理。

13.完成业主单位领导交办的其他事项。

七、总经办的工作职责

总经理办公室设置以下岗位:经理、副经理、征地拆迁组长、征地拆迁主管、地方关系协调主管、地亩档案主管、文档管理员、文秘、驻地代表小组长、驻地代表。

1.负责监督各部门按程序办事,检查各部门月度计划完成情况,把每月完成情况汇总成册并及时上报。

2.负责上传下达、沟通信息,落实业主单位领导的决策,并监督检查实施情况。

3.协助总经理协调处理好各部门关系,做好跨部门协调工作。

4.负责对驻地代表的管理和考核;协调驻地代表与驻地监理、承包人之间的关系。

5.组织召开驻地代表工作会议,协调驻地代表与各业务部门之间的工作关系,及时掌握工地的动态、信息,便于各业务部门跟踪管理。

6. 负责办事处(即驻地代表小组驻地)的管理。

7. 组织领导交办的各种会议,包括跨部门工作会议和总经理办公会议等;安排会务、做好记录并形成会议纪要。

8. 在总经理外出或请假时,行使总经理授权的有关权力,以保证工程项目的正常运作。

9. 负责廉政建设的宣传和管理,开展同步预防职务犯罪工作。

10. 收集本项目有关的"大事记"的信息,编写工程项目的"大事记"。

11. 负责业主的文秘和档案管理及其保密工作;负责印章的管理工作。

12. 负责征地拆迁的日常管理工作;跟踪落实征用土地的用地申报情况,配合地方国土部门完善用地申报资料,办理好申报手续。

13. 草拟好征地拆迁承包合同初稿,上报审批;配合上级领导与地方政府洽谈征地拆迁承包合同。

14. 负责核实征地拆迁数量,对照设计概算中的征地费用,与设计单位协调,对错漏的项目进行调整。

15. 跟踪办理好重点工程提前用地手续,及时取得重点工程建设用地。

16. 督促并协助地方政府认真做好征地拆迁的宣传解释工作,制订合理的补偿方案,处理好各种安置工作,争取得到农民的理解和支持,为征地拆迁工作清除障碍。

17. 与当地政府协商征地拆迁有关工作安排,核实征地拆迁数量和费用,洽谈相关合同,并跟踪相关合同的执行情况。

18. 制订好征地拆迁计划及措施并组织实施;跟踪落实征地拆迁工作进度,督促征地拆迁责任部门按合同要求和我方的征地拆迁工作计划及时完成征地拆迁任务。

19. 协调好地方关系,及时处理好工程施工中存在的地方关系问题,为工程顺利施工扫清障碍。

20. 跟踪办理好土地使用权证,做好征地拆迁费用的结算工作。

21. 负责按竣工资料的要求做好地亩资料的归档整理工作。

22. 督促地方政府征地拆迁费用专款专用,保护被征地农民合法利益。

23. 组织学习上级颁发的各种文件、规范、法规并监督各项规章制度的落实。

24. 协助综合部做好对业主内部人员的考核工作。

25. 完成业主单位领导交办的其他工作并及时向领导汇报工作完成情况。

六、工作流程组织

工作流程图是反映在一个项目实施过程中,其管理工作的流程、信息处理的流程,以及设计工作、物资采购和施工的流程。它用图的形式反映一个组织系统中各项工作之间的逻辑关系。广梧高速公路的工作流程组织包括设计准备工作流程;设计工作流程;施工招标工作流程;物资采购工作流程;施工作业工作流程;各项管理工作如投资、进度、质量、合同管理工作流程;与工程相关的信息处理工作流程,如图 3-11 所示是广梧高速公路工程变更工作流程。从图中可以看出,工程变更可以由业主提出,也可能由设计方或施工方提出,工程变更处理涉及业主、监理工程师、设计单位和施工承包单位。

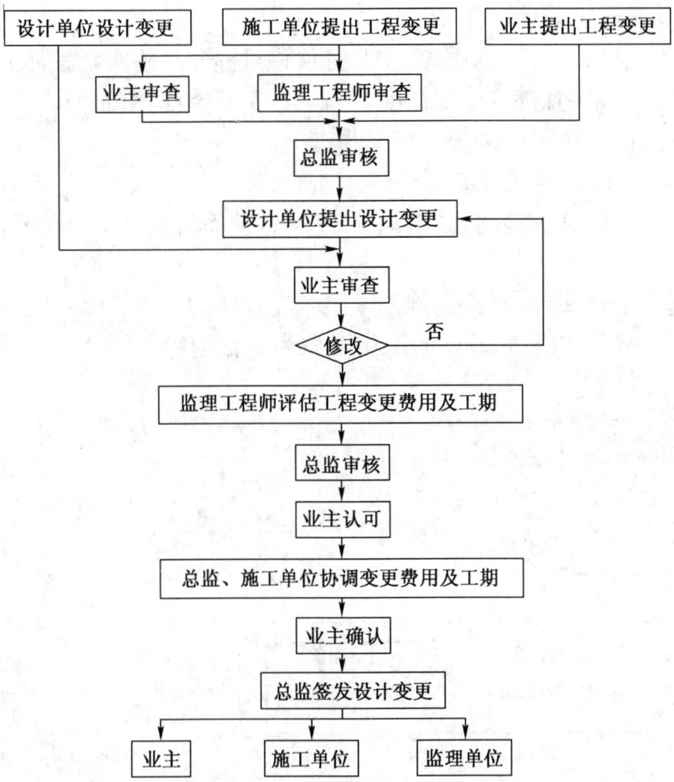

图 3-11　广梧高速公路工程变更工作流程图

第二节　项目管理规划

高速公路建设项目管理规划是在调查研究和收集资料、充分占有信息的基础上，就项目的实施目标、实施条件、实施内容和实施方法，进行组织、管理、经济和技术的充分条件、必要条件、充要条件等方面的科学分析和论证。研究为什么需要进行项目管理，项目管理需要完成哪些工作，由谁在什么时候做哪些方面的管理工作，如何开展项目管理工作，项目的投资、进度、质量、安全管理方法，环境保护与文明施工措施，项目参与方的组织协调途径，信息沟通网络与信息管理平台。

高速公路建设项目管理规划的编制过程是专家知识的组织和集成，以及信息的组织和集成的过程。它需要整合多方面专家的知识，如组织知识、管理知识、经济知识、技术知识、设计经验、施工经验、项目管理经验、项目策划经验等。

一、工作任务的分解

工作任务的分解是项目管理规划编制的基础。高速公路项目建设伊始，一般都需要按系统规则和要求将其分解成相互独立、相互影响、相互联系的项目单元，这些项目单元将成为项目设计、计划、目标控制和资源分配与优化等一系列项目管理工作的对象，是组织结构模式的选择、组织分工的基础。工作任务分解与实施/管理部门的关系，如图 3-12 所示。

工作任务分解是一个渐进细化的过程，它随着项目目标设计、规划、详细设计和计划工作的进展而逐渐细化，包括三个方面的内容：

1. 工程项目的结构分解

即按系统规则将一个项目分解开来，得到不同层次的项目单元。

2. 项目单元的定义

通过规划、详细设计、计划和责任的分配，将项目目标分解落实到具体的项目单元上，并从各个方面(质量、费用和工期目标，技术标准，实施者，实施条件)对它们作详细的说明。这个工作应与相应的设计、计划、组织安排等工作同步进行。

3. 项目单元之间的逻辑关系的分析

包括各单元间界面的分析、实施的工艺顺序安排，从而将全部项目单元构筑成一个有机的项目整体。

对高速公路建设项目来说，通常是首先逐层将建设项目分解为单项工程、单位工程、分部(项)工程，如图3-13所示，以明确具体的工作对象和工作内容。图3-14是某桥梁工程的工作分解结构。

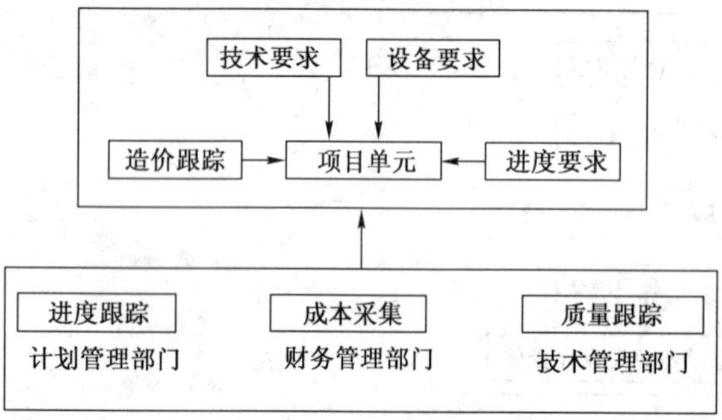

图3-12 工作任务分解与实施/管理部门的关系

图3-13 工作分解的基本层次

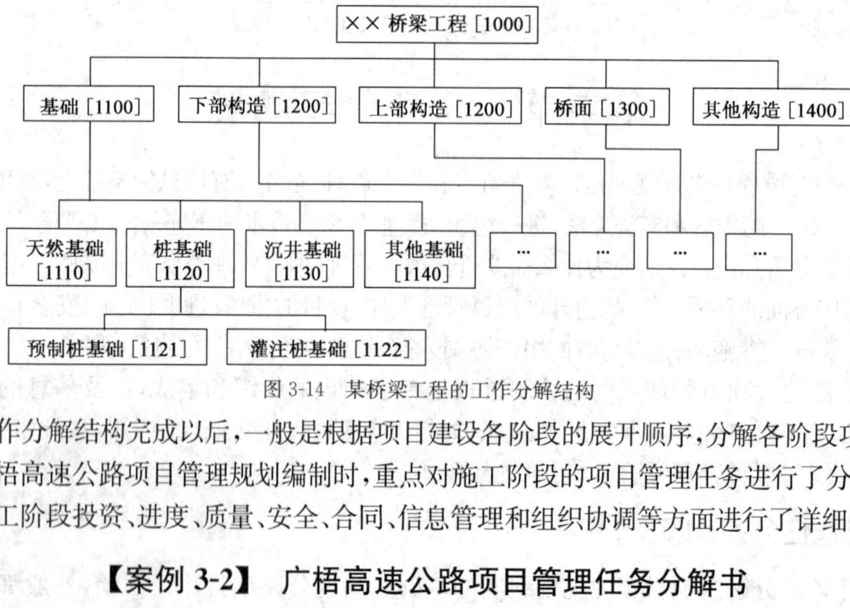

图3-14 某桥梁工程的工作分解结构

在工作分解结构完成以后，一般是根据项目建设各阶段的展开顺序，分解各阶段项目管理的任务。广梧高速公路项目管理规划编制时，重点对施工阶段的项目管理任务进行了分析，从施工招标到施工阶段投资、进度、质量、安全、合同、信息管理和组织协调等方面进行了详细的论证。

【案例3-2】 广梧高速公路项目管理任务分解书

一、项目背景

二、项目工作分解结构

三、项目管理任务分析

(一)设计准备阶段

略

(二)设计阶段

略

（三）施工阶段

1. 与施工招标有关的项目管理任务

(1)与施工招投标有关的投资管理工作。审核概算和施工图预算;审核招标文件和合同文件中有关投资的条款;审核和分析各投标单位的投标报价;提交投资控制报告。

(2)与施工招投标工作有关的进度控制。编制施工总进度规划,并在招标文件中明确工期总目标;审核招标文件和合同文件中有关进度的条款;审核和分析各投标单位的进度计划;提交进度控制报告。

(3)与施工招投标工作有关的合同管理。合理划分子项目,明确各子项目的范围;确定项目的合同结构;策划各子项目的发包方式;起草、修改施工承包合同以及甲供材料和设备的采购合同;参与合同谈判工作。

(4)与施工招投标工作有关的组织与协调。组织对投标单位的资格预审;组织发放招标文件,组织投标答疑;组织对投标文件的预审和评标;组织和协调参与招投标工作的各单位之间的关系;组织各种评标会议;向政府主管部门办理各项审批事项;组织合同谈判。

(5)与施工招投标工作有关的风险管理。制订风险管理策略;在合同中采取有利的反索赔方案;制订合理的工程保险投保方案。

2. 施工阶段的投资控制

编制施工阶段各年度、季度和月度资金使用计划,并控制其执行;每月进行投资计划值与实际值的比较,并提供各种报表;工程付款审核;审核其他付款申请单;对施工方案进行技术经济比较论证;审核及处理各项施工索赔中与资金有关的事宜。

3. 施工阶段的进度控制

审核施工总进度计划,并在项目施工过程中控制其执行,必要时及时调整施工总进度计划;审核项目施工各阶段、年、季和月度的进度计划,并控制其执行,必要时作调整;审核设计方、施工方和材料、设备供货方提出的进度计划和供货计划,并检查、督促和控制其执行;在项目实施过程中,进行进度计划值与实际值的比较,每月、季和年提交各种进度控制报告。

4. 施工阶段的合同管理

起草甲供材料和设备的合同,参与各类合同谈判;进行各类合同的跟踪管理,定期提供合同管理的各种报告;处理有关索赔事宜,处理合同纠纷。

5. 施工阶段的信息管理

进行各种工程信息的收集、整理和存档;定期提供各类工程项目管理报表;建立工程会议制度;督促各施工单位整理工程技术资料。

6. 施工阶段的组织与协调

参与组织设计交底;组织和协调参与工程建设各单位之间的关系;向各政府主管部门办理各项审批事项。

7. 施工阶段的风险管理

工程变更管理;协助处理索赔及反索赔事宜;协助处理与保险有关的事宜。

8. 施工阶段的现场管理

组织工地安全检查;组织工地卫生及文明施工检查;协调处理工地的各种纠纷;组织落实工地的保卫及产品保护工作。

（四）竣工验收阶段

略

二、项目管理规划编制

高速公路建设项目管理规划是指导项目管理工作的纲领性文件，涉及项目整个实施阶段，是业主方前期项目管理的一项重要工作。项目管理规划一般包括如下内容：

(1)项目概述。

(2)项目的目标分析和论证，包括目标确定、范围规划、范围定义。

(3)项目管理的组织结构，包括项目管理组织形式、组织规划、团队建设、冲突管理、沟通规划、绩效评价与人员激励、项目监理、行政监督。

(4)项目合同结构分析，包括采购规划、招标采购的实施、合同履行和收尾。

(5)项目目标控制的方法和手段，包括工作分解、工作排序、工作延续时间估计、进度安排、进度控制，资源计划，费用估计、费用预算、费用控制，质量计划、质量控制，采用的方法有网络计划技术、甘特图、资源费用曲线、里程碑计划、质量控制的数理统计方法等。

(6)安全、健康与环境管理的策略。

(7)信息管理的方法和手段。

(8)技术路线和关键技术的分析。

(9)设计过程的管理。

(10)施工过程的管理，如变更控制，生产要素管理，现场管理与环境保护。

(11)风险管理的策略等，包括风险管理规划、风险识别、风险评估、风险量化、风险应对计划。

项目管理规划的编制过程中，要重点研究项目计划的方法，组织与实施、控制与评价的原理与程序。

项目计划就是根据项目目标的要求，对项目范围内的各项活动作出合理安排。它系统地确定项目的任务、项目管理目标和完成任务所需的资源等，使项目在合理的工期内，用合理的成本和尽可能高的质量完成。项目计划是项目中各项工作开展的基础，是项目管理人员的工作依据和行动指南。项目计划按其作用和服务对象可以分为四个层次：即决策型计划、管理型计划、执行型计划、作业型计划。项目计划按其活动内容分类主要有：项目主体计划、进度计划、费用计划、资源计划等。最常用于进行项目计划的工具主要有：工作分解结构、线性责任图、横道图、网络计划技术等。

项目组织与实施，一是指组织机构，二是指组织行为。项目管理的组织，是指为进行项目管理、完成项目计划、实现组织职能而进行的项目组织机构的建立、组织运行与组织调整等组织活动。项目管理的组织职能包括五个方面：组织设计、组织联系、组织运行、组织行为与组织调整。项目组织是实现项目计划、完成项目目标的基础条件，组织的好坏对于能否取得项目成功具有直接的影响，只有在组织合理化的基础上才谈得上其他方面的管理。项目的实施包括：项目计划执行、班子建设、信息分发、招标、来源选择和合同管理。

由于在项目计划时难以预见的问题很多，因此在项目组织实施过程中往往会产生偏差、如何识别偏差、消除偏差或调整计划，保证项目目标的实现，这就是项目管理的评价与控制职能所要解决的。项目评价是项目控制的基础和依据，项目控制则是项目评价的目的和归宿。项目评价和控制的目的，就是通过伺服机制，根据计划进行中的实际情况作出及时合理的调整，使得项目组织能按计划完成。从内容上看，项目评价与控制可以分为工作控制、费用控制与进度控制等。

项目控制是根据各项目目标的计划值,定期对项目进展情况进行检查,找出与计划值的偏差(指有损于项目目标实现的偏差,如进度的滞后、费用的超支等)。如果偏差很明显,则须通过重复进行有关的项目计划过程对计划进行调整。例如,若某施工过程的结束时间拖延了,则可能要求对现在的人员安排计划作调整,或依靠加班,或在预算和时间进度之间进行权衡。控制还包括在可能出现的问题发生前采取预防措施。项目目标动态控制的原理,如图 3-15 所示。

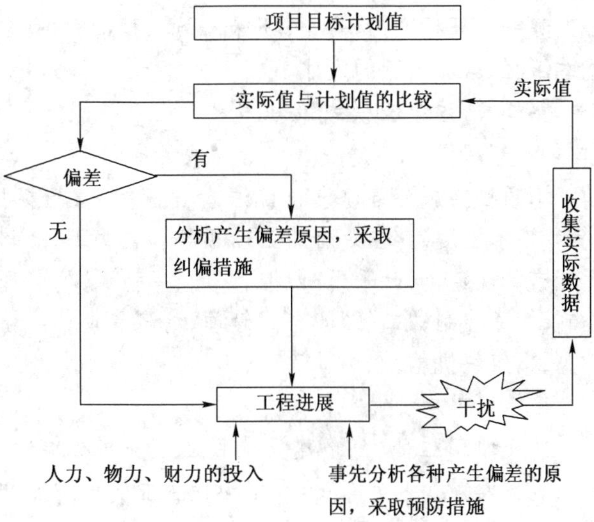

图 3-15　项目管理动态控制原理

(1)将项目的目标进行分解,以确定用于目标控制的计划值,并事先分析各种产生偏差的原因,采取预防措施。

(2)投入人力、物力、财力等资源。

(3)收集项目目标的实际值,如实际投资、实际进度等。

(4)定期进行项目目标的计划值和实际值的比较,如果没有偏差,则工程继续进行,继续投入人力、物力、财力等资源。

(5)如有偏差,则分析产生偏差的原因,采取纠偏措施进行纠偏。

(6)如有必要,则进行项目目标的调整,目标调整后再回复到第 1 步。

在高速公路建设项目目标的动态控制过程中,应着重注意:

(1)对计划目标值的论证和分析。由于各种主观和客观因素的制约,项目规划中的计划目标值有可能是难以实现或不尽合理的,需要在项目实施的过程中合理调整或细化和精确化。只有项目目标是正确合理的,项目控制方能有效。

(2)及时对工程进展作出评估,即收集实际数据。没有实际数据的收集,就无法清楚工程的实际进展情况,更不可能判断是否存在偏差。因此,数据的及时、完整和正确是确定偏差的基础。

(3)进行项目计划值与实际值的比较,以判断是否存在偏差,并采取措施纠正偏差。项目目标动态控制的纠偏措施主要包括组织措施、管理措施、经济措施、技术措施等。

【案例 3-3】　广梧高速公路项目管理规划(精简版)

第一章　项目概况

一、工程概况

二、建设规模和技术标准

三、起终点与路线走廊方案

四、与其他交通网衔接情况

包括:与公路网的连接状况、与铁道的衔接状况、与港口的衔接状况。

五、沿线自然地理概况

包括:地形地貌、气候、区域地质构造、水文地质概况、地震。

六、工程建设特点

七、建设使命和愿景

建一条高标准的，安全、环保、舒适、和谐的，有自己特色的高速公路。用一流的管理，建一流的工程，培养一流的人才。

第二章 管理模式及机构

一、管理模式

本项目实施公路建设项目法人责任制度、招标投标制度、工程监理制度和合同管理制度(简称四项制度)。在政府的正确领导和监督下，严格执行国家基本建设程序及基本建设市场管理有关规定，同时采用“四控、二管、一协调”的管理模式(“四控”即安全控制、质量控制、进度控制、投资控制；“二管”即合同管理、信息管理；“一协调”是指协调管理)。

二、组织机构

1. 组织机构设置

按交通工程部《公路建设项目法人资格标准》的要求，组建广东云梧高速公路有限公司。业主机构设置和人员配置，根据现代企业管理制度和人力资源管理办法，以工程建设管理的实际需要出发，遵循精简、高效、有利于工作的原则。

2、部门设置和职责

项目建设期项目业主设置工程管理部、合同管理部、交通工程部、财务审计部、综合信息部、技术部、总经办等部门。

第三章 示范工程与科技创新

一、勘察设计典型示范工程

二、科技示范工程

三、科技创新的内容

第四章 生态保护与自然和谐

一、环境保护

1. 环境保护的目标

2. 公路建设期的环境保护

二、水土保持

1. 水土保持的指导方针

2. 水土保持坚持的原则

3. 水土保持的目标

4. 水土流失防治措施

三、景观绿化工程

1. 景观绿化的目的

2. 景观绿化的原则

3. 景观绿化工程的管理

第五章 安全管理和文明施工

一、安全管理

1. 管理依据

2. 管理目标

3. 管理机构

4. 安全生产管理的基本原则和要求

5. 安全管理职责

包括：业主单位、监理单位、承包人的安全管理职责。

6. 安全检查

包括：安全检查目的、安全检查类型、范围内容、安全检查结果的处理、安全事故报告、调查与处理、安全事故应急救援预案、安全台账的管理制度、安全生产奖罚办法。

二、文明施工实施办法

1. 文明施工管理的目的

2. 文明施工管理的依据

3. 文明施工的具体要求

4. 承包人驻地的建设的有关规定

5. 文明施工的检查评比

第六章　质量管理

一、总则

1. 质量目标

2. 管理框架

3. 总体质量管理体系

二、参建单位质量管理范围、内容

1. 业主单位质量管理

2. 勘察设计单位质量控制

3. 监理工程师质量控制

4. 承包人质量控制

三、项目建设各阶段质量控制

1. 设计阶段

2. 施工阶段

3. 竣(交)工验收阶段

四、质量管理制度、办法、规定

1. 工程质量情况汇报制度

2. 工程质量事故报告处理制度制定依据

3. 质量事故处理制度

4. 工程质量举报制度

5. 质量缺陷的预防及处理办法

6. 质量检查评比办法

7. 工程质量评优

8. 对社会检测机构的管理

第七章　进度控制

一、进度计划的编制

1. 进度计划编制的原则

2. 进度计划的层次划分

3. 进度计划的编制依据及编制职责

4.进度计划编制流程
5.进度计划编制的内容
6.进度计划的保存、发布
二、进度计划的审批
1.进度计划的提交
2.进度计划审查的内容
三、进度计划的检查、更新
1.进度计划的检查
2.进度计划的更新
四、进度计划的分析与偏差调整
1.进度计划的分析
2.计划偏差的确定与分析处理
3.加快工程进度
4.进度计划的延期
5.对承包人延误的处理
五、确保进度计划的措施

第八章　投资控制管理

一、造价管理体系及阶段投资控制目标系统
二、招标过程中的投资具体控制任务和措施
三、强化技术管理
四、严格合同管理
五、严格工程计量支付程序
六、规范工程变更管理
七、规范资金管理
八、加强财务管理

第九章　合同和计量支付管理

一、合同管理
1.合同的立项
2.合同文件的编制
3.合同的会签
4.合同的谈判
5.合同文件的审批
6.合同文件的管理存档
7.合同的执行、付款
8.合同的关闭
二、工程施工招标投标与合同管理
1.招标程序
2.招标方式
3.招标文件
4.评标与决标组织

5.施工合同签订与履行

三、工程计量与支付管理

1.工程计量支付的基本原则

2.工程计量支付的依据

3.工程计量支付的条件

4.工程计量支付附件的要求

第十章　信息管理

一、信息管理系统的开发与采购

二、办公自动化系统

三、HCS 项目建设管理系统

四、档案管理系统

第十一章　协调管理

一、监理工作协调管理

二、征地拆迁管理

三、加强地方关系协调

四、对内协调管理

第十二章　工程技术管理

一、机构设置

二、设计阶段技术管理

三、施工阶段技术管理

第十三章　工程变更管理办法

一、变更前期工作

二、变更定义和分类

三、优化设计

四、变更意向管理

五、正式变更报告管理

六、变更的实施

七、变更资料的归档

第十四章　交通工程管理

一、房建工程施工管理

二、电气工程管理

三、安全设施工程管理

第十五章　材料管理

一、甲供材料管理

二、承包人自购材料管理

第十六章　财务管理制度

一、工程款的管理

二、投标保证金、图纸押金的管理

三、履约保证金的管理

四、工程税金及附加的管理

五、工程建设其他费用的管理

六、资金安全控制和合同结算发票的管理

第十七章　廉政建设管理

一、廉政合同

二、党风廉政建设责任制

第十八章　监理管理办法

一、监理机构的组织形式及职责

二、监理机构的人员配备

三、监理机构的人员岗位职责

四、监理人员签字用语与权限规定

五、监理奖罚措施

第三节　有效的协调与应急处理机制

一、监理工作协调管理

工程监理是受业主的委托，依照法律、法规和有关技术标准、设计文件和建设工程承包合同，代表业主单位对施工质量、进度、费用和安全进行监督管理。业主与监理单位的关系是委托与被委托的关系，业主在支持监理工程师依法开展工作的同时，必须对监理机构的完善和监理工作进行监督管理和协调，以确保监理人员按规范和合同对工程的所有施工环节进行有效的控制。

1. 监理的管理模式及组织机构

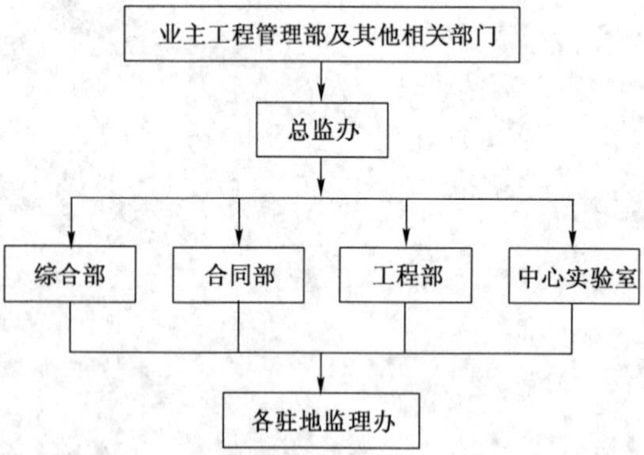

图 3-16　广梧高速监理单位组织机构图

根据《公路建设四项制度实施办法》，广梧高速通过招标方式选择社会监理队伍承担本项目的监理工作。监理单位的管理模式及组织机构原则上与业主的管理模式及组织机构相对应。根据本项目业主的管理模式，相应设置总监理工程师办公室和驻地监理办；监理单位组织机构如图 3-16 所示。机构设置以后，监理单位必须按合同及有关规定根据工程的具体情况配备符合资格要求的、足够数量的监理工程师，以满足对工程的进度、质量、投资及安全生产进行有效控制的需要，并主动接受业主的监督和管理。

广梧高速公路项目监理组织机构设置为两级监理模式：一级机构为总监理工程师办公室（以下简称总监办），下设工程部、合约部、综合部、中心实验室等职能部门；二级机构则结合施工合同段的划分设置若干个驻地监理工程师办公室，在总监办授权范围内，分别负责各自区段内的日常监理工作。

（1）总监办。总监办是总监理工程师的办公室，它代表监理单位全面主持所辖区段的监理工作，并对监理单位负责。总监办在总监理工程师的领导下编制本项目工程统一的《监理实施细则》并组织实施，制订辖区内监理管理办法、监理制度、监理工作计划，并组织检查实施情况。组织第一次工地会议，编写会议纪要，参加各合同段工地会议，检查督促决议的执行。检查、督促、指导和协调各驻地办的监理工作和有关施工活动，及时解决和处理驻地办提出的问题。协助业主解释施工合同中含糊不清的问题，解决合同争端。审批承包人的实施性施工组织设计；审查驻地办上报的计量支付、工程分包、延期、索赔等有关问题，提出审查意见报业主批准；审批总开工报告。在业主授权的范围内处理工程变更。抽检各合同段工程质量，参加质量事故的处理，当工程质量严重偏离合同要求且造成不良影响时，可直接下达暂时停工令。暂时停工令一旦下达，经整改合格或问题解决后总监办负责下达复工令。对影响工程质量、工期和投资的重大问题应及时向业主书面提出。掌握工程动态，汇总各驻地办按规定上报的各种报表(包括监理月报)，核准后及时报业主并归档，负责发送总监理工程师、业主及其他方面的报告、指令等文件。审查承包人交工资料和交工图纸，确保资料完整和图纸准确，确实反映工程实际情况。参加辖区内的交工、竣工验收。组织监理文件的编制工作和定期编辑出版监理简报。任免考核监理人员，处分违纪监理人员。负责组织对监理人员的培训和素质提高的工作。

(2)驻地办。驻地办代表高级驻地监理工程师行使职权，执行总监办及高级驻地监理工程师的指令，严格按合同条款，在总监办的授权下，对工程进行全面监督和管理，负责日常监理工作的组织和执行，向总监办提供第一线的基础资料。对承包人施工组织设计进行审查，符合要求后提出初审意见报总监办审批；批准月进度计划，检查进度计划的实施情况，对滞后于计划的工程要及时向总监办报告，督促承包人增加设备、人员或调整进度计划。复核设计图纸和承包人上报的变更设计图纸、临时工程图纸及计算书。会同各承包人对合同段平面、高程控制系统进行复测；对路线、桥涵等结构物的施工放样进行全面复查，保证施工放样的准确性。制订和落实有关措施，监督承包人按规范进行试验操作，自检数据真实可靠，抓好各承包人的试验月报和工程质量月报工作。审批各合同段分部分项工程开工报告，检查核实承包人所报的人员、机械设备、材料和试验。审查分部工程的施工方案和施工进度计划。检查督促各承包人按设计图施工，现场作业的机械设备和进场的材料应符合有关标准的规定，检查落实承包人持证上岗的人员，落实各工序的施工工艺。发现有不安全因素时，应及时提醒承包人采取相应的处置措施，必要时书面通知承包人。在进行工程下一道工序施工时，要保证其前一道工序施工质量符合技术标准的规定，并满足检测频率。组织对隐蔽工程的验收，认真落实工程中间交验工作，保证各项检测数据的准确性和完整性，签发“中间交工证书”。负责处理工程施工中的一般技术问题，属于业主负责解决并将可能影响承包人施工进度的因素，应尽快通过总监办向业主转达。填写监理日志，签认各类质量监理表格，每月按时书面向总监办提供施工监理月报。检查核实承包人的中间支付报表和最终支付报表，报总监办。对不符合施工合同要求的工程应指令承包人返工，书面下达返工令报总监办备案，情况严重或涉及安全的问题应及时口头下达暂时停工令，24h内由总监办下发暂时停工令；暂时停工令下达后，应敦促承包人尽快整改，问题解决经检验合格后，及时上报总监办下发复工令。在业主、总监办授权的范围内处理工程变更，防止或减少索赔。对计量、工程分包、延期、索赔等有关问题，提出初审意见报总监办、业主。准备工地例会的有关资料，主持每月的工地例会，整理会议记录、会议纪要并分发参加会议的有关单位。

(3)总监办与驻地办之间的工作关系。总监办是本项目监理的最高决策机构，其职能是根据总监的指示，下达指令，对总监负责。驻地办是依据总监的授权范围对项目进行全面管理，总监办与驻地办是领导与被领导的关系。下级监理组织对上一级监理组织负责，上一级组织对下一级组织具有统一管理、检查、指导、协调和帮助的权利和义务。驻地办要严格按照总监的授权或临时授权，严格地、有效地、全面地执行总监授予的权利、义务和责任。如遇到所属授权范围职责不清的事件，应及时向总监办进行了解，以便及时处理，不得无故推诿和延误。驻地办在不属其授权范围内的工作，需送交总监办进行处理的文件、报告等，应在收到通知或文件后及时送交，在转交的同时，应附上对所述事件的原因、过程说明并提出意见。未经批准的意见，不得通知承包人。驻地办应严格服从总监办的指令和指示以及有关规定，原则上驻地办要每周向总监办书面或口头汇报工程进展情况、存在问题、建议等。驻地办必须认真配合好总监办组织的对承包人的任何检查、抽检。总监办有权随时对驻地办所保存的工程质量检验报告单、检测试验结果及各项工作处理报告、监理日志等进行检查和复核。

【案例 3-4】 广梧高速公路监理工程师工作细则

为了保证监理工作正常有序地开展，保证质量、造价、进度等能有效地控制，各级监理机构与人员必须按照本细则的规定，严格履行职责并勤奋而谨慎地工作。

一、总监理工程师

1. 总监理工程师经业主同意后，由监理单位书面任命。

2. 系统地检查工程筹备情况，签发辖区内工程开工令。

3. 批准承包人的实施性施工组织设计，对滞后于计划并可能导致延期的工程，指令承包人采取积极措施或调整施工计划，并向业主提出处理意见。如有必要可以指令工程暂停整改；签发整改合格后的复工令，或与业主协商取得一致意见后，确定工程延长期限。

4. 对驻地办上报的工程变更进行现场核查其技术方案、费用增减，并提出审查意见，按业主变更设计管理办法的授权范围审批或上报，同时发布相应的变更指令。

5. 检查工程质量和工艺是否符合规范和指令要求，检查承包人的所有安全设施，批准用于工程的材料和设备，参与由业主组织的各项检查活动并完成相应文件。

6. 指导各驻地办的监理业务，检查监理中心实验室日常工作，抽查监理人员的监理日志。

7. 审查承包人交工、竣工验收报告，参加交、竣工验收并组织编写监理总结。

8. 在缺陷责任期检查工程缺陷，并在缺陷责任期满后签发缺陷责任终止证书。

9. 签发由总监办发出的文件、指令、证书及上报业主的报告、报表和资料。

10. 副总监理工程师协助总监理工程师工作，总监理工程师不在时，根据总监理工程师的授权，全部或部分行使总监理工程师职权。

二、高级驻地监理工程师

1. 高级驻地监理工程师经业主同意后，由总监理工程师任命。

2. 主持驻地办的全面工作，对总监负责；负责所辖监理人员的管理、检查、协调和业务指导工作，在总监办的领导下与业主密切配合；充分运用驻地办的职责权力，组织完成驻地办的各项工作。

3. 对驻地监理人员和承包人上报的各种文件及上级或业主下达的各种文件进行研究，负责处理、签发及上报相应文件，签发各类工作指令，并报总监办备案。

4. 加强现场施工的巡视检查，及时解决处理影响工程质量、安全的问题，事态严重时应果断采取措施，防止事态进一步扩大，避免造成不可弥补的损失。

5. 审查并上报承包人实施性施工组织设计；审批分部工程或分项工程的开工报告。监督承包人施工计划的实施，对滞后于计划工期的工程，督促承包人采取积极措施或调整施工计划。

6. 组织驻地办监理人员进行学习交流，召开有关技术、质量、计划、计量支付和合同管理会议，抽查监理人员的监理日志。

7. 组织审查施工图，及时发现设计图纸中的问题，并对不合理设计提出修改意见报总监办，对工程变更进行初审，并提出意见上报。

8. 组织对已完成的合格工程准确计量，及时上报各项计量单及支付报表。

9. 对在合同执行过程中发生的问题及时采取解决措施，并向总监办报告。

10. 主持工地会议(工地例会)及有关业务活动。

11. 负责编制并上报驻地办监理月报。

12. 抓好廉政建设，加强职业道德教育，防止监理人员违法、违规行为的发生。

三、专业监理工程师

1. 按规范及设计图纸等要求负责工程的监理工作。

2. 现场检查、核对设计图纸及设计资料，当发现图纸中高程、位置、尺寸等有遗漏或错误或设计图纸有局部不尽合理之处，应及时向高级驻地监理工程师反映。

3. 审查承包人提出的工程原始断面图、临时工程图及变更设计图。

4. 审查承包人提出的工程进度计划和施工组织设计，提出意见供高级驻地监理工程师审查时参考，并对计划的执行情况进行检查和监督。

5. 在分部工程开工前，检查承包人的机械设备、人员、施工组织计划、施工工艺、工程原材料试验、标准试验等，作出是否同意开工的意见，经高级驻地监理工程师批准后开工。

6. 审批承包人的工程质量检验报告单，对承包人施工的工程进行抽检，签认承包人提供的各种中间质检报告。

7. 在工程施工过程中，经常深入工地，对重要工序如预应力张拉、钻孔桩灌注混凝土、结构物混凝土浇注、路基压实、台背回填、桥头处理等工作应全过程跟踪检查，安排监理员进行旁站，详细检查施工的各部位和环节，及时处理承包人施工中出现的问题，必要时向高级驻地监理工程师报告。

8. 审核承包人递交的有关资料，制订控制施工质量及施工进度的各种图表，管理好施工监理原始记录、技术档案。

9. 配合试验检测工程师，对承包人的路基压实度试验、混凝土或砂浆抗压强度试验、弯沉检测等进行检验。

10. 当施工中发生涉及工程质量、工程延期和费用索赔等问题时，应及时提出处理意见供高级驻地监理工程师处理时参考。

11. 严格审查承包人填报的工程中间计量单及有关附件。

12. 填写监理日志，组织和检查监理员的工作，检查监理员的监理日志。

四、合同管理监理工程师

1. 在总监理工程师或高级驻地监理工程师的领导下，负责所管辖标段的合同管理、计量支付、统计报表等工作。

2. 掌握各类工程计量与支付规定，紧密配合专业监理工程师严格按照合同文件和监理程序及时准确地做好计量和月进度计划及进度报表工作。

3. 对合同条款中含糊或不清楚的地方向上级汇报，向业主咨询并得到准确的答复后进行解释。当施工合同条款(包括技术规范)有必要修改或补充时,协调好各方面的意见并准备补充条款,由高级驻地监理工程师审核后报总监办。

4.在授权范围内处理合同执行过程中的工程变更事宜,并建立工程变更台账。

5.深入现场随时掌握施工现场工、料、机动态和工程进展情况,特别对承包人已提出或将提出的有关合同问题应随时跟踪。

6.计算复核承包人上报的工程数量,建立计量台账。

7.审核承包人申报的计量中期报表,做到每项工程数量均有签认的检验单和工程数量计算表。工程变更、动员预付款、索赔等均应有签认的凭证。

8.负责督促承包人及时准确地呈报工程进度计划及工程进度报表,并保证在规定的时间内完成审核和签认工作。

9.负责收集汇总按时报送应报的计划、记录、纪要和各种报告,经高级驻地监理工程师签字后报总监办。

10.所有计量支付、各种计划、工程统计、各种报告和工程日志均应妥善保管,便于查阅;随时向总监办准备提供有关统计资料。

11.配合业主参与工程变更项目报价的审查工作。

12.复核施工进度计划报高级驻地监理工程师审查。

13.熟练掌握计量与支付程序的计算机操作。

五、测量监理工程师

1.参加交桩、复测、联测、加密、监测以及交工、竣工测量验收工作。

2.对承包人开工前的交桩复测工作进行全过程旁站,对原始记录和内业计算资料进行100%的检查复算,当检查对比发现设计单位移交的控制点丢桩或经复测精度不满足规范要求时,提出处理方案,并报告高监、总监办。

3.审查承包人按适当的密度补设的加密导线点与加密水准点,特别是为隧道、大中桥放样加密的独立控制网点,检查、督促承包人建立永久原始控制点及加密控制点并加强保护,避免施工过程中产生破坏。

4.定期检查承包人使用的测量仪器设备必须在标定有效期内,按要求督促承包人对原始控制点及加密点按原点位、原路线、原方法、原精度进行复核检查。

5.签认各分部工程开工前的施工放样成果,检查设计数据,加强对关键工序和重要结构物、岩溶地区的桥梁的轴线、高程的现场复核,检查承包人各项测量放样成果及已完结构物的三维几何尺寸是否满足相应规范精度要求。

6.协助专业监理工程师复核施工图纸中或承包人上报的钻孔桩桩位坐标、各结构物中心坐标以及高程闭合情况。

7.完成驻地高监交办的有关测量监理工作。

8.参加业主组织的工程变更数量以及隐蔽工程数量的联测。

六、试验监理工程师

1.在总监(副总监)的领导下,负责辖区内所有的材料控制和工程试验监理工作,按照合同文件及相关的试验标准、规范、规程建立满足所管辖工程建设需要的中心实验室,并通过政府质量监督部门的资质审核,并对承包人的实验室组建工作进行指导。

2.保证工程使用的材料、成品、半成品符合规定要求,在工程进程中紧密配合道路、隧道、桥梁、路面等专业监理工程师做好试验检测工作。

3. 严格按照合同列明的或现行有效的国家标准及部级行业标准、规范、规程进行试验检测。

4. 应定期或不定期的对承包人的试验仪器进行检验，并监督承包人定期将仪器送交技术监督部门进行标定。

5. 检查承包人自采材料的加工方法，以及各种材料的材质和规格是否满足设计要求。

6. 监督承包人的各项试验工作，以及各项试验满足规定频率要求。

7. 检查和评价试验结果，并在试验报告上签署意见；及时完成相关的平行试验和抽样试验工作，确保不因此造成承包人施工进度的额外延误。

8. 严格要求监理中心实验室及承包人实验室各种试验均应采用统一的记录表格、报告，并建立台账对资料进行整理、保存。

9. 督促承包人按政府监督要求的频率送检试验。

七、中心实验室试验员

1. 服从实验室主任的工作安排，认真完成所安排的各项试验任务。

2. 掌握中心实验室仪器设备的使用方法；爱护仪器设备，按操作规程使用仪器。

3. 负责中心实验室仪器设备的维修与保养工作。

4. 对驻地试验监理送来的抽检试样须认真填写收样单。

5. 认真、及时整理试验结果，必要时将试验数据绘成简明图表和辅以文字说明汇集成册，经实验室主任审查后存入资料柜。

6. 工作认真负责，实事求是，不得弄虚作假，对不合格的试验结果及时报告实验室主任进行处理。

八、驻地试验监理人员职责

1. 在试验监理工程师的指导下，按规范要求做好试验监理工作。

2. 与承包人共同对拟试验的项目进行现场取样以保证所取试样具有代表性，并与承包人的试验人员一起将样品(或原材料)送监理中心实验室。全过程旁站监督承包人的各项试验检测工作，并签认所有的试验和检测记录。

3. 随时检查现场材料，发现问题及时责令承包人进行试验并进行监督，以确保用于工程中的材料符合要求。

4. 对承包人抽样试验进行监督，确保每一道工序的质量控制指标符合技术规范的要求。

5. 对成品、半成品的质量检验进行监督，确保工程质量达到技术规范所要求的标准。

6. 对于压实度、CBR、弯沉值、无侧限抗压强度、混凝土路面抗弯拉强度、沥青混凝土马歇尔稳定度及沥青抽提试验等，必须全过程旁站。

九、监理员

1. 在高级驻地监理工程师的领导下，协助专业监理工程师，对指定施工范围内的桥梁、道路及其结构物的施工进行现场监理。

2. 检查承包人的人员、机械设备、材料供应是否到位、落实，提出是否准予开工的建议。

3. 协助专业监理工程师审查承包人绘制的变更设计图纸，如图纸与现场实际不符，应根据工地的具体情况提出修改意见，报专业监理工程师。

4. 协助专业监理工程师严格执行现场旁站监督的规定，检查和认可承包人的每道工序，对不符合规定的部位要及时要求承包人纠正，对隐蔽部位和返工时损失较大的部位应切实监督。对工程质量存在的问题要及时取证、上报，并及时向承包人发出口头警告，必要时由高级驻地监理工程师发出书面通知。按规范检查承包人每道工序的施工质量，同意或不同意承包人继续进行下道工序。

5. 协助专业监理工程师按期核实和审查承包人提交的工程量计算表。

6. 绘制责任施工地段或部位的质量控制和进度的各种图表，发现问题随时向专业监理工程师和高级驻地监理工程师汇报。

7. 参与现场检验、测量等工作，与试验检测监理工程师协同工作。

8. 完成上级交给的其他任务。

监理单位应遵照“严格监理、热情服务、秉公办事、一丝不苟”的原则，严格按公路工程建设的法律、法规、标准、规范和规程办事，严格履行监理合同，监督施工合同的有效实施，确保本项目建设质量控制目标的实现。为充分调动监理人员的工作积极性，鼓励先进鞭策后进，业主对监理的工作进行定期的考核评比。

2. 对监理工作的监管与协调措施

为了对监理工作进行有效的监管，广梧高速公路根据监理规范并参照有关项目的监理管理办法，制订了监理工作监督管理办法以规范监理的管理。同时业主设置了工程管理部，具体负责对监理工作进行监督管理和协调，根据监理工作监督管理办法，主要对以下几方面进行管理。

(1)审核监理人员的资质、数量和到位情况。业主督促总监办按监理合同要求配备足够的合格监理人员和监理设施，并按业主的要求及时进场；经常检查监理主要人员特别是总监和驻地高监的到位情况，确保监理工作管理到位；严把监理人员的准入关及退场关，确保监理人员的资格及监理工作的连续性；联合总监办定期不定期对监理人员进行考核，清退不合格的监理人员，确保监理人员的真实素质达到监理合同的要求。

(2)加强监理的廉政建设管理。加强对监理队伍的廉政建设管理，是纠正行业不正之风，防止工程建设监理过程中的违规、违纪、违法行为发生的必要措施，是确保公正监理的重要手段。业主在与监理单位签订监理合同的同时，也与监理单位签订了廉政建设合同，明确了监理单位的廉政建设责任。督促并协助总监办加强监理人员的培训和教育，使监理人员具有独立、公正、科学地开展监理业务的能力和责任感。督促并协助总监办加强对监理人员进行廉政建设宣传教育，提高监理人员的思想政治素质和拒腐蚀能力。杜绝监理人员向承包人“拿、卡、要”的违规行为的发生，并不许监理人员拿承包人的加班工资，对违反规定拿承包人的加班工资或对有向承包人“拿、卡、要”等违规行为的监理人员，一经发现就给予清退，同时对相应的驻地高监进行警告；如果出现驻地办集体违规行为或者驻地高监违反规定的，则除清退当事人之外，同时对总监进行警告；如驻地高监被警告两次以上者也给予清除处理；如总监被警告两次以上者则向其上级单位通报，甚至要求更换总监，对于本工程中清退的监理人员，一律抄报省监督站备案。

(3)加强对现场监理工作的监督。业主通过总监办上报的监理月报，初步掌握各标段的情况和监理工作情况，并以此作为考核监理人员的工作情况依据之一。同时业主还加强对现场监理工作的监督检查，以掌握监理工作的全面情况。检查监理的质量控制组织体系以及监理工作是否正常有序，检查监理工程师是否本着严格监理、热情服务的态度进行工作。检查监理工程师是否严格按照施工监理程序办事、是否严格按监理实施细则的要求进行监理、是否保证对所有施工环节进行了有效的控制。检查各级监理人员是否按要求、依程序及时审批承包人上报的施工组织设计以及各种开工报告、计量支付、工程变更等资料；有否存在“卡、压、拖”等现象。检查承包人的施工原始资料，了解监理是否及时签证，以及签证的意见是否明确、规范；有否存在超前签证、虚假签证或者掩盖工程质量、虚报工程计量等违规现象。检查监理工程师是否做到了以预防为主的主动监理，特别是在分部、分项工程的质量监理方面是否抓住了重点；对隐蔽工程、关键工程部位、关键工序及重要工艺是否有全过程旁站监督；对所有施工工序是否有及时进行检查和签证。检查监理的施工日志以及有关指令，了解监理工程师对违规施工以及各种影响工程质量的问题是否及时发出监理通知书、整改指令等加以制止和处理，有否在施工日志上作好记录，有否及时上报。检查监理工程师是否按规定的频率进行抽检试验，是否建立了抽检台账，对承包人的抽样试验结果是否真实可靠；对承包人的试验是否进行了旁站；监理实验室的工作是否正常有效。检查监理工程师对工程质量问题和质量事故是否及时按规定程序处理，有否及时按规定向上级汇报。检查监理办是否按规定每月召开工地会议，及时解决存在问题，并有完整的会议纪要。检查总监办和各驻地办的后勤服务保障措施以及工资福利等情况，为前线监理人员解决后顾之忧，保证监理人员安心工作。

(4)召开监理工作协调会。通过监理工作协调会，统一协调全线的监理工作，总结经验，并通过检查发现和有关各方反映的监理工作中存在的问题，纠正不良监理行为和监理方法，提高监理的服务意识和业务水平；协调处理好各总监办之间的关系，同时妥善处理好监理与业主有关部门以及监理与承包人之间的关系。

【案例3-5】 广梧高速公路监理工作奖罚条例

一、监理工作考核评分标准

监理工作考核评分标准的基准分为100分(满分)，按照以下规定进行扣分：

1. 对承包人自检资料或各类报告未及时审查或批复，每次扣1分；监理工程师签认意见栏监理用语达不到要求，每次扣1分；各种资料混乱或遗失，每次扣1分；监理日志不及时填写，每次扣0.5分(满分10分)。

2. 监理平行试验检测频率达不到要求，每少一个百分点扣1分，缺项者每项扣2分(满分10分)。

3. 监理工程师试验检测设备未按监理合同规定进场，每少一台(套)扣0.1分；对检测仪器未及时标定，每次扣2分(满分10分)。

4. 监理工程师计量不实、支付不准每次扣1分，计量不准每次扣5分(满分10分)。

5. 在变更设计中有化整为零等弄虚作假行为的，每次扣5分(满分10分)。

6. 监理工程师借职务之便违规向承包人介绍分包队伍、推销原材料，每次扣5分(满分10分)。

7. 监理人员不坚守岗位，无正当理由1d以上不在现场的以及主要监理人员除正常的休假外一年累计一个月以上不在现场的，每人每天扣1分(满分10分)。

8. 监理人员被业主或广东省交通工程质量监督站要求清退出场的，每人次扣5分(满分10分)。

9. 根据《承包人考核评分标准》的评分办法得出的管辖区段承包人本季度综合平均分的五分之一为得分。如有评分最低的承包人在其管辖区段的，本项得分最高不超过10分(满分20分)。

二、监理单位的奖励办法

1. 施工监理合同《监理合同专用条款》中监理费的5%(优质工程奖金)用于施工期间业主组织的各项评比活动中获得优胜的监理单位或机构，按规定分季度支付，未获得优胜的总监办，相应的优质工程奖金即转为暂定金额，完全由业主掌握。

2. 业主将于每季度组织一次全面的工程质量大检查和不定期的抽查。为尽量客观、准确地评价各总监办监理工作情况，检查小组将按监理工作考核评分标准的要求，进行综合评分，评分还将把本季度内业主组织的监理抽查情况考虑在内，按照定性评价，定量评分的原则，按优秀、优良和合格三个档次评定总监办，并分别给予奖励。

3. 季度考核得分≥90分的为优秀总监办，季度考核得分≥85分但<90分的为优良总监办，季度考核得分≥75分但<85分的为合格总监办。

4. 优秀总监办的奖励办法为按规定以季度为单元支付其监理费的5%(优质工程奖金)；优良的总监办的奖励办法为按规定以季度为单元支付监理费的4%(优质工程奖金)，合格总监办的奖励办法为按规定以季度为单元支付其监理费的3%(优质工程奖金)。

5. 除以上的奖励措施外，还将对总监办的总监给予奖励，其奖励办法为：

优秀总监办的总监奖金:0.5～1.0万元；

优良总监办的总监奖金:0.3～0.5万元。

6. 业主将对获得优秀总监办的监理单位进行全线的通报表扬，并抄送至其上级单位。

三、监理单位罚则

1. 监理工程师在监理工作中发生越权审批或肢解变更项目、变相越权审批等行为，每次处以1万元整的罚款，情节特别严重的处以3万元的罚款，给业主造成经济损失的，监理单位应以损失额的30%(在合同规定赔偿限额内)赔付给业主，同时该人员必须被撤换。

2. 监理工程师如在质量管理、计量和工程变更管理工作中弄虚作假，每次扣除监理服务费2万元，同时该人员必须被撤换。给业主造成重大损失、情节严重的将移交司法机关处理。

3. 监理工程师不得借职务之便违规向承包人介绍分包队伍、推销原材料。如有发生，每次处以2万元整的罚款，同时辞退该监理人员，并将其介绍的分包队伍或推销的原材料清除出场。

4. 监理工程师抽检频率达不到15%的，按被检项目单元每少一个百分点给予2 000元的经济处罚；同时必须进行补检；监理工程师不得利用承包人的实验室或采取旁站的方式突击采集抽验数据，每发现一次给予3 000元的经济处罚。

5. 对关键工序和主要工程的重要部位必须进行旁站，若无旁站时，每发现一次给予监理单位5 000元的经济处罚。若因此造成重大质量或安全事故的，按监理合同条款的规定办理。

6. 对不能胜任工作、不负责任、不正确履行监理职责，或不按合同规定操作的监理人员，业主有权要求监理单位撤换，直到业主满意为止。

7. 监理单位在投标书中列报的拟投入本项目的主要监理人员必须全部到位；监理单位不得擅自更换上述人员。如确实需要更换，需提前两个月书面报告业主。业主在收到报告后7d内给予答复，不同意时不得更换，否则视为违约，按违约责任处理；同意时更换人员与被更换人员必须有相等的资历，同时监理单位须将更换人员的相关资料如毕业证书的复印件，任职证明、专业(执业)资格证书、培训证书的原件报业主备案。业主将不定期进行核查，如发现监理单位违反上述规定，将按下列条款进行处理：

(1)更换总监，发现一次处以2万元/人罚款；更换其他主要监理人员的发现一次处以1万

元/人罚款,且相关人员必须立即复位;

(2)同时处以1 000元/d的罚款直至监理单位纠正为止。

8.监理单位拟投入本项目的主要监理人员必须为本项目专职人员,不得兼任本项目以外的其他职务;确需兼任其他职务的,应书面报经业主批准;但必须保证每月21d以上留在现场;离开现场超过2d时间的须经业主批准。如违反上述规定按下列条款处理:

(1)未经业主同意兼任本项目以外的其他职务的,处以5万元/人的罚款。

(2)每月不足21d留在现场的,处以不足天数的罚款:1 000元/d。

(3)未经业主同意擅自离开现场超过2d时间的,按超过天数处以2 000元/d的罚款。

(4)因伤病住院的监理人员离开工地应及时报告业主,同时必须在7d内补充相应人员;否则,按超过天数处以1 000元/人·d的罚款。

(5)总监理工程师请假须经业主总经理批准,未经批准擅自离开工地的处以3 000元/d的罚款。

9.监理单位应按合同规定自行配备的试验检测仪器等必要设备,要按合同规定的规格保质保量按时到位投入使用,否则将按不到位仪器设备市场价格的两倍从监理服务费总额中予以扣除。

10.现场监理人员应依据施工承包合同中的《工程管理处罚项目一览表》,对承包人违规施工及时开具处罚通知并对违规行为予以纠正;业主将对现场监理人员的质量控制进行跟踪考核,凡因同一原因在同一监理人员的管辖地段因承包人违规施工受到业主质量处罚连续三次,且该监理人员在此期间均未曾对此违规行为进行过处罚的,业主将要求监理单位撤换该监理人员。

11.本工程建设过程中需要的加班工作(包括法定节假日和8h以外的一切延时工作),其费用均已经包含在监理服务费中,当工程实际需要加班时,监理单位应向监理人员支付加班费以保证监理人员在一切必要的时候均在岗,业主或承包人均不另行支付该费用。否则,如因此造成监理拒绝加班,业主有权直接根据监理考勤将加班费支付到监理个人并从监理费中全额扣回,同时扣以等额的违约金;如发生监理人员向承包人另行索要加班费(无论其数额多少),一经核实,业主将要求监理单位予以撤换,业主将相关监理人员名单上报交通工程建设主管部门并建议予以一至三年内不得进入其主管的交通工程建设市场的处罚。

12.监理人员不得索取或接受承包人的礼金、有价证券和贵重物品,不得在承包人报销任何应由监理单位或监理人员支付的费用,不得参与承包人安排的高档消费宴请及娱乐活动。如有违反业主除要求监理单位赔偿因此造成的经济损失外,业主将相关监理人员名单上报交通工程建设主管部门并建议予以一至三年内不得进入其主管的交通工程建设市场的处罚。

二、外部关系协调

一个建设工程的开展还存在政府部门及其他单位的影响,如政府部门、沿线群众、社会团体、新闻媒介等,它们对建设工程起着一定的控制、监督、支持、帮助作用,这些关系若协调不好,也可能使工程实施严重受阻。

1.加强与沿线地方政府和沿线群众的协调

由于高速公路工程线路长、点多、面广,征地拆迁涉及的都是沿线农民的直接利益,而征地拆迁及沿线各种地方问题的协调处理贯穿项目工程建设的整个过程。在施工过程也不可避免地对沿线农民的生产、生活带来影响。如果关系处理不好,必将加大农民的抵触情绪,进而发生农民干扰施工的事情，这将会严重地影响高速公路的施工进度。因此，加强地方关系的协调是非常关键的，它是为工程建设提供良好的外部建设环境、保障工程按计划顺利进行、实现整体进度目标的客观要求。

广梧项目业主充分认识到与地方关系协调的重要性，在项目筹建之初便全面考虑。从设计方案的考虑上就力争尽量减少对地方的干扰和影响，做到以人为本，以地方的经济发展和农民的利益为重；同时成立了总经理办公室和征地拆迁组，负责征地拆迁工作和地方关系协调工作，在督促地方政府及时按合同要求交地和完成拆迁工作的同时，督促各承包人认真处理好地方关系、加强环保意识、减少施工污染，并及时协助承包人处理各种路地关系问题。对于地方农民提出的各种问题，充分重视并及时处理，在紧密依靠当地政府的前提下对农民提出的有理由的问题给予支持并尽快给予合理的补偿，对没有充分理由的问题则配合地方政府耐心做好解释工作，争取得到农民的理解和支持，减少矛盾和纠纷。

在地方关系处理上，业主建立了一个从驻地代表到总经理的组织机构：驻地代表→总经办→分管副总经理→总经理。一般的路地关系首先由驻地代表协助处理，驻地代表无法处理的报总经办协调处理，总经办无法处理的报分管副总经理协调处理，分管副总经理无法处理的由总经理亲自协调处理。总之，业主身体力行地认真处理好各种地方关系，同时，尽一切努力，督促并协助承包人妥善快速地协调解决好各种地方问题，处理好地方关系，力争为工程建设营造良好的建设环境。

2. 与政府部门之间的协调

在目前的管理体制下，高速公路的项目建设必须接受来自于政府主管部门的质量监督机构、安全监督机构、环境监督机构和国土管理部门的督查。业主在日常的管理中，与这些部门经常进行密切的沟通并接受他们的指导是十分重要的。工程质量监督站是由政府授权的工程质量监督的实施机构。质量监督站主要是核查勘察设计、施工单位的资质和工程质量检查。因此，在工程实施过程中要做好与工程质量监督站的交流和协调，如工程质量控制和质量问题处理。当发生重大质量、安全事故后，在采取急救、补救措施的同时，应立即向政府有关部门报告情况，接受检查和处理。建设工程合同应送公证机关公证，并报政府建设管理部门备案。征地拆迁要争取政府有关部门支持和协作。现场消防设施的配置，应经消防部门检查认可。在施工中注意防止环境污染，坚持做到文明施工，并得到环保部门的监督。

三、对内协调管理

对内协调管理是项目管理的重要环节之一。广梧高速公路项目业主注重加强内部协调管理，使各部门之间团结协作，树立了良好的团队协作精神。

1. 对内组织与协调的内容

(1)人际关系的协调。一个项目管理团队是由人组成的工作体系，工作效率很大程度上取决于人际关系的协调程度。为此，广梧公司非常注重抓好人际关系的协调，在人员安排上量才录用。对公司各部门人员，根据每个人的专长进行安排，做到人尽其才。人员的搭配充分注意能力互补和性格互补，人员配置尽可能少而精，防止力不胜任和忙闲不均现象。在工作安排上职责分明，对每一个岗位，都订立明确的目标和岗位责任制，通过职能清理，使管理职能不重不漏，做到事事有人管，人人有专责，同时明确岗位职权。在成绩评价时实事求是。在工作中，谁都希望自己的工作作出成绩，并得到肯定。但工作成绩的取得，不仅需要主观努力，而且需要一定的工作条件和相互配合。因而，成绩评价时要发扬民主，实事求是。以免无功自傲或有功受屈，使每个人热爱自己的工作，并对工作充满信心和希望。另外，人员之间的矛盾总是存在的，一旦出现矛盾就应进行调解，及时听取各方面的意见和建议，及时沟通，使人员始终处于团结、和谐、热情高涨的工作气氛之中。

(2)组织关系的协调。项目管理团队是由若干部门组成的工作体系。每个部门都有自己的目标和任务。如果每个部门都从建设工程的整体利益出发，理解和履行自己的职责，则整个系统就会处于有序的良性状态，否则，整个系统便处于无序的紊乱状态，导致功能失调，效率下降。组织关系的协调可从以下几方面进行：

①在职能划分的基础上设置组织机构，根据所规定的工作内容，确定职能划分，并相应设置配套的组织机构。

②明确规定每个部门的目标、职责和权限，以规章制度的形式作出明文规定。事先约定各个部门在工作中的相互关系。对由多个部门共同完成的工作，明确主办、牵头和协作、配合单位。

③建立信息沟通制度，如采用工作例会、业务碰头会、发会议纪要、工作流程图或信息传递卡等方式来沟通信息，这样可使局部了解全局，服从并适应全局需要，及时消除工作中的矛盾或冲突。

(3)需求关系的协调。项目实施中有人员需求、试验设备需求、材料需求等。而资源是有限的，因此，内部需求平衡至关重要。需求关系可从人员配置的平衡、设备、材料的平衡等方面进行协调。

2. 跨部门协调管理

广梧高速业主部门的设置既分工明确又协作配合，各部门围绕共同目标，秉承共同理念，通力协作、互相支持、共同促进，营造了一个既互相竞争，又互相学习、互相帮助的良好工作氛围。

项目建设过程中的许多问题会涉及几个不同的部门，这就涉及由哪个部门来完成或者牵头完成的问题。为了圆满、及时完成这些工作，公司内部各部门本着协作精神，及时把任务落实到某个部门完成或者分解分配到相应部门按时完成，避免出现互相推诿的现象。跨部门的协调管理工作主要由总经办负责，代表总经理协调各部门之间的关系，组织各部门共同解决相关问题。特别是对驻地代表或承包人提出的有关问题，工作界面不太清楚时，由总经办明确由某个部门负责或某几个部门协作完成，确保及时解决存在问题，为工程施工顺利进行扫清障碍。

四、对外宣传与应急处理机制

1. 对外宣传

广梧高速在建设管理、科技创新、绿化环保、文明施工、和谐征拆等方面的经验，多次得到了上级单位的表彰。为了展示企业的形象，营造和谐的施工氛围，对外宣传无疑成为了外界了解广梧高速的重要窗口。公司在实事求是的基础上力争创新，从多层次、多角度地对广梧高速进行了大力宣传。主要的体会有：

(1)加大报道力度，建立系统的宣传格局。以宣传广梧高速"双示范"工程的开展情况为着力点，力争展现广梧参建者良好的精神风貌，从而有效引导社会舆论。近年来，公司在宣传工作方面投入了极大的热情，推出了内刊、网站、门户网、宣传片、宣传画册等不同渠道的宣传方式，运用消息、报道、特写、图片等方式，充分报道了广梧高速的建设情况。同时，公司还联合

《云浮日报》、《公路工程报》等开展了一系列的报道，使广梧高速在省交通集团内部颇具影响力，在云浮市也家喻户晓，极大地增强了建设者的参与感和自豪感。

(2)树立典型，表彰先进。广梧高速建设期间，涌现出大量的先进典型人物及事例，公司挖掘出部分具有代表性、先进性的人物和事件进行了正面报道。一大批先进人物的形象通过公司的报道走向广大受众，使社会各界对广梧高速的关注度也越来越高。

(3)收集素材，建立资料库。在项目建设过程中，安排了专业的摄影师和摄像师对广梧高速进行全程的跟踪记录，并做好宣传片和画册的制作工作，使广梧高速的施工工艺、施工过程等音像、影像资料库日趋完善。

(4)加强业务学习，打造高素质宣传团队。宣传人员的素质和业务水平直接决定了公司宣传工作的成与败。因此，公司高度重视对宣传人员的素质培养。近几年，公司已经组织宣传骨干人员参加了写作、摄影摄像、危机管理等一系列的培训，进一步地提高了宣传人员的写作水平、与媒体打交道和运用媒体推动工作的能力和水平。

(5)加强对新闻宣传工作的重视，把新闻工作列为一个重要任务目标。公司领导多次强调新闻宣传工作的重要地位，专门安排一名领导班子成员主抓新闻工作。公司建立了比较健全和完备的新闻通讯报道网络，公司专兼职通讯员对各自工作领域的有价值新闻不放过，丰富了新闻的来源。

(6)重视发挥骨干作用，加强相关培训工作。公司根据个人爱好以及特长，注重发挥新闻报道骨干作用。对于撰写新闻稿件的通讯员被上级单位采用的给予一定奖励，激发新闻骨干的写作积极性。同时，年终在内部也给予一定精神和物质鼓励。

(7)注重新闻整合和策划，加强新闻报道载体建设。针对不同媒体的需求，量身打造，在确保新闻事实和客观真实的基础上，选取不同角度和不同体裁手法进行新闻素材再提炼，再加工。一是联系广东省、云浮市各大电视台、《广州日报》、《云浮日报》等对广梧高速进行相关的报道宣传，其中，宣传力度最大的是《云浮日报》，该报每年均有40期对广梧高速进行了报道；二是提高公司内刊的质量，《云梧内刊》是项目业主创办的对内杂志，全程记录了广梧高速建设过程中的点点滴滴；三是逐步完善公司对内、对外网站，向外界及时发布信息，使公司新闻在第一时间能够上网发布，保证新闻的鲜活和及时性，突出新闻的价值。

2. 应急处理机制

在大型建设项目的实施过程中，难免发生一些突发事件，造成或可能造成的重大人员伤亡或财产损失、生态环境破坏，对社会造成危害。高速公路项目建设中的突发事件一般有：

(1)自然灾害。主要指暴雨、台风、雷电、洪涝水灾、干旱高温、大风、大雾、森林火灾、山体滑坡、泥石流、地震等对项目建设产生一定影响的自然灾害。

(2)事故灾难。主要指交通事故、坍塌事件、高空坠落、重大火灾、爆炸以及其他的安全生产事故。

(3)公共卫生事件。主要指重大急性传染病爆发流行、群体不明原因疾病、新发传染病、急性职业中毒、重大环境污染、重大食品中毒，以及自然灾害、事故灾难引发的严重影响公众健康的卫生事件。

(4)社会安全事件。主要分为重大政治性事件、重大群体性事件、重大刑事案件等三类。

面对这些突发事件，采取的应急处理指导思想是：突发事件发生时，通过规范化、制度化的新闻处理，通过及时准确发布权威的声音，第一时间抢占舆论制高点，主动引导社会舆论，为事件的妥善处理营造良好的舆论氛围，最大限度地降低和消除因突发事件引起的各种负面影响。

应急处理的方法注重:及时主动,准确把握。主要是强调新闻发布的及时性、权威性,以权威信息先入为主,抢占舆论引导的主动权,避免形成公众猜测;加强引导,注重效果,从大局着眼,有效引导舆论;严格制度,明确职责。做好突发事件新闻发布的归口管理,强调各负其责的纪律要求,设立新闻宣传组;严肃纪律,守土有责。参与处理突发事件的每一个人都要履行相应的责任,严格遵守宣传纪律,配合做好突发事件的新闻宣传工作;清晰而频繁地沟通,关注谣言的产生,针对谣言进行说明性发言。

第四章　科技示范与技术管理

作为具有代表性的山区高速公路，广梧高速在工程的设计、施工与管理工作中，依靠科技进步与技术创新，降低了工程造价、提高了工程质量、确保了工程安全。在科研项目的管理模式、科技思路和课题结构上进行了创新，全面贯彻科研与生产相结合、科研开发与成果推广应用相结合、科研开发与人才培养相结合、自主开发与引进消化相结合的“四结合”原则，实现了“管理高效、科技领先、质量优良、与自然环境高度协调”的建设目标。获得国家级创新成果奖1项，省部级科技成果奖2项；完成科研课题10多项，整体达到国际先进水平，部分成果达到国际领先水平；出版专著6本，形成标准、指南与工法10余项，受理专利20项，软件登记2项，公开发表论文100余篇。

广梧高速的技术管理贯穿于项目建设的全过程，包括设计阶段、施工准备阶段和施工阶段的技术管理。在设计阶段，项目业主就积极参与到设计技术标准的确定、设计方案的优选、外业定测监理与验收、施工图的审查与评审、设计技术交底等工作之中。对施工阶段的施工技术交底、施工组织设计的审批、测量与放线管理、工程变更的技术方案论证、新技术新工艺新材料管理等，制定了详尽的管理制度。特别是在工程变更中，由业主内部的技术部、工程部、合同部分别对变更立项论证、变更实施和变更费用支付进行三方监控，而变更数量则由业主、监理工程师、承包人三方联测确定，这种“三方控制”模式，确保了工程变更始终处于受控状态之中。

第一节　科技创新的思路与模式

科学技术是第一生产力。在现代高速公路建设的进程中，科技进步起到了支撑和推动作用。广梧高速公路建设项目依据建设一条高标准的，安全、环保、舒适、和谐的，有自己特色的高速公路的建设理念。通过科技创新、机制创新克服了在工程建设中遇到的许多技术与管理问题，在项目管理与科学技术创新方面取得了卓越成就。

一、“双示范工程”的推动作用

1.勘察设计典型示范工程

根据关于开展公路勘察设计典型示范工程活动的通知(交通部公路发〔2004〕172号)，广梧高速公路由于其社会影响大、路网功能明确、沿线自然特性突出，属于具有代表性的山区高速公路，其中的双凤至平台段与景婺黄高速公路江西段、宝鸡至天水高速公路甘肃段、京承高速公路密云至京冀界段、云南省小勐养至磨憨二级公路和吉林省环长白山二级公路一起被交通部列为部省联合组织实施的六条勘察设计典型示范工程之一。在勘察设计典型示范工程实施的过程中，遵循了以下的设计理念：

(1)坚持科学发展观，提升公路勘察设计理念，建立健全质量保证体系，提高公路勘察设计质量。

(2)科学确定技术标准,合理选用技术指标,按照“安全、环保、舒适、和谐”的原则,加强总体设计,坚持地形选线、地质选线、环保选线和安全选线。

(3)实施严格的保护耕地政策,最大限度地保护自然环境,严格控制工程造价。

(4)依靠科技进步,提高科技含量,有针对性地借鉴国外成熟的技术、标准和规范,鼓励创新,提倡个性化设计。

2. 科技示范工程

根据广东省交通厅粤交科函〔2004〕1218号《关于确立湛江海湾大桥等三个项目为首批厅科技示范工程的通知》,广梧高速公路作为贯彻落实广东省实施“科技兴交”战略,推进交通科技进步与创新,树立广东交通科研和工程新品牌,实现交通跨越式发展的示范项目,与湛江海湾大桥、粤赣高速公路等一起被列为广东省交通厅首批三个科技示范工程之一。通过科技示范工程的建设,促进了工程在设计、施工、管理过程中全方位依靠科技进步和创新,提高了工程质量,降低了工程造价,解决了工程建设中出现的技术难题和管理难点,全面提高了工程的科技含量和科技水平,体现了“工程与自然的和谐统一”、“以人为本”和“安全、环保、可持续发展”的高速公路建设新理念。

二、科技创新的目标

广梧高速的科研创新遵循“安全、环保、舒适、和谐”的原则,贯彻落实“建设资源节约型、环境友好型社会”的科学发展观,积极开展典型勘察设计示范工程和科技示范工程的工作。将“以人为本”和“为交通安全服务”的理念作为切入点,在工程的设计、施工、管理等工作中,体现出了依靠科技进步,降低工程造价,提高工程质量的特点。实现了“管理高效、科技领先、质量优良、与自然环境高度协调”的高速公路建设目标。具体体现在以下几个方面:

1. 体现“以人为本”和“人与自然和谐”的理念

广梧高速公路基于“以人为本”和“人与自然和谐”的理念,树立“全面、协调、可持续”的发展观,在环境保护、生态恢复等方面开展了一系列研究课题。通过在项目实施过程中的应用,取得了很好的社会、经济和环境效益。广梧高速公路穿越山岭重丘区,生态环境的保护要求高。项目建设地段存在大量的高路堤边坡与深路堑边坡,如何在建设期间最大限度地保护当地生态环境,对受损的公路边坡生态系统进行恢复是项目建设中需要重点研究的问题。为此,开展了“环境友好型广梧高速公路建设对策研究”、“高速公路生态环境恢复与景观综合设计研究”、“资源节约、环境友好型山区高速公路服务区研究”等课题。总结了岩质边坡的生态防护原理,提出了针对各种类型边坡的受损生态系统进行恢复的整套方法,充分体现了“人与自然和谐”的公路生态防护理念。

2. 提高管理效率,降低工程造价

广梧高速的科技创新体现在管理上,表现为工程质量、进度、投资、安全等目标管理的精细化,人、财、物调配的标准化与程序化。在项目实施过程中,项目业主以工程技术创新、提高管理效率、降低工程造价作为科技创新的基本立足点,根据项目建设过程中的难点开展科技攻关,科研与工程实践相结合,完成了一系列科研项目。基于集成化管理的理念,开发了高速公路信息化管理系统,实行集成化管理,大大提高了管理效率。

在项目建设过程中,降低工程造价是项目业主十分关心的问题。针对本工程路线高液限土、红黏土较多的特点,开展了“高液限土、红黏土等不良土的改良及应用研究”和“山区高速公路弃土方利用保护生态的综合研究”,提高了高液限土、红黏土等不良土的利用率,防止弃土又借土而产生的水土流失、环境破坏等不良后果，大大降低了工程的整体造价。

针对目前高等级公路工程管理的现状，开展了“高等级公路三维工程管理系统研究与应用”的课题研究，实现了对高速公路建设项目现代化、科学化和规范化的管理，降低了管理人员的工作强度，确保了工程信息管理的及时性、完整性和真实性，充分发挥了工程信息的利用价值。针对山区高速公路造价确定的特点，从提高项目投资的经济效益和社会效益出发，开展了“广东山区高速公路定额与造价指标研究”，提出了广东省山区高速公路合理造价指标体系。

3. 实现技术创新，确保安全施工与安全运营

工程技术的创新是项目科技创新的主要目的和基本出发点。基于科研与生产、开发与应用相结合的原则，针对广梧高速公路建设的基本特点，在项目建设中既注重了工程技术的创新研究，又强调先进技术的引进与消化。

交通工程的安全包括建设期的施工安全、运营阶段工程设施安全及行车安全几个方面，安全问题是科技创新活动的重点内容。广梧高速公路穿越崇山峻岭，线形复杂、高架桥和长大隧道众多，为了确保这些构筑物的安全施工和安全运营，开展了一系列科研工作。

本项目以隧道建设安全与节能为重点，开展了“复杂地质条件下隧道安全施工保障技术研究”、“高速公路隧道照明需求与节能技术研究”、“公路隧道防火抗灾技术研究”、“山区高速公路隧道安全综合措施研究”等课题的专题研究。针对隧道涌水严重，国内外隧道防治水水平落后的现状，开展了“高速公路隧道防治水的研究”课题，通过对本地区地下水性状的研究，开发出国内外领先技术的隧道防治水技术及新型的隧道防治水材料。针对目前隧道施工过程中超前地质预报方法效率低、准确性差的现状，开展了“岩溶地段隧道超前地质预报方法的研究”的课题，通过引进国外先进技术，开发出高效的隧道超前地质预报方法。开展了“变形性设计新理论的研究及其在高效预应力混凝土桥梁工程中的应用”课题研究，提出了基于承载力安全储备和变形安全储备条件的高效预应力混凝土梁设计新方法；开展了“石牙山隧道通风竖井成套施工技术研究”，为广东省公路隧道竖井提供了施工技术指南。此外，还通过对“长大隧道的快速施工技术研究”、“高强高性能混凝土在公路工程中的应用研究”，实现了在工程技术、工程材料应用等方面的突破，达到国内领先水平。

为了及时了解运营阶段隧道的安全性状，完成了“隧道群监控和中心监控一体化的研究”的课题，确保隧道运行期间的安全稳定。针对广梧高速公路的两个长度10km和9km的长下坡路段，为了保证长下坡路段的行车安全，完成了“特长上下坡路段行车安全性及通行能力的研究”的课题。

三、科技创新的基本思路

如果说理念创新是广梧高速的一面旗帜，那么科技创新则解决了山区高速公路建设、运营、养护各环节中的主要技术难题。引领广梧高速走向“以人为本、环境友好、资源节约、和谐持续”的道路。

作为广东省交通运输厅首批科技示范工程，广梧高速公路建设项目以科研与生产相结合，科研开发与成果推广应用相结合，科研开发与人才培养相结合，自主开发与引进消化相结合的“四结合”原则作为科技创新的基本思路。

1. 管理模式的创新

广梧高速公路的科研项目任务重、要求高、管理严格，通过科技创新行动，形成了一套“创新、高效、公平、可持续性”的科研项目管理模式。实现了从粗放型管理到“以人为本”，全面、协

调、可持续性发展到科技创新转变。

(1)创新。创新是指科研内容上的创新,力求所选择的课题具有前瞻性,所取得的成果具有领先水平,并对实际工程具有指导作用,对类似工程具有推广意义。

(2)高效。高效是指建立完善的科研项目管理机制,对所进行的科研活动进行高效管理,力求课题研究达到预期的目标。

(3)公平。公平是指科研单位选择上做到公平竞争,鼓励有实力的高校及科研单位参加本工程的科研活动,通过对申请单位科研实力、立题意义以及可行性进行比选,选择最佳的科研合作单位。

(4)可持续性。可持续性是指课题的研究必须充分体现"以人为本","人与自然和谐发展"的理念。课题的选取特别注重从环境保护、和谐社会建设、资源节约等当今社会关注的热点方面考虑。

2.课题结构上的创新

传统的高速公路项目建设阶段的科研主要注重施工技术的研究。广梧高速公路借助"双示范"工程的推动作用,对课题结构进行大胆创新。在课题涉及的时段上,向设计、建设、管理、服务全方位转变;在课题内容上,强调整体性、功能性和协调性的有机结合,注重效率与公平,坚持可持续性发展;在课题目标上,注重新技术的开发应用,社会效益、经济效益和环境效益综合最佳。

3.科技思路上的创新

广梧高速公路的科技创新既注重技术的创新,也注重科技思路上的创新。即强调在新技术、新装备上增加投入的同时,更注重科研成果在实际运用中,达到对资源消耗的最低、对环境的影响最小、工作流程最优、控制方法最合理的目的。

四、科技创新的手段

1.认真实施"公路勘察设计典型示范工程"

在广梧高速公路的勘察设计过程中,本着"以人为本"、"安全、环保、舒适、和谐"的设计理念,切实落实"建设资源节约型、环境友好型"及"可持续"的科学发展观,积极开展设计阶段的科技创新工作。

(1)结合项目所处地区的地形、地貌、地质条件以及自然环境与人文环境的特点,在走廊带方案、路线方案和典型工程方案三个方面,开展多方案的比选与论证工作,以选择综合指标最优的设计方案。

(2)通过科技创新,加强优化设计工作,在设计中最大可能地保证公路自身结构物与运营期间行车的安全。具体措施有:

①重视地质勘察工作,贯彻地质选线原则。

②运用航测数字地形图、路线 CAD 等技术,进行路线平纵横的优化设计。

③通过优化设计,提高桥梁等结构物的安全性,尽量降低结构物的施工难度与风险。

④加强隧道的设计工作,尽量减少隧道的洞身偏压、浅埋。加强土质浅埋隧道的设计,确保隧道施工与结构安全。

⑤加强边坡的稳定性分析,确定安全可靠的支护措施。

⑥做好排水总体设计工作。

⑦认真研究影响山区高速公路行车安全问题,针对连续长上下坡路段、线形指标不均衡路

段、视距不良路段以及路面排水路段是影响行车安全的主要原因，加强线形设计、视距、特长下坡路段、超高、交通工程等方面的优化设计工作，降低行车安全风险。

(3)本着“尊重自然、爱护自然、融入自然、自然而然”的景观设计原则，开展景观绿化的科技创新，开发采用原生乡土植物进行绿化的技术。加强互通立交、服务区、管理中心与收费站、建筑小品等的风格设计与景观设计工作。

2. 加强科技创新工作的管理

(1)建立高效的科技创新示范工程领导小组。项目业主是科技创新工作的主要组织者，设计、施工、监理和科研院所是科技创新的具体实施单位。为使科技创新落到实处，广梧高速组成了以业主为组长，相关实施单位参与的科技创新领导小组。

(2)充分把握相关学科的国内外科技发展动态，针对本工程的建设特点及技术难点，提出具有前瞻性的、适合本项目实际情况的科研项目与研究方向。通过对国内外相关科技文献的查阅以及对国内有关科研院校的咨询了解，同时结合本项目工程地质条件、施工特点及管理要求，提出具有创新性，对工程具有指导意义且切实可行的科研项目。

(3)通过竞争的方式选择理想的科研合作单位。广梧高速公路项目科研课题除充分利用广梧高速公路公司与广东省公路勘察规划设计院自有的科研队伍进行自主攻关外，还采用横向联合攻关的方式，选择具有较强科研能力的单位参与攻关。在立题的过程中，就对国内一些科研单位与院校的专业特长、科研实力以及近期科技动态进行了沟通与了解，筛选出一定数量的科研单位，并通过竞争的方式选取理想的科研合作单位。

(4)积极推进相关设计单位、工程承包单位的联合技术攻关。在项目招标过程，将投标单位的科研能力作为评分的一个参考因素。对设计单位、施工单位自主进行的针对本项目的课题，业主采取扶持政策，对获奖的研究成果，业主根据合同文件给予奖励。

(5)着力培养自己的科技人才。在科研实施过程中把科技人才的培养作为一项重要任务，安排专职的青年技术人员直接参与到科研活动当中。

(6)制订详细且切实可行的科研管理办法，对所进行的科研课题进行动态跟踪管理。首先从立题开始保证所立课题的创新性、对工程的指导性以及实施的可行性；其次制订严格的阶段性考核目标，每一阶段的考核请有关专家参与评审，从而保证课题研究达到开题所期望的目标；另外，安排专人负责科研项目的管理工作，以加强对合作单位的监督及跟踪管理。

(7)加强科技交流，采取请进来和走出去的方式加强相关学科的科技交流。请进来即经常聘请在相关学科中有较高理论水平和实践经验的专家学者来进行专题讲座及现场施工指导，同时定期主持召开各类课题评审、学术会议及施工技术交流会等；走出去即与有关院校建立合适的科技交流机制，鼓励自己的科技人员参与各类全国性的、行业性的学术会议，对在各类学术刊物及论文集发表论文的科技人员进行奖励。

(8)加强科技成果的推广应用与共享。科技成果与生产实践相结合是科学研究的首要任务，为了克服偏重于科技项目的立项而忽视科技成果管理与推广的倾向，广梧高速采取了一系列措施来加强对科研项目各个环节的管理：

第一，在立项阶段保证课题与工程实践的紧密结合。

第二，保证所有的课题研究与工程施工同步进行，加强现场试验，在工程实践中解决问题和获取科研成果。

第三，要求自己的科技人员直接参与到科研过程中，掌握课题研究的关键技术。

第四，对于具有知识产权或专利性质的科研成果，通过合同的方式保证成果的享有而不流失。

第五，加强科研成果的总结与推广，以得到以点带面的效果。

(9)采取有效措施保证业主、设计、施工、监理以及科研单位在课题研究过程中的协调一致。由于所有课题研究与施工过程同步进行，因此，取得施工、监理单位的理解与合作对课题研究的顺利进行显得非常重要。其做法是将科研课题的相关内容通过合适的方式在监理与施工招标文件中体现出来。如有可能，可以具体体现到某一标段甚至某一分项工程中。

(10)在经费上保证课题研究的顺利进行。制订合理的课题经费使用计划，做到充足而不浪费。经费的支付严格按课题研究的进度进行，严禁超前支付。课题经费实行单列管理，专款专用。

第二节　科技创新实施的成果

一、科研项目管理流程

作为"双示范"工程，广梧高速公路结合工程特点、沿线地质条件以及设计、施工、管理的具体要求，制订了科研项目管理流程图，如图 4-1 所示。

二、研究成果及部分课题的主要研究内容

基于科研满足工程建设，科研服务工程建设的原则，广梧高速在设计与施工技术、工程管理等方面，高质量地完成了一系列研究课题，取得了丰硕的成果。

(1)"高速公路建设信息化管理技术研究及应用"，荣获 2009 年中国公路学会一等奖；"公路建设企业基于绿色理念的建设项目管理"，荣获第十六届国家级企业管理现代化创新成果二等奖；"建设项目信息管理系统的开发与应用"，荣获第十八届广东省企业信息化建设创新成果一等奖。

(2)完成了"广梧高速公路隧道群安全保障与节能关键技术研究"、"广东省环境友好型高速公路建设评价研究"等课题 10 多项，部分课题已完成鉴定，整体达到国际先进水平，部分成果达到国际领先水平。

(3)出版了《公路隧道节能技术》、《复杂地质条件下隧道施工安全保障技术》等专著 6 本。

(4)形成《不良地质及地质灾害处治技术指南》、《公路隧道火灾自动报警系统技术条件》、《公路隧道通风竖井施工工法》等标准、指南与工法 10 余项。

(5)受理专利 20 项、软件登记 2 项，公开发表论文 100 余篇。

1. 环境友好型广梧高速公路建设对策研究

(1)提出了环境友好型高速公路的内涵与建设理念。环境友好型公路是以公路所在区域环境承载力为基础，在公路的勘察设计、施工建设、运营管理等各个环节，以节约资源、保护环境、改善生态为核心，依靠科技进步、强化环境管理，形成建设与保护并重、公路与环境和谐的交通可持续发展模式，实现生态良好、环保达标。建设理念是：安全畅通，环保优先；制度为本，严格管理；创新设计，精心施工；节约资源，控制污染；保护为基，恢复为辅；适应地域，自然和谐。在勘察设计阶段，应该避让环境敏感点，节约土地资源，减小环境影响；在施工建设阶段，应该提高工程施工质量，降低施工造成的环境污染和生态破坏；在运营管理阶段，应该安全高效，减小对沿线环境和居民造成的不利影响。

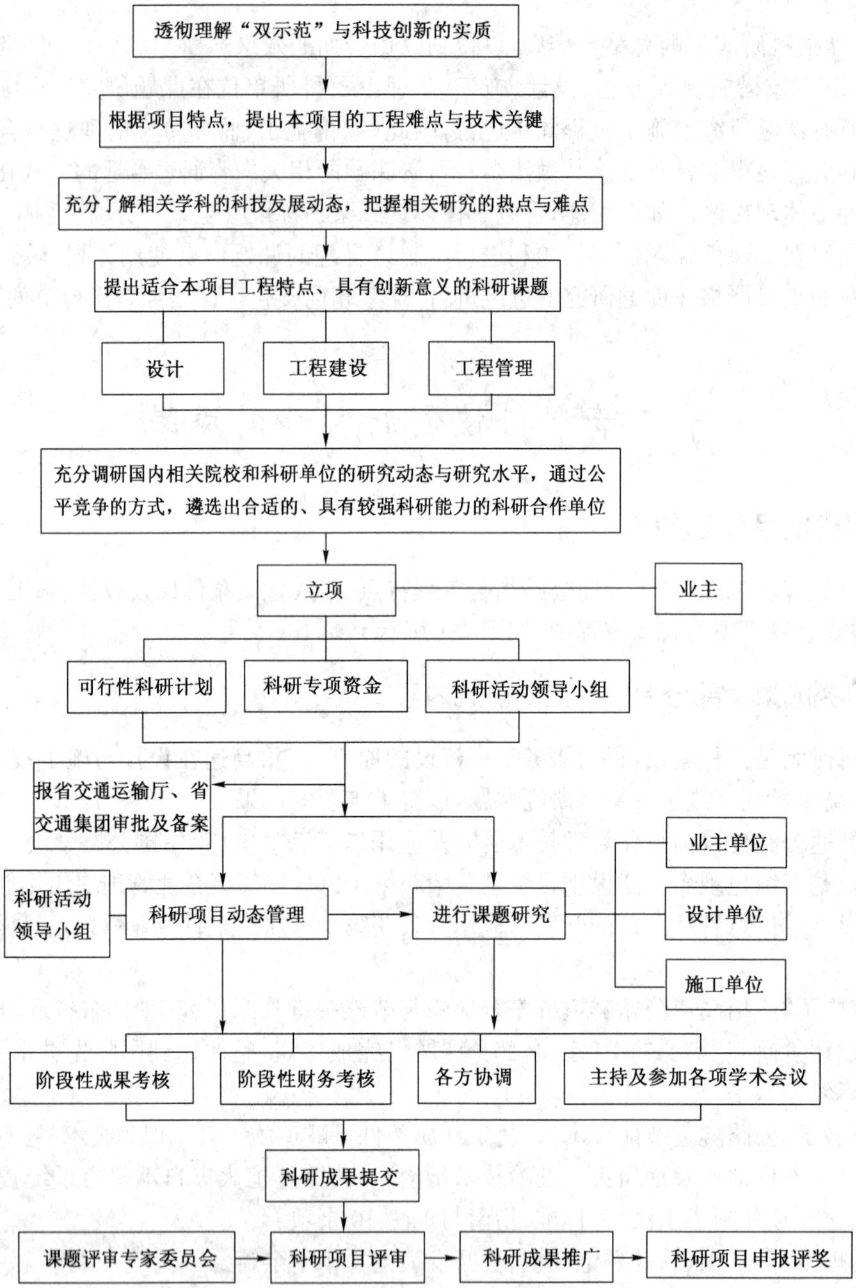

图 4-1　广梧高速公路科研项目管理流程图

(2)开展了广梧高速公路环境友好度评价指标体系及标准研究。环境友好度评价指标包括:生态良好类指标、环保达标类指标、景观协调类指标、服务社会类指标和科学管理类指标。

(3)环境友好型高速公路建设的实现途径研究。我国有关环境友好型高速公路建设中的管理制度、公路建设中自然资源保护等方面的研究还比较少。隧道施工废水处理净化方面的研究以前也没有开展过,广梧高速公路隧道多,废水处理问题突出。公路沿线原有地形地貌的保护是实现公路与环境和谐的重要方面。因此,本课题在环境友好型高速公路建设实现途径方面着重开展了几个方面的研究:

①环境友好型高速公路建设管理制度研究。提出在工程招标中就应该加强环境管理；编制环境监理方案、开展施工环境监理；建立环境友好型高速公路建设领导小组。

②环境友好型高速公路勘察设计经验分析。通过多方案论证，选择对环境影响较小的路线方案；坚持动态设计，不断优化具体方案；增加桥隧比例，节约公路占地，保护生态环境；开展环保及景观专项设计；实行设计质量动态管理制度。

③植被资源保护技术研究，提出了原生植被保护技术。

④表土资源保护和利用技术研究。

⑤隧道施工废水及服务区污水处理技术研究。

⑥服务区原有地形地貌保护技术研究。

2. 隧道照明需求与节能技术研究

(1)通过对隧道照明节能系统不同光色光源的光效研究，得出了 MH、CFL 和 LED 在测试的亮度范围内相对于 HPS 的等效亮度对比系数，通过表 4-1，通过该表可计算出其他灯具相对于高压钠灯的等效亮度。

等效亮度对比系数表 表 4-1

背景亮度($cd \cdot m^{-2}$)		1.0	1.5	2.0	3.0	4.0
在 HPS 下的反应时间(ms)		361.5	339.2	329.9	320.1	311.2
$R(L)$	MH	0.376 3	0.696 4	0.703 3	0.625 2	0.606 3
	CFL	0.684 4	1.083 1	1.096 0	1.009 2	1.067 6
	LED	—	—	0.221 7	0.390 1	0.515 9

(2)通过隧道照明参数的研究，提出了公路隧道照明系统安全性评价指标体系与方法。

(3)总结国内外规范的差异，结合工程调研、试验隧道内的应用试验及反应时间试验等方法，首次编写了公路隧道照明设计指南。

(4)通过对 LED 隧道照明灯具的应用现状及发展趋势分析，针对目前 LED 隧道灯具应用中存在的问题，首次提出了 LED 灯具主要检测参数与检测方法。

(5)通过理论分析与试验相结合，提出诱导设施在隧道照明中的适应条件、适用范围、布置方式及参数选择。

(6)在隧道照明控制方面，现有控制方法仍然采用分回路控制，进行人工或自动的有级(整体 4～6 级)调光控制。通过本课题的研究，首次提出了适用于工程应用的基于单灯大范围连续调光的隧道照明灯自适应动态调光方案和基于单灯小范围连续调光的隧道照明灯自适应动态调光方案。

(7)国内首次开发了基于多元参数的隧道自适应智能照明模拟分析软件及控制软件。

(8)结合现有 LED 的应用情况，首次提出了 LED 照明系统“一次设计、调光控制”的设计理念。

(9)结合科研成果，以功能需求为基础，开发了鹅公髻隧道 LED 照明智能控制系统，为后期应用软件开发提供参考。

3. 山区高速公路隧道智能控制系统研究

(1)通风控制的目标是将隧道内的污染物尽量控制在要求的水平附近，通过对目前国内外的公路隧道通风控制方式进行的详细介绍和比较，对隧道的通风控制技术进行了研究和探讨，提出了公路隧道前馈式智能模糊通风控制系统。

(2)建立了公路隧道通风系统的基本结构以及数学模型，并给出了隧道的污染物排放量、需风量、交通通风力和所需射流风机的台数等计算公式。并通过数值仿真发现一些通风控制规律，即在单向行驶的隧道中，隧道内的活塞风与车流量和车速有关，当隧道正常运行时，车辆排放污染物较少并且活塞风速较大，可以减少开风机的台数，就可以达到控制要求，而且风速的取值总大于0；风机增开的台数不仅与预测偏差有关，还与当前时刻隧道内的风速有关。这些规律为模糊控制器的输入变量提供了理论依据，也为确定输入、输出变量的论域及模糊推理规则的制订提供了参考。

(3)对比分析了几种适用于公路隧道前馈式智能模糊通风控制系统的短时交通流预测模型，并详细介绍了BP神经网络的预测模型，并对其作了仿真测试，为模糊通风控制中下一个控制周期的交通流预测提供在线预测。

(4)通过引入前馈式控制方法，对下一个周期的交通流、污染物浓度进行在线预测，并将此信号提前传给控制程序，实行提前控制，做到了"有多少车就送多少风"，从根本上解决了传统控制中的时滞问题。

(5)针对山区高速公路隧道智能控制系统研究的内容，提出了隧道群与监控中心一体化监控的理念，并提出了具体的解决思路，包括监控系统设备的布置，整体的系统构成，通信系统的设计，信号的传输等方面，对一些新技术大胆的采用，现已应用于广梧二期高速公路上，并制作了模拟的隧道模型。

4. 公路隧道通风竖井机械化施工关键技术研究

(1)通过运用工程地质学原理、力学原理等技术手段和方法分析，研究反井钻机选择和导井孔径选择与工效关系、导孔偏斜的影响因素和控制措施、钻进工艺，确保导井成孔状态围岩稳定，导孔成孔偏斜率控制在0.5%以内，并基于导孔而提高钻爆开挖的施工工效，降低施工综合成本。

(2)通过对依托项目工程地质特性分析，以配套设备设计、总装技术保障为前提，通过对眼孔形式、炸药品种型号、装药形式、起爆方式等分析研究，以及爆破对导井孔径范围的围岩稳定影响分析，使在不同岩层情况下，一次扩孔爆破成井的钻爆设计优化，降低超欠挖，避免堵井，有效降低钻爆开挖成本。

(3)结合井身双腔室规则断面薄壁衬砌结构特点，分析衬砌施工机械设备的匹配性，以此进行衬砌顶升式液压滑模和混凝土导管法输送技术的设计研究，形成经济、快速、安全、高效的竖井衬砌机械化施工关键技术。

(4)通过分析竖井在立体空间交叉作业的复杂条件下的安全性，形成以设备的安全装置配备与使用、通信与信号配置等成套安全施工技术。

5. 复杂地质条件下隧道施工安全保障技术研究

(1)全面系统分析了隧道施工中的不良地质以及由不良地质可能诱发的地质灾害，并对灾害产生的条件原因进行了分析。以依托工程典型隧道茶林顶隧道为例，全面分析了茶林顶隧道的地质情况，并对勘察查明的典型不良地质——洞口不稳定边坡、断层破碎带、溶洞对隧道施工稳定性的影响进行了分析，系统分析了双凤至平台段隧道施工地质灾害的分布情况，为后续隧道超前地质预报、结构设计、处治设计提供参考依据，通过与实际隧道开挖灾害情况对比，表明前期的预测与实际情况部分接近。

(2)结合工程围岩特点，提出了上下台阶法和上下台阶留核心土法施工台阶和核心土大小的合理取值。隧道施工合理台阶长度的研究表明，隧道台阶法施工台阶及核心土的留设能改善隧道掌子面的稳定性，台阶不宜过长或过短，核心土同样不宜过短，且截面越大越好，否则都不能达到最佳效果。计算分析表明，上下台阶法施工下台阶的长度控制在 1.0D 左右是比较合理的，上下台阶留核心土法施工核心土长度控制在 0.75D 左右是比较合理的，考虑受力和施工方便，核心土高度不宜小于上台阶高度的 2/3，宽度不宜小于开挖宽度的 2/3。

(3)从经验和理论两方面研究分析了二衬的支护时机及其仰拱与掌子面的合理间距，提出了确定二衬合理支护时机的位移速率准则、位移准则及屈服接近度准则。并给出了与各种准则适应的具体求解二衬合理支护时机及其仰拱和掌子面间距的确定方法，主要包括经验法、收敛限制法和理论分析法。依托于广梧高速公路隧道，从具体的二衬构筑时间和二衬及仰拱与掌子面间距两方面规定了各级别围岩中隧道二衬及其仰拱的构筑时机。并分析了几种主要影响因素对二衬及其仰拱支护时机的影响，提出了考虑各种影响因素的支护时机的具体取值或修正公式。

(4)根据以往实践、研究和本项目的前期研究对比，提出了适应于广梧高速公路隧道的较准确和经济合理的不良地质超前地质预报组合技术，包括 TSP 法、地质雷达法或瞬变电磁法。

(5)提出了超前地质预报的三部曲方法，其中强调的是以较宏观的隧址区既有地质勘探资料全貌和较微观的动态的掌子面地质资料为依托，在运用所选择的有效物探手段进行探测之后的基础上进行超前地质预报，三者缺一不可。本方法与以往所提出的综合超前地质预报方法的不同是：以往所提出或使用的综合超前地质预报法所强调的是长短距离的物探方法结合，物探与钻探的结合，轻视或忽略了怎样与地质结合；而三部曲方法所强调的是恰当的物探方法怎样与宏观地质及微观地质结合，钻探仅作为控制风险的最后主要手段。

(6)明确提出了预报的内容是进一步划分围岩级别和预报不良地质。虽然这两项内容在工程实践中有不同程度的尝试，但地质和物探专家对能否进行围岩级别预报和划分存在争议。本项目经过研究，通过采用三部曲预报方法，同时参照现行《公路工程地质勘察规范》和《公路隧道设计规范》，并根据具体工程地质情况对其有关参数进行修正，认为能够进行围岩级别预报和划分。通过茶林顶隧道围岩级别预报表明，预报准确率达 62.5%，基本能满足工程需要。

(7)提出并系统总结了地质雷达、TSP 超前地质预报方法对不良地质的目标识别技术，包括强风化带、断层破碎带及其破碎程度、围岩含水段、溶洞等在地质雷达图像、TSP 2D 成果图等的识别特征。

(8)根据施工过程中对不良地质体的不同阶段的预报的准确性的不同和不良地质体对施工影响程度的不同建立不同的预警级别，并建立相应的不良地质体的处治预案。

(9)采取“测前位移损失率”η(塑性区数值取 0.2，脆性区数值取 0.3)的位移补偿措施，对“允许相对位移”基准值进行规整，结合数值分析得出的“极限相对位移”，综合确定了两车道公路隧道围岩变形预警指标及预警等级。

(10)全面分析了应急预案编制的方针、目标与原则，制订了隧道施工灾害应急预案的编制依据和应急响应程序，建立了隧道施工灾害的应急等级。结合广梧高速公路管理特点，明确了各管理部门的职责，业主和施工单位应准备的应急物资。编制了适合依托工程的隧道塌方、突水、突泥等隧道施工灾害的应急机制和应急处理措施。

(11)从目前国内外隧道施工中存在的问题出发，分析了开发“公路隧道不良地质及地质灾害处治措施数据库管理系统”的必要性。从使用方便、能和用户信息互通的原则出发，建立了网络版“公路隧道不良地质及地质灾害处治措施数据库管理系统”。通过该数据库系统，管理人员、施工人员及其他现场人员通过账号和密码能查询国内外典型隧道施工不良地质及地质灾害的处治措施，从而选择适合现场特点的处治技术，并能通过添加功能不断丰富数据库内容。

(12)在不良地质与地质灾害处治技术方面，结合依托工程特点，提出了不良地质段的隧道开挖方案和施工方案；提出了溶洞按小型溶洞、大型溶洞、充填型溶洞、半充填型和空溶洞等分名别类的处治措施；建立了富水地层不同类型的注浆方式的标准；提出了断层破碎带按小断层、中断层、大断层分类处治的措施；提出了塌方按小塌方、中塌方、大塌方分类的综合处治措施。

6. 高速公路生态环境恢复与景观综合设计研究

(1)高速公路开发利用本土植物进行绿化和恢复生态的研究。

(2)山区高速公路取、弃土场水土保持研究。

(3)山区高速公路景观设计综合研究。

7. 特长上、下坡路段综合安全措施研究

(1)基于公路线形的车辆实际运行速度预测模型的研究。

(2)高速公路连续长大纵坡路段安全性评价技术及治理措施研究。

(3)高速公路连续长大纵坡路段的通行能力研究。

(4)公路纵断面设计指标与设计方法灵活性研究，平均纵坡、坡长等指标的研究。

(5)长大纵坡路段的综合安全保障措施研究。

(6)道路三维仿真模型系统的研究开发。

8. 山区高速公路定额与造价指标研究

(1)对山区高速公路各种临时设施的成本构成进行了研究，得到了临时工程和临时设施成本测算结果。

(2)总结了山区高速公路施工中节约资源、降低造价的工程方法。

(3)建立了典型工程造价指标系统。

9. 变形性设计新理论的研究及其在高效预应力混凝土桥梁工程中的应用

(1)理论分析研究。综合以前的研究成果，概括提取反映结构性变形和安全度储备的变形性系数、承载力系数、变形能系数等指标，并通过试验数据将其量化作为预应力混凝土梁变形性设计的依据。

(2)数值分析。充分利用计算机模拟手段，模拟混凝土和预应力筋、普通钢筋共同作用时的应力—应变关系，建立数值模型。同时，该分析模型对试验研究未涉及的影响参数范围进行数值分析研究，以全面了解各种参数的影响。

(3)试验研究。从材料性能试验着手，为应用技术标准提供确定材料性能指标的依据，为初步设计和构件试验研究提供依据。通过缩尺模型试验，研究受力性能主要参数变化规律，为确立计算理论和方法提供依据。进行了一定数量的足尺试验，反映真实构件受力性能，验证缩尺试验研究建立的设计计算方法。通过一系列研发，得出成果报告有：

①《高效预应力混凝土 T 形梁(25m)静载破坏试验报告》。

②《高效预应力混凝土 T 形梁(7.9m)静载破坏试验数据报告》。

③《高效预应力混凝土 T 形梁基础试验报告》。

④《预应力混凝土梁非线性分析及其在高效预应力混凝土 T 形梁(7.9m)中的应用研究》。

⑤《变形性设计新理论的研究及其在高效预应力混凝土桥梁工程中的应用研究》。

10. 高速公路三维形象进度系统的开发与应用研究

研究开发适合广梧高速公路项目管理特点的三维形象进度管理系统。提出了系统的总体实施框架,包括系统建设目标、系统硬件需求与配置、网络建设需求等。从系统操作的方便性、稳定性、安全性和可扩展性,实现数据传输、共享及系统使用和维护的高效方便性等方面,研究开发了公路工程三维图形技术和虚拟现实技术,实现了三维地表和公路构造物三维进度模型的快速生成和实时表现,实现了对施工过程中测量数据的汇总、统计和工程进度的三维表现。

11. 公路隧道防火抗灾技术研究

(1)首次建立了高速公路隧道交通安全风险评估方法。通过对15个省市已建成并运营的隧道交通事故形态分布规律的研究,确定了主要影响因素。对各因素的重要程度进行分析,建立了高速公路隧道交通安全风险评估指标体系。运用层次分析法和模糊综合评估方法建立了高速公路隧道交通安全风险评估方法。

(2)首次建立了公路隧道防灾救援设计方法。通过物理模型试验和三维数值分析,建立了单隧道火灾风速风向控制标准和双隧道火灾风速风向控制标准。通过物理模型试验和理论方法确定了火灾节流效应烟流阻力和火风压,根据隧道火灾模式下的人流车流组织模式,开发出公路隧道火灾网络通风计算软件系统。综合上述研究成果,建立了公路隧道防灾救援设计方法。

(3)首次建立了高速公路隧道防灾救援预案制订方法。根据高速公路特点,确定了预案区段和预案单元的划分方法。根据隧道防灾控制的隧道间极限间距和隧道间行驶的驾驶员视觉特性影响距离,定义了单座隧道、隧道群和毗邻隧道的防火原则。根据交通事件发生位置,将预案区段确定为三种执行区,即控制区、影响区和无影响区,对三种执行区分别采取不同的联动控制措施及策略。根据广梧高速公路隧道及路段监控系统构成,确定了突发事件应急处置组织体系和外部消防衔接方法,并据此制订了406项广梧高速公路防灾救援预案。

12. 广梧高速公路高液限土利用与改良施工方案和工艺研究

(1)从高液限土作为路堤填料角度,系统研究高液限土工程特性和地区性特点。

(2)开展将山区高液限土作为高速公路路堤填料的施工过程质量控制体系研究,提出了压实度和空气率双指标控制高液限土填筑压实方法,确定了最优空气率和最大压实含水率差并用于指导路基填筑含水率的控制。

(3)改进和研制了新的现场检测与质量控制仪器,以及石灰、水泥等添加剂的配比及含量检测方法。

(4)首次从环境保护、经济效益、社会效益等多方面考虑规范高液限土改良和施工问题。

13. 建设项目信息管理系统的开发与应用

(1)系统立足于业主对项目的建设管理,紧密结合工程实际,其业务范围包含设计、监理和承包人三个方面的工作,集公路项目建设施工过程中的费用管理、合同管理、变更管理、进度管理、计量支付等各项业务,通过计算机网络技术,能在设计、监理和承包人三者之间,实现异地自动化管理的功能,为公路项目建设提供快捷、准确、全面的数据及信息处理系统,实现全方位、全过程动态管理和实时监控。

(2)建立了一套输入灵活多样,并支持通用应用软件的数据导入和导出、数据采集和报表制作方便高效、查询直观、快捷、管理方便、操作简易、具有严格的权限控制、流程设置、业务跟踪、操作日志、数据备份功能的能保障运行安全数据可靠的系统。系统能有效地提高业务管理的效率和质量,极大提高管理的准确性和时效性,减少人工的数据处理方式,带来误差使管理人员可以真正把时间、精力放在生产第一线的组织实施和质量管理中。系统应适用于各参见单位建设管理模式，具有显著的社会、经济效益和广阔的应用前景。

(3)为第三方业务提供业界标准的数据和业务接口，使其无缝集成并考虑与营运管理系统结合，为项目建设管理、路政、养护、营运、监控等核心业务信息提供一个结构合理、数据共享度高、严谨高效的信息平台。这些业务能相互之间紧密联系，构成一个有机整体，共享所有信息资源，克服以往管理系统容易出现“信息孤岛”的弊病，实现建设项目信息管理统一。

第三节　工程技术管理

工程技术管理是项目建设管理的重要组成部分，加强与完善工程技术管理工作，对促进技术的革新、提高技术水平、确保工程质量等都起着极其重要的作用。广梧高速公路是典型的山区高速公路，被交通运输部列为勘测设计典型示范工程，被广东省交通运输厅列为科技示范工程。桥梁与隧道比例大，建设地区地形、地质复杂，施工技术难度大，对质量、安全的要求高。为了确保项目创优目标的实现，加强工程技术管理工作显得尤为重要。技术管理工作在项目业主总经理领导下，由总工程师分管，由技术部具体管理。下设变更技术主管、桥涵主管、路基路面主管、隧道主管等专业工程师、设计组、课题组、专家顾问组等技术管理机构。

广梧高速的技术管理贯穿于项目建设的全过程，包括设计阶段、施工准备阶段和施工阶段的技术管理。在设计阶段主要是设计技术标准的确定、设计方案的优选、外业定测监理与验收、施工图的审查与评审、设计技术交底等工作。施工准备阶段技术管理是在施工前，总工程师组织技术部、工程部测量组、设计单位、监理、承包人到实地交桩，为按期顺利开工创造条件。施工阶段的技术管理是技术管理的重点，包括施工技术交底、施工组织设计的审批、测量与放线管理、工程变更的技术方案论证、新技术新工艺新材料的运用。

一、设计阶段技术管理

设计是从技术和经济上对项目进行全面规划，编制具体指导工程建设的蓝图。从投资的角度来看，在初步设计阶段，影响项目投资的可能性为75％～95％；在技术设计阶段，影响项目投资的可能性为35％～75％；在施工图设计阶段，影响项目投资的可能性则为5％～35％。由于设计确定了项目的质量、进度、投资总目标，因此，业主参与项目的规划与设计工作，有利于在设计中充分体现业主的建设理念，确定合理的项目建设标准和目标；便于运用技术与经济相结合的手段，通过对设计方案的技术经济分析和方案优选，确保设计方案能较好地体现技术与经济的结合；便于通过采用限额设计的方法，制订投资计划目标并对其进行分解，然后当详细设计制订出来以后，对工程的每一部分或分项的投资，对照投资计划中所列的指标进行审核，预先发现差异，主动采取一些控制方法消除差异，使设计更加经济、合理。设计阶段的技术管理工作涉及设计准备阶段、初步设计阶段和施工图设计阶段。

设计准备阶段的技术管理工作主要是提出设计招标中的技术要求和设计标准，编制设计建议书，根据不同设计阶段的情况，研究是否需要引进设计监理。

初步设计阶段的技术管理工作首先是要贯彻项目的建设要求，与设计单位一起研究设计中执行现行技术规范和标准的情况、方案比选的情况、各种方案的路线走向情况、结构物的布设情况、工程数量的统计。为了确保地质资料的准确性，业主的技术管理部门还应该加强地质钻探管理，实地监督地质钻探情况。为了保证按时完成初步设计，业主也应该协助设计单位与外部有关部门如土地、环保、森林、水利等部门的协调。

初步设计阶段技术管理的另一个重点工作，是协助有关单位和专家对初步设计进行审查，听取设计单位的汇报和对沿线进行实地调查，对路线走向、路线方案比选、技术标准、互通立交的位置和形式、路基、路面、桥涵等工程设计和工程数量等方面进行讨论。评价其能否满足规范要求、业主意图、远景交通规划等。协助归纳整理评审会意见和建议并形成会议纪要，以便设计单位在进行施工图设计时采纳。

施工图设计阶段业主的技术管理工作首先是督促设计单位尽快按初步设计评审意见进行定测、详勘、施工图设计，并要求设计单位提交工作计划。作为技术管理中的一个新举措，广梧高速公路在设计单位进行外业定测工作时，引进了地质钻探监理，保证了外业资料的全面和真实。

施工图设计方案技术上的可行性、经济上的合理性，以及设计深度和设计质量对随后的工程施工有重大的影响。广梧高速公路项目业主在设计过程中多次组织设计人员进一步开展实地调查，多次组织有关技术专家和咨询单位对施工图提出合理化建议，以便设计单位在施工图设计中进行优化。同时，项目业主基于项目运营过程中"安全、环保、舒适、和谐"的理念，直接参与了主要交通设施的选型、各服务区的选址等交通工程设计方案比选工作。

为了给施工图审查提供好的条件，在施工图提交之后，项目业主技术部门组织专业技术人员对图纸进行了学习和初审，充分理解设计意图和施工要求。重点对结构形式、构造物特点、工艺流程、技术标准、质量要求、主要材料和特殊材料性能进行研究。核查图纸有无差、错、漏等问题，在此基础上提出初步修改的意见。

施工图设计阶段最后一项技术管理工作是协助有关单位和专家召开施工图评审会。主要审查是否无证设计和越级设计；图纸是否经设计单位正式签署；地质钻探资料是否齐全；设计图纸是否齐全；设计地震烈度是否符合当地要求，地形条件是否符合当地情况；专业图纸之间，平、纵、横断面图之间有无矛盾，标注有无遗漏；总平面图与施工图的几何尺寸、平面位置、高程等是否一致；所采用的标准图、构配件图的编号、型号与设计图是否一致；对设计规定的质量标准和特殊要求，拟采用的技术措施；取土场的位置与实际有无出入，弃方处理是否合理；施工临时用地、临时便道等临时设施设置是否合理；对于新技术新工艺采取了哪些措施，有无技术性设计和施工替代方案；工程量清单中有无遗漏项目，计量和支付中还有哪些问题要澄清；其他需要澄清的事项。

二、施工阶段的技术管理

施工阶段的技术管理主要是监督承包人严格按照投标文件中的承诺配置相应资历和数量的技术人员及相应的技术管理职能部门，严格执行现行技术规范、规程，严格按图施工，严格执行施工组织设计确定的合理施工方案和详尽的施工工艺，积极而合理地采用新技术、新工艺、新材料，进行科技攻关和技术革新，精心施工、严格操作，确保工程质量和施工安全。

广梧高速公路为加强施工阶段的技术管理工作，制订了设计文件复核及现场核对、技术交底、施工组织设计编审、测量管理、工程变更管理和新技术新工艺运用管理等技术管理制度。

1. 设计文件复核及现场核对制度

工程施工的根本依据是设计文件，承包人在收到施工设计图纸后，要及时组织有关技术人员进行阅读与核对，了解设计意图，熟悉图纸内容与要求，核查设计中的差、错、疏、漏，核对工程数量，确定施工方案。

广梧高速公路设计文件核对的具体要求是：

(1)核对图纸是否齐全，说明书是否明确，结构尺寸、平面坐标、高程、道路交叉是否清楚，图纸中是否有明显错误。

(2)核对设计图纸是否符合国家政策、法规、行业技术标准、施工规范的要求。

(3)结构设计、施工方案之间是否矛盾，技术方案是否可行。

(4)核查图纸中是否有疑点、难点需要设计单位在技术交底中进行解答。

(5)核对工程地质、水文、气象资料是否清楚齐备。

(6)核算工程数量是否准确。

在对设计文件进行核对的基础上，还应该结合设计图纸进行现场核对，核对设计与实际情况是否相符。主要内容有：路线走向，主要结构物控制点、交点、转点，地形、地貌和地物变化情况，实际的地质、水文情况。

承包人应及时将图纸复核和现场核对的意见上报送业主，由业主汇总反馈给设计单位，以便设计单位在进行技术交底时针对性地进行说明。

2. 技术交底制度

技术交底分为业主组织的由设计单位执行的设计技术交底和各承包人内部进行的施工技术交底。

(1)设计技术交底。设计技术交底会议由业主总工程师组织召开，设计、监理、各承包人参加，设计单位具体执行，要求各承包人的施工方项目经理、总工程师(主任工程师、技术主办)、质检工程师、工程部长及主要技术人员参加。交底的主要内容有：

①工程项目的设计意图、设计重点，所采用的技术标准和执行规范的情况。

②整个工程项目施工的总部署。

③桥梁、隧道、路基、路面等主要工程的特点、技术经济指标及设计参数(如桩基承载力、梁的挠度、隧道围岩情况、隧道初期支护及二次衬砌的受力情况、软基的总沉降和工后沉降、路面的设计弯沉及弯拉强度等)。

④控制工程和技术难度大的工程设计要点及施工方案。

⑤设计中采用新技术、新材料、新工艺的情况。

⑥施工中应注意的事项。

【案例 4-1】 广梧高速公路河口至双凤段(第四～第八合同段)设计技术交底

广梧高速公路河口至双凤段(第四～第八合同段)设计技术交底于 2006 年 11 月 22 日在云梧高速公路筹建处会议室举行，广东省公路勘察规划设计院首先对广梧高速公路河口至双凤段(第四～第八合同段)施工图设计及完善设计作了总体介绍。

1. 第四～第八合同段路基增加港湾式停车带。第四合同段福禄岗跨线桥更改为 3 座 3×16m 中桥；第五合同段与第六合同段相接处局部路段的纵断面进行了调整，新的纵断面和有关部门变更文件具体见设计后服务函 005，施工前应注意复核；第七合同段因葵洞停车区改为葵洞服务区，致使土石方不平衡，原设计挖方的数量已不能满足填方要求，需借方，建议利用第六合同段的弃方；第八合同段原设计从第七合同段的借方取消，第八合同段需另外找借土场以满足填方要求，第八合同段五指山隧道苍梧端由于双凤枢纽立交线位的调整，五指山隧道苍梧端需变更，待完善设计文件提交后方可施工，另外第八合同佛洞河大桥和官桥跨线桥合并为一座大桥，原左线 LK66＋653.50～LK67＋248.50、右线 RK66＋653.10～RK67＋220.70 之间的所有设计图纸(含佛洞河大桥、官桥跨线桥、两桥之间的路基)均作废。

2.广东省公路勘察规划设计院对设计要点和施工注意事项作了详细的讲解和交底,内容具体见《广东省公路勘察规划设计院广梧高速公路河口至双凤段(第四～第八合同段)施工技术交底报告》。

3.报告结束后,广东省公路勘察规划设计院对各标段承包人、监理单位存在的一些设计方面的疑问作了解答,答疑附后。

4.云梧高速公路筹建处有关领导在会上对设计技术交底工作给予了充分肯定,同时要求参建各方会后认真学习、领会报告内容,并切实将设计要求落到实处,严格按规范和设计施工,将云梧高速公路建设成优质工程。

附:各标段施工图纸答疑

一、广梧四标两阶段施工图纸答疑

(一)路基土石方方面

1.施工单位要求提供路面结构层的总厚度,以供准确推算路基各压实区的高程及路基宽度。

设计院答复:业主尽快落实路面设计的招标工作,确定路面结构层厚度,从而便于路基压实度区域、高程和宽度的划分。

2.本合同段填挖极为不平衡,设计取土场1个,弃土场11个。根据项目部和业主方、当地政府的协调,当地村民认为取土场是风水山,不可能被征用;弃土场有意向征用的仅2处,远不能满足弃方要求。

设计院答复:承包人同业主与地方联系取土场和弃土场,以免触及地方民俗。

3.根据填方路基的设计要求,基底应清除耕植土、腐殖土等表层土并予以压实,压实度不低于90%。存在的问题如下(例如:K36+895～K38+790路段):

(1)本项目清完表的填方路段的试验资料显示,含水率为17%～28%,不可能满足压实度不低于90%的要求。

(2)依据地质钻孔资料,耕植土、腐殖土厚度为50～120cm,而设计图纸清表厚度仅为30cm。

(3)要求回填粗粒土,项目部实验室做了大量土工试验,本合同段范围内的用土属于细粒土。

建议:①根据地质钻孔资料,确定每段的清表厚度。

②在没有粗粒土的情况下,请明确回填材料。

设计院答复:已有相关的会议纪要。

(二)涵洞方面

混凝土强度和结构跨径需改进的方面包括:

1.盖板涵

本合同段设计有3座盖板涵,2座墙身由原设计浆砌片石改为C20片石混凝土,1座墙身为C20片石混凝土。存在的问题如下:

(1)变更不够彻底。

(2)对于片石混凝土的现场质量控制比较困难。

(3)依据以往经验,在施工过程中会造成定位拉杆和模板变形的几率大大增加。

(4)采用较低的混凝土强度等级,墙身的外观质量很难保证。

建议:①将墙身C20片石混凝土全改为C25素混凝土

②维持原设计中2座墙身浆砌片石的施工,对K38+348通道涵,墙身C20片石混凝土改为改为C25混凝土。

设计院答复:盖板涵基础及涵身材料按相关服务函实施。

2. 拱涵(含通道涵)

(1)K45+777、K45+927.5、K46+354.5、K47+050四座拱涵分布于1.2km范围,该路段结构物多、土石方量大、防护工程量大(包括2座大桥、2个大型挡土墙、四级高边坡防护等)。存在的问题如下:

①四个拱涵三种不同的跨径、两个相同跨径拱涵又是不同的沉降缝设置,其次每个拱涵的拱圈要准备不同规格的模板。

②投入大、费用高。

③施工周期长。

④不利于组织施工。

建议:①将K45+777和K46+354.5两座拱涵的跨径均变为400cm。

②将K45+927.5拱涵沉降缝的设置间距变为每隔300cm一道。

(2)拱涵基础部分采用C25混凝土,而洞身采用C20片石混凝土,建议将墙身C20片石混凝土改为C25素混凝土。

设计院答复:拱涵各部位材料不变化。K45+777涵洞为3×2.5m拱涵,此涵洞原则可调整为4×3m拱涵。K45+927.5涵洞的沉降缝间距为2m,K47+500涵洞的沉降缝间距为3m。对此情况施工方可通过最小模数化模板来解决施工模板周转问题,没必要对涵洞重新分节。

3. 其他方面

(1)K38+040原有旧村道与高速公路交叉,现高速公路设计没有通道,当地村民要求在原村道位置设置6m×4.5m通道涵。

(2)K38+250处原有灌溉水沟,当地村民要求在此处增设ϕ1.5m圆管涵。

(3)K38+555.4涵洞村民反应净空高度不足,且位置偏离原道路,要求移位。

设计院答复:应由地方与公路建设指挥部、业主协商后才能确定。

(三)桥梁方面

1. 部分桩基原设计时地面高程与现状不符,出现承台、扩大基础悬空或埋置深度不足,桩基长度加长等。例如:青洲水泥厂铁路跨线桥,该桥四根桩位于水泥厂垃圾废料上(高度约20m),四根桩位于灰浆池内(深度3~6m)。

设计院答复:施工方测量全部墩台处的横断面,以便调整桩顶高程。各方协调处理垃圾厂及沉淀池的问题。

2. 青洲水泥厂铁路跨线桥和彩营高架桥部分墩的系梁是斜置,对墩柱的受力和稳定性不利,也不美观,建议尽量平放设置。

设计院答复:已有服务函。

3. 青洲水泥厂铁路跨线桥17号、18号墩桩在铁路路基边坡上,铁路部门会同意在边坡上钻孔施工吗?若不同意,如何处理?

设计院答复:业主尽快组织各方协调与铁路部门的关系,以便施工跨铁路桥梁。

4. 彩营高架桥部分墩处横坡较大,半幅左侧桩顶设失效长度,设置方法是在护筒内侧垫一层泡沫纸，以减少对桩的约束。垫泡沫纸施工有困难，也无法检查其效果。建议可先在桩顶失效段按墩柱设计，按墩柱施工。

设计院答复：已有服务函。

5.云浮铁路跨线桥箱梁施工设计要求采用支架现浇施工、支架应进行预压。支架要搭设在铁路路基上或边坡上，铁路部门会同意吗？可否采用其他方法。

设计院答复：业主尽快组织各方协调与铁路部门的关系，以便施工跨铁路桥梁。

6.桥梁通用图设计说明中施工要点"采用架桥机架设T梁时，架桥机在桥上行驶必须使架桥机的重量落在T梁梁肋上，施工单位应按采用的架桥机型号对主梁、支承梁、墩柱及基础等进行施工荷载验算，验算通过方可施工"，建议可否给出2个数据：

(1)架桥机在桥上的总重量的允许值。

(2)桥梁主梁、支承梁、墩柱、基础等验算允许应力。

设计院答复：设计院将出服务函。

(四)排水防护工程及其他方面

排水工程的排水沟、截水沟的截面形式繁多，考虑到沿线排水工程的一致性、美观性及计量变更的简化性，能否考虑采用2～3种主要的形式。

设计院答复：根据具体地形适当选用。由于马安至河口段路基宽度为26m，河口至双凤段路基宽度为24.5m，设计院特别提醒施工单位应注意路基接头处的宽度渐变问题，渐变率为1/50。

二、其他标段施工图纸答疑：略。

(2)施工技术交底。施工技术交底是在承包人内部进行的，总体工程开工要进行技术交底，各分项工程开工前也要进行技术交底。

首先，是全面的交底，要求所有参加施工的技术、管理、生产人员参加，包括技术、质检、试验、安全及施工员、工班班长，同时应请监理、业主派人参加。交底内容应包括：工程特点、施工部署、任务划分、安全和质量要求、进度要求、施工方案、施工工艺、主要的机械设备及文明施工、水土保持、环境保护各项管理措施等。施工方案应有详细设计计算，施工操作工艺应符合规范要求。批准的施工方案不得随意变更。

其次，是层层的交底，由施工处下达工班(施工组)，各工班(施工组)再向具体的操作人员进行交底。

3.施工组织设计编制与审批制度

施工组织设计是承包人指导工程施工的重要依据，施工组织设计的合理性与可行性直接关系到施工的顺利进行，直接关系到工程质量的好坏。施工承包人应在项目开工前，根据工程具体情况，详尽细致地编制好实施性施工组织设计并报总监办审批。施工组织设计应切合实际，科学合理地安排施工顺序，其中施工工艺必须符合施工规范规定，新工艺新技术必须通过试验方可采用。技术复杂的重大工程，应组织力量认真确定施工方案。要有健全的质量和安全保证体系，保证工程正常施工和保证工期的措施等。施工组织设计编制好后，应按审批程序报监理及业主审批后方可执行。

(1)施工组织设计编制内容包括：

①工程概况。

②施工总体部署。

③施工组织进度计划。

④施工总体平面布置图。

⑤主要工程项目施工方案。

⑥施工质量保证体系(包括应急预案)。

⑦施工安全保证体系(包括应急预案)。

⑧保证原有交通正常运营措施。

⑨文明施工、水土保持与环境保护。

⑩保证工期的措施。

(2)施工组织设计的审批(图 4-2)。承包人施工组织设计在项目开工前报总监办,总监办提出初步意见,总体施工计划报业主工程部,特大桥、长隧道、路面等重要项目施工方案报业主技术部,业主提出意见,然后由总监办批复。

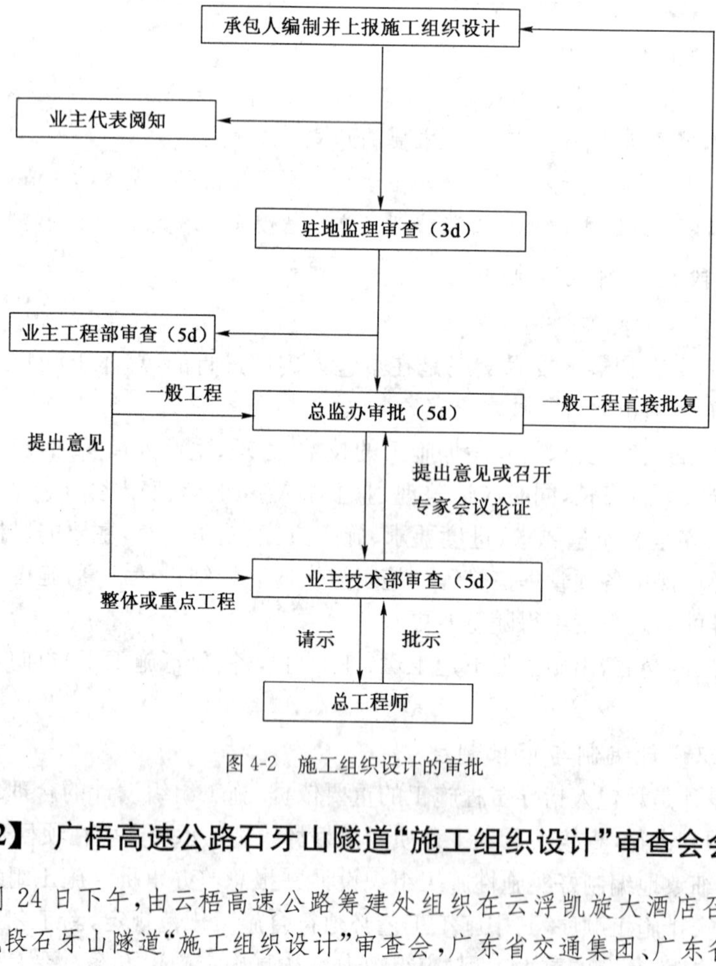

图 4-2　施工组织设计的审批

【案例 4-2】 广梧高速公路石牙山隧道“施工组织设计”审查会会议纪要

2006 年 1 月 24 日下午,由云梧高速公路筹建处组织在云浮凯旋大酒店召开了广梧高速公路河口至双凤段石牙山隧道“施工组织设计”审查会,广东省交通集团、广东省公路勘察规划设计院、广东省长大公路工程有限公司、云梧高速公路总监办、云梧高速公路筹建处、云梧高速公路河口至双凤第五合同段项目部等有关单位的代表及特邀专家(见会议签到表)参加了会议,施工单位汇报了“施工组织设计”的主要内容。根据石牙山隧道的特点,与会专家及代表对“施工组织设计”安全、质量、进度等方面的内容进行了审查,审查意见纪要如下:

一、施工单位编制的“施工组织设计”,内容组成齐全、完整,资料较详细,图表较清晰;方案可行，工艺符合石牙山隧道的特点；安全、质量、工期目标明确，符合本项目要求；组织机构健全，各项措施得当。

二、施工单位应据本次会议专家评审意见，对“施工组织设计”进行修改、补充与完善：

1. 施工总体部署

(1)作为一份整体施工组织设计，应将广州端、梧州端统一论述。

(2)广州端、梧州端工作界面要划分清楚，避免施工单位内部争任务，出现抢进尺，赶进度，忽视施工安全、质量的情况发生。

(3)质量目标中，工程质量“零缺陷”，但综合评分“93分”以上，有矛盾。工程质量评定已无“优良”等级，但文中多处出现评为“优良”字样。

(4)本工程围岩坚硬，钻爆困难，施工组织中缺少循环图、表；主要开挖工序缺较详细的图表说明，如使用钻机数量、凿岩速度、进尺等。

(5)本隧道单头通风2 300m，缺少施工通风计算，应根据实际使用的洞内通风设备型号、马力、数量等，验算是否满足通风要求。

(6)广州端、梧州端的风管都未作通过二衬台车、台架段的设计和说明，这是影响通风效果的关键所在，建议在该段专门设置硬质风管通道。

(7)洞口风机广州端、梧州端都设置在距洞口20m处，太近，容易造成废气迴流，应创造条件尽可能远一些，建议风机距离洞口50m。

(8)竖井施工通风方案可行。扩孔完成后根据气流变化调整通风方式，软质风管的出风口应作硬质射流管口。

(9)广州端、梧州端凿岩机均配置60台，数量偏少，应按投标书的要求配备凿岩设备。

(10)梧州端Ⅲ级围岩计划月进度150m，指标太高，建议调整。

(11)按照投标承诺，施工机械进场的型号数量应与投标书一致。

2. 施工方案、工艺及方法

(1)爆破设计中的爆破器材，将2号硝铵炸药和2号乳胶炸药混为一谈，选用2号乳胶炸药好，防水。

(2)爆破设计应在实际施工中不断总结调整，争取更好的爆破效果。

(3)炸药库应设置避雷装置。

(4)为保证路面质量，隧道路面应按投标承诺采用滑模摊铺机械施工，禁止人工摊铺施工。

(5)竖井深达135m，施工方案的关键是悬吊爆扩落渣通道，此施工工艺要作详细的补充，并及时总结经验。

3. 安全措施

(1)洞口段软弱围岩应尽早做好二衬。

(2)对于F4断层和洞身穿越沟槽及洼地地带，应加强地质超前预报，以便及时采取针对性措施。

(3)Ⅴ、Ⅳ、Ⅲ级围岩，初期支护应紧跟，保证工艺质量。

(4)项目地质岩层有断层、破碎带、不同岩性接触带，地质复杂，为吸取近年个别隧道塌崩事故的经验教训，确保隧道施工安全，要求掌子面与二次衬砌之间的距离应控制在80～100m之间。由于开挖进尺同二衬混凝土施工的速度有差距，在施工过程中应采取有效措施，防止二衬混凝土施工速度滞后。

(5)地层地温较高，掌子面温度可能超过30℃，须加强通风降温。

(6)长大隧道通风施工应以人为本,洞内环境较差,要严格限制以汽油为动力机械进洞。

(7)防坍方应急预案除作必要的物资储备外,还需要在开挖掌子面准备必需的药品、预备2～3d的干粮,以及照明、通信设备、救生孔等;从掌子面到二次衬砌之间,应增设直径为60～80cm的救生钢管,钢管应有足够的厚度。

(8)应急预案要落实,管理到位,要业主、监理工程师提前组织应急预案的演练。

4.测量管理制度

广梧高速公路的测量管理制度包括施工前的测量准备管理、施工过程中的测量管理和工程完工后的交工测量管理等内容。

(1)测量准备。测量管理的第一项工作是由业主组织导线与高程的交桩工作,测量导线点与水准点等成果资料由设计单位向业主、监理、承包人移交并进行现场交桩。交桩工作包括书面形式的资料交接和现场交点和交桩工作。要求各承包人的现场经理、总工程师(主任工程师、技术主办)和测量主管参加。

重大工程和重大施工方案的测量控制方案要在开工报告中进行说明,分项工程的测量控制方案也要在分项工程开工报告中提供。正式开工前,各承包人应及时组织有关测量技术人员对测量交底进行复测和相邻标段的联测。特大型结构物如隧道、特大桥要建立独立的施工控制网。复测、联测和独立施工控制网的建立都必须有监理旁站,记录要规范化,以便核查。测量仪器需附有在标定合格有效期内的证明。

(2)施工过程中的测量管理。在施工过程中,测量工作主要由承包人完成,业主方、监理方和设计方进行监督和指导。在施工过程中承包方应该经常(一般是每间隔三个月)进行导线和水准控制网的复测,并递交复测报告。对于测量控制的点位要注意进行保护,受施工影响的点位要及时移出影响范围之外,发现被破坏和丢失的点位要及时补上并进行联测,其联测结果和临时增设的支导线点和水准点都须报监理方,经核查无误后方可使用。

根据工程进展的需要,监理方应该组织承包人定期进行标段间的中线联测,确保标段间线形衔接顺畅。对承包方的测量放样原始记录、检测报告和结构物定位精度进行抽检。根据工程需要(或周期不超过一年),监理方组织全段导线和高程控制网的复测工作,并提交复测报告。

(3)交工测量。工程完工后,承包人应及时进行交工测量,交付完整的导线和水准测量资料。另外,除了导线、高程方面的测量工作外,施工监控测量(如软基的沉降与位移观测),主体结构物的沉降、挠度及合拢等施工控制测量,高边坡稳定的监测,隧道施工监测(如隧道进出口边坡稳定监测、浅埋段地表沉降监测、隧道开挖断面的周边位移及拱顶下沉监测等)等监测要及时进行,发现工程质量和安全隐患时,应及时反馈给业主,以便及时提出处理方案。

5.工程变更技术管理

(1)工程变更的原则。在工程施工中,施工单位必须按图施工,禁止随意改变设计。若确因实际情况变化需要作修改或变更的,必须严格按一定程序办理,并且要做好审批关。未经设计单位及项目设计负责人允许,施工单位无权修改设计。对诸如隧道围岩支护、高边坡防护、桥梁基础基底高程确定、涵洞和通道位置和交角的局部调整以及基础换填等实行动态变更设计,根据施工过程中发现的新问题,及时调整设计方案,避免返工,保证质量。

①工程变更数量控制。按照"有根有据,实事求是"的原则,从数据核对,图实相符等方面控制工程变更数量。当出现工程变更时,项目业主即组织相关方到工地进行核对及联测,确保

变更原始数据的准确性。

②工程变更价格控制。工程变更价格以合同为基准，不得随意确认施工单位自行套用的单价或自编单价。

③对重大技术方案的改变，通过方案比选论证和专家审查，确保技术方案的可靠性、合理性和经济性。

(2)工程变更分类。工程变更按变更原因分为优化设计、完善设计和新增工程三类。

优化设计是为合理控制工程规模，降低建设成本。在工程正式开工后，通过现场勘察、核对、分析、论证和比选，在保证技术标准要求和寿命期内使用安全前提下，鼓励新技术、新工艺和新材料的应用，并(或)对原设计进行必要的优化，以达到方便施工、保证质量、降低造价、缩短工期、减少运营费用的目的，但必须进行严格的审查。

完善设计是工程正式开工后，因测量勘察不足、调查预测失当，导致和引起设计不周、设计错漏；和(或)设计文件未能符合现行或在该项目实施过程中颁布生效的国家标准、技术规范，业主事先确定的特殊规范，必须加以修改、完善、补充和增减的。

新增工程是工程正式开工后直至项目进行国家竣工验收之前，因社会经济发展或企业投资效益需要，业主经法定程序申报批准，在原批准规模以内新增并加以实施的变更。

为了方便工程变更的处理，广梧高速公路将工程变更按技术性质或变更费用进行了分类。

【案例4-3】 广梧高速公路工程变更分类办法

1. 按技术性质分类，见下表：

广梧高速公路工程变更分类表

变更性质分类		重大	重要	一般
线形	平面线位	是	—	—
	纵面线位	5km	2～5km	<2km
互通	互通数量	是	—	—
	互通规模	整体方案变化	局部调整	一条匝道调整
路堤桥梁互换		200m	50～200m	<50m
软基处理(填土 H>4m)		500m	100～500m	<100m

2. 按费用分类：

A类变更，重大变更或变更费用增减总额超过500万元(包括500万元)，或项目总造价台账已超过批复概算，变更费用增加总额超过100万元(含100万元)。

B类变更，重要变更或变更费用增减总额200万～500万元(包括200万元)，或项目总造价台账已超过批复概算，变更费用增加总额50万～100万元(含50万元)。

C类变更，一般变更且变更费用总额100万～200万元(包括100万元)，或项目总造价台账已超过批复概算，变更费用增加总额50万元以下。

D类变更：

D1类变更，一般变更且变更费用增减总额在50万～100万元(包括50万元)；

D2类变更，一般变更且变更费用增减总额在10万～50万元(包括10万元)；

D3类变更，一般变更且变更费用增减总额在10万元以下。

(3)工程变更数量与价格的确定。工程变更的数量与价格是项目业主和承包人都十分关心的问题。为此，广梧高速公路规定：所有工程细目和数量的变更应以监理工程师、业主、承包人三方联测的或业主委托有资格的咨询机构审核后的工程量清单的工程细目和数量为基础。变更工程费用应严格按合同规定的计算办法为准核算：

①当本合同段工程量清单中有相同或类似工程项目单价的，经业主同意的变更工程可直接套用该单价。

②本合同段内没有相同或类似的工程项目单价的，原则上应套用本项目内同期（批）招标的其他合同段同一类工程项目的相同或相近的算术平均合同单价进行计算。

③如变更工程项目不符合上述条件时，则按交通运输部现行的概预算编制办法、定额和本省的相关规定，以及业主招投标时采用的工料机预算单价、费率编制变更工程预算（新增分部工程以上的变更项目原则上要求由设计单位出施工图预算），并按本合同段中标价较本合同段业主公布价的下浮比例下浮，并将变更预算报业主批准实施。

④如变更工程无适当定额可套或双方对价款有争议，则请有资质的咨询公司或广东省交通工程造价管理站按业主招投标时采用的工料机预算单价、费率编制变更工程预算，并按本合同段中标价较本合同段业主公布价的下浮比例下浮，确定变更工程单价。

⑤当本合同段的工程性质、规模、标准发生重大变更时，业主有权根据变更的具体情况决定采用以上方式中任何一种来确定变更工程费用，承包人必须无条件接受。

(4)工程变更程序。工程变更程序包括工程变更立项、正式变更报告编制与审批、工程变更的实施等阶段。变更流程如图 4-3 所示。

①工程变更立项管理。工程变更意向提出后，填写工程变更立项申请报告，由变更立项提出方报监理单位，监理工程师审核后，报业主技术部，由设计代表以及项目部尽快审核确定该变更立项，进入变更意向流程，并提出需要完善的各类基础资料。变更意向报告包括变更意向报告单；原设计图纸及对应的合同清单；变更原因、依据（如地方政府报告等）、合同依据等；地质资料、试验资料、测量数据、设计方案及造价估算；技术审查会议纪要；如变更费用超过 500 万，应有一个以上的比较方案。

业主及时筹备并组织工程变更的技术审查工作，并提前通知有关单位。广梧高速的工程变更技术审查实行分级负责制。A 类设计变更，由省交通运输厅主持或授权省交通集团主持审查，交通运输厅、其他政府职能部门、省交通集团、业主公司、业主、设计、监理、咨询、承包人及有关专家参加；B 类设计变更，原则上由省交通集团主持，在省交通集团授权情况下，可由业主公司或业主主持审查，设计、监理、咨询、承包人及有关专家参加；C 类设计变更，由业主公司主持或业主主持审查，设计或其代表、咨询、监理、承包人以及有关专家参加，邀请相关政府部门代表参加审查；D 类设计变更，由业主主持审查，设计或其代表、咨询、监理、承包人以及有关专家参加。

②正式变更报告编制与审批。变更报告是项目变更的正式文件，必须综合、全面反映变更项目信息，如：变更工程名称、地点、桩号、范围、规模、造价增减、时效性以及有关方签署意见等。变更报告资料包括：变更提出方的正式申请报告；变更文字说明，详述变更的起因、过程、性质、规模、责任、造价核算、方案优化与比选，合同、相关法律、法规等文件条款依据，技术审查、审核意见要点，变更对施工的影响及应对的组织措施等；工程量计算书；变更造价增减计算书，包括原方案合同工程量清单，变更方案合同工程量清单，变更细目清单单价的核定与计算，变更前后合同工程量清单合价差额计算，有关主要核定原则及请求上级核准事项等；设计变更图纸及原设计图纸；新增工程单价分析表；需要作特别说明的有关方独立的书面意见，包括承

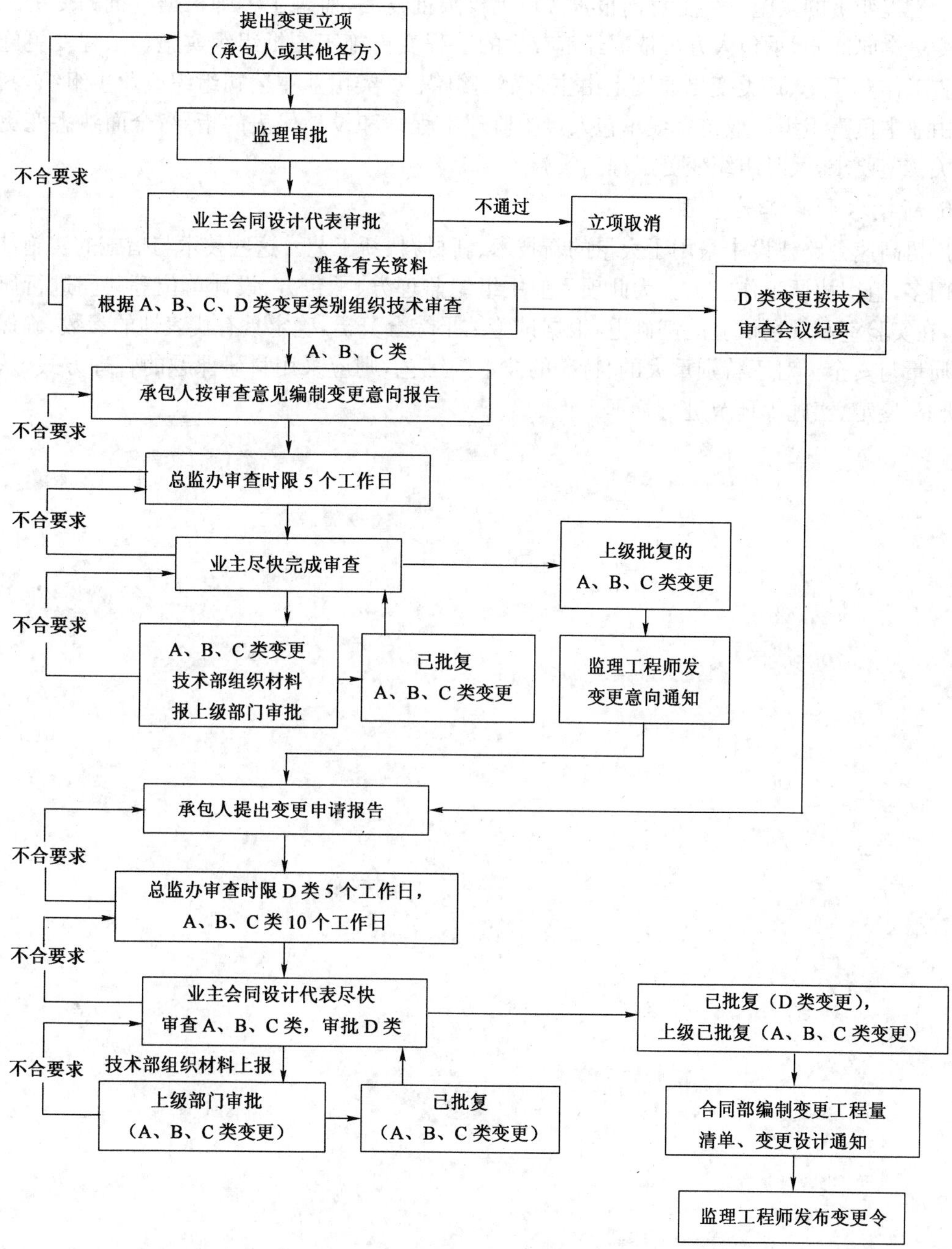

图4-3 广梧高速公路工程变更处理流程图

包人、监理工程师、设计单位、设计审核咨询单位、其他方面以及业主的书面意见；设计变更技术审查咨询报告和(或)方案审查会议纪要(如果有)；已审批的变更意向及执行情况的文字说明。经过审核批复变更意向报告的A类、B类、C类和D类变更，由承包人负责编制正式变更申请报告，包括完整、详实的附件上报监理审查后，再由监理上报业主技术部，由业主审查后上报上级主管部门。对符合性检查不合格的变更申请报告，予以退回，由申报单位进行补充、完善后重新申报，直至符合性检查合格。对于符合性检查合格的变更报告，尽快完成审批或上报工作。

③工程变更的实施。变更意向报告按审批权限批复后，监理工程师根据审批的变更意向发出变更意向通知，承包人方可依据经审查后的工程变更施工图纸组织实施。工程变更施工图审查工作对于A、B类变更原则上由主管部门组织，C类由业主公司组织或业主组织，其他变更由业主负责组织。业主督促承包人接受监理工程师和设计代表的指导，全面熟悉变更图及有关实施要求，及时组织变更工程的实施。

6. 新技术和新工艺管理

广梧高速公路建设中采用了大量的新技术、新材料、新工艺。这些技术与措施的实施涉及的部门多，组织协调工作量大。为此项目业主组织监理方、承包方、设计单位等共同进行研究探索，在实验室和现场试验的基础上，根据试验结果综合分析，确定具有代表性的参数，确保工程的质量与安全。对于特别重大的、特殊的技术与工艺，则应采用科研课题的管理方式，从选题、研究、鉴定、实施等环节进行管理。

第五章　征迁安置新模式

征拆安置是高速公路建设的关键工作之一，直接影响到工程能否如期开工和顺利开展。现行征拆安置方式中往往存在征拆补偿标准不统一，征拆程序不规范，征拆纠纷调处机制不健全等问题。直接影响项目建设进度，经常使征拆安置费用超过预算。广梧高速基于统筹、协调的理念，在征地拆迁过程中，坚持“和谐化征地、人性化拆迁”。以尊重民意为先导、以地方政府为主导。规划与设计中，采取公众参与的规划方法，广泛征求意见，使公众有机会参与到项目规划设计的进程。征拆过程中，尊重民意，依法依规，公平公正征拆，通过适当地为沿线村民办实事、办好事，在工程建设需求和当地群众利益之间找到最佳平衡点，在建设单位和当地群众之间形成合力。另外，为配合征地拆迁扫尾工作，加大征地拆迁遗留问题的处理力度，创新性开展了征地拆迁劳动竞赛。事实证明，这种模式既维护了被征地农民群众的切身利益，又保证了工程建设速度，是一种双赢的征拆模式。

第一节　高速公路征迁安置的一般方法

一、高速公路征迁安置的特点

高速公路建设项目征地、拆迁与安置（简称为征迁安置）包括征用土地、拆迁房屋和其他构筑物以及相关的安置工作。征迁安置是高速公路建设的前奏，是一项政策性强、涉及面广、不可预见因素多的综合性工作。征迁安置工作开展的好坏，直接影响到项目投资和工期目标能否实现，也对维系良好的路地关系，营造和谐的施工环境起着十分重要的作用。

由于公路交通线路在空间地理位置上的线形布局，因此，在公路建设项目中拆迁安置往往很少有整个社区搬迁的现象；或受影响者仅是在本村范围的住房位置发生变化，整体的社群关系，文化特征没有发生变化；或受影响者的生产资料和生产条件的改变不是完全的、彻底的，总是或多或少保留着原有特征，如不会或很少由于公路修建的原因使农民的生产方式由农业向牧业或林业发生转化。另外，高速公路线状地通过项目的所在地有城镇、乡村，经济发展水平不同，当地群众的生产方式和主要经济来源也可能不同，给征地补偿的标准制订带来了很大的难度。

公路建设项目征用土地，是指依据法律法规规定的程序依法给予农村集体经济组织及农民补偿后，将农民集体所有土地转变为公路交通基础设施建设用地的行为。公路建设征用土地将长期或永久地改变被征用土地的原产出能力。此外，由于公路建设施工的需要，在施工期间还将临时占用一部分土地，施工结束后恢复这些土地的原有功能。在征用土地的过程中，要按照项目规划和设计文件进行征地，防止造成土地资源的浪费。结合土地利用规划选择取弃土场，科学、合理地选择取土方式，建设完工后进行开发与复垦。其他施工临时用地应结合公路永久用地，进行统筹安排。

拆迁是指公路工程征地范围内的建筑物、土地附着物和其他构筑物，如各类房屋、电力线、电讯线、水井、坟墓、道路等，由于修建公路而不得不进行拆除重建的行动过程。此外，当交通噪声等因素对环境敏感点(如学校、医院等对噪声或其他环境因素敏感的单位)的影响超标时，由环境评价单位建议，经业主同意，可扩大个别敏感点路段的拆迁范围，由此引起的拆迁也是公路建设拆迁工作的一部分。拆迁建筑物时，应慎重从事，按国家和地方政府制定的有关规定及项目设计文件执行。对公路两侧需拆迁的建筑物进行调查统计，并分门别类，登记造册。对因交通噪声或其他环境因素影响而需拆迁的建筑物，应进行防治措施多方案的比较，尽量减少拆迁量。进行拆迁时，要注意分清主次，对企事业单位的拆迁应给予充分的重视。拆迁时要给予项目受影响的弱势群体充分的帮助和照顾。

安置是指对受公路工程占地和拆迁影响的人口、集体和企事业单位采取一系列措施和步骤，使他们的生活和生产在较短时间内得到恢复，并尽可能提高受影响人口生活水平的过程。安置工作要贯彻开发性方针的原则，利用项目补偿金和项目建设的机会帮助受影响者逐步走上致富的道路。对受征地影响的农户，安置方式以农业安置为主，通过土地再分配，使他们获得可耕作的土地。并结合当地的资源优势综合发展二、三产业。采用多产业、多渠道、多形式妥善安置受影响的农户，使他们的生活水平尽快得以恢复，并有所提高。充分重视受影响者的再安置意愿，对于愿意在原居住区安置的，应尽可能在本组、本村、本乡内就近安置。对于愿意在其他地方安置的，则根据他们的要求安置在其他地方。安置地的选择应符合国家和地方的用地规划，安置地的规划应执行国家和地方的法规。在安置地应做好“三通一平”工作，即通水、通电、通路、平整宅基地。安置地应有良好的环境条件和便利的生活服务设施。为减少企事业单位受到的不利影响，在重建地点选址、资金落实等方面，要优先安排受影响的企事业单位。进行再安置时，应给予受影响的弱势群体优先照顾和帮助。受项目影响的各种基础设施，以恢复设施的原有标准和原有功能为原则。重视农业人口的培训工作，提高劳动力的生产水平。

二、征迁安置的方式方法

高速公路建设过程中，不可避免地会涉及对一些已开发利用土地的征用(如农田、鱼塘、村镇居民住宅等)，从而引起一定数量的建筑物或构筑物的拆迁和人口迁移安置。现行的征迁安置的方式有：委托地方政府成立专门机构负责征迁安置工作、包干负责制和由政府实行统征的方式。

1. 征迁安置的方式

(1)委托地方政府成立专门机构负责征迁安置工作。按属地管理的原则，沿线市、县(区)政府组建工程建设指挥部或协调办公室，项目业主成立专门的征地协调部门，专职处理征迁安置工作和项目与地方的关系。按照与地方政府协商的征迁安置标准，签订征迁安置合同，然后由地方政府负责完成征迁安置任务。

采用这种办法，地方政府有很大的自主权。一方面地方政府可以充分发挥熟悉本地情况的优势，灵活运用经济方法或必要的行政手段，提高征迁安置工作效率；另一方面，地方政府可以为本地受影响群众争取到更多的补偿。所以，一般情况下，地方政府也非常愿意采用这种方式。

(2)包干负责制。按照高速公路建设批准的设计任务书，通过业主和设计单位实地放线核实所需征用的土地和拆迁安置人员的数量，把征地拆迁经费按规定的补偿标准拨给当地政府，由当地政府按照征地拆迁安置工作任务,分段分级负责完成。

(3)由政府实行统征。征地单位不和被征地农民直接接触,只与土地管理部门签订征地面积和征地费的包干协议,并将征地费交给土地管理部门,由土地管理部门与被征地农民签订协议,拆迁的具体工作由有关部门组成的临时机构办理。

2.征迁安置的方法

(1)经济方法。通过对征迁安置成功经验的可以看出,采用货币安置的经济方法是一种市场经济条件下进行征迁安置的较好方法,具有可行性和现实意义。

在使用经济补偿时应注意:第一,补偿金额的确定要遵守"公平、等价"的原则。《土地法》确定了土地征用的补偿标准,并规定了各地可根据实际情况适当调整补偿标准。所以进行经济补偿时,要考虑到市场经济条件下的土地增值。补偿金额的确定应以尽可能地减少受影响者的经济损失为基本原则;第二,使用经济补偿时要加强对征迁资金的管理,防止层层截留、挪用,保证及时、足额地按规定发放到受影响的群众手中。

(2)行政方法。在高速公路项目征迁安置过程中,个别单位和农民在征地方案及征迁安置方案确定、审议、公布后,以各种借口不搬迁,阻挠施工,索要"赔偿",甚至设置障碍,无理刁难等,严重影响项目的按时开工。在这种情况下政府的行政干预是一种有效的解决办法。由政府下达有关项目建设征迁安置文件,规范拆迁者与被征地拆迁公众的行为,既要维护受影响者的利益,又要对煽动闹事、捣乱破坏、阻碍建设的人进行民事责任的处罚,维护稳定、团结的建设局面。

(3)社会学方法。新形势下公路建设征迁安置出现了许多新的问题。要解决这些问题,仅靠经济方法和行政方法是不够的。如对弱势群体的安置,下岗职工的安置、公路征地使得个别村庄进行整体搬迁等等。这时需要通过社会各个部门的大力支持和配合来完成征迁安置工作。例如对弱势群体中孤寡老人可以采取养老院和养老保险金的安置方法,对下岗职工可以通过民政部门解决其再就业的方法。

高速公路建设项目征迁安置是一项复杂的系统工作,因此不能仅仅依靠单一的经济补偿或行政方法来解决,必须综合运用多种方法合理解决。既要保证项目的顺利实施,又要保证受影响公众的生产、生活尽快得以恢复或有所提高。

三、现行征拆安置方式中面临的问题

1.征拆补偿标准不统一、操作不规范

由于高速公路穿越不同的城镇和乡村,不同的地方政府往往会提出各种补偿标准,加之实际操作不规范,致使整个项目的征地补偿标准千差万别。其主要表现在:

一是擅自制定房屋拆迁补偿标准。一些地方政府随意制订有关征地拆迁的补偿政策,甚至同等结构条件下的房屋,补偿费相差甚远。造成被拆迁人相互攀比,麻烦不断。

二是擅自制定认定标准。有些项目为了工作进度,把法律和政策置之度外,在补偿时将无证房屋均认定为有证房屋进行补偿,加大了国家建设成本,给其他项目拆迁造成很大的负面影响,助长了违章建筑的蔓延。

三是暗箱操作违规补偿。一些项目以"隐私"为由拒不公开补偿项目金额,暗箱操作。有关系的多补、无关系的少补,对个别关系户甚至违法给予高额补偿。导致其他拆迁户集体上访,扰乱了征地拆迁工作的正常秩序。

四是弄虚作假调高补偿。一些项目中丈量、登记、数据和证件进行造假,采用调高补偿类别、虚增补偿事项、随意分户等方法，套取拆迁高额补偿。

2. 征拆程序不规范

一是征地听证程序尚未得到全面落实。《国土资源听证规定》作为现行征地程序的重要组成部分，赋予被征地农村集体、农村村民或者其他权利人对征地补偿、安置方案的异议权和要求听证的权利，为实施征地的主体和被征地权利人搭建起表达意愿与协调利益的沟通平台。但是由于认识不到位、理解不到位、宣传不到位，农民对征地听证程序缺乏了解，一些地方政府官员担心"听证程序将增加征地难度"，或多或少弱化了听证程序。

二是征地信息的公开程度和透明度不高。征地过程中，农民最担心、最痛恨的就是"暗箱操作"。程序不公开、不透明是造成当前征地矛盾突出的主要原因之一，虽然有些征地补偿的政策规章已在政府公众信息网上公布，但城乡存在的"信息鸿沟"显然严重地削弱了网络信息传播迅速和覆盖面广的优势，农民了解征地法规政策等信息的主要渠道仍是征地公告、征地动员会等，所获信息也非常有限，"以讹传讹"的情况比较严重。有些乡镇干部对于国家征地政策法规也缺乏全面的认识和了解，大大弱化了乡镇政府在信息服务和政务公开方面的职能。

三是农民参与和民主管理程度不高。虽然《土地管理法》规定由"村集体经济组织或者村民委员会"、"村内各级农村集体经济组织或者村民小组"和"乡（镇）农村集体经济组织"经营、管理农民集体所有的土地。《村民委员会组织法》也规定村民委员会依法管理本村属于村农民集体所有的土地和其他财产的权利。但村级自治组织并没有发挥在征地事务上民主管理的作用。村干部个人决策、村民代表会议组织形式不规范、村级管理制度不执行等问题仍然存在。征地补偿款的管理和使用的不透明、不公开和缺乏监督问题还很突出。村委会和村干部截留、侵占征地补偿款的现象仍时有发生。

3. 征拆纠纷调处机制不健全

现行的征地程序采取的是一种"征地先行、争议后决"的做法，使农民在征地程序中处于"对是否征地不能有意见、对征地补偿有意见也无法阻止征地"的权利救济"真空"。静坐、上访、拦路等行为便成为农民处理征地纠纷、表达利益诉求的主要方式，而项目业主和地方政府也不得不花费相当多的时间和精力在对农民抗议活动的妥善处理上。

第二节　广梧高速公路和谐、高效征拆新理念

征地拆迁工作是高速公路建设的关键工作之一，直接影响到工程能否如期开工和顺利开展。土地作为农民的基本生产资料，是他们的生存依托。而高速公路的建设必然需要征用一部分土地。面对这一对矛盾，广梧高速公路项目业主基于统筹、协调的理念，在项目建设的征地拆迁过程中，"和谐化征地、人性化拆迁"。既维护了农民群众的切身利益，又保证了工程建设速度，形成了一种双赢的征拆模式。

本项目的征地拆迁工作通过创新管理模式，由项目业主与属地政府签订征地面积和征地费用总包干协议。按协议规定，项目业主把征地拆迁补偿费用，按时足额支付给属地政府指定的主管部门；主管部门再与区、镇和农村集体经济组织以及农民分别签订协议，规范管理和支付征地拆迁补偿费。在一般情况下，项目业主不直接与被征地农村集体经济组织和农民打交道，但必须与属地政府加强沟通，共同研究和协调征地拆迁中的各种利益关系，考虑和兼顾不同阶层、不同方面的农民利益诉求。对普遍性矛盾，严格按协议确定的上限补偿标准去处理。对特殊性矛盾，采取特殊措施予以灵活处理。最终达到了"化解征地拆迁矛盾，维护被征地农

民合法权益，构建和谐路地关系”的目标。

一、以地方政府为主导的征地拆迁运作模式

高速公路征地拆迁不仅影响到公路通过地区的土地调整、重新分配，而且牵涉到沿线区域环境影响以及人民群众的切身利益。征地拆迁工作涉及面广、所需调查资料多、涉及的利益主体多且关系复杂。因此，广梧高速公路的征地拆迁采取了由政府有关部门主导，项目业主密切配合的方式。

从项目筹建阶段，本项目就确立了以地方政府为主导，把征地和拆迁补偿工作由地方政府牵头组织实施的征地拆迁运作模式，与云浮市政府签订项目征地拆迁合同。云浮市政府成立了广梧高速公路征地拆迁指挥部，由分管国土的副市长担任总指挥，成员由相关单位负责人组成，负责组织征地拆迁工作的实施。凡涉及征地拆迁工作的县(区)、镇(街)也成立了相应的工作机构，以县(区)人民政府(征地拆迁指挥部)为责任主体。市、县(区)主要领导经常深入现场进行调研解决问题，主持召开征地拆迁协调会，研究、布置工作，平时各方面沟通渠道畅通，互动良好。

广梧高速公路项目业主成立了专门机构，积极主动地与地方政府联系，紧密依靠政府主管部门，抓好征地拆迁的前期准备工作，商定征地拆迁的有关工作及注意事项，尽早签订征地拆迁合同，并制订出交地时间表和拆迁工作计划，确保征地拆迁工作的顺利进行，为工程的顺利施工创造良好的前提条件。

征地拆迁工作实施过程中，业主与地方政府同心协力、相互协作，及时跟踪进展情况，及时互通情报，根据具体情况采用现场办公或上级协调等方式随时处理征地拆迁工作问题。坚持每月一次由市委、市政府主要领导牵头主持的征地拆迁工作协调会，总结工作，部署下一步计划。对重点、难点问题，如管线拆迁，学校、工厂搬迁。云浮市委市政府直接统筹协调，确保问题得到妥善解决，推进拆迁进度。沿线各级政府也十分重视，施工队进场施工时，所在县(区)、镇(街)的主要领导及相关村委负责人亲自到场，及时处理前期遗留问题，避免或排解可能发生的纠纷。始终坚持遇事首先赶赴现场开展处置工作，及时化解施工方与群众的矛盾纠纷问题。始终做到公平公正地处理一切问题，坚持加强对地方群众的引导和教育，增进施工单位同当地群众的感情融洽，确保施工顺利进行。

增强法治观念，倾听群众意见，坚持依法办事，严格依法行政。地方政府、指挥部负责人经常深入基层、深入实际、深入群众调查研究，倾听群众的呼声和意见，认真做好群众思想工作，向群众讲清楚征地拆迁的目的意义、补偿标准、政策依据，广泛听取群众意见，努力减少、化解矛盾纠纷，特别是要切实加强涉及征地拆迁的信访工作，对群众的利益诉求不“堵”不“避”，不“拖”不“压”。通过推行工作组代表与村民代表座谈协商等制度，建立方便快捷的利益表达通道和利益协调解决机制，使拆迁户反映的问题能尽快得到妥善处理，努力把矛盾纠纷解决在征地拆迁实施之前，解决在当地，解决在萌芽状态。另外，加强舆论宣传，不回避问题，形成良好的氛围，让更多的老百姓了解、支持项目征地拆迁工作。

二、规划设计、公众参与

高速公路建设的目的是为地方和区域经济提供便捷、快速的运输通道，对沿线地区的人民来说既是“幸福路”，更是“致富路”。在广梧高速的规划与设计中，采取公众参与的规划方法，处理项目投资方、沿线地方政府和沿线群众的利益关系，特别是注重将沿线群众利益落到

实处。

所谓规划设计的公众参与，即通过散发资料、召开会议、问卷调查、专题座谈、现场咨询等多种途径向拟建项目沿线居民、企事业单位、社会组织、各行业专家和各级政府及时介绍设计方案，广泛征求意见，使公众有机会参与到项目各项决策进程中。

首先，充分调动沿线各级政府的建设积极性和参与热情。政府作为公众利益的集中体现者，具有十分重要的组织力量。本项目从规划开始，就认真听取各级政府各部门的意见，使规划方案符合最广大人民群众的根本利益。

其次，公众参与真正的主体是个体的人。在广梧高速公路的涵洞、通道外业调查中，始终坚持设计人员、沿线政府与群众一同调查落实，三方认真签订协议，确保其设置位置满足沿线群众的出行、灌溉需要。另外，在征地拆迁调查中，将高速公路沿线左右各 100m 范围内所有居民的房屋情况、家庭情况、收支情况、承包土地位置及其投入产出情况等逐户进行了调查落实，并将图表、照片等资料制作成档案，逐户对拆迁安置情况进行跟踪评估，确保高速公路建设不侵犯沿线群众利益。

三、尊重民意，保护被征地农民群众的合法权益

坚持和谐征地理念，以人为本，切实维护农民群众利益是征地拆迁工作顺利进行的根本。在新形势下，过去那种凭借强制措施、政策压力搞征拆的方法已经行不通，要赢得农民群众的配合支持，必须尊重和维护他们的合法权益。公路建设对当地农民的生产、生活有一定程度的影响。竭尽全力将影响降低到最低程度，就必须尽量保护当地群众的利益，适当地为沿线村民办实事、好事，在工程建设需求和当地群众利益之间找到最佳平衡点，在建设单位和当地群众之间形成合力，推动项目建设。

广梧高速公路遵循和谐化、人性化的基本原则进行征地拆迁的计划、组织与协调，把工作做细，把补偿落实，争取群众的理解和支持。为了熟悉情况，征地拆迁工作小组成员徒步踏勘，到各县区了解当地的实际征地补偿单价，摸清当地的实际情况，调查收集当地有关农作物产量及平均年产值、农业人口数量、林木产量、沿线建筑物、管线分布情况等比较详实的基础资料，拟订出符合当地实际情况的征地拆迁综合补偿价，公之于众，举行听证。

针对有的群众对修建高速公路不理解，觉得修高速路不能给自己带来实际利益，相反自己的地、房子还要被征用，觉得不划算，对征地拆迁有抵触情绪的现象，征地拆迁工作小组深入沿线各县、区，走家入户，对村民晓之以理、动之以情、明之以法，用农民群众较易理解的方式广泛宣传高速公路建设对地方经济建设的拉动作用，是脱贫路、致富路、发展路。宣传工程建设给当地群众生产生活带来的长远利益，解释征地拆迁补偿方案、标准等相关事宜。倾听群众心声，消除群众疑虑，让农民群众知晓明白，避免因误解和不知情而产生抵触情绪。在征地拆迁过程中，从征地图的绘测到征地拆迁承包合同的谈判、签署，工作组始终坚持依照法规、遵守程序、民主协商、合理补偿，并把有关补偿标准在沿线各村的村务公开栏中张贴公示，接受群众监督，赢得了群众的理解和支持，在群众中营造了和谐征地、有情拆迁的浓厚氛围。

补偿金的及时兑现是征地拆迁最关键的环节。为保证补偿款能及时到达农民群众手中，在沿线地方政府的支持下，在与群众充分协商达成一致意见的基础上现场签订协议，把各户补偿数量、金额公示一周，并由银行将补偿款通过县（区）指挥部专用账户直接划到专为被征地农户开设的账户中。减少了中间环节，确保了补偿款在农户签订协议并经公示无异议后一周内及时兑现到他们手中，真正让村民土地“征得放心、交得舒心”。

修路的目的是发展经济，改善区域交通条件，为全面建设小康社会服务。但是对于公路沿线的人民群众来说，将要做出必要的牺牲。作为高速公路的建设者和管理者，不仅要考虑公路自身建设的问题，而且要站在群众的角度去换位思考。广梧高速公路项目业主从设计到施工，都力求做到最低程度的破坏，最大限度地恢复。从保护农民群众利益，营造和谐建设环境的高度出发，把心系沿线群众利益贯穿于工程设计、征地拆迁、工程施工的始终。从初步设计开始就始终贯彻公路建设新理念，充分考虑环境保护和水土保持、尽量少占用耕地，并在施工中加强文明施工管理，最大限度地减少对沿线群众生产、生活的不良影响。在施工过程中采取适当措施维护农田水利设施，在修建施工便道的同时，尽可能结合沿线村民希望改善交通条件的实际，提高施工便道的建设标准，在满足施工要求的同时，也尽量为村民提供出行便利。

如在云城区河口街栈村、余村路段增设了4处高架桥、1处通道，方便群众通行。在云安县佛洞村旁增加桥长300m，避免了洪水期路基对该村排洪影响，并有利于该村通风，充分体现了以人为本的理念。又如为村民扩建、改造村道，解决行路难。为村民寻找新水源，铺设新水管，让他们由饮坑水变成饮“自来水”，解决饮水困难。同时及时处理施工中出现的影响当地群众生产生活的问题。如施工污染问题，群众有投诉，业主第一时间派出专人前往现场调查取证，研究情况。如果群众反映属实，业主马上责令相关责任单位进行整改，对已给农民利益造成损害给以合理补偿，消除不良影响。

在为村民解决当前困难的同时，本项目业主还很重视被征地数量大、人多耕地少村民的长期生活保障问题，承诺在同等条件下优先录用符合条件的村民到高速公路运营公司工作，每逢节日组织慰问沿线被征地拆迁的特困户，一定程度上解决了他们的后顾之忧。

四、依法依规，公平公正征拆，化解矛盾

在项目沿线，由于征地拆迁，使一些农户失去珍贵土地和家园，不可避免地给沿线居民的生产和生活带来暂时性困难和不便，农民维护自身合法权益也是理所当然的。由于市场经济条件下的经济利益主体多元化，项目业主与沿线农民都会产生维护自身合法权益的诉求，这就不可避免的产生矛盾和碰撞。再加上个别别有用心的人打出“农民牌”、“土地牌”，漫天要价，不达目的就煽动闹事阻工，激化了矛盾，客观地潜藏着一种社会风险。项目业主有责任、有义务，绝不能让潜在的社会风险变为现实。广梧高速公路征地拆迁过程中，始终坚持“公开、公平、公正”的原则，牢牢把握“用一个标准、一把尺子量到底”的原则，用严格的征地纪律和严密的操作程序，让一切有不良动机的人无隙可钻，有效保护了干部，保护了群众利益，维护了公平、公正、廉洁。

在工程建设中出现的社会矛盾，尽管有其多发性、群发性、复杂性、尖锐性的多种表现形式，但从根本上说，都是有经济利益引发的。因此，正确处理项目业主与沿线农民的矛盾，关键在于依法又合理地运用经济手段，搞好社会利益调节，促进公平正义。在具体操作中，注意把握根本问题，寻找化解矛盾纠纷的利益平衡点，立足在自身承受能力的基点上，更多地为沿线农民利益着想。把讲理讲法与经济利益结合起来，主动化解社会矛盾，努力减少不和谐因素，积极增加和谐因素，不断促进稳定和谐的路地关系建设。

广梧高速公路在征地拆迁合同和补充协议签订以后，广东省出台了新的征地补偿标准，该标准的征地补偿水平总体上比原标准高。在接到实施新标准的通知后，在征地拆迁合同已经生效并且地方政府已经向村民公布了征地拆迁补偿标准的情况下，业主从大局出发，立即主动与云浮市政府及沿线各县区协调，增加了比原标准高的部分土地补偿差额，而不减少新标准比

原标准低的部分土地补偿差额。虽然多支付了一部分征地补偿款，但维护了地方政府在农民中的信誉和威信，并切实保护了农民群众的利益，使征地拆迁顺利进行。

非法拆迁一直是拆迁纠纷的主要起因。为了避免纠纷，广梧高速公路在征地拆迁过程中，从征地图的测绘到征地拆迁合同的谈判、签署，始终坚持依法行政、民主协商、诚信补偿。根据征地拆迁工作小组前期调查了解的情况，与云浮市广梧高速公路征地拆迁指挥部制定了统一的征地拆迁方案和各县(区)征地拆迁补偿标准，举行听证，直接向沿线群众公布，听取群众意见，与群众民主协商，做到公开、公平、公正，沿线被征地农户对拆迁方案和补偿标准都较满意。

合理补偿、及时兑现，公开、公平、公正的阳光操作是征地拆迁工作顺利进行的保障。广梧高速度确立了“阳光操作防暗箱、实地调查定标准、专款专户做保障”的基本方案，力求补偿标准合乎实际，补偿款支付及时到位，从根本上取得了沿线群众对高速公路建设的配合和支持，保障高速公路建设顺利推进。

五、创新模式，开展征地拆迁劳动竞赛

为充分配合各广梧高速公路的征地拆迁扫尾工作，加大征地拆迁遗留问题的处理力度。在2008年春季，广梧高速公路拆迁工作开全省先河，在全线开展征地拆迁劳动竞赛，为本项目的征地拆迁冲刺工作加温鼓劲。沿线郁南县、云城区、云安县有征地拆迁任务的各镇政府都参与了竞赛。根据限期内全面完成现有的征地拆迁(包括补征地)遗留问题的处理和及时完成用地报批资料的原则，由项目业主劳动竞赛组织机构负责对各参赛单位的竞赛目标执行情况进行考核。结合各参赛单位的路线长度、征地亩数、拆迁数量和工作难度等因素进行评比，设置相应奖项，本着以精神鼓励为主、物质鼓励为辅的宗旨，对按要求完成征地拆迁工作任务的单位进行表彰。

劳动竞赛开展之后，各基层政府和指挥部积极响应，苦干争先，群策群力，采取切实有效的措施进行征地拆迁工作。在一个多月的时间里，完成了近300亩的征地和100多间房屋及大量管线的拆迁工作，劳动竞赛取得了明显成效。

征地拆迁劳动竞赛是本项目征地拆迁工作一个开创性亮点，取得了超预期的效果，妥善处理了全线征地拆迁的遗留工作，为广梧高速公路的顺利建设扫清了障碍。

第三节　征拆安置实施途径

一、征迁安置工作的组织

广梧高速公路具有线路长、规模大、征地拆迁工作量巨大的特点，项目业主成立了专门的征地拆迁机构，由总经理办公室负责，并下设征地拆迁组，专门负责征地拆迁以及与地方关系的协调工作，机构设置如图5-1所示。

征地拆迁工作的实施主要由总经理办公室经理主管的征地拆迁工作组负责，重大的问题报总经理或主管的副总经理决定。由于工程变更引起增减征地拆迁方案由技术部提出，并协助处理征地拆迁中的技术问题。合同部参与重大的征地、拆迁合同谈判，做好合同存档工作及协助办理相关费用的支付工作。

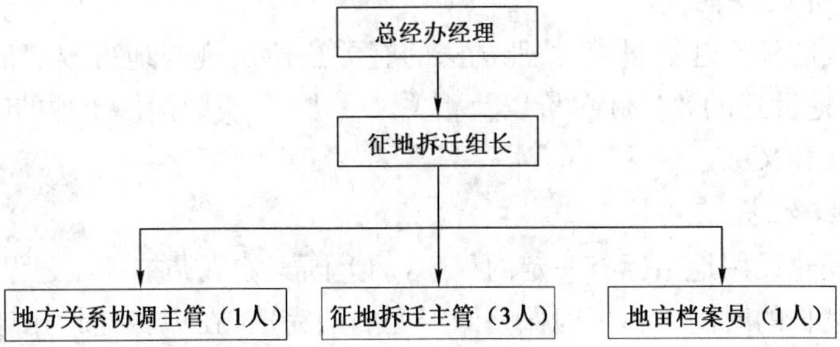

图 5-1　征地拆迁组织机构图

二、征迁安置工作的程序与内容

广梧高速公路总体征迁安置工作程序如图 5-2 所示，由于本项目桥隧比重大，控制性工程多，部分工程需要提前开工建设等特点，在征拆安置中重点做了以下几项工作：

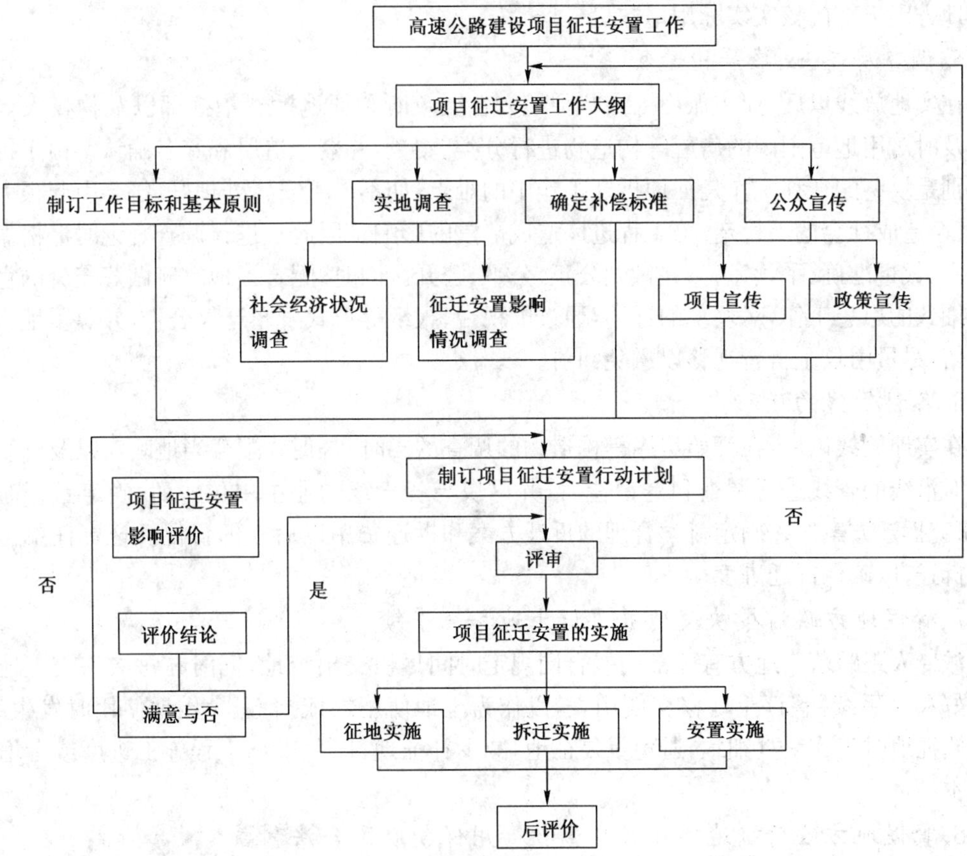

图 5-2　公路项目征迁安置工作程序图

1. 申请用地指标

根据设计单位提供的用地数量表，向国土主管部门提出项目的用地申请，并派专人负责跟踪落实，配合地方国土部门尽快完善用地申请申报资料，督促地方政府尽快完成土地征拆安置方案的规划，争取尽早取得用地指标。

2. 签订征地拆迁合同

根据征地红线图和拆迁数量表，按照国家的有关法律法规与地方政府洽谈并签订征地拆迁合同，以明确征地拆迁的数量和单价以及相关工作内容，明确提供土地的时间和拆迁完成时间以及双方的责任和义务。

3. 申请重点工程提前用地

由于申请工程建设用地指标有一定的程序，加上国家宏观调控控制建设用地。因此，用地指标的批复需要较长的时间。为了确保整体工程如期完成，在项目建设用地未获正式批准之前，首先对特大桥、特长隧道、软基以及科技典型试验路段和不良地质路段等控制点工程，向政府申请重点工程提前用地，以便各控制点工程提前开工。同时，业主积极与地方国土主管部门协商，根据有关规定确定提前用地手续和办法，尽快顺利取得提前用地，确保各控制点工程顺利开工，以保障项目按时建成。

4. 核实用地数量

根据征地红线图，尽快组织有关部门实地放线、埋设永久性征地界桩和开挖征地界沟，并会同地方国土部门核实实际用地数量。

5. 调查房屋、坟墓等构造物

在实地放线以后，业主派出人员督促地方各级政府和征地拆迁指挥部以及物权人等各方人员及时对用地范围内的房屋等构造物进行分类、丈量，并登记造册和签名确认。由于拆迁工作特别是坟墓的迁移工作是征地拆迁工作中的难点，如不妥善安置处理好，将会引起很大的纠纷，甚至造成社会的不稳定，给工程进展造成严重的影响。因此在进行调查登记时严格做到标准统一、数量准确、手续完善，并做到公正、公平、公开。同时，配合当地政府做好充分的宣传工作和细致的思想工作，对坟墓的迁移，通过电视台、报纸等形式发布迁坟公告，并尊重地方的民风民俗，尽量由坟主自行迁移以避免纠纷。

6. 各种管线的迁移

在实地放线以后，在开始房屋等构造物的调查的同时，督促并配合当地政府以及管线单位人员对沿线的管线进行调查和登记造册，并尽快与各管线的业主单位协商，确定是否需要拆迁，研究拆迁方案。在确定科学合理的拆迁方案和拆迁费用以后立即督促拆迁责任单位及时实施拆迁，以确保拆迁进度。

7. 督促地方政府尽快交地并办好土地移交手续

派专人跟踪落实地方有关部门按合同规定时间尽快交出土地，同时在每次移交土地时要办理好移交手续，签订土地移交使用表，以作为土地使用的依据，避免土地使用时发生纠纷。在实施征地时工作认真细致，避免重复征地，减少补征地，以免影响工程施工进度或者增加征地成本。

8. 督促地方政府征地拆迁费用专款专用保护农民合法利益

在征地拆迁实施过程中，首先认真处理好地方关系，紧密依靠各级政府，认真做好宣传解释工作，制定合理的补偿方案，处理好各种安置工作，争取得到农民的理解和支持，尽快完成征地拆迁任务；同时要为农民群众利益考虑，督促地方政府把征地拆迁补偿款专款专用，确保各项补(赔)偿款发放到物权人手中。另外，对农民提出的合理要求，积极主动地为其排忧解难，做到不拖延、不回避，以最快的速度给予合理的处理，以解除农民的后顾之忧，取得农民群众的支持，为工程施工扫除障碍。

9. 办理土地使用登记手续和土地使用权证

在地方政府按合同要求移交完项目工程的所有用地并完成该范围内的所有拆迁工作以后，业主在按合同支付应付的征地拆迁补偿款的同时，积极与地方国土部门联系，完善征地手续，办理好项目工程土地的使用登记手续和使用权证并整理归档，以圆满完成征地拆迁工作任务。

10. 地亩档案管理

高速公路征地的文件、图纸、资料等统称为地亩资料。应该收集归档的地亩资料包括：经国土部门认可的征地红线图；县级以上人民政府批准的征地文件，含用地申请报告及各级政府批准的征地文件；与征地红线图相对应的土地使用登记证明和土地使用证书；各类征地拆迁承包合同、协议、结算协议书。在实施征地拆迁的同时，安排了专人负责地亩档案的整理归档，整理时必须按照竣工资料要求的标准，做到资料齐全、完整、整洁、规范，以保证工程竣工验收前能及时提交征地拆迁方面的竣工资料。

三、征迁安置公众宣传

广梧高速公路项目业主清醒地认识到公众宣传是高速公路建设项目征迁安置工作中一项十分重要的前期工作，其宣传力度和宣传范围对项目征迁安置工作的开展有着非常重要的促进作用。项目的公众宣传主要做了项目宣传和政策宣传两个方面的工作。

项目宣传主要是让公路沿线受影响的公众及关心项目的人们了解项目的情况，主要包括拟建高速公路中线位置及主要控制点、路线总长、占地宽度、公路等级、支线和连接线的有关情况，项目对国家及当地社会经济发展的作用，以及项目可能引起的主要环境影响等内容。为使公众在短时间内了解拟建公路，宣传时，除了用语言介绍项目的基本情况外，还应准备简明的文字、图表性材料，帮助公众对拟建高速公路有一整体性的了解，以弥补语言介绍的零散性。在项目宣传的同时可向公众介绍高速公路项目征迁安置的政策，并听取公众的意见。项目宣传的时间与项目工程可行性研究同步为宜。

政策宣传主要是让公众了解项目将采取的补偿原则、补偿方法、补偿标准、安置途径、管理监督方法等。在征迁安置工作进程中政策宣传的作用愈来愈明显。因为在过去的一些项目建设中存在补偿标准和方式不明确等问题，对需安置的居民及剩余劳动力也未提出合理的安置措施，造成沿线居民对修建高速公路产生一些不满和抵触情绪，采取不搬迁或拖延搬迁的消极做法，致使工程项目无法按时开工，影响施工进度和工期。针对这种情况，应对项目沿线广大群众尤其是受项目征迁影响的公众大力宣传项目建设的有关政策，通过项目宣传和政策宣传使沿线受影响群众了解高速公路项目征迁带来的影响以及将采取的各种补偿措施和安置措施，使群众心中有数，消除他们的后顾之忧。

项目公众宣传采用了新闻宣传、实地宣传、举办各种宣讲会和项目咨询等方式。

1. 通过新闻媒体发布信息

由项目建设单位通过大众传媒，如报纸、电台、电视台等发布新闻和信息，向项目所在地区的政府机构、社会团体和群众介绍拟建项目的情况，让社会公众对拟建项目有所了解。通过向公众介绍项目的概况，项目与其要达到的目标，项目所在地区的社会、自然情况，项目将带来的效益和可能产生的不利影响，以及将采取的防治减缓措施，争取得到公众的理解和支持。同时听取公众的意见和建议，以便完善拟建项目的征迁安置方案。

2. 实地宣传

通过实地访谈、张贴宣传材料、填写项目公众参与调查表等方式介绍拟建项目的概况，解释公众提出的问题，并征求公众的意见和建议。采用实地宣传方式，更易于使沿线公众了解项目情况，也更易于获取反映当地情况的信息和当地群众的意见和建议。细致、全面的实地宣传，是做好项目征迁安置工作的有力保障。

3. 举办各种会议

举办各种不同层次、不同类别的专门会议介绍高速公路建设项目的情况，如召开当地政府部门人员会议、专家会议、代表会议和受影响地区的普通公众会议等。通过这种方式可以获取社会各方面的信息，取得更丰富的资料，了解各方面人士对项目的看法，同时得到他们提出的改进方法及避免不利影响的防治措施和安置途径等多方面的意见和建议。

4. 项目咨询

设立项目咨询热线和咨询办公室，可以随时解答公众的问题和听取公众的有关建议。此外项目咨询办公室还可负担对公众的联络，如信息发布、问题答复和有关组织工作等。

四、征迁安置调查

为了保障公路项目征迁安置能够顺利实施，广梧高速公路在编制和实施征迁安置行动计划之前，对项目沿线地区进行了征迁安置调查。其目的是力求全面、公正、客观、真实地反映公路沿线社会环境现状，以及项目征迁可能造成的不利影响，为合理制定征迁安置计划提供第一手信息。

1. 拆迁范围调查

拆迁、占地范围调查包括高速公路及连接线路基永久占地、收费广场、服务设施、管理养护房屋永久占地及地面附着物。占地界线根据《公路工程技术标准》确定路堤边坡排水沟外边缘向外延伸3.0m，路堑为截水沟外边缘向外延伸3.0m，所有永久占地一次划定。建设期内的临时占地调查。包括临时道路占地，施工队伍驻地、料场、预制场等临时用地。

2. 调查对象

征迁安置调查的主要对象是受项目直接影响的市、县、乡（镇）、村庄、企事业单位、个人，以及当地的有关专家、熟悉当地各方面情况的人员和当地的发展与规划部门等。对前者的调查主要是了解受影响地区和受影响者的基本社会经济情况和项目征迁影响情况，而对后者的调查主要是为制定安置措施做准备。工作中要特别注意对可能被征用土地，被拆迁房屋而需要安置的个人，以及需要搬迁或被征用部分土地的单位和集体进行调查，尽可能全面、详细地反映他们受影响的程度和一些基本情况。

3. 调查方式

广梧高速公路征迁安置的调查工作一般采用访问调查的方式，少数情况采取了信函调查。其中调查访问方式主要是通过调查者与调查对象交谈这一互动方式获得资料和信息，根据具体情况的需要，也采用了召开各种类型座谈会的方式。

4. 调查内容

广梧高速公路征迁安置的调查内容以尽可能地反映拟建公路沿线的社会经济状况、人口状况、耕地状况、住房状况、各种服务设施和专业设施以及项目征迁安置的影响情况为目标，分为一般调查内容和特殊调查内容。一般调查的内容主要有沿线受影响村庄和家庭、沿线受影响城镇居民和企事业单位的基本情况以及受项目征迁安置的影响程度。

出于对沿线文物古迹的保护和风俗民情的尊重，在可行性研究阶段，对项目所经地区的文物古迹和风俗民情还进行过详细的调查。遇到路线与文物遗址相冲突的地段，采用了改线或采取其他措施。在有可能出现文物的地段，请文物单位进行了文物勘察。考虑到民俗和宗教问题，路线尽可能避让了祠堂、寺庙。

最后，还对沿线受影响基础设施进行了调查，调查内容包括基础设施的种类、数目、所属单位以及可采取的措施（如采取提升高度、深埋和拆迁另建等）和所需要的费用。

五、征地工作的实施

广梧高速公路的征地包括建设用地的征用、临时用地的征用和补征用地。项目业主填写了《建设用地申请表》，向项目所在地云浮市人民政府土地行政主管部门提出用地申请，并附具下列材料：

(1)建设单位有关资质材料；

(2)项目可行性研究报告批复或其他有关批准文件；

(3)土地行政主管部门出具的建设项目用地预审报告；

(4)初步设计或者其他有关批准文件；

(5)建设项目总平面布置图；

(6)补充耕地方案；

(7)地质灾害危险性评估报告。

随后，由云浮市国土局向广东省国土局提出建设用地申请。先后分别于2005年3月和4月组织了广梧高速公路征地拆迁协商会，讨论落实征地拆迁方面的政策法律法规和有关补偿标准。2005年5月，分别在路线穿越地区云安县和郁南县举行了听证会。2005年7月，国土资源部以“国土资预审字〔2005〕246号”《关于广梧高速公路云浮河口至平台（含封开连接线）段项目建设用地预审意见的复函》通过本项目的建设用地预审。2005年9月，项目业主与云浮市政府签订了广梧高速公路河口至双凤段征地拆迁承包合同。

对于项目施工和地质勘察需要临时使用的土地，或者由于施工图（公路用地图）设计中存在不完善而引起需要补征地，广梧高速公路制定了严格的管理程序。首先由承包人经认真复测后绘制1∶500平面图（应经测量主管、总工签名），及时将成果报甲方驻地代表和驻地监理工程师审核，审核重点是用地红线图和横断面图。然后，承包人把经确认过的成果，以《土地补征地报告》形式，正式文件上报项目业主。业主技术部会同设计代表审核承包人的补征地报告，审查核实出具《补征地审查、审核意见》，必要时安排测量工程师会同监理工程师现场复测。设计代表根据复测成果在1∶500地形图上画出补征地范围（补征地图），经技术部审核后送总经办。总经办将承包人的《土地补征地报告》、技术部的《补征地审查、审核意见》、《补征地图》这几份材料作为《补征地报告审批单》的附件报主管领导审批。主管领导审核批准后由总经办负责协调云浮市及相应县（区）征地拆迁指挥部工作组进行现场土地丈量和确认，办理征地补偿相关手续。

第六章　项目实施过程管理

高速公路实施过程中的管理工作包括招投标与合同管理，质量管理，进度管理，投资管理，安全、文明施工与环境保护，是高速公路实施过程中管理工作的重点。高速公路的招标投标是一项政策性和程序性很强的工作，是在“公开、公正、公平和诚实信用”的基础上，择优选择承包人的过程。其工作内容涵盖了招标范围和标段划分、合同类型选择、招标文件和资格预审文件编制与送审、资格预审、招标文件发售、现场考察及标前会议组织、开标、评标、定标和合同签订等招标工作的全过程。项目质量管理是在满足规定质量目标的基础上，通过建立健全质量管理保证体系和质量保证措施，进行质量的动态控制，在定期质量分析的基础上，及时把握项目质量状况，发现并处理质量问题。进度管理则是在合理建设工期内，研究制订计划管理体系，按各合同段分解项目任务，采用网络计划技术以及 P3e/c 管理系统，编制与审核计划进度，在工程施工过程中进行动态控制。投资管理是在项目总投资的约束下，进行工程费用组成分析，编制年度、季度和月度资金使用计划，运用台账管理、会计核算、财务审批、岗位约束等手段，确保投资目标的实现，通过强化计量支付程序，规范计量方法与计量资料，加强计量支付分析与监控，实现工程计量支付的有效控制。安全管理是基于“安全第一，预防为主”的理念，建立企业法定代表人、项目负责人和专(兼)职安全员为责任人的安全管理责任体系，以日常安全管理为重点，严格执行安全技术措施的制定与审批，安全技术交底、安全监督和安全检查制度。文明施工则是通过树立文明施工的意识，做到施工现场布置规整、有序，工序规范化施工。通过技术、经济和法律的手段，在建设过程中尽力控制工程建设对资源和环境的污染和损害程度，对不可避免的环境污染和资源损害进行治理与恢复。

为了确保项目建成后顺利转入运营，项目建设后期还必须组建运营筹备工作小组，负责完成运营规章制度的制订，联网收费与通行费发票的申请，运营工作人员招聘、岗前培训和实习，生活办公设施设备、服务区经营设备、施救清障设备的采购，路政大队与交警设点、养护与绿化管理单位的落实等工作。

第一节　招投标管理

一、招标策划

高速公路建设项目招标策划是以招标项目的技术经济、管理特点、质量、价格、进度需求为基础，依据有关法律法规、技术标准编制的招标实施目标、实施方式、实施计划和实施措施。

1. 招标范围和标段划分

广梧高速公路的招标范围涉及路基、路面、桥梁涵洞、隧道工程等土建工程，具体内容可分为土石方工程、基础工程、混凝土工程、金属结构工程，构筑物工程等；机械、电气、自动化仪表、给排水等设备和管线安装，计算机网络、通信、消防、声像系统以及检测、监控系统等设备安装工程。在招标伊始，项目业主在综合考虑项目管理、设计进度、施工组织规划和工期、各种外部条件、各单项工程之间的技术管理关联性以及投标竞争状况等因素之后划分了标段，并结合标段的技术管理特点和要求设置了投标资格预审的资格能力条件标准。标段划分时主要考虑了以下相关因素：

(1)法律法规。《招标投标法》和《工程建设项目招标范围和规模标准规定》对必须招标项目的范围、规模标准和标段划分作了明确规定，这是确定工程招标范围和划分标段的法律依据。

(2)工程管理力量。标段的数量、规模划分时综合考虑了项目业主的合同管理和组织协调的工作量，还考虑了管理人员的数量、素质、工作能力等因素。

(3)竞争格局。标段划分时研究了同类项目的竞争格局，对潜在投标人的规模、资质等级、竞争激烈程度等进行了预测。本着"公开招标、择优选择"的原则，合理确定各标段规模。

(4)技术层面。广梧高速公路施工难度大，技术要求高，标段划分时项目业主特别就技术层面的因素重点进行了研究。具体包括以下三方面的内容：

①工程技术关联性。凡是在工程技术和工艺流程上关联性比较密切的部位，无法分别组织施工，不适宜划分给两个以上承包人去完成。

②工程计量的关联性。有些工程部位或分部、分项工程，虽然在技术和工艺流程方面可以区分开，但在工程量计量方面不容易区分，这样的工程部位也不适合划分为不同的标段。

③工作界面的关联性。划分标段时主要考虑了各标段区域及其分界线的场地容量和施工界面。施工的边界条件既考虑了地理边界条件，还考虑了与周边工程承包人的工作分工、衔接、协调配合等内容。

广梧高速公路合同段划分如表 6-1 所示。

广梧高速公路合同段划分 表 6-1

<table>
<tr><th>标段号</th><th>起讫桩号</th><th>长度(km)</th><th>施工单位</th><th>监理单位</th><th>设计单位</th></tr>
<tr><td>4 标</td><td>K36+867.3～K47+100</td><td>10.233</td><td>广东省长大公路工程有限公司</td><td rowspan="11">广东省公路工程监理站</td><td rowspan="15">广东省公路勘察规划设计院(承担除房建、交通工程外的设计)</td></tr>
<tr><td>5 标</td><td>K47+100～K59+590</td><td>12.78</td><td>广东省长大公路工程有限公司</td></tr>
<tr><td>6 标</td><td>RK59+590～K62+360</td><td>2.83</td><td>中铁二十二局集团有限公司</td></tr>
<tr><td>7 标</td><td>K62+360～K64+050</td><td>1.72</td><td>中铁二局股份有限公司</td></tr>
<tr><td>8 标</td><td>K64+050～K68+820</td><td>4.68</td><td>中铁七局集团有限公司</td></tr>
<tr><td>9 标</td><td>K68+820～K71+400</td><td>2.58</td><td>中铁一局集团第一工程有限公司</td></tr>
<tr><td>10 标</td><td>K71+400～K75+900</td><td>4.5</td><td>中交第二公路工程局有限公司</td></tr>
<tr><td>11 标</td><td>K75+900～K78+960</td><td>3.06</td><td>广东晶通公路工程建设集团有限公司</td></tr>
<tr><td>12 标</td><td>K78+960～K84+400</td><td>5.46</td><td>江西省地质工程(集团)公司</td></tr>
<tr><td>13 标</td><td>K84+400～K87+850</td><td>3.45</td><td>贵州省桥梁工程总公司</td></tr>
<tr><td>14 标</td><td>K87+850～K99+360</td><td>11.42</td><td>广东省长大公路工程有限公司</td></tr>
<tr><td>15 标</td><td>K99+360～K105+600</td><td>7.24</td><td>中铁九局集团有限公司</td><td rowspan="4">广东翔飞公路工程监理有限公司</td></tr>
<tr><td>16 标</td><td>K105+600～K113+700</td><td>8.1</td><td>中铁十二局集团有限公司</td></tr>
<tr><td>17 标</td><td>K113+700～K117+250</td><td>3.55</td><td>中交第四航务工程局有限公司</td></tr>
<tr><td>18 标</td><td>K117+250～K136+071.319</td><td>18.82，封开连接线 14.792</td><td>广东省长大公路工程有限公司</td></tr>
</table>

续上表

标段号	起讫桩号	长度(km)	施 工 单 位	监理单位	设计单位
路面1标	K36+867.3～K47+100，K59+590～K71+400	22.04	中交第二公路工程局有限公司	广东省公路工程监理站	中交第二航务工程勘察设计院有限公司
路面2标	K71+400～K117+250	64.6，封开连接线14.792	广东省长大公路工程有限公司	广东省公路工程监理站及广东翔飞公路工程监理有限	广东省公路勘察规划设计院

2.承发包模式与合同类型的选择

广梧高速公路的路基、桥梁和隧道工程等采用了平行委托模式，路面工程采用了设计施工一体化承包模式。

(1)本项目全线路基、桥梁和隧道标、房建标、机电标、交通安全设施标和绿化标共31个合同段，采用了"设计→招标→施工→验收"的建设管理模式。即通过公开招标方式，平行委托多个施工单位施工，由业主直接与中标单位签订施工承包合同。项目业主将工程项目的设计、施工和材料设备采购的任务分解后分别发包给若干个设计、施工单位和材料设备供应商，并分别与各个承包人签订合同。各个承包人之间的关系是平行的，工程设计、施工、监理等工作分别由不同主体负责实施。设计单位按设计任务书完成项目的设计任务。工程承包人按照项目业主提供的设计图纸和技术规范施工，同时他们在工程施工过程中接受业主和业主委托的监理公司的协调和监督。

采用这种承包方式，由于某一部分施工图完成以后即可开始这部分的招标，开工日期可以提前，可以边设计边施工，缩短了建设工期。同时，每一部分施工任务的发包都以施工图设计为基础，投标人进行投标报价有依据，工程的不确定性降低了。并且由于每一个标段的投标人较多，业主可以通过招标选择到最好的施工单位，对降低工程造价有利。

但是，这种模式在项目实施过程中也存在一些不足。首先是业主要负责所有的施工承包合同的招标、合同谈判和签约，需要进行多次招标，用于招标的时间较多，招标工作量大。业主与每一个承包人直接签订合同，要负责对所有承包人的组织协调，工作量大。其次，业主签订的合同多，责任和义务也多。第三，工程的总造价要最后一份合同签订后才能确定，对投资的早期控制不利。

(2)由于路面工程规模大、专业技术性强、管理协调工作复杂。本项目路面共两个合同段，通过公开招标方式，采用由施工单位和设计单位组成联合体，设计施工一体化承包模式，将路面结构设计和路面施工打包发包。业主直接与中标联合体签订设计施工总承包合同。合同条款在交通部《公路工程国内招标文件范本》(2003年版)基础上设置专用条款进行修改和补充。合同计价方式为变动总价合同，当出现合同约定调价条件时，对相应单价和合同总价进行调整，否则，总价不予调整。

实际运行的效果表明，采用这种模式有利于工程设计与施工之间的衔接配合，可以避免相互脱节而引起的差错、遗漏、变更、返工及纠纷；可以合理组织分段设计与施工，缩短建设工期。但由于业主对工程设计细节和施工的调控影响力较小，所以对承包人技术能力及综合协调管理水平的要求较高。

(3)本项目设计任务共一个合同段,采用公开招标委托一个设计单位对本项目进行设计,由业主直接与中标单位签订勘察设计合同。合同计价方式为固定总价合同,设计费不随国家政策调整或法规、标准及市场因素变化进行调整。

(4)主要材料的采购模式。本项目路基、桥梁和隧道第10至18标(14标除外)、房建标的主要材料(包括钢筋、水泥和钢绞线)由业主自行采购,通过公开招标选择材料供应商,业主同时委托材料专业管理公司对主要材料采购进行管理,由业主、材料管理公司与路基桥梁隧道施工承包人签订材料采购合同。合同条款参考其他项目拟订,合同计价方式采用变动单价方式,根据信息价的变动按合同约定的调价公式调整材料单价。

(5)监理任务的采购模式。本项目路基、桥梁和隧道绿化、路面施工监理共分三个监理标,房屋和附属设施建设施工监理共一个监理标,机电工程施工监理共一个监理标。通过公开招标平行委托多个监理单位分别进行施工监理,由业主直接与中标单位签订施工监理合同。合同条款以广东省交通厅编制的《广东省公路建设项目监理招标文件范本》(2002年版)为基础进行修改和补充,合同计价方式为变动总价合同。当出现合同约定调价条件时(如工期延期、设计变更增加造价等达到约定条件),对合同总价进行调整。

二、招标实施

建设工程项目招标是由项目的采购方作为招标人发布招标公告或投标邀请书,将委托的工作内容和要求告之有兴趣参与竞争的投标人,让他们按规定条件提出项目实施方案、实施计划和价格,然后通过评审比较,选出信誉可靠、技术能力强、管理水平高、报价合理的中标人。建设项目招标是在"公开、公平、公正、诚实信用"等市场竞争准则下选择设计单位、监理单位、施工单位和主要材料供应单位的规范性行为。

1.广梧高速公路招标历程

广梧高速公路河口至平台段主要完成了以下招标工作:

(1)勘察设计招标。2006年1月16日完成了广梧高速公路河口至平台段(含封开连接线)公路工程勘察设计招标资格预审工作,2月24日发售本次设计招标的招标文件,3月16日完成评标工作。

(2)施工招标。

①2005年6月13日完成广梧高速公路河口至双凤段控制性工程石牙山隧道工程施工招标资格预审工作,8月23日完成施工招标工作。

②河口至双凤段4、6、7、8、9合同段,于2006年3月20日发售资格预审文件,4月10日至4月11日组织召开资格预审评审会,共有46家单位通过了资格预审评审。6月9日在广州建设工程交易中心,在省监察厅监督人员及交易中心监督人员监督下摇珠确定各个合同段的投标单位,7月28日,4、6、7、8合同段完成了评标工作,9标由于施工设计图的原因尚未完成招标工作。

③2007年2月13日完成双凤至平台段控制性工程第14合同段工程施工招标资格预审工作,4月6日在广州建设工程交易中心发售了本次招标的招标文件,5月31日在广州完成了评标工作。

④2007 年 4 月 7 日完成双凤至平台段工程施工招标资格预审工作，6 月 29 日在广州建设工程交易中心发售了本次招标的招标文件和河口至双凤段第 9 合同段的招标文件，8 月 5 日在广州完成了评标工作。

(3)施工监理招标。2005 年 6 月 13 日完成广梧高速公路河口至双凤段工程施工监理招标资格预审工作，8 月 11 日完成施工监理招标工作。2007 年 2 月 7 日完成了双凤至平台段工程施工监理招标资格预审工作，5 月 22 日完成施工监理招标工作。

(4)材料招标。2007 年 5 月 16 日完成了广梧高速公路双凤至平台段钢材水泥采购招标(钢绞线及水泥二类标)资格预审工作，其中水泥二类标通过审查的单位未能达到资格预审文件规定的最低投标人数的要求，经资格预审委员会商定，建议水泥二类标重新组织资格预审。2007 年 6 月 27 日发售了广梧高速公路双凤至平台段钢材水泥采购招标(钢筋、水泥一类和水泥二类)资格预审文件工作，7 月 13 日在广州完成了本次资格预审评审工作。8 月 27 日在广州建设工程交易中心发售了本次招标的招标文件，9 月 18 日在广州完成了评标工作。

2. 广梧高速公路招标程序

广梧高速公路的招标工作，一般分为准备阶段、招标阶段、评标定标及签订合同阶段。

(1)准备阶段。该阶段的工作有:确定招标组织机构;准备拟招标项目应该具备的条件;确定项目的招标方式;确定合同类型和合同段的划分;编制招标文件、资格预审文件，报上级主管部门审核。

(2)招标阶段。该阶段的工作是发售资格预审文件、审查确定合格的投标人的名单;发售招标文件，组织现场考察及标前会议，回答投标人提出的问题;接收投标书及投标保函或保证金，召集开标会。

(3)评标、定标和签订合同阶段。该阶段的工作有:审查投标文件;澄清标书中需要进一步明确的问题;根据各标书的投标报价分析计算评估标价，并对评估标价、投标人的素质、技术力量、设备、技术措施、质量保证体系、信誉以及优惠条件进行评审比较;评标委员会编制评标报告、推荐中标候选人;招标人确定中标人。中标人确定后，发出中标通知书，与中标人进行合同谈判、签订合同。

广梧高速公路招标程序如图 6-1 所示。

3. 资格预审

资格预审的目的是考察潜在投标人的总体能力是否具备完成招标工作所要求的条件。公开招标时设置资格预审程序，一是保证参与投标的法人或组织在资质和能力等方面能够满足完成招标工作的要求;二是通过评审优选出综合实力较强的一批投标人，再请他们参加投标竞争，以减小评标的工作量。资格预审中，资格预审文件的编制和资格预审的评审是两项重要的工作。

广梧高速公路的资格预审文件一般包括:资格预审通告、资格预审须知、资格预审表等。其中，资格预审须知包括招标工程概况和工作范围介绍，对投标人的基本要求和指导投标人填写资格预审文件的有关说明。资格预审表是对潜在投标人的资质条件、实施能力、技术水平、商业信誉等方面需要了解的内容。

资格预审的评审主要是通过符合性审查，投标人的业绩、技术和管理水平，施工设备，财务状况等方面的评价，找出一批具备承揽本项目的投标申请人。

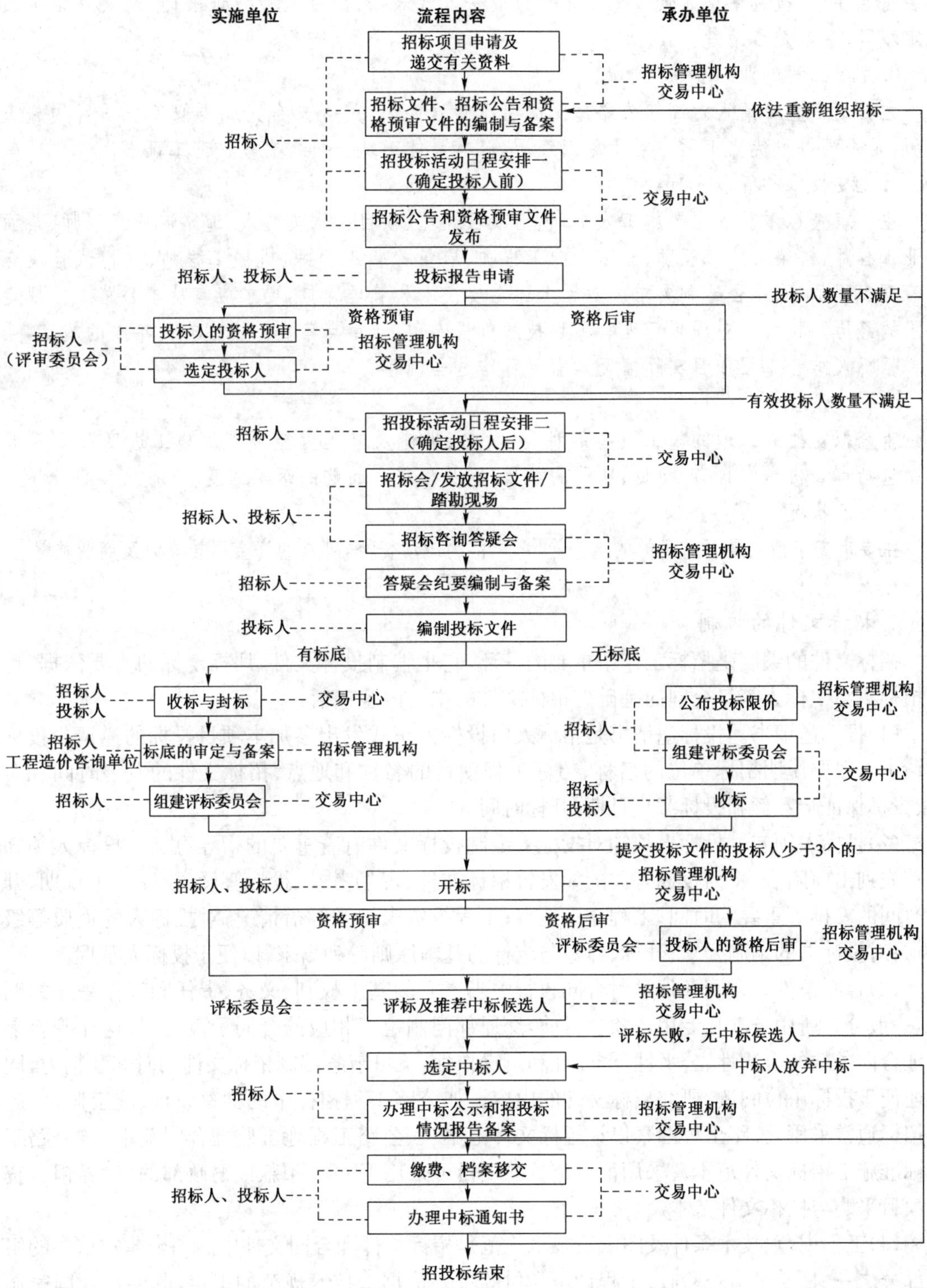

图 6-1　广梧高速公路一般招标程序

【案例 6-1】　广梧高速公路资格预审审查要点

1. 符合性的审查

资格预审时，首先是对申请人资格进行符合性检查。包括：申请人的资质等级和营业执照是否符合要求，投标申请人代表如不是单位的法人代表，有无法人授权证书；申请文件是否按规定填写，字迹是否清楚。

2. 主要工程的业绩要求

主要是审查申请人对高速公路施工的组织管理能力，是否具有完成类似工程项目的施工经历，是否获得过优质工程。对于施工经历，应有具体工地、时间、有竣(交)工证书。

3. 主要技术和管理人员

主要审查拟派驻的主要施工人员，包括项目经理、项目技术负责人、道路专业工程师、路面专业工程师、桥梁专业工程师、隧道专业工程师、质量检验工程师、机械工程师、材料试验及合同管理工程师等，是否达到要求。对于上述主要技术和管理人员，要求应有从事公路工作规定年限的经历。特别是对项目经理和项目技术负责人，应作重点审查。上述有关年限的规定，业主和招标人结合工程项目实际情况和需要可作适当调整。

4. 施工设备

审查拟安排到工地的施工设备的种类、数量、性能及其配置能否满足施工进度及质量要求。包括审查机械中自有、租赁、新购的数量，以及租赁和新购的落实程度。

5. 财务状况

主要审查申请人是否有足够的生产能力，充裕的流动资金，可靠的资金周转能力及商业信誉。

4. 招标文件的编制

招标文件的编制是招标工作中重要的一环，它是编制投标文件，评标定标的重要依据，也是招标人与中标人签订合同的基础。招标文件的主要内容包括：

(1)投标邀请书。投标邀请书是招标人向投标人正式发出参加本项目投标的邀请。投标邀请书一般要说明招标单位的名称、招标工程项目的名称和地点、招标文件的发售时间和费用、投标保证金数额和投标截止日期、开标时间等。

(2)投标人须知。投标人须知对投标人编制投标文件有着重要的指导意义。投标人须知中首先列出前附表，将与投标有关的如发售招标文件、现场考察、投标答疑、投标截止日期、开标时间的安排等重要的时间；工程建设地点；工程投资来源及筹措情况；对投标人的资质等级要求；对投标书的编制要求；开标、评标与定标的基本原则等列出来，以便于投标人掌握。

(3)合同条件。合同条件是对合同履行中当事人的基本权利、义务、责任和工作程序的明确，一般分为通用条款和专用条款。目前，交通部门制定了相应的合同示范文本，这样既容易保证合同条款的合法性、公平性、严谨性和可操作性，又可节省编制招标文件的时间和精力，同时还便于投标单位阅读、研究招标文件的内容。如公路工程招标中的勘察设计、施工监理、施工招标通常采用《公路工程勘察设计招标文件范本》、《公路工程施工监理合同范本》、《公路工程标准施工招标文件范本》；采用世行贷款的项目可采用 FIDIC 条款或财政部的《世界银行贷款项目采购与招标文件范本》。

(4)工程规范、技术条件及图纸。技术规范是招标文件和合同文件中的一个非常重要的组成部分之一，是质量检查验收、工程计量支付的主要依据。技术规范的拟定，既要符合国家颁布的规范要求，保证工程的质量，又不能认为技术要求越高越好或过于苛刻，因为太高的技术要求必然导致投标人提高投标价格。

图纸也是招标文件的重要组成部分，特别是对于施工招标来说，图纸是投标人确定施工方案，计算投标报价的主要依据之一。

(5)投标书及投标担保书格式。招标文件中提供投标书格式，主要是为了能使各投标单位递送的投标书具有统一的格式，便于比较，便于评标。

投标担保是投标人保证其投标被接受后对其投标书中规定的责任不得撤销或者反悔。否则，招标人将对投标保证金予以没收。投标保证金的金额在投标须知中规定，一般控制在投标价的2%左右，且投标保证金有效期应当超出投标有效期30d。投标人不按招标文件要求提交投标保证金的，该投标文件将被拒绝。投标保证金可以采用交付现金、支票、银行汇票、不可撤销信用证、银行保函、由保险公司或担保公司担保。

(6)工程量清单。工程量清单是将合同规定要实施的全部工程项目和工作内容，按工程部位、性质、计价要求等列在一系列的表格中，供投标人进行报价之用。

5. 评标

评标是对各投标书优劣的比较，最终确定中标人的过程。

(1)评标委员会的产生。广梧高速公路评标的评标委员会严格按照《招标投标法》、《评标委员会和评标方法暂行规定》、《评标专家和评标专家库管理暂行办法》，从广东省相关主管部门提供的专家库中随机抽取。为保证评标的严肃性，评标过程还由相关纪检和监察部门派人全程监督。

(2)评标工作程序。评标一般可分为两大阶段，即审标阶段和评比阶段。在具体步骤上可分三步来完成，第一步审查初评、第二步澄清问题、第三步终评定标。

①初评：评标委员会以招标文件为依据，审查各投标书是否为响应性投标，确定投标书的有效性。检查内容包括：投标人的资格、投标保证有效性、报送资料的完整性、投标书与招标文件的要求有无实质性背离、报价计算的正确性等。通过这一步骤的工作，对投标书进行符合性(响应性)检查，剔除那些不合格的投标书；对投标书中的计算错误或填写遗漏，按招标文件规定加以更正，并由投标人对所有的更正以书面正式确认；将投标书中需要审查的资料，填入设计的表格，进行审查和初步分析比较。

②澄清问题：通过上述的初评比较，必然会发现投标人在其投标书中仍有许多没有表达完善或不清楚的地方，或发现工程细目单价中有畸高畸低的现象，均应一一提出问题列成询问单，要求投标人予以澄清。

③详评：评标委员会对各投标书实施方案和计划进行实质性评价与比较。评审时不应再采用招标文件中要求投标人考虑因素以外的任何条件作为标准。设有标底的，评标时应参考标底。这一步骤的工作，首先是在投标价格的基础上，考虑招标文件中规定的各种评标因素，计算出投标书的评标价格；其次是进行全面的综合评审和比较，由评标委员会决定推荐合格的中标候选人，并向招标人提出书面评标报告。最后由招标人根据评标委员会的推荐意见，确定中标人。

④评标报告：评标报告是评标委员会经过对各投标书评审后向招标人提出的结论性报告，作为定标的主要依据。评标报告一般应包括工程概况；招标过程简述；评标准则和评标程序；评标组织和评标时间；评标步骤和过程简述，以及授予合同推荐意见；对每个投标书的技术、经济分析；作为资料分析的各种基础表格资料。

【案例6-2】 广梧高速公路长隧道标评标及定标办法——综合评估法

一、评标依据

(1)《中华人民共和国招标投标法》；

(2)七部委2001年第12号令《评标委员会和评标办法暂行规定》；

(3)七部委2003年第30号令《工程建设项目施工招标投标办法》；

(4)交通部2002年第2号令《公路工程施工招标投标管理办法》；

(5)交通部2003年第70号文《公路工程施工招标评标委员会评标工作细则》；

(6)交通部的交公路发[2004]688号文《关于贯彻国务院办公厅关于进一步规范招投标活动的若干意见的通知》；

(7)广东省实施《中华人民共和国招标投标法》办法；

(8)本评标办法及招标文件；

(9)国家和广东省现行的其他相关法律、法规。

二、评标及定标原则

评标工作应遵循"公平、公正、科学、择优"的原则，严格评审，以选择标价合理、技术管理力量雄厚、业绩优良、信誉和履约记录良好、施工机械设备先进、财务能力足够、有较好赢利记录、综合评分最高的投标人作为中标人，签约承包本工程的施工，确保项目业主得到一个质量良好、工期可控、造价合理、项目投资得到有效控制的高速公路产品。任何单位和个人不得非法干预或者影响评标过程和结果。

三、评标程序

1. 评标工作程序

(1)组建清标工作组；

(2)组建评标委员会；

(3)开标大会，包括公布标底、开标等；

(4)初步评审，包括符合性审查、算术性修正等；

(5)详细评审，包括合同条件和技术能力审查、重大偏差、细微偏差、不平衡报价的判定和处理，综合评分等；

(6)将技术分值与报价分值相加作为投标人的最终分值(满分100分)；

(7)定标和撰写评标报告。在综合分值中按降序排出中标候选人的名次，综合分值排名第一者为推荐的第一中标候选人，排名第二者为推荐的第二中标候选人。

评标及定标必须依照上述步骤进行，上一步骤不能通过者不能进入下一步骤评审。

2. 评标工作流程图

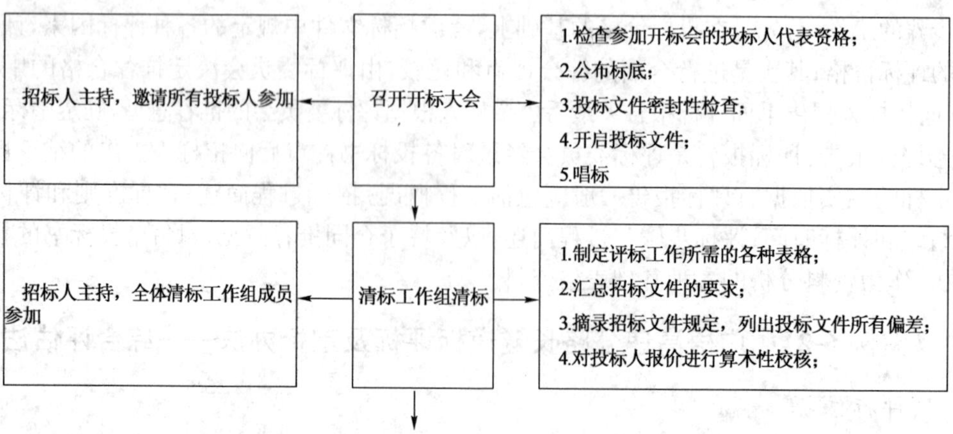

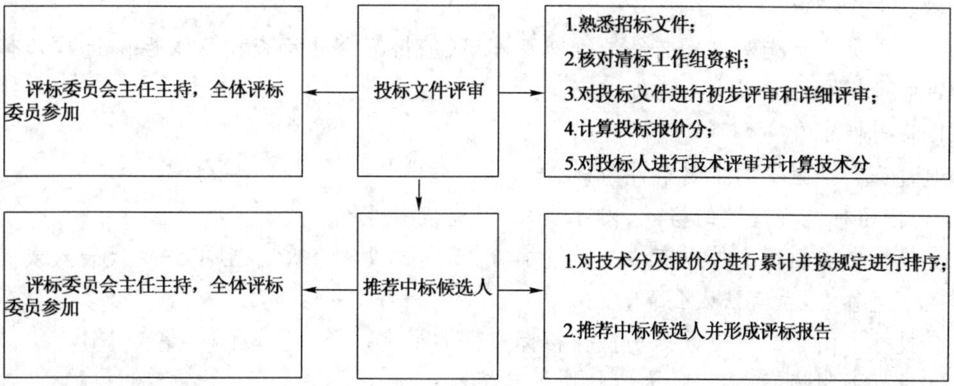

四、评标组织及其职责

1.清标工作组

清标工作组由招标人在评标工作开始前选派熟悉招标工作、政治素质高的人员组成，协助评标委员会工作。清标工作组人员的具体数量由招标人视评标工作量确定。

清标工作组应在评标委员会开始工作之前进行评标的准备工作，主要内容包括：

(1)根据招标文件，制定评标工作所需各种表格；

(2)根据招标文件，汇总评标标准，对投标文件的合格性以及影响工程质量、工期和投资的全部因素进行初步检查；

(3)对投标文件响应招标文件规定的情况进行摘录，列出相对于招标文件的所有偏差；

(4)对所有投标报价进行算术性校核。

2.评标委员会

评标委员会由招标人依法组建。评标委员会由九名委员组成并严格根据国家和广东省有关法律、法规确定，其中不多于三分之一的专家为招标人代表，其余不少于三分之二的专家于开标当天在符合规定的评标专家库中随机抽取选定。评标委员会成员名单在中标结果确定前应当保密。

评标委员会的主要工作内容包括：

(1)评标委员会开始评标工作之前，首先听取招标人及清标工作组关于工程情况和评标工作的说明，并认真研读招标文件，获取评标所需的重要信息和数据。

(2)对清标工作组提供的评标工作用表和评标内容进行认真核对，对与招标文件不一致的内容要进行修正。对招标文件中规定的评标标准和方法，评标委员会认为有不符合国家有关法律、法规，或其中含有限制、排斥投标人进行有效竞争的，评标委员会有权按规定对其进行修改，并在评标报告中说明修改的内容和修改原因。

(3)对投标文件进行初步评审，包括符合性审查、算术性修正等。

(4)对投标文件进行详细评审。

(5)按评标方法进行评标，推荐中标候选人。

(6)编写评标报告，提交给招标人并抄报给交通主管部门。

五、开标大会

开标由招标人主持，并邀请行政主管部门监督，投标人的法定代表人或其授权的代理人应准时出席。招标人对所有收到的投标文件进行公开开标，并当场公布标底(标底由业主在投标人递交投标文件后开标前确定)。开标过程应当记录，存档备查。

六、初步评审

评标委员会首先对投标文件进行初步评审(包括符合性审查和算术性修正),只有通过初步评审的投标文件才能进入详细评审。

1.符合性审查

通过符合性审查的主要条件为:

(1)按招标文件规定的格式、内容填写,字迹清晰可辨。

①投标书按招标文件规定填报了投标价、工期和投标有效期;且有法定代表人或其授权的代理人亲笔签名,盖有法人公章;

②投标书附录的所有数据均符合招标文件的规定;

③投标书附表齐全完整,内容均按规定填写;

④按规定提供了拟投入的主要人员的证件彩色复印件,证书清晰可辨、有效;

⑤投标文件按招标文件规定的形式装订。

(2)商务和技术文件上法定代表人或法定代表人授权代理人的签字(含小签)齐全,符合招标文件规定。

凡投标担保、授权书、投标书附表、施工组织设计的内容必须逐页签字。

(3)法人发生合法变更或重组,与申请资格预审时比较,其资格没有实质性下降。

①通过资审后法人名称变更时,应提供相关部门的合法批件及企业法人营业执照和资质证书的副本变更记录复印件。

②资格没有实质性下降,指投标文件仍然满足资格预审中的强制标准(经验、人员、设备、财务等)。

(4)投标人按照招标文件规定的格式、时效和内容提供了投标担保。

①投标人担保为无条件投标担保;

②投标担保的受益人名称与招标文件规定的受益人一致;

③投标担保金额符合招标文件规定的金额;

④投标担保有效期为投标文件有效期加30d或任何可能延长被招标人接受的期限;

⑤若采用银行保函形式,出具保函的银行级别必须满足投标人须知资料表的要求。

(5)投标人法定代表人有授权代理人,其授权书符合招标文件规定,并符合下列要求:

①授权人和被授权人均在授权书上亲笔签名,不得用签名章代替;

②附有公证机关出具的加盖钢印的公证书;

③公证书出具的日期与授权书出具的日期同日或之后1d内。

(6)招标人不接受对本工程有分包计划的投标人的投标。

(7)一个投标人只能对同一标段提交一份投标文件,并不得以其他形式参与其他投标人对同一个标段的投标;一份投标文件只允许有一个投标报价。

(8)投标文件载明的招标工程完工期限不得超过招标文件规定的时限。

(9)投标人不应被省级以上交通或建设行政主管部门通报且被取消本次招标所属专业投标资格。

(10)投标文件不应附有招标人不能接受的条件。

如果投标文件不符合以上条件之一的,应认为其存有重大偏差,并对该投标文件作废标处理。

2.算术性修正

评标委员会对通过符合性审查的各投标文件的报价进行校核,并对有算术上的和累加运算上的差错给予修正。修正的原则如下：

(1)当以数字表示的金额与文字表示的金额有差异时，以文字表示的金额为准；

(2)当单价与数量相乘不等于合价时，以单价计算为准，如果单价有明显的小数点位置差错，应以标出的合价为准，同时对单价予以修正；

(3)当各细目的合价累计不等于总价时，应以各项目合价累计数为准，修正总价。

(4)当单价与工程量的乘积与合价(金额)虽然一致，但单价有明显的小数点错位(数量级有明显错误而投标人不能提供正当的理由)，应同时修改单价和合价。

按以上原则对算术性差错的修正，应取得投标人的同意，并确认修正后的最终投标价。如果投标人拒绝确认，则其投标文件将不予评审，并没收其投标担保。修正后的最终投标价与原报价相比偏差在1%以上者，属于重大偏差，按废标处理。

七、详细评审

评标委员会只对通过初步评审的投标单位进行的投标文件从合同条件、财务能力、技术能力、管理水平以及投标人以往施工业绩及履约信誉等方面进行详细评审。

1.对合同条件进行详细评审的主要内容

(1)投标人应接受招标文件规定的风险划分原则，不得提出新的风险划分方法；

(2)投标人不得增加业主的责任范围，或减少投标人义务；

(3)投标人不得提出不同的工程验收、计量、支付办法；

(4)投标人对合同纠纷、事故处理办法不得提出异议；

(5)投标人在投标活动中不得含有欺诈行为；

(6)投标人不得对合同条款有重要保留。

投标文件如有不符合以上条件之一者，属于重大偏差，评标委员会应对其按废标处理。

2.对投标人技术能力和以往履约信誉进行详细评审的主要内容

(1)投标人提供的财力资源情况(财务报表及相关资金证明材料)的真实性、完整性进行财务能力的评价；

(2)投标人承诺的拟投入本工程的技术人员素质、设备配置情况的可靠性、有效性进行技术能力的评价；

(3)投标人编制的施工组织设计、关键工程技术方案的可行性，以及质量标准、进度与质量、安全要求的符合性，进行管理水平的评价；

(4)投标人近3年完成的类似公路工程项目的质量、工期，以及履约表现进行业绩与信誉的评价。

3.重大偏差

在对投标人的财务能力、技术能力、管理水平和以往施工业绩及履约信誉进行详细评审过程中，如发现投标人的投标文件有以下情况之一的，则属于重大偏差，按废标处理。

(1)相对资格预审时，其施工能力和财务能力有实质性降低，且不能满足本工程实施的最低要求，包括：资格预审时投标人拟定的项目经理或项目总工程师人选在投标文件中发生变更或被确认有一个或以上不能到位；主要工程技术人员有30%或以上发生变更；投标人在通过本项目资格预审后至投标截止日，中标或签约承担新的合同工程，而该部分合同工作量累加至该投标人已承担未完合同工作量及本合同工作量后，已超出该投标人的最大承受能力；投标人关键设备发生变更，如：自有变为租赁；或已有设备变更为新购设备且无法提供合理的采购资金来源，或该设备采购行为可能严重影响投标人的营运资本。

(2)承诺的质量标准低于招标文件或国家强制性标准要求。

(3)关键工程技术方案不可行。

(4)施工业绩、财务及赢利能力、履约信誉等证明材料被评标委员会认定虚假。

(5)在招标人发出中标通知书之前,因投标人的违法、违规行为或重大质量、安全责任事故,被省级以上政府交通或建设行政主管部门通报,并且投标人对此故意隐瞒。

招标文件中存在的其他问题应视为细微偏差,评标委员会可要求投标人进行澄清,或对投标文件进行不利于该投标人的评标量化,但不得作废标处理。

4.细微偏差

投标文件中的下列偏差为细微偏差:

(1)在算术性复核中发现的算术性差错;

(2)在招标人给定的工程量清单中漏报了某个工程细目的单价和合价;

(3)在招标人给定的工程量清单中多报了某个工程细目的单价和合价或所报单价增加或减少了报价范围;

(4)在招标人给定的工程量清单中修改了某些支付号的工程数量;

(5)除强制性标准规定外,拟投入本合同段的施工、检测设备、人员不足;

(6)施工组织设计(含关键工程技术方案)不够完善;

(7)施工业绩及履约信誉等证明材料涉嫌造假。

评标委员会对投标文件中的细微偏差按如下规定处理:

(1)按本评标办法的规定对算术性错误予以修正;

(2)对于漏报的工程细目单价和合价或单价和合价减少的报价内容视为已含入其他工程细目的单价和合价之中;

(3)对于多报的工程细目报价或工程细目报价中增加的部分报价从评标价中予以扣除;

(4)对于修改了工程数量的工程细目报价按招标人给定的工程数量乘以投标人所报单价的合价予以修正,评标价作相应调整;

(5)在施工、检测设备和人员单项评分中酌情扣分,但最多扣分不得超过该单项评分的40%;

(6)在施工组织设计(含关键工程技术方案)评分中酌情扣分,但最多扣分不得超过该单项评分的40%;

(7)在施工业绩、财务及盈利能力、履约信誉评分中对证明材料存在涉嫌造假的,信誉分为0分;业绩或财务能力分最高不能高于满分的60%;业绩或财务能力不实或造假的不得计分,确认业绩、财务能力造假的,分项得分可以打为0分。

5.澄清

(1)招标人将以书面方式要求投标人对投标文件中的细微偏差内容作必要的澄清或者补正。对此,投标人不得拒绝。澄清或者补正应以书面方式进行并不得超出投标文件的范围或者改变投标文件的实质性内容,其签署和盖章必须与投标文件保持一致。投标人的澄清或补正内容将作为投标文件的组成部分。

(2)在评标阶段,投标人应保持联系方式有效。其联系电话、传真全天候开通(包括节假日),否则,因此影响澄清而造成的责任由投标人自负。

(3)投标人拒不按照要求对投标文件进行澄清或者补正的,招标人将否决投标,并没收其投标担保。招标人不接受投标人主动提出的澄清。

6.投标报价分的计算和审查

(1)投标报价分的计算。投标人投标报价经细微偏差澄清和补正后并经投标人确认的投标报价后为投标人的评标报价。

(2)不平衡报价的判定与处理。不平衡报价可通过如下方法进行判定:将某一投标人对清单某一章、节或某一清单号的投标报价与复合标底进行比较,看其在单价或合价上是否有较大的偏离,是否给业主带来额外的成本和风险,是否有可能影响到合同的正常履行等。

如果存在不平衡报价,但偏差不严重,且投标人保证在不改变投标总价的前提下招标人有权给予合理调整,同时这种调整不损害其他投标人的利益,则视为细微偏差,调整的原则如下:

①单价过高的项目适当调低,单价过低的项目适当调高,并相应修改合价;

②按上述算术修正和本款调整后,对以百分比计取的项目(如预备金、保险费等)的报价也应作相应的修正;

投标人如果没有充分的理由(包括令人信服的单价分析),应接受本款要求的修正和调整,否则,其投标将被拒绝。

如果不平衡报价偏离较大,或存在投标人明显的故意行为,如向其授标可能给业主带来过大的风险及增加潜在成本支出,甚至导致合同有可能无法正常履行,则该投标报价将被判定为严重不平衡报价,视为重大偏差,其投标文件按废标处理。

(3)投标价过低或过高的判定与处理。评标委员会如发现投标人的投标价或主要单项工程报价明显高于或低于复合标底(或一般控制在偏离复合标底±15%左右),应当要求该投标人对相应投标报价作出单价构成说明,并提供相关证明材料。

如果投标人不能提供有关证明材料,证明该报价可以按招标文件规定的质量标准和工期完成招标工程,评标委员会应当认定该投标人以低于成本价竞标,并作废标处理。

如果评标委员会发现所有投标人的报价均高于复合标底或相应工程概算投资,评标委员会有权否决所有投标,并建议招标人重新招标。

7.综合评分

本项目采用综合评估法进行评标,综合评分值最高的投标人为第一中标候选人。

对投标文件进行详细评审后综合评分的主要内容和分值范围如下:报标价 80 分,财务能力 3 分,业绩和信誉 3.5 分,技术能力 2.5 分,管理水平 11 分。

(1)报价分的 A 和 B 值的确定

①复合标底:

$$C=\frac{A+B}{2}$$

式中:A——招标人的标底,开标时公布;

B——投标人有效报价的平均值,B 值为 A 值的 105%(含 105%)至 A 值的 85%(含 85%)范围内的所有评标价的平均值;若所有投标人评标价均未进入有效范围,则该标段所有投标均为废标,招标人将重新组织对该标段进行招标;

C——复合标底值。

②复合标底降低 2%之后为评标基准价 D;

③当投标人的评标价等于 D 时得满分,每高于 D 一个百分点扣 2 分,每低于 D 一个百分点扣 1 分,中间值按比例内插。用公式表示如下:

$$F_1 = F - \frac{|D_1 - D|}{D} \times 100 \times E$$

式中：F_1——投标人评标价得分(精确到小数点后二位)；

F——评标价所占的百分比权重取 80 分；

D_1——投标人的评标价；

D——评标基准价(复合标底×98%)；

E——评标价高于(或低于)基准价时的扣分值。

若 $D_1 \geqslant D$，则 $E=2$；若 $D_1 < D$，则 $E=1$。

(2)技术评审分值的确定

根据投标人的财务能力、技术能力、管理水平、业绩与信誉，由评标委员会各成员依据《技术评分标准表》所列主要项目对投标人的技术综合能力分别进行打分。除报价得分外，投标文件各单项得分一般不应低于其权重分的 60%。技术评审得分在评标委员会全体成员打分后，按分项分值统计，最高分、最低分各 1 个，其权重按 0.25 计算，次高分、次低分各 1 个，其权重按 0.75 计算，其余 5 个的权重为 1.00，然后进行加权平均计算(小数点后取 2 位)分项得分。技术评分标准详见《技术评分标准表》。

八、定标

对投标人的报价分和技术分相加，得出投标人的综合评分值。在综合评分值中按降序排出中标候选人的名次，排名第一者(即综合评分值最高者)为推荐的第一中标候选人，排名第二者为推荐的第二中标候选人，并按以下原则确定中标价：

(1)中标人的中标价为通过了初步评审和详细评审，并经细微偏差澄清和补正后经投标人确认的投标报价。

(2)如果推荐的第一中标候选人放弃中标，或第一中标候选人不能提供履约担保，或因不可抗力无法签署合同，或业主不接受推荐的第一中标候选人，则按推荐的中标候选人排名顺序依次确定中标人。

(3)如果推荐的第一中标候选人在合同签署前因他人举报、或经招标人查证、或以其他方式取证证实其造假、信誉不良而被取消中标资格的，则招标人可按推荐的中标候选人排名顺序依次确定中标人，亦可决定组织重新投标。

(4)如果出现综合评标价相同的情况，由评标委员会根据业主利益最大原则推荐中标候选人名单。

(5)如果再有发生无法确定推荐中标候选人的其他意外情况，由评标委员会研究处理，评标委员会有权决定：①否决所有投标；②建议招标人以投标人的投标报价为议价条件下，与按报价低于且最为接近复合标底的先后次序或高于且最为接近复合标底的先后次序与投标人议标；③建议招标人重新招标。

(6)评标委员会按规定格式编制完成评标报告并交给招标人。

(7)招标人应当在规定的时间内按项目管理权限将评标报告和评标结果报交通主管部门核备后，招标人方可向中标人发出中标通知书，并同时将中标结果通知所有未中标的投标人。

第二节　合同订立与履行

一、合同的订立

合理的合同管理流程，是确保合同的合法性及有效性，使合同管理制度化、规范化、程序化的前提。合同订立与履行涉及部门多，工作程序严谨。广梧高速公路项目业主从合同立项、合同谈判、合同文本的拟订到合同会签、合同签署审批、合同履行管理，制定了一套规范的程序（图 6-2）。

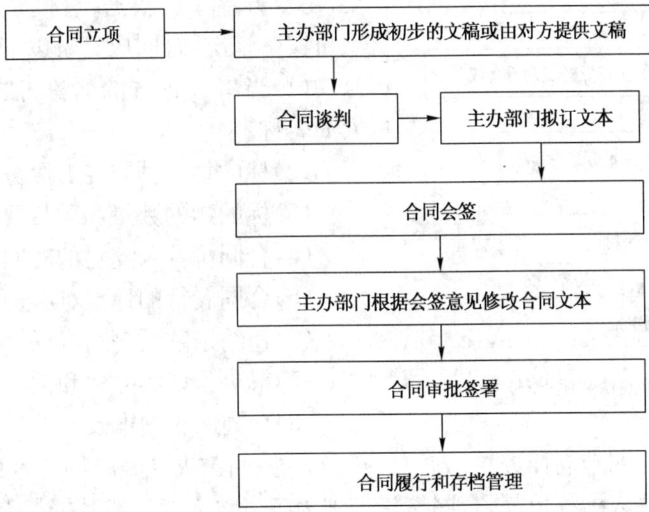

图 6-2　广梧高速公路合同管理总流程图

合同立项主要是陈述合同实行的必要性、可行性和预估合同额。广梧高速公路按合同额大小划分合同立项流程。合同额 50 万元以上（含 50 万元）的合同由业务主办部门填写《广东广梧高速公路合同立项申请表》，按合同立项流程（图 6-3）进行立项申请、审批。合同额 50 万元以下的经济合同不需立项，直接进入合同会签，所有合同由业务主办部门草拟。

合同谈判以《中华人民共和国合同法》、《中华人民共和国价格法》、《公路工程预算定额》、《公路工程概（预）算编制办法》、设计文件、法律法规和交通行业政策规定和其他有关行业规定、预算定额及计价办法等作为谈判依据。

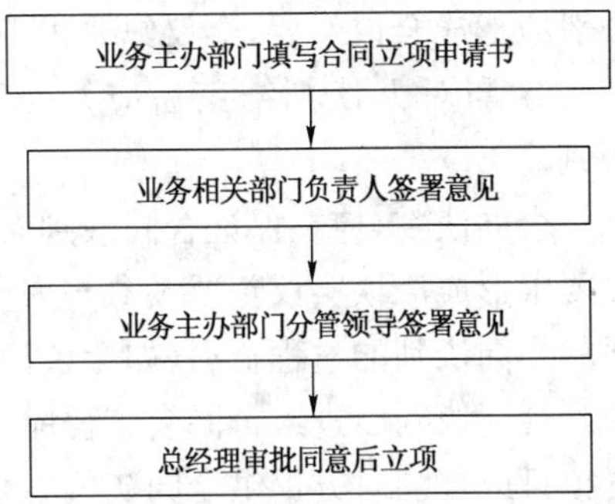

图 6-3　合同立项流程图

合同谈判前，以业务主办部门为主，其他相关部门协助，调查、收集相关的技术、经济比选信息，为合同谈判做好充分的准备。按照合同额的大小，通过谈判预备会的形式制定谈判方案。谈判预备会主要是确定合同价款和合同主要条款的底线，预测对方提出的要求，确定合同谈判的策略。广梧高速的做法是：10 万元以下的合同可不召开谈判预备会，但参与合同谈判的部门必须在谈判前沟通，统一谈判基调和策略；10 万元及以上的合同，谈判前由分管领导召集业务主办部门和相关部门召开谈判预备会，确定预定方案；重要合同（50 万元及以上）由总经理亲自主持。

合同谈判时，要成立谈判小组，设主谈人和若干参加谈判人组成。谈判小组由包括分管领导、业务主办部门和相关部门人员（若合同部为主办部门，如无相关部门，则由总经办参加），部门不少于 2 个，成员不少于 3 人。必要时邀请法律顾问参与，重要合同由总经理亲自参加和主谈。

合同谈判流程如图 6-4 所示。

合同谈判时，原则上应有合同文本草稿，履行时间非常紧迫、来不及拟草合同文本的合同，谈判内容至少应有单价或总价及其包含的工作内容和范围、风险界面、合同履行时间、主要权利和义务等容易发生争议的条款，并形成会议纪要，由双方签字。根据《合同法》等要求并结合本项目实际情况，合同应具备以下基本条款：

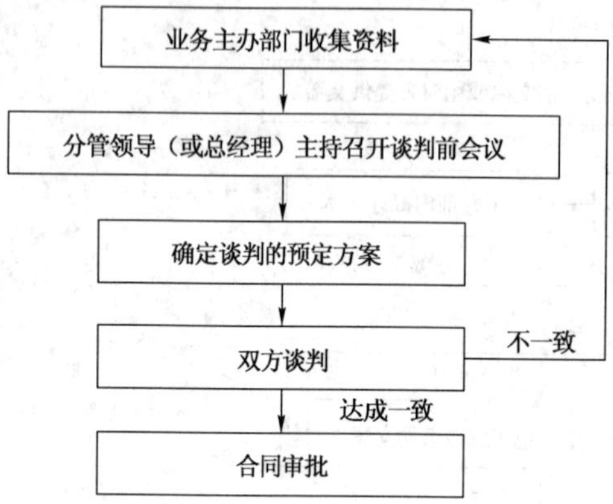

图 6-4　合同谈判流程图

(1)当事人各方的名称、法定地址、法定代表人的名称。

(2)标的物(合同对象、服务)的名称。

(3)标的物的数量和质量要求。

(4)合同价款及支付的时间、方式。

(5)合同履行的地点、期限及验收方式。

(6)违约条款及违约责任。

(7)解决争议的办法和地点。

(8)合同的正副本及有效份数。

合同中应同时写明合同任务、各方的权利和义务、付款办法及合同有效期等。合同文件中合同各方名称应以法人名称填写，合同签订人须为各方法人代表或其授权人(授权人须附授权书)，合同还需准确注明受款方开户银行及账号。有关合同价款是否含税、付款结算等事宜应在合同中载明。上级批文、合同的有关方案、图纸、工程量清单(参与谈判的有关人员需签字确认)、测量资料及洽谈会议纪要等均应作为附件附于合同文本后，应保持附件与主合同内容的一致性。

在合同谈判过程中，当超出预定方案时，谈判主持人必须及时向总经理或其委托的领导汇报合同谈判的进展情况和存在的问题，并提出相关的解决方案供领导决策。合同谈判的结果一般应形成会议纪要，会议纪要由业务主办部门完成，参加人员签名。经多次谈判的合同，在每次与对方谈判结束后应及时召开会议进行总结分析，调整谈判策略，准备下一次的谈判。

合同谈判，应在保证合同谈判质量的前提下，尽量缩短合同签订时间。正式洽谈会议原则上要求形成洽谈会议纪要及参与人员签字确认。会议纪要应作为附件附于合同文件之后，其他的合同谈判的过程资料(如会议记录等)由业务主办进行归类存档。

合同谈判后进入合同会签程序。为确保合同文件的质量，合同会签前由主办业务部门负责拟订或合同对方提供合同初稿。合同初稿形成后，业务主办部门填写《合同会签表》，交由各相关部门→合同管理部→主管领导→总经理会签，涉及相关部门的条款，由相关部门把关；相关部门的会签意见如有冲突，由业务主办部门分管领导找相关部门协调，以求一致。会签形成的修改意见，交业务主办部门修改，修改意见应知会相关人员。

会签意见要具体，不得只签名不提意见。一般的合同会签的时间为：每个相关部门各为2d，合同管理部 3d，分管领导 1d，总经理 1d。合同会签过程是否请法律顾问审稿，由合同管理部分管领导决定。合同会签完毕后，超过 300 万(含 300 万)的合同和会签表由业务主办部门报上级公司审核。合同会签流程如图 6-5 所示。

通过内部邀请招标或竞价订立的经济合同，招标前招标或竞价文件应按合同管理流程进行立项、会签、签署审批。招标后进行合同会签，会签时应附上招标或竞标文件、评标或评审的有关资料，使会签人能够对照原招标文件或竞价文件的合同条款进行审核。

合同文本经过双方谈判定稿，由业务主办部门修订形成拟签的合同文本，业务主办部门填写《合同签署审批表》，谈判主持人原则由主办部门分管领导或负责人签名，参与谈判人员均应在谈判成员栏签字。审批的过程由业务主办部门全权负责，审批完成后签字盖章生效(图 6-6)。

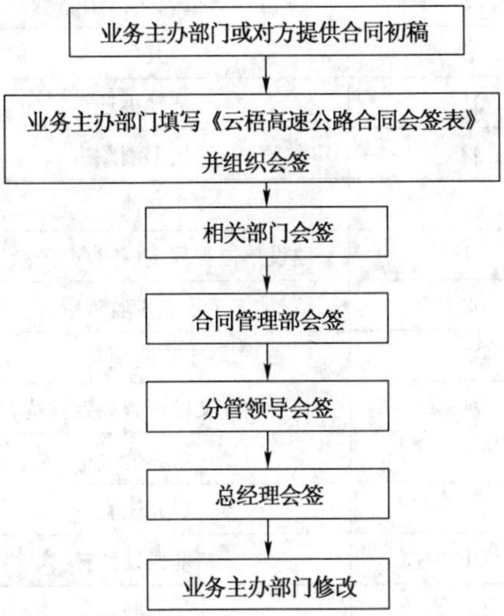

图 6-5 合同会签流程图

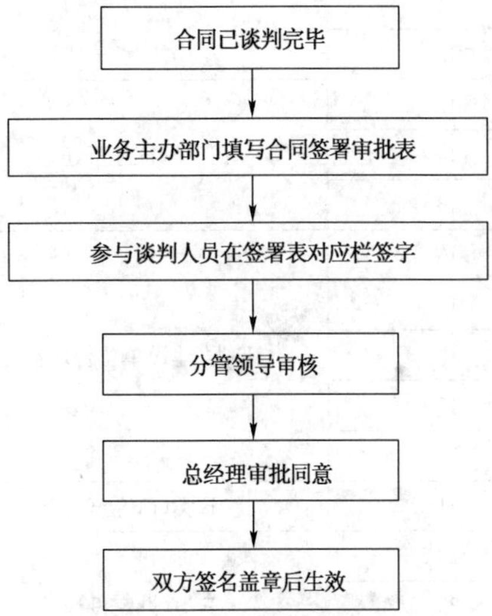

图 6-6 合同签署审批流程图

二、合同履行

合同签订后，业务主办部门应该将合同及相关资料移交给合同管理部，移交范围包括合同的正本、副本，会议纪要，立项、会签和审批的表格，招标文件、投标文件(正本)，以及在合同履行过程中签署的有关文件资料。

合同管理部将合同文件的资料填入《合同资料信息表》，其中合同履行情况和收付款记录由业务主办部门跟踪记录。合同管理部按合同性质对合同统一进行分类和编号，业主各部门按合同管理部的合同编号统一管理。广梧高速公路的合同共分 A、B、C、D、E、F、G、H、I、J、K 十一类，每类又分几个小类(小类按 01、02、03……)，合同编号为 A(类别)～01(小类)～1(序号)，如表 6-2 所示。

广东广梧高速公路合同分类表　　表 6-2

序　号	类　别	目　录	
1	A 类(建安工程)	01	路基、桥涵、隧道、路面
2		02	预制
3		03	交通工程
4		04	绿化工程
5		05	服务区及养护工区
6		06	桩基检测
7		07	其他
8		08	预备金

续上表

序　号	类　别	目　录	
9	B类(设备、工具器具)	01	设备购置
10		02	工具、器具购置
11		03	办公及生活用品
12		04	其他
13	C类(征地拆迁)	01	征地拆迁
14		02	地形测图
15		03	其他
16	D类(建设单位管理费)	01	建设单位管理费(各类办公杂项)
17		02	工程质量监督费
18		03	工程监理费
19		04	设计文件审查和定额费
20		05	其他
21	E类(研究试验)	01	研究试验
22	F类(勘察设计)	01	勘察设计
23		02	补勘
24		03	其他
25	G类(文物)	01	考古
26	H类(水土保护及环境保护)	01	水土保持
27		02	环境评价保护
28		03	其他
29	I类(其他)	01	其他
30	J类	01	借、贷款
31	K类	01	合作合同
32	L类	01	招标文件及标底编制

合同管理部对各合同分类编号后，对每个合同建立合同资料信息表，然后根据合同履行情况制作正在履行的合同月度报表和合同总台账。

订立合同的目的就是为了明确合同双方的责权利关系，在合同履行过程中，应该切实关注合同的执行情况及合同对方的违约行为。广梧高速的做法是：

(1)由相关部门协助业务主办部门进行监督、审核，各部门必须完整保存合同执行期间往来的文书、协商的会议纪要等相关文件，为评价合同履行情况留下第一手的材料。特别是导致合同价款发生增减的事项，必须签署补充协议或者合同变更协议。按本合同管理办法规定，通过合同谈判、会签、签署审批程序办理变更审批手续。

(2)合同数量或成果的验收由总经办安排二个以上的部门进行验收，由业务主办部门制作验收凭证，验收人员签名确认。相关部门应当加强沟通，保证合同按规定履行。发现合同对方未按合同要求履行时，及时通知相关部门采取相应措施或停止付款，并及时督促合同对方按合同规定履行相关责任。

合同款的支付管理是合同管理的最后一个环节，需要严谨认真地对待。首先，业务主办部门和合同管理部应及时跟进合同执行过程。然后，由业务主办部门、合同管理部、财务审计部对每份合同建立合同支付情况明细表，掌握合同支付情况，防止出现错付、多付，并定期或不定期进行对账。当合同履行过程中须办理中间付款时，由业务主办部门牵头会同由总经办指定的相关部门进行数量或成果的验收，由业务主办部门开具“合同付款审批表”，交财务审计部作付款凭证。同时，业务主办部门将付款通知单复印件一份交合同管理部，一份留底。

合同款支付流程如图 6-7 所示。

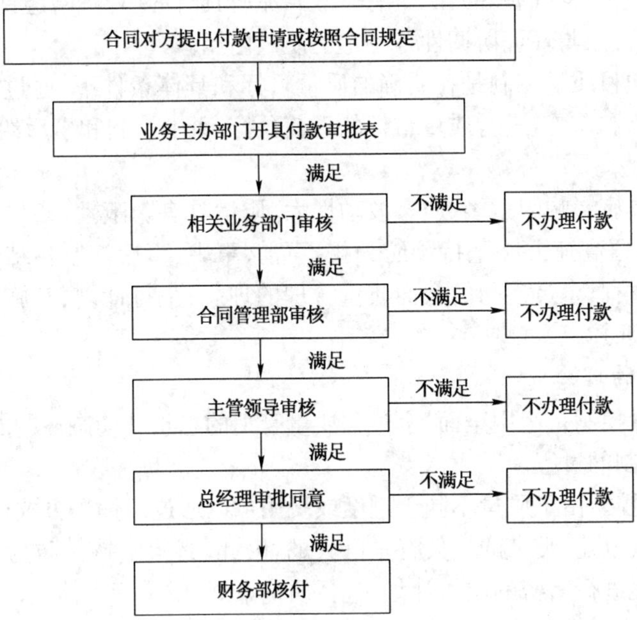

图 6-7　合同款的支付流程图

当合同履行完毕，须办理结算时，应该进行数量或成果的验收确认。如符合合同结算条件，由主办部门填写“合同结算审批表”和“结算书”，按“合同结算流程图”流程（图 6-8）进行审批，办理合同结算。

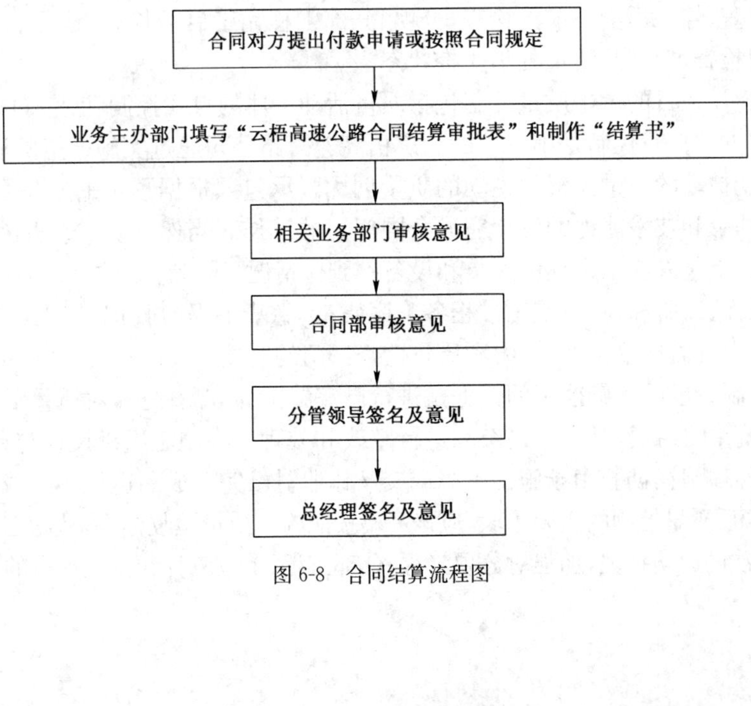

图 6-8　合同结算流程图

第三节　质　量　管　理

一、质量管理的基本理念

2000 版 GB/T 19000—ISO9000 族标准中，质量的定义是：一组固有特性满足要求的程度。高速公路作为一种特殊的产品，除具有一般产品所具有的属性外，还具有适用性、耐久性、安全性、可靠性、经济性、与环境协调性等特定的质量内涵。

高速公路建设项目质量控制是在明确的质量目标和具体条件下，通过行动方案和资源配置的计划、实施、检查和监督，进行质量目标的事前预控、事中控制和事后纠偏控制。实现预期质量目标的系统过程。

基于工程质量具有影响因素多、质量波动性大、质量具有隐蔽性、终检局限性和评价方法的特殊性等特点，广梧高速公路坚持预防为主，事前、事中、事后控制相结合的三阶段控制理念；坚持全方位、全过程、全员参与的全面质量管理的理念；坚持计划、实施、检查、处理相结合的 PDCA 循环控制理念。

1. 三阶段控制的理念

高速公路的质量控制是运用全面、全过程质量管理的思想和动态控制的原理，进行质量的事前、事中和事后控制的过程。

(1)事前质量预控。由于质量不同于进度或费用可以通过纠偏等方式进行调整，一旦发生质量问题导致返工或重建，带来的损失将是巨大的，因此，必须坚持预防为主的理念。所谓事前预控就是通过预先进行周密的质量计划，包括质量策划、质量管理体系、岗位设置，把各项质量职能活动，包括作业技术和管理活动建立在有充分能力、条件保证和运行机制的基础上。具体来说，就是通过施工质量计划或施工组织设计或施工项目管理实施规划的制定，运用目标管理手段，实施工程质量事前预控。

(2)事中控制。事中控制是实施者在质量计划的约束下，充分发挥其技术能力，去完成预定质量目标的任务。广梧高速公路施工中，主要是通过开工前的检查，工序交接检查与工序检查，隐蔽工程检查，停工后复工前的检查，分项、分部工程完工后的检查，成品、材料、机械设备等的检查，巡视检查，使产品质量处于受控状态。

高速公路建设项目的事中质量控制包括质量活动主体的自我控制和他人的监控控制。在施工阶段，承包人的自我控制是第一位的。广梧高速公路公司通过实施严格的质量奖罚制度，激励承包人变受被动的质量监督为主动的质量创优。承包人根据预定的质量目标，通过对自己质量行为的约束和技术能力的发挥完成合同规定的工作。当然，施工过程中的质量监控也是必不可少的。承包人施工过程中人员和设备的到位情况、质量计划的制订与技术交底、原材料质量、见证取样、试验和检测、施工过程各工序质量、隐蔽工程验收记录、工序交接验收等工作，均需要接受来自监理单位、业主方和质量监督部门的监控。

(3)事后控制。事后质量控制的任务是进行已完施工的成品保护，对质量活动结果的评价认定和对质量偏差的纠正，对不合格产品进行整改和处理。在施工组织设计与计划阶段，就应该制定合理的施工顺序，防止由于施工不当或交叉作业对已完工成品造成污染或损坏。施工质量的验收作为事后质量控制的重要手段，应该严格按照施工质量验收标准，从施工作业工序质量开始，通过多层次的设防把关，加强对分项工程、分部工程、单位工程和工程项目的验收管理。

2.全面质量管理的思想

(1)全方位质量管理。高速公路建设项目的质量管理包括工程质量和工作质量。工作质量是工程质量的保证,工作质量直接影响工程质量的形成。广梧高速严格了业主方、监理方、勘察设计方、施工方、材料设备供应方等项目各参与方的质量责任,不允许任何一方的任何一个环节出现疏忽或质量责任不到位的现象,做到施工过程中的质量“处处有人管,事事受监督”。

(2)全过程质量管理。工程项目的质量是由其生产的各个环节和过程决定的。因此,基于“过程控制”的理念,广梧高速将施工采购、施工组织与准备、检测与计量、施工生产的检验与试验、工程质量的评定与验收等各个阶段都应该纳入质量管理的范畴,做到施工全过程的质量管理。

(3)全员参与质量管理。质量管理目标的实现需要全体项目参与者发挥各自的作用,承担相应的质量职能,自觉参与到实施质量目标的活动中去。广梧高速采用目标责任制管理的方法,将质量总目标进行逐级分解,形成自上而下的质量分解体系和质量保证体系,充分发挥组织系统内各个工作岗位、部门或团队在实现质量总目标中的作用。

3.质量管理的PDCA循环

PDCA循环是人们在管理实践中形成的基本理论方法。由计划、实施、检查和处理四个阶段组成。四个阶段周而复始,循环一次,质量改善一次,质量水平提高一步,呈螺旋式上升。广梧高速公路施工过程中,项目总体质量控制程序就是在PDCA理念的指导下制定的。包括:质量总目标的确立、质量管理计划的编制,施工技术交底和工序施工,材料质量检验和工序质量检查,质量问题和质量事故的处理。对于项目业主、承包人和监理单位等每一个参与方而言,也都有其PDCA循环。他们的下级机构也有其PDCA循环。也就是说通过PDCA循环(图6-9),把项目的各参与方、各项工作有机地联系起来,彼此协同,相互促进,形成大环套小环,一层层地解决问题。

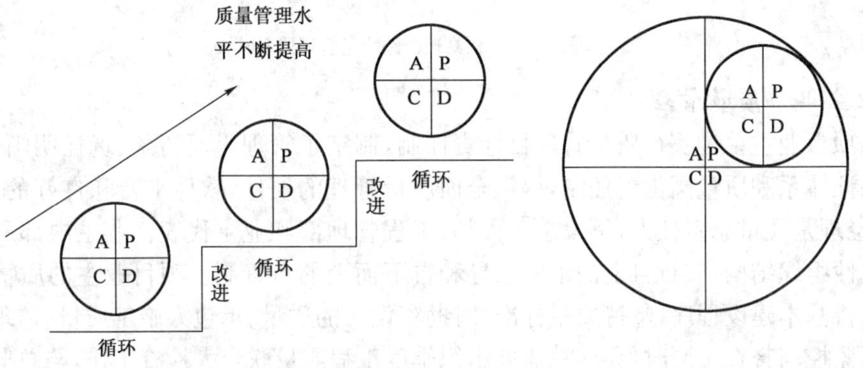

图6-9 质量管理中的PDCA循环原理图

(1)P(计划,Plan)。就是明确目标并制定实现目标的实施方案。即在分析和找出存在的质量问题的基础上,分析产生这些质量问题的原因和影响因素及主要影响因素,针对主要影响因素制定措施,提出行动计划。对高速公路建设项目质量管理而言,计划阶段是要求项目的各参与方根据其任务目标和责任范围,确定质量控制的组织制度、工作程序、技术方法、业务流程、资源配置、检验试验要求、质量记录方式、不合格处理、管理措施等具体内容和做法的文件。同时,对其实现预期目标的可行性、有效性、经济合理性进行分析论证,按照规定的程序与权限审批执行。

(2)D(实施,Do)。就是执行计划或措施。首先,对计划的实施方案进行交底,使各参与者明确计划的意图和要求，掌握标准，规范行为；然后，按计划规定的方法与要求开展作业技术活动。

(3)C(检查，Check)。就是调查和统计所采取措施的效果，即对计划实施过程进行的各种检查。包括检查是否严格执行了计划的行动方案、实际条件是否发生了变化、不执行计划的原因以及检查产品的质量是否达到标准的要求，对此进行确认和评价。

(4)A(处理，Action)。就是对质量检查中所发现的质量问题或质量不合格状态，及时进行原因分析，采取应急措施，解决当前的质量问题，保持质量形成的受控状态。同时，通过总结经验，制订相应的标准或制度，并且提出尚未解决的质量问题，将质量信息反馈到管理部门，反思问题症结或计划时的不周，为今后类似问题的质量预防提供借鉴。

二、广梧高速质量控制体系

广梧高速公路项目采用“政府监督，业主管理，社会监理，承包人自检”的四级质量保证体系。工程质量实行业主全面负责，监理单位控制，设计、承包人保证和政府监督相结合的质量管理体制。各参建单位均实行全员、全过程、全方位的全面质量管理(图 6-10)。

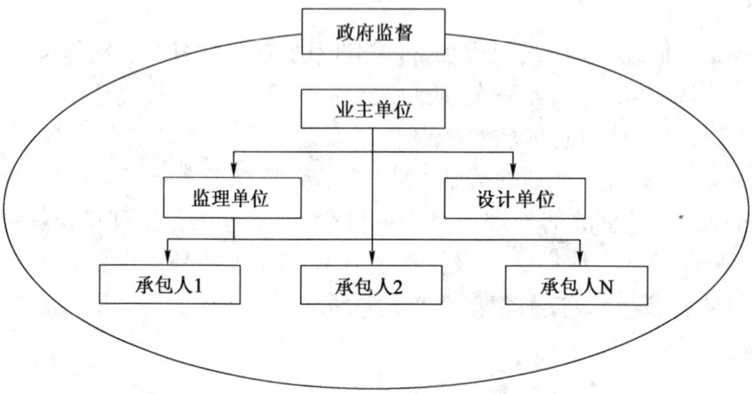

图 6-10　广梧高速公路质量管理体系

1. 业主单位质量管理

广梧项目业主单位实行质量管理目标责任制，制定了管理界面清楚、责任明晰、控制严谨的质量保证体系和质量岗位责任制，提供全面质量管理的硬件、软件平台和良好的工作环境。其中，总经理是质量总责任人，下设总工程师、工程管理部和业主代表。业主内部质量管理体系采用线性组织结构，实行自上而下的领导和自下而上的负责制。项目业主的质量管理工作主要是执行基本建设程序，坚持质量标准，对勘察设计的质量、承包人施工质量、监理单位工作质量进行监控与督查。同时，会同总监办组织季度工程质量联合大检查工作，与总监办共同编写联检通报，对承包人施工质量进行评比并确定奖罚情况。对施工中存在的质量问题、质量缺陷、质量事故进行处理。对变更设计、补充技术标准和补充质量要求，督促监理单位及时发出相关指令。与工程建设同步做好竣(交)工验收工作。

广梧高速业主质量管理体系如图 6-11 所示。

2. 勘察设计单位质量管理

勘察设计单位作为施工图设计文件的提供者，必须建立健全质量保证体系，严格执行国家颁发的标准、规范。加强设计阶段基础资料的收集，并进行多方案的比选，认真做好初步设计和施工图设计文件的设计和审核。施工过程中做好设计的后续服务及各阶段的技术交底工作，派出设计代表驻现场指导和配合工程施工。

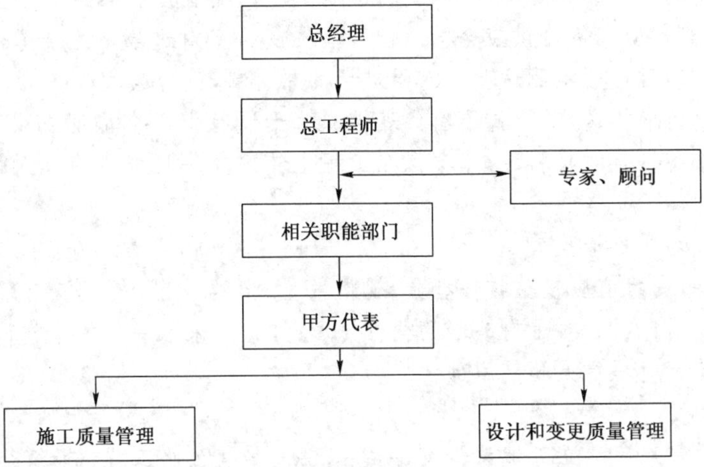

图 6-11　广梧高速业主质量管理体系

3. 监理单位质量管理

监理单位作为受业主委托，在施工现场对施工单位进行直接监督管理的机构，应当依据监理合同和《公路工程施工监理规范》，遵循“守法、诚信、公正、科学”的准则，全面地履行监理合同，按合同要求配足合格的监理人员和监理设施，及时组织进场，满足工作需要，未经业主同意，不得对合同规定的人员和设备任意调整。进场后应认真结合项目实际，编制《监理规划》和《监理实施细则》，报业主审查通过后实施。总监办要加强对监理人员的管理，进行“监理职业道德守则”与“工作纪律”的教育，使监理人员具有独立、公正、有效开展监理业务的能力和责任心，定期检查监理日记是否详实、具体，能否随时为业主现场巡查人员提供有关工程数据。配合各参建单位做好工作面交接、工程中间交工和交(竣)工验收工作。监理过程中监理人员应该“严格监理、热情服务”，对由于监理工作原因造成的质量缺陷和质量事故的监理单位和个人应该承担相应的责任。

4. 承包人质量管理

承包人是工程质量的直接责任人，承包人的质量意识和水平是保证工程质量的根本。广梧高速要求承包人必须建立完善有效的质量管理体系，认真执行合同规定，通过有效的自我控制，确保工程质量符合合同规定的标准。

承包人的质量管理主要从工作质量和产品质量两方面严格管理。由于工作质量是决定产品质量的关键，承包人应该严格遵守工艺规程，主动控制工序活动条件的质量，对影响施工质量的五大因素即人员、材料、施工机械设备、施工方法及施工环境进行重点控制。及时检验工序活动效果的质量，在关键部位或薄弱环节设置工序质量控制点。作为督促承包人控制质量的最有力手段之一，广梧高速制定了一系列质量管理制度。

【案例 6-3】　广梧高速公路施工质量管理制度(部分)

一、原材料、构(配)件和半成品试验管理制度

1. 原材料的试验和检验

承包人必须严格控制工程进场材料的质量、型号、规格。根据材料部门提供的有关资料，

项目在采购材料之前，材料采购部门应填写《材料试验检验通知单》交项目试验室，由试验室试验人员配合材料采购人员到货源处取样，进行性能试验。经检验合格并经监理单位、业主单位认可的材料，方可与供应方签订供应合同。监理单位试验室对进场的主要原材料按施工技术规范规定的批量和项目进行检测试验。对于进场的原材料，试验频次较多，试验站(点)的试验人员按规定频率进行取样送样，取样要有代表性。对于没有出厂合格证或试验单的材料及型号规格与图纸要求不符合的材料，一律不得在工程上使用。一旦发现应及时向监理单位和业主代表反映。

2. 构(配)件进场质量检验

对预制构配件，安装前应核验构件型号、规格数量、出池或出厂强度、出厂日期。安装后，在合格证上注明使用部位。对于有缺陷的构件处理：如认为采取一定的措施认可使用，一定要在合格证上注明鉴定处理意见和使用部位。

3. 试验管理制度

监理单位和承包人应建立工地试验室，配备足够的具有公路工程试验资质的试验人员，并根据工程规模大小和工程内容的不同，在各工区设试验站(点)。试验室要接受业主、质量监督站的监督和检查。试验室应建立以下各项规章制度：试验仪器设备管理制度；试验文件、技术规范、试验规程管理制度；试验检测记录、报告的填写与检查制度；试验室安全制度；试验质量保证制度；试验委托制度；标养室管理制度；试验台账制度；检测事故分析报告制度。

4. 施工过程中的试验、检验

试验室在工序施工之前，应完成工序质量控制所必需的各项基础试验、并提出控制参数和数据。试验室根据施工计划安排，试验人员在工序进行前做好各种配合比(包括水泥混凝土配合比、沥青混合料配合比、砂浆配合比、压浆配合比、路面基层混合料配合比)的设计与试验工作。以便指导施工，保证工程质量。对用量较大的各种材料的配合比，应进行优化设计。设有试验站(点)的工区，业务上受项目试验室的绝对领导，项目试验室对试验站(点)的工作按合同的要求进行监督、检查和指导。在施工过程中，试验室应按合同、规范或业主的要求，分清与试验室试验检验的项目，并按相应的试验规程进行试验检验工作。试验室对压实度检测、混凝土试件制作、测定混凝土稠度、测定沥青混合料温度等频率较高的检测项目，试验站(点)试验人员按规定的取样地点、时间进行检测试验，试验管理人员进行20%频率的抽检。每道工序完工后，填写《现场检验试验清检单》。项目试验室按检验文件要求进行检验和试验，填写检验试验结果的记录、报告、台账。检测结果按规定程序上报。工序检验和试验结果不符合规定要求时，试验室及时按规定渠道将信息传递给相关部门，采取处理措施。并按规定重新检验，直至合格后方可转入下道工序。

5. 试验、检测记录管理

试验室对试验检测的原始记录和报告应印成一定格式的表格，原始记录和报告要实事求是，字迹清楚，数据可靠，结论明确。同时应有试验、计算、复核、负责人签字及试验日期，并加盖试验专用公章。试验室所有的质量记录，根据合同规定要求向监理和业主提供足够份数。当所有规定的工程原材料检验、过程检验和试验均已完成，试验室应将所有的试验记录、报告以及分项工程、分部工程和单位工程的评定结果等资料，按交工验收要求整理成册。准备交工验收。

二、质量检查制度

1. 开工前检查

开工前检查是否具备开工条件，开工后能否连续正常施工，能否保证工程质量。施工作业活动开工前，首先要对作业条件进行再确认，即按照作业计划检查作业准备状态是否落实到位，预定的施工程序和作业顺序是否正确。

2.工序交接检查与工序检查

按照生产者负责质量的原则，所有生产班组必须对本班组的操作质量负责。完成部分施工任务时，应及时进行自检，如有不合格的应及时进行返工处理，使其达到合格的标准。质量检查员与下道工序的生产班组进行交接检查，确认质量合格后，方可进行下道工序施工。按实填写相应的分项工程质量评定表，进行评(核)定等级并签名。

工序交接检查应建立制度化控制，坚持实施。对于关键工序或对工程质量有重大影响的工序，在自检、互检的基础上，还要组织专职人员进行工组交接检查，以确保工序合格，使下道工序能顺利展开。

3.隐蔽工程检查

凡是隐蔽工程均应经检查认证后方可掩盖。

4.停工后复工前的检查

因处理质量问题或某种原因停工后再复工时，均应检查认可后方可复工。

5.分项、分部工程完工后的检查

应按规定的程序和要求，经检查认可并签署验收记录后，才允许进行下一工程项目施工。

6.成品、材料、机械设备等的检查

主要检查成品、材料等有无可靠的保护措施及其落实而且有效，以控制不发生损坏、变质等问题；检查机械设备的技术状态，以确保其处于良好的可控制状态。

7.巡视检查

对施工操作质量应进行巡视检查，必要时还应进行跟踪检查。

三、隐蔽工程验收制度

隐蔽工程验收是指将被其他分项工程所隐蔽的分部或分项工程，在隐蔽前所进行的验收。坚持隐蔽工程验收制度是防止质量隐患，保证工程项目质量的重要措施。隐蔽工程的验收应由监理验收，并签署书面记录。重要隐蔽工程项目的验收，必要时邀请业主及设计单位参加。隐蔽工程验收后，要办理隐蔽工程验收手续，列入工程档案。对于隐蔽工程验收中提出的不符合质量标准的问题，要认真自查，找出原因防止类似事故的再次发生，处理后要经复核合格并写明处理情况。未经隐蔽工程验收或验收不合格的，不得进行下道工序施工。隐蔽工程项目包括：

(1)地基与基础，包括土质情况、槽基几何尺寸、标高、地基处理。

(2)主体结构各部位钢筋，内容包括：钢筋品种、规格、数量、间距、接头情况及除锈、代用变更情况。

(3)桥梁等结构物预应力筋、预留孔道的直径、位置、坡度、接头处理、孔道绑扎牢固等的情况。

(4)现场结构焊接，包括焊条牌号(型号)焊口规格、焊缝长度、高度及外观清渣等。

(5)桥梁工程桥面防水层下找平层的平整度、坡度、桥头搭板位置、尺寸。

(6)桥面伸缩缝埋件规格、数量及埋置位置。

(7)钢管管道内外绝缘防腐。

(8)雨、污水管道：混凝土管座、管带及附属构筑物隐蔽部位。

(9)热力管道：管道保温、管沟及小室外部防水。

(10)水工构筑物及沥青防水工程，包括防水层下的各层细部做防水变形缝等。

(11)通信管道工程。

(12)设备基础及水泥混凝土的配筋尺寸、养成、强度等级、表面高程。

(13)光电缆的布放、预留长度、接头的物理、电气性能,电缆沟的开挖与回填及光电缆的接续。

(14)接地体的埋设、引接和接地电阻、机电设备支架箱体的防锈防腐处理。

三、广梧高速的质量控制方法

广梧高速本着"质量第一"的质量管理方针,以 PDCA 原理、三阶段控制原理及工序控制原理作为质量控制的基本方法,以施工阶段质量控制为重点,规范全线从路基施工、隧道施工、桥梁施工到路面施工等各项工作的施工流程。明确了项目各参与方的质量责任,施工单位、监理单位均签订了年度、季度质量目标考核责任书,制订了详细的周计划、日计划。通过桥、隧、路等专业质量巡查小组的随时巡视、检查,及时发现质量问题并整改。

广梧高速施工质量控制流程如图 6-12 所示。

1. 事前质量控制的主要工作

广梧高速的施工质量事前控制从预控的角度,根据施工进度和各种影响因素,确定质量控制点,事先分析在施工中可能发生的质量问题和隐患并提出相应的对策,制定对策表,采取有效的预控措施。

在工程开工前,监理单位必须由总监理工程师就工程质量监理的通用程序在第一次工地会议或其他会议进行交底,以保证监理工作的顺利进行。同时要求驻地监理在不同分项工程开工前,承包人进行施工技术交底时,就该分项工程的监理控制程序及控制标准和要点进行交底。监理单位要认真审查承包人的施工组织设计及施工方案和各项开工报告,并监督实施。依据合同文件及技术规范严格审查工地试验室、材料、设备、劳动力及现场技术管理人员等准备情况,在工程开工前,对影响工程质量的各种因素进行分析,了解工程的重点和难点,对工程质量主动实行动态控制,对可以预见的问题事前提醒承包人采取措施,避免不必要的返工。

承包单位进场后,应立即组织有经验的工程技术人员会同监理工程师就施工图到现场进行核对工作,同时对施工图进行技术审查,将发现的问题和疑问形成书面材料经驻地监理工程师审核后报监理单位、设计单位和业主单位,由业主单位协调设计单位在施工图技术交底时解决或专项解决。承包人应做好导线控制桩、结构物定位桩、水准点等复测工作,确保施工放线的准确性,同时应加强测量仪器、测试设备的维修养护及标定工作。承包人还应建立和完善工地试验室设施,配齐各种试验仪器(设备)及合格的试验人员,建立健全试验室各项规章制度,按技术规范要求完成各项标准试验和现场质量检测试验,确保各种试验数据真实可靠。

施工技术交底是在承包人总体工程开工或各分项工程开工前需要坚持的制度。首先是全面的交底,要求所有参加施工的技术、管理、生产人员参加,包括技术、质检、试验、安全及施工员、工班班长,同时应请监理、业主技术部派人参加。交底内容应包括工程特点、施工部署、任务划分、进度要求、施工方案、施工工艺、主要的机械设备及各项管理措施等;施工方案应有详细设计计算,施工操作工艺应符合规范要求;批准的施工方案不得随意变更;每道重要工序都必须有文字的技术交底。其次是层层的交底,由技术主管部门下达工班(施工组),各工班(施工组)再向具体的操作人员进行交底。

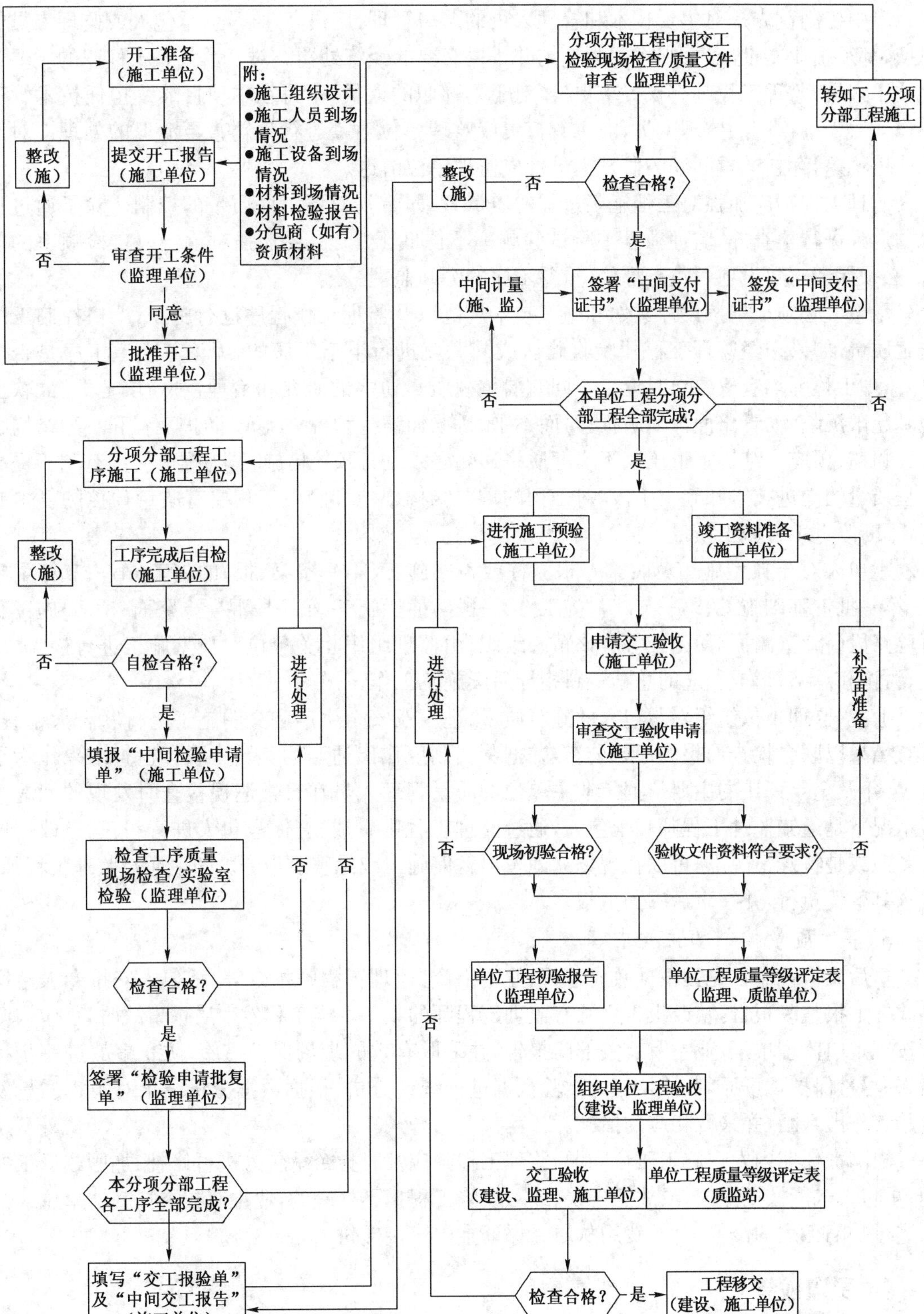

图 6-12　广梧高速施工质量控制流程图

2. 事中质量控制的主要工作

事中控制首先是对主要技术和管理人员的严格管理，广梧高速规定，承包人或监理人员的更换，都须报业主批准，否则将视为违约并予以必要的经济处罚。对于承包人不称职的主要管理技术人员，监理工程师有权要求更换，对于不称职的人员，不得在本项目继续担任技术管理工作。对于不称职的监理人员，业主有权责成监理单位对其进行处罚直至清退的处理。对于职业道德差，存在严重问题的监理人员责成监理单位清退。

监理工程师应加强对工程施工过程的质量管理，重视对各工序质量的控制。除了通过日常的巡视进行检查外，监理独立平行试验频率不得低于15%，要加强对承包人自检频率的监督，必须保证对建设项目重点部位，重要工序的旁站监理。

承包人必须严格按设计文件和施工技术规范以及监理工作程序进行施工，严格控制工序施工质量，如果未经监理工程师验收确认或同意就进行下道工序的，无论其上道工序是否合格，监理工程师均有权要求其返工。同时要重视质量通病的研究和治理，对高填土下沉、软土地基超限沉陷、沥青路面早期破损、路面不平、桥梁伸缩缝和桥头跳车、防护工程和小型结构物表面粗糙、预应力结构管道压浆不实等质量通病必须制订预控措施；努力推广使用有利于提高工程质量的先进技术和施工手段，对工程的重要结构部位和隐蔽工程要有质量预控的复检制度，不断改进工程施工质量。

承包人对于典型施工，如：第一根立柱或盖梁施工、第一条梁（板）的施工、第一节箱梁施工、第一批桩基础施工、第一节二衬施工、第一段防撞栏施工、第一段混凝土路面（桥面）施工和试验路段（路基、路面等）施工等应该精心组织，由监理组织相关单位对典型施工进行检查、评定、讨论和总结，形成相应的总结资料指导后续施工工作。

业主、监理单位组织对承包人的施工质量、进度及安全生产和文明施工进行联合大检查，检查结果以联合检查通报的形式公布，并据奖罚制度作出适当的奖罚。联合检查结果作为季度、半年及全年评比的主要依据。业主单位的质量管理人员在日常巡视检查时发现的问题一般情况下是通知监理工程师和承包人，通过监理工程师责成、督促承包人进行纠正、整改。但在紧急或是特殊情况下，可以在现场立即发出暂停施工或是整改指令。随后通知监理工程师，要求其督促执行，并在事后书面上报。

3. 事后质量控制的主要内容

事后质量控制首先是根据政府监督、业主指令、监理工程师指令等，承包人安排专人落实整改并上报整改报告，整改报告必须有监理工程师的签字。当工程发生质量事故时，承包人必须按规定向监理单位、业主及有关部门报告，并采取有效的现场保护措施，防止事故进一步扩大，并尽量保护现场原貌。对工程、试验数据进行统计分析，根据数据分析结果对工程质量发展趋势作出判断，并采取相应的措施。

缺陷责任期内发现施工质量问题，监理工程师应及时指令承包人进行修补、加固或返工处理；承包人未能按期完成，或故意延误、或对缺陷工程拒不处理的，业主有权委托其他单位或个人进行缺陷工程的修复工作，费用从质量保证金中直接支付。

四、质量检查

广梧高速的质量检查分月度检查和季度检查，月度检查由总监办组织，季度检查由业主总和监办联合组织。月度检查的结果作为季度评比的依据之一，业主对工程质量进行的日常巡查、抽检及夜间突击检查的结果也作为季度评比的依据。

检查时要求各承包人和总监办(业主对监理的检查时)提供书面汇报材料,以供检查组进行检查和抽检。汇报材料应包括每月度(季度)质量情况、有关数据汇总、工程建设中存在的问题以及工程建设中其他重要情况。检查小组将根据总监办提供的材料所涉及的问题进行抽检,做到每次检查都有侧重点。检查完成后,检查小组在现场组织总结会议,提出在检查中发现的问题及整改意见。检查小组将以书面形式将检查结果通报总监办和各承包人。

检查内容分为质量管理和保证体系、内业质量保证资料、现场施工情况、完成的工程质量情况及处理情况、工地试验室、监理中心试验室等方面。

1. 质量管理和保证体系

(1)对监理工作的检查包括:

①监理工程师人员、数量和资质以及设备(办公、交通、通讯和试验)是否满足监理合同和工程实际要求;

②总监办是否加强对监理人员的技术业务素质和职业道德的教育和培训,使监理人员具有独立、公正、有效开展监理业务的能力和责任心;

③总监办是否设立经业主批准的监理实施细则、制订详细的监理工作计划和检查制度、明确岗位职责;

④监理工程师对监理管理办法及监理实施细则执行情况;

⑤监理工程师在工程开工前,对影响工程质量的各种因素是否进行了分析,对工程的重点和难点是否了解,对工程质量是否采取了主动预控措施。

(2)对承包人的检查包括:

①承包人的组织机构是否健全,管理体系是否完善,各项制度是否建立;承包人的人员、机械设备和施工工艺是否满足工程施工要求;承包人参加施工的主要技术人员是否满足要求,质量自检体系是否完善、可靠、可行;是否配备足够、称职的质检人员、试验人员;

②分部工程或分项工程开工前,承包人开工报告的申报和审批情况。开工报告必须包括和具备以下条件:有施工组织设计,详细的施工工艺方案、施工期限和计划安排;所需机具、设备的到位情况;技术人员和操作工人的到位情况;提供放样测量、标准试验、施工图等必要的基础资料;

③承包人是否加强对施工人员的管理,明确岗位责任制,建立健全“横向到边、纵向到底、控制有效”的质量保证体系和各项工程技术管理制度;

④承包人是否认真执行自检、互检、交接检制度,树立质量高于一切的意识;加强技术交底制度,在每道工序施工前进行全面交底;

⑤承包人是否严格执行施工员登记制度,做到每个正在施工的工点特殊工种均有持证的施工员进行现场施工管理,在现场每个岗位都设立有质量责任人的标志牌;

⑥承包人是否加强施工工序管理,坚持施工前报批,施工中自检,施工后检测验收的原则。

2. 对内业质量保证资料

内业质量保证资料包括:工程原材料、半成品和成品质量检验结果;材料配比、拌和加工控制检验和试验数据;隐蔽工程施工原始记录;各项质量控制指标的试验和质量检验汇总图表;测量资料;各工序质检签证情况;已完成的分项工程质量检验评定表;经监理批复的分项、分部工程开工报告;施工过程中遇到的非正常情况记录及对工程质量影响分析;施工中如发生质量事故经处理补救后达到要求的认可证明文件。

3. 施工现场情况检查

(1)检查施工工艺、工序是否违反施工规范。容易产生质量通病部位的检查,如结构物台后回填、路基填前清理和碾压、填挖交接面的挖台阶处理、填挖路基的施工排水设施等是否规范;对如高填土下沉、软土地基超限沉陷、沥青路面早期破损、水泥路面断板开裂、路面不平、桥梁伸缩缝和桥头跳车、隧道衬砌渗水、防护工程和小型结构物表面粗糙、预应力结构管道压浆不实等质量通病进行检查。

(2)施工现场使用的材料。严把原材料质量关,原材料进场时检查出厂合格证,对原材料经承包人自检、送检、监理按规范规定的程序、频率抽检,合格后方可使用。

(3)正在施工的关键工序,承包人技术员是否到位。

(4)地基处理或隐蔽工程施工记录及记录的真实性。

(5)施工现场是否存在质量和安全隐患。

五、质量问题和质量事故的处理

施工过程中由于施工不当而引起质量缺陷时,监理工程师应立即向承包人发出工作指令及时制止。承包人应当立即更换不合格材料、设备或不称职人员,或改变不正确的施工方法及操作工艺。在承包人采取了能足以保证施工质量的有效措施,并对质量缺陷进行正确的处理后方能继续施工。

1. 质量问题处理流程

当质量缺陷发生在某道工序或单项工程完工以后,而且质量缺陷的存在将对下道工序或分项工程产生质量影响时,监理工程师应当向承包人发出停工令,并上报业主。监理工程师对质量缺陷产生的原因及其责任作出判定,并提出整改措施。在整改措施落实后,经监理工程师的同意,方能进行质量缺陷的处理或下道工序或分项工程的施工。

发现施工质量问题,监理工程师及时指令承包人进行修补、加固或返工处理。承包人未能按期完成,或故意延误、或对缺陷工程拒不处理的,业主有权委托其他单位或个人,进行缺陷工程的修复工作,费用从质量保证金中直接支付。

广梧高速公路工程质量问题及事故处理流程如图 6-13、图 6-14 所示。

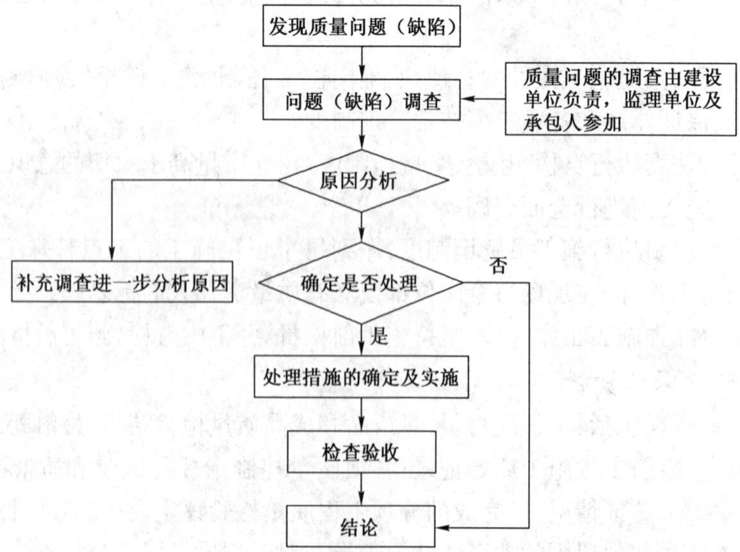

图 6-13 广梧高速公路工程质量问题(缺陷)处理流程图

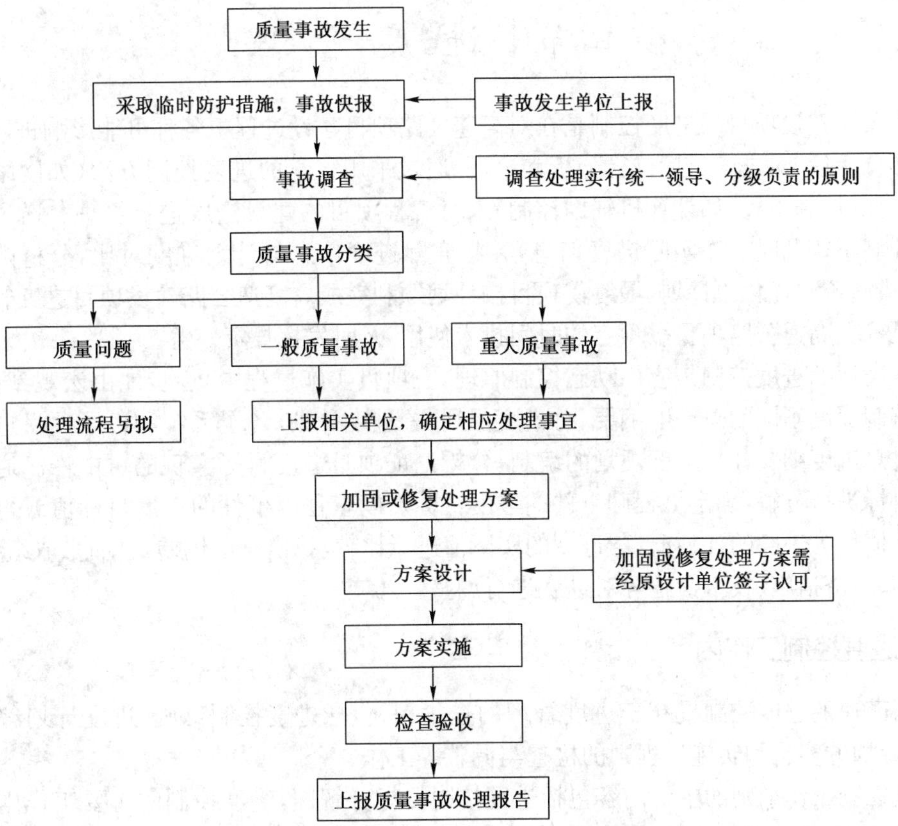

图 6-14 广梧高速公路工程质量事故处理流程图

2. 处理方法

对于质量问题(缺陷)的处理,应当保证缺陷处理后的质量能够满足要求。在实施过程中,可以结合工程实际情况,主要采用下列两种方法处理工程质量缺陷。

(1)整修与返工。缺陷的整修,主要是针对局部性的、轻微的且不会给整体工程质量带来严重影响的缺陷。如水泥混凝土结构的局部蜂窝、麻面,道路结构层的局部压实度不足等。这类缺陷一般可以比较简单地通过修整得到处理,不会影响工程总体的关键性技术指标。由于这类缺陷很容易出现,因而修补处理方法最为常用。

返工的决定应建立在认真调查研究的基础上。是否返工,应视缺陷经过补救后能否达到规范标准而定,对于补救后不能满足标准的工程必须返工。如某承包人为赶工期,曾在雨中铺筑沥青混凝土,监理工程师只得责令承包人将已经铺完的沥青面层全部铲除重铺;一些无法补救的低质涵洞也被炸掉重建;温度过低或过高的沥青混合料在现场被监理工程师责令报废,等等。

(2)综合处理办法。综合处理办法主要是针对较大的质量事故而言的。这种处理办法不像返工和整修那样简单具体,它是一种综合的缺陷(事故)补救措施,能够使得工程缺陷(事故)以最小的经济代价和工期损失,重新满足规范要求。处理的办法因工程缺陷(事故)的性质而异,性质的确定则以大量的调查及丰富的施工经验和技术理论为基础。具体做法可组织联合调查组、召开专家论证会等方式。

第四节　进 度 管 理

高速公路建设项目的进度控制是在对高速公路项目建设过程中各种可能影响进度的因素进行预测分析后，对进度目标进行分析和论证，通过采用科学的进度控制方法（如网络计划技术）和先进的控制手段（如计算机辅助控制）来对工程项目的建设进度进行管理。通过各层次的计划控制系统及时反馈实际进度信息，并将实际进度信息与计划进度对比，分析两者的偏差，采取措施调整优化原计划，最终使项目按计划顺利完成。高速公路建设项目进度管理的最终目标是确保高速公路项目按预定的时间投入使用，及时发挥投资效益。

广梧高速的进度控制是应用动态控制原理，在项目实施过程中，逐步地由宏观到微观，由粗到细编制深度不同的总进度纲要、总进度规划、总进度计划，各子系统和各子项目进度计划等。通过总进度纲要和总进度规划的编制，分析论证项目进度目标实现的可能性。通过对项目进度目标进行分解，确定里程碑事件的进度目标。以里程碑事件的进度目标值或再细化的进度目标值作为进度的计划值，与进度的实际值进行比较，找出进度偏差，进而采取组织措施、管理措施、经济措施、技术措施等对进度进行调整。

一、进度控制工作内容

广梧高速的进度控制贯穿于进度管理的全过程，包括进度控制细则、进度计划编制与审核、进度计划的实施和实施过程中的检查与调整等工作。

进度控制工作细则的主要内容包括进度控制目标分解图，进度控制的主要工作内容和深度，进度控制人员的职责分工，与进度控制有关各项工作的时间安排及工作流程，进度控制的方法和措施。

进度计划的编制采用基于 P3e/c 软件的网络计划模型，包括里程碑计划、总进度计划、年季月度计划。

为了确保计划的顺利实施，项目业主应按照合同规定，为承包人创造良好的条件，如做好征地拆迁工作及时提供施工用地，完成法律及财务方面的手续及时向承包人支付工程预付款。计划实施过程中经常检查承包人报送的施工进度报表和分析资料，同时还要进行必要的现场实地检查，核实所报送的已完项目的时间及工程量。在对工程实际进度资料进行整理的基础上，将其与计划进度相比较，以判定实际进度是否出现偏差。如果出现进度偏差，进一步分析此偏差对进度控制目标的影响程度及其产生的原因，以便研究对策、提出纠偏措施，必要时还应对后期工程进度计划做适当的调整。

进度实施过程中，可能会由于各种原因导致工程延误或延期。造成工程进度拖延的原因有两个方面，一是由于承包人自身的原因，二是由于承包人以外的原因。前者所造成的进度拖延，称为工程延误，而后者所造成的进度拖延称为工程延期。当出现工期延误时，监理工程师应该要求承包人采取有效措施加快施工进度。如果经过一段时间后，实际进度没有明显改进，仍然拖后于计划进度，而且显然影响工程按期竣工时，应要求承包人修改进度计划，并重新确认。如果由于承包人以外的原因造成工期拖延，由于承包人有权提出延长工期的申请。这时，需要项目业主和监理工程师引起高度重视。

在工程完工以后，应将工程进度资料收集起来，进行归类、编目和建档，以便为竣工验收文件的编制提供依据。

二、进度计划系统

对于高速公路建设项目来说，由于其工程规模巨大，涉及的项目内容繁多，参与项目实施的单位和部门也多。因此，用一个单一的计划不可能反映出各参与方之间、各项工作之间的相互关系。为保证高速公路建设项目能按预期目标顺利完成，需要有一个自上而下，自粗到细的计划系统。这一计划系统是由处于不同层级且相互有关联的若干个计划所组成。在该系统中，处于不同层级的计划既可以进行分解成为若干个计划，也可以进行综合，形成一个多级的计划系统。这样，既便于不同层级的进度控制人员将精力集中于各自负责的子项目上，明确职责分工。在进度计划实施过程中，处于不同层级的进度控制人员可以相对独立地检查和监督自己所负责的计划的实施情况，而不必考虑整个计划系统的实施情况。可以在整个计划系统中找出关键子系统，以便于重点监督和控制。

高速公路建设项目的计划系统是一个可以随时进行分解和综合的系统。既可以将其分解成若干个独立的计划，又可在需要时将这些相互有关联的独立计划综合成一个计划系统。

广梧高速的进度计划，根据项目实施的不同阶段，分别编制了施工总进度计划，单位工程施工进度计划，年、月(季)度进度计划。对于某些起控制作用的关键工程项目(如桥梁、隧道、立体交叉等)，还单独编制了工程进度计划。

计划系统的编制过程是一个由浅入深、从顶层到底层、由粗到细的过程，并且贯穿在该实施计划系统的始终。计划系统中的层级与建设工程规模、复杂程度及进度控制的需要有关。广梧高速包括业主的计划系统、设计方的计划系统、承包人的计划系统、监理方的计划系统、物资设备供应方的计划系统。其中，在业主的计划系统中，主要考虑的是基于决策和控制功能的总体计划或指导性计划。而局部计划或细部计划则分别由承包人或监理方编制，业主或监理就其计划的合理性、各计划的衔接关系进行审查。

1.进度计划的分类

广梧高速的进度计划分为三个层级进行控制与管理。

(1)一级进度计划。一级进度计划是由业主编制并发布的“里程碑”计划，此计划由业主根据设计的总体安排以及上级下达的任务目标确定，是一切计划的基础，非重大事件不做调整。

(2)二级进度计划。是由各承包人编制的施工总进度计划，根据合同工期和一级进度计划的目标编制。当没有发布一级计划时，则根据合同工期及工程实际编制。计划中反映各承包人对所承担项目内容的总体安排，以及各承包人为满足施工进度而要求业主、监理以及其他承包人提供条件的详细施工进度计划。此计划经监理工程师、业主批准后，为各承包人的总目标计划，也是承包人编制年度、季度和月度计划的依据；

(3)三级进度计划。是各合同段在二级进度计划的基础上编制的年度、季度和月度计划，是承包人具体的实施性计划。各承包人在二级计划的基础上进行周期性的更新，包括对上一周期的完成作业的更新和下一周期的工作计划，然后过滤筛选出本周期内的计划作为承包人执行的三级进度计划。

2.进度计划的表现形式

根据不同的使用要求，进度计划采用不同的图表形式来表现。在广梧高速项目建设中，进度计划的管理控制统一采用P3e/c项目管理软件。进度计划相关的图表均通过P3e/c软件进行组织、过滤、输出。进度计划具体的图表细节、格式必须满足监理工程师、业主的要求。此外，在需要时，业主/监理方可在工程进行的任何阶段对进度计划的报表或报表的格式进行增删、调整。进度计划资料除 P3e/c 软件形成的电子文件外，还需要输出包括如下内容(图 6-25)的进度计划图表。

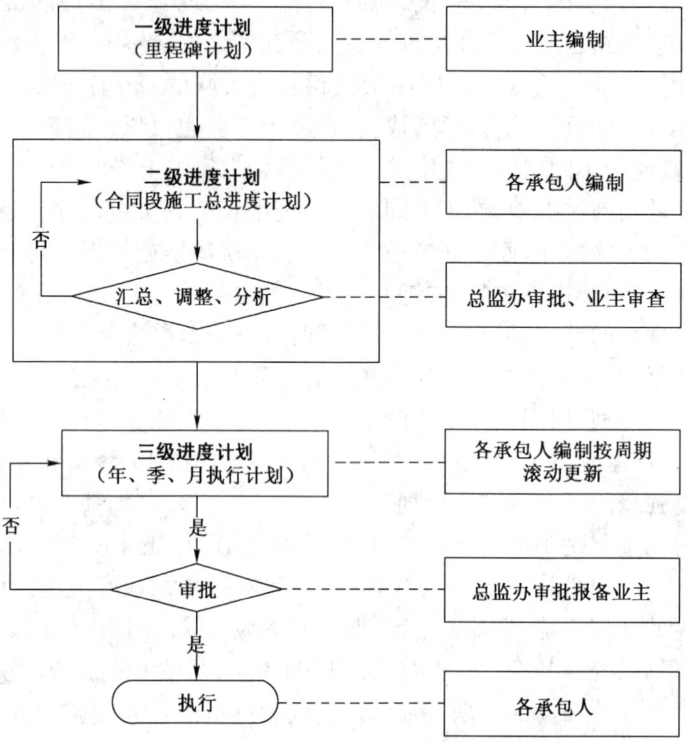

图 6-15　广梧高速进度计划组成及编制流程图

(1)进度类图表包括：

①二级进度计划(各合同段施工总进度计划)；

②三级进度计划(周期滚动进度执行计划)，包括年、季度和月度计划；

③关键作业图表；

④里程碑作业图表；

⑤现行进度与目标对比分析图表；

⑥现行计划与目标对比分析图表。

(2)统计分析类图表包括：

①资金需求分布曲线/图表；

②劳动力资源分布曲线/图表；

③其他主要资源分布曲线/图表；

④各种汇总图表；

⑤各种问题监控图表。

(3)书面报告。进度计划责任方编写，反映对计划的编制、审批、执行、检查、分析、调整情况等的详细的书面报告。

3. 施工总进度计划的编制

施工总进度计划一般是以建设项目为对象编制的进度计划，是用来指导工程全局的。它是工程从开工一直到竣工为止，各个主要环节的总的进度安排。是用来确定建设工程项目中所包含的各单位工程的施工顺序、施工时间及相互衔接关系的计划。

(1)施工总进度计划编制的依据。施工总进度计划编制的依据有：施工总方案，资源供应条件，各类定额资料，合同文件，工程项目建设总进度计划，工程动用时间目标，建设地区自然条件及有关技术经济资料等。

(2)施工总进度计划需要反映的主要内容。施工总进度计划需要反映工程项目的合同工期，单位工程及各施工阶段的工期、最早开始和最迟结束的时间，单位工程及各施工阶段需要完成的工程量及现金流动估算，单位工程及各施工阶段所需配备的人力和机械数量，单位工程或分部工程的施工方案和施工方法等。

总体进度计划的编制采用横道图、斜条图、进度曲线或网络计划图表示。

(3)施工总进度计划的编制步骤和方法。

①计算工程量。根据工程项目一览表，按单位工程分别计算其主要实物工程量。工程量的计算能为制定施工方案、选择施工方法、确定运输机械以及计算人工、施工机械及建筑材料的需要量提供基础。

②确定各单位工程的施工期限。各单位工程的施工期限应根据合同工期确定，同时还要考虑建筑类型、结构特征、施工方法、施工管理水平、施工机械化程度及施工现场条件等因素。

③确定各单位工程的开竣工时间和相互衔接关系。确定各单位工程的开竣工时间和相互衔接关系主要应考虑以下几点：

a. 同一时期施工的项目不宜过多，以避免人力、物力过于分散。

b. 尽量做到均衡施工，以使劳动力、施工机械和主要材料的供应在整个工期范围内达到均衡。

c. 尽量提前建设可供工程施工使用的永久性工程，以节省临时工程费用。

d. 急需和关键的工程先施工，以保证工程项目如期交工。对于某些技术复杂、施工周期较长、施工困难较多的工程，亦应安排提前施工，以利于整个工程项目按期交付使用。

e. 安排好配套工程的施工时间，以保证建成的工程能迅速投入生产或交付使用。

f. 注意季节对施工顺序的影响，使施工季节不导致工期拖延，不影响工程质量。

g. 安排一部分附属工程或零星项目作为后备项目，用以调整主要项目的施工进度。

h. 注意主要工种和主要施工机械能连续施工。

④编制初步施工总进度计划。施工总进度计划应安排全工地性的流水施工。全工地性的流水施工安排应以工程量大、工期长的单位工程为主导，组织若干条流水线，并以此带动其他工程。施工总进度计划既可以用横道图表示，也可以用网络图表示。

⑤编制正式施工总进度计划。初步施工总进度计划编制完成后，要对其进行检查。主要是检查总工期是否符合要求，资源使用是否均衡且其供应是否能得到保证。如果出现问题，则应进行调整。调整的主要方法是改变某些工程的起止时间或调整主导工程的工期。如果是网络计划，则可以利用电子计算机分别进行工期优化、费用优化及资源优化。当初步施工总进度计划经过调整符合要求后，即可编制正式的施工总进度计划。

正式的施工总进度计划确定后，应据以编制劳动力、材料、大型施工机械等资源的需用量计划，以便组织供应，保证施工总进度计划的实现。

4.施工进度计划编制

施工进度计划是表示各项工程(单位工程、分部工程或分项工程)的施工顺序、开始和结束时间以及相互衔接关系的计划。它是指导高速公路建设项目现场施工管理的核心指导文件。

在编制施工进度计划时必须满足合同规定的总工期及技术规范的要求,清楚地表明施工中的全部活动及其关系。满足施工技术和施工组织的要求,充分利用各类资源,确保能满足连续、均衡的施工。

(1)施工进度计划编制的原则包括:

①承包人进度计划的编制必须符合监理工程师及业主要求,贯彻合同条件、技术规范及设计意图;

②承包人进度计划应充分体现施工组织及施工方法,必须切合实际并充分考虑项目实施过程中可能出现的障碍和变化,能够切实指导施工;

③承包人进度计划应反映项目实施过程中的主要活动及其相互之间的关系,以及完成任务所必需的主要资源(人员、机械设备、材料、资金等)及条件;

④承包人进度计划使用的数据应保证真实性、准确性,计划图表尤其是关键工程及关键路径的图表应表达清楚、明确、便于管理;要突出关键工程,以便抓住重点,确保工期。

⑤进度计划按照项目管理层次,采用"自上而下逐级细化、自下而上逐层协调"的原则进行编制;下级计划必须满足上级计划控制要求为前提,以资源均衡为原则对作业进行进度安排;上级计划中关键路径上的作业或关键作业的工期,下级计划不得超出。

(2)进度计划编制的内容。进度计划应包含合同中规定的所有相关日期、合同中规定的所有限制或工艺过程要求。计划编制内容如下:

①二级进度计划的工作分解结构(WBS)必须大于等于分项工程,二级进度计划的作业必须小于等于分项工程,任何进度计划的工作分解结构(WBS)未达到要求的深度将有可能导致监理、业主对计划的驳回;

②计划应包含各自承担的WBS所指定涵盖的工作内容,计划内容的遗漏将有可能导致二级/三级进度计划的驳回。

③工作性质、逻辑顺序应正确考虑和反映并与送审的施工组织设计、施工方案相符。

④主要机械、设备和材料的采购过程,如询价、制作、测试、运输和安装等都应正确考虑。

⑤经确定的项目实施的质量安全停工待检点、工程的测试、试验、检验工作等应涵盖在相应的作业工期内或作为作业列入计划。

⑥施工文件的编制与送审、临时施工措施、施工机具调遣等施工准备工作等都应正确考虑。

⑦部分移交或总移交工序应编入详细施工计划。

⑧工程中各作业所对应的工程量(作业量)应以资源的形式加载入计划。

三、各级计划的编制、审批权限

广梧高速采用根据不同计划类型,分级审批的方式对计划进行审批。

1.进度计划的审查权限

(1)一级进度计划(里程碑计划)由业主工程管理部组织编制,主管领导审核,并报总经理批准后发布;

(2)二级进度计划(标段施工总进度计划)由各承包人编制,由监理工程师审查或提出修改意见，并报业主批准。

(3)三级进度计划由各承包人编制，按周期(年、季度和月度)滚动更新编制；年度计划由总监办审查，并报业主批准；季度和月度计划由总监办审批，并报备业主。

(4)监理工程师或业主按照最新的审查结果，有权要求承包人重新提交计划，以满足目标计划及业主最新要求。

2.进度计划的审查步骤

业主(有时是由监理工程师)应对承包人提交的各项进度计划进行审查，并在合同规定或满足施工需要的合理时间内审查完毕。审查工作按以下程序进行：

(1)阅读文件、列出问题、进行调查了解；

(2)提出问题与承包人进行讨论或澄清；

(3)对有问题的部分进行分析，向承包人提出修改意见；

(4)审查承包人修改后的进度计划直到满意并批准。

3.进度计划审查的内容

对于承包人提交的计划，监理工程师应对其进行认真的审查，审查完毕后应形成书面的审查意见。进度计划的审查着重(但不限于)如下几个方面：

(1)工期和时间安排的合理性，包括：

①施工总工期的安排应符合合同工期；

②各施工阶段或重点工程(包括分项、分部工程)的施工顺序和时间安排与材料、设备的进场计划相协调；

③易受炎热、雨季等气候影响的工程应安排在适宜时间，并采取有效的预防和保护措施；

④对动员、清场、假日及天气影响的时间，应有适当的扣除并留有足够的时间、空间。

(2)施工准备的可靠性，包括：

①所需主要材料和设备的运送日期已有保证；

②主要管理人员及施工队伍的进场日期已经落实；

③施工测量、材料检查及标准试验的工作已经安排；

④驻地建设，通行道路及供水、供电等已经解决或已有可靠的解决方案。

(3)计划目标与施工能力的适应性，包括：

①各阶段或单项工程计划完成的工作量及投资额与承包人的设备、人员实际状况相适应；

②各项施工方案和施工方法应与承包人施工经验和技术水平的实际相适应；

③关键线路上的施工力量安排应与非关键线路上的施工力量安排相适应。

(4)其他：

①项目计划内容的审查；

②承包人间交接点的审查；

③承包人与业主/监理间关联事项的审查；

④施工工序的作业分类码、资源的加载的审查。

【案例 6-4】 广梧高速进度计划的提交和审批规定

一、进度计划的更新和提交

(一)在签订合同协议书后 28d 之内，承包人提交满足合同条件、细节和格式符合要求的、以一级进度计划为基础编制的标段的二级进度计划。

（二）在监理工程师签发开工令后一周内，承包人提交细节和格式符合要求的如下文件：

1. 以二级进度计划为基础编制的首年度进度计划；

2. 以二级进度计划为基础编制的首季度进度计划；

3. 以二级进度计划为基础编制的首期月度进度计划。

（三）在工程进行过程中，承包人提交细节和格式符合要求的如下文件：

1. 在每年11月25日前，提交更新后的三级进度计划为基础编制的下一年度进度计划；

2. 在每季度末22日前，提交进度更新数据（过去一个季度内已完成的和进行中的作业的时间、量、费等参数）及以其为基础编制的下季度计划；

3. 在每月度末22日前，提交进度更新数据（过去一个月度内已完成的和进行中的作业的时间、量、费等参数）及以其为基础编制的下月度计划；

4. 需要时，每旬末定期提交更新后的三级进度计划为基础编制的下一旬进度计划。

（四）承包人所有上报的进度计划，都须经过驻地监理工程师和甲方代表的审核、签字，一式五份并加盖填报单位公章，和电子文档一起报送总监办，总监办审批完后留底，报两份业主工程管理部备案，其余两份发合同段、监理驻地办。

二、进度计划审查的内容

对于承包人提交的计划，监理工程师应对其进行认真的审查，审查完毕后应形成书面的审查意见。进度计划的审查着重（但不限于）如下几个方面：

1. 项目计划内容的审查（WBS分解是否合理？是否有漏项？）

2. 作业工期的审查（是否在满足合同与上级进度计划的要求？）

3. 施工工序逻辑关系的审查（关系是否合理/正确？延时是否合理？）

4. 施工工序尤其是关键路径上的施工工序的浮时（时差）审查（范围是否合理？）

5. 施工工序限制条件的审查（有没有必要？是否正确？）

6. 承包人间交接点的审查（是否足够？是否正确？）

7. 承包人与业主/监理间关联事项的审查（是否反映对图纸/物资供应/质量检查/交工验收等的要求？）

8. 承包人资源配置的审查（是否合理？是否满足施工组织的要求？）

9. 施工工序的作业分类码、资源的加载的审查（是否正确？是否完整？）

四、进度检查与控制

进度管理日常性的工作是进度的检查、进度偏差原因的分析、进度纠偏措施的确定、进度的调整。

1. 跟踪检查实际进度状况

对进度计划的执行情况进行跟踪检查是计划执行信息的主要来源，是进度分析和调整的依据，也是进度控制的关键步骤。跟踪检查的主要工作是定期收集反映工程实际进度的有关数据，收集的数据应当全面、真实、可靠，不完整或不正确的进度数据将导致判断不准确或决策失误。实际进度的获取方法有：

（1）定期收集进度报表资料。进度报表是反映工程实际进度的主要方式之一。进度计划执行单位应按照进度管理制度的规定，定期填写进度报表。通过对所收集的进度报表资料的分析，可以掌握工程实际进展情况。一般来说，应根据现场驻地办公室提供的施工进度情况，通过分析和整理，每月形成一份月工程进度报告，包括：根据或总说明；工程进度；工程图片；财务状况；其他特殊情况。

(2)现场实地检查工程进展情况。通过对现场实地检查，可以随时检查进度计划的实际执行情况，这样可以加强进度监测工作，掌握工程实际进度的第一手资料，使获取的数据更加及时、准确。

(3)定期召开现场会议。定期组织召开不同层级的现场协调会议，是解决工程施工过程中进度问题有效的途径。广梧高速的现场协调会有每月高级协调会和每周管理层例会。在每月召开的高级协调会上，各参与方通报工程项目建设的重大事项，协商解决各个承包人之间以及业主与承包人之间的重大协调配合问题。在每周召开的管理层协调会上，通报各自进度状况、存在的问题及下周的安排，解决施工中的相互协调配合问题。通常包括：各承包人之间的进度协调问题；工作面交接和阶段成品保护责任问题；场地与公用设施利用中的矛盾问题；某一方面断水、断电、断路、开挖要求对其他方面影响的协调问题以及资源保障、外协条件配合问题等。

2. 实际进度数据的加工处理

为了进行实际进度与计划进度的比较，必须对收集到的实际进度数据进行加工处理，形成与计划进度具有可比性的数据。实际进度数据的加工处理一般采用进度控制图表的方式。即由驻地办编制和建立各种用于记录、统计、标记用以反映实际工程进度与计划工程进度差距的进度控制图及进度统计表，以便随时对工程进行分析和评价，并作为要求承包人加快工程进度、调整进度计划或采取其他合理措施的依据。

3. 实际进度与计划进度的对比分析

将实际进度数据与计划进度数据进行比较，可以确定建设工程实际执行状况与计划目标之间的差距。为了直观反映实际进度偏差，通常采用表格或图形进行实际进度与计划进度的对比分析，从而得出实际进度比计划进度超前、滞后还是一致的结论。

4. 分析进度偏差产生的原因

在建设工程实施进度监测过程中，一旦发现实际进度偏离计划进度，即出现进度偏差时，必须认真分析产生偏差的原因及其对后续工作和总工期的影响，必要时采取合理、有效的进度计划调整措施，确保进度总目标的实现。

5. 分析进度偏差对后续工作和总工期的影响

当查明进度偏差产生的原因之后，要分析进度偏差对后续工作和总工期的影响程度，以确定是否应采取措施调整进度计划。

6. 确定后续工作和总工期的限制条件

当出现的进度偏差影响到后续工作或总工期而需要采取进度调整措施时，应当首先确定可调整进度的范围，主要指关键节点、后续工作的限制条件以及总工期允许变化的范围。这些限制条件往往与合同条件有关，需要认真分析后确定。

7. 采取措施调整进度计划

(1)进度计划的调整方法。当发现工程现场的组织安排、施工顺序或人员和设备与进度计划方案有较大不一致时，应要求承包人对原工程进度计划予以调整，调整后应符合工程现场实际，并应保证在合同工期内完成。调整工期进度计划，主要是调整关键线路上的施工安排，对于非关键线路，如果实际进度与计划进度的差距并不对关键线路上的实际进度产生不利影响

时,可不必要求承包人对整个工程进度计划进行调整。调整的方法有:

①缩短某些工作的持续时间。在不改变工程项目中各项工作之间的逻辑关系的前提下,通过采取增加资源投入、提高劳动效率等措施来缩短某些工作的持续时间,使工程进度加快,以保证按计划工期完成该工程项目。这些被压缩持续时间的工作是位于关键线路和超过计划工期的非关键线路上的工作。同时,这些工作又是其持续时间可被压缩的工作。

②改变某些工作间的逻辑关系。当工程项目实施中产生的进度偏差影响到总工期,且有关工作的逻辑关系允许改变时,可以改变关键线路和超过计划工期的非关键线路上的有关工作之间的逻辑关系,达到缩短工期的目的。例如,将顺序进行的工作改为平行作业、衔接作业以及分段组织流水施工等,都可以有效地缩短工期。

③加快工程进度。承包人在无任何理由取得合理延期的情况下,业主或监理工程师认为实际工程进度过慢,将不能按照进度计划预定的交工期完成工程时,应要求承包人采取加快的措施,以赶上工程进度计划中的阶段目标或总目标。

(2)进度控制的措施。为确保项目进度控制目标的实现,可以从组织措施、技术措施、经济措施及合同措施等方面制订有关进度控制的措施。

组织措施是通过建立进度控制目标体系,在项目组织结构中安排专门的工作部门或专门人员负责进度控制工作。包括:建立项目进度控制的工作流程,工程进度报告制度和进度信息沟通网络,各类进度计划的编制程序、审批程序和计划调整程序。

技术措施是在设计方案评审和选择时,应就其与工程进度的关系进行分析比较。在工程进度出现偏差时,应分析是否存在设计方面的影响因素,为实现进度目标是否有设计变更的可能性。同时,审查承包人提交的施工技术方案的可行性与合理性,使承包人能在合理的状态下施工。

经济措施是为确保进度目标的实现,编制的与进度计划相适应的资金需求计划和人力物力需求计划。根据对资源需求的分析,当发现资源条件不具备时,则应调整进度计划。在工程实施过程中,也常常通过经济奖罚手段督促承包人按计划进度完成工程项目。当工期提前时给予奖励,当工程延误时给予拖期损失赔偿金的惩罚。

管理措施是指要建立健全进度计划系统,然后分别编制各种相互联系,相互制约的计划。信息技术作为进度管理现代化的工具,是进度控制的一种最有效的手段。

【案例6-5】 广梧高速进度计划的检查和调整办法

一、进度计划的检查

1.监理工程师、甲方代表对承包人计划的进度进行动态跟踪,审查核实承包人每期的完成情况,对承包人的投入与计划进行对比检查,当发现问题时及时与承包人进行沟通并向上反馈;

2.总监办、业主工程管理部每月对承包人进度计划的实施进行检查对比,重点检查关键路径上的计划执行情况、承包人的资源投入情况。

二、进度计划的分析

各承包人的计划每期更新后,要与原定的阶段性目标计划进行对比分析,从而对过去一个周期内的计划实施进行评估,如果分析结果是满足目标要求的则表明进展良好;反之,如果进度滞后但未影响到重要里程碑点或交接点,承包人在不影响标段目标计划的前提下可以进行小范围调整;但如果进度滞后且已影响到重要里程碑点或交接点,那么必须及时查找原因并提出具体的解决方案与措施，并报告监理工程师及业主审批同意。

三、计划偏差的确定与分析处理

对一级/二级目标计划的维护是通过执行计划与目标计划的比较与分析来确定的，凡是造成关键路径工期的拖延或控制节点和里程碑节点滞后的为不可接受的偏差，除此之外为一般偏差。

对一级目标计划的不可接受偏差，业主向有关承包人发出该偏差的书面通知书，并要求该承包人在收到该通知书后三日内作出纠偏报告，并以书面形式依次报送总监办、业主审批；对二级目标计划的不可接受偏差，总监办向有关承包人发出该偏差的书面通知书，并要求该承包人在收到该通知书后三日内作出纠偏报告，并以书面形式报送总监办审批，报备业主。对于目标计划的一般偏差相关承包人同样必须引起足够的重视，避免不可接受偏差的产生。

承包人编制的纠偏报告的内容包括工程进度状态、偏差的程度及原因分析、需要采取的措施、调整后的进度计划及相关图表等。

四、加快工程进度

承包人在无任何理由取得合理延期的情况下，业主或监理工程师认为实际工程进度过慢将不能按照进度计划预定的工期完成任务时，将要求承包人采取加快工程进度的措施，以赶上工程进度计划中的阶段目标或总目标，承包人提出和采取的加快工程进度的措施必须经过监理工程师批准，批准时依据(不仅限于)如下准则：

1.只要承包人提出的加快工程进度的措施符合施工程序并能确保工程进度和质量，监理工程师应予以批准；

2.因采取加快工程进度措施而增加施工费用应由承包人自负。

五、进度计划的延期

由于监理工程师或业主的责任，或承包人在工程的实施过程中遇到不可预见或不可抗力的因素影响，因而使工程进度延误时，监理工程师、业主应依据合同的规定批准承包人延长工期的申请。批准延期后，监理工程师应要求承包人对原来的工程进度计划及资源配置予以调整，并按调整后的进度计划实施工程。

六、对承包人延误的处理

由于承包人的责任造成工程进度的延误，而且承包人拒绝接受监理工程师加快工程进度指令，或虽采取加快工程进度的措施，但仍然不能赶上预期的工程进度并将使工程在合同工期内难以完成时，监理工程师应对承包人的施工能力重新进行审查和评价并报告业主。

对承包人原因引起的工程进度的延误，业主依据合同条款的有关规定并将采取(不仅限于)如下的处置措施：

1.承包人首次未完成月进度计划的，予以全线通报批评；

2.承包人连续两次未完成月进度计划的，予以全线通报批评并抄送至承包人法人公司；

3.承包人连续三次未完成月进度计划的，除按上述办法处理外，业主将专函约见承包人的法定代表人研究处置措施并抄报至省交通集团；

4.承包人连续四次未完成月进度计划的，或经监理工程师和业主评估确认承包人无法在剩余的工期内完成施工任务的，除按上述办法处理外，将采取包括任务分割、终止合同、采取法律手段追究承包人违约等手段在内的处置措施。

第五节　投 资 管 理

一、投资控制体系和目标

广梧高速建立了以项目业主为核心、监理单位为依托、施工单位为基础的投资控制体系。项目实施过程中施工单位严格依照合同规定履行合同义务并如实申报计量；监理单位严格按合同条款进行审查复核；业主方合同部建立健全合同管理台账、计量台账及变更台账，并与概算台账建立对应关系，实时掌握工程变更情况，进行投资预测及分析，工程部及总工室组织审查技术方案，审核变更设计方案的必要性、可行性、合理性及工程数量，综合部严格控制日常费用开支，完善财产管理，财务部控制资金的有效使用。

同时，按照目标控制的方法，确立了清晰的阶段投资控制目标系统，按项目建设的先后顺序，逐层明晰、逐层细化。具体做法是：以投资估算作为初步设计的目标值，设计概算作为施工图设计的目标值，施工图预算作为中标合同价的目标值，中标合同价作为施工结算的目标值。

施工阶段是投入资金量最大的阶段，就投资控制而言，其主要工作是：以工程承包合同价为控制的目标值，编制资金使用计划，处理工程变更和索赔，对承包方完成的工作进行工程计量并支付工程款。

为做好施工阶段投资控制工作，在工程施工过程中应定期进行合同价与工程概算、合同价与工程预算、工程款支付与合同价、工程决算与工程概预算和合同价等投资的实际值与目标值的比较，通过比较发现找出实际值与目标值之间的偏差，分析产生偏差的原因，采取组织、经济、合同、技术等措施加以控制，以保证投资目标的实现。

【案例 6-6】 广梧高速公路资金管理办法

一、工程资金管理的目的

为保证本项目的工程资金专款专用，需了解所属承建单位债权债务情况，使各单位产生的资金矛盾控制在最小化的程度，根据政府相关文件，做到不拖欠民工工资，更加有效地为承包单位服务；特制定工程资金管理要求和监控办法。

二、资金管理要求

1.业主支付的预付款，工程进度款必须专款专用，足额投入在本项目的工程施工中，不得转作他用。

2.施工各标段项目部经理部必须严格按要求开立银行账户，在云浮地区县级以上工商银行或其他县级以上银行只能开立一个本标段银行账户。

3.业主、承包人开户行、承包人三方签订一份资金监管协议，各标段项目经理部在使用工程款时必须经业主同意，承包人在支付各种款项时未经业主同意承包人开户行有权拒绝付款。

4.施工各标段项目经理部各施工中队5日内将本标段各施工中队名称、电话号码，中队负责人姓名以及中队开户银行和账号报业主财务审计部备案，各施工中队只允许开立一个银行账号。

5.各标段项目经理部在如下超过50万元的大额合同签订之日起5日内将如下资料报业主合同管理部备案：

(1)大型机械设备租赁协议；

(2)砂石、柴油、模板加工等供货协议；

(3)项目经理部发放工资的人数及总额；

(4)各季度应上缴管理费及其他支付资金。

三、资金监督办法

1.各承包单位必须如实填制工程款资金计划支付统计表，提供上月资产负债表(含客户和供应商债权债务明细表)及相关付款凭据给业主财务审计部核查。

2.各标段项目经理部每月25日前提交次月资金使用计划给业主合同管理部审批。每5万元以上支付或提现应单列并文字说明。业主将通过银行联合进行监督管理。

3.工程资金监控和检查中，如发现有段标项目经理部未经批准或不按合同的规定将工程资金抽逃或调离本项目，或有虚报、假报付款情况则对该标段项目经理部提出书面警告并暂停拨付计量款，同时该标段项目经理部必须在两个月内等额调回所转出的资金，对于在限期内未调回所转出资金，或连续受到两次以上书面警告的承包人，产生的资金矛盾，造成影响工程进度和损失由其单位负责；业主按照合同的有关规定进行处罚。

4.考虑到项目部管理需其上级主管部门的直接参与和领导，调动本项目资金回其上级公司和没有相关联债权债务单位时，资金要写申请说明并获得业主批准。

二、工程计量与支付

工程计量支付，是根据设计文件及承包合同中关于工程量计算的规定对承包人申报的已完成工程，按照合同规定的条件，确认其质量合格的工作量。然后，按合同规定的方法支付给承包人工程款。

工程计量与支付是合同管理中最重要的环节之一，在合同管理中起着重要的作用。工程计量支付不仅是计量已完工程的数量，而且也是对已完工程质量的确认和综合评价。广梧高速本着一方面利用计量支付手段约束承包人履行合同义务，另一方面为承包人资金的流动创造条件的理念，从计量支付程序、计量支付文件资料和计量支付监管等方面，制订了一套完整的管理制度。

1.强化计量支付程序

广梧高速规定：当工程达到规定计量要求时，由承包人提出计量申请交监理工程师审查。承包人需要准备有关文件资料有“开工申请批复单”、“检验申请批复单”及自检资料、工程质量检验表及中间交工证书等。监理工程师对承包人的资料进行审查时，主要是看其是否具备计量的基本条件，若发现问题或资料不全，应将有关资料退还给承包人，暂不进行计量。如果符合要求，则由业主 、监理工程师和承包人共同进行现场计量，或根据施工记录和施工图纸进行计量。在这个过程中，承包人应编制“工程计量计算书”或“变更工程计量计算书”。如果是隐蔽工程的则应立即通知监理工程师及业主对完成数量进行核查计算；非隐蔽工程由驻地监理及业主工程管理部每月进行一次现场集中核查，并在工程计量计算书上签字确认。

承包人将签认的“工程计量计算书”及“中间交验证书”汇总，填写计量支付报表，交驻地监理工程师复核签认并报总监办，总监办对计量支付报表审核无误后，报送业主。

承包人在上报计量支付报表的同时须填报该月的施工进度报表、次月施工计划报表及该月材料消耗表(起止时间与计量支付报表相同)，如遇季度末或年末还须同时报季(年)度报表、季(年)度计划报表。

业主收到计量支付报表后，于当月前完成审核工作，并根据承包人竣工资料完成情况及各项统计报表提交情况，由计划合同部开具月度支付证书。月度支付证书经承包人项目经理认证，总监理工程师及业主总经理审批后，进行工程款支付。

广梧高速公路计量支付程序如图 6-16 所示。

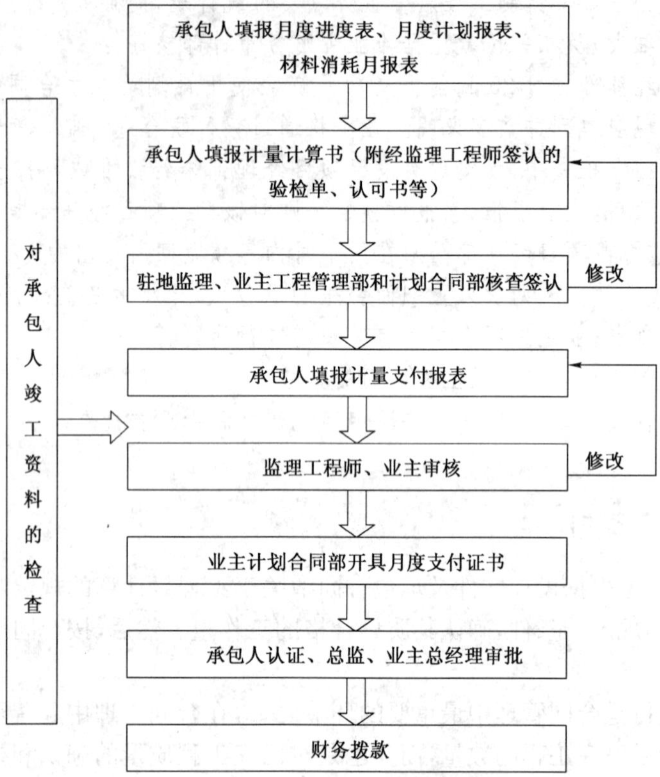

图 6-16　广梧高速公路计量支付程序

2. 规范计量方法与计量资料

广梧高速的计量工作分内、外业组分别进行。外业组负责现场确认计量工程数量，内业组负责检查资料。内、外业组均由承包人、监理工程师、业主三方人员组成。工程计量的方法有现场量测、按图纸计算、图纸结合施工记录计量等。对一个项目工程或一道工序计量前应该先进行有关资料的验收，包括：监理工程师批准的开工申请单；承包人自检的各种资料和试验数据，各种数据要符合规范或合同条款规定；监理工程师抽检结果满足设计图纸及规范要求；监理工程师已签发"中间计量申请单"或"中间交工证书"。验收手续和资料齐全后，方能进行计量。

图 6-17 为计量资料组成。

3. 加强计量支付分析与监控

计量支付分析的目的是为进度控制和费用控制提供基础。通过分析，一方面将实际完成工程量与原工程量清单和设计图纸进行对比分析，找出偏差并分析偏差的原因；另一方面以计量的工程量为依据，计算出实际工程进度与计划进度的差异，找出原因，从而采取措施改进。此外，通过对计量的工具和方法是否恰当，计量的结果是否准确以及是否有质量不合格工程等进行分析，能找出是否有多计、错计、漏计或少计的工程量。

挣值法作为一种分析项目实施过程中计划值与实际值之间差异的项目管理方法，在广梧高速公路的计量与支付分析中得到了广泛的使用。它通过测量和计算已完成工作的预算费用与实际费用以及计划工作的预算费用，获取有关项目实施过程中费用、进度和质量的偏差信息，从而达到监控和调整项目管理要素的目的，衡量和反映项目进展状况，是一种项目绩效分析的有效方法。

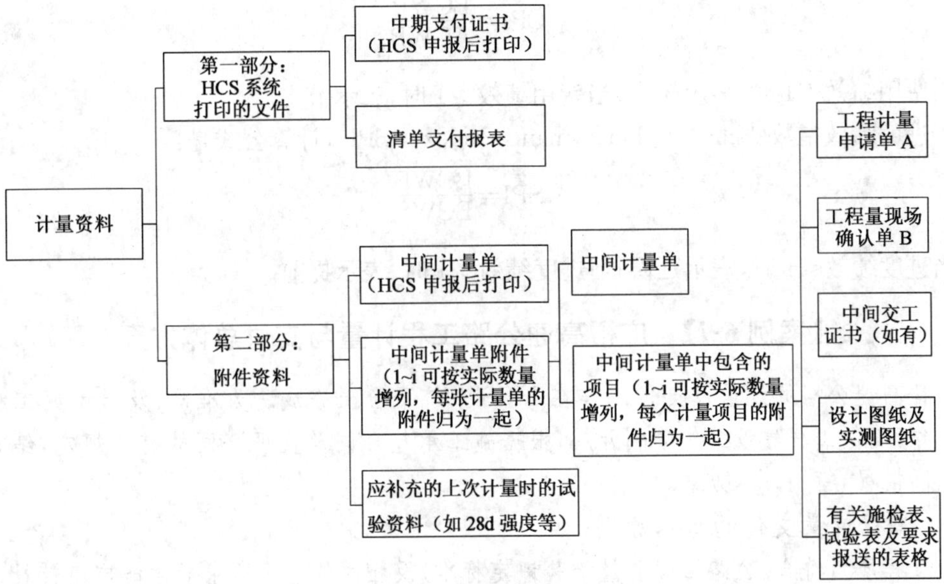

图6-17 计量资料组成

(1)挣值法的三个基本参数，包括：

①计划工作预算费用(Budgeted Cost of Work Scheduled，BCWS)。BCWS是项目实施过程中某阶段计划要求完成的工作量所需的预算费用。对于项目业主，该指标表征投资控制的底线，即在某合同的管理过程中，若该合同结算超过项目全部计划作业量的预算费用，除非有充分的理由说明变更导致投资的增加，否则认为该合同投资控制是不成功的。

②已完工作预算费用(Budgeted Cost of Work Performed，BCWP)。BCWP即挣值(Earned Value，EV)，是按照项目预算费用乘以项目实际完成工作量而得到的一个项目费用中间变量。

③已完工作实际费用(Actual Cost of Work Performed，ACWP)。ACWP是指项目实施过程中某阶段实际完成的工作量所消耗的实际费用，对于项目业主而言，在固定单价合同下，是按照项目合同单价乘上项目实际已完成工作量而得到的项目费用的实际价值。ACWP表示项目合同实际完成情况。

以上指标是挣值法中根据不同的项目费用与工作量指标计算获得的数值，分别反映了项目费用的计划和实际水平。

(2)挣值法的四个指标，包括：

①费用差异(Cost Variance，CV)，计算公式是：

$$CV = BCWP - ACWP$$

当费用偏差为负时，即表明项目运行超出预算费用；当费用偏差为正时，表明项目运行节支，实际费用没有超出预算费用。

②项目进度差异(Schedule Variance，SV)，计算公式是：

$$SV = BCWP - BCWS$$

当进度偏差为负时，即表明进度延误，即实际进度落后于计划进度；当进度偏差为正时，表明进度提前，即实际进度快于计划进度。

③费用绩效指数(Cost Performance Index，CPI)，计算公式是：

$$\mathrm{CPI}=\frac{\mathrm{BCWP}}{\mathrm{ACWP}}$$

当费用绩效<1时，表示超支；当费用绩效>1时，表示节支。

④进度绩效指数(Schedule Performance Index，SPI)，计算公式是：

$$\mathrm{SPI}=\frac{\mathrm{BCWP}}{\mathrm{BCWS}}$$

当进度绩效<1时，表示延误；当进度绩效>1时，表示提前。

【案例6-7】 广梧高速公路工程计量与支付总体方案

广梧高速公路的计量及支付工作在HCS系统平台上完成。为准确、及时做好工程计量支付工作，确保工程建设工作顺利开展，根据施工承包合同及监理合同的有关规定，结合本项目的实际情况，特制订本方案。

一、工程计量支付的基本原则

1. 工程质量符合《公路工程质量检验评定标准》及相关的合同要求后才能申请计量。

2. 严格按合同文件的有关规定，如规定的方法、范围、内容、单位等进行计量。

3. 合同外发生的工程量按批准的工程变更设计进行计量。

二、工程计量支付的依据

工程计量支付的依据包括招标文件及补遗书、技术规范、投标文件、施工设计图纸、施工承包合同、工程量清单、工程变更令、施工监理实施细则等。

三、工程计量支付的条件

1. 符合合同的计量项目，包括以下三方面：

(1)工程量清单中的项目。工程量清单中的项目全部需要进行计量。实际发生的数量与工程量清单数量不同的，需完善变更手续后才能计量。

(2)合同文件中规定的项目。除了工程量清单中的工程项目以外，在合同文件中还规定了一些包干项目，必须按合同条款进行计量(如违约金、罚款、保留金等)。

(3)工程变更项目。经批准的变更设计，在变更令下达后，变更工程量清单同工程量清单具有相同的性质。工程变更项目必须按合同有关要求进行计量。

2. 工程质量达到规范或者图纸要求

工程质量经监理工程师验收达到规范或者标准的要求，并签发了“中间交工证书”的工程，才能进行计量。工程质量没有达到规范或者图纸要求的任何工程或工序不予计量。

3. 验收手续齐全

对一个项目工程或一道工序的验收应有以下资料和手续：

(1)监理工程师批准的开工申请单。

(2)承包人自检的各种资料和试验数据，各种数据要符合规范或合同条款规定。

(3)监理工程师抽检结果满足设计图纸及规范要求。

(4)监理工程师已签发“中间交工证书”。

上述验收手续和资料齐全后，方能进行计量。

四、工程计量支付附件的要求

所有项目计量必须附“中间交工证书”，考虑到部分项目从开工到交工时间比较长，可以延后下个月计量补附。但该部分项目按以下要求附相关资料。

1. 路基土石方工程施工：附路基施工记录表。

2. 涵洞最多可以分三次计量。当管涵（倒虹吸管）完成基础的浇筑或砌筑时，可附混凝土 7d 强度试验报告，如果由 R7 推算 R28 合格，可先计量、支付工程费用的 30%；管涵（倒虹吸管）工程全部完成并附有“中间交工证书”后，再支付工程费用的余下部分。

当盖板涵（箱涵、拱涵）完成基础部分的浇筑或砌筑时，可附混凝土 7d 强度试验报告，如果由 R7 推算 R28 合格，可先计量、支付工程费用的 30%；当盖板涵（箱涵、拱涵）完成墙身部分的浇筑或砌筑时，可附混凝土 7d 强度试验报告，如果由 R7 推算 R28 合格，可再计量、支付工程费用的 50%；涵洞工程全部完成并附有“中间交工证书”后，再支付工程费用的余下部分。

3. 防护工程：计量附砂浆 28d 强度试验记录表，若为片石混凝土挡墙，计量附混凝土 28d 强度试验记录表且必须定期分段交验，否则将视情况扣除。

4. 钻孔桩：计量时附灌注前检查表、混凝土 28d 强度试验记录表、成桩检查表及无破损检测成果资料。

5. 扩大基础、承台、系梁、立柱、盖梁等计量附混凝土 28d 强度试验记录表和成品检查表。

6. 清淤换填：附路基施工记录表。

7. 每月计量时须附有机械、管理人员、劳动力月报表（报表格式统一按总监代表处下发的表格填写）。

8. 其他附件以业主、监理共同商议的为准。

五、工程计量及支付流程

1. 每月计量截至日期一般为 20 日，但为了加快计量进度，承包人应在至少提前 3d 将当月估计需要计量的工程项目的桩号、数量等通知驻地监理及业主代表，以便驻地监理及业主代表有充足的时间到现场核实。

2. 每月 20 日组织中间计量工作。首先由承包人依据已经由驻地监理签认的中间质量检验资料，并按本细则和 HCS 计量管理系统的要求在 HCS 平台纳入数据后，向驻地监理和业主代表申请计量，接到承包人的计量申请后，驻地监理和业主代表将对承包人的申请计量的项目进行核查，包括查阅图纸、各种记录、原始凭证及实地调查等。承包人应提供有关资料以证明所申请计量的工程项目的质量和数量情况，必要时，驻地监理或业主代表可以到现场进行核实。当驻地监理或业主代表认为需要用自己掌握的其他记录、纪要、文件、图纸等有关资料对承包人申请计量的项目进行修正时，需将所依据的资料书面通知承包人，如果承包人对该资料未在 7d 内向监理工程师提出书面申辩，则应认为驻地监理或业主代表所依据的资料是正确的。当驻地监理或业主代表核查完毕后，在 HCS 平台对数据进行批复，并将有关资料和数据提交总监办。以上工作在 5d 内完成。

3. 总监办在收到有关资料和数据后 3d 内审核完毕，用 HCS 平台对数据进行批复，然后将有关资料和数据提交业主。

4. 业主在收到有关资料和数据后 7d 内审核完毕，用 HCS 平台对数据进行最终批复，并根据工程批复数量、扣除上月材料款、质保金、税金及各种奖罚等有关费用，然后将有关资料和数据返还承包人。

5.承包人根据最终批复意见，通过HCS平台将“工程计量单”、“工程计量证”、“各种中期支付报表”、“中期支付证书”打印出来，然后分别交驻地监理、业主代表、总监办审核签认，然后将资料提交业主，以上工作在两天内完成。

6.业主接到资料后，两天内审核完毕，并发文批复标段报表。然后根据批复的工程款由合同部通过HCS平台填写付款审查表，并附上各标段的支付证书，交由工程、质安、财务等部门签字，然后交总经理审核签名后，交由财务部支付工程款给施工单位。

7.以上所有报表连同封面装订成册，一式三份，其中业主一份，监理一份，业主退回给承包人一份。报表附属资料一式二份，业主一份，监理一份。

第六节　安全生产管理与文明施工

一、安全生产管理理念

安全生产管理作为项目管理的主要组成部分，既遵循管理的普遍规律和普通原理，也具有其特殊性。

广梧高速公路施工中，遵循“安全第一、以人为本”，预防管理、系统管理和强制管理的理念，从安全生产管理的共性出发，对安全生产管理工作的实质内容进行科学的分析、综合、概括与总结，找出安全生产管理的一般规律。

1.安全第一、以人为本的理念

“安全第一”就是要求在生产过程把安全工作放在一切工作的首要位置，当生产和安全发生矛盾时，要以安全为主。广梧高速施工中秉承安全第一的原则，始终把人的安全放在首位，一切生产活动都“以人为本”展开。从安全方案的制订、安全措施的落实、安全生产经费的投入，无不体现出对生产者安全的关怀。

2.预防为主的理念

安全事故的发生虽然具有偶然性，但事故发生是许多因素互为因果连续发生的最终结果，只要事故的因素存在，发生事故就是必然的，只是发生的时间或迟或早而已。广梧高速将发生安全事故的原因分为技术原因、教育原因、身体和态度原因以及管理原因。安全生产管理工作坚持预防为主的理念，通过有效的管理和技术手段，减少和防止人的不安全行为和物的不安全状态。在可能发生人身伤害、设备或设施损坏和环境破坏的场合，事先采取防止对策，从工程技术、教育培训对和规章制度等方面采取措施，防止事故发生。

3.系统管理的理念

安全生产管理是一个系统工程，包括各级安全管理人员、安全防护设备与设施、安全管理规章制度、安全生产操作规范和规程以及安全生产管理信息等。安全贯穿生产活动的方方面面，是一种全方位、全天候和涉及全体人员的管理。

4.强制管理的理念

所谓强制就是绝对服从，不必经过被管理者同意便可采取控制行动。安全生产的强制管理理念是采取手段控制人的意愿和行为，使个人的活动、行为受到安全生产管理要求的约束，从而实现有效的安全生产管理。

二、安全生产管理组织

本着“安全第一，以人为本”的理念，在广梧高速公路项目施工过程中，依据“企业负责、行业管理、国家监察、群众监督、劳动者遵章守法”的安全生产管理体制和项目的工程特点，制定了严格的安全生产管理制度。业主、监理和承包人均按照安全生产相关法律法规和合同的要求，建立健全了安全生产的组织体系和组织机构(图 6-18)。

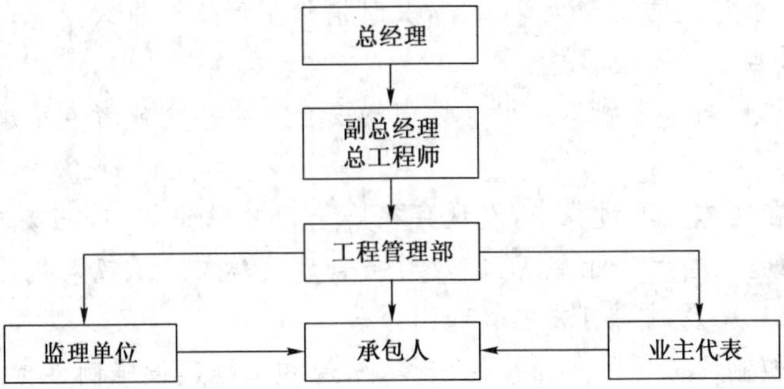

图 6-18　广梧高速安全管理组织机构图

项目业主的安全生产领导机构由总经理为安全生产第一责任人，分管安全生产的副总经理为安全生产直接责任人，工程管理部负责项目建设的安全管理工作，设专职安全主管负责安全生产的日常管理工作，综合信息部负责业主内部交通安全、治安、综合治理等安全管理工作。各总监办对应成立安全生产组织机构并报备业主。各承包人成立相应的安全生产领导小组，各合同段的施工方项目经理为施工安全生产的第一责任人，项目副经理为主要责任人，专职安全生产主任为本项目施工安全生产的直接责任人。

【案例 6-8】 广梧高速公路安全生产管理职责

一、业主单位

1. 建立、健全安全生产责任制。

2. 督促各承包人制订本单位安全生产规章制度和操作规程。

3. 保证业主安全生产的投入和有效实施。

4. 督促、检查各承包人的安全生产工作，及时消除生产安全事故隐患。

5. 及时、如实报告安全生产事故。

6. 制订业主的生产安全事故紧急救援预案。

7. 向承包人提供施工现场及毗邻区域内供水、排水、供电、供气、供热、通信、广播电视等地下管线资料，气象和水文观测资料，相邻建筑物和构筑物、地下工程的有关资料，并保证资料的真实、准确、完整。

8. 不对勘察、设计、施工、工程监理等单位提出不符合建设工程安全生产法律、法规和强制性标准规定的要求，不压缩合同约定的工期。

9. 在编制工程概算时，确定建设工程安全作业环境及安全施工措施所需费用。

10. 不明示或者暗示承包人购买、租赁、使用不符合安全施工要求的安全防护用具、机械设备、施工机具及配件、消防设施和器材。

11. 在申请领取施工许可证时，提供建设工程有关安全施工措施的资料。

依法批准工程施工许可证后，自施工许可证批准之日起15日内，将保证安全施工的措施报送建设工程所在地的县级以上地方人民政府建设行政主管部门或者其他有关部门备案。

二、监理单位

1.建立、健全监理公司安全生产责任制。

2.督促各承包人制订本单位安全生产规章制度和操作规程。

3.保证监理公司安全生产投入的有效实施。

4.督促、检查各承包人的安全生产工作，及时消除生产安全事故隐患。

5.及时、如实报告生产安全事故。

6.工程监理单位应当审查施工组织设计中的安全技术措施或者专项施工方案是否符合工程建设强制性标准。

工程监理单位在实施监理过程中，发现存在安全事故隐患的，应当要求承包人整改；情况严重的，应当要求承包人暂时停止施工，并及时报告建设单位。承包人拒不整改或者不停止施工的，工程监理单位应当及时向有关主管部门报告。

工程监理单位和监理工程师应当按照法律、法规和工程建设强制性标准实施监理，并对建设工程安全生产承担监理责任。

三、承包人

1.建立、健全本单位的安全生产管理机构、安全生产责任制。

2.制订本单位的安全生产规章制度和操作规程。

3.保证本单位安全生产的投入和有效实施。

4.督促、检查各部门；班组；中队的安全生产工作，及时消除生产安全事故隐患。

5.及时、如实报告生产安全事故。

6.制订本单位的生产安全事故紧急救援预案。

7.必须严格按照《广东省安全生产条例》、《广东省注册安全主任管理规定》的要求配备相应的注册安全主任。

8.承包人从事建设工程的新建、扩建、改建和拆除等活动，应当具备国家规定的注册资本、专业技术人员、技术装备和安全生产等条件，依法取得相应等级的资质证书，并在其资质等级许可的范围内承揽工程。

9.承包人主要负责人依法对本单位的安全生产工作全面负责。承包人应当建立健全安全生产责任制度和安全生产教育培训制度，制订安全生产规章制度和操作规程，保证本单位安全生产条件所需资金的投入，对所承担的建设工程进行定期和专项安全检查，并做好安全检查记录。

承包人的项目负责人应当由取得相应执业资格的人员担任，对建设工程项目的安全施工负责，落实安全生产责任制度、安全生产规章制度和操作规程，确保安全生产费用的有效使用，并根据工程的特点组织制定安全施工措施，消除安全事故隐患，及时、如实报告生产安全事故。

10.承包人对列入建设工程概算的安全作业环境及安全施工措施所需费用，应当用于施工安全防护用具及设施的采购和更新、安全施工措施的落实、安全生产条件的改善，不得挪作他用。

11.承包人应当设立安全生产管理机构，配备专职安全生产管理人员。

专职安全生产管理人员负责对安全生产进行现场监督检查。发现安全事故隐患，应当及时向项目负责人和安全生产管理机构报告；对违章指挥、违章操作的，应当立即制止。

专职安全生产管理人员的配备办法由国务院建设行政主管部门会同国务院其他有关部门制订。

12.工程有施工分包的，由承包单位对施工现场的安全生产负总责。

承包单位应当自行完成建设工程主体结构的施工。承包单位依法将建设工程分包给其他单位的，分包合同中应当明确各自的安全生产方面的权利、义务。

承包单位和分包单位对分包工程的安全生产承担连带责任。

分包单位应当服从承包单位的安全生产管理，分包单位不服从管理导致生产安全事故的，由分包单位承担主要责任。

13.要加强安全生产的宣传工作，充分运用录像、电视、标语、墙报专栏、文件和会议等手段，开展经常性的安全生产宣传工作。宣传有关安全生产的法律、法规和安全生产知识。

14.要对单位的安全生产情况进行定期和不定期的检查，在元旦、春节、五一、国庆以及人大和党代会召开之前，进行专项自检，并做好迎接上级检查的准备。安排好节假日期间的安全生产值班工作。

15.应当在有较大危险因素的作业场所和有关设施、设备上，设置明显的安全警示标志。高速公路跨越铁路、国道、省道以及其他地方路的承包人，应按照国家标准以及交通部和公安部的有关规定，做好安全警示和防护工作，以确保自身以及社会往来人员生命财产的安全。

16.承包人应当在施工现场入口处、施工起重机械、临时用电设施、脚手架、出入通道口、楼梯口、电梯井口、孔洞口、桥梁口、隧道口、基坑边沿、人工挖孔桩、爆破物及有害危险气体和液体存放处等危险部位，设置明显的安全警示标志。安全警示标志必须符合国家标准。

17.施工现场的临时设施，必须避开泥沼、悬崖、陡坡、泥石流等危险区域，应尽量布置在水文、地质良好的地段，并符合防火、防洪、防爆、防震的要求。较高的建筑物、临时设施和重要库房，如塔架、龙门架、油库、发电房、炸药库等，均应加设避雷装置。过水的便桥必须坚固可靠，并有抗洪水及其他漂浮物的能力，投入使用前必须根据过桥的可能最大荷载来验算便桥的承载力和稳定性，验算合格后才能投入使用。

18.各标段之间在同一作业区域内进行作业活动，可能危及对方生产安全的，应当签订安全生产管理协议，明确各自的安全生产管理职责和应当采取的安全措施，并指定专职安全生产管理人员进行安全检查与协调。

19.垂直运输机械作业人员、安装拆卸工、爆破作业人员、起重信号工、登高架设作业人员等特种作业人员，必须按照国家有关规定经过专门的安全作业培训，并取得特种作业操作资格证书后，方可上岗作业。

20.承包人应当在施工组织设计中编制安全技术措施和施工现场临时用电方案，对下列达到一定规模的危险性较大的分部分项工程编制专项施工方案，并附具安全验算结果，经承包人技术负责人、总监理工程师签字后实施，由专职安全生产管理人员进行现场监督：

(1)基坑支护与降水工程；

(2)土方开挖工程；

(3)模板工程；

(4)起重吊装工程；

(5)脚手架工程；

(6)拆除、爆破工程；

(7)国务院建设行政主管部门或者其他有关部门规定的其他危险性较大的工程。

对前款所列工程中涉及深基坑、地下暗挖工程、人工挖孔桩、高大模板工程的专项施工方案，承包人还应当组织专家进行论证、审查。

21. 建设工程施工前，承包人负责项目管理的技术人员应当对有关安全施工的技术要求向施工作业班组、作业人员作出详细说明，并由双方签字确认。

22. 承包人应当根据不同施工阶段和周围环境及季节、气候的变化，在施工现场采取相应的安全施工措施。施工现场暂时停止施工的，承包人应当做好现场防护，所需费用由责任方承担，或者按照合同约定执行。

23. 承包人应当将施工现场的办公、生活区与作业区分开设置，并保持安全距离；办公、生活区的选址应当符合安全性要求。职工的膳食、饮水、休息场所等应当符合卫生标准。承包人不得在尚未竣工的建筑物内设置员工集体宿舍。

施工现场临时搭建的建筑物应当符合安全使用要求。施工现场使用的装配式活动房屋应当具有产品合格证。

24. 承包人对因建设工程施工可能造成损害的毗邻建筑物、构筑物和地下管线等，应当采取专项防护措施。

承包人应当遵守有关环境保护法律、法规的规定，在施工现场采取措施，防止或者减少粉尘、废气、废水、固体废物、噪声、振动和施工照明对人和环境的危害和污染。

25. 承包人应当在施工现场建立消防安全责任制度，确定消防安全责任人，制定用火、用电、使用易燃易爆材料等各项消防安全管理制度和操作规程，设置消防通道、消防水源，配备消防设施和灭火器材，并在施工现场入口处设置明显标志。

26. 承包人应当向作业人员提供安全防护用具和安全防护服装，并书面告知危险岗位的操作规程和违章操作的危害。

作业人员有权对施工现场的作业条件、作业程序和作业方式中存在的安全问题提出批评、检举和控告，有权拒绝违章指挥和强令冒险作业。

在施工中发生危及人身安全的紧急情况时，作业人员有权立即停止作业或者在采取必要的应急措施后撤离危险区域。

27. 作业人员应当遵守安全施工的强制性标准、规章制度和操作规程，正确使用安全防护用具、机械设备等。

28. 承包人采购、租赁的安全防护用具、机械设备、施工机具及配件，应当具有生产（制造）许可证、产品合格证，并在进入施工现场前进行查验。

施工现场的安全防护用具、机械设备、施工机具及配件必须由专人管理，定期进行检查、维修和保养，建立相应的资料档案，并按照国家有关规定及时报废。

29. 承包人在使用施工起重机械和整体提升脚手架、模板等自升式架设设施前，应当组织有关单位进行验收，也可以委托具有相应资质的检验检测机构进行验收；使用承租的机械设备和施工机具及配件的，由施工承包单位、分包单位、出租单位和安装单位共同进行验收。验收合格的方可使用。

《特种设备安全监察条例》规定的施工起重机械，在验收前应当经有相应资质的检验检测机构监督检验合格。

承包人应当自施工起重机械和整体提升脚手架、模板等自升式架设设施验收合格之日起30日内，向建设行政主管部门或者其他有关部门登记。登记标志应当置于或者附着于该设备的显著位置。

30. 承包人的主要负责人、项目负责人、专职安全生产管理人员应当经建设行政主管部门或者其他有关部门考核合格后方可任职。

承包人应当对只要符合“三新”条件的新入厂的从业人员；新调动工种的从业人员；采用新工艺、新技术、新材料或者使用新设备要实行“三级教育”制度，其教育培训情况记入个人工作档案。安全生产教育培训考核不合格的人员，不得上岗。

31. 作业人员进入新的岗位或者新的施工现场前，应当接受安全生产教育培训。未经教育培训或者教育培训考核不合格的人员，不得上岗作业。

32. 承包人应当为施工现场从事危险作业的人员办理意外伤害保险。

意外伤害保险费由承包人支付。实行施工总承包的，由总承包单位支付意外伤害保险费。意外伤害保险期限自建设工程开工之日起至竣工验收合格止。

三、安全检查

安全检查是建立良好的安全生产环境和安全生产秩序、做好安全工作的重要手段之一，是及时发现、消除事故隐患和不安全因素的重要措施。广梧高速坚持领导与群众相结合、普遍检查与专业检查相结合、检查与整改相结合的原则，做到制度化经常化，将事故隐患消除在萌芽状态。

1. 安全检查的类型

(1)定期安全检查：业主每年、每季度组织一次安全生产的检查和评比，各总监办每月组织一次安全生产检查，承包人最少应每半月或每周组织一次安全生产检查。

(2)专项检查：业主、总监办、承包人必要时请地方安全生产管理部门组织专业性的安全生产检查，如易燃易爆物品、大型设备安装试产、重点工程(隧道、桥梁、高边坡、高空作业、水上作业等)施工、新产品使用等；季节性安全检查，如防火(旱季)、防洪(雨季)、防台风、防暑降温(夏季)等；重大节日的安全检查，如春节、元旦、国庆、“五一”等节日。

(3)日常安全生产检查：包括业主、监理工程师和承包人的日常安全巡查。承包人的专职安全管理人员，班组专、兼职安全员或生产值班负责人，经常深入工地巡查、检查安全生产情况，及时发现隐患做好记录，通知有关责任人进行整改并检查整改结果。班组安全员是安全生产最直接、最能及时发现隐患、及时处理隐患的安全生产管理人员，每个作业点或工作面都坚持如数配足，并经常对他们进行学习培训。

(4)生产岗位安全自检：作业人员对自己岗位或者将要进行的工作进行安全自检，确认安全可靠后才进行作业。在作业过程中出现隐患要及时上报，每个作业点均必须配备有专职或兼职安全管理人员。

2. 安全检查的范围和内容

(1)安全管理的检查，包括：

①安全管理检查。包括是否按照安全生产法的要求和本单位情况建立组织机构；是否有专职或兼职安全员；人员素质是否符合要求。检查的方式是查组织机构图，安全管理人员的聘任手续，安全管理人员档案。

②安全管理制度检查。包括安全生产责任制；安全生产教育制度；安全生产检查制度；安全生产考核制度(包含绩效管理和奖惩制度)；事故管理制度；设备管理制度；各种操作规程；劳保用品管理制度；安全档案管理制度；危险作业管理制度；危险物品管理制度；重大危险源的应急预案、应急救预案及应急管理预案。检查的方式是检查应急救援预案是否有进行演练、改进和完善制度文本，抽查条款是否有效。

③安全管理过程的实施情况检查。包括安全生产责任制落实情况；安全生产“五同时”、

“三同时”执行情况；事故处理“四不放过”执行情况；其他安全生产制度落实情况。

(2)生产现场的安全检查，包括：

①机械设备。机械设备是否有防护装置；设备的手柄、开关、控制按钮是否处于正确位置；应该悬挂的警示标志是否齐全；是否有妨碍操作的因素。

②工作现场环境。地面情况，照明情况，防尘，防毒防爆等设施是否正常运转，操作者周围状况，物品定置摆放情况。

③劳动保护用品。包括应该穿戴的劳动保护用品是否穿戴齐全，穿戴方法是否正确，是否有穿戴禁止使用的劳动防护用品。

④生产人员的行为。检查是否有违反操作规程的情况。

(3)特殊场所的检查。主要是对仓库、油库、配电室、拌和站和试验室等的检查。

(4)特种设备及操作安全检查。包括特种设备是否定期检测，特种设备防护装置是否齐全，操作人员是否持证上岗，是否有违反操作现程。

(5)其他安全检查。检查应急救援预案中应急物资的储备、储存情况。

为了使安全检查落到实处，广梧高速规定：对于业主、监理工程师在检查中发现存在的安全隐患和问题，要形成书面意见并要求承包人限期整改，承包人整改完毕后要形成书面报告上报。对于逾期不改的，按相关规定进行处罚。

【案例 6-9】 广梧高速公路安全生产、文明施工评优实施细则

第一条 为健全制度、完善机制、强化管理，以达到提高安全生产、文明施工的目的，业主将于每季度组织一次全面的安全生产、文明施工大检查，每月安全生产联合检查和不定期的巡查。根据各次巡查、检查和季检的资料，以及上级安全主管部门检查的结果，按照定性评价、定量评分相结合及奖优罚劣、扶优抑劣的原则，业主将于每季度组织一次安全生产、文明施工评优。

第二条 评优考核小组成员由业主和总监办人员组成。

第三条 奖金来源。

根据《施工承包合同》专用条款 76.1 及 102.17“本项目设工程质量安全奖励金，金额为第 200 章至 700 章合计的 1.2%计取，并包含在投标单价或总价中。在每次中间计量时计取，并按规定由业主统一掌握使用”、“若评定综合评分小于 90 分，则扣罚 200 章至 700 章计量金额的 2%，并将所有工程质量安全奖励金全部扣回”、“工程质量安全奖励金的 70%用于支付施工期间业主及上级安全主管部门组织的各项评比活动中承包人达到优胜时支付给承包人和管理有功的相关人员”。

工程质量安全奖励金的 70%中的 50%为安全奖励金。

第四条 各合同段当季第 200 章至 700 章合计的 0.42%(1.2%×70%×50%)作为该合同段工程安全奖励基金。

第五条 初评工作小组成员依据《云梧高速公路安全生产、文明施工检查评分表》在定期和不定期的安全检查中对各合同段进行综合评分、扣分，并对评优期内的评分、扣分情况进行汇总；评优考核小组成员根据初评工作小组的汇总结果，对各合同段的安全生产总体情况进行综合考核评定；各合同段的最终排名直接跟该合同段评比当季第 200 章至 700 章合计的工作量挂钩，即按每万元工作量所扣减分数进行排名，业主将奖励安全生产、文明施工优胜奖若干名(业主将根据评优当季的实际情况确定具体奖励数量)。

第六条　安全生产、文明施工优胜奖获奖励金额为该合同段工程安全奖励基金的120%。

第七条　获奖合同段必须将不少于30%的所获安全生产、文明施工优胜奖获奖励金额直接发放给项目经理等有功人员；获奖合同段在季度评比结束后一个月内将安全生产、文明施工优胜奖的具体发放情况报备给业主。

第八条　若获奖合同段未按上述第七条规定执行，业主将在下期工程计量支付中将该合同段当季所获安全生产、文明施工优胜奖获奖励金额的30%扣回，并由业主统一掌握使用。

第九条　未获得优胜的合同段的相应的安全生产、文明施工奖励基金即转为暂定金额，完全由业主掌握。

四、安全事故报告、调查与处理

广梧高速的安全事故报告、调查和处理严格按照《企业职工伤亡事故分类标准》(GB 6441—86)和国务院《生产安全事故报告和调查处理条例》办理。

1. 安全事故报告

事故发生后，事故现场有关人员应当立即向本单位负责人报告。单位负责人接到报告后，应当于1小时内向事故发生地县级以上人民政府安全生产监督管理部门和负有安全生产监督管理职责的有关部门报告。情况紧急时，事故现场有关人员可以直接向事故发生地县级以上人民政府安全生产监督管理部门和负有安全生产监督管理职责的有关部门报告。

事故发生单位负责人接到事故报告后，应当立即启动相应应急预案，或者采取有效措施，组织抢救，防止事故扩大，减少人员伤亡和财产损失。有关单位和人员应当妥善保护事故现场以及相关证据，任何单位和个人不得破坏事故现场、毁灭相关证据。

2. 安全事故调查与处理

安全事故调查按照图6-19所示的程序，根据安全事故等级，分别由不同级别的人民政府负责，项目各参与方积极协助。

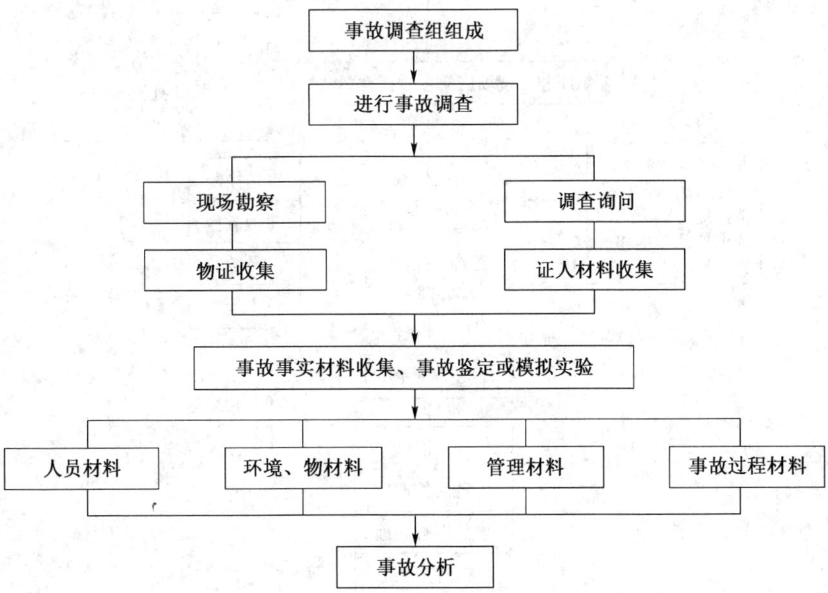

图6-19　安全事故调查程序

根据事故调查组的结论，对事故责任人和责任单位按相关规定进行处理。事故发生单位应当认真吸取事故教训，落实防范和整改措施，防止事故再次发生。防范和整改措施的落实情况应当接受工会和职工的监督。

五、应急保障措施

广梧高速从组织机构、人力、工程抢险装备等方面，建立了完整的应急保障措施。由项目业主、承包人、监理单位的最高管理者组成应急响应指挥组织，统一调度应急队伍。项目业主工程技术部建立了各类专业技术人员、专家通讯联络系统，确保应急技术指导。工程开工前，各标段的主要抢险救助设备，如挖掘机、起重机、运输车辆，以及其他起重、碾压、爆破设备等的数量和操作人员名单，统一报送项目业主，作为信息储备。日常应急物资储备包括抢救伤员的常见常备药物，救助伤员的简易医疗器材，以及可预见的其他救助物资等的储备，应满足本标段的应急预案的要求。

为保证应急保障机制的有效性，广梧高速每半年、或国家重大活动、或节假日前，都举行应急信息传递演练，确保信息畅通。各标段每年也举行一次有针对性的应急演练，确保应急队伍、物资、设施的完备。

应急响应流程如图 6-20 所示。

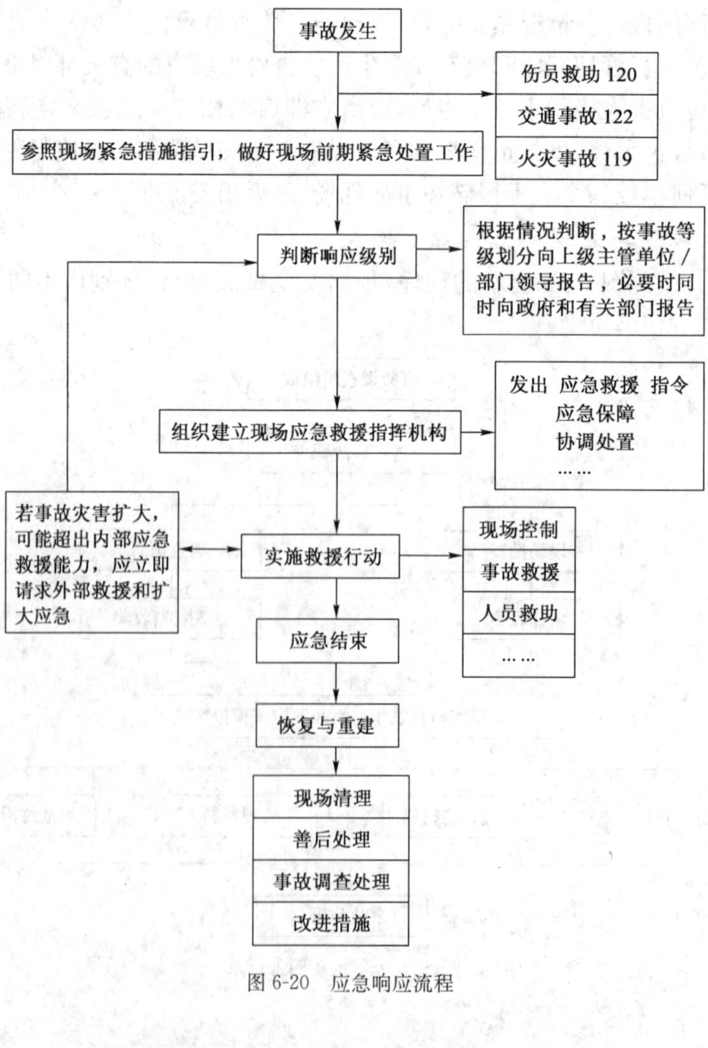

图 6-20 应急响应流程

六、文明施工

广梧高速公路以"安全优质、以人为本、科技领先、环保和谐"作为建设理念,各参建方积极配合、团结协作,共同营造了一个良好的施工环境。

1. 树立文明施工的意识

首先,项目业主和承包人高度重视文明施工的重要性,在整个施工过程中全面加强施工现场管理,规范施工作业,保证了施工现场组织有序、管理严密、有条不紊。其次,加强文明施工的宣传教育,提高职工文明施工的意识。业主和监理单位加强对承包人施工现场的巡视和监督,发现有不文明施工的地方,及时通知承包人改正。

2. 施工现场布置规整、有序

施工现场严格按施工总平面图进行布置。承包人驻地建设做到了规划、整洁。通过设置必要的宣传栏,把各项管理制度、操作规程、工作标准、现场管理实施细则挂牌公布。把施工任务和完成情况和各项检查结果制成图表,张榜公布。营造了一个良好的生产、生活环境。

加强现场材料存放管理,工地现场所有材料的堆放规范、整齐。钢筋堆场、加工场地进行了硬化,钢筋材料按不同规格分别堆放。水泥在水泥仓库中存放,砂、石材料堆放整齐,分类分堆立牌标示。

所有结构物施工点均需设置统一的标志牌,注明结构物的结构形式、施工工期、施工负责人、质量责任人等。

3. 工序规范化施工

广梧高速十分注重工序施工的规范化。以路基施工和混凝土施工为例,在路基施工中,严格按照施工方案,路基挖土时做到有序开挖,取土场有次序分层取土。土石方填筑时,为防止泥水污染农田、水塘,填方边坡设置临时急流槽。

混凝土施工中,拌和站场地坚实,原料全部采用自动计量,配合比标识牌采用统一样式,清晰明了。混凝土设备外观干净,使用完后及时清理保养,结构物完工后,及时清理支架模板,分类堆放整齐,剩余的砂石材料及时转运至其他施工点。

4. 营造良好的路地关系

良好的路地关系是工程顺利进行的基础。广梧高速要求各建方正确处理与地方各级政府和沿线群众的关系。通过采取可靠措施,保证原有交通设施的正常通行,切实维护沿线村镇的居民饮水、农田灌溉、生产生活用电及通讯管线的正常使用,尽力减少对当地居民生活的干扰,避免由于人为因素造成不必要的矛盾。

【案例 6-10】 承包人驻地的建设的规定

一、驻地的设计

承包人在施工现场搭建的生活设施、办公设施、两层以上、大跨度及其他临时房屋建筑物应当进行结构计算,绘制简单施工图纸,并经总监办审批方可搭建。临时建筑物设计应符合《建筑结构可靠度设计统一标准》(GB 50068)、《建筑结构荷载规范》(GB 50009)的规定。临时建筑物使用年限为5年。临时办公用房、宿舍、食堂、厕所等建筑物结构重要系数 $\gamma_0=1.0$,工地非危险品仓库等建筑物结构重要系数 $\gamma_0=0.9$,工地危险品仓库按相关规定设计。

二、驻地的选址

办公生活临时设施的选址首先应考虑与作业区相隔离,保持安全距离,其次位置的周边环境必须具有安全性，例如不得设置在高压线下，也不得设置在沟边，崖边，以及滑坡、泥石流等灾害地质带上和山洪可能冲击到的区域。

三、驻地的布置原则

1. 合理布局，协调紧凑，充分利用地形，节约用地；

2. 临时房屋布置应方便生产和生活；

3. 应尽量采用活动式或容易拆装的房屋；

4. 应符合安全、消防和环境卫生的要求。

四、驻地的布置方式

1. 生活性临时房屋布置在工地现场以外，生产性临时设施按照生产的需要在工地选择适当的位置，行政管理的办公室等应靠近工地或是工地现场出入口；

2. 生活性临时房屋布置在工地现场以内时，一般布置在现场的四周或集中于一侧；

3. 生产性临时设施，如混凝土搅拌站、钢筋加工厂、木材加工厂等，应全面分析比较确定位置。

五、驻地的结构类型

1. 活动式临时房屋，如钢骨架活动房，彩色钢板房；

2. 固定式临时房屋，主要为砖木结构、砖石结构和砖混结构。

六、驻地的搭设与使用管理

1. 办公室：

办公室内布局应合理，文件资料宜归类存放，并应保持室内清洁卫生。有关职责、制度、规定上墙。

2. 员工宿舍：

(1)宿舍应当选择在通风、干燥的位置，防止雨水、污水流入；

(2)不得在尚未竣工的建筑物内设置员工集体宿舍；

(3)集体宿舍必须设置可开启式窗户，设置外开门；

(4)集体宿舍内应保证有必要的生活空间，室内净高不得小于 2.4m，通道宽度不得小于 0.9m，每间宿舍居住人员不应超过 16 人；

(5)宿舍内的单人铺不得超过 2 层，严禁使用通铺，床铺应高于地面 0.3m，人均床铺面积不得小于 1.9m×0.9m，床铺间距不得小于 0.3m；

(6)宿舍内应设置生活用品专柜，有条件的宿舍宜设置生活用品储藏室；宿舍内严禁存放施工材料、施工机具和其他杂物；

(7)宿舍周围应当搞好环境卫生，应设置垃圾桶、鞋柜或鞋架，生活区内应为作业人员提供晾晒衣物的场地，房屋外应道路平整，晚间有充足的照明；

(8)寒冷地区冬季宿舍应有保暖措施、防煤气中毒措施，火炉应当统一设置、管理，炎热季节应有消暑和防蚊虫叮咬措施；

(9)应当制定宿舍管理使用责任制，轮流负责卫生和使用管理或安排专人管理。

3. 食堂：

(1)食堂应当选择在通风、干燥的位置，防止雨水、污水流入，应当保持环境卫生，远离厕所、垃圾站、有毒有害场所等污染源，装修材料必须符合环保、消防要求；

(2)食堂应设置独立的制作间、储藏间；

(3)食堂应配备必要的排风设施和冷藏设施，安装纱门纱窗，室内不得有蚊蝇；

(4)食堂的燃气罐应单独设置存放间，存放间应通风良好并严禁存放其他物品；

(5)食堂制作间的刀、盆、案板等炊具必须生熟分开，食品必须有遮盖，遮盖物品应有正反面标识，炊具宜存放在封闭的橱柜内；

(6)食堂内应有存放各种作料和副食的密闭器皿，并应有标识，粮食存放台距墙和地面应大于0.2m；

(7)食堂外应设置密闭式泔水桶，并应及时清运，保持清洁；

(8)应当制定并在食堂张挂食堂卫生责任制，责任落实到人，加强管理。

4.厕所：

(1)厕所大小应根据施工现场作业人员的数量设置；

(2)施工现场应设置水冲式或移动式厕所，厕所地面应硬化，门窗齐全，蹲坑间宜设隔板，隔板高度不宜低于0.9m。

(3)厕所应设专人负责，定时进行清扫、冲刷、消毒，防止蚊蝇孳生，化粪池应及时清掏。

5.防护棚：

防护棚顶应当满足承重、防雨要求，在施工坠落半径之内的，棚顶应当具有抗砸能力。

6.搅拌站：

(1)搅拌站应有上料场地，应当综合考虑沙石堆场、水泥仓库的设置位置，即要相互靠近，又要便于材料的运输和装卸。

(2)搅拌站场地四周应当设置沉淀池、排水沟。

(3)搅拌站应当搭设搅拌棚，挂设搅拌安全操纵规程和相应的警示标志、混凝土配合比牌，采取防止扬尘措施，冬季施工还应考虑保温、供热等。

7.仓库：

(1)仓库的面积应通过计算确定，根据各个施工阶段的需要的先后进行布置。

(2)水泥仓库应当选择地势较高、排水方便、靠近搅拌站的地方。

(3)易燃易爆品仓库的布置应当符合防火、防爆安全距离要求。

(4)仓库内各种工具、器件、物品应分类集中放置，设置标牌，标明规格型号。

(5)易燃易爆和剧毒物品不得与其他物品混放，并建立严格的进出库制度，由专人管理。

七、驻地的形象建设

1.大门

驻地大门必须按统一规格搭建。

2.道路

驻地内道路畅通，路面平整，主干道宽度不小于3.5 m且必须进行硬化处理。

3.围挡及安全

为避免“民扰”或“扰民”，驻地外围必须设围挡，使用砖砌围墙或铁丝网围栏。场内照明配置得当，大门处设保卫室，保卫人员上岗执勤。

第七节　运 营 筹 备

一、筹备组的建立

在高速公路运营筹备初期应当成立运营筹备工作小组，主要负责运营筹备工作的组织与协调工作。筹备组根据实际情况编制《运营筹备工作计划书》,确定运营筹备过程中的工作内容、工作程序,明确各项工作的主办和协办,各项工作的时间安排。

广梧高速在运营筹备过程中设置了七个工作小组,分别负责运营规章制度的制订;通行费发票的申请工作;运营工作人员招聘和岗前培训和实习工作;生活办公设施设备、服务区经营设备、施救清障设备的采购工作及小修保养单位的选择工作。具体分工是:

(1)综合部负责招聘、培训、薪酬及运营管理设备和后勤配套设施等固定资产配置等工作。

(2)总经办负责路政大队筹备、广告管理等工作。

(3)交通工程部负责收费标准的申报工作。

(4)合同部负责服务区租赁工作。

(5)工程管理部负责公路养护工作。

(6)技术部负责绿化养护工作。

(7)财务审计部负责与银行签订押解、缴交收费款协议及开办费预算工作。

二、基本制度的建设

1. 运营公司管理制度、各部室管理制度

现代高速公路的运营大多采用公司制模式,为此,在运营筹备时应该按照《公司法》的要求,建立健全各项基本管理制度。针对高速公路运营的实际,一般应制订包括人力资源管理制度、党群工作制度、行政后勤管理制度、收费管理制度、路政大队管理制度、工程养护管理制度、合同管理制度和财务管理制度等基本管理制度。

2. 联网收费管理制度

作为收费高速公路,联网收费管理制度是各项制度的核心内容之一,政策性强,工作要求细致,在运营筹备过程中要认真研究。该项制度一般包括三个部分:岗位职责,工作制度,职业道德与文明服务。

高速公路的收费管理部门包括综合管理部、各业务岗位、监控工作岗位、机电维护岗位、稽查工作岗位。岗位职责和工作制度是对各岗位的工作流程、工作责任、工作关系进行具体的规定。

另外,高速公路收岗位也是公司精神文明建设的窗口。因此,对各岗位人员在专业技能,仪表仪容,文明行为,文明语言,文明环境,高效服务等方面也应该制订相应的文明服务规范。确保每位员工爱岗敬业、尽职尽责、遵章守纪、廉洁奉公、文明服务、优质高效。

3. 路政大队建设、交警管理制度和应急救援方案

高速公路运营公司在为社会提供快捷、高速的交通运输服务的同时,还担负着交通安全管理、社会秩序维护的工作。运营筹备过程中要做好路政大队建设、交警管理制度和应急救援方案制订等工作,应制订包括诸如路政处罚程序、路政案件的查处与索赔程序,恶劣气候条件下的交通管理程序、打击肇事逃逸预案,文明执法条例等。

三、员工招聘与培训

1. 员工招聘

高速公路运营公司的员工分为收费系列员工和路政系列员工。一般先由各部门或路政大队、管理所,根据公司的人员编制、员工流动状况和业务需要提出人员需求,人力资源部通过分

析，提出初步意见、招聘计划呈报审批，审批同意后由人力资源部负责实施。

(1)招聘前期准备工作。招聘前期主要的准备工作包括：招聘宣传与策划，如宣传讲稿、招聘简章、招聘海报；招聘人员培训，其中如面试考核的标准、面试技巧、招聘人员的行为规范；招聘资料印刷等应提前准备。该阶段需要完成的工作有：

①确定招聘时间、人数、学历比例、性别比例、地区比例、特长比例；

②确定招聘方式、招聘学校及专业范围与比例；

③编制招聘现场用宣传资料，如公司简介、岗位介绍、工作生活环境、公司及个人发展前景、招聘人数、专业要求等；

④编制录取意向书、劳动合同、体检表。

(2)面试考核。面试考核主要包括招聘工作组织设计、面试考核流程及要点等。

(3)后续准备工作。后续管理工作包括人员报到情况跟踪、录用人员文档管理和违约人员管理。

2. 员工培训

培训前期主要是编制员工培训方案和培训管理条例；编制员工培训教材；确定并联系委托军训部队及费用；准备军训用衣服及生活必须用品；联系银行派员指导学习点钞及识别真伪钞；联系物价局进行上岗证培训；联系收费专业培训；联系实习单位，确定实习内容。员工包括入职培训和岗位培训，如图 6-21 和图 6-22 所示。

四、运营公司设备和固定资产配置

(1)运营用车辆购置。根据用途确定运营用车辆数量、型号。

(2)消防与路政专用设施。确定消防与路政专用设施品种、数量及购置要求，制订采购计划并采购。

(3)办公设备购置。根据机构设置、人员编制和房建办公区划分，确定办公室布置及办公桌、椅、柜等品种数量，制订招标采购计划。

(4)宿舍用品。根据房建不同类型宿舍及布局情况，统计家具、床上用品及卫生用品的品种、数量规格，制订招标采购计划。

(5)管理中心、职工住宿区综合楼配套设施的采购计划。

(6)公司、收费站铭牌、管理中心及职工住宿区各单体建筑名牌、办公室各部门铭牌及宿舍楼栋号牌和房号牌的定制。

五、联网收费

1. 收费标准的申报与审批

收费标准申报审批的工作流程是：里程计算，包括主线里程和连接线及匝道两部分；起草收费站站址设置请示报告；跟踪收费站设置请示报告审批过程；起草收费标准的申请报告，备齐相关附件资料，负责申报；跟踪物价部门的审批过程；编制本公司收费梯级表；按照批准的收费标准制作收费标准牌、收费许可证牌。

2. 联网中心协调

运营筹备过程中要明确联网中心服务收费标准、报表数据传送方式，系统联网技术工作和本路段收费解缴方法以及各路段分账办法等。

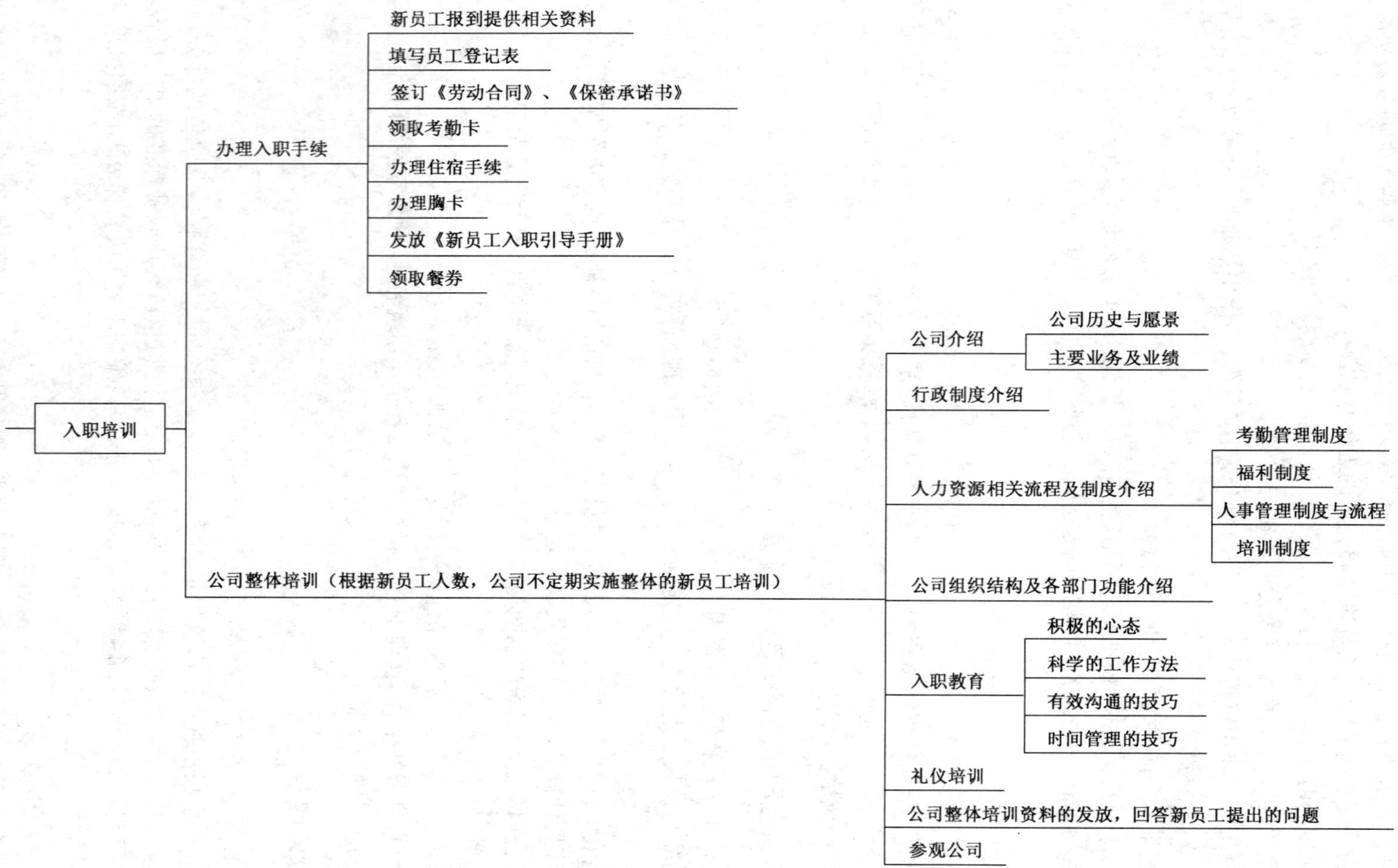

图6-21　新员工入职培训流程图

3. 与银行签订押解、缴交收费款协议

包括押解的方式、缴交收费款的程序等。

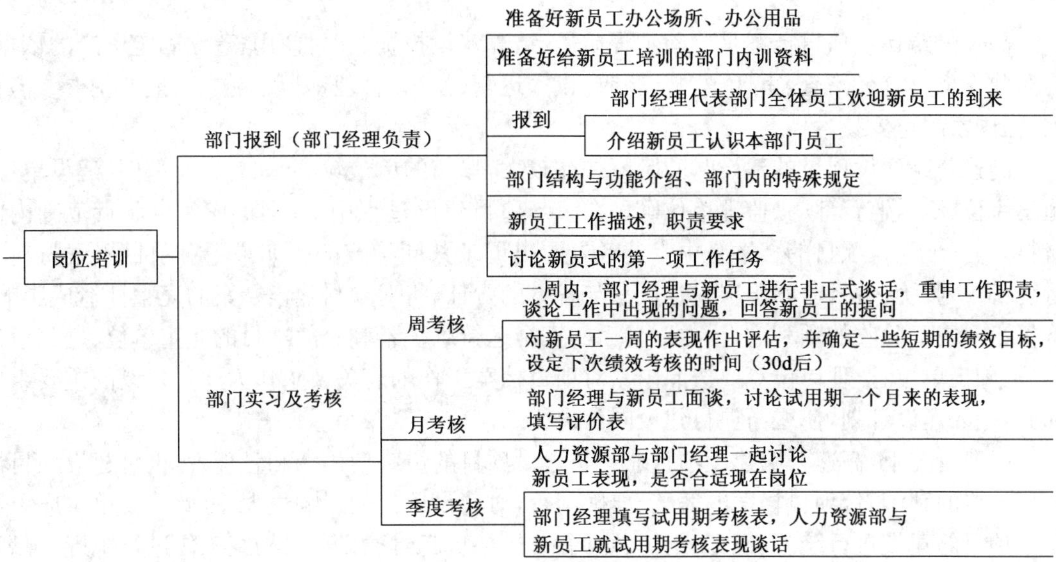

图 6-22　新员工岗位培训流程图

六、路政大队与交警设点

运营筹备组要起草成立路政大队的申请报告，确定路政大队、路政中队、编制人数。根据路政大队管理制度编制路政大队、路政中队职责，大队及中队各岗位的职责，路政工作程序。结合员工招聘与培训的要求，拟定路政人员招聘条件，参加分组招聘。根据路政人员的工作职责，制订路政人员培训计划，编制培训教材，安排上岗培训和实习。

根据有关法律法规的要求，起草并发文到当地公安部门要求安排高速公路交警设点，建立路政与交警的联系方式及分工合作关系。联系高速公路拯救部门并建立合作关系。联系消防部门并建立救助关系。

七、运营服务

测算服务区租赁经营收费标准，签订服务区租金、期限、缴款方式。确定服务区加油站场地租赁期、租金、年限，招标确定加油站经营单位。向路政部门和工商部门申请高速公路广告经营权、确定广告数量、规模、位置等，招标确定广告代理公司。

八、养护与绿化

确定公路养护承包单位、养护工作范围、各项养护费用标准，签订委托养护协议。确定绿化养护承包单位，养护工作范围、养护费用标准，签订委托绿化养护协议。委托环卫部门负责工作区和生活区卫生垃圾清运工作。

九、开办费与薪酬标准测算

统计汇总各项需要开支的项目，编制开办费预算。调研同类运营公司薪酬标准，申报运营公司工资总额，编制薪酬岗位等级标准表。

第八节　档案材料的管理

高速公路建设项目档案是检验工程质量、结算建设投资、交付使用、建立固定资产的依据；是对建设项目进行稽查、审计、监督、验收、投入运营、使用、管理，以及维护、改造的主要参考依据；是国家的重要技术档案。

高速公路建设项目的建设时间跨度往往较大，参与的单位较多，如有主管部门、建设单位、施工单位、质量监督部门、监理单位等。在参与项目建设过程中，分别形成各自职责范围内的材料，即一个建设项目的档案是由参建各方历史记录共同构成的。如果不对项目档案材料实行统筹规划、统一协调，明确项目建设参与各方的责任，将对项目建设档案的完整性造成影响。不仅影响竣工验收的顺利进行，也对日后的安全运行维护不利。故项目的业主单位、勘察设计单位、施工单位、监理单位等要按照国家对项目档案工作的有关要求作为项目建设的重要组成部分，列入建设计划，使之与项目建设同步进行。

一般情况下，高速公路建设项目业主是建设项目的最终使用者和管理者，也是建设项目档案最主要的利用者，项目档案的完整、准确与否，对建设单位的影响最大，因此建设单位应象对整个项目的建设进行统筹、规划、组织、协调一样，担负起对建设项目档案工作进行统筹、规划、组织、协调、监督、指导检查、验收的职责。

一、基本要求及步骤

1.档案整理基本要求

高速公路建设项目档案的整理就是在对项目建设过程中形成的文件材料进行完整收集的基础上，按照一定的原则和方法，进行分类、组卷、编目的工作。其基本要求是遵循建设项目文件材料的形成规律，根据其具有成套性、阶段性、专业性的特点，以最少的工作消耗完成工作的全部内容，经整理后的档案符合便于保管、保密和提供利用的原则。高速公路建设项目从筹建到竣工验收各阶段的文件材料都是有规律、有系统地产生的，项目档案具有成套性的特点。一个项目各阶段形成的文件材料之间既相对独立又相互联系，构成一个前后次序既不可分离又不能混淆的有机整体，反映项目从酝酿、决策到建成使用的全过程中应归档的文件材料都应齐全。

2.档案整理的步骤

(1)对收集整理的文件材料按项目档案归档范围进行鉴定，剔除不属归档范围及重复的文件材料。需要归档的原件一份也不能少，诸如计划任务书的批复、项目任务书的上报等等，应将原件归入基建项目，以确保项目档案的完整性。

(2)将应归入建设项目档案的文字材料、图表、图纸，按立项、设计、施工、竣工四个阶段归类划分，在此基础上，按单项工程予以分开，不同的形成阶段，不同的单项工程，文件材料不能混淆在一起。

(3)同一单项工程内，按不同专业分开排列，如该单项工程是由若干单位工程构成，或该项目直接由单位工程组成，则应先分单位工程同一单位工程下再分专业。

(4)在同一分类层次内，根据不同类型文件材料的形成规律和查找利用规律分类组卷。如管理性文字材料按问题—时间分类组卷，图纸按单位工程—专业—结构分类组卷；施工文件按形成规律分类组卷，如原材料、构件的出厂证明、试验报告可按结构或批量分类组卷，质量检查、评定记录按单位、分部、分项工程分类组卷。

(5)根据文字材料、图表、图纸的多少，组成若干个案卷，案卷的厚度规格一般不超过2.0cm，200页左右。

(6)卷内排列。如果某一项目形成的文件材料数量不多，可以组织为一个案卷时，其卷内文件的排列要按形式的先后顺序排列。如果图纸、文字性材料分别组卷时，图纸的排列可按图纸目录的顺序进行，文字性材料则应遵循反映同一问题、同一结构的文件材料排列在一起的原则，同一案卷中有若干个问题时，按问题的时间顺序或重要程度排列。同一案卷中既有文字性材料也有图纸时，反映同一个问题，同一工作进程的文件材料排列，应文字性材料在前，图纸在后。

在确定建设项目档案的分类方法后，还需要把单份的文件材料按照一定组合方法，组成若干组案卷。构成每一卷的单份文件材料应当是一组联系紧密、数量适度、保管价值基本一致，能表达一个相对独立概念的文件材料，在同一标准下档案数量多，先汇集成类，再进行组类。档案材料数量少，可直接组成卷。

二、文件的组卷

1.综合性文件材料的组卷方法

综合性文件材料主要是在项目准备阶段形成的立项申报与审批文件、可行性研究报告、征地拆迁材料、报建材料、合同、协议、设计和施工阶段形成的招投标文件、竣工验收阶段形成的竣工验收文件。

这类型文件材料的整理应按先问题后时间的原则组卷，如立项、征地拆迁、报建是几项不同的工作，形成的材料也自然分成几个问题，可把反映不同问题的文件材料分开，同一问题形成的材料按时间顺序排列，如文件材料数量多，可按问题组成几个案卷，如数量不多，可组成一卷。卷内反映同一问题的材料应排列在一起，按时间顺序或重要程度排列。如征地拆迁包括征地拆迁合同协议、征地批文、征用土地数量一览表、占地图及土地证等。这些材料不能与招、投标文件放在一起。因为它形成的时间不同，最主要的是它的内容完全不一致，征地拆迁应单独组卷。首先是批准文件，接下来征地拆迁合同、协议、土地使用证、红线图等，公路的红线图数量较大，其组卷按征地的起止地点进行有序排列。

2.图纸的组卷方法

图纸是按结构、专业形成的，图纸形成后有图纸目录控制其排列顺序，因而在组卷时可按设计图纸的目录进行。如反映同一结构(如单项工程、单位工程)的图纸数量少，可组成一卷，卷内图纸的排列可按原设计图纸的目录进行；如图纸的数量较多，可按不同专业组成若干案卷，不同专业的图纸数量不一，组卷时可灵活分卷或组合。需要说明的一点，如果一张施工图由若干单位施工，总建设单位要指定汇总人，各施工单位完成自己负责的部分后交有关单位汇总。竣工图与施工图数量不一致(有增加或减少)时应重新填写目录，同时保留原施工图目录。

3.修改通知单的组卷方法

修改通知单一般不能直接附在被变更的竣工图的次页，在整理时，以一个单项工程或单位工程为单位，把涉及该单项(单位)工程的所有变更通知单集中起来，前面附上该单项(单位)工程的变更通知单目录。如材料数量少，可组成一卷，卷内按专业、文号顺序排列，如数量多，可按专业分别组卷。有些需要说明的：

(1)一张更改通知单涉及多图时，如果图纸不在同一卷册的，应将复印件附在有关卷册中，或在备考表中说明。

(2)如果一张图纸有多张修改通知单修改的,这些修改通知单应集中排列。

4.施工单位文件资料组卷方法和组卷要求

(1)分项、分部单位工程的划分的组卷要求如下:

各标段施工单位应按"公路工程质量检验评定标准"(JTG F80/1—2004)划分单位、分部、分项工程,并要求监理工程师审查认可,在此基础上进行施工文件的编制整理组卷工作。

①每座小桥作为一个分部工程单元,按照划定的路基分部单元进行汇总作为一个小桥分部工程;

②每座中桥作为一个单位工程单元,全标段的中桥汇总作为一个单位工程;

③互通立交范围内的主线部分工程要求归入到相应的主线分项、分部、单位工程中;

④互通立交匝道上的桥梁工程每座作为一个分部工程单元,所有匝道上的桥梁汇总作为一个分部工程;

⑤互通立交匝道工程每条作为一个分部工程单元,所有匝道汇总作为一个分部工程;

⑥每座互通立交的路面作为一个分部工程,放入相应的主线路面单位工程评定;

⑦每座互通立交的标志标线、防护栏栅等分别作为一个分部工程放入相应的交通安全设施单位工程评定。

(2)工程质量检验评定的组卷要求如下:

要求按照划定的单位、分部、分项工程评定单元进行。

①每标段的路基工程作为一个单位工程,路基土石方、排水、砌筑工程按划定的单元进行相应的分项、分部评定;涵洞以每座进行分项评定,按划定的单元进行分部评定。主线上对应路基分部单元内的小桥作为一个分部工程,每座小桥为一个分部工程单元进行评定,主线上对应路基分部单元的所有小桥再利用"分部工程质量检验评定汇总表"进行汇总,作为小桥分部工程评分。

②大、中桥基础及下部构造按每墩台的不同部位(如:0号台桩基、0号台台身等)进行分项评定,钢筋加工安装按每墩台的不同部位分别进行分项评定(如:0号台桩基钢筋加工安装、0号台台身钢筋加工安装等)。

③大、中桥基础及下部构造以每墩台为一个分部工程单元进行评审后,全桥墩台利用"分部工程质量检验评定汇总表"进行汇总,作为基础及下部构造分部工程评分。

④小桥基础及下部构造、上部构造按全桥进行相应的分项评定。

⑤大、中桥上部构造预制和安装按每跨为一个分部工程单元评审后,全桥利用"分部工程质量检验评定汇总表"进行汇总,作为预制和安装分部工程评分;大、中桥上部构造现场浇筑按每联为一个分部工程单元评定后,全桥利用"分部工程质量检验评定汇总表"进行汇总,作为现场浇筑分部工程评分;总体及桥面按全桥进行相应的分项评定;预制和安装、现场浇筑、总体及桥面汇总得出上部构造分部工程评分。

⑥每标段主线上所有中桥作为一个单位工程,每座中桥作为一个单位工程单元进行评定。一个标段内的中桥利用"单位工程质量检验评定汇总表"进行汇总,作为中桥单位工程评分。

⑦互通立交匝道上的桥梁工程参照主线桥梁工程进行质量评定,每座桥梁作为一个分部工程单元,一座互通立交的所有桥梁按"分部工程质量检验评定汇总表"进行汇总,作为桥梁工程分部工程评分。

⑧互通立交匝道工程参照路基工程进行质量评定,每条匝道作为一个分部工程单元,一座

互通立交的所有匝道按“分部工程质量检验评定汇总表”进行汇总，作为匝道工程分部工程评分。

⑨路面工程按每10km作为一个单位工程；每座互通立交的路面作为一个分部工程评定后，放到相应的10km进行上一级的单位工程评定；每座互通立交的水泥混凝土面层、沥青混凝土面层各作为一个分项工程进行评定；主线路面分部工程权值为2，互通立交路面分部工程权值为1。

⑩路面基层先分上、下基层进行分项评定，再汇总取平均分进行上一级分部工程质量评定。

⑪大、中桥增加利用分项工程质量评定表进行各分项工程（如桩基、立柱、盖梁等等）的全桥汇总（不作为分项评定组卷，放在汇总表中组卷）。

⑫抗压强度汇总按不同部位、不同标号分别换行填写，小桥以每座为单元按分项进行填写，大、中桥先按每墩台、再按全桥进行汇总。

⑬分项工程质量评定的监理意见应填写明确的意见和要求（不允许填写“属实”等字样）。

⑭工程质量检验评定除按单位、分部、分项工程质量评定进行单独组卷外，还要求分项工程质量评定表原件放在相应的施工原始资料最前面进行组卷。

⑮各种汇总表、评定表要求进行单独组卷。

以上各种试验检侧汇总表、统计表、一览表按照另册《云梧高速公路试验、检测汇总及统计表格》进行填写。

(3)施工单位文件资料的组卷方法如下：

路基、路面、大桥、中桥、互通立交、交通安全设施工程质量检验评定按单位、分部、分项评定顺序分别单独组卷。

竣工表（包括汇总表、统计表、一览表）单独组卷。

每卷施工原始资料前面放反映该卷文件材料内容的分项评定表，再按工序排列资料，每卷文件数量一般不超过250页。

土方路基按同一段落的填筑层次顺序排列（从基底、93区第一层排到路顶面）；软土地基处理和土工合同成材料处治层按桩号顺序排列组卷。

排水工程按照管道基础及管节安装、检查（雨水）砌筑、浆砌排水沟、截水沟、盲沟、急流槽等分别按桩号顺序单独组卷。

小桥按每座由下至上的顺序排列，先排列完墩台，再排列上部构造；可下部和上部分别组卷。

涵洞工程按桩号顺序依次排列组卷。

砌筑工程的挡土墙、护坡等以不同类型按桩号顺序排列组卷。

路面工程按垫层、底基层、基层、面层、路缘石、硬路肩、土路肩分别按照桩号顺序组卷。

大、中桥的基础及下部构造以每墩台由基础到墩台的顺序分别单独组卷，桥台还包括锥护坡、台背填筑、搭板等；上部构造的预制安装以每孔按梁板位置编号顺序排列组卷；总体及桥面按桥面铺装、伸缩缝、防撞栏顺序排列组卷。支座安装放到上部构造进行组卷，分离立交引道工程单独组卷。

互通立交范围的主线部分归入主线组卷，互通立交每条匝道的路基土石方、排水、涵洞、通道、砌筑防护工程一起组卷，路面按每条匝道组卷，整个互通立交的交通安全设施一起组卷。

主线上的交通安全设施按划定的分部单元组卷，也可按桩号顺序连续组卷。

房建工程按照建筑工程的有关规范、标准要求进行组卷。

原材料、半成品、成品的出厂检验报告、合格证、送检报告，按类别单独组卷。

混凝土、砂浆抗压强度的自检、送检试检和监理抽检试验表分别放到相应结构部位组卷，其他自检试验分别单独组卷。

预制厂的分项评定表原件放在施工原始记录中，另外复印一套交省质监站。

招标、投标文件，合同、协议文件，工程变更报告，工程计量支付报表，有关工程的往来文件，工程地质及补充地质勘察报告，开工报告（总开工报告、分项工程开工报告）和施工组织设计，施工日志测量原始记录手簿，施工照片，施工总结等分别单独组卷。

案卷内文件材料要准确反映项目建设活动的真实内容；要齐全、完整。破损的要修复后再组卷；大于A4标准的，应折叠成A4纸规格；小于16开的应用A4的白纸托裱，文件右边和下边分别与托裱右边和下边取齐。卷内文件材料的制作和书写材料必须易于长期保存。不能有热敏纸（传真纸），不能有铅笔，圆珠笔、复写纸书写的字迹；案卷的保管期限应服从文件材料的形成规律与特点。

5. 监理文件的组卷方法

对于监理过程中产生的文件材料，应按文种（或专业）—时间整理组卷。变更支付、进度款支付、索赔支付单独组卷，应把过程文件材料作为附件一同归档。监理月报按年度组卷。以项目有关的来往文件应整理归档，以工程有关的但没有批文，没有结果的报告，应单独存放，待竣工验收后处理。具体组卷的排列方法，按专业的先后顺序进行排列。建设监理的档案的排列：监理大纲、监理合同、监理规划、监理实施细则、开工、停工、复工令、监理文件、会议纪要、备忘录、监理通知、支付月报、监理简报、监理日志等。监理工作中形成的照片、录音、录像可单独组卷。省质监站下发的粤交监〔2000〕215号文《关于对监理工程师提交交竣工验收资料的要求》对监理文件第六条："监理平行检验或试验记录资料"作出明确规定，要求按照该文执行（见附件九）。

6. 照片档案的整理

照片档案应以本项目建设活动为主，选用具有查考价值，尤其是具有历史意义的照片，大体可以包括以下几个方面：第一，本项目在筹建、施工、竣工过程中产生的具有凭证和参考价值的照片；第二，本项目领导活动的照片，上级有关领导在本项目视察活动的照片。照片档案的构成应当由照片、底片和文字说明部分组成，归档时缺一不可。底片是照片档案最原始材料，一定要使每张照片附有一张底片，并用专用底片袋保存。由于彩色底片不宜久存，对有特殊意义的应当复制成黑（白）底片保存。

照片档案中，如某次活动只收集了一张照片，则要以单张照片为单位填写文字说明。文字说明要求简短、完整、明了。其内容包括：事由、时间、地点、人物、背景、摄影者等六要素。其编写要求包括：①事由，照片所反映事件、事物的情由；②时间，照片拍摄的时间（由阿拉伯数字表示，如：2001.01.23）；③地点，被拍摄物所在的具体地点；④人物，照片所反映的主要人物的姓名、单位和身份；⑤背景，对揭示照片主题具有一定作用的背景；⑥摄影者，照片的拍摄单位和拍摄人。

如以一组有密切联系的照片为单位，则需写分组说明，每张照片可以简写其他要素。例如：初步设计审查会，会前走访线路现场，留下了会议代表察看地形的照片，然后在会议室具体讨论，又形成一些照片，把这一次会议全过程形成的若干张照片作为一组照片，写一个分说明说明这一组照片的内容，要说明开会的时间、地点、参加人员情况（主要部门）、设计、会议议题、结论、拍摄人等，文字一般不超过200字。写了分说明的，对这一组照片可以只写每张照片的背景或人物。这个分说明放在这一组照片的前面，即空出一张照片的位置放分说明。

一个单项工程的建设也一样，开工时举行仪式，这时，我们要把施工前的地形、地貌拍摄下来，同时会有一些领导到场。这个仪式也可以形成若干张照片。这若干张照片也应写一个分说明。卷内目录可以一组照片写一个题名。

随着施工进度的深入，各阶段要拍一些反映工程全过程的照片。施工、监理单位存移交照片档案前，应根据分说明定出照片的总说明。总说明可以介绍整个项目或单项工程设计、竣工、管理情况，如果照片中有施工工艺的改进、质量问题的处理等，还应重点介绍相关内容。项目竣工后将照片档案移交一份给建设单位。

7.录像、录音档案的整理

凡是归档的声像档案，必须图像清晰、声音清楚，并加以必要的文字说明，同时必须是原版、原件。

录音、录像档案以自然盒（盘）为一卷，每盒（盘）的外套上要贴有标签注明：内容、主要人物、形成日期、带长（分钟）、编号、型号和保管期限等，并填写目录。

第七章　基于集成的信息化管理

高速公路建设是一项复杂的系统工程，管理人员面对大量信息的组织、加工、归类、存储、分发与使用，必须借助现代化的管理工具，通过信息管理系统，对项目实施过程中的各类信息进行有序化管理。广梧高速借鉴高速公路信息化管理的经验与教训，实行集成化信息管理。管理系统立足于业主对项目的建设管理，紧密结合工程实际，利用自主组织开发的门户平台网站，将办公自动化和工程项目信息管理集成糅合在一起。通过自主组织开发的“质量管理系统”、“三维形象进度系统”和“竣工档案管理系统”，购置部署的 Primavera(P3e/c)项目管理系统、HCS 项目管理系统，将项目各参建单位的来往公文、计量支付数据、试验及有关质量数据、变更处理数据等通过信息平台进行共享，大大提高了工作效率，消除了管理上的信息孤岛现象，确保了信息的准确性和相关资料的可追溯性。

第一节　集成化信息管理概述

一、集成化信息管理的意义

高速公路建设项目管理的成功高度依赖于其信息的沟通与交流。据统计，项目管理人员工作时间的 10%～30%是用在寻找合适的信息上，项目管理领域的许多问题，如成本的增加、工期的延误等都与项目组织中的沟通有关。在高速公路建设中，信息沟通问题导致的工程变更和错误约占工程总成本的 3%～5%。现代信息技术作为当代社会最具活力的生产力要素，其广泛应用所引发的信息化和全球化浪潮正在迅速地改变着工程管理的面貌。工程管理信息系统解决了工程管理中信息的收集、处理和存储问题。基于网络的工程项目管理信息平台将成为工程项目管理的主要手段。

由于高速公路建设项目建设的复杂性和特殊性，使其管理与控制成为一项复杂、繁琐且强度很大的工作。项目管理人员必须经常对大量工程信息及数据进行处理、统计和分析，以及时了解工程的进展情况。在完成这些工作时，对信息的掌握和处理就显得十分重要。只有及时、准确、完整地掌握工程建设中发生的各种信息，并且对这些信息进行有效的处理，才能使项目实施处于较好的监控之中，才能确保在合同工期内以较好的质量、较低的成本完成项目的建设。总之，在当今信息管理技术与管理手段高速发展的时代，在高速公路建设管理中有效地运用信息管理技术的成果有着十分重要的意义。

高速公路“数字化”和“信息化”管理，将数字技术、信息技术、网络技术运用高速于公路设计、建设、营运、路政、养护、监控、交通等诸方面管理的信息化。用数字技术结合高速公路的组成要素，建立公路数学模型(功能模型和信息模型)，通过信息采集、传输、加工处理，实现高速公路建设管理信息化，是高速公路科学管理的必由之路。

信息技术的运用降低了管理成本，提高了管理效率。以广梧高速公路为例，该项目点多、线长、面广，建设地点交通落后，以地域计算的总跨度为150多公里，其中以村路和山路为主。在这样的环境下，如果采用传统的面对面方式进行信息交换，涉及时间、人力、交通、通信等方面的成本将十分巨大。通过建立一个以业主为主导，连接业主、监理、设计、施工单位和其他参与方的集成信息管理平台之后，明显地提高了管理效率，节省了管理成本。

二、广梧高速公路集成化信息管理的特点

广梧高速公路建设是一项复杂的系统工程，涉及多个单位，多项领域，多重利益。广梧高速公路作为交通部和广东省的示范工程，为了实现项目实施过程中"安全、优质、高效、低耗"的建设目标，建立了以业主总经理为组长，业主各部门经理和各参与方负责人为组员的信息化建设工作领导小组，成立了综合信息部，负责对各参建单位信息化建设的组织与实施工作。对信息传输、招标投标、工程量清单、概预算管理、合同管理、计划管理、进度管理、质量管理、安全管理、工程变更、计量支付等全过程进行规范化管理。

图7-1为广梧高速公路信息网络示意图。

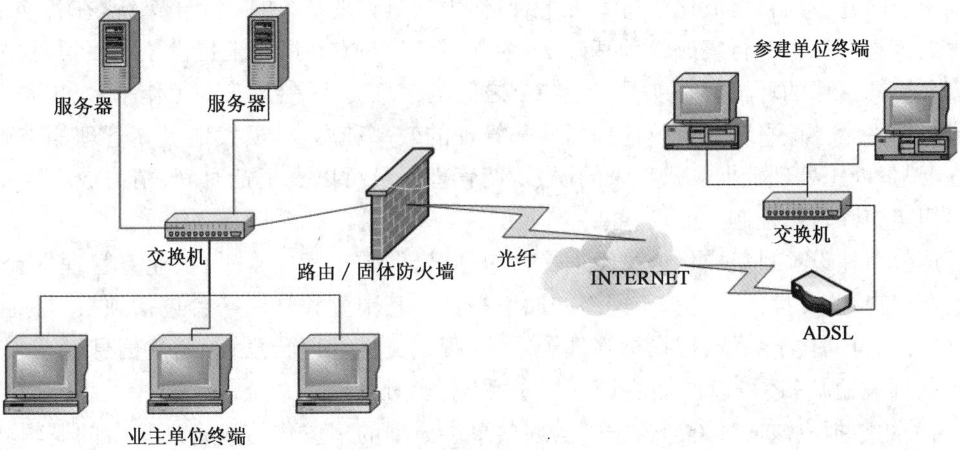

图7-1 广梧高速公路信息网络示意图

(1)总体规划，整体布局，借鉴高速公路信息化管理的经验与教训，实行集成化信息管理。一般的高速公路信息化管理中，大多是根据项目管理的不同目标，分别开发或购置具有专门功能的软件独立完成相应的功能，各款软件之间联系较少。广梧高速公路在信息化建设的方案策划阶段，就提出这些软件需要网络运行、信息共享，在开发或购买软件的同时，组织研发了门户平台网站，将各类信息集成到统一的管理平台上，坚持集成优先的原则。

(2)管理系统立足于业主对项目的建设管理，紧密结合工程实际，其业务范围包含设计、监理和承包人三个方面的工作，集公路项目建设施工过程中的费用管理、合同管理、变更管理、进度管理、计量支付等各项业务，通过计算机网络技术，在业主、设计、监理和承包人之间，实现异地自动化管理，为管理者提供快捷、准确、全面的数据及信息处理，实现全方位、全过程动态管理和实时监控。

(3)建立了一套输入灵活多样、并支持通用应用软件的数据导入和导出、数据采集和报表制作方便高效、查询直观、快捷、管理方便、操作简易、具有严格的权限控制、流程设置、业务跟踪、操作日志、数据备份功能的能保障运行安全数据可靠的系统。系统能有效地提高业务管理的效率和质量，极大提高管理的准确性和时效性，减少人工数据处理方式带来的误差，使管理

人员可以真正把时间、精力放在生产第一线的组织实施和质量管理中。

(4)为第三方业务提供业界标准的数据和业务接口,使其无缝集成并考虑与营运管理系统结合,为项目建设管理、路政、养护、营运、监控等核心业务信息提供一个结构合理、数据共享度高、严谨高效的信息平台。各项业务之间紧密联系,构成一个有机整体,共享所有信息资源,克服以往管理系统容易出现"信息孤岛"的弊病,实现信息管理集成统一。

(5)坚持易操作性、适应性、灵活性原则。针对各参建单位工程管理人员计算机水平不同,各系统做成简单易懂。除个别环节需专业人员处理外,对一般工作人员的操作尽量做到通俗化、简明化。系统考虑了项目实施过程中的各种变化因素,增强了系统的适应性和灵活性。使系统的使用效率大提高。

三、基于网络的高速公路建设项目集成化信息管理平台

高速公路建设项目信息管理的基本形式是以项目信息管理系统(PMIS)作为集成管理的平台,对高速公路建设项目中的信息流、物流、资金流等进行集成计划和控制。

高速公路建设项目集成化信息管理平台,作为项目管理系统的一个子系统,在各项目参与方产生的信息和知识进行集成管理基础上,为项目各参与方在门户上提供了项目信息共享、信息交流和协同工作的环境。是项目各参与方之间的信息交互平台、管理工作平台、也是管理软件集成运用平台。该平台能有效地提高业务管理的效率和质量,极大地提高管理的准确性和时效性,减少人工处理数据方式带来的误差,使管理人员可以真正把时间、精力放在生产第一线的组织实施和目标控制上。

高速公路建设项目集成化信息管理平台包括:资源数据库共享平台、业务管理平台、集成管理信息门户,其支撑平台是基于网络的通信平台。其中业务管理平台包括项目目标控制子系统、办公室自动化子系统、招投标管理子系统、竣工文件管理子系统、公共信息发布子系统。进一步的开发之后,还可以增加决策支持子系统、实时监控子系统等。这些子系统可独立运行,但相关的数据应该通过资源数据库实现共享。典型的集成化信息管理平台的逻辑架构如图 7-2 所示。

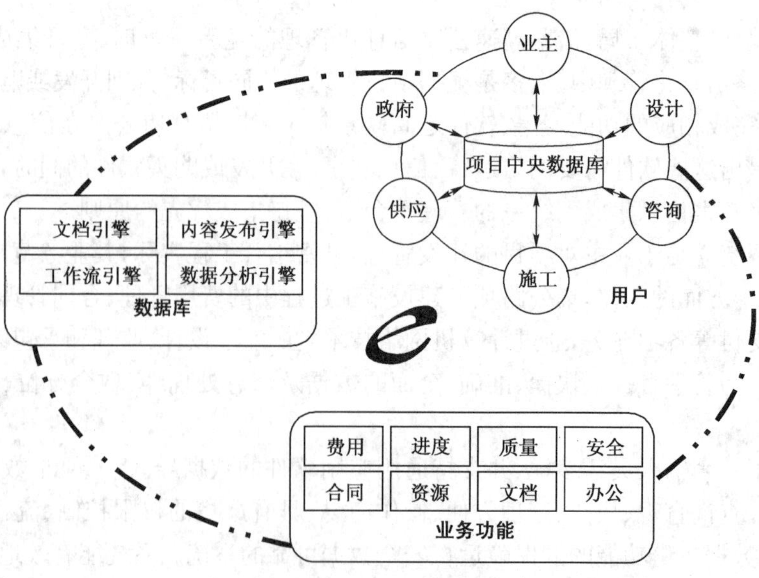

图 7-2　集成化信息管理平台逻辑架构图

业务管理平台是集成化信息管理的核心。通过该平台将项目各参与方的信息收集起来，通过网络通信平台进行传输，然后按规范化的方式进行加工、储存、更新和分发，为各参与方提供相关的信息服务。该平台的特点是：信息的输入输出灵活多样；支持通用应用软件的数据导入和导出；数据采集和报表制作方便高效、查询直观、快捷、管理方便、操作简易；具有严格的权限控制、流程设置、业务跟踪、操作日志、数据备份等安全保障措施。业务管理平台的流程如图 7-3 所示。

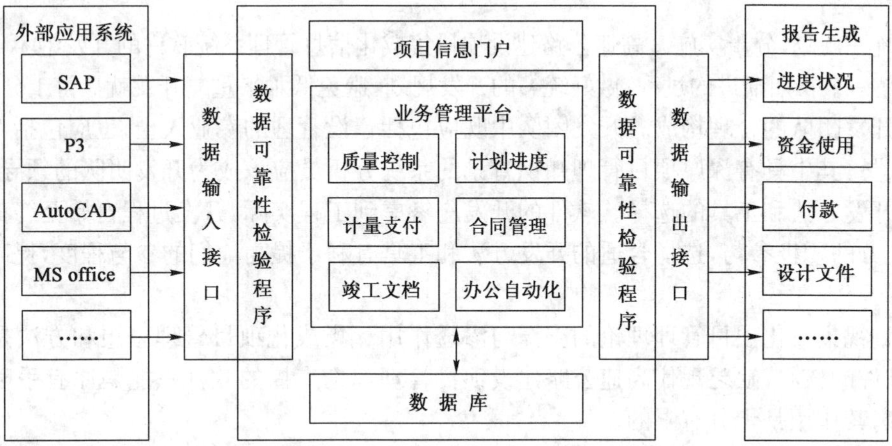

图 7-3　业务管理平台的信息流程

四、广梧高速公路集成化信息管理平台的构建方案

广梧高速公路集成化信息管理系统立足于各参与方的项目管理，紧密结合工程实际，其业务范围涉及业主、设计、监理和承包人。集成了项目建设过程中的费用管理、合同管理、变更管理、进度管理、计量支付管理等业务，通过计算机网络技术，能在业主、设计、监理和承包人之间，实现异地自动化管理的功能。为项目建设提供快捷、准确、全面的信息处理，实现全方位、全过程动态管理和实时监控。

1. 建立与集成化信息管理相适应的管理模式

建设完善的集成化信息管理平台，有赖于以知识管理和集成为基础的项目管理思想上的变革。一个管理系统代表的是一套管理模式，集成化管理模式的发展，需要组织结构由等级制向一体化网络组织结构转变。包括建立与信息系统运行相适应的组织结构、科学合理的工程项目管理工作流程以及工程项目的信息管理制度。由于项目信息管理制度是影响整个建设工程信息管理系统得以正常运行的基础，广梧高速公路建立健全了一系列的信息管理制度，包括以下工作：

(1)建立统一的项目信息编码体系，包括项目编码、费用控制编码、进度控制编码、质量控制编码、合同管理编码等。

(2)对信息系统的输入/输出报表进行规划和统一，并以信息目录表的形式固定下来。

(3)建立完善的项目信息流程，使项目各参加单位之间的信息关系得以明确化，同时结合项目的实施情况，对信息流程进行不断的优化和调整，剔除一些不合理的、冗余的流程，以适应信息系统运行的需要。

(4)注重基础数据的收集和传递，建立基础数据管理的制度，保证基础数据的全面、及时、准确地按统一格式输入信息系统。

(5)对信息系统中管理人员的任务进行分工,划分各相关部门的职能,明确有关人员在数据收集和处理过程中的职责。

(6)建立项目的数据保护制度,保证数据的安全性、完整性和一致性。

2. 开发与引进相结合的系统软件开发策略

信息管理系统软件是建设集成化信息管理平台的核心,广梧高速公路在软件系统开发中采用的策略是:

(1)统一规划,分步实施。高速公路建设项目集成化信息管理系统软件的开发绝不可能一蹴而就,它是一个长期渐进的过程,做好统一的开发规划,避免低水平重复开发就显得十分重要。

(2)开发团队的合理构成。开发团队中既应包括建设管理的专业人士,也应包括专业的软件开发人员,其中具有深厚项目管理知识背景的系统分析员应该成为开发团队的领导者。

(3)开发方法和工具的选择。软件的开发应考虑到工程实际,开发过程自始至终都应得到项目参与方的积极参与,选择合适的开发方法和工具有利于提高他们的参与程度,提高系统开发的效率。

(4)重视集成化项目管理理论的支撑与渗透作用。集成化项目管理思想和方法是信息管理系统软件的核心,缺乏现代高速公路建设项目管理理论支撑的软件只能是原有手工工作流程的模拟,其作用是十分有限的。

(5)与已有软件的适应性。信息管理系统与项目各参与方正在应用的成熟的商品软件之间应该有数据交换的接口。特别要考虑与广泛使用的办公软件(如 Microsoft office)的友好连接,这样才能提高管理系统的使用效率。例如,广梧项目建设过程中,虽然各参建单位工程管理人员计算机水平不同,但由于系统以 Microsoft Office、CAD、P3 等大众化软件为基础,只有小部分业务系统由个别专业人员操作,使大部分用户的操作做到了通俗化、简明化。因而,系统使用效果比较理想。

3. 以业主为中心的开发策略

在我国现今的高速公路建设项目管理体制下,业主作为项目管理的核心,最有能力整合资源,规划集成化信息管理平台。然后,辅以某些手段要求其他参与方通过这一平台进行信息交流。

4. 建立基于网络的硬件平台

基于网络的通信平台是集成化信息管理平台的支撑。集成化信息管理平台一般应采用多级分布的体系结构,为不同区域、不同项目组、不同应用方的管理需要灵活部署其相应的应用平台。广梧高速公路的信息平台采用浏览器/服务器模式,整个平台遵从应用层面、服务层面、数据层面的三层体系结构思想,充分保证系统各层次的逻辑性和可扩展性。

第二节 信息的分类与组织

一、信息管理手册

在高速公路项目建设中,业主方和项目参与各方都有各自的信息管理任务。为充分利用和发挥信息资源的价值、提高信息管理的效率,实现有序和科学的信息管理,广梧高速公路由业主组织编制了项目信息管理手册。项目的各参与方据此并结合其工作内容编制各自的信息管理手册,以规范信息管理工作。信息管理手册的主要内容包括:

(1)信息管理的任务(信息管理任务目录)。

(2)信息管理的任务分工表和管理职能分工表。

(3)信息的分类。

(4)信息的编码体系。

(5)信息输入输出模型。

(6)项目信息管理工作的工作流程图。

(7)信息流程图。

(8)各种报表和报告的格式,以及报告周期,项目进展的月度报告,季度报告、年度报告和工程总报告的内容及其编制。

(9)工程档案管理制度。

(10)信息管理的保密制度等制度。

项目业主和各参与方成立了信息管理部门或指定专门人员负责编制信息管理手册。在项目实施过程中,信息管理部门对信息管理手册进行必要的修改和补充,并检查、督促、协调各个工作部门的信息处理工作,负责信息处理工作平台的建立和运行维护,负责与其他工作部门协同组织收集、处理信息和形成各种反映项目进展和项目目标控制的报表和报告,负责工程档案管理等。

二、信息的分类

高速公路建设项目在决策过程、实施过程(设计准备、设计、施工和物资采购过程等)和运营过程中会产生大量的信息,这些信息应该进行科学合理的分类和编码。

1.信息分类的方法

信息分类就是把大的信息集合划分成小的信息集合,是根据事物的特征,将信息按一定的原则和方法进行区分和归类,并建立起一定的分类系统和排列顺序,以便管理和使用,划分的结果称为类目。

(1)线分类法。线分类法是将分类对象按所选定的若干属性或特征逐次地分成若干个层级目录,并排列成一个有层次的、逐级展开的树状信息分类体系。统一分支的同层类目之间构成并列关系,不同层级类目之间构成隶属关系,同层级类目互不重复,互不交叉。这种划分方法类似于树状结构,如图 7-4 所示。由于事物发展的不平衡,复杂程度不一样,每一个类目继续划分的深度可以不一样。每一个类目所依据的特征也可以不一样。

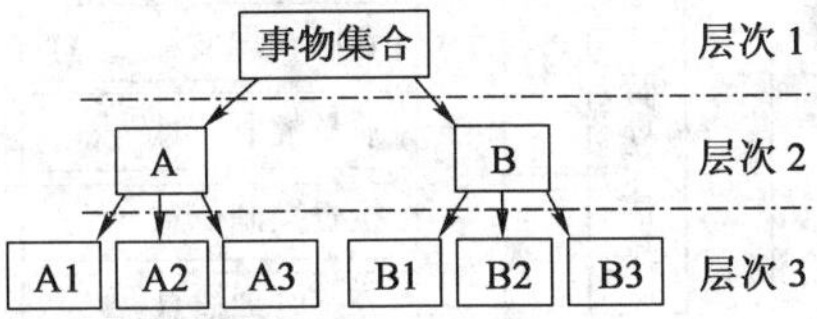

图 7-4 线分类法

线分类法具有层次性好,能较好地反映类目之间的逻辑关系,使用方便,既符合手工处理信息的传统习惯,又便于计算机处理的优点。但是也存在结构弹性较差,分类结构一经确定,不易改动,效率较低等问题。当分类层次较多时,代码位数较长,影响数据处理速度的问题。

(2)面分类法。面分类法是将所选定的分类对象的若干属性或特征视为若干个“面”,每个“面”中又可以分成许多彼此独立的若干个类目。面分类法具有良好的适应性,而且十分利于计算机处理信息。使用时,可根据需要将这些"面"的类目组合在一起,形成一个复合类目。各面之间是平行的,没有隶属关系。不同面内的类目没有交叉和重复。面的位置有严格的固定位置,具体位置根据实际需要确定,如图 7-5 所示。

2.广梧高速公路建设项目信息的分类

广梧高速依照一般的信息分类方法,将建设项目的信息按项目实施过程、项目管理目标、

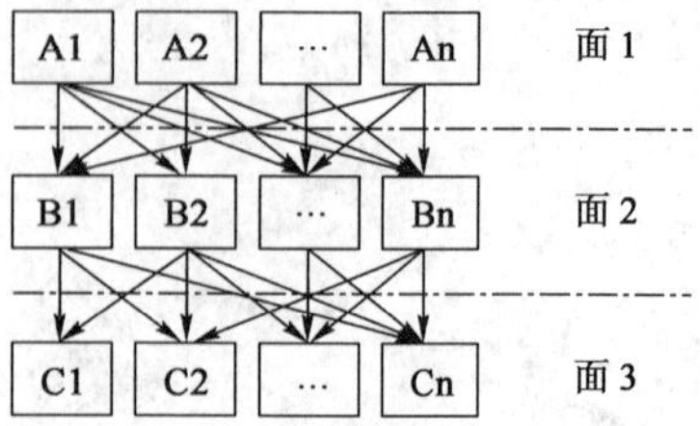

图 7-5 面分类法

信息来源渠道和信息属性进行了划分。

(1)按项目实施的工作过程划分为设计准备类信息、设计类信息、招投标类信息、工程施工类信息等。

(2)按目标管理工作任务划分为投资控制信息、质量控制信息、进度控制信息和合同管理信息等。

①投资控制信息:如各种估算指标、类似工程造价、物价指数;投资目标体系、工程项目投资估算、设计概算、施工图预算、合同价组成;计划工程量、已完工工程量、单位时间付款报表、工程量变化表、人工、材料调差表;原材料价格、机械设备台班费、人工费、运杂费索赔费用表;已完工工程结算、施工阶段的支付单、竣工决算;投资偏差等。

②质量控制信息:如国家有关的质量法规、政策及质量标准、项目建设标准;质量目标体系和质量目标的分解;质量控制工作流程、质量控制的工作制度、质量控制的方法;质量控制的风险分析;质量抽样检查的数据;各个环节工作的质量(工程项目决策的质量、设计的质量、施工的质量);质量事故记录和处理报告等。

③进度控制信息:如项目总进度计划、进度目标分解、项目年度计划、工程总网络计划和子网络计划、计划进度与实际进度偏差;网络计划的优化、网络计划的调整情况;进度控制的工作流程、进度控制的工作制度、进度控制的风险分析等。

④合同管理信息:如工程招标文件;工程建设施工承包合同,物资设备供应合同,咨询、监理合同;合同的指标分解体系;合同签订、变更、执行情况;合同的索赔等。

(3)按照建设工程项目信息的来源划分为项目内部信息和项目的外部信息。

①项目内部信息:指建设工程项目各个阶段、各个环节、各有关单位发生的信息总体。内部信息取自建设项目本身,如工程概况、设计文件、施工方案、合同结构、合同管理制度,信息资料的编码系统、信息目录表,会议制度,项目的投资目标、项目的质量目标、项目的进度目标等。

②项目的外部信息:来自项目外部环境的信息称为外部信息。如国家有关的政策及法规;国内及国际市场的原材料及设备价格、市场变化;物价指数;类似工程造价;投标单位的实力、投标单位的信誉、毗邻单位情况;新技术、新材料、新方法;国际环境的变化;资金市场的变化等。

(4)按照信息的内容属性划分为组织类信息、管理类信息、经济类信息、技术类信息和法规类信息,如图 7-6 所示。

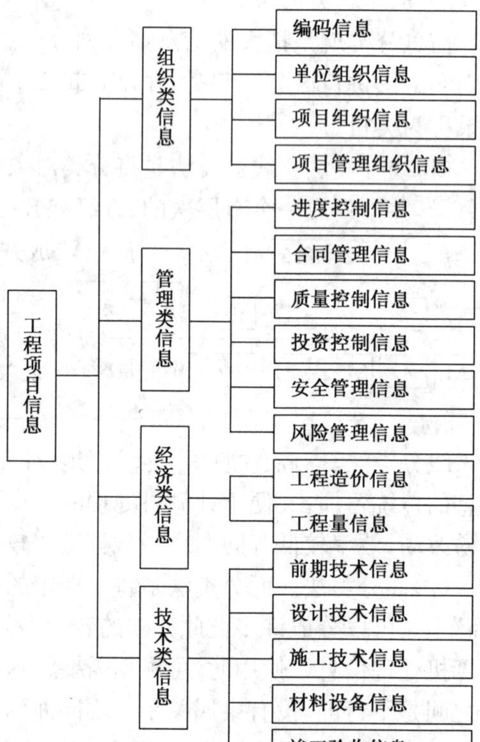

图 7-6 广梧高速信息内容属性分类

三、信息的编码

编码是信息处理的一项重要的基础工作,为了对来自高速公路建设项目中不同类型和不同用途的信息有组织地存储，以方便信息的检索和信息的加工整理，广梧高速公路对信息进行了系统编码（图 7-7）。信息编码是由一系列符号（如文字）和数字组成。信息的编码包括：

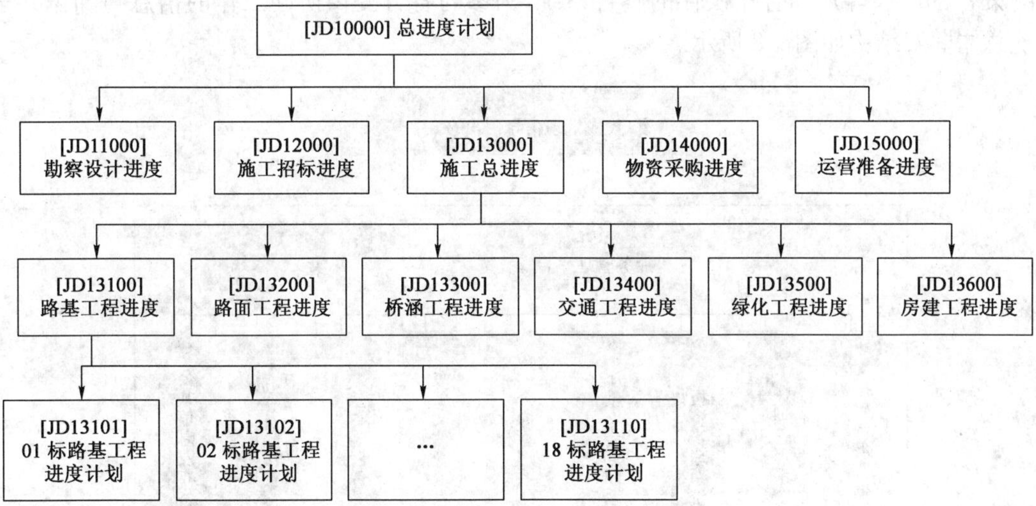

图 7-7　广梧高速公路建设项目的进度编码

（1）项目结构编码：依据项目结构图，对项目结构的每一层的每一个组成部分进行编码。

（2）项目参与单位编码（组织编码）：包括政府主管部门；业主方的上级单位或部门；金融机构；工程咨询单位；设计单位；施工单位；物资供应单位等。

（3）项目管理任务编码：依据各参与方项目管理的职能，对每一个参与方的管理任务进行编码。

（4）项目实施的工作过程的编码：即项目实施工作任务目录的全部内容，包括设计准备阶段的工作；设计阶段的工作；招投标工作；施工和设备安装工作；项目动用前的准备工作等。

（5）项目的投资编码：综合考虑概算、预算、标底、合同价和工程款的支付等因素，建立统一的编码，以服务于项目投资目标的动态控制。

（6）项目的进度编码：项目的进度项编码综合考虑了不同层次、不同深度和不同用途的进度计划工作项的需要，建立统一的编码，服务于项目进度目标的动态控制。

（7）项目进展报告和报表编码：包括项目实施中形成的各种报告和报表的编码。

（8）合同编码：合同编码应该反映出项目的合同结构、合同分类、合同类型和合同签订的时间等特征。

（9）函件编码：反映发函者、收函者、函件内容所涉及的分类和时间等，以便函件的查询和管理。

（10）工程档案编码：根据有关工程档案的规定、项目的特点和项目实施单位的需求而建立。

第三节　广梧高速公路集成化信息管理系统

一、集成化信息管理系统

高速公路建设项目集成化信息管理系统是一个将各种应用系统、数据资源和互联网资源集成到统一的协同信息平台上，打破资源壁垒，消除信息孤岛，统一管理业务资源，实现业主方、设计方、监理方、承包人、分包商、材料设备供应商对信息资源的共享使用的信息管理系统。通过该系统，各参与方的信息资源从各自相互独立、资源重复、沟通不畅的状况转变为一个面向决策者、员工、客户和合作伙伴的整合系统，为参与各方提供协同工作的信息与知识共享。系统总体框架结构如图 7-8 所示。

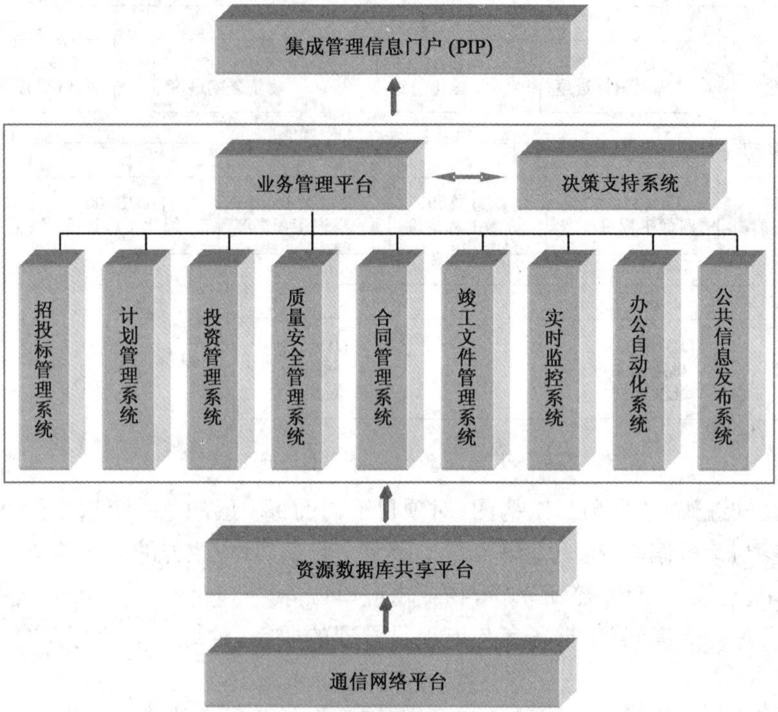

图 7-8　集成化信息管理平台

1. 集成管理信息门户

集成管理信息门户（Project Information Portal，PIP）是一个支持项目各参与方协同工作的软件系统，项目各参与方通过该门户完成信息的发送、接收、存取和分析。另外，该门户还提供一个面向社会公众服务的窗口，及时发布诸如招投标信息、项目进度信息等新闻和公告，提供公众查询。

2. 业务管理信息平台

业务管理信息平台包括基于网络通信平台和企业数据库基础上的项目管理系统、办公事务处理系统、决策支持系统和公共信息发布系统，实现项目管理各阶段不同业务的网络化管理。

3. 资源数据库共享平台

资源数据库共享平台构建了信息资源管理体系标准，在保证公共基础数据编码一致性的基础上，实现海量数据存储的查询、存取、分类、汇总、统计和分析，实现信息的充分共享。

4. 通信网络平台

通信网络平台建设是通过高效率的网络管理中心，融合广泛覆盖的宽带网络，构筑基于网络通信协议的项目集成化管理信息协同工作平台，实现业主、监理、设计、施工、供应商等信息交互与共享，确保各参与方信息传输安全通畅，接入方便。通信网络是系统运行的支撑平台，其目的是要达到资源共享、多方协作。

二、广梧高速公路项目集成化信息管理系统

广梧高速公路项目信息管理系统是一个从管理工程的角度出发，紧跟公路项目建设管理的发展趋势，根据“数字化”高速公路要求，结合工程实际和工作流程习惯开发的管理系统。其业务范围涵盖业主、设计、监理和承包人等方面的工作。集成了公路项目建设的合同管理、计划进度、质量管理、变更管理、计量支付、通信管理和查询等各项业务。系统功能模块还能满足项目个性化服务功能和项目精细化管理的要求。同时坚持了突出主线，简化功能的原则，基于通过开工令、计量单、变更令、进度表等表格的填报、申请、核实、审批、签认等过程在相关单位之间进行信息的传递。结合应用软件使用，通过数据的检索、查询、图文或多媒体表现来达到实施项目管理的目的。

系统采用局域网(LAN)加互联网(Internet)模式。业主方、承包人、监理方、设计方各自建有内部局域网，由业主建立集成管理的信息门户，各方局域网借助互联网通过项目信息门户协同工作。在网络设计上采用“集中管理，统一与分级存储，多级备份”的结构，以保证各参与方数据的完整性、一致性、安全性和正确性。项目集成管理信息系统网络结构如图 7-9 所示。

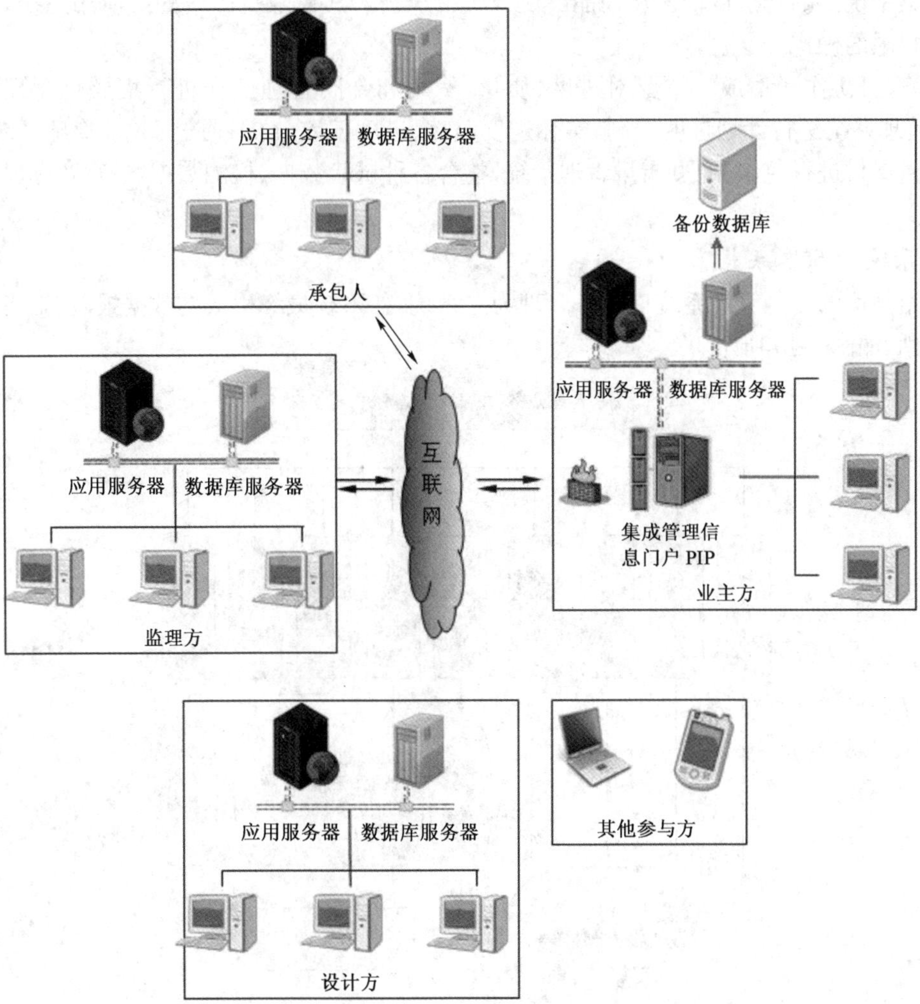

图 7-9　广梧高速集成管理信息系统网络结构

系统架构基于微软 Windows 网络操作系统、Microsoft Office System 2003 办公系统和 SQL Server 数据库系统，采用 Active Directory 技术进行安全管理，异步协同采用 SharePoint Portal Server 门户技术与 Exchange Server 邮件系统，同步协同采用 Live Communications Server 即时通讯系统，业务流程整合采用 K2 Workflow Server 产品。

广梧高速集成化信息管理系统为各参与方提供办公自动化、即时通讯、邮件服务、单点登陆、个人信息管理、信息查询系统、项目协作等各项服务。包括：

(1)业务管理系统。该系统为项目的各参与提供基于工作流的自动化办公手段，最大化的提高各协作方的办公效率及沟通的灵活性。

(2)即时通讯。采用微软公司的 Live Communication Server 2005 为企业提供可管理、可扩展的即时消息(IM)服务器，它提供了一种实时协作的解决方案。通过该服务器，各协作方能够更迅速地收到信息，开展合作并做出响应。

(3)邮件服务。应用 Microsoft Exchange Server 2003 为用户提供高速、稳定、安全、高效、坚固、功能全面的邮件系统。为企业级的异步通讯提供一个完善的电子解决方案。

(4)单点登陆。利用 SharePoint Portal Server 2003 与 Active Directory 的集成，为应用系统提供集中统一的身份认证。从而能够使合法用户进入其权限范围内的各应用系统，并完成符合其权限的操作。

(5)项目协作和集成。主要对进度、质量、费用和合同管理工作进行集成化管理。通过 P3e/c 管理系统进行计划进度编制、实际进度监控、进度偏差分析；通过 HCS 管理系统，对合同与计量支付进行控制；通过质量管理系统，整合各种试验数据、检测数据，进行各标段的质量信息汇总。

1. 系统的基本架构

广梧高速的信息管理系统以业务管理为主系统，各系统最终生成的数据报表，汇集到门户平台网站，如图 7-10 所示。

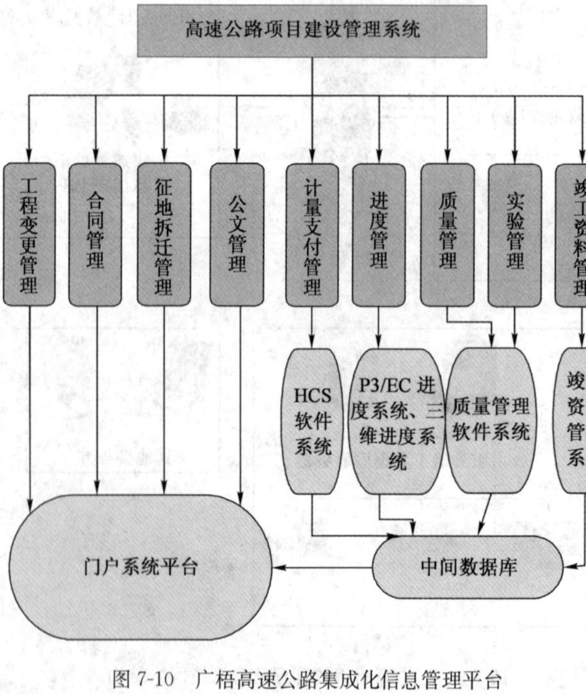

图 7-10　广梧高速公路集成化信息管理平台

广梧高速的集成化信息管理平台有效地集成各业务模块。针对公路项目建设投资规模大、建设期短、点多线长面广、管理工作相对集中的特点，以业主管理为中心，对招投标、清单、概算、合同、计划、变更、进度、计量、质量、支付等全过程，提供一体化计算机管理，实现业主、监理和承包人的三方业务网络化处理，缩短业务审批周期，业主实现对建设过程全程动态管理和实时监控，有效实施对建设项目的质量、造价、进度合同、信息，从总体上提高项目管理水平、有效控制工程造价、增加工程管理透明度，保证了投资者的利益。

各参建方用户在使用过程中，严格按照系统操作规程，准确、及时、高效地处理各种业务数据，实现巨量数据的汇总、统计查询、分级报表，使业务操作更加规范化、整体化和可跟踪。各阶段的业务数据具有高度的连续性，从招投标到合同的工程量清单、清单到概算的对应、计量到形象进度、变更到合同等构成整体，高度相关，互不分拆；各类台账更是能反映业务数据的对应与对照关系，直观明了，可以直接用来指导实际的施工管理；高效的业务处理能力与网络平台，使得各参建方数据信息的传送跨时空，可以减少相关的人力与物力投入，使得各级管理人员从繁重的数据资料整理工作中脱身出来，把大部分时间、精力投入到生产第一线的组织协调、质量检查等工作中去，即提高了项目建设管理水平，保证了投资者的利益。

各管理系统对工程资料与数据进行分类、汇总、归档、备份，所有数据统一管理，安全共享，同步更新；符合部颁标准竣工文档管理解决了传统人工方式管理的难题，能方便的为以后的运营维护提供详尽的数据资料。

将工程项目建设过程中发生的主要基础公共数据科学管理起来，建立基础数据库。具有信息类型、信息分类、基础信息、属性的维护管理与数据导入导出等功能。数据通过直接录入、扫描录入、应用系统提供得到，用户通过统一的数据库平台，得到唯一的综合数据信息。避免异构数据，避免异构数据，重复数据和冗余数据，并经过中间数据库过滤筛选，从而减少工作人员的系统维护工作，同时为各应用系统提供唯一数据平台。

2.基于网络的业务管理信息平台

广梧高速公路集成化信息管理以业务管理系统建设为基础，提供日常办公事务处理、业务管理、信息发布、决策支持等为业务部门提供的数据传输和交换、业务联系、安全控制等服务。为参建各方提供合同管理、质量管理、进度管理、投资管理、试验数据处理、施工资料管理、施工监督等与工程相关的业务数据的基本处理功能，包括数据采集、录入、汇总，报表输出，数据分析等。通过决策支持系统，对重大工程变更方案、异常工程计量支付数据、关键工程质量异常情况等进行分析，通过三维进度管理系统对项目进行实时监控。业务管理平台的主要功能包括：日常办公事务处理；招投标管理；投资管理；合同管理；进度管理与监控；质量管理；资源管理；竣工文档管理；沟通管理；风险管理；决策支持。

(1)门户系统平台。该系统由公文管理、企业网站、个人账户、个人邮件、资源共享、问题管理、工程变更、项目管理八大功能模块组成。主要用于汇集各类业务数据生成最终报表、公文收发管理。在网络平台基础上，整个门户系统按照微软的 SharePoint 门户解决方案进行规划。使用和集成了以下的系统技术：门户软件 SharePoint Portal Server 2003，数据库 SQL Server 2000，开发工具 Visual Studio. net 2003，工作流引擎 K2. net，邮件系统 Exchange Server，Windows 域控制账户管理等技术，将自动化办公，工程项目信息管理集成糅合在一起。企业信息门户(Enterprise Information Portal，简称 EIP)管理技术，提供了一个基于 XML 的入口解决方案，包含了一系列入口服务(PorralServices)。业主、工作组、监理方、承包方，无论什么时候、在什么地方，通过一个简单的 Web 浏览接口，就可方便地访问和组织企业相关的业务信息、而不必考虑信息的构成格式及其分布结构。

作为门户系统的主要功能之一，办公室自动化子系统是在分析日常事务处理工作流程的基础上，借助集成管理平台实现工作流程的自动化。在一个集成办公的环境中，让所有工作人员能够利用网络实现协同工作和知识管理。包括公文管理、公共信息、会议管理、事务提醒、自定义流程管理、个人空间、人事管理、车辆管理、新闻管理、综合查询、电子邮件与论坛等。由于各个单位都存在着大量流程化的工作，例如公文的处理、收发文、各种审批、请示、汇报等，通过实行工作流程的自动化，规范各项工作，实时监控、跟踪，解决多岗位、多部门之间的协同工作问题，提高了协同工作的效率。通过信息发布平台。在内部建立一个有效的信息发布和交流的场所，例如电子公告、电子论坛、使内部的规章制度、新闻简报、技术交流、公告事项等能够在项目各参与单位和人员之间得到广泛的传播。通过实现知识管理，使各类文档（包括各种文件、知识、信息）能够按权限进行保存、共享和使用，并有一个方便的查询手段，为学习型组织打下基础。针对广梧高速公路线长面广，周边现有交通极为不便的实际，办公室自动化子系统支持多分支机构、跨地域的办公模式以及移动办公。日常办公自动化子系统功能框图如图 7-11 所示。

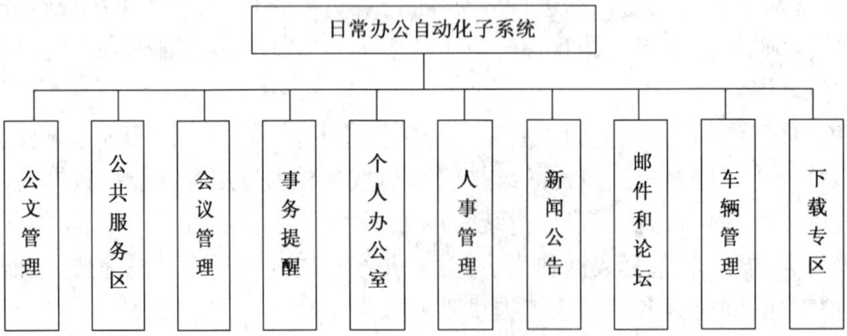

图 7-11　日常办公自动化子系统功能框图

(2)招投标管理子系统。招投标管理子系统涵盖了工程招标、材料设备采购招标、设计和监理等服务招标。集成了招标前期招标方的招标计划与招标方案制订、招标文件编制、工程量清单编制，投标人接收到招标文件和工程量清单后报价和生成报价表，评标时评标价的生成、投标报价的算术性修正、报价得分计算、中标价计算，合同谈判时不平衡报价调整、合同工程量清单生成等业务流程。其功能框图如 7-12 所示。

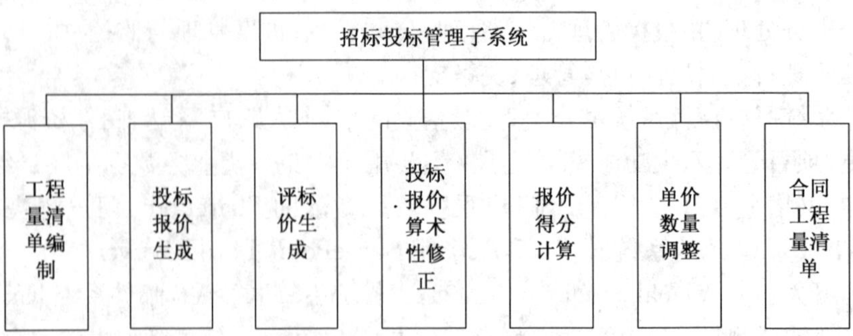

图 7-12　招投标管理子系统功能框图

(3)计划管理与监控子系统。计划管理子系统包括计划编制模块、实际进度与计划进度比较模块、进度监控模块，系统功能框图如图 7-13 所示。

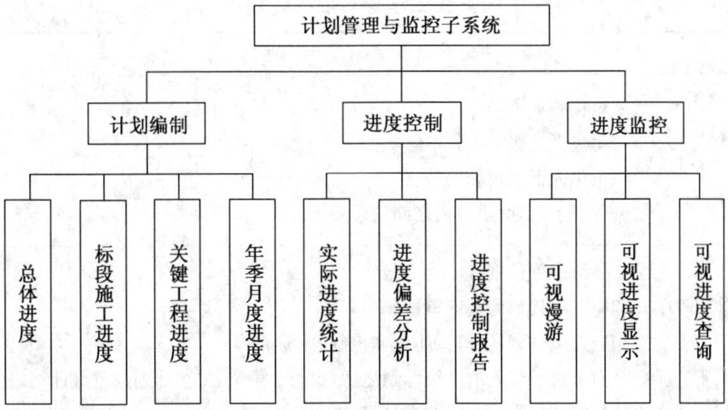

图 7-13　计划管理与可视化监控子系统功能框图

①计划编制。计划编制以网络计划技术为基础，通过 WBS 工作结构分解，形成覆盖全项目的多层计划工作体系。借助 Primavera (P3e/c)软件生成总进度计划、各标段施工总进度计划、关键工程实施性进度计划，进而形成月度、季度、年度计划。计划的表现形式有双代号网络计划、单代号搭接网络计划或横道图。根据网络计划，借助实际进度前锋线法分析进度偏差，对延期或延误提出处理方案，进而形成月度进度报告。

考虑到进度控制的严密性和工作的可持续性，一、二级进度计划的工作分解结构(WBS)编制参考《公路工程质量验检评定标准》，以便于项目的进度和费用的管理。

进度计划按照项目管理层次(表 7-1)，采用“自上而下逐级细化、自下而上逐层协调”的原则。以下级计划不突破上级计划和资源均衡为基础，进行作业计划(表 7-2)的编制。

进度计划的层次　　表 7-1

一级计划 WBS 层次	标段施工进度计划 WBS 层次
第一层次：一、二级计划 HSZD　河口至双凤段	
第二层次：项目阶段 HSZD. 1　项目里程碑点 HSZD. 2　工程施工阶段 …… ……	
第三层：工程标段 HSZD. 2. 01 K36＋868. 301－K41＋200 HSZD. 2. 02 K41＋200－K42＋520 ……	第一层：工程标段 05B　第五标段
第四层：单位工程 HSZD. 2. 01. 1　路基工程 HSZD. 2. 01. 2　路面工程 HSZD. 2. 01. 3　桥梁工程	第二层：单位工程 05B. 1　路基工程 05B. 2　路面工程 05B. 3　桥梁工程 第三层：具体单位工程 05B. 3. 01　K49＋900 中桥 第四层：分部工程 05B. 3. 01. 01　基础及下部构造 05B. 3. 01. 02　上部构造预制和安装 05B. 3. 01. 03　上部构造现场浇筑

主要工作与对应的计划 表 7-2

单 位	主 要 工 作
业主	①编制里程碑计划； ②审核承包人三级计划； ③审核承包人上报更新的数据； ④协调各进度计划、承包人之间的矛盾
监理	①编制一级进度计划； ②对相应三级计划的全面审核； ③对相应三级计划的分析、协调和控制； ④在全面审核承包人的三级计划之后，提出业主一、二级计划与三级计划之间的协调性，为形成业主第一目标计划提出阶段性意见； ⑤做好承包人计划与业主计划的协调和沟通； ⑥核实工程实际进度和实际量费的消耗
承包人	①根据里程碑计划、二级指导性计划和编制要求编制相应三级计划（含劳动力安排、机械与机具安排、提供材料需求、物资采购、施工图纸需求、文件送审、安全与质量检验等计划）； ②协调内部及分包商间资源冲突、优化工程计划； ③更新工程进度与量费实际情况并报送至业主和监理单位； ④严格遵守既定的工程进度，对进度的偏差进行优化调整； ⑤进行项目范围内工程成本分析，编制、更新（跟踪）图纸、设备需求计划

a. 一级进度计划编制。一级进度计划编制由业主根据项目的建设要求及投资计划，结合施工组织，编制一级里程碑计划。

b. 标段施工进度计划。标段施工进度计划由承包人根据一级计划编制，编制时应满足合同竣工日期，规定的工艺过程要求。计划应包含各自标段的 WBS 所涵盖的工作内容，确保计划的完整性。

②执行情况分析。

a. 进度分析。在计划执行过程中，通过计划进度与实际进度的对比，如果发现预设的项目完工日期或一些里程碑点不能满足项目的工期要求，即从网络计划上发现有些作业的总时差小于零，就表明工程不能按期完工，或工程的一些里程碑点不能按期到达，这时必须采取调整措施对计划进行调整或采取赶工措施加快施工进度。

b. 临界值分析。临界值是项目管理人员通过设置有关进度、费用方面的上下限值（可以接受的范围）来监控当前项目的执行情况。当项目当前的状况超出了设定的临界值范围时，就会自动触发监控器，从而引起项目管理人员的注意，进行及时处理。临界值的监控可以通过选择临界值参数来实现，其监控的应用范围可以根据需要进行设定，比如作业进度延期临界值，费用临界值，等等。

③三维进度监控。三维进度监控系统由两大模块组成，包括三维建模仿真和数据管理模块。三维建模仿真模块借助虚拟现实技术，能使用户能直观的了解到整个高速公路修建好的形象以及修建过程中的形象。数据管理模块是连接工程数据与三维进度系统的纽带，各标段施工单位只需登陆网站进入相关的后台就能进行数据的操作。借助三维进度监控系统，可以实现对项目全程实施动态、实时和可视化的监控。

(4)投资管理子系统。该子系统包括合同管理、变更管理、计量管理、支付管理和投资分析五大工作，系统同时提供完整、科学的投资管理流程，让使用者思路清晰，管理方便。其中，借助 HCS 项目建设管理系统能完成工程变更、计量支付等工作。工程投资管理子系统功能框图如图 7-14 所示。

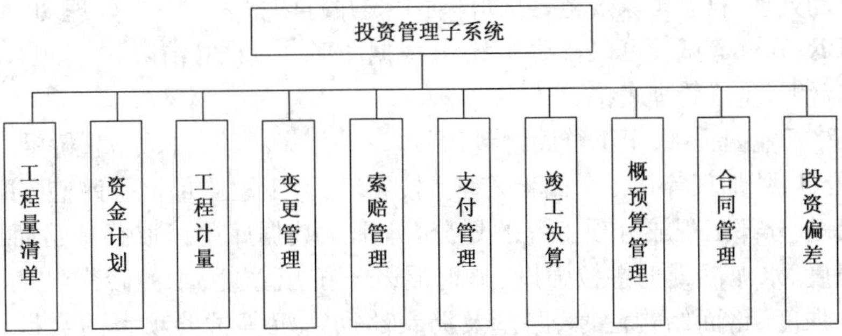

图 7-14　工程投资管理子系统功能框图

①投资计划。因为投资控制的根本目的是为了确保投资目标的实现，因此，为了合理地确定投资目标值，系统设置了资金使用计划编制的功能，包括投资的总目标值、分目标值、各详细目标值，进而确定年度资金使用计划、季度资金使用计划、月度资金使用计划。

②合同管理。系统提供从合同录入到造价核准的所有业务处理功能，并完成合同文件的自动归档，同时还包括多人审阅和审批流程跟踪、提示等。有合同录入、合同工程量清单编辑、合同审批签署、造价核准、报表打印等功能。

③变更管理。系统提供从呈请审批、确认到参与最后结算的所有业务处理功能；并完成变更文件的自动归档，操作过程中包括多个变更文件的生成和连接，报告变更的当前状态和最新费用等。有变更申请审批签署、变更方案评价、变更确认、报表打印等功能。

④计量管理。该部分提供计量管理审批流程，实现工程计量的网络化管理，包括工程计量表编制和上传、工程计量审核、计量表呈请审批、异常计量数据分析、报表打印等功能。

⑤支付管理。该部分根据同期工程计量情况，完成支付管理工作，包括付款单编辑、付款单审核、合同结算编辑、合同结算确认、报表打印等功能。实现自动计算本期进度款；自动核对单价；通过自定义数据项处理所有扣款；概算与合同款及实际支付金额即时对比。

(5)工程质量管理子系统。工程项目质量管理的实施活动通常可分为质量计划、质量检验、质量评定分析、质量文档管理、质量事故处理等工作。工程质量管理子系统可以为工程建设中的质量管理人员提供一个高效、快速、集成化的管理信息平台，规范项目建设过程中的管理流程，促进项目管理层之间的多级沟通。改变项目建设管理内部的传统的信息交流方式，真正实现业主、承包人和监理的三方数据动态统一，实现各类数据流的传输和各种业务的协调统一。系统采用 Delphi 2005 及 Microsoft SQL Server 2005 开发，并采取基于 Internet 的网络版方式，系统功能框图如图 7-15 所示。

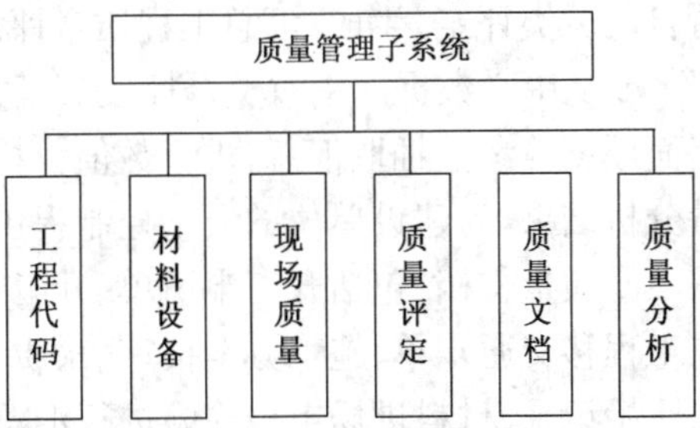

图 7-15　质量管理子系统功能框图

①分级代码管理：包括单项工程、单位工程、分部工程、分项工程的分组和编码。

②材料、设备质量管理：包括进场原材料及设备质量检验、等级评定、贮存保管。

③现场施工质量检验：各施工过程各分项工程和检验批的原始质量检测数据、试验数据管理。

a. 质量管理系统可以为工程建设中的试验检测人员提供一个规范、准确、权威的数据处理平台，对于试验原始数据可以进行自动处理，并可以生成完全符合规程、规范要求的图形、报表。

b. 数据自动处理，符合国家规范，可以自动生成并打印报表。图形处理功能强大，对于击实、液塑限、CBR、筛分等试验可以自动画图，并根据图形计算试验结果。可以自动生成汇总试验报告和汇总台账，生成管理表格。

c. 拥有公路行业内土工、土工合成材料、沥青、水泥、集料、石料、金属、桥梁、隧道、无机结合料、配合比设计、外加剂等几百个试验规程。按照《公路工程质量检验评定标准》的要求，可以根据单位工程、分部工程或分项工程的划分，分别从数据库中读取路基路面压实度、水泥混凝土抗压强度、水泥混凝土弯拉强度、喷射混凝土抗压强度、水泥砂浆强度、半刚性基层和底基层材料强度、路面结构层厚、路基及沥青路面弯沉等试验项目的数据，并进行汇总评定。

d. 数据查询功能，通过对工程项目各标段、各单位工程、分部工程或分项工程的原材料试验、现场检测的综合查询，业主可以及时、准确掌握整个项目的质量管理情况。

④质量评定：质量评定模块包括分项、分部、单位工程、单项工程的质量评定，评定结果复核和审批。优良工程经验总结，不合格工程质量变化趋势（如直方图、排列图、饼状图）分析及可能改进措施选择。

质量管理系统以交通运输部《公路工程质量评定标准》(JTJ 071—98)及交通运输部现行设计、施工规范为依据，实现监理（总监办、驻地办）、监理实验室、承包人各方质量管理业务的协同。系统自动计算分项工程评定得分和质量等级，并根据分项工程评定得分，自动统计分部工程，单位工程，承包单位，标段和建设项目的加权平均分，质量等级和单位工程优良率。质量数据存贮于本地数据库，并定期上传至中央数据库中，以便其他应用系统调用。系统同时建立工程质量责任人信息档案，实现质量追溯责任人任意条件快捷查询。

a. 根据施工原始记录表、试验记录表、检测记录表、单项评定表、单项试验报告、质量检验表、质量评定表等质量相关资料，自动按工程部位进行归档并组卷。自动生成“分项工程质量评定表”、“分部工程质量评定表”、“单位工程质量评定表”、“标段工程质量评定表”，大大方便了后期竣工资料的整理工作。

b. 对于各单位工程、分部工程、分项工程中划分为多个工程段的情况，进行对该项工程进行自动分类评定，生成“汇总工程质量评定表”；

c. 从中心数据库中对整个标段甚至整个工程的压实度、弯沉、水泥混凝土强度、基层强度、路面厚度等参数抽取汇总，进行数值分析，并通过质量分布图、质量控制图等直观方式显示质量分析结果，为建设单位的质量控制提供可靠的理论依据。

⑤质量文档：包括开工申请单、开工许可证、返工指令单、违规警告单、质量问题通知单、单位工程移交通知单、施工方案报审表、质量工作会议文档等。通过对试验、检测、质检数据、施工原始记录、材料进场申报检验进行汇总，自动生成当月的质量月报。业主或工程质量管理人员可以通过质量月报，对比了解承包人和监理的质量检验情况。

⑥质量分析：包括工程质量缺陷处理、工程事故报告单、工程事故月报表等。系统根据项目名称、材料名称、材料编号、配合比设计编号、施工单位、监理单位、开工日期、完工日期、起始桩号、终止桩号等信息，对生成的质量文件进行快速的查询，找出可能存在的工程隐患。比如通过对软土路基沉降量观测、软基孔隙水压力观测、软基侧斜观测、隧道现场监控量测、隧道周

边位移量测等数据的处理,自动生成各类分析图表,以便工程技术管理人员及时合理地确定工程设计及施工工艺方案。

(6)竣工文档管理子系统。竣工文件档案资料管理包含项目建设过程中形成的文件和档案的收集积累、加工整理、立卷归档和检索利用等一系列工作,是项目管理的基础工作。对文件档案资料进行科学管理,可以极大地提高工作效率。广梧高速公路的竣工文件档案资料涉及业主方、监理方、承包人、设计方以及交通行政管理部门。竣工文件从业主方、承包人、监理方、设计方、材料供应方等处收集,然后进行统一分类、归档保存,按规定向有关部门移交。由于竣工文件的管理量大、时间跨度长、涉及单位多,是一个逐步形成、积累、整理、归档和保管的过程。通过对这些文档资料的分析可以对后续工程项目的实施提供有益的参考。竣工文档管理子系统设计了档案收集、档案整理、档案利用三个模块,功能框图如图 7-16 所示。

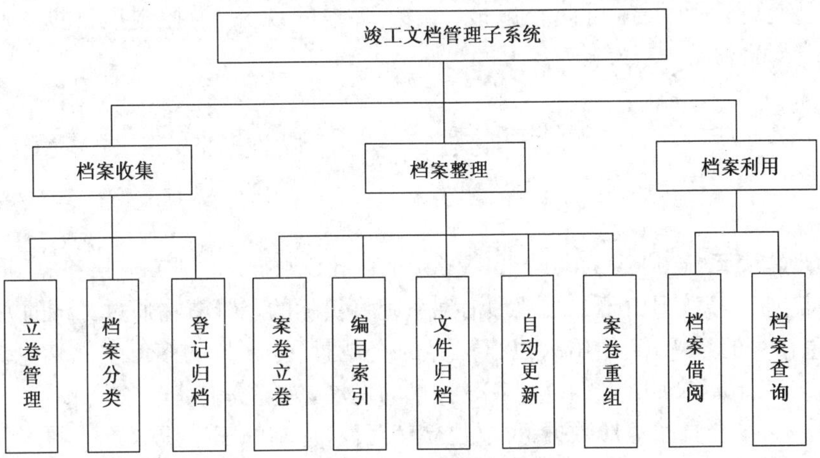

图 7-16 竣工文档管理子系统功能框图

三、管理系统实施的成效

1. 实现了巨量数据的汇总、统计,取代了手工低效方式

广梧高速公路建设、投资额巨大,建设周期长,清单项目和标段数目众多,制作报表工作量非常繁重。信息管理系统可以大大节省业务处理的所需时间、人力、物力,避免了重复的计算、复核和差错,满足了各业务功能的查询和统计要求,节省查阅大量报表的繁杂工作,为及时掌握工程的实际进度及造价的详细数据,提供了方便快捷的手段。

2. 实现了业主、监理和承包人业务联网办公,提高了工作与协作效益

按传统方式,分布在不同地点的承包人的报批资料,需要经过多方审批,整个审批周期会因为各种原因而延长和不可控制,而且计量、支付和变更业务类的审批,更会直接影响承包人资金周转、工程质量、工程进度,通过集成化的信息管理系统,全部业务数据在网络传输,实现了承包人与监理通过网络远程报批,避免了各类审批步骤的拖沓冗长,显著提高了业务处理速度,提高了工作效率。同时,由于采用网上报送和审批方式,提高了审批的透明度,避免了投资失控和一些不良现象的产生。

3. 为业主、监理和承包人三方创造显著经济效益与管理效益

由于网络作业的跨时空性、高效性,为各单位节省了大量的办公费用,包括人力成本、交通

费用(尤其是在线路长、交通不便情况下)和通信费用。业务处理的准确性避免了人为的差错,同时有效地防止了不良现象带来的损失。例如,广梧公司处于云浮市区,距离施工单位18标80多公里的乡级山路,而每天需要报送的文件和报表达40份之多,若采用传统方式,这些资料收集后送往业主公司需半天时间,加上业主在审批过程中的往复澄清与修改,将会造成很大的人力物力开支。使用集成管理平台后,文件经过网络即时传送,大大提高了工作效率。

4. 通过定制与跟踪业务流程,提高了监督力度和业务透明度

对合同审批、变更审批、支付审批等关键性的工作,设置了严格的项目管理制度和业务流程,各级管理人员不能依据个人意志随意审批,必须严格根据业务流程进行,这样就对这些工作起到了规范与监督作用。同时系统在处理业务过程中,详细记录了业务人员的使用情况。如进入与退出系统时间,修改数据的详细记录等,大大地提高监督力度和业务透明度。例如通过变更管理系统,可防止虚报、重复、多报的现象,为控制项目投资起到了很好的作用。

第四节　三维可视化实时进度监控系统

当前,地理信息系统GIS(Geographic Information System)的研究成果和应用系统主要集中于描述二维空间信息,但由于二维地理信息系统将实际的三维事物通过二维的方式表示,主要是基于抽象符号的系统,不能给人以自然界的直观感受,大量的多维空间信息无法得到利用。虚拟现实(Virtual Reality,VR)与GIS技术的发展,为解决上述问题带来了新的契机。利用虚拟现实技术,结合真实地形数据,可以建立交互性、逼真的三维虚拟场景,用户可以在虚拟环境中以自然方式导览三维场景,结合GIS与数据库技术,构建一个三维可视化信息系统,使得用户可以从三维导览环境、地理信息系统及数据库三个方面快速查找、定位和理解场景及相关其他信息。

随着计算机软、硬件技术的发展,CAD技术已贯穿到公路勘测与设计的全过程。特别是计算机三维图形系统及计算机动画技术的发展,使高速公路三维建模及其应用的研究逐渐成为热点。但是,目前大多数研究集中于三维模型的生成和三维设计,基于三维模型应用才刚刚起步。工程进度在公路三维模型中的应用在国内外还没有一个成熟的系统。广梧高速公路三维进度系统是针对高速公路建设进度管理,利用三维仿真技术直观可视的特点和互联网技术的远程实时特点,结合三维建模技术开发的一套高速公路三维仿真实时进度管理系统。

一、系统总体设计

本系统由应用平台、系统管理层和后台数据库组成,其基本结构如图7-17所示。

应用平台提供了三维的公路场景界面,给用户一种身临其境的感受,用户可以在其中浏览道路、桥梁、隧道和各构件的进度数据。系统管理层把公路地理位置及各构件有机地结合起来,可进行快速准确的位置跳转,同时进行进度数据查询与分析,并能提供给用户相应的报表结果。后端数据库是整个系统的基础,存储了该系统所需的图形信息数据、属性信息数据和进度数据。其中图形数据有三维公路场景模型数据、公路各构件的三维模型数据。属性数据主

要包括了公路构造物的信息数据。纹理数据库的功能主要是使图形显示更有质感。进度数据库则来自于进度管理系统中的计划进度信息和实际进度信息。

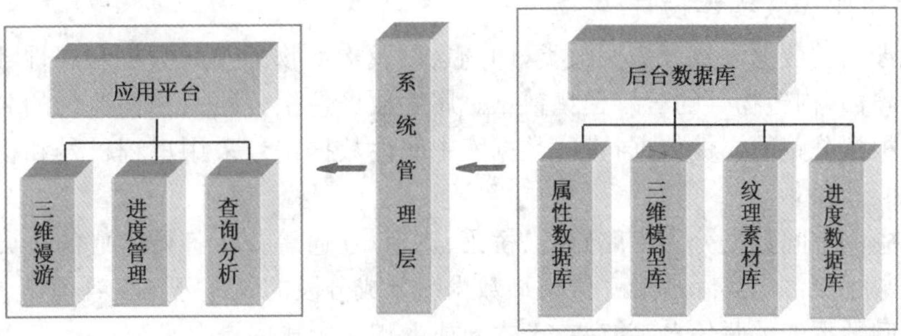

图 7-17　三维进度管理系统基本结构

1. 功能设计

(1)三维漫游。利用虚拟现实技术,结合现有的真实地形数据和高速公路完整设计资料,模拟出建出成后的高速公路场景,提供道路真实场景的交互查询,用户可以选择自动式或者交互式的方式进行三维漫游。采用自动式漫游不需要任何人工干预,系统沿设置好的摄像线自动移动摄像机。交互式漫游可以利用有关知识和经验操作交互设备(如鼠标、键盘),定位查询公路相关构造物信息,系统提供位置跳转、按桩号、桥梁、隧道跳转,用户可以通过菜单选择,直接跳转到相去的位置。系统提供六条常用的摄像线:左车道、右车道、中线、左车道航拍、右车道航拍、中线航拍。本系统根据设计资料及数字地形资料,进行广梧高速公路及周边地形的三维模型生成,提供了对模型的三种显示方式。

全景方式:公路及沿线山体、河流及相关物体都以纹理贴图的方式显示。展现公路修筑完成后的景象。

网格方式:以三角网格线的方式显示高速公路及沿线的山体。

进度方式:高速公路以黑色背景加白色网格线的方式显示,山体、河流、及其他相关物体以全景方式显示,展现公路的设计模型。在进度显示时,修筑完成部分以贴图的形式展现(图7-18)。

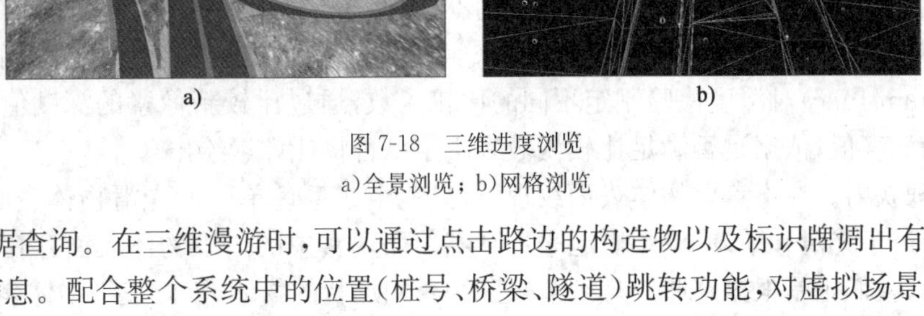

a)　　b)

图 7-18　三维进度浏览

a)全景浏览;b)网格浏览

(2)数据查询。在三维漫游时,可以通过点击路边的构造物以及标识牌调出有关该路段的工程进度信息。配合整个系统中的位置(桩号、桥梁、隧道)跳转功能,对虚拟场景进行浏览和快速定位。

(3)进度管理。为了能够通过三维系统真实再现工程进度，将本系统与进度管理系统的数据库相连接，同时为各个要体现进度的对象依次建立数据表，实时监控工程进度状况。

2. 数据组织和数据库设计

本系统涉及的数据大致分为两大类，即场景以及构造物的空间数据和属性数据。空间数据包括公路路面、构造物等的三维模型数据。属性数据包括公路及各构造物的名称及实时进度信息等。根据公路的属性数据特征，数据库中属性数据记录采用里程桩号和构造物名称作为定位坐标。

数据库中的空间数据分为道路路线、桥梁、隧道、互通等。将各种生成的桥梁、隧道、路基等三维模型数据文件与实际地形三维模型数据组装成分段的高速公路三维模型。同时建立属性数据和空间数据的关联信息，并保存至本地或者相应的数据库中。

由于公路工程建设地域广阔，数据类型多样，所以必须提供一个工程进度数据录入接口。考虑到现实的可操作性，以各标段为用户登陆系统后，即可将进度数据方便快捷的录入到中心数据库。

二、系统开发

1. 三维建模

根据地形等高线，进行三角优化构网，生成不规则三角网格的层次细节模型，进而生成公路沿线的数字地面模型(DTM)。根据公路平、纵、横、设计资料建立公路表面模型。具体做法是根据定义的路基标准横断面逐桩进行“戴帽子”设计，再由两相邻横断面设计线构建面模型，然后再将公路设计面模型与地表面模型，即数字地面模型进行交接拼合以得到组合面模型。

2. 虚拟图形显示

经过多年的发展，三维 GIS 的建模技术得到了飞速的发展。由美国 SGI 公司推出的开放式三维图形软件开发接口 OpenGL，以其高性能的交互式三维图形建模能力和易于编程开发等优越性，获得了大批公司的青睐和认同。OpenGL 独立于窗口系统和操作系统，十分方便在各种平台之间进行移植，能灵活方便地实现二维和三维的高级图形技术。它提供了建模、变换、光照处理、色彩处理、动画，以及更先进的功能，如纹理映射、运动模糊和雾化效果等，为实现逼真的三维绘制效果及建立交互式三维场景奠定了很好的基础。目前，OpenGL 已经成为一种三维图形开发标准，是从事三维图形开发工作的必备工具。

(1)消隐技术。在三维场景建模过程中，用多面体来模拟三维物体，但是从一个视点观察一个三维物体时所看到的只是物体表面上的部分点线面，而其余部分则被这些可见部分所遮挡。如果三维场景中具有多个三维物体时，物体之间也可能彼此遮挡而使部分物体不可见。消隐技术就是在视点确定后，将物体表面上的不可见的线面消除掉，使绘制的物体更具有真实感。OpenGL 中利用深度缓冲区(Z-Buffer)来实现图像空间中的消隐。它通过函数 glDepthFunc(GLenum func)对深度检验制定不同的比较函数，通过比较新像素的深度值和存储在深度缓存中的深度值，依据是否满足比较函数来决定是否将此像素绘出。

(2)纹理映射。在不考虑物体表面纹理时，只能生成颜色单一的光滑物体表面，但是往往由于其表面过于光滑和单调，以致看起来不真实。而现实中的三维物体表面存在着大量丰富的纹理细节，人们正是根据这些纹理细节来区别相同形状的物体，因此三维物体表面的纹理映射也是十分重要的。OpenGL 纹理映射分三步：将纹理装入内存，将纹理发送给 OpenGL 管道，给顶点指定纹理坐标。定义纹理的函数命令为：void glTexImag2D (GLenum target, GLint level, Glint component, GLsizei width, GLsizei height, GLint border, GLenum format, GLenum type, const GLvoid *pixels)。

3.基于互联网的分布式进度数据采集

由于高速公路工程特点，各个标段用户分散，数据录入和进度实时性成了关系到系统成败的问题，为此系统采用了微软的.net平台进行数据传输。通过互联网进行分布的进度数据录入，在业主的服务器上进行数据综合处理。为了方便数据的集中管理和系统的部署方便，本系统采用网页的形式进行录入数据。在各个合同段，不需要进行任何安装，只要能上网，即使出差在外也能进行进度录入。

4.进度数据的更新及历史进度数据的载入

为了保证系统本地数据的实时性，系统提供了系统数据管理功能模块。

(1)进度数据更新功能。当三维进度系统需要更新数据时，从服务器获取最新的进度数据，并在三维进度系统中把各标段输入的进度信息以图形的形式表现出来。

(2)灵活的更新方式、整体的、局部的数据更新。可以对不同的对象或标段调用不同时期的进度。

(3)历史进度调度功能。为了方便用户查询过往进度，系统提供了历史进度载入功能。可以查询以往的进度数据并在三维仿真系统中以图形的形式表现出来。

第五节　工程变更决策支持系统

工程变更是指在工程项目的实施过程中，由于工程量变化、施工进度变化使得施工项目发生变化或工程量产生增减。如通过现场勘察、核对、分析、论证和比选，在不降低技术标准、使用功能和工程质量的前提下，为达到方便施工、缩短工期、节约投资、提高质量而采用新技术、新工艺、新材料对原设计进行优化，发生的设计变更；由于勘察深度不够、调查预测失当或环境条件变化，导致设计文件漏项或者内容欠周，以及由于设计文件未符合现行的国家标准、技术规范，而必须加以修改、完善、补充和增减的变更；工程正式开工后，因社会经济发展或企业投资效益需要，在原批准规模以外新增并加以实施的变更；由于发生不可预见的事件，如自然或社会原因引起的停工或工期拖延等等。这些变化都可能使项目的数量、单价、费用等发生变化。

工程变更是现场管理最多、最繁复的工作之一。由于高速公路建设项目的复杂性，在项目实施过程中多多少少会发生由于技术规范、设计图纸及施工方法等的变化产生的变更。这些变更不仅会使变更工作本身产生额外成本或延长工期，而且还会影响其他相关工作。对工程变更处理不当，有时会造成人、财、物的浪费，还会造成停工、窝工，甚至引起质量或安全事故。因此，如何正确处理工程变更问题，对确保项目目标顺利实现有着非常重要的意义。

高速公路工程施工中常见的变更有：

(1)路线平面、纵剖面的调整导致工程量的变更。

(2)小桥、通道、涵洞等构造物位置及工程量的变更。

(3)桥梁结构形式、跨径、长度、基础类型的变更。

(4)大、中桥导流建筑物、防护工程的变更。

(5)挡土墙或防护加固工程的变更。

(6)一般路基或软土路基设计变更。

(7)改河、改沟工程设计及冲刷防护工程基础埋置深度的变更。

(8)改移地方道路的设计变更。

(9)原设计错漏引起的变更。

(10)地质资料不准确而引起的变更等其他变更。

工程变更涉及的参与方多,一般需要在广泛收集诸如变更前后的图纸(或合同、文件等)、技术变更洽商记录、技术研讨会记录、来往的文件和会谈记录、行业规定及其他文件等信息的基础上进行综合评价。

广梧高速公路采用基于群体决策支持的工程变更管理系统,应用人工智能技术与神经网络、模糊数学理论相结合的方法,建立了工程变更方案评价与选择、变更费用评估的决策支持系统。

一、系统功能设计

工程变更的核心是变更方案的技术论证和费用评估,是一项技术、经济与计算机应用技术相结合的系统工程。而决非是简单意义的文字处理、图表制作工作。由于一般的项目管理软件重在信息存储、处理、运算等无需过多由人参与的功能,因而智能化程度偏低,难以发挥项目各参与方的集体智慧。

基于群体决策支持的工程变更管理系统是群体支持环境下变更方案选择、评价,实施计划编制,费用评估的人机交互综合集成系统。它是建立在综合发挥计算机运算速度快、数据存储量大、检索能力强及使用者具"直觉"、"灵感"、形象思维、逻辑推理能力的特点基础上的软件系统。是管理信息系统(MIS)、决策支持系统(DSS)、专家系统(ES)的有机融合。它是帮助人而不是代替人进行工程变更工作。项目各参与方通过技术支持系统,选用共享信息资源库中的信息,利用相应的支持系统完成各自的工作。各部门可以将其完成的设计文件、图纸、实施方案、评估报告存放在网络上以供相互查阅,利用组织协调系统可以就某些问题进行讨论。系统功能设计如图 7-19 所示。

变更方案的选择是工程变更的核心,它直接关系到变更方案实施过程中生产要素(人力、材料、机械、资金)的使用和项目质量、安全、进度、费用目标的实现。目前,人们在不断探求科学的方法和手段如管理信息系统、仿真技术、人工智能技术、专家系统、决策支持系统等用于方案的选择之中。这些技术有效地利用了专家的知识和经验,使方案选择的合理性与可行性大有提高。但这些基于符号处理的系统存在知识获取的“瓶颈”、系统求解问题的脆弱性、学习能力差、知识管理系统复杂等问题。面对工程变更方案选择这种半结构化或非结构化、环境信息不十分清楚的问题显得有些力不从心。应用人工智能技术与神经网络、模糊数学理论相结合建立的系统由于既利用了人工智能在规则处理、问题描述方面的特长,也发挥了神经网络抗干扰能力、自组织自学习能力及容错能力强等特点,引起了许多专家系统开发者的重视。本系统从分析人工选择工程变更方案入手,根据神经网络和模糊数学理论,结合人工智能技术,采用基于模糊神经网络的工程变更方案群体决策支持系统来完成。系统主要由方案问题描述辨识子系统、方案初选子系统、方案评价子系统、方案选定子系统及知识管理系统和人机交互系统组成,系统流程如图 7-20 所示。

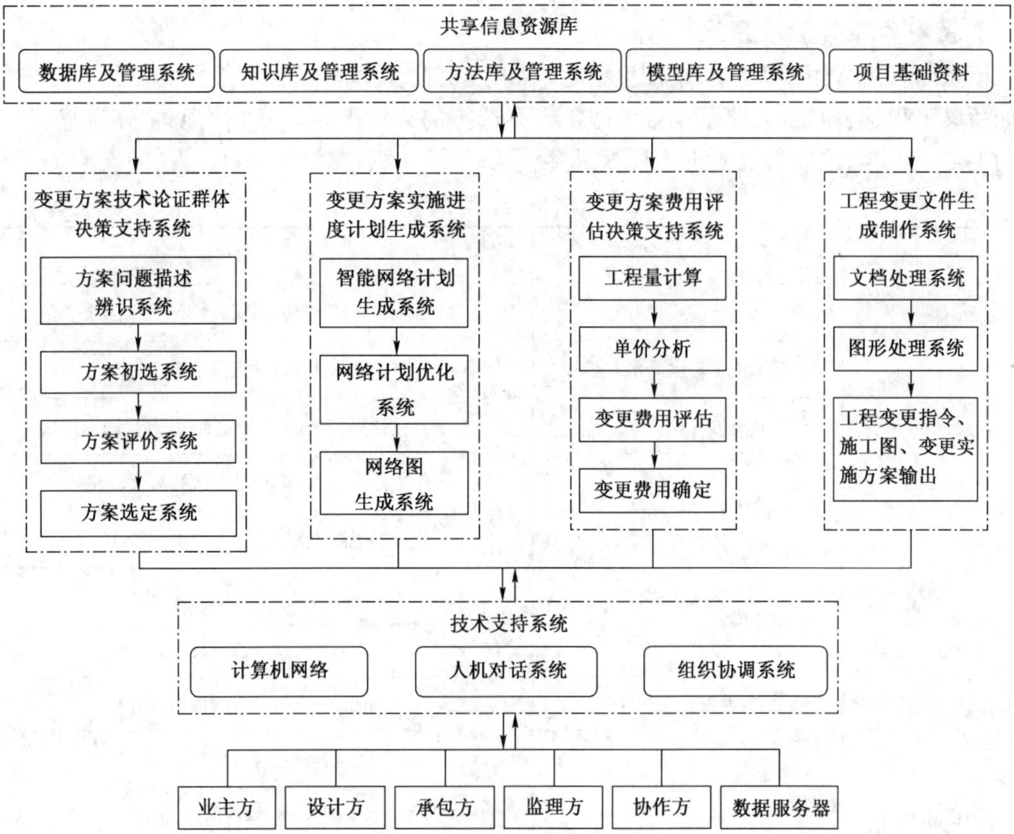

图 7-19　工程变更群体决策支持系统功能设计

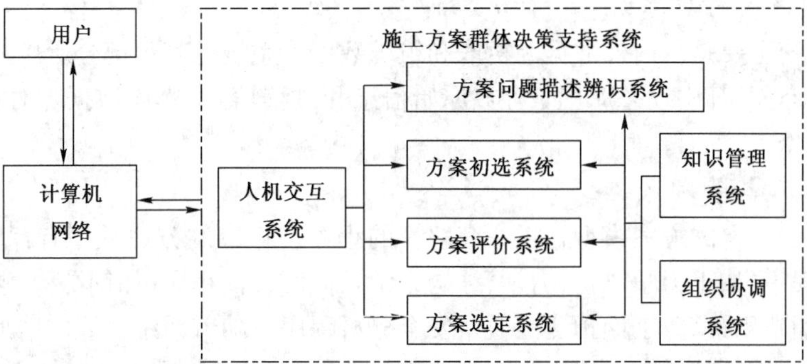

图 7-20　工程变更方案群体决策支持系统的构成

二、系统实现技术

1. 知识管理系统

知识库是各种知识规则的集合，它决定着系统的决策水平。库内存储了施工问题辨识所用的知识和规则、方案初选、评价中采用的神经网络模型，各工种工程的施工方法、变更方案的评价方法、施工及验收规范，权威专家的经验。后两部分知识主要是为变更方案的最后确定、方案的解算、方案文件形成提供支持。知识的表示采用了产生式规则、模糊规则和规则—框架三种表示方式。

2. 模型库及其管理系统

模型库分为常用模型库和案例模型库，其中案例模型库重点收集了目前工程施工中的难点如桥梁工程、路面结构、路基工程等施工方案选择的典型案例。常用模型库分为基础工程、钢筋混凝土工程、预应力混凝土工程等，每级库下分设二级、三级子库。

常用模型库　表 7-3

一级库	二级库	三级库
土石方与基础工程	基坑土壁支护方案	桩、锚杆、土钉、喷锚、拱圈、地下连续墙支护方案
	基坑施工排水降水方案	明排水、井点降水方案
	土方开挖方案	土方量计算方法，土方机械类型、数量确定方法
	桩基础	桩预制方法、打桩顺序、灌注桩成孔方法、混凝土灌注
	大体积混凝土	混凝土制备、浇注、养护方案
钢筋混凝土工程	钢筋工程	对接、加工、绑扎、安装方案
	模板工程	模板类型选配、模板设计方案
	混凝土工程	混凝土制备、浇注、振捣、养护
预应力混凝土工程	先张法	张拉、混凝土浇注、养护、放张
	后张法	钢筋下料、构件制作、张拉
	无黏结预应力混凝土	下料、构件制作、张拉

3. 数据库及其管理系统

数据库系统主要是从内外数据源析取和组织数据为系统的其他部分所用。数据库系统分设静态库和动态库，其中动态库用于存放原始信息和过程信息，库内数据随时更新，系统运行中使用最为频繁。

4. 方法库及其管理系统

方法库是为选定的方案模型提供一套解算的程序。存储的方法程序有：基本数学方法程序、力学分析程序（如土力学、材料力学、结构力学）、截面设计程序（如钢结构、混凝土结构）、经济评价程序（如费用预算、工期预测）、质量安全分析程序。随着系统功能的增加还可以考虑挂接更多的方法程序。其管理系统则负责算法程序的选配、调用、更新、维护。

5. 组织协调系统

组织协调系统主要是为避免由于单个决策者认识能力的限制、决策偏向性影响而设立的。由一组支持决策成员从共享信息资源库中搜集信息、提出个人观点、与其他成员讨论寻求解决方法、相互学习思维共振的软件系统组成，以达到充分发挥群体成员潜能的目的。解决的方法有：群体过程法、问题分解法、多模型法等。

6. 系统推理机制

系统推理主要采用正向推理机制，对于施工方案实施效果的评价则采用反向推理策略。图 7-21 为某基坑开挖支护方案选择流程图。

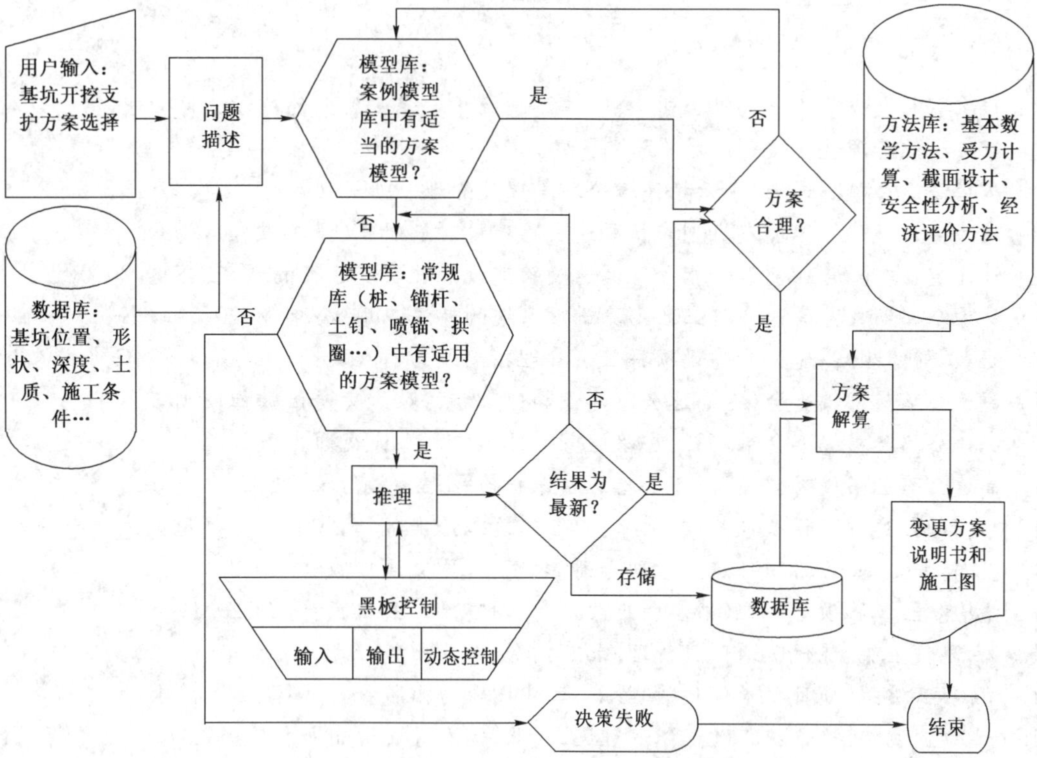

图 7-21　某基坑开挖支护方案选择流程图

参考文献

[1] 广东省长大公路工程有限公司.公路建设企业基于绿色理念的建设项目管理,第十六届国家级企业管理现代化创新成果资料.

[2] 广梧高速公路公司.广东云梧高速公路筹建处管理手册.2007.

[3] 林才奎,陈济丁.环境友好型广梧高速公路建设对策研究(课题报告),2009.

[4] 林才奎,方建勤.绿色理念指导下高速公路建设管理实现途径的研究.公路,2010(1).

[5] 林才奎,廖树忠.高速公路三维形象进度系统的开发应用.公路,2010(1).

[6] 卢毅,刘建生.高速公路建设项目业主管理指南.北京:人民交通出版社,2005.

[7] 高速公路丛书编委会编.高速公路建设管理.北京:人民交通出版社,2000.

[8] 高速公路丛书编委会编.高速公路运营管理.北京:人民交通出版社,2000.

[9] 高速公路丛书编委会编.高速公路环境保护与绿化.北京:人民交通出版社,2000.

[10] 丁仕昭.建设工程项目管理.北京:中国建筑工业出版社,2007.

[11] 陈传德主编.公路项目建设管理手册.北京:人民交通出版社,2002.

[12] 成虎著.工程项目管理(第二版).北京:中国建筑工业出版社,2002.

[13] 白思俊主编.现代交通项目管理.北京:机械工业出版社,2003.

[14] 陈荟云编著.项目投资现代管理.北京:中国电力出版社,2002.

[15] 黄绳武主编.桥梁施工及组织管理(上).北京:人民交通出版社,1999.

[16] 苏寅申主编.桥梁施工及组织管理(下).北京:人民交通出版社,1999.

[17] 王雪晴主编.国际工程项目管理.北京:中国建筑工业出版社,2002.

[18] 李世蓉主编.建设项目监理实用教程.北京:中国建筑工业出版社,2002.

[19] Project Management Institute. A Guide to the Project Management Body of Knowledge. PMI Standard Committee,2000.

[20] 刘景梅等译.可视化项目管理.北京:电子工业出版社,2006.

[21] 郭宝柱等译.新项目管理.北京:世界图书出版公司,2001.

[22] 交通部公路司编.公路建设招标投标法规文件汇编.北京:人民交通出版社,2002.

[23] 刘尔烈主编.工程项目招标投标实务.北京:人民交通出版社,2000.

[24] 中国建设监理协会.建设工程信息管理.北京:中国建筑工业出版社,2003.

[25] 齐东海,宋向群.工程项目进度管理.大连:大连理工大学出版社,2001.

[26] 黄水泉,孙耀波.和谐征拆模式在高速公路建设中的实施,公路,2010(1).

[27] 刘伊生,建设工程项目管理的发展趋势—集成化,建筑经济,2008(1).

[28] 刘建生,谢来发等.工程咨询监理信息系统中数据的组织和管理.中南公路工程,2004(2).

[29] 课题组.广梧高速公路三维进度系统维护手册,2008.

建 设 掠 影

环境监理方案评审会

绿化与景观设计新理念培训

建设中的西江桥

建设中的陈屋跨线桥

百路须隧道左洞口与植被

鹅公髻隧道苍梧端夜景

大用桥下植被保护

K2＋200 段的古樟树

高液限土高边坡

顺层高边坡

截水沟遮蔽

表土的集中堆放

西江大桥围堰

硬化后的施工便道

碎石堆料场

项目部驻地

桥面施工临时防护

隧道通风

对梁(板)混凝土强度进行抽芯验证

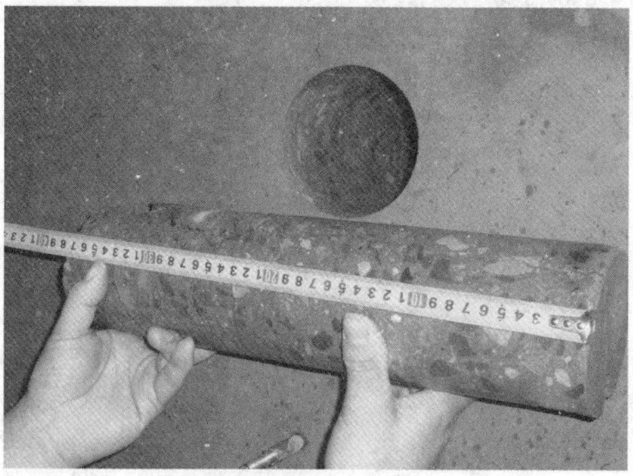

抽芯检查、验证隧道二衬裂缝情况

台背回填砂前的人工夯实处理

使用高性能压路机进行路基碾压

隧道洞渣利用

滑模施工